Win-Q

침투비파괴검사
기능사 필기

SD에듀
(주)시대고시기획

침투비파괴검사기능사 필기

Always with you

사람이 길에서 우연하게 만나거나 함께 살아가는 것만이 인연은 아니라고 생각합니다.
책을 펴내는 출판사와 그 책을 읽는 독자의 만남도 소중한 인연입니다.
SD에듀는 항상 독자의 마음을 헤아리기 위해 노력하고 있습니다.
늘 독자와 함께하겠습니다.

머리말

침투비파괴검사 분야의 전문가를 향한 첫 발걸음!

언제 그렇게 더웠던 여름이었는지, 기억 속에서 21세기 가장 더운 여름을 흘려보내며 전국기능경기대회 선수들은 3년간 태운 열정의 마지막 결실을 거두고 있는 밤입니다.

누군가는 이런 분야에서, 그리고 여러분은 침투비파괴검사기능사 시험 준비를 통하여 자신을 업그레이드할 수 있도록 이 늦은 밤도 각자의 자리에서 애쓰고 있습니다. 저도 자정을 맞이하며 여러 수험생들이 조금 더 편하게 공부할 수 있도록 돕고 있다는 보람으로 긴 작업을 마칩니다. 지난 기간 부족한 부분도 많은 교재였지만, SD에듀의 Win-Q 침투비파괴검사기능사를 통해 많은 수험생들을 돕게 되어서 고맙게 생각했습니다.

이번에도 2023년 침투비파괴검사기능사 시험을 대비하며 교재를 개정하였습니다. 2016년 5회부터는 기능사 필기시험이 전면 CBT로 바뀌었습니다. 회차마다 다른 문제가 제시되며, 이제는 문제가 공개되지 않아 수험생의 불안함은 더할 것입니다. 이런 상황일수록 많은 문제를 풀어보는 것은 분명히 좋은 수험 대비 방법임에 이견을 달 사람은 없을 것입니다.

해당 분야의 모든 내용을 알면 좋겠지만, 기능사 시험은 60점을 기준으로 합격을 가리는 시험으로 20% 정도의 신규 문제가 섞이는 것을 감안하더라도 기존 80%의 기출문제 중 80%만 해결을 하여도 합격선을 여유 있게 넘을 수 있습니다.

짧은 시간 공부를 하실 때 자격 취득의 가능성을 높이고, 실제로 필요한 학습을 하실 수 있는 시간을 드리는 데 도움을 주고자 교재를 편집하였으니, 목적에 맞게 집중하셔서 열심히 공부하시길 바랍니다.

교재 뒤에 국가표준인증 통합정보시스템에서 KS 표준을 찾으실 수 있도록 안내를 해 놓았습니다. 도움을 받으시길 바랍니다.

교재가 정말 완벽하다 하더라도 수험생 스스로 애쓰지 않으면 결과가 쉽게 이루어지지 않습니다. 쓴 과정 없이 단 열매가 나오기는 힘듭니다. 끝까지 애쓰셔서 좋은 결과 얻길 바랍니다.

매회 시험을 볼 때마다 새로운 문제를 추가하고, 조금씩 더 보완드릴 것을 말씀드리면서 수험생 여러분들의 건승을 기도합니다.

꿈그리미 선생님 씀

시험안내

개요

생산공정에서의 제품의 불량을 줄이고 완제품의 보수 및 점검 등을 목적으로 비파괴검사를 실시함으로써 보다 완벽하게 품질관리를 실시하려는 업체가 증가하였고, 비파괴검사에 관한 숙련기능을 소지한 인력의 필요성이 대두되었다. 이에 따라 재질에 상관없이 적용범위가 넓은 침투비파괴검사에 대한 숙련된 기능인력을 양성하고자 자격제도를 제정하였다.

진로 및 전망

❶ 비파괴전문용역업체, 공인검사기관, 전선생산업체, 자체 검사시설을 갖춘 조선소, 정유회사, 유류저장시설시공업체, 가스용기제작업체, 보일러제조회사, 항공기생산업체의 비파괴검사 부서 또는 각종 업체의 품질관리 부서에 진출할 수 있다.

❷ 비파괴검사의 대부분은 첨단장비를 통해 이루어지고 있고, 검사결과의 신뢰성 확보를 위해서 대부분의 업체에서 공인자격증을 소지하고 있는 인력을 채용하기를 희망하고 있어 자격증을 취득하면 취업이 유리한 편이다.

시험일정

구 분	필기원서접수 (인터넷)	필기시험	필기합격 (예정자)발표	실기원서접수	실기시험	최종 합격자 발표일
제1회	1.2~1.5	1.21~1.24	1.31	2.5~2.8	3.16~4.2	4.9
제3회	5.28~5.31	6.16~6.20	6.26	7.16~7.19	8.17~9.3	9.11
제4회	8.20~8.23	9.8~9.12	9.25	9.30~10.4	11.9~11.24	12.4

※ 상기 시험일정은 시행처의 사정에 따라 변경될 수 있으니, www.q-net.or.kr에서 확인하시기 바랍니다.

시험요강

❶ 시행처 : 한국산업인력공단

❷ 관련 학과 : 실업계 고등학교의 기계, 전기, 전자, 금속, 재료, 화공 관련 학과

❸ 시험과목

    ㉠ 필기 : 1. 침투탐상시험법 2. 침투탐상 관련 규격 3. 금속재료 일반 및 용접 일반

    ㉡ 실기 : 침투탐상작업

❹ 검정방법

    ㉠ 필기 : 객관식 60문항(60분)

    ㉡ 실기 : 작업형(30~60분 정도)

❺ 합격기준

    ㉠ 필기 : 100점을 만점으로 하여 60점 이상

    ㉡ 실기 : 100점을 만점으로 하여 60점 이상

검정현황

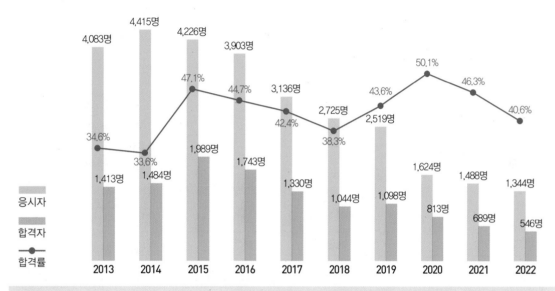

필기시험

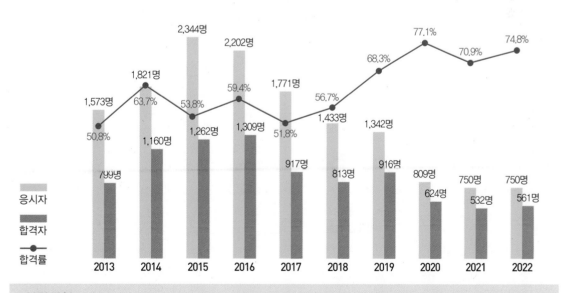

실기시험

시험안내

출제기준

필기과목명	주요항목	세부항목	세세항목	
침투탐상 시험법 · 침투탐상 관련 규격 · 금속재료 일반 및 용접 일반	비파괴검사의 기초원리와 종류 및 특성	비파괴검사의 기초 원리	• 비파괴검사의 원리	
		비파괴검사의 종류와 특성	• 비파괴검사 기법의 종류와 특성 • 비파괴검사의 특성 비교	
	침투탐상검사 이론	검사 원리	• 표면장력 • 모세관 현상	• 적심성
		침투탐상검사의 기초 지식	• 검사 준비 • 침투처리 • 건조처리 • 관찰	• 전처리 • 제거 및 세척처리 • 현상처리 • 후처리
	검사장비 및 재료	침투탐상검사장비 · 기구	• 분무법 기구 • 기타 기구	• 침적법 기구
		탐상제	• 침투제 • 현상제	• 세척제
		대비시험편	• 대비시험편	
	검사방법	침투탐상검사의 종류	• 용제제거성 침투탐상검사 • 후유화성 침투탐상검사	• 수세성 침투탐상검사 • 기타 침투탐상검사
		안전관리	• 안전관리	
	검사 결과의 해석 및 판정	지시모양 및 결함의 분류	• 침투지시모양의 분류 • 결과의 해석 및 판정	• 결함의 분류
	관련 국내규격	검사조건	• 사용장비 및 재료 • 대비시험편 • 탐상제 및 장비의 보수, 점검	• 적용 범위 • 현상조건
		검사방법	• 검사절차서 작성 • 검사의 순서	• 검사방법의 분류 • 검사의 조작
		지시모양 및 결함의 분류	• 침투지시모양의 분류	• 결함의 분류
	금속재료 기초	금속의 결정과 변태	• 결정구조(체심, 면심, 조밀) • 변태(동소변태, 자기변태)	
		금속의 물리, 화학, 기계적 성질	• 강도 • 인성 • 비중 • 비열 • 용융온도	• 경도 • 취성 • 잠열 • 열전도도

필기과목명	주요항목	세부항목	세세항목	
침투탐상 시험법 · 침투탐상 관련 규격 · 금속재료 일반 및 용접 일반	금속재료의 조직	평형상태도	• 용융점 • 포정점 • 공정점	• 변태점 • 공석점
		재료시험 기초	• 경도시험 • 충격시험	• 인장강도
	철과 강	열처리 개요	• 불림 • 뜨임 • 등온퀜칭	• 담금질 • 풀림
		탄소강	• 탄소공구강	
		합금강	• 합금공구강	
	비철금속재료	구리 및 합금	• 황동 • 특수황동	• 청동 • 특수청동
		알루미늄 및 그 합금	• 두랄루민 • Al-Si계 합금	• Y합금 • 고강도 알루미늄합금
		기타 비철금속재료와 그 합금	• 베어링용 합금 • 고용융점 합금 • 귀금속 및 희토류 금속	• 마그네슘 합금 • 저용융점 합금
	용접방법과 용접결함	아크용접	• 아크용접	
		가스용접	• 가스용접	
		기타 용접법 및 절단	• 기타 용접법 및 절단	
		용접시공 및 검사	• 용접시공 및 검사	

출제비율

침투탐상시험법	침투탐상 관련 규격	금속재료 일반 및 용접 일반
23.3%	46.7%	30%

CBT 응시 요령

기능사 종목 전면 CBT 시행에 따른

CBT 완전 정복!

"CBT 가상 체험 서비스 제공"

한국산업인력공단
(http://www.q-net.or.kr) 참고

🏢 수험자 정보 확인

01 수험자 정보 확인

시험장 감독위원이 컴퓨터에 나온 수험자 정보와 신분증이 일치하는지를 확인하는 단계입니다. 수험번호, 성명, 생년월일, 응시종목, 좌석번호를 확인합니다.

📢 안내사항

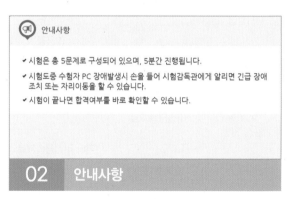

02 안내사항

시험에 관한 안내사항을 확인합니다.

📢 유의사항 - [1/4]

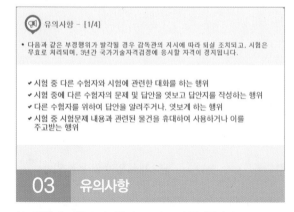

03 유의사항

부정행위에 관한 유의사항이므로 꼼꼼히 확인합니다.

📢 문제풀이 메뉴 설명

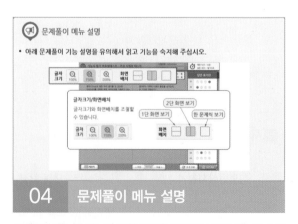

04 문제풀이 메뉴 설명

문제풀이 메뉴의 기능에 관한 설명을 유의해서 읽고 기능을 숙지해 주세요.

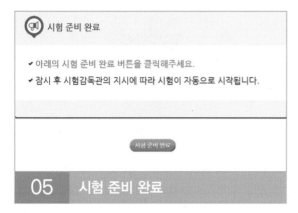

05 시험 준비 완료

시험 안내사항 및 문제풀이 연습까지 모두 마친 수험자는 시험 준비 완료 버튼을 클릭한 후 잠시 대기합니다.

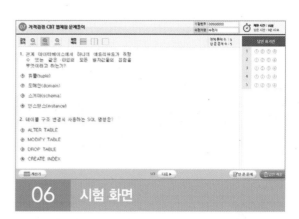

06 시험 화면

시험 화면이 뜨면 수험번호와 수험자명을 확인하고, 글자크기 및 화면배치를 조절한 후 시험을 시작합니다.

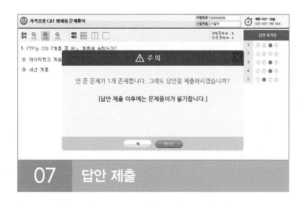

07 답안 제출

[답안 제출] 버튼을 클릭하면 답안 제출 승인 알림창이 나옵니다. 시험을 마치려면 [예] 버튼을 클릭하고 시험을 계속 진행하려면 [아니오] 버튼을 클릭하면 됩니다. 답안 제출은 실수 방지를 위해 두 번의 확인 과정을 거칩니다. [예] 버튼을 누르면 답안 제출이 완료되며 득점 및 합격여부 등을 확인할 수 있습니다.

CBT 완전 정복 Tip

내 시험에만 집중할 것
CBT 시험은 같은 고사장이라도 각기 다른 시험이 진행되고 있으니 자신의 시험에만 집중하면 됩니다.

이상이 있을 경우 조용히 손을 들 것
컴퓨터로 진행되는 시험이기 때문에 프로그램상의 문제가 있을 수 있습니다. 이때 조용히 손을 들어 감독관에게 문제점을 알리며, 큰 소리를 내는 등 다른 사람에게 피해를 주는 일이 없도록 합니다.

연습 용지를 요청할 것
응시자의 요청에 한해 연습 용지를 제공하고 있습니다. 필요시 연습 용지를 요청하며 미리 시험에 관련된 내용을 적어놓지 않도록 합니다. 연습 용지는 시험이 종료되면 회수되므로 들고 나가지 않도록 유의합니다.

답안 제출은 신중하게 할 것
답안은 제한 시간 내에 언제든 제출할 수 있지만 한 번 제출하게 되면 더 이상의 문제풀이가 불가합니다. 안 푼 문제가 있는지 또는 맞게 표기하였는지 다시 한 번 확인합니다.

이 책의 구성과 특징

핵심이론

필수적으로 학습해야 하는 중요한 이론들을 각 과목별로 분류하여 수록하였습니다.
시험과 관계없는 두꺼운 기본서의 복잡한 이론은 이제 그만!
시험에 꼭 나오는 이론을 중심으로 효과적으로 공부하십시오.

핵심예제

출제기준을 중심으로 출제빈도가 높은 기출문제와 필수적으로 풀어보아야 할 문제를 핵심이론당 1~2문제씩 선정했습니다.
각 문제마다 핵심을 찌르는 명쾌한 해설이 수록되어 있습니다.

2011년 제1회 과년도 기출문제

01 자분탐상검사에 형광자분을 사용하는 경우 자외선등의 파장으로 옳은 것은?

① 80
② 257
③ 365
④ 500

해설
단순 지식을 묻는 문제이다. 365nm의 파장(사용범위 320~400nm)이 가장 강한 가시광선을 발생시키며, 형광침투액은 발광 시 주로 연녹색을 사용한다.

02 와전류탐상시험에서 시험코일의 자계의 세기와 자속밀도와의 관계로 옳은 것은?

① 비례관계
② 항상 불변
③ 반비례관계
④ 고주파일때만 비례관계

해설
$\mu = \dfrac{B}{H}$(μ : 투자율, B : 자속밀도, H : 자력 세기)

03 X선의 일반적 특성에 대한 설명으로 옳은 것은?

① 높은 주파수를 갖는다.
② 높은 지향성을 갖는다.
③ 파장이 긴 전자파이다.
④ 물체에 닿으면 모두 반사한다.

해설
② 지향성은 초음파의 특성이다.
③, ④ 파장의 길이가 짧고 반사되는 것이 아니라 투과성을 지닌다.

04 초음파탐상시험을 할 때 일상점검이 아닌 특별점검이 요구되는 시기와 거리가 먼 것은?

① 탐촉자 케이블을 교환했을 때
② 장비에 충격을 받았다고 생각될 때
③ 일일작업 시작 전 장비를 점검할 때
④ 특수환경에서 장비를 사용하였을 때

해설
일상점검은 작업 전, 작업 중, 작업 후 점검으로 일상적인 작업에 관련하여 실시하는 점검이다.

05 누설검사법 중 미세한 누설에 검출률이 가장 높은 것은?

① 기포누설검사법
② 헬륨누설검사법
③ 할로겐누설검사법
④ 암모니아누설검사법

해설
헬륨누설시험법은 극히 미세한 누설까지 검사가 가능하고 검사시간도 짧으며, 이용범위도 넓다.

2023년 제1회 최근 기출복원문제

01 방사선투과시험 시 투과도계의 역할은?

① 필름의 밀도 측정
② 필름 콘트라스트의 양 측정
③ 방사선투과사진의 상질 측정
④ 결함 부위의 불연속부 크기 측정

해설
투과도계(상질지시기)
검사방법의 적정성을 알기 위해 사용하는 시험편으로, 시험체와 동일하거나 유사한 재질을 사용하여 시험체와 함께 촬영한다. 투과사진 상과 투과도계 상을 비교하여 상질의 적정성 여부를 판단하는 데 사용한다.

02 다음 중 방사선 투과사진의 필름 콘트라스트와 가장 관계가 깊은 것은?

① 물질의 두께
② 방사선 선원의 크기
③ 노출의 범위
④ 필름특성곡선의 기울기

해설
• 필름특성곡선 : 특정한 필름에 대한 노출량과 흑화도의 관계를 곡선으로 나타낸 것
• H&D 곡선, Sensitometric 곡선이라고도 한다.
• 가로축 : 상대 노출량에 Log로 취한 값, 세로축 : 흑화도
• 필름특성곡선의 임의 지점에서의 기울기는 필름 명암도를 나타낸다.

03 다음 중 횡파가 존재할 수 있는 물질은?

① 물
② 공 기
③ 오 일
④ 아크릴

해설
횡파(Transverse Wave)는 입자의 진동 방향이 파를 전달하는 입자의 진행 방향(파 수직)이 파로, 종파의 절반 속도이다. 고체에서만 전파되고 액체와 기체에서는 전파되지 않는다.

04 초음파를 발생시키고 수신하는 진동자는 전기적 에너지를 기계적 에너지로 또 기계적 에너지는 전기적 에너지로 변화시키는 성질을 가지고 있다. 이와 같은 현상은?

① 압전효과
② 압력효과
③ 도플러 효과
④ 초음파 효과

해설
압전효과란 기계적인 에너지를 가하면 전압이 발생하고, 전압을 가하면 기계적인 변형이 발생하는 현상으로, 어떤 소재에 힘을 가하였을 경우 표면에 전압이 발생하고, 반대로 전압을 걸어 주면 소자가 이동하거나 힘이 발생하는 현상이다.

05 예상되는 결함이 표면의 개구부와 표면직하의 비개구부인 철재료에 대한 비파괴검사에 가장 적합한 방법은?

① 자기탐상검사
② 초음파탐상검사
③ 전자유도시험
④ 침투탐상검사

해설
자기탐상시험은 표면 및 표면직하의 결함 검출에 적합하지만 강자성체에만 적용을 해야 하므로 비철재료에 대한 검사는 전자유도시험으로 시험한다.

과년도 기출문제

지금까지 출제된 과년도 기출문제를 수록하였습니다. 각 문제에는 자세한 해설이 추가되어 핵심이론만으로는 아쉬운 내용을 보충 학습하고 출제경향의 변화를 확인할 수 있습니다.

최근 기출복원문제

최근에 출제된 기출문제를 복원하여 가장 최신의 출제경향을 파악하고 새롭게 출제된 문제의 유형을 익혀 처음 보는 문제들도 모두 맞힐 수 있도록 하였습니다.

최신 기출문제 출제경향

- 자화전류의 종류
- 6dB Drop법
- 빔(Beam)
- 하전입자법, 여과입자법, 휘발성 침투액법
- 적심 모양
- 건조온도 71℃
- 몰리브덴
- 스프링강

- 자기이력곡선
- 자외선 예열시간
- Nd 자석
- 스테인리스강의 주성분
- 기체급랭법
- 가스충전용기 관련 규정

2016년
1회

2016년
2회

2016년
4회

CBT 문제의
신경향

- 할로겐누설시험
- 에틸렌글리콜
- 탄소 함유량
- 문쯔메탈, 코슨합금
- 두랄루민
- 용접봉의 위빙 폭

- 투과도계(상질지시기)
- 필름특성곡선
- 압전효과
- 암모니아누설시험
- 와전류탐상시험
- 적외선 서모그래피법
- 초음파탐상기의 성능 결정요인
- 침투액의 조건
- 휘발성 침투액법
- 주철의 성장 원인
- 마우러 조직도
- 경도시험의 종류(브리넬 경도시험, 로크웰 경도시험, 비커스 경도시험, 쇼어 경도시험)

D-20 스터디 플래너

20일 완성!

합격 수기

대학교 때 공부를 너무 소홀히 해서 솔직히 걱정을 많이 했는데

무난하게 합격했어요!!! 슬슬 가을이 오려나봅니다. 날이 많이 추워지는 것 같아요. 침투비파괴는 저번에 합격하고, 다른 자격증을 준비하던 중에 카페를 방문했는데 합격수기 이벤트가 있어서 한번 적어봅니다. 기억이 가물가물해서 작년에 본 시험지를 좀 찾아봤더니 기억이 또 새록새록 나네요. 대충 공부하지는 않았던 모양인데.. 이 합격수기가 도움이 좀 됐으면 좋겠네요. 시험지를 지금 보고 있는데 중복되는 문제가 굉장히 많이 보이네요. 저는 기출을 많이 풀어봐서 그런지 중복되는 문제들은 아직도 기억이 나요. 기능사 시험은 기출을 풀어봤는가, 아닌가로 합격, 불합격이 판가름 납니다. 이론 아무리 빠삭하게 알고 있어도 기출을 풀어보지 않으면 소용없어요. 오히려 이론 공부 없이 기출만 풀어도 운만 좋으면 합격합니다. 뭐.. 그렇게 공부하면 남는 건 없지만 우선 합격은 해야겠고, 시간이 없다면 기출만 푸세요. 이론 공부 보다는 기출을 풀어보라고 권하는 이유 중에 하나가 침투비파괴검사 시험의 경우는 전체 과목에서 골고루 출제되는 편이라서 한 과목에만 치우치면 안됩니다. 규격에서도 출제되고, 검사일반, 금속재료, 용접 등 모든 과목에서 골고루 출제가 되기 때문에 이론 공부를 하려고 하면 전체적으로 다 공부를 해야하니 그만큼 부담이지 않을까 싶네요. 무릇 공부라는 게 본인의 의지가 중요한 것 같아요. 다른 사람의 공부 방법이나, 요령보다는 우선 공부를 시작하고 본인의 공부 스타일을 찾아가는 게 가장 중요한 것 같네요. 제 팁은 그것을 기출로부터 시작하라는 것이고요. 나머지는 본인의 노력이라고 하면 너무 진부하나요?? 하하. 환절기니 감기 조심하시고 몸 챙기시면서 공부하시길 바래요! 파이팅하시길!

2020년 침투비파괴검사기능사 합격자

회사를 다니면서 공부해서 70점으로 합격했습니다.

윙크책으로 합격했습니다! 기존의 자격증 책들보다 공부하기 편한 것 같아 이 책으로 공부해보시길 권해봅니다. 이 책은 기본 설명에 충실 하고, 핵심만 압축되어 있어서 효율적으로 공부할 수 있어요. 또 이론 바로 옆이나, 아래.. 그러니까 펼쳐봤을 때 한 시야에 해당 이론과 관련된 문제가 같이 있어서 어떤 형식으로 출제되는지 알 수 있고, 기출문제 중에서도 반복되는 문제를 바로 풀 수 있습니다. 관련 그림이나 도표 같은 참고자료도 잘되어 있어서 이해하기가 쉽습니다. 과년도 기출문제도 많이 수록되어있고, 문제마다 해설과 추가 내용들도 있기 때문에 부족한 부분은 보충할 수 있습니다. 마지막으로 최근 기출문제를 풀어보면서 경향을 파악할 수 있습니다. 다들 시험이 CBT로 바뀌 었다는 것은 알고 계시겠지만 이제는 문제은행 방식으로 출제가 되기 때문에 기출문제 푸는 것도 중요하지만 그렇다고 마냥 이론을 손 놓 아서는 안됩니다. 워낙 방대한 문제들이 섞여 나오는데다가 시험 보는 사람들도 시험문제가 제각각 다르기 때문에 기준이 애매모호해졌다 고나 할까요. 그렇다고 오랜 시간을 들여 이론을 공부할 수는 없으니 윙크책처럼 핵심요약만 간추린 이론으로 짧게 공부하시길 권합니다. 이론이 아마도 100페이지가 좀 넘을 건데 보는데 오래 걸리지 않습니다. 이론을 빨리 훑으시고 기출을 반복해서 풀어보신다면 대부분은 합격하시리라 생각합니다. 이로서 합격수기를 마칩니다. 수고하십시오!

2021년 침투비파괴검사기능사 합격자

이 책의 목차

빨간키

당신의 시험에 빨간불이 들어왔다면!
최다빈출키워드만 쏙쏙! 모아놓은
합격비법 핵심 요약집 "빨간키"와 함께하세요!
당신을 합격의 문으로 안내합니다.

01 비파괴검사 일반

▌ **비파괴검사의 목적**

신뢰성, 제조조건을 보완, 불량품 조기 발견, 수명 예측성

▌ **비파괴검사의 시기**

사용 전 검사, 가동 중 검사, 위험도에 근거한 가동 중 검사, 상시감시 검사

▌ **비파괴검사의 신뢰도**

기술자의 기량, 적절한 검사 방법, 적합한 평가 기준

▌ **비파괴검사 종류**

방사선, 초음파탐상, 침투탐상, 와전류탐상, 누설탐상, 자기탐상

▌ **방사선시험**

X선이나 γ(Gamma)선, 투과성, 내부 깊은 결함, 체적검사 가능, 인체에 유해

▌ **초음파탐상**

고체 내의 전파성/반사성 이용, 래미네이션 검출, 한쪽 면 검사, 내부결함 검출 가능

▌ **침투탐상**

침투성, 표면탐상, 환경의 영향

▌ **와전류탐상** : 전자유도현상, 표면직하, 도금층, 파이프 표면결함 고속 검출, 도체

▌ **누설탐상** : 압력차

▌ **자기탐상** : 강자성체, 자속의 변형 이용, 비자성체 시험 가능, 표면결함검사

▌ **방사선검사 이론**

X선 발생, γ(Gamma)선의 발생, X선의 강도, 감쇠, 산란

▌ X선의 발생

양쪽 극에 고전압을 걸어 방출된 열전자가 금속타깃과 충돌, 금속에 따라 고유성질/파장

▌ γ(gamma)선의 발생

각 금속의 반감기

▌ X선의 강도

$\dfrac{I_1}{I_2} = \dfrac{d_2^2}{d_1^2}$ (단, I는 X선의 강도, d는 거리)

▌ 방사선의 감쇠

$I = I_o \cdot e^{-\mu T}$ (μ : 선흡수계수, T : 시험체의 두께)

▌ 산란방사선의 영향 줄이기

증감지, 후면 스크린, 마스크, 필터, 콜리메이터

▌ 초음파의 종류

횡파, 종파, 표면파, 판파, 유도초음파

▌ 주파수

$C = f\lambda$

한 번 떨릴 때 진행한 거리(λ)와 초당 떨린 횟수(f)를 곱하면 초당 진행한 거리(속도, 여기서는 음속 C)

▌ 가청 주파수

20Hz에서 20,000Hz(20kHz)

▌ 초음파의 속도와 굴절각의 관계

$\dfrac{\sin\alpha}{\sin\beta} = \dfrac{V_1}{V_2}$, $\sin\beta = \dfrac{V_2}{V_1} \times \sin\alpha$

▌ 음향임피던스

매질의 밀도(ρ)와 음속(C)의 곱으로 나타내는 매질 고유의 값

▌ 초음파탐상기 요구 성능

증폭 직진성, 시간축 직진성, 분해능

▌ 초음파검사방법

펄스파, 연속파, 반사법, 투과법, 공진법, 1탐촉자법, 2탐촉자법, 직접접촉법, 국부수침법, 전몰수침법, 수직법, 사각법, 표면파법, 판파법, 크리핑파법, 누설표면파법

▌ 진동자 재료

수정-Q, 지르콘, 타이타늄산납계자기-Z, 압전자기일반-C, 압전소자일반-M

▌ 자기탐상시험

자분탐상시험과 누설자속탐상시험

▌ 자분탐상시험의 특징

표면 및 표면직하 균열 적합, 자속은 결함에 수직, 핀 홀 검출 안 됨, 결함 깊이 탐상 안 됨

▌ 자분탐상시험 용어

자분, 자화, 자분의 적용, 관찰, 자극, 투자율

▌ 자계의 세기

B(자속밀도) = H(자력세기) $\times$ U(투자율)

▌ 자분탐상시험에서 결함 검출

미세한 표면균열 검출, 크기/형상이 무관, 표면 바로 아래 가능, 피막이 있어도 가능

▌ 자분탐상시험의 종류

연속법, 잔류법, 형광자분, 비형광자분, 건식법, 습식법, 직류, 맥류, 충격전류, 교류, 축 통전법(EA), 직각 통전법(ER), 전류 관통법(B), 코일법(C), 극간법(M), 프로드법(P)

▌ 와전류탐상시험

기전력에 의해 시험체 중 발생하는 소용돌이 전류(와전류)로 결함이나 재질 등이 받은 영향의 변화를 측정

▌ 표피효과

표면에 전류밀도가 밀집되고 중심으로 갈수록 전류밀도가 지수적 함수만큼 줄어드는 것

■ 침투깊이

$$\delta = \frac{1}{\sqrt{\pi f \mu \sigma}}$$

여기서, f : 주파수, σ : 도체의 전도도, μ : 도체의 투자율

■ 코일 임피던스에 영향을 주는 인자

주파수, 전도도, 투자율, 시험체의 형상과 치수

■ 내삽코일의 충전율 식

$$\eta = \left(\frac{D}{d}\right)^2 \times 100\%$$

여기서, D : 코일의 평균직경, d : 관의 내경

■ 와전류탐상기 설정

시험 주파수, 브리지 밸런스(Bridge Valance), 위상(Phase), 감도

■ 와전류탐상시험의 특징

철, 비철 재료의 파이프, 와이어 등 표면 또는 표면 근처 결함을 검출

■ 와전류탐상시험의 장점

관, 선, 환봉 등에 대해 비접촉으로 탐상이 가능하기 때문에 고속으로 자동화된 전수검사 실시 가능

■ 전자유도시험 적용

철강재료결함 탐상, 비철금속 재질 시험, 도금막 두께 측정, 표면선형결함의 깊이 측정

■ 와전류탐상시험 적용

표면 근처의 결함 검출, 박막 두께 측정 및 재질 식별, 전도성 있는 재료

■ 기체의 압력

절대압력=계기압력+대기압력

■ 1기압

$1\text{atm} = 760\text{mmHg} = 760\text{Torr} = 1.013\text{bar} = 1,013\text{mbar} = 0.1013\text{MPa} = 10.33\text{mAq} = 1.03323\text{kgf/cm}^2$

▌화씨온도

$$°F = \frac{9}{5} \times °C + 32$$

▌보일-샤를의 정리

기체의 압력과 부피, 온도의 상관 관계를 정리한 식

$$PV = (m)RT$$

여기서, P : 압력, V : 부피, R : 기체상수, T : 온도, m : 질량(단위질량을 사용할 경우 생략)

▌누설시험 종류
- 발포누설시험(기포누설시험)
- 헬륨누설시험
- 방치법누설시험
- 암모니아누설시험

▌발포누설시험(기포누설시험)

누설량이 큰 경우, 위치탐색 가능, 시험시간이 짧으며 간단

▌헬륨누설시험
- 질량분석형 검지기를 이용하여 검사
- 공기 중 헬륨은 거의 없어 검출이 용이
- 헬륨은 가볍고 직경이 작아 미세한 누설에 유리
- 이용범위가 넓음
- 스프레이법, 후드법, 진공적분법, 스니퍼법, 가압적분법, 석션컵법, 벨자법, 펌핑법 등이 있음

▌방치법누설시험
- 시험이 간단하고 형상이 복잡한 경우
- 시험체 용량이 큰 경우와 미소누설의 경우 시험이 어려움

▌암모니아누설시험
- 감도가 높아 대형 용기의 누설을 단시간에 검지
- 알칼리에 쉽게 반응
- 폭발 위험

02 침투탐상검사

▍ 침투탐상검사

- 표면탐상검사, 표면 상태(거칠기-최대 $300\mu m$, 오염도 등)의 영향
- 침투제를 이용(온도의 영향, 침투제의 성질에 영향, 침투시간, 잉여침투제의 제거 과정)

▍ 침투에 영향을 미치는 요인

- 표면청결도
- 표면에 열린 형상
- 열린 부분의 크기
- 침투액의 표면장력과 적심성

▍ 표면장력

응집력과 부착력의 차이 때문에 생기는 힘

▍ 적심성(Wettability)

얼마나 잘 적시는가, 90° 이하 적심성이 높음

▍ 모세관 현상

모세(毛細)관에 액체가 들어가면 응집력과 부착력의 차이가 극대화

▍ 침투액에 따른 탐상방법의 분류와 기호

명 칭	방 법		기 호	
V 방법	염색침투액을 사용하는 방법	수세성 침투액을 사용	V	A
		용제 제거성 침투액을 사용		C
F 방법	형광침투액을 사용하는 방법	수세성 침투액을 사용	F	A
		후유화성 침투액을 사용		B
		용제 제거성 침투액을 사용		C
D 방법	이원성 염색침투액을 사용하는 방법	수세성 침투액을 사용	DV	A
		용제 제거성 침투액을 사용		C
	이원성 형광침투액을 사용하는 방법	수세성 침투액을 사용	DF	A
		후유화성 침투액을 사용		B
		용제 제거성 침투액을 사용		C

▌ 침투액

연질 석유계 탄화수소, 프탈산 에스테르 등의 유분을 기본으로 하여 세척을 위해 유면 계면활성제를 섞은 액체

▌ 침투액의 조건

- 침투성이 좋은 것
- 형광휘도나 색도가 뚜렷할 것
- 점도가 낮을 것
- 부식성이 없을 것
- 검사 후 쉽게 제거

▌ 침투액 색상

- 형광침투액 : 자외선 조사 시 황록색
- 염색침투액 : 일반적으로 빨간색

▌ 표준온도

5~50℃

▌ 침투시간의 결정인자

- 온 도
- 결함의 종류
- 시험체의 재질
- 침투액의 종류

▌ 침투시간의 크기

작은 불연속부 > 큰 결함

▌ 유지시간

과잉 침투액을 제거하기 전까지 침투액이 머무는 시간

▌ 침투제 적용

분무법, 붓칠(솔질)법, 침적법, 배액

▌침투액의 제거

- 수세(분사 시 세척수압 : 275kPa 미만)
- 용제 제거(용제를 묻힌 헝겊이나 종이수건으로 가볍게)

▌유화제의 역할

후유화성 침투제를 사용한 경우 유화제를 사용하여 세척

▌유화시간

시험품을 침투 처리한 후 유화 처리를 할 때 유화제를 적용한 다음 세척 처리에 들어갈 때까지의 시간

▌현상처리

세척처리 후 현상제를 시험체의 표면에 도포, 결함 중에 남아 있는 침투액을 빨아올려 지시 모양으로 만드는 조작

▌현상방법

- 건식현상법
- 습식현상법
- 속건식현상법
- 무현상법

▌건식현상법

건조한 미세분말을 사용, 시험 전 수분 제거가 필요, 분말이 날아다닐 염려가 있음

▌습식현상법

- 현상제를 물에 일정 농도로 현탁하여 사용
- 주로 수세성 형광침투탐상시험에서 사용
- 현상처리 후 건조

▌속건식현상법

용제가 빨리 휘발 및 건조하므로 산화마그네슘, 산화칼슘 등 백색 미분말 휘발성 용제에 분산제와 함께 현탁하여 사용

▌무현상법

고감도 수세성 형광침투탐상에서 사용, 결함검출도는 약한 편

▌ 현상시간

현상제의 종류에 무관히 침투시간의 1/2 이상. 최소 10분 이상

▌ 현상제의 일반적 선택

- 수세성 형광침투액 – 습식현상제
- 후유화성 형광침투액 – 건식현상제
- 용제 제거성 염색침투액 – 속건식현상제
- 고감도 형광침투액 – 무현상법
- 대량검사 – 습식현상제
- 소량검사 – 속건식현상제
- 매끄러운 표면 – 습식현상제
- 거친표면 – 건식현상제
- 큰 결함 – 건식현상제, 무현상법
- 미세한 결함 – 습식현상제, 속건식현상제

▌ 표면오염의 종류

유기성 물질(기계유, 경유, 윤활유, 그리스 등), 페인트, 고형물질, 화학물질

▌ 전처리 방법

세제 세척, 용제 세척, 증기탈지, 스케일 제거용액, 페인트 제거, 초음파 세척, 기계적 세척 및 표면처리, 알칼리 세제, 증기 세척, 산 세척

▌ 금속제거공정

줄질, 버프연마(버핑), 긁기 가공(스크레이핑), 밀링, 드릴링, 리밍, 연삭, 액체호닝, 샌딩, 텀블 등

▌ 연마제 블라스팅

유리비드, 모래, 알루미늄 산화물, 리그노-셀룰로스 펠릿, 금속쇼트 등

▌ 수세성 침투탐상

매우 민감. 압력 과도 시 과세척과 높은 온도 주의

▌ 용제 세척

수세성 및 후유화성 침투제의 경우 물로 세척. 붓칠 등 뒤섞임을 피할 것

▌ 세척이 잘못되면 깊이가 얕은 불연속 등은 일시적 메움현상이 일어나 검출이 어려워짐

▌ 자외선 파장의 길이 및 강도

파장 320~400nm, $800 \mu W/cm^2$ 이상

▌ 자외선조사장치가 필요한 곳

세척대, 검사대

▌ 자외선등

• 전구수명 – 새것의 25%일 때 교환, 100W 기준으로 1,000시간/무게
• 예열시간 – 최소 5분 이상

▌ 침투제의 재료 인증시험 항목

인화점, 점도, 형광휘도, 독성, 부식성, 적심성, 색상, 자외선에 대한 안정성, 온도에 대한 안정성, 수세성, 물에 의한 오염도 등

▌ 의사지시

마치 결함이 있는 것처럼 현상이 됨

▌ 의사지시의 원인

전처리 부족, 침투액 제거 불완전, 손의 오염, 형상이 복잡, 스케일이나 녹

▌ 무관련 지시

시험체의 형상이 마치 결함이 있는 것처럼 굴곡이 심하다면 지시처럼 보일 것, 얇은 도포로 해결

▌ 정상적인 결함의 지시

• 선형지시 : 가늘고 예리한 선 모양의 지시
• 원형지시 : 둥근 모양의 지시

▌ 잉여침투액 제거법에 따른 분류

• 방법 A : 수세에 의한 방법
• 방법 B : 기름 베이스 유화제를 사용하는 후유화에 의한 방법
• 방법 C : 용제 제거에 의한 방법
• 방법 D : 물 베이스 유화제를 사용하는 후유화에 의한 방법

▌ 현상 방법에 따른 분류

- 건식현상제를 사용하는 방법(D)
- 수용성 현상제를 사용하는 방법(A)
- 수현탁성 현상제를 사용하는 방법(W)
- 속건식현상제를 사용하는 방법(S)
- 특수한 현상제를 사용하는 방법(E)
- 현상제를 사용하지 않는 방법(N)

▌ 시험의 순서

전처리 → 침투처리 → 예비 세척처리 → 유화처리 → 세척처리 → 제거처리 → 건조처리 → 현상처리 → 건조처리 → 관찰 → 후처리

▌ 전처리

시험하는 부분에서 바깥쪽으로 25mm 넓은 범위, 유지류, 수분 등을 충분히 제거

▌ 표준온도 아래에서 침투/현상시간

온도 15~50℃의 범위에서 침투시간 5분(압출, 압연, 단조품은 10분), 현상시간 7분

▌ 유화시간

기름베이스 유화제 시 형광 3분, 염색 30초, 물베이스 유화제 시 2분

▌ 세척 및 제거처리

적절한 처리, 275kPa, 수온 10~40℃, 용제 제거성의 경우 닦아내기

▌ 건조처리

- 습식현상제 – 현상처리 후 바로 건조
- 건식현상제 – 현상 전 건조/세척 후 자연건조

▌ 관 찰

현상제 적용 후 7~60분 사이, 염색침투액 사용 시 500lx 이상, 암실 20lx 이하, 38cm 떨어져서 $800\mu W/cm^2$

▌ A형(알루미늄 재) 제작법

판의 한 면 중앙부를 분젠버너로 520~530℃ 가열한 면에 흐르는 물을 뿌려 급랭시켜 갈라지게 함. 이후 반대편도 갈라지게 하여 중앙부에 흠을 기계가공

- A시험편의 장점 : 제작이 간단, 미세균열 가능
- A시험편의 단점 : 급가열・급랭으로 인한 문제, 반복 사용 어려움

▌ B형(구리계열 재) 제작법

길이 100mm, 너비 70mm의 판에 니켈도금과 크롬도금을 차례로 쌓고 도금면을 바깥쪽으로 하여 굽혀서 도금층이 갈라지게 한 후, 굽힌 면을 평평하게 하고 길이방향으로 절단하여 2등분

- B시험편의 장점 : 균열 깊이와 도금 층 두께 같음, 반복 사용 가능
- B시험편의 단점 : 균열형상이 실제와 다름

▌ B형 시험편의 종류

기 호	도금두께(μm)	도금 갈라짐 너비(목표값)
PT-B50	50±5	2.5
PT-B30	30±3	1.5
PT-B20	20±2	1.0
PT-B10	10±1	0.5

▌ 독립결함

갈라짐, 선상결함(갈라짐 이외 길이가 너비의 3배 이상), 원형상 결함

▌ 연속결함

1개의 연속한 결함이라고 인정되는 것(동일선상의 2mm 이하는 연속된 지시)

▌ 분산결함

정해진 면적 안에 존재하는 1개 이상의 결함

▌ 침투지시모양/결함의 기록

침투지시모양/결함의 종류, 지시/결함의 길이, 개수, 위치(도면, 사진, 스케치, 전사)로 기록

▌시험기록

- 시험 연월일, 시험체, 시험방법의 종류, 탐상제, 조작방법, 조작조건, 시험결과, 시험 기술자
- KS W 0914 기록 요구사항(※ KS W 0914는 2014년에 폐지됨)
  - 기록은 모두 파일화, 검사한 것은 추적 가능
  - 최소 포함 사항 : 사용한 개개 순서서의 인용, 결함 지시 무늬의 위치, 종류 및 조치, 검사원의 서명 및 기량 인정 레벨과 검사일

▌결과의 표시(전수 검사)

- 각인, 수식 또는 적갈색으로 P의 기호로 표시
- P 표시 곤란 시 적갈색으로 시험 기록에 기재

▌결과의 표시(샘플링 검사)

합격한 로트의 모든 시험체에 전수검사에 준하여 Ⓟ의 기호 또는 착색(황색)으로 표시

▌KS W 0914 적용 범위

비다공질 금속 및 비금속제 항공 우주 기기용 부품에서 침투탐상

▌항공 우주용 기기의 침투액계/현상제의 종류

침투액계		현상제의 종류
타 입	방 법	
I-형광침투액 계통 II-염색침투액 계통 III-복식침투액 계통	A-수세성 침투액 계통 B-후유화성 침투액(친유성유화제 사용)계통 C-용제 제거성 침투액 계통 D-후유화성 침투액(친수성유화제 사용)계통	종류 a-건식분말현상제 종류 b-수용성 현상제 종류 c-수현탁성 현상제 종류 d-비수성(속건성) 현상제 종류 e-특정 용도의 현상제

▌표면처리

액체 호닝, 거스러미 제거, 연마, 버프 연마, 샌드블라스트, 랩 다듬질, 쇼트피닝 후 에칭

▌표면피복

최종 침투탐상검사는 표면피복 전 검사, 에칭 포함 시 검사를 화성 피막 후 가능, 크롬도금면은 연삭 후 검사

▌ 침투액의 제거(수동 스프레이)

- 최대 수압 : 275kPa(40psi, 2.8kgf/cm^2)
- 분사 거리 : 30cm(12in)
- 물분무 노즐은 감도 레벨 1 또는 2 공정에 대해서만 허용
- 부가 공기압 : 172kPa(25psi, 1.75kgf/cm^2)

▌ 과잉 세척을 판별하기 위해

- 적절한 조명 필요
- 과잉 세척이 되었을 때는 구성 부품을 충분히 건조시켜 재처리
- 과잉 세척액, 깨끗한 흡수재로 흡수
- 170kPa(25psi, 1.73kgf/cm^2) 미만의 공기압으로 분무

▌ 건식현상제 현상

체류시간은 최소 10분~최대 4시간, 여분은 체류 후 가볍게 두드려서 제거, 염색침투액계 사용 금지

▌ 비수성현상제 현상

형광침투액계에서 균일한 얇은 피복 형성, 염색침투액계에서 흰 피복을 형성, 체류시간은 최소 10분~최대 1시간

▌ 수성현상제 현상

염색침투액계나 형광침투액계의 수세성 침투액 계통에 사용하여서는 안 됨, 체류시간은 최소 10분~최대 2시간

▌ 침투액의 검사 규정

휘도, 수분함유량, 제거성, 감도, 유화제 수분 함유량 5%, 농도 3% 변화 시 불만족

▌ 현상제의 검사 규정

- 건식현상제(매일 시료를 얇게 살포 후 지름 10cm 안에 10개의 형광점이 있는 지 관찰)
- 수성현상제(매일 너비 8cm(3in), 길이 약 25cm(10in)의 깨끗한 알루미늄 패널을 현상제에 침지한 후 꺼내서 건조시키고 자외선조사장치에서 관찰)

▌ 표시방법

각인(전수검사 P, 샘플링 Ⓟ)＞에칭＞착색(밤색, 노란색)＞기타

■ 배관 용접부의 비파괴시험방법

KS B 0888에 규정되어 있으며 '강관을 사용하여 석유·가스 등을 수송하는 상용 압력 0.98MPa 이상의 배관에서 바깥지름 100mm 이상 2,000mm 미만, 살 두께 6mm 이상 40mm 이하의 원둘레 맞대기 용접부의 비파괴시험방법' 에 대해 규정

03 금속재료 및 용접 일반

▌ **금속의 성질**

고유의 색상, 귀금속 변색 정도, 비중, 용융점(녹는점), 용융잠열, 전도성

▌ **이온화 경향**

K > Ca > Na > Mg > Al > Zn > Fe > Co > Sn > Pb > (H) > Cu > Hg > Ag > Au

▌ **초전도현상**

절대 0도(−273.15℃)까지 낮추지 않더라도 어떤 임계온도에서 저항이 극도로 낮아지는 현상

▌ **면심입방격자(FCC)**

단위격자 내 원자의 수는 4개이며, 배위수는 12개이다.

▌ **체심입방격자(BCC)**

단위격자수는 2개이며, 배위수는 8개이다.

▌ **조밀육방격자(HCP)**

단위격자수는 2개이며, 배위수는 12개이다.

▌ **금속 결정의 변화**

동소변태, 자기변태, 강자성체, 상자성체, 열관성 현상

▌ **금속결함**

• 점결함 – 공공, 침입형 원자, 치환
• 선결함 – 전위
• 면결함 – 적층결함, 쌍정, 슬립
• 3차원 결함 – 석출, 수축공, 기공

▌ 훅의 법칙(Hook's Law)

응력을 σ, 변형률을 ε라 하면 그 비율 $E = \dfrac{\sigma}{\varepsilon}$, 탄성한도, 탄성변형, 항복변형, 소성, 열간가공, 냉간가공, 가공경화

▌ 인장시험

재료의 항복 강도, 인장 강도, 파단 강도, 연신율, 단면 수축률, 탄성계수, 내력 등을 구할 수 있다.

▌ 연신율 구하는 방법

처음 길이를 L_0, 나중 길이를 L_1이라고 할 때 연신율 $\varepsilon = \dfrac{L_1 - L_0}{L_0}\%$

▌ 충격시험

샤르피 충격시험(충격 해머 높이 차 시험)

▌ 경도시험

- 브리넬(강구 압입체)
- 로크웰(변화된 하중 깊이 차)
- 비커스(원뿔형 다이아몬드 압입체)
- 쇼어(강구 반발 높이)

▌ 평형상태도

가로축을 2원 조성(%)으로 하고 세로축을 온도(℃)로 하여 변태점을 연결하여 만든 도선

▌ Fe–C 상태도

평형상태도 중 철과 철에 불순물 C가 함유된 시멘타이트의 평형상태도

▌ 자유도

$F = n + 2 - p$

여기서, 자유도 : F, 성분의 수 : n, 상의 수 : p

▌ 탄소강

0.1~2.0% C 함유 철, 0.8% 공석강, 페라이트+시멘타이트의 층층이 쌓인 펄라이트

▌ 페라이트(Ferrite, α-고용체)

상온에서 최대 0.025% C까지 HB90 정도 다각형의 결정입자, 다소 흰색, 연하고 전연성이 크며 강자성체

▌ 오스테나이트(Austenite, γ-고용체)

결정구조는 면심입방격자, 상태도의 A_1 점 이상에서 안정적 조직, 상자성체 HB155 정도이고 인성이 크다.

▌ 시멘타이트(Cementite, Fe_3C)

6.67%의 C 철탄화물, 대단히 단단하고 취성이 크고, 210℃ 이상에서 상자성체, A_0 변태, 시멘타이트의 자기변태

▌ 펄라이트(Pearlite)

0.8% C(0.77% C)의 γ-고용체가 723℃에서 분해하여 생긴 페라이트와 시멘타이트의 공석정이며 혼합 층상조직

▌ 탄소강의 강괴

림드(Rimmed) 강, 킬드(Killed) 강, 세미킬드(Semikilled) 강, 캡트(Capped) 강

▌ 탄소강의 성질

• 탄소강은 알칼리에는 거의 부식되지 않으나 산에는 약하다. 0.2% C 이하의 탄소강은 산에 대한 내식성이 있으나, 그 이상의 탄소강은 탄소가 많을수록 내식성이 저하된다.
• 아공석강에서는 탄소 함유량이 많을수록 강도와 경도가 증가되지만 연신율과 충격값이 낮아진다.

▌ 청열취성(Blue Shortness)

탄소강이 200~300℃에서 상온일 때보다 인성이 저하하여 취성이 커지는 특성

▌ 적열취성(Red Shortness)

S을 많이 함유한 탄소강이 약 950℃에서 인성이 저하하여 취성이 커지는 특성

▌ 상온취성(Cold Shortness)

인을 많이 함유한 탄소강이 상온에서도 인성이 지하하여 취성이 커지는 특성

▌ 주철의 성질

주철 중 탄소는 용융 상태에서는 전부 균일하게 용융, 급랭하면 탄소는 시멘타이트로, 서랭 시에는 흑연으로 석출

흑 연

인장강도를 약하게 하나 주조성, 내마멸성, 절삭성 및 인성 등을 개량

주철의 성장

- 450~600℃이 되면 Fe와 흑연이 분해하기 시작, 750~800℃에서 $Fe_3C \rightarrow 3Fe+C$로 분해하게 된다(시멘타이트의 흑연화(Graphitizing)).
- 변태점 이상의 온도에서 장시간 방치하거나 다시 되풀이하여 가열하면 점차로 그 부피가 증가(주철의 성장 (Growth of Cast Iron))

마우러 조직도

탄소함유량을 세로축, 규소함유량을 가로축으로 하고, 두 성분 관계에 따른 주철의 조직 변화를 정리한 선도

펄라이트 주철

영역 Ⅱ : 펄라이트 주철(레데부라이트+펄라이트+흑연), 질 좋은 주철

주철의 종류

보통주철, 고급주철, 합금주철, 특수용도 주철

고급주철

펄라이트주철, 미하나이트주철(칼슘-실리케이트(Ca-Si)로 접종(Inculation)처리, 흑연을 미세화하여 강도를 높인 것)

합금주철

- 고합금계 VS 저합금계, 페라이트계 VS 마텐자이트계 VS 오스테나이트계 VS 베이나이트계로 구분
- 고력합금주철, 내마멸주철, 내열주철(니크로실랄, 니레지스트), 내산주철

특수용도 주철

가단주철(백심가단, 흑심가단, 펄라이트 가단), 구상흑연주철, 칠드주철

주 강

Ni 주강, Cr 주강, Ni-Cr 주강, Mn 주강(저망간강, 해드필드강), 비드만스테텐 때문에 반드시 열처리

▌ 강의 열처리

- 불림/노멀라이징(Normalizing)
- 완전풀림(Full Annealing)
- 항온풀림(Isothermal Annealing)
- 응력제거풀림(Stress Relief Annealing)
- 연화풀림(Softening Annealing)
- 구상화풀림
- 담금질(Quenching)
- 뜨 임
- 항온열처리

▌ 노멀라이징(Normalizing, 불림)

오스테나이트화 후 공기 중에서 냉각, 불균일해진 조직을 균일화, 표준화, 냉간가공, 단조 후 생긴 내부응력을 제거

▌ 완전풀림(Full Annealing)

γ 고용체로 만든 후 노 안에서 서랭, 새로운 미세 결정 입자, 내부응력이 제거되며 연화, 이상적인 조직

▌ 응력제거풀림(Stress Relief Annealing)

주조, 단조, 압연 등의 가공, 용접 및 열처리에 의해 발생된 응력을 제거, 450~600℃ 정도, 저온풀림

▌ 연화풀림(Softening Annealing)

냉간가공을 계속하기 위해 가공 도중 열처리, 연화과정 : 회복 → 재결정 → 결정립 성장

▌ 구상화풀림

기계적 성질을 개선할 목적으로 탄화물을 구상화시키는 열처리

▌ 담금질(Quenching)

가열하여 오스테나이트화한 강을 급랭하여 마텐자이트로 변태

▌ 담금질 조직

마텐자이트 > 트루스타이트 > 소르바이트 > 오스테나이트

▌ 뜨 임

담금질과 연결, 담금질 후 내부응력이 있는 강의 내부 응력을 제거하거나 인성을 개선, 100~200℃ 또는 500℃ 부근

▌ 뜨임메짐 현상

200~400℃ 범위에서 뜨임

▌ 항온열처리

TTT 선도(변태의 시작선과 완료선을 시간과 온도에 따라 그린 선도), Ac′ 이하로 급랭한 후 온도를 유지

▌ 항온열처리 종류

마퀜칭, 마템퍼링, 오스템퍼링(베이나이트 조직이 나옴), 오스포밍, 오스풀림, 항온뜨임

▌ 알루미늄 합금

알코아, 라우탈 합금, 실루민(또는 알팍스)-개량처리, 하이드로날륨, Y 합금(4% Cu, 2% Ni, 1.5% Mg), 히듀미늄, 코비탈륨, Lo-Ex 합금, 두랄루민(단련용 Al 합금, 시효경화성 Al 합금), 초초두랄루민(석출경화를 거침), 알민, 알드리, 알클래드, SAP(Al 분말 소결)

▌ 구리와 그 합금

전기구리, 전해인성구리, 무산소 구리, 탈산 구리

▌ 황동 합금

황동, 문쯔메탈, 탄피황동(딥드로잉), 톰백(금종이), 납황동(절삭성, 쾌삭황동), 주석황동, 애드미럴티 황동, 네이벌 황동, 알루미늄 황동(알브락), 규소황동(내해수성, 선박부품)

▌ 청동 합금

청동(Cu-Sn, Cu-Sn-기타, Cu-Si), 포금(기계용 청동), 애드미럴티 포금(내압력), 베어링용 청동(켈밋-토목광산기계, 소결 베어링용 합금-오일리스 베어링), 인청동, 니켈청동, 규소청동(트롤리선), 베릴륨 청동(가장 큰 강도), 망간청동(보일러 연소실, 망가닌-정밀계기부품), 코슨 합금(Ni_2Si의 시효경화성), 타이타늄 청동

기타 비철금속과 합금

마그네슘 합금(가볍고 고강도, 항공기, 자동차, 일렉트론, 다우메탈), Mg-R.E.(미시메탈, 다이디뮴), Ni-Cu계(콘스탄탄, 어드밴스, 모넬메탈), Ni-Fe(인바(불변강 표준자), 엘린바(각종 게이지), 플래티나이트(백금과 유사), 니칼로이(초투자율), 퍼멀로이, 퍼민바(오디오헤드)), 내식성 Ni 합금(하스텔로이, 인코넬, 인콜로이)

공구용 합금강

18W-4Cr-1V이 표준 고속도강, 서멧, 초경합금(비디아, 미디아, 카볼로이, 텅갈로이), 베어링강

스테인리스강

- 페라이트계
- 마텐자이트계
- 오스테나이트계
- 석출경화계

고Cr-Ni계 스테인리스강

18Cr-8Ni, 내식/내산성이 우수, 탄화물 입계 석출

스텔라이트

비철 합금 공구 재료, 담금질할 필요 없이 주조한 그대로 사용

비정질 합금

원자가 규칙적으로 배열된 결정이 아닌 상태. 진공증착, 스퍼터링(Sputtering)법, 액체급랭법, 강도가 높고 연성이 양호, 가공경화현상이 나타나지 않음

형상기억합금

열탄성 마텐자이트

신소재

센더스트(알루미늄 5%, 규소 10%, 철 85%의 고투자율 합금), 리드프레임(발열 방지), 경질자성재료(알니코 자석, 페라이트 자석, 희토류 자석, 네오디뮴 자석), 연질자성재료(Si 강판, 퍼멀로이(Ni-Fe계), 알펌, 초소성합금

▌ 반자성체

- 기존 자계와 척력을 발생시키는 물질
- 비스무트, 안티몬, 인, 금, 은, 수은, 구리, 물

▌ 금속침투법

세라다이징(아연 침투), 칼로라이징(알루미늄 분말), 크로마이징(크롬, 고체/기체법), 실리코나이징(Si 침투), 보로나이징(붕소 침투)

▌ 하드페이싱

스텔라이트나 경합금 등을 용접 또는 압접으로 융착시키는 표면경화법

▌ 용접의 장단점

- 이음형상이 자유로움
- 이음 효율 향상
- 두께 무제한
- 이종(異種) 재료 가능
- 열변형
- 열수축
- 취 성
- 잔류응력에 의한 부식
- 품질검사 어려움
- 숙련도 필요

▌ 가스용접의 장단점

열량 조절 쉬움, 설비비 저렴, 열원이 낮고 열집중성 나쁨, 용접 변형이 큼, 폭발의 위험

▌ 불 꽃

중성불꽃(연료 : 산소 = 1 : 1), 탄화불꽃, 산화불꽃

▌ 역 류

산소가 아세틸렌 발생기 쪽으로 흘러 들어가는 것

▌ 인 화

혼합실(가스+산소 만나는 곳)까지 불꽃이 밀려들어가는 것. 팁 끝이 막히거나 작업 중 막는 경우 발생

24

▌ 역 화

불꽃이 '펑펑'하며 팁 안으로 들어왔다 나갔다 하는 현상

▌ 아세틸렌

카바이드와 물을 반응, 순수한 카바이드 1kgf에 348L 아세틸렌가스가 발생(실제는 230~300L)

▌ 아세틸렌 가스의 용해(1kgf/cm²)

아세톤 25배. 12kgf/cm²일 때 아세톤의 300배(용적 25배×압력 12배)

▌ 가스 용접봉 첨가 화학성분

성 분	역 할
C	강도, 경도를 증가시키고 연성, 전성을 약하게 한다.
Mn	산화물을 생성하여 비드면 위로 분리한다.
S	용접부의 저항을 감소시키며 기공 발생과 열간균열의 우려가 있다.
Si	탈산작용을 하여 산화를 방지한다.

▌ 용접봉의 지름 구하는 식

$$D = \frac{T}{2} + 1$$

▌ 가스 용접의 토치 운봉법

전진용접법(용접이 쉬우나 용착이 불완전), 후진용접법(용입이 깊고 접합이 좋다. 두꺼운 판)

▌ 용접기호

맞대기 이음(I, V, Y, $\backslash$, X, K, J, 양면 J, U, H 형), 용접자세(F−아래보기, V−수직, H−수평, OH−위보기)

▌ 정전압특성

아크의 길이가 l_1에서 l_2로 변하면 전류가 I_1에서 I_2로 변화하지만 아크전압은 거의 변화가 나타나지 않는 특성

▌ 상승특성

가는 지름의 전극 와이어에 큰 전류를 흐르게 할 때 아크의 안정은 자동적으로 유지

▌ 부특성

전류밀도가 작은 범위에서 전류가 증가 시 아크 저항은 감소하므로 아크전압도 감소하는 특성

▌ 직류 정극성

용접봉 (-)극, 모재 (+)극

▌ 정극성 VS 역극성

- 정극성 : 깊은 용입, 좁은 비드, 용접봉 쪽 용융이 느림
- 역극성 : 얕은 용입, 넓은 비드, 모재 쪽 용융 느림

▌ 아크쏠림

- 직류아크용접 중 아크가 극성, 자기(Magnetic)에 의해 한쪽으로 쏠리는 현상
- 방지대책 : 접지점을 용접부에서 멀리함, 가용접 후 후진법, 아크길이 짧게, 교류용접 이용

▌ 용접입열

용접입열 $H = \dfrac{60EI}{V}$ (Joule/cm), E : 아크전압, I : 아크전류, V : 용접속도(cm/min)

▌ 허용사용률

- 허용사용률 $= \left(\dfrac{\text{정격 2차 전류}}{\text{사용 용접 전류}}\right)^2 \times$ 정격사용률
- 정격사용률 : 정격 2차 전류로 용접하는 경우의 사용률

▌ 아크용접봉 피복제

아크와 용착금속의 성질 개선, 셀룰로스, 산화타이타늄, 일미나이트, 산화철, 이산화탄소, 규산 등 첨가

▌ 아크용접봉 별 특성

일미나이트계	슬래그 생성식으로 전자세 용접이 되고, 외관이 아름답다.
고셀룰로스계	가스 생성식이며 박판 용접에 적합하다.
고산화타이타늄계	아크의 안정성이 좋고, 슬래그의 점성이 커서 슬래그의 박리성이 좋다.
저수소계	슬래그의 유동성이 좋고 아크가 부드러워 비드의 외관이 아름다우며, 기계적 성질이 우수하다.
라임티타니아계	슬래그의 유동성이 좋고 아크가 부드러워 비드가 아름답다.
철분 산화철계	스패터가 적고 슬래그의 박리성도 양호하며, 비드가 아름답다.
철분 산화타이타늄계	아크가 조용하고 스패터가 적으나 용입이 얕다.
철분 저수소계	아크가 조용하고 스패터가 적어 비드가 아름답다.

피복아크용접 결함(용접균열)

가장 중대 결함, 용접금속의 균열-고온균열/저온균열, 열영향부 균열-비드 밑 균열, Toe 균열, 비드 균열

피복아크용접 결함(그 외)

기공(용착금속 내 가스 원인), 스패터(기포 등 폭발 시), 언더컷(경계부 패임), 오버랩(덮임), 용입불량, 슬래그 섞임

불활성가스용접

TIG용접, MIG용접, 열집중도가 높고 가스이온이 모재표면의 산화막을 제거하는 청정작용이 있으며 산화 및 질화 방지

테르밋 용접

미세한 알루미늄가루와 산화철가루를 혼합, 점화제를 넣어 점화하고 화학반응에 의한 열을 이용

그 밖의 용접

서브머지드 아크용접, 아크용접, 플라스마 용접, 빔 용접, 스터드 용접, 전기저항 용접

납 땜

모재가 녹지 않고 용융재를 녹여 모세관 현상에 의해 접합, 용융점(450℃) 이상을 경납땜, 이하를 연납땜

가스절단

강의 일부를 가열, 녹인 후 산소로 용융부를 불어내어 절단

아크 절단

- 탄소 아크 절단, 금속 아크 절단, 아크 에어 가우징, 산소 아크 절단, TIG/MIG 아크 절단, 플라스마 아크 절단
- 스카핑(Scarfing) : 강재의 표면을 비교적 낮고, 폭넓게 녹여 절삭하여 결함을 제거, 평평한 반타원형상

Win- Q

침투비파괴검사기능사

PART

1

핵심이론 + 핵심예제

핵심이론 01 비파괴검사 이론

① 비파괴검사의 목적

　㉠ 제품의 결함 유무 또는 결함의 정도를 파악, 신뢰성을 향상시킨다.

　㉡ 시험결과를 분석, 검토하여 제조 조건을 보완하므로 제조기술을 발전시킬 수 있다.

　㉢ 적절한 시기에 불량품을 조기 발견하여 수리 또는 교체를 통해 제조 원가를 절감한다.

　㉣ 검사를 통해 신뢰도를 높여 수명의 예측성을 높인다.

② 비파괴검사의 시기에 따른 구분

　㉠ 사용 전 검사는 제작된 제품이 규격 또는 사양을 만족하고 있는가를 확인하기 위한 검사이다.

　㉡ 가동 중 검사(In-service Inspection)는 다음 검사까지의 기간에 안전하게 사용 가능한가 여부를 평가하는 검사를 말한다.

　㉢ 위험도에 근거한 가동 중 검사(Risk Informed In-service Inspection)는 가동 중 검사 대상에서 제외할 것은 과감히 제외하고 위험도가 높고 중요한 부분을 더 강화하여 실시하는 검사이다.

　㉣ 상시감시 검사(On-line Monitoring)는 기기·구조물의 사용 중에 결함을 검출하고 평가하는 모니터링 기술이다.

③ 비파괴검사의 방법에 따른 구분

　㉠ 방사선을 사용한 방사선검사

　㉡ 음향과 음파를 사용하는 초음파검사, 음향방출검사

　㉢ 광학에 의한 시각적 효과를 사용하는 침투탐상검사, 육안검사

　㉣ 전자기적 원리를 이용하는 와류탐상검사, 자분탐상검사

　㉤ 가스의 압력차에 의한 침투를 이용하는 누설검사

　㉥ 열광학적 원리를 이용하는 적외선열화상검사

④ 비파괴검사의 신뢰도

　㉠ 비파괴검사를 수행하는 기술자의 기량을 향상시켜 검사의 신뢰도를 높일 수 있다.

　㉡ 제품 또는 부품에 적합한 비파괴검사법의 선정을 통해 검사의 신뢰도를 높일 수 있다.

　㉢ 제품 또는 부품에 적합한 평가 기준의 선정 및 적용으로 검사의 신뢰도를 향상시킬 수 있다.

핵심예제

비파괴검사는 적용시기에 따라 구분할 수 있다. 사용 전 검사 (PSI ; Pre-Service Inspection)란 무엇인가?　[기본 기출]

① 제작된 제품이 규격 또는 사양을 만족하고 있는가를 확인하기 위한 검사

② 다음 검사까지의 기간에 안전하게 사용 가능한가 여부를 평가하는 검사

③ 기기, 구조물의 사용 중에 결함을 검출하고 평가하는 검사

④ 사용 개시 후 일정기간마다 하게 되는 검사

|해설|

사용 전 검사는 제품이 출고되기 전에 검사를 실시한다.

정답 ①

① 방사선시험
  ㉠ X선이나 γ선 등 투과성을 가진 전자파를 이용하여 검사
  ㉡ 내부 깊은 결함, 압력용기 용접부의 슬래그 혼입의 검출, 체적검사 가능
  ㉢ 거의 대부분의 검출이 가능하나 장비와 비용이 많이 소요
  ㉣ 다량 노출 시 인체에 유해하므로 관리가 필요
  ㉤ 물질의 원자번호나 밀도가 큰 텅스텐, 납 등에는 중성자선을 사용

② 초음파탐상시험
  ㉠ 초음파의 짧은 파장과 고체 내의 전파성, 반사성을 이용하여 검사
  ㉡ 래미네이션(내부에 생긴 불연속, 겹층, 이물) 결함을 검출하는 데 적합
  ㉢ 한쪽 면에서 검사 가능
  ㉣ 내부의 결함을 검출 가능

③ 침투탐상시험
  ㉠ 유체가 갖고 있는 침투성을 이용하여 검사
  ㉡ 표면탐상검사
  ㉢ 주변 온도·습도 등에 영향을 받음
  ㉣ 형광물질을 이용한 광학의 원리를 이용함
  ㉤ 전원설비 없이 검사가 가능한 시험이 있음

④ 와전류탐상시험
  ㉠ 전자유도현상에 따른 와전류분포 변화를 이용하여 검사
  ㉡ 표면 및 표면직하 검사 및 도금층의 두께 측정에 적합
  ㉢ 파이프 등의 표면결함 고속검출에 적합
  ㉣ 전자유도현상이 가능한 도체에서 시험이 가능

⑤ 누설탐상
  ㉠ 압력 차에 의한 유체의 누설현상을 이용하여 검사
  ㉡ 관통된 결함의 경우 탐지가 가능
  ㉢ 공기역학의 법칙을 이용하여 탐지

⑥ 자기탐상검사
  ㉠ 강자성체를 자화시켜 누설자속에 의한 자속의 변형을 이용하여 검사
  ㉡ 자분탐상검사는 자기탐사 중 비자성체에서 시험이 가능한 검사
  ㉢ 표면결함검사

⑦ 적외선검사
  ㉠ 결함부와 건전부의 온도 정보의 분포 패턴을 열화상으로 표시
  ㉡ 원격검사가 가능하고 결함의 시각적 표현과 관찰 시야 선택 가능

⑧ 주요 적용 대상

검사 방법	적용 대상
방사선투과검사	용접부, 주조품 등의 내부결함
초음파탐상검사	용접부, 주조품, 단조품 등의 내부결함 검출과 두께 측정
침투탐상검사	기공을 제외한 표면이 열린 용접부, 단조품 등의 표면결함
와전류탐상검사	철, 비철 재료로 된 파이프 등의 표면 및 근처 결함을 연속 검사
자분탐상검사	강자성체의 표면 및 근처 결함
누설검사	압력용기, 파이프 등의 누설 탐지
음향방출검사	재료 내부의 특성 평가

2-1. 내부 기공의 결함 검출에 가장 적합한 비파괴검사법은?

[기본 기출]

① 음향방출시험 ② 방사선투과시험
③ 침투탐상시험 ④ 와전류탐상시험

2-2. 약 1mm 정도 두께의 자동차용 다듬질 강판에 존재하는 래미네이션 결함을 검사하고자 할 때 다음 중 가장 적합하게 적용할 수 있는 비파괴검사법은?

[기본 기출]

① 누설검사 ② 침투탐상시험
③ 자분탐상시험 ④ 초음파탐상시험

2-3. 다음 중 시험체의 표면직하결함을 검출하기에 적합한 비파괴검사법만으로 나열된 것은?

[기본 기출]

① 방사선투과시험, 누설검사
② 초음파탐상시험, 침투탐상시험
③ 자분탐상시험, 와전류탐상시험
④ 중성자투과시험, 초음파탐상시험

2-4. 다음 중 와전류탐상시험으로 측정할 수 있는 것은?

[최신 기출]

① 절연체인 고무막 두께
② 액체인 보일러의 수면 높이
③ 전도체인 파이프의 표면결함
④ 전도체인 용접부의 내부결함

|해설|

2-1
보기 중 내부탐상이 가능한 시험은 방사선투과시험과 음향방출시험이며, 음향방출시험은 내부의 현 결함이 아닌 뒤에 발생되는 결함을 모니터하는 방법이다.

2-2
래미네이션은 내부결함이기 때문에 누설검사, 침투탐상시험은 적당하지 않고, 자분탐상시험에서는 래미네이션을 구별하기 힘들다.

2-3
표면탐상검사에는 침투탐상, 자분탐상, 와전류탐상 등이 있고, 침투탐상시험은 열린 결함만 검출 가능하다.

정답 2-1 ② 2-2 ④ 2-3 ③ 2-4 ③

핵심이론 03 방사선투과시험과 초음파탐상시험의 비교

① 원 리
  ㉠ 방사선 : 투과선량에 의한 필름 위의 농도차
  ㉡ 초음파 : 초음파의 반사

② 대상결함
  ㉠ 방사선 : 체적결함에 유리
  ㉡ 초음파 : 초음파에 수직한 면상결함에 유리

③ 위치, 깊이 탐상
  ㉠ 방사선 : 여러 방향으로 조사하여 검사, 검출
  ㉡ 초음파 : 한 방향에서도 검출 가능

④ 적용 예
  ㉠ 방사선 : 용접부, 전조품
  ㉡ 초음파 : 용접부, 압연품, 단조품, 주조품

⑤ 결과에 영향을 미치는 주요 요인
  ㉠ 방사선 : 시험체 두께
  ㉡ 초음파 : 시험체 조직의 크기

⑥ 판독의 차이
  ㉠ 방사선 : 촬영 후 현상을 통해 판독
  ㉡ 초음파 : 검사 중 판독이 가능

⑦ 그 외 특징
  ㉠ 방사선 : 방사선 안전관리가 필요
  ㉡ 초음파
    • 2, 3차원적 위치 확인이 가능
    • 방사선투과시험에 비해 균열 등 면상결함의 검출능력이 우수
    • 탐촉자와 시험편 사이의 접촉관리에 유의

3-1. 다음 중 방사선투과시험과 초음파탐상시험에 대한 비교 설명으로 틀린 것은?　　　　　　　　　　　[간혹 출제]

① 방사선투과시험은 시험체 두께에 영향을 많이 받으며, 초음파탐상시험은 시험체 조직 크기에 영향을 받는다.

② 방사선투과시험은 방사선안전관리가 필요하고, 초음파탐상시험은 방사선안전관리가 필요하지 않다.

③ 방사선투과시험은 촬영 후 현상과정을 거쳐야 판독이 가능하고, 초음파탐상시험은 검사 중 판독이 가능하다.

④ 방사선투과시험은 결함의 3차원적 위치 확인이 가능하고, 초음파탐상시험은 2차원적 위치 확인만 가능하다.

3-2. 초음파탐상검사가 방사선투과검사보다 유리한 장점은?　　　　　　　　　　　[자주 출제]

① 기록 보존의 용이성

② 결함의 종류 식별력

③ 균열 등 면상결함의 검출능력

④ 금속조직 변화의 영향 파악이 용이

|해설|

3-1
초음파탐상시험에서 3차원적 위치 확인이 가능하다.

3-2
초음파탐상시험은 방사선투과시험보다 균열 등 면상결함의 검출능력이 유리하다.

정답 3-1 ④　3-2 ③

---

① 방사선시험

　㉠ 내부 깊은 결함, 압력용기 용접부의 슬래그 혼입의 검출, 체적검사 가능

　㉡ 거의 대부분의 검출이 가능하나 장비와 비용이 많이 소요

　㉢ 다량 노출 시 인체에 유해하므로 관리가 필요

　㉣ 물질의 원자번호나 밀도가 큰 텅스텐, 납 등에는 중성자선을 사용

② 방사선 투과 사진의 상질

　㉠ 명암도(Contrast) : 투과사진상 어떤 두 영역의 농도차

　㉡ 명료도(Sharpness) : 투과사진상 윤곽의 뚜렷함

　㉢ 명암도에 영향을 주는 인자 : 시험체 명암도, 필름 명암도

　㉣ 명료도에 영향을 주는 인자 : 고유 불선명도, 산란 방사선, 기하학적 불선명도

　※ 산란방사선에 의한 영향을 작게 하기 위해 후면 납판, 마스크, 필터, 콜리메이터, 다이어프램, 콘, 납증감지를 부착하는 등의 방법을 사용한다.

③ 방사선시험장치

　㉠ X선 발생장치와 부속(조사통, 조리개, 필터, 센터봉)

　㉡ γ선 발생장치와 부속(원격조작기, 콜리메이터, 선원(線原) 캡슐, 선원 홀더)

　㉢ 사용주기 = $\dfrac{\text{사용시간(노출시간)}}{\text{총시간(노출시간+장비휴지시간)}} \times 100(\%)$

　㉣ 필 름

　　• 특성곡선 : X선의 노출량과 사진농도와의 상관관계를 나타낸 곡선

　　• 필름 명암도

　　• 입상성

　㉤ 증감지(Screen) : 금속박 증감지, 형광증감지, 금속형광증감지

ⓑ 상질계 : 투과도계, 계조계

ⓢ 기타 : 농도계, 관찰기

4-1. 비파괴검사법 중 반드시 시험 대상물의 앞면과 뒷면에 모두 접근 가능하여야 적용할 수 있는 것은? [최신 기출]

① 방사선투과시험
② 초음파탐상시험
③ 자분탐상시험
④ 침투탐상시험

4-2. 두꺼운 금속제의 용기나 구조물의 내부에 존재하는 가벼운 수소화합물의 검출에 가장 적합한 검사방법은? [최신 기출]

① X-선투과검사
② γ선투과검사
③ 중성자투과검사
④ 초음파탐상검사

4-3. 방사선투과검사에 사용되는 X선 필름특성곡선은? [최신 기출]

① X선의 노출량과 사진농도의 상관관계를 나타낸 곡선이다.
② 필름의 입도와 사진농도의 상관관계를 나타낸 곡선이다.
③ 필름의 입도와 X선 노출량의 상관관계를 나타낸 곡선이다.
④ X선 노출시간과 필름 입도의 상관관계를 나타낸 곡선이다.

|해설|

4-1
방사선투과시험은 방사선을 방사하고, 필름에서 감광을 하여야 하므로 마주 보는 두 면이 필요하다.

4-2
X선은 두꺼운 금속제 구조물 등에서는 투과력이 약하여 검사가 어렵다. 중성자시험은 두꺼운 금속에서도 깊은 곳의 작은 결함까지 검출이 가능한 비파괴검사탐상법이다.

4-3
X선 필름에 쏘인 X선량과 사진농도와의 관계를 나타낸 곡선을 필름특성곡선이라 한다. 필름 특성은 감광속도, 콘트라스트, 입상성으로 나타낸다.

정답 4-1 ① 4-2 ③ 4-3 ①

핵심이론 05 방사선투과검사 이론

① X선의 발생
  ㉠ X선관의 양쪽 극에 고전압을 걸면 필라멘트에서 방출된 열전자가 금속 타깃과 충돌하여 열과 함께 X선이 발생
  ㉡ 표적금속의 종류에 의해 X선의 고유성질, 파장 등이 정해짐
  ㉢ 등가 에너지의 원리에 의해 관전압(통과하는 전압)만큼의 투과능력 발생

② γ선의 발생
  ㉠ 방사의 원자핵이 붕괴할 때 방사되는 전자파
  ㉡ 각 금속별 반감기

금 속	기 간	금 속	기 간
^{60}Co	5.3년	^{241}Am	432.2년
^{137}Cs	30.1년	^{201}Ti	72.9시간
^{226}Ra	1602년	^{67}Ga	3,261일
^{192}Ir	74일	^{63}Ni	100년
^{170}Tm	128.6일	^{111}In	2.83일

③ 방사선의 성질
  ㉠ X선의 강도
  $$\frac{I_1}{I_2} = \frac{d_2^2}{d_1^2} \quad (I : \text{X선의 강도}, \ d : \text{거리})$$
  ㉡ 방사선의 감쇠
  $$I = I_0 \cdot e^{-\mu T} \quad (\mu : \text{선흡수계수}, \ T : \text{시험체의 두께})$$
  ㉢ 산란방사선
   • 내부산란, 측면산란, 후방산란 정도로 구분
   • 산란방사선의 영향을 줄이기 위해서
    - 증감지 사용
    - 후면 스크린 사용
    - 마스크(산란방사선 흡수체) 사용
    - 필터 사용(산란이 쉬운 방사선을 방사시점에 필터링함)
    - 콜리메이터 사용

④ 투과도계의 사용목적
  ㉠ 투과도계는 촬영된 방사선 투과사진의 감도를 알기 위해 사용
  ㉡ 시편 위에 함께 놓고 촬영
⑤ 관용도 : 콘트라스트와 가장 밀접한 관계가 있는 필름의 척도로서 투과사진상에 유용한 농도로 기록될 수 있는 물질의 두께 범위
⑥ 방사선의 측정
  ㉠ 전리작용 : 기체 속에 하전입자가 통과하면, 일부 기체는 하전입자와 상호작용을 하여 자유전자와 이온으로 분리되는 현상
  ㉡ 전리함식 서베이(Survey)미터 : 전리함 가운에 전극을 달고, 전극과 전리함 내면 사이에 전압을 가하면 방사선의 통과에 따라 발생한 전리전류가 생기는데 이를 측정하는 방법
  ㉢ 개인피폭량선계
    • 포켓선량계 : Self-reading Type의 전리함은 간단하고 판독이 쉬우며 작고 휴대성이 좋다.
    • 필름배지 : 작은 배지 Type으로 사용 후 필름이 검게 변한 정도로 피폭량을 측정한다.
    • 형광유리선량계 : 여기에 전리방사선이 쏘아지면 형광중심이 생기며, 자외선이 쏘아지면 가시광선이 발생한다.
    • 열형광선량계 : 필름배지를 사용하며 재사용이 가능하다. 작은 크기로 특정 부위의 피폭선량 측정도 가능하다.
⑦ 피폭 방어
  ㉠ 방사선을 취급하는 시간을 가능한 한 짧게 한다.
  ㉡ 방사선량률은 거리 제곱에 반비례하여 감소하기 때문에 작업 시 가능한 한 거리를 멀리한다.
  ㉢ 차폐체를 사용하여 피폭량을 줄여야 하며 재질은 원자번호 및 밀도가 클수록 양호하다.

⑧ 동위원소
  ㉠ 화학적으로는 거의 구별할 수 없으나 그 구성하는 원자의 질량이 서로 다른 것이다. 예를 들어 ^1_1H 와 ^2_1H 의 원자번호는 모두 1로 같으나 질량수가 앞의 것은 1, 뒤의 것은 2로 다른 동위원소이다.
  ㉡ 방사선 동위원소(RI) : 입자 또는 γ선을 자발적으로 방출하는 성질을 가진 동위원소이다. 즉, 방사선 붕괴를 하는 동위원소이다. 방사선투과시험에 사용되는 방사선 동위원소에는 Ir-192, Co-60, Cs-137, Tm-170 등이 있다.

핵심예제

5-1. X선에 대한 설명 중 틀린 것은? [기본 기출]
① 표적금속의 종류에 의해 고유 성질이 정해진다.
② 단일 에너지를 가진다.
③ 파장은 관전압이 바뀌면 변한다.
④ 연속 스펙트럼을 가진다.

5-2. 방사선투과시험에서 X선 관전압에 해당되는 동위원소에서의 동일한 투과능력의 대등한 에너지는? [기본 기출]
① 필요 에너지
② 최소 에너지
③ 등가 에너지
④ 최대 에너지

5-3. X선의 일반적 특성에 대한 설명으로 옳은 것은? [기본 기출]
① 높은 주파수를 갖는다.
② 높은 지향성을 갖는다.
③ 파장이 긴 전자파이다.
④ 물체에 닿으면 모두 반사한다.

5-4. 방사선투과검사 필름의 상질이 알아보기 위해 사용하는 촬영도구는? [최신 기출]
① 증감지
② 투과도계
③ 콜리메터
④ 농도측정기

5-5. 선원-필름 간 거리가 4m일 때 노출시간이 60초였다면 다른 조건은 변화시키지 않고 선원-필름 간 거리만 2m로 할 때 방사선투과시험의 노출시간은 얼마이어야 하는가?

[최신 기출]

① 15초
② 30초
③ 120초
④ 240초

| 해설 |

5-1
• 표적금속의 번호에 따라 X선의 강도와 고유성질이 정해진다.
• 단일 X선이 단일에너지를 가진다.
• 관전압에 따라 파장이 변한다.

5-2
아인슈타인이 주장한 질량-에너지 등가 법칙에서 출발한 내용으로 원소 내에서 방출되는 어떤 물질이 가진 기존의 에너지 양만큼 같은 양의 에너지가 투입되었을 때 방출이 가능하다는 원리로 X선 관전압에 해당하는 투과에너지가 발생하는 원리를 설명하는 개념이다.

5-3
② 지향성은 초음파의 특성이다.
③, ④ 파장의 길이가 짧고 투과성을 지닌다.

5-4
투과도계의 사용목적
• 투과도계는 촬영된 방사선 투과사진의 감도를 알기 위해 사용
• 시편 위에 함께 놓고 촬영

5-5
4m 지점에서 60초 노출이 적절했다면, 거리가 1/2로 줄었을 때 그 제곱인 4배만큼 방사선 강도가 강해졌으므로 노출시간은 1/4로 줄어들면 된다.

$$\frac{C_1 \text{에서의 방사선 노출}}{C_2 \text{에서의 방사선 노출}} = \frac{C_2 \text{까지의 거리}^2}{C_1 \text{까지의 거리}^2},$$

방사선의 노출 = 방사선강도 × 노출시간

정답 5-1 ④ 5-2 ③ 5-3 ① 5-4 ② 5-5 ①

핵심이론 06 초음파검사

① 초음파의 특성

㉠ 주파수(f)란 초당 떨린 횟수이며, 한 번 떨릴 때 진행한 거리가 파장(λ)이다. 한 번 떨릴 때 진행한 거리(λ)와 초당 떨린 횟수(f)를 곱하면 초당 진행한 거리(속도, 여기서는 음속 C)가 된다.

$C = f\lambda$

(따라서 음속이 일정하다면 주파수와 파장은 서로 반비례 관계이다)

㉡ 초음파입자의 변위

$a = a_0 \sin 2\pi f$ (a_0 : 진폭, f : 주파수)

㉢ 에너지 감쇠 : 초음파 또한 에너지이며 초음파가 직진을 하면서 어떤 경계면이나 결함을 만나지 않았더라도 매질을 지나면서 에너지 손실이 자연히 발생하는데, 이에 따라 에너지가 감쇠하게 된다.

② 가청주파수 : 가청주파수의 범위는 20Hz에서 20,000Hz, 즉 20kHz의 범위이며 이를 넘는 주파수 범위에 해당하는 음파가 초음파이다.

③ 초음파의 속도와 굴절각의 관계

$$\frac{\sin \alpha}{\sin \beta} = \frac{V_1}{V_2}, \quad \sin \beta = \frac{V_2}{V_1} \times \sin \alpha$$

④ 음향 임피던스 : 탐촉자로부터 송신한 초음파는 대부분 경계면에서 반사되고 일부만 통과하는데, 그 반사량은 경계되는 두 매질의 음향 임피던스 비에 의해서 좌우된다. 음향 임피던스는 서로 다른 재질에서의 음속 차에 원인이 있으며, 매질의 밀도(ρ)와 음속(C)의 곱으로 나타내는 매질 고유의 값으로 이론적으로는 입자속도와 음압의 비율이다.

⑤ 압전효과 : 어떤 물질에 힘이 가해지면 그 힘과 비례하는 전압이 생기는 현상

⑥ 초음파탐상기에 요구되는 성능

㉠ 증폭 직진성 : 수신된 초음파 펄스의 음압과 브라운관에 나타난 에코 높이의 비례관계 정도

ⓛ 시간축 직진성 : 초음파 펄스가 송신되고부터 수신될 때까지의 시간에 정확히 비례한 횡축위치에 에코를 표시할 수 있는 성능

ⓒ 분해능 : 탐촉자로부터의 거리 또는 방향이 다른 근접한 2개의 반사원을 2개 에코로 식별할 수 있는 성능

핵심예제

6-1. 다음 중 가청주파수의 한계는 얼마 정도인가?
[기본 기출]

① 2kHz
② 20kHz
③ 200kHz
④ 2,000kHz

6-2. 공기 중에서 초음파의 주파수가 5MHz일 때 물속에서의 파장은 몇 mm가 되는가?(단, 물에서의 초음파 음속은 1,500m/s 이다)
[간혹 출제]

① 0.1
② 0.3
③ 0.5
④ 0.7

6-3. 그림과 같이 물을 통하여 알루미늄에 초음파를 9°의 입사각으로 입사시킬 때 알루미늄에서의 굴절각은 약 몇 도인가?(단, 물의 종파속도는 1,500m/sec, 알루미늄의 종파속도는 6,300m/sec이다)
[자주 출제]

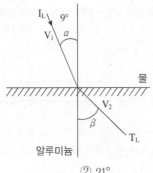

① 13°
② 21°
③ 33°
④ 41°

6-4. 물질의 밀도가 ρ, 물질 내에서 초음파의 속도가 V인 경우 물질의 음향 임피던스(Z)를 구하는 식은?
[기본 기출]

① $Z = \dfrac{\rho}{2V}$
② $Z = \dfrac{\rho}{V}$
③ $Z = \rho V$
④ $Z = 2\rho V$

6-5. 초음파탐상기에 요구되는 성능 중 수신된 초음파 펄스의 음압과 브라운관에 나타난 에코 높이의 비례관계 정도를 나타내는 것은?
[기본 기출]

① 시간축 직선성
② 분해능
③ 증폭 직선성
④ 감도

6-6. 초음파탐상검사의 근거리 음장에 대한 설명으로 잘못된 것은?
[기본 기출]

① 근거리 음장은 진동자 직경이 크면 길어진다.
② 근거리 음장은 주파수가 높으면 짧아진다.
③ 근거리 음장은 초음파 속도가 빠르면 짧아진다.
④ 근거리 음장은 초음파의 파장이 길면 짧아진다.

|해설|

6-1
가청주파수는 20~20,000Hz(20kHz)이다.

6-2
주파수란 1초당 떨림 횟수이므로 공기 중 500만 번 떨리면서 340m(공기 중 음속 340m/s) 이동하므로 한 번당 0.068mm(파장의 길이) 같은 떨림수를 갖고 있고, 음속만 다르면 파장당 길이가 1,500 : 340으로 길어지므로 $0.068\text{mm} \times \left(\dfrac{1,500}{340}\right) = 0.3\text{mm}$ 이다.

6-3
$\dfrac{\sin\alpha}{\sin\beta} = \dfrac{V_1}{V_2}$, $\sin\beta = \dfrac{V_2}{V_1} \times \sin\alpha$, $\sin\beta = \dfrac{6,300}{1,500} \times \sin9° = 0.657$
∴ $\beta = 41°$

6-4
음향 임피던스란 매질의 밀도(ρ)와 음속(C)의 곱으로 나타내는 매질 고유의 값으로 이론적으로는 입자 속도와 음압의 비율이다.

6-5
증폭 직진성 : 수신된 초음파펄스의 음압과 브라운관에 나타난 에코높이의 비례관계 정도

6-6
근거리 음장(音場)은 언어적으로는 음압의 초음파 빔의 영역을 의미하며 수리적으로는 $x_0 = \dfrac{D^2}{4\lambda}$($D$: 진동자 직경, λ : 파장)으로 계산된다. $C = f\lambda$의 관계를 고려하면 근거리 음장은 진동자 직경(D)이 크면 길어지고, C가 같은 상태에서 주파수(f)가 높아지면 파장(λ)이 짧아지므로 근거리 음장이 길어지고, 초음파의 속도가 빠르다는 것은 주파수가 높거나 파장이 길어진 것인데, 파장이 길어진 경우는 근거리 음장이 짧아진다.

정답 6-1 ② 6-2 ② 6-3 ④ 6-4 ③ 6-5 ③ 6-6 ②

① 초음파의 종류

종 파	• 파를 전달하는 입자가 파의 진행 방향에 대해 평행하게 진동하는 파장이다. • 고체, 액체, 기체에 모두 존재하며, 속도(5,900m/s 정도)가 가장 빠르다.
횡 파	• 파를 전달하는 입자가 파의 진행 방향에 대해 수직하게 진동하는 파장이다. • 액체, 기체에는 존재하지 않으며 속도는 종파의 반 정도이다. • 동일 주파수에서 종파에 비해 파장이 짧아서 작은 결함의 검출에 유리하다.
표면파	• 매질의 한 파장 정도의 깊이를 투과하여 표면으로 진행하는 파장이다. • 입자의 진동방식이 타원형으로 진행한다. • 에너지의 반 이상이 표면으로부터 1/4 파장 이내에서 존재하며, 한 파장 깊이에서의 에너지는 대폭 감소한다.
판 파	• 얇은 고체 판에서만 존재한다. • 밀도, 탄성특성, 구조, 두께 및 주파수에 영향을 받는다. • 진동의 형태가 매우 복잡하며, 대칭형과 비대칭형으로 분류된다.
유도 초음파	• 배관 등에 초음파를 일정 각도로 입사시켜 내부에서 굴절, 중첩 등을 통하여 배관을 따라 진행하는 파가 만들어지는 것을 이용하여 발생시킨다. • 탐촉자의 이동 없이 고정된 지점으로부터 대형 설비 전체를 한 번에 탐상 가능하다. • 절연체나 코팅의 제거가 불필요하다.

② 초음파탐상시험의 장단점

장 점	단 점
• 균열 등 미세 결함에도 높은 감도 • 초음파의 투과력 • 내부결함의 위치나 크기, 방향 등을 꽤 정확히 측정할 수 있다. • 신속하게 결과를 확인할 수 있다. • 방사선 피폭의 우려가 작다.	• 검사자의 숙련이 필요하다. • 불감대가 존재한다. • 접촉매질을 활용한다. • 표준시험편, 대비시험편을 필요로 한다. • 결함과 초음파빔의 탐상 방향에 따른 영향이 크다.

7-1. 다음 중 초음파탐상검사의 장점이 아닌 것은?

[기본 기출]

① 미세한 균열의 검출에 대한 감도가 낮다.
② 내부결함의 위치 측정이 가능하다.
③ 검사결과를 신속히 알 수 있다.
④ 내부결함의 크기 측정이 가능하다.

7-2. 탐촉자의 이동 없이 고정된 지점으로부터 대형 설비 전체를 한 번에 탐상할 수 있는 초음파탐상검사법은? [최신 기출]

① 유도 초음파법
② 전자기 초음파법
③ 레이저 초음파법
④ 초음파 음향공명법

7-3. 초음파의 특이성을 기술한 것 중 옳은 것은? [최신 기출]

① 파장이 길기 때문에 지향성이 둔하다.
② 고체 내에서 잘 전파하지 못한다.
③ 원거리에서 초음파빔은 확산에 의해 약해진다.
④ 고체 내에서는 횡파만 존재한다.

|해설|

7-1
초음파탐상시험의 장단점을 잘 익혀 두어야 한다. 초음파탐상의 장단점을 요약하면 파장을 이용하기 때문에 전달성과 검출성이 좋은 장점과 매질에 의해 진행하는 파장의 성질에 따른 단점이 있다.

7-2
유도 초음파는 배관 등에 초음파를 일정 각도로 입사시켜 내부에서 굴절, 중첩 등을 통하여 배관을 따라 진행하는 파가 만들어지는 것을 이용한다.
탐촉자의 이동 없이 고정된 지점으로부터 대형 설비 전체를 한 번에 탐상 가능하며 절연체나 코팅의 제거가 불필요하다.

7-3
① 파장이 짧다.
② 고체 내에 전달성이 높다.
④ 고체 내에서는 횡파와 종파가 모두 잘 전달된다.

정답 **7-1** ① **7-2** ① **7-3** ③

① 초음파검사방법 종류

　㉠ 초음파 형태에 따라 : 펄스파법, 연속파법

　㉡ 송수신 방식에 따라 : 반사법, 투과법, 공진법

　㉢ 탐촉자 수에 따라 : 1탐촉자법, 2탐촉자법

　㉣ 탐촉자의 접촉 방식에 따라 : 직접접촉법, 국부수침법, 전몰수침법

　㉤ 표시방법에 따라 : 기본표시(A-scope), 단면표시(B-scope), 평면표시(C-scope), 조합

　㉥ 진동양식, 전파방향에 따라

　　• 수직법(종파/횡파) : 주조재, 단조재 등의 내부결함, 위치 추적 가능

　　• (경)사각법(종파/횡파) : 용접부, 관재부 등의 내부결함, 횡파 이용하여 깊이 측정 가능

　　• 표면파법(표면파) : 표면결함

　　• 판파법(판파) : 박판의 결함

　　• 그 외 : 크리핑파법, 누설표면파법

　㉦ IRIS : 초음파 튜브검사로 초음파탐촉자가 튜브의 내부에서 회전하며 검사

　㉧ EMAT : 전자기 원리를 이용하는 초음파검사법

　㉨ PAUT : 위상배열초음파검사로 여러 진폭을 갖는 초음파를 이용하여 실시간 검사

　㉩ TOFD : 결함 높이를 고정밀도로 측정하는 방법으로 회절파를 이용

② 결함 길이 측정방법

　㉠ dB Drop법 : 최대 에코 높이의 6dB 또는 10dB 아래인 에코 높이 레벨을 넘는 탐촉자의 이동거리로부터 결함 길이를 구함

　㉡ 평가 레벨법 : 대비시험편 등으로 미리 정해진 에코높이를 넘는 탐촉자의 이동거리로부터 결함 크기를 구함

③ 탐촉자의 표시방법

구 분	종	기 호
주파수 대역	보 통	N(또는 생략)
	광대역	B
공칭주파수	-	숫자(MHz(단위))
진동자 재료	수 정	Q
	지르콘, 타이타늄산납계자기	Z
	압전자기일반	C
	압전소자일반	M
진동자의 공칭치수	원 형	직경 표시(mm)
	각 형	높이×폭(mm)
형 식	수 직	N
	사 각	A
	종파사각	LA
	표면파	S
	가변각	LA
	수침(국부수침 포함)	I
	타이어	W
	2진동자	D를 더함
	두께 측정용	T를 더함
굴절각	저탄소강	단위 °
	알루미늄용	단위 ° AL
공칭접속범위	-	F(mm)

핵심예제

8-1. 전몰수침법을 이용하여 초음파탐상할 경우의 장점과 거리가 먼 것은? ［기본 기출］

① 주사속도가 빠르다.

② 결함의 표면 분해능이 좋다.

③ 탐촉자 각도의 변형이 용이하다.

④ 부품의 크기에 관계없이 검사가 가능하다.

8-2. 초음파탐상법을 원리에 의해 분류할 때 해당하지 않는 것은? ［기본 기출］

① 펄스 반사법　　　　② 투과법

③ A-주사법　　　　　④ 공진법

8-3. 초음파탐상검사의 진동자 재질로 사용되지 않는 것은?

[기본 기출]

① 수 정 　　　　　② 황산리튬
③ 할로겐화은 　　　④ 타이타늄산바륨

8-4. 초음파탐상시험에서 표준이 되는 장치나 기기를 조정하는 과정은?

[기본 기출]

① 감 쇠 　　　　　② 교 정
③ 상관관계 　　　　④ 경사각탐상

8-5. 관(Tube)의 내부에 회전하는 초음파탐촉자를 삽입하여 관의 두께 감소 여부를 알아내는 초음파탐상검사법은?

[최신 기출]

① EMAT 　　　　　② IRIS
③ PAUT 　　　　　④ TOFD

|해설|

8-1
전몰수침법은 시험체를 물에 완전히 담가 시험하는 방법이므로 물에 담글 수 있는 크기이어야 한다.

8-2
A-주사법(A-scope)은 표시방법에 의한 분류이다. 초음파탐상법은 그 원리에 따라 펄스반사법, 투과법, 공진법으로 구분할 수 있다.

8-3
초음파검사의 진동자 재질로는 수정, 황산리튬, 지르콘, 압전세라믹, 타이타늄산바륨 등이 있다.

8-4
교정(Calibration) : 초음파탐상시험에서 표준이 되는 장치나 기기를 조정하는 과정

8-5
② IRIS : 초음파 튜브검사로 초음파탐촉자가 튜브의 내부에서 회전하며 검사한다.
① EMAT : 전자기 원리를 이용하는 초음파검사법
③ PAUT : 위상배열초음파검사로 여러 진폭을 갖는 초음파를 이용하여 실시간 검사한다.
④ TOFD : 결함 높이를 고정밀도로 측정하는 방법으로 회절파를 이용한다.

정답 8-1 ④　8-2 ③　8-3 ③　8-4 ②　8-5 ②

핵심이론 09 자분탐상검사 이론

① 자기탐상시험은 자분탐상시험과 누설자속탐상시험으로 나뉜다.

② 자분탐상시험의 특징
  ㉠ 표면 및 표면직하 균열의 검사에 적합, 깊은 곳은 어렵다.
  ㉡ 자속은 가능한 한 결함면에 수직이 되도록 한다.
  ㉢ 자분은 시험체 표면의 색과 구별하기 쉬운 색을 선정하여야 한다.
  ㉣ 핀 홀 등은 검출이 어렵다.
  ㉤ 시험체 두께 방향의 결함 깊이에 관한 정보는 얻기 어렵다.

③ 자분탐상시험의 용어 설명
  ㉠ 자분 : 자성을 띤 미립자이다.
  ㉡ 자화 : 자분이나 시험체에 자속을 흐르게 한다.
  ㉢ 자분의 적용 : 자분에 자속을 띄게 한다.
  ㉣ 관찰 : 자분의 자속을 살펴보아 결함을 찾는다.
  ㉤ 자극 : 자성체가 가지고 있는 극성으로 같은 극끼리 밀어내는 척력과 서로 다른 극을 잡아당기는 인력이 작용하는 시점이다.
  ㉥ 투자율 : 투자율은 자속이 통과하는 비율, 밀도, 재질에 따라 결정된다.
  ㉦ 결함 : 부품의 수명에 나쁜 영향을 주는 불연속이다.
  ㉧ 자력선 : 자계의 상태를 알기 쉽게 하기 위해 가상으로 그린 선으로 N극에서 나와 S극으로 들어가고 접선은 자계의 방향, 밀도는 자계의 세기를 나타낸다.

④ 자계의 세기
  ㉠ 단위(Weber) : 자기력선속의 단위로 단위 면적당 통과하는 자속선 수의 단위
  ㉡ B(자속밀도) = H(자력세기) × U(투자율)
  ㉢ 코일법에서 시험체의 두께의 비와 AT의 관계

※ AT(Ampere Turn)는 전류와 감은 수의 곱으로 표현

$2 \leq \dfrac{L}{D} < 4$인 경우, $\dfrac{45,000}{\dfrac{L}{D}} = \mathrm{AT}$

$4 \leq \dfrac{L}{D}$인 경우, $\dfrac{35,000}{\dfrac{L}{D}+2} = \mathrm{AT}$

핵심예제

9-1. 자분탐상시험에서 자력선 성질이 아닌 것은? [기본 기출]

① N극에서 나와서 S극으로 들어간다.
② 자력선의 밀도가 큰 곳은 자계가 세다.
③ 자력선의 밀도는 그 점에서 자계의 세기를 나타낸다.
④ 자력선은 도중에서 갈라지거나 서로 교차한다.

9-2. 방사선투과시험과 비교하여 자분탐상시험의 특징을 설명한 것으로 옳지 않은 것은? [자주 출제]

① 모든 재료에의 적용이 가능하다.
② 탐상이 비교적 빠르고 간단한 편이다.
③ 표면 및 표면 바로 밑의 균열검사에 적합하다.
④ 결함모양이 표면에 직접 나타나므로 육안으로 관찰할 수 있다.

9-3. 자분탐상시험의 선형자화법에서 자계의 세기(자화력)를 나타내는 단위는? [최신 기출]

① 암페어
② 볼트(Volt)
③ 웨버(Weber)
④ 암페어/미터

|해설|

9-1
자력선 : 자계의 상태를 알기 쉽게 하기 위해 가상으로 그린 선이다. N극에서 나와 S극으로 들어가고 접선은 자계의 방향, 밀도는 자계의 세기를 나타낸다. 자력은 서로 당겨지거나 밀어내므로 겹치거나 교차하지 않는다.

9-2
강자성체에 자분탐상시험이 가능하다.

9-3
① A는 전류의 단위이고, ② Volt는 전압의 단위이고, ③ Weber는 자기력선속의 단위로 단위 면적당 통과하는 자속선 수의 단위이다.

정답 9-1 ④ 9-2 ① 9-3 ④

핵심이론 10 자분탐상시험에서 결함 검출

① 자분탐상검사는 미세한 표면균열 검출에 가장 적합
② 시험체의 크기, 형상 등에 크게 구애됨이 없이 검사 수행이 가능
③ 침투탐상과 비교하여서는 표면 바로 아래 결함도 함께 검출 가능
④ 시험체에 피막이 있어도 검출이 가능

핵심예제

10-1. 자분탐상시험에서 가장 쉽게 발견될 수 있는 결함은? [매년 유사 출제]

① 내부의 균열
② 표면하의 융합 부족
③ 표면의 미세한 기공
④ 표면의 폭이 크고 긴 균열

10-2. 상온에서 자분탐상시험으로 검사체의 결함검출이 어려운 것은? [간혹 출제]

① 철(Fe)
② 니켈(Ni)
③ 코발트(Co)
④ 비스무트(Bi)

|해설|

10-1
자분탐상검사는 미세한 표면균열 검출에 가장 적합하며, 시험체의 크기, 형상 등에 크게 구애받지 않고 검사 수행이 가능하다. 침투탐상과 비교하여서는 표면 바로 아래 결함도 함께 검출이 가능하고, 시험체에 피막이 있어도 검출이 가능한 특징이 있다.

10-2
비스무트(Bi)는 깨지기 쉬운 분홍색을 띤 은백색의 무른 금속으로 모든 금속들 중에 최상의 반자성을 띤다. 열전도도는 수은을 제외한 어떠한 금속보다 작고, 큰 전기저항을 가진다.

정답 10-1 ④ 10-2 ④

분류 기준	시험방법	설 명
자화 시기	연속법	검사를 자화하는 중에 실시한다.
	잔류법	검사 전 자화를 마치고 잔류자장으로 검사한다.
자분 종류	형광자분	자외선등에 반응하는 자분이다.
	비형광자분	일반 자분이다.
자분 매질	건식법	자분을 그대로 뿌린다.
	습식법	자분을 검사액에 현탁시켜 사용한다.
자화 전류	직 류	• 전류밀도의 안쪽과 바깥쪽이 균일하다. • 표면 근처의 내부 결함까지 탐상이 가능하다. • 통전시간은 1/4~1초 정도이다.
	맥 류	• 교류를 정류한 직류이다. • 내부 결함을 탐상할 수도 있다.
	충격전류	• 일정량 이상의 전류를 짧게 흐르게 한 후(1/120초 정도) 끊어 주는 형태의 전류이다. • 잔류법에 사용한다.
	교 류	• 표피효과(바깥쪽으로 갈수록 전류밀도가 커지는 효과)가 있다. • 위상차가 지속적으로 발생하여 전류 차단 시 위상에 따라 결과가 계속 달라지므로 잔류법에는 사용할 수 없다.
자화방법	축 통전법(EA)	시험체의 축 방향으로 전류를 흐르게 한다.
	직각 통전법(ER)	축에 대하여 직각 방향으로 직접 전류를 흐르게 한다.
	전류 관통법(B)	시험체의 구멍 등에 통과시킨 도체에 전류를 흐르게 한다.
	코일법(C)	시험체를 코일에 넣고 코일에 전류를 흐르게 한다.
	극간법(M)	시험체를 영구자석 사이에 놓는다.
	프로드법(P)	시험체 국부에 2개의 전극을 대어서 흐르게 한다.

11-1. 자분탐상시험 시 표피효과 등으로 인하여 표면 부근은 자화되지 않아 표면결함만을 연속법으로 탐상하기 위한 자화전류로 적합한 것은? [매년 유사 출제]

① 교 류
② 직 류
③ 맥 류
④ 충격전류

11-2. 다음 자분탐상시험법 중 선형자화법을 이용하는 것은? [자주 출제]

① 극간법
② 프로드법
③ 직각통전법
④ 전류관통법

|해설|

11-1
• 표피효과(바깥쪽으로 갈수록 전류밀도가 커지는 효과)가 있다.
• 위상차가 지속적으로 발생하여 전류 차단 시 위상에 따라 결과가 계속 달라지므로 잔류법에는 사용할 수 없다.

11-2
선형자화란 코일에 전류를 통전시키면 코일 안으로 자속이 직선 방향으로 형성되는 자화방법이다. 코일법과 극간법 등이 선형자화의 대표적인 방법이다.

정답 **11-1** ① **11-2** ①

① **표피효과** : 도체를 교류자장 내에 위치시키면 자장의 분포는 표면층에서 가장 크고 내부로 갈수록 약해진다. 이는 모든 도체에 교류가 흐르면 표면으로부터 중심으로 깊이 들어갈수록 전류밀도가 작아지기 때문이다. 이렇게 표면에 전류밀도가 밀집되고 중심으로 갈수록 전류밀도가 지수적 함수만큼 줄어드는 것을 표피효과라고 한다. 이는 와전류탐상의 특징이다.

② **침투 깊이**

　㉠ 와전류의 침투 깊이를 구하는 식은

$$\delta = \frac{1}{\sqrt{\pi f \mu \sigma}}$$

　　f : 주파수, μ : 도체의 투자율, σ : 도체의 전도도

　㉡ 주파수가 낮을수록 침투 깊이가 깊다.

　㉢ 투자율이 낮을수록 침투 깊이가 깊다.

　㉣ 전도율이 높을수록 침투 깊이가 얕다.

　㉤ 표피효과가 클수록 침투 깊이가 얕다.

③ 코일 임피던스는 전류의 흐름에 대한 도선과 코일의 총 저항을 의미하며, 코일 임피던스 Z는 직류저항 R, 인덕턴스 L 및 교류의 각 주파수 ω에 의한 복소수로 표현된다.

$$Z = R + j\omega L$$

④ **코일 임피던스에 영향을 주는 인자**

　㉠ 시험주파수 : 와류시험을 할 때 이용하는 교류전류의 주파수

　㉡ 시험체의 전도도

　㉢ 시험체의 투자율

　㉣ 시험체의 형상과 치수

　※ 내삽코일의 충전율(Fill-factor) 식

$$\eta = \left(\frac{D}{d}\right)^2 \times 100\%$$

　　D : 코일의 평균직경, d : 관의 내경

　㉤ 코일과 시험체의 상대 위치

　㉥ 탐상속도

⑤ **신호검출에 영향을 주는 인자**

　㉠ 리프트 오프 : 코일과 시험면 사이 거리가 변할 때마다 출력이 달라지는 효과

　㉡ 충전율 : 코일이 얼마나 시험체와 잘 결합되어 있느냐, 즉 거리와 코일 간격 등에 따라 출력지시가 달라진다.

　㉢ 모서리 효과 : 시험체 모서리에서 와전류 밀도가 변함에 따라 마치 불연속이 있는 것처럼 지시가 변화하는 효과

핵심예제

12-1. 와전류의 침투깊이는 여러 인자와 관련이 있는데 다른 인자들은 고정한 상태로 시험주파수만 4배로 높일 경우 침투깊이는? [기본 기출]

① 4배 증가

② 2배 증가

③ 1/2로 감소

④ 1/4로 감소

12-2. 전류의 흐름에 대한 도선과 코일의 총저항을 무엇이라 하는가? [기본 기출]

① 유도 리액턴스

② 인덕턴스

③ 용량 리액턴스

④ 임피던스

12-3. 외경이 24mm이고, 두께가 2mm인 시험체를 평균 직경이 18mm인 내삽형 코일로 와전류탐상검사를 할 때 충전율 (Fill-factor)은 얼마인가? [자주 출제]

① 67%　　　　　　② 75%

③ 81%　　　　　　④ 90%

12-4. 와전류탐상검사에서 신호지시를 검출하는 데 영향을 주는 시험체-시험코일 연결 인자가 아닌 것은? [기본 기출]

① 리프트 오프(Lift Off)

② 충전율(Fill-factor)

③ 표피효과(Skin Effect)

④ 모서리 효과(Edge Effect)

12-1

와전류의 침투 깊이를 구하는 식은

$$\delta = \frac{1}{\sqrt{\pi f \mu \sigma}}$$

f : 주파수, μ : 도체의 투자율, σ : 도체의 전도도

즉, 주파수의 1/2 승만큼 감소한다.

12-2

교류에서는 전류의 흐름의 양과 방향이 시시각각 변하여 저항 역할을 하는데 이를 리액턴스라 한다. 전류의 흐름은 자기력을 발생시키고 이 자기력은 다시 유도전류를 발생시키며, 이 전류는 본래의 전류의 흐름을 방해하는 방향으로 발생하여 저항 역할을 하게 되며 이를 인덕턴스라 한다. 임피던스는 저항과 인덕턴스의 총합으로 표현된다.

12-3

내삽코일의 충전율 식

$$\eta = \left(\frac{D}{d}\right)^2 \times 100\%$$

D : 코일의 평균직경, d : 관의 내경

$$\eta = \left(\frac{18}{24-2-2}\right)^2 \times 100\% = 81\%$$

12-4

③ 표피효과 : 표면에 전류밀도가 밀집되고 중심으로 갈수록 전류밀도가 지수적 함수만큼 줄어드는 것

① 리프트 오프 : 코일과 시험면 사이 거리가 변할 때마다 출력이 달라지는 효과

② 충전율 : 코일이 얼마나 시험체와 잘 결합되어 있느냐, 즉 거리와 코일 간격 등에 따라 출력지시가 달라진다.

④ 모서리 효과 : 시험체 모서리에서 와전류 밀도가 변함에 따라 마치 불연속이 있는 것처럼 지시가 변화하는 효과

정답 **12-1** ③ **12-2** ④ **12-3** ③ **12-4** ③

핵심이론 13 와전류탐상시험의 특징

① 개 요

　㉠ 기전력에 의해 시험체 중 발생하는 소용돌이 전류(와전류)로 결함이나 재질 등이 받은 영향의 변화를 측정한다.

　㉡ 시험코일의 임피던스 변화를 측정하여 결함을 식별한다.

　㉢ 시험체 표층부의 결함에 의해 발생된 와전류의 변화를 측정하여 결함을 식별한다.

　㉣ 철, 비철 재료의 파이프, 와이어 등 표면 또는 표면 근처 결함을 검출한다.

　　예 전도체로 된 파이프의 표면결함

② 장단점

장 점	단 점
• 관, 선, 환봉 등에 대해 비접촉으로 탐상이 가능하기 때문에 고속으로 자동화된 전수검사를 실시할 수 있다.	• 표층부 결함 검출에 우수하지만 표면으로부터 깊은 곳에 있는 내부결함의 검출은 곤란하다.
• 고온하에서의 시험, 가는 선, 구멍 내부 등 다른 시험방법으로 적용할 수 없는 대상에 적용하는 것이 가능하다.	• 지시가 이송진동, 재질, 치수변화 등 많은 잡음인자의 영향을 받기 쉽기 때문에 검사과정에서 해석상의 장애를 일으킬 수 있다.
• 지시를 전기적 신호로 얻으므로 그 결과를 결함 크기의 추정, 품질관리에 쉽게 이용할 수 있다.	• 결함의 종류, 형상, 치수를 정확하게 판별하는 것은 어렵다.
• 탐상 및 재질검사 등 복수 데이터를 동시에 얻을 수 있다.	• 복잡한 형상을 갖는 시험체의 전면탐상에는 능률이 떨어진다.
• 데이터를 보존할 수 있어 보수검사에 유용하게 이용할 수 있다.	

③ 코일의 종류

　㉠ 표면형 코일 : 코일축이 시험체면에 수직인 경우에 적용되는 시험코일이다. 이 코일에 의해 유도되는 와전류는 코일과 같이 원형의 경로로 흐르기 때문에 균열 등 결함의 방향에 상관없이 검출할 수 있다.

　㉡ 내삽형 코일 : 시험체의 구멍 내부에 삽입하여 구멍의 축과 코일축이 서로 일치하는 상태에 이용되는 시험코일이다. 관이나 볼트 구멍 등 내부를 통과하는 사이에 그 전내 표면을 고속으로 검사할 수 있는

특징이 있다. 열교환기 전열관 등의 보수검사에 이용한다.

ⓒ 관통형 코일 : 시험체를 시험코일 내부에 넣고 시험을 하는 코일이다. 시험체가 그 내부를 통과하는 사이에(이러한 이유 때문에 외삽코일이라고도 한다) 시험체의 전표면을 검사할 수 있기 때문에 고속 전수검사에 적합하다. 선 및 직경이 작은 봉이나 관의 자동검사에 이용한다.

④ 와전류탐상기의 설정

ㄱ 시험 주파수 : 주파수 절환스위치(FREQ)로 조정 가능하다. 여러 종류의 주파수를 선택할 수 있다.

ㄴ 브리지 밸런스(Bridge Valance) : R과 X의 두 개 스위치가 있다. 이 두 스위치를 적절히 조정하여 모니터 상의 SPOT이 원점에 오도록 조정한다. AUTO가 되는 자동평형장치도 있다.

ㄷ 위상(Phase) : 원형의 PHASE 조정노브(Nob)로 설정이 가능하다.

ㄹ 감도 : Gain은 어느 정도 dB로 표시하며 감도의 정도를 묻는다.

핵심예제

13-1. 와전류탐상시험에 대한 설명으로 옳은 것은?
[자주 출제]

① 자성인 시험체, 베이클라이트나 목재가 적용 대상이다.
② 전자유도시험이라고도 하며 적용범위는 좁으나 결함 깊이와 형태의 측정에 이용된다.
③ 시험체의 와전류 흐름이나 속도가 변하는 것을 검출하여 결함의 크기, 두께 등을 측정하는 것이다.
④ 기전력에 의해 시험체 중에 발생하는 소용돌이 전류로 결함이나 재질 등의 영향에 의한 변화를 측정한다.

13-2. 항공기 터빈 블레이드의 균열검사에 적용할 수 있는 와전류탐상코일은?
[기본 기출]

① 표면형 코일   ② 내삽형 코일
③ 회전형 코일   ④ 관통형 코일

13-3. 자분탐상시험과 와전류탐상시험을 비교한 내용 중 틀린 것은?
[기본 기출]

① 검사속도는 일반적으로 자분탐상시험보다는 와전류탐상시험이 빠른 편이다.
② 일반적으로 자동화의 용이성 측면에서 자분탐상시험보다는 와전류탐상시험이 용이하다.
③ 검사할 수 있는 재질로 자분탐상시험은 강자성체, 와전류탐상시험은 전도체이어야 한다.
④ 원리상 자분탐상시험은 전자기유도의 법칙, 와전류탐상시험 자력선 유도에 의한 법칙이 적용된다.

13-4. 자기 비교형-내삽 코일을 사용한 관의 와전류탐상시험에서 관의 처음에서 끝까지 동일한 결함이 연속되어 있을 경우 발생되는 신호는 어떻게 되는가?
[기본 기출]

① 신호가 나타나지 않는다.
② 신호가 단속적으로 나타난다.
③ 신호가 주기적으로 나타난다.
④ 관의 중간지점에서만 신호가 나타난다.

|해설|

13-1
① 목재는 적용 대상이 아니다.
② 형태 측정을 하지 않는다.
③ 두께가 아니라 피막을 측정한다.

13-2
표면형 코일은 코일축이 시험체면에 수직인 경우에 적용되는 시험코일이다. 이 코일에 의해 유도되는 와전류는 코일과 같이 원형의 경로로 흐르기 때문에 균열 등 결함의 방향에 상관없이 검출할 수 있다.

13-3
원리상 자분탐상시험이 자력선 유도를 사용하고, 와전류탐상이 전자기 유도 원리를 사용한다.
※ ③에 대해 다른 의견을 가질 수 있겠으나 객관식 시험은 문제가 요구하는 가장 근접한 답을 고르는 것임을 잊지 말아야 한다. 보기 ④가 명백하게 틀린 설명을 하고 있다.

13-4
와전류탐상시험은 자속의 방향의 변화를 감지하여 검사하므로 처음부터 끝까지 결함이 있어서 자속의 변화가 발생하지 않으면 결함을 검출하기 어렵다. 2개 코일에 나란한 방향으로 긴 결함의 경우에는 결함의 시작과 끝에서만 신호가 발생하고 경우에 따라서는 신호가 거의 발생하지 않을 수도 있기 때문에 긴 결함의 검출에는 적합하지 않다.

정답 13-1 ④ 13-2 ① 13-3 ④ 13-4 ①

① 와전류탐상시험에 재질평가나 두께 측정까지 포함한 시험을 전자유도시험이라 한다.

② 전자유도시험의 적용 분야

    ㉠ 철강재료의 결함 탐상

    ㉡ 비철금속재료의 재질시험

    ㉢ 도금막 두께 측정

    ㉣ 표면의 선형결함의 깊이 측정

③ 와전류탐상시험의 적용 분야

    ㉠ 표면 근처의 결함 검출

    ㉡ 박막 두께 측정 및 재질 식별

    ㉢ 전도성 있는 재료가 대상

14-1. 다음 중 전자유도시험의 적용분야로 적합하지 않은 것은? [기본 기출]

① 철강 재료의 결함탐상시험
② 비철금속 재료의 재질시험
③ 세라믹 내의 미세균열
④ 비전도체의 도금막 두께 측정

14-2. 결함에 관한 정보를 파악하기 위한 비파괴검사법으로 다음 중 표면의 선형 결함 깊이를 측정하는 데 가장 효과적인 방법은? [기본 기출]

① 자분탐상시험   ② 침투탐상시험
③ 전자유도시험   ④ 방사선투과시험

14-3. 다음 중 와전류탐상시험으로 측정할 수 있는 것은?

[기본 기출]

① 절연체인 고무막
② 액체인 보일러의 수면 높이
③ 전도체인 파이프의 표면결함
④ 전도체인 용접부의 내부결함

|해설|

14-1
전자유도시험은 도체에 적용이 가능하나, 세라믹은 부도체이거나 반도체이다. 도금막은 도체이므로 적용 가능하다.

14-2
표면의 선형 결함을 탐상하는 데 유용한 시험이 와전류탐상시험이고 여기에 재질평가나 두께 측정까지 포함한 시험을 전자유도시험이라 한다.

14-3
와전류탐상시험의 주된 특징은 도체에 적용되며 시험체의 표면에 있는 결함 검출을 대상으로 한다.

정답 14-1 ③   14-2 ③   14-3 ③

① 기체의 압력

　　㉠ 대기압 : 지구 표면 위에 작용하는 공기의 압력으로 지표면에서의 공기압력을 1기압으로 정한다.

　　㉡ 계기압력 : 압력계가 측정하는 압력이다. 압력계에는 이미 대기압이 작용하고 있으므로 실제 압력에서 대기압이 빠진 압력을 말한다.

　　㉢ 절대압력 : 대기압을 합친 실제 압력

　　　　절대압력 = 대기압력 + 계기압력

　　㉣ 진공압력 : 대기압 이하로 내려간 압력으로 압력계에는 마이너스(-) 압력으로 표시된다.

② 1기압

　　$1\text{atm}=760\text{mmHg}=760\text{Torr}=1.013\text{bar}=1,013\text{mbar}$
　　　　　$=0.1013\text{MPa}=10.33\text{mAq}=1.03323\text{kgf/cm}^2$

　　※ 1공학기압은 1기압을 1.03323kgf/cm^2이 아닌 1kgf/
　　　cm^2으로 계산한 압력

③ 화씨온도

　　0°C는 32°F, 온도간격은 5 : 9로 화씨 쪽이 좁다.

　　계산식은 $^\circ\text{F} = \dfrac{9}{5} \times ^\circ\text{C} + 32$이다.

　　※ 문제에서 계산이 잘 안 될 때는 화씨의 온도범위를 유추하여 답을 찾을 수 있다. 화씨는 사람이 너무 추워서 살기 힘든 정도를 0°F로 하고 너무 더워서 살기 힘든 정도를 100°F라고 하여 그 간격을 100등분하였다고 생각하여 유추한다.

④ 누설과 관련된 단위

　　㉠ 기체의 누설률 : 부피가 일정한 곳에서 단위 시간당 변화하는 압력

　　㉡ Liter microns per second = lusec

　　　$1\text{lusec}=1\mu\text{Hg} \cdot 1/\text{s}$

　　㉢ 보일-샤를의 정리 : 기체의 압력과 부피, 온도의 상관관계를 정리한 식

　　　$PV = (m)RT$

　　　여기서, P : 압력

　　　　　　V : 부피

　　　　　　R : 기체상수

　　　　　　T : 온도

　　　　　　m : 질량(단위 질량을 사용할 경우 생략)

　　㉣ 레이놀즈수

　　　$Re = \dfrac{vd}{\nu}$

　　　여기서, ν : 동점성계수

　　　　　　v : 유속

　　　　　　d : 유관(Pipe)의 지름

　　레이놀즈가 고안해 낸 무차원의 수로, 계산된 값에 따라 유체 흐름의 층류, 난류를 구분하는 기준으로 사용한다. 일반적으로 $R_e > 2,320$이면 난류로 구분한다.

⑤ 관련 용어

　　㉠ 가연성 가스 : 폭발범위 하한이 10%이거나 상한과 하한의 차가 20% 이상인 가스

　　㉡ 불활성 가스 : 반응성이 낮은 안정적이고 활성이 없는 가스. Ar, Ne, He, Kr 등

　　㉢ 추적 가스 : 규정된 누설 검출기에 의해서 감지할 수 있는 가스 또는 누설 부위를 통과한 가스로 추적 가스로 공기, 헬륨, 암모니아, 할로겐, 화약지시약품을 사용한다.

　　㉣ 누설률 : 규정된 압력, 온도에서 단위 시간당 누설부를 통과한 가스의 양

　　　• 단위 : $\text{torr} \cdot \text{l/s}$, $\text{atm} \cdot \text{cm}^3/\text{s}$

　　㉤ 응답시간 : 누설검출기나 시스템에서 출력신호가 최대 신호의 63%까지 감소되는 시간. 즉, 안정화 요구시간

　　㉥ 발포용액 : 기포누설시험 시 기포를 형성시키는 용액으로 글리세린, 액상세제, 물 등의 혼합물실

　　　• 발포용액의 구비조건

　　　　– 표면장력이 작을 것

　　　　– 점도가 낮을 것

　　　　– 적심성이 좋을 것

　　　　– 진공조건에서는 증발이 어려울 것

– 발포액 자체에는 거품이 없을 것

– 발포액이 시험체에 영향을 주지 않을 것

– 열화가 없을 것

– 인체에 무해할 것

Ⓐ 질량분석기 : 전자빔에 의해 이온화된 이온은 자장 통과 시 질량 차로 인해 서로 다른 궤적을 그리므로 원하는 궤적의 이온만을 감별하는 기기

◎ 세정시간 : 추적 가스의 공급을 중단한 시험에서 기기상의 출력 신호가 37%로 감소하는 데 필요한 시간

핵심예제

15-1. 누설검사에서 다음 설명이 나타내는 용어로 옳은 것은?

[기본 기출]

> 기체의 실제 압력으로 완전 진공인 때가 0이며, 대기압과 게이지 압력을 더한 값이다.

① 계기압력　　　　　　② 진공압력
③ 절대압력　　　　　　④ 표준대기압

15-2. 누설검사에 사용되는 단위인 1atm과 값이 다른 것은?

[기본 기출]

① 760mmHg　　　　　② 760Torr
③ 980kg/cm^2　　　　④ 1,013mbar

15-3. 누설시험의 '가연성 가스'의 정의로 옳은 것은?

[기본 기출]

① 폭발범위 하한이 20%인 가스
② 폭발범위 상한과 하한의 차가 10%인 가스
③ 폭발범위 하한이 10% 이하 또는 상한과 하한의 차가 20% 이상인 가스
④ 폭발범위 하한이 20% 이하 또는 상한과 하한의 차가 10% 이상인 가스

15-4. 누설가스가 매우 높은 속도에서 발생하는 흐름으로 레이놀즈수 값에 좌우되는 흐름은?

[기본 기출]

① 층상흐름　　　　　　② 교란흐름
③ 분자흐름　　　　　　④ 전이흐름

15-5. 기포누설시험에 사용되는 발포액의 구비조건으로 옳은 것은?

[최신 기출]

① 표면장력이 클 것
② 발포액 자체에 거품이 많을 것
③ 유황성분이 많을 것
④ 점도가 낮을 것

|해설|

15-1
절대압력이란 우주 빈 공간에 아무 압력이 없는 상태를 0으로 하여 계산한 압력이고, 계기압이란 기본적으로 지구 위의 공기가 적층된 압력, 즉 대기압을 0으로 시작하여 측정한 값이다. 따라서 절대압력은 계기압력과 대기압력의 합이다.

15-2
760mmHg=760Torr=1.03323kg/cm^2=1,013mbar

15-3
가연성 가스 : 폭발범위 하한이 10%이거나 상한과 하한의 차가 20% 이상인 가스

15-4
$$Re = \frac{vd}{\nu}$$

여기서, ν : 동점성계수, v : 유속, d : 유관(Pipe)의 지름으로 계산한 값이 2,320 이상이면 난류, 대략 2,000 이하이면 층류로 분류하는데 문제에서 속도 v가 높다고 하였으므로 난류, 즉 교란흐름으로 흐를 것이다.

15-5
발포용액의 구비조건
• 인체에 무해할 것
• 점도가 낮을 것
• 열화가 없을 것
• 적심성이 좋을 것
• 표면장력이 작을 것
• 발포액 자체에는 거품이 없을 것
• 진공조건에서는 증발이 어려울 것
• 발포액이 시험체에 영향을 주지 않을 것

정답 **15-1** ③ **15-2** ③ **15-3** ① **15-4** ② **15-5** ④

누설시험은 크게 기밀시험(가스가 새는지)과 내압시험(압력을 주었을 때 기체가 이동하는지)으로 구분한다.

① 발포누설시험(기포누설시험)

　㉠ 누설량이 큰 경우에 좋고, 위치 탐색이 가능하다. 시험시간이 짧으며 간단하다.

　㉡ 용량, 수량이 많은 경우 진공법보다는 가압법을 사용한다.

　㉢ 유분, 오염 세척 등 선처리, 발포 검지액을 바른 후 후처리가 필요하다.

　㉣ 감도가 좋지 않으며 잘못 시험했을 때 적절한 교정이 없다.

② 할로겐누설시험

　㉠ 염소(Cl), 불소(F, 플루오린), 브롬(Br), 요오드(I, 아이오딘) 등 할로겐족 원소를 포함하는 기체상 혼합물에 대한 응답이 가능한 검출기를 이용하는 방법

　㉡ 검지 전극이 내장된 검출프로브를 이용하여 누설 위치를 검사

　㉢ 가열양극법, 헬라이드 토치법, 전자포획법 등이 있다.

③ 헬륨누설시험

　㉠ 시험체에 가스를 넣은 후 질량분석형 검지기를 이용하여 검사한다.

　㉡ 공기 중 헬륨은 거의 없어 검출이 용이하다.

　㉢ 헬륨분자는 가볍고 직경이 작아서 미세한 누설에 유리하다.

　㉣ 누설 위치 탐색, 밀봉부품의 누설시험, 누설량 측정 등 이용범위가 넓다.

　㉤ 종류 : 스프레이법, 후드법, 진공적분법, 스니퍼(Sniffer)법, 가압적분법, 석션컵법, 벨자(Bell Jar)법, 펌핑법 등

④ 방치법누설시험

　㉠ 양압이나 음압을 걸어 시간 변화 후 압력 변화를 보는 시험이다.

　㉡ 시험이 간단하고 형상이 복잡한 경우 좋다.

　㉢ 시험체 용량이 큰 경우와 미소누설의 경우 시험이 어렵다.

⑤ 암모니아누설시험

　㉠ 감도가 높아 대형 용기의 누설을 단시간에 검지할 수 있고 암모니아 가스의 봉입압이 낮아도 검사가 가능하다.

　㉡ 검지하는 제제가 알칼리에 쉽게 반응하며 동, 동합금재료에 대한 부식성을 갖는다.

　㉢ 암모니아의 폭발 위험도 잘 관리해야 한다.

16-1. 누설검사(LT)의 방법을 크게 2가지로 나누면?

[최신 기출]

① 기포누설시험과 추적가스법
② 추적가스법과 내압시험
③ 내압시험과 기밀시험
④ 기밀시험과 기포누설시험

16-2. 누설검사에 이용되는 가압 기체가 아닌 것은?

[기본 기출]

① 공 기　　　　　　② 황산가스
③ 헬륨가스　　　　　④ 암모니아가스

16-3. 누설비파괴검사(LT)법 중 할로겐누설시험의 종류가 아닌 것은?

[최신 기출]

① 추적프로브법　　　② 가열양극법
③ 헬라이드 토치법　　④ 전자포획법

16-4. 다음 중 기포누실검사의 득징에 대한 실명으로 옳은 것은?

[기본 기출]

① 누설 위치의 판별이 빠르다.
② 경제적이나 안전성에는 문제가 많다.
③ 기술의 숙련이나 경험을 크게 필요로 한다.
④ 프로브(탐침)나 스니퍼(탐지기)가 반드시 필요하다.

16-5. 누설검사법 중 미세한 누설 검출률이 가장 높은 것은?

[기본 기출]

① 기포누설검사법   ② 헬륨누설검사법
③ 할로겐누설검사법   ④ 암모니아누설검사법

16-6. 암모니아 누설검사의 특징을 기술한 것 중 틀린 것은?

[기본 기출]

① 검지제가 알칼리성 물질과 반응하기 쉽다.
② 동 및 동합금 재료에 대한 부식성을 갖는다.
③ 대형 용기의 누설을 단시간에 검사할 수 있다.
④ 암모니아 가스의 봉입 압력이 낮으면 검사가 곤란하다.

|해설|

16-1
누설검사는 크게 특정 가스가 새는지를 측정하는 기밀시험과 내부에 압력을 주었을 때 내부 기체가 밖으로 밀려 나오는지를 측정하는 내압시험으로 나눈다.

16-2
누설시험에 이용되는 가스는 헬륨, 암모니아, 할로겐 같은 인체에 무해하고 공기 중에 많이 섞여 있지 않아서 검출이 쉽거나 냄새를 유발하는 가스를 사용하며, 황산은 위험하다.

16-3
할로겐 누설시험법 자체가 검출프로브를 이용하여 누설 위치를 검사하는 방법이다.

16-4
① 발포되는 위치는 육안으로 식별 가능하다.
② 방사선탐사시험에 관한 설명이다.
③ 어려운 기술이 필요한 검사는 아니다.

16-5
헬륨누설시험법은 극히 미세한 누설까지도 검사가 가능하고 검사 시간도 짧으며, 이용범위도 넓다.

16-6
감도가 높아 대형 용기의 누설을 단시간에 검지할 수 있고 암모니아 가스의 봉입압이 낮아도 검사가 가능하다.

정답 16-1 ③   16-2 ②   16-3 ①   16-4 ①   16-5 ②   16-6 ④

핵심이론 17 육안검사

① 가장 기본적인 검사법이며 정밀도보다는 효율성에 강점이 있는 검사이다.

② 육안검사법의 종류

   ㉠ VT-1
- 표면균열, 마모, 부식, 침식 등의 불연속부 및 결함을 검출한다.
- 500lx 이상의 밝기를 확보해야 하며, 원격의 경우도 직접 육안 검사만큼의 분해능을 확보해야 한다.
- 눈의 각도를 30°보다 크게 하여야 한다.

   ㉡ VT-2
- 압력용기의 누설시험이며, 계통압력검사 중 누설 수집 계통 사용 여부에 관계없이 누설 징후를 검출한다.

   ㉢ VT-3
- 구조물의 기계적, 구조적 상태를 검사하는 것으로 구조물, 부품의 외형적 결함과 기계적 작동 여부 및 기능의 적절성을 검사한다.
- 볼트 연결부, 용접부, 결합부, 파편, 부식, 마모 등 구조적 영역 확인, 원격 가능

   ㉣ 레플리케이션
- 표면결함을 검출하며, 결함을 복제하여 복제된 필름을 검사하는 방법을 사용한다.
- 육안만큼의 분해능을 확보하는 것이 관건이다.

③ 육안검사 장비

   ㉠ 조명기구 : 형광등, 손전등, 백열등, 특수 조명 장치로 500lx 이상 확보

   ㉡ 조명측정기구 : 광전지, 광전도계, 광전관, 포토다이오드 등

   ㉢ 시력보조기구 : 확대경, 소형 현미경, 보어스코프, 파이버스코프 등 시력문제, 접근성의 문제, 감도 문제를 보완하기 위한 도구이다.

ㄹ 원격육안검사기구 : 비디오 시스템, CCD 카메라, 저장장치 등 직접 눈으로 보기 힘든 장소나 환경에서 검사하기 위한 장비이다.

ㅁ 측정기구 : 각종 측정자와 게이지, 온도계 등 크기와 위치를 판별하기 위해 필요하다.

④ 기록 : 사진이나 동영상, 컴퓨터 장비, 레플리카법 등의 방법을 이용하여 저장하거나 주관적 검사를 수기로 기록한다.

핵심예제

17-1. 각종 비파괴검사에 대한 설명 중 옳은 것은?　[최신 기출]

① 자분탐상시험은 일반적으로 핀 홀과 같은 점모양의 검출에 우수한 검사방법이다.
② 초음파탐상시험은 두꺼운 강판의 내부결함 검출이 우수하다.
③ 침투탐상시험은 검사할 시험체의 온도와 침투액의 온도에 거의 영향을 받지 않는다.
④ 육안검사는 인간의 시감을 이용한 시험으로 보어스코프나 소형 TV 등을 사용할 수 없어 파이프 내면의 검사는 할 수 없다.

17-2. 다음 중 육안검사의 장점이 아닌 것은?　[최신 기출]

① 검사가 간단하다.
② 검사속도가 빠르다.
③ 표면결함만 검출 가능하다.
④ 피검사체의 사용 중에도 검사가 가능하다.

|해설|

17-1
① 자분탐상시험은 강자성체의 표면 및 근처 결함에 유용하다.
③ 침투탐상시험은 침투액의 적심성과 점성의 영향을 받으며 적심성과 점성은 온도에 영향을 받는다.
④ 육안검사는 직접 볼 수 없거나 접근이 어려운 경우, 각종 비디오 시스템이나 보어스코프 등을 사용하여 검사한다.

17-2
육안검사
• 비용이 저렴하고, 검사가 간단하며, 작업 중 검사가 가능하다.
• 광학의 원리를 이용한다.
• 표면검사만 가능하며, 수량이 많을 경우 시간이 걸린다.

정답 17-1 ② 17-2 ②

핵심이론 18 그 밖의 시험법

① 응력 스트레인법
ㄱ 기계적인 미세한 변화를 검출하기 위해 얇은 센서를 붙여서 기계적 변형을 측정해 내는 방법이다.
ㄴ 기계나 구조물의 설계 시 응력, 변형률을 측정 적용하여 파손, 변형의 적절성을 측정한다.

② 적외선 서모그래피법 : 시험체에 열에너지를 가해 결함이 있는 곳에 온도장(溫度場)을 만들어 적외선 서모그래피 기술을 이용하여 화상으로 결함을 탐상하는 방법이다.

③ 피코초 초음파법 : 아주 얇은 박막의 비파괴검사를 위해 초단펄스레이저를 조사하여 피코초 초음파를 수신하는 기술이다. 에코의 간극을 50ps(pico second)로, 기존 초음파펄스법이 0.1mm까지 측정이 가능하다면 1/1,000배의 두께도 측정이 가능하다.

④ 레이저 초음파법 : 비접촉으로 1,600℃ 이상의 초고온 영역에서 종파와 횡파 송수신이 가능하기 때문에 재료의 종탄성계수와 푸아송비를 동시에 측정 가능하다.

⑤ 누설램파법 : 두 장의 판재를 접합한 재료의 접합계면의 좋고 나쁨을 판단하는 데 사용한다.

⑥ X선 후방산란법 : 콤프턴 효과에 의해 후방산란한 X선을 이용하여 화상화하는 방법이다.

⑦ 싱크로트론 방사광을 이용한 단색 X선 단층영상법 (SOR-CT법) : 싱크로트론 방사광은 종래의 X선에 비해 고강도로, 평행성이 우수하고 넓은 파장 영역을 갖추었다.

⑧ 핵자기공명단층영상법(NMR-CT법) : 수소원자핵의 분포를 영상화하는 기술이다.

⑨ 고정밀도 자동초음파탐상장치 : 3차원 곡면에 고정밀도 스캐너를 이용한 초음파탐상장치이다.

⑩ 마이크로파법 : 결함 등에 존재하는 전자기적 물성 변화를 Micro Wave의 반사나 투과의 변화로 검출한다. Micro Wave는 300MHz에서 300GHz 대역의 전자파를 이용한다.

⑪ 음향방출검사 : 재료가 받는 응력에 의해 발생하는 방출음향을 모니터링하여 검사하는 방법으로, 미소 음향방출신호를 분석한다.

    ㉠ 카이저 효과(Kaiser Effect) : 재료에 응력을 걸면 음향이 발생하는데, 응력 제거 후 다시 응력을 가해도 이전 하중점에 도달하기까지는 음향이 방출되지 않는 현상

    ㉡ 펠리시티 효과(Felicity Effect) : 카이저 효과와는 달리 카이저 효과가 생기는 응력범위(σ_1)보다 높은 어떤 응력의 범위(σ_2)에서는 이전 응력(σ_2)보다 낮은 응력범위에서 다시 음향이 방출되는 효과

핵심예제

18-1. 기계나 구조물을 설계할 때 부재의 치수, 형상, 재료의 적부를 판단하거나 제작된 기계나 구조물이 사용 중 파손 및 변형되지 않도록 감지하는 데 이용되는 비파괴검사법은?

[기본 기출]

① 음향방출시험
② 응력 스트레인 측정
③ 전위차 시험
④ 적외선 서모그래피

18-2. 시험체에 있는 도체에 전류가 흐르도록 한 후 형성된 시험체 중의 전위분포를 계측해서 표면부의 결함을 측정하는 시험법은?

[기본 기출]

① 광탄성시험법
② 전위차시험법
③ 응력 스트레인측정법
④ 적외선 서모그래피시험법

18-1

응력 스트레인법
• 기계적인 미세한 변화를 검출하기 위해 얇은 센서를 붙여서 기계적 변형을 측정해 내는 방법
• 기계나 구조물의 설계 시 응력, 변형률을 측정·적용하여 파손, 변형의 적절성을 측정해 낸다.

18-2
① 광탄성 시험 : 재료가 내부응력을 발생하면 광학적 등방성(Isotropy)을 상실해 2개의 굴절(Refraction)선을 발생한다. 이 2개의 굴절광선의 위상차와 평면 내의 주응력차와의 사이에는 1차 비례관계가 있으며, 또 위상차(Phase Contrast)와 빛의 강도와의 사이에는 주기적으로 변하는 관계가 있다. 주응력차의 같은 점은 어떤 차수의 암흑선으로 나타나며, 이것을 등색선이라 한다. 이렇게 빛의 위상차를 광탄선 줄무늬 사진에서 측정하는데 따라 주응력차의 값을 구할 수 있다.
③ 응력 스트레인 시험법 : 재료에 하중을 가했을 때 스트레인(변형)의 정도를 시험한다. 다소 포괄적인 용어이다.
④ 적외선 서모그래피(Infrared Thermography) 시험법 : 적외선 발광체의 변화를 측정함으로써 시험체나 장면의 표면 위에 겉보기 온도의 변화를 표시하는 방법이다.

정답 **18-1** ② **18-2** ②

침투탐상검사

핵심이론 01 침투탐상검사 일반

① 표면탐상검사이다.
  ㉠ 표면 상태(거칠기–최대 $300\mu m$, 오염도 등)의 영향을 받는다.
  ㉡ 결함이 표면에 열려 있어야 검사가 가능하다.
  ㉢ 조건만 맞으면 거의 모든 재료를 검사할 수 있다.
② 침투제를 이용하는 검사이다. 침투제에 따라 종류가 나뉜다.
  ㉠ 온도의 영향을 받는다.
  ㉡ 침투제가 결함에만 잘 침투해야 한다.
  ㉢ 침투제의 성질에 영향을 받는다.
  ㉣ 침투시간, 잉여침투제의 제거 과정 등이 필요하다.
③ 현상제를 이용하는 검사이다. 현상제의 종류에 따라서도 종류가 나뉜다.
④ 방법에 따라 국부검사(부분검사)가 가능하다.
⑤ 다공성, 흡수성 시험체를 제외하고는 크기 및 형태에 제한을 받지 않는다.
⑥ 침투탐상검사로 결함의 깊이와 내부의 결함은 파악하기 어렵다.
⑦ 고도의 전문적 기술을 요하지 않는다.

핵심예제

1-1. 표면으로 열린 결함만 검출이 가능한 시험법은?

[기본 기출]

① 초음파탐상시험
② 침투탐상시험
③ 와류탐상시험
④ 자기탐상시험

1-2. 침투탐상시험에 적용되는 원리에 해당되지 않는 내용은?

[자주 출제]

① 침투액은 어떤 지시를 나타내기 위해 결함에 침투해야 한다.
② 모든 침투탐상시험에 있어서 결함의 지시모양을 발광시켜 식별하기 위해 자외선등을 사용하여야 한다.
③ 조그만 결함에 대해서는 평소보다 많은 침투시간이 필요하다.
④ 결함 속의 침투액이 모두 세척되면 결함에서도 지시가 나타나지 않는다.

1-3. 수세성 염색침투탐상검사로 검사 가능한 표면거칠기는 최대 어느 정도까지인가?

[기본 기출]

① $100\mu m$
② $300\mu m$
③ $1,000\mu m$
④ $1,300\mu m$

|해설|

1-1
침투탐상검사는 침투액이 침투할 공간이 있어야 한다.

1-2
침투탐상에서는 자외선등을 사용할 필요는 없다.
※ 이외에도 매년 매회 출제되어 침투탐상검사의 일반, 타 검사와의 비교 등이 다루어지고 있고, 기출문제 보기의 예시들이 위의 핵심이론에 설명되어 있다.

1-3
수세성 염색침투탐상검사 시 표면이 거칠게 되면 얕은 결함의 침투액이 세척 시 쉽게 세척된다.

정답 1-1 ② 1-2 ② 1-3 ②

① **침투에 영향을 미치는 요인**
  ㉠ 표면 청결도
  ㉡ 표면에 열린 형상
  ㉢ 열린 부분의 크기
  ㉣ 침투액의 표면장력과 적심성

② **표면장력** : 유체가 자기들끼리 뭉치는 응집력과 유체에 닿는 고체가 유체를 잡아당기는 부착력의 차이 때문에 생기는 힘이다. 유체 표면의 배가 위로 올라가면 유체의 응집력이 더 큰 경우이고, 유체 표면의 배가 아래로 처지면 잡아당기는 힘인 부착력이 더 큰 경우이다.

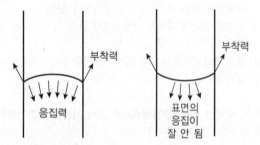

③ **적심성(Wettability)**
  ㉠ 침투제가 대상 물체를 얼마나 잘 적시는가를 나타내는 성질
  ㉡ 적심성이 높으려면 유체인 침투제의 응집력이 높으면 곤란함
  ㉢ 응집력, 표면장력에 영향을 주는 요인은 유체의 점도와 온도임
  ㉣ 온도가 높을수록 점도가 낮을수록 잘 적심

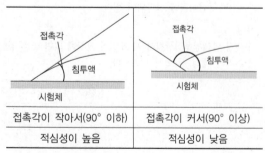

접촉각이 작아서(90° 이하)	접촉각이 커서(90° 이상)
적심성이 높음	적심성이 낮음

  ㉤ 적심의 종류 : 확장 적심(Spreading Wetting), 부착 적심(Adhesional Wetting), 침적 적심(Immersional Wetting)

④ **모세관 현상** : 모세(毛細)관에 액체가 들어가면 응집력과 부착력의 차이가 극대화되어 부착력이 큰 경우 모세관에서 끌어 올려오거나, 응집력이 더 큰 경우 모세관 안에서 끌려 내려가는 현상을 보인다. 이 현상에서 부착력이 큰 경우는 좁은 틈을 침투제가 잘 침투한다.

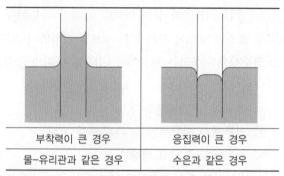

부착력이 큰 경우	응집력이 큰 경우
물-유리관과 같은 경우	수은과 같은 경우

⑤ **원리의 적용** : 불연속이라 부르는 결함이 있으면 그곳에 침투제가 침투를 하며 적심성이 좋고 모세관 현상에서 부착력이 높게 잘 일어나면 침투가 잘 이루어진다.

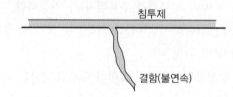

2-1. 침투액의 침투성은 침투탐상시험에서 어떤 물리적 현상을 이용한 것인가? [최신 기출]

① 습도와 끓는점 ② 압력과 대기압
③ 표면장력과 적심성 ④ 원자번호와 밀도차

2-2. 액체가 작은 틈으로 스며들어가는 것은 모세관 현상에 의한 것으로서 이는 어느 것과 가장 관련이 깊은가? [자주 출제]

① 화학평형 ② 전자기력
③ 분자응집력 ④ 중력가속도

2-3. 침투탐상시험의 적심성(Wettability)과 관계가 깊은 접촉각에 대한 설명으로 틀린 것은? [최신 기출 및 자주 출제]

① 표면장력이 큰 수은은 접촉각이 90° 이상이 된다.
② 침투액은 가능한 한 접촉각이 큰 값을 갖도록 만든다.
③ 접촉각이 90° 이상인 때에는 모세관 내부에서 하향의 힘이 작용된다.
④ 액면에 작은 관을 세웠을 때 접촉각이 클수록 관 내에 올라가는 높이가 낮아진다.

2-4. 침투의 원리에서 액체분자 사이의 응집력은 액체가 스스로 수축하여 표면적을 가장 작게 가지려고 하는 힘을 표현한 것은? [간혹 출제]

① 표면장력 ② 모세관 현상
③ 적심성 ④ 접촉각

|해설|

2-2
모세관 현상이란 액체 속에 가느다란 관을 집어넣었을 때 액체와 관의 재료에 따른 응집력(또는 응집력에 의한 표면장력)과 부착력(점착력)의 차이에 따라 액체가 끌어올려지거나 끌려 내려가는 현상이다.

2-3
침투액은 가능한 한 접촉각이 작도록 한다. 접촉각이 작을수록 적심성이 좋다.

2-4
핵심이론 02 ② 참조

정답 2-1 ③ 2-2 ③ 2-3 ② 2-4 ①

핵심이론 03 침투제의 분류

① 침투액에 따른 탐상방법의 분류와 기호

명 칭	방 법		기 호	
V 방법	염색침투액을 사용하는 방법	수세성 침투액을 사용	V	A
		용제 제거성 침투액을 사용		C
F 방법	형광침투액을 사용하는 방법	수세성 침투액을 사용	F	A
		후유화성 침투액을 사용		B
		용제 제거성 침투액을 사용		C
D 방법	이원성 염색침투액을 사용하는 방법	수세성 침투액을 사용	DV	A
		용제 제거성 침투액을 사용		C
	이원성 형광침투액을 사용하는 방법	수세성 침투액을 사용	DF	A
		후유화성 침투액을 사용		B
		용제 제거성 침투액을 사용		C

㉠ 침투액은 색 대비에 의해 육안으로 결함을 찾는 염색침투액과 자외선을 조사(照射)하여 형광을 입힌 침투액의 형광 빛을 이용하여 결함을 찾는 형광침투액이 있다.

㉡ 잉여침투액의 제거방법에 따라 물로 세척하는 수세성 침투액, 후유화성 침투액이 있고, 그냥 닦아 내는(가급적 세척을 간단히 하거나 하지 않아도 되는) 용제 제거성 침투액이 있다.

3-1. 침투탐상시험방법 및 침투지시모양의 분류(KS B 0816) 에 규정된 잉여침투액 제거방법에 따른 분류와 기호가 틀린 것은?

[최신 기출 및 자주 출제]

① 수세에 의한 방법 – A
② 용제 제거에 의한 방법 – C
③ 물베이스 유화제를 사용하는 후유화에 의한 방법 – W
④ 기름베이스 유화제를 사용하는 후유화에 의한 방법 – B

3-2. 다른 침투탐상과 비교하여 용제 제거성 염색침투액을 사용하는 장점의 설명으로 옳은 것은?

[최신 기출 및 매년 유사 출제]

① 간편하고 휴대성이 좋다.
② 10~100℃에서 사용할 수 있다.
③ 타 검사법보다 탐상 감도가 우수하다.
④ 대량 부품검사를 한 번에 탐상하는 것이 용이하다.

|해설|

3-1

잉여침투액의 제거 방법에 따른 분류

명 칭	방 법	기 호
방법 A	수세에 의한 방법	A
방법 B	기름베이스 유화제를 사용하는 후유화에 의한 방법	B
방법 C	용제 제거에 의한 방법	C
방법 D	물베이스 유화제를 사용하는 후유화에 의한 방법	D

3-2
잉여침투액의 제거방법에 따라 물로 세척하는 수세성 침투액, 후유화성 침투액이 있고, 그냥 닦아내는(가급적 세척을 간단히 하거나 하지 않아도 되는) 용제 제거성 침투액이 있다.

정답 **3-1** ③ **3-2** ①

---

① **침투액의 성분**

연질 석유계 탄화수소, 프탈산 에스테르 등의 유분을 기본으로 하여 세척을 위해 유면 계면활성제를 섞은 액체이다. 형광검사는 형광물질, 염색침투탐상의 경우는 염료를 섞는다.

② **침투액의 조건**

㉠ 침투성이 좋을 것
㉡ 열, 빛, 자외선등에 노출되었어도 형광휘도나 색도가 뚜렷할 것
㉢ 점도가 낮을 것
㉣ 부식성이 없을 것
㉤ 수분의 함량은 5% 미만
㉥ 미세 개구부에도 스며들 수 있어야 한다.
㉦ 세척 후 얕은 개구부에도 남아 있어야 한다.
㉧ 너무 빨리 증발하거나 건조되어서는 안 된다.
㉨ 짧은 현상시간 동안 미세 개구부로부터 흡출되어야 한다.
㉩ 미세 개구부의 끝으로부터 매우 얇은 막으로 도포되어야 한다.
㉪ 검사 후 쉽게 제거되어야 한다.
㉫ 악취 등의 냄새가 없어야 한다.
㉬ 폭발성이 없고(인화점은 95℃ 이상이어야 함) 독성이 없어야 한다.
㉭ 저장 및 사용 중에 특성이 일정하게 유지되어야 한다.

③ **검사 시 색상**

㉠ 형광침투액 : 자외선 조사(照射 : 내리 쬠)할 때 황록색
㉡ 염색침투액 : 일반적으로 표면과 대비가 잘되는 색(빨간색)

④ 표준온도 : 5~50℃

⑤ 에어졸 탐상제가 기온 저하로 분무가 안 될 때는 온수 속에 담가서 서서히 내부 온도를 올린다.

핵심예제

4-1. 다음 중 형광침투액의 성분이 아닌 것은? [기본 기출]

① 프탈산 에스테르
② 유면 계면활성제
③ 적색 아조계 염료
④ 연질 석유계 탄화수소

4-2. 침투탐상시험을 위한 침투액의 조건이 아닌 것은?

[10회 이상 출제]

① 침투성이 좋을 것
② 형광휘도나 색도가 뚜렷할 것
③ 점도가 높을 것
④ 부식성이 없을 것

4-3. 형광침투액에 자외선을 조사할 때 외관상 주로 나타나는 색깔은? [간혹 출제]

① 빨간색   ② 노란색
③ 황록색   ④ 검은색

4-4. 기온이 급강하하여 에어졸형 탐상제의 압력이 낮아져서 분무가 곤란할 때 검사자의 조치방법으로 가장 적합한 것은?

[간혹 출제]

① 새로운 것과 언 것을 교대로 사용한다.
② 온수 속에 탐상 캔을 넣어 서서히 온도를 상승시킨다.
③ 에어졸형 탐상제를 난로 위에 놓고 온도를 상승시킨다.
④ 일단 언 상태에서는 온도를 상승시켜도 제 기능을 발휘하지 못하므로 폐기한다.

4-5. 침투탐상검사에서 침투액의 특성으로 틀린 것은?

[최신 기출]

① 온도 안정성이 있어야 한다.
② 세척성이 좋아야 한다.
③ 부식성이 없어야 한다.
④ 강한 산성이어야 한다.

① 침투시간의 결정인자

　㉠ 시험체의 온도

　㉡ 시험체 결함의 종류

　㉢ 시험체의 재질

　㉣ 침투액의 종류

② 침투시간의 크기 : (작은 불연속부 > 큰 결함) 큰 결함보다 작은 결함들로 결함이 구성된 경우 표면적이 상대적으로 넓어서 액체 성분의 침투제가 침투하는 데 더 긴 시간이 소요된다.

③ 유지시간 : 침투액을 시험 표면에 적용한 후 표면에 있는 불연속부에 침투액이 침투되게 하고, 과잉 침투액을 제거하기 전까지 침투액이 머무는 시간

5-1. 다음 중 침투액의 침투시간을 결정하는 가장 직접적인 인자의 조합으로 옳은 것은? [자주 출제]

① 시험체의 크기와 전도성
② 시험체의 전도성과 온도
③ 시험체의 온도와 결함의 종류
④ 시험체의 원자번호와 체적밀도

5-2. 침투탐상시험 시 큰 결함의 검출과 달리 작은 불연속부를 탐지하려 할 때의 침투시간에 대한 설명으로 옳은 것은?

[기본 기출]

① 큰 결함을 탐지할 때와 같은 시간이어야 한다.
② 큰 결함을 탐지할 때 소요되는 시간의 절반만 준다.
③ 큰 결함을 탐지할 때 소요되는 시간보다 길게 준다.
④ 일반적으로 큰 결함을 탐지할 때보다 짧거나 길게 하여야 한다.

5-3. 침투액을 시험 표면에 적용한 후 표면에 있는 불연속부에 침투액이 침투되게 하고, 과잉 침투액을 제거하기 전까지 침투액이 표면에 머무는 시간은? [간혹 출제]

① 유지시간(Dwell Time)
② 배액시간(Drain Time)
③ 흡수시간(Absorption Time)
④ 유화시간(Emulsification Time)

|해설|

5-1
침투시간은 적심성과 연관이 있고, 적심성은 점성과 연관이 있으며, 점성은 온도에 영향을 받는다. 결함의 모양은 침투하여야 하는 침투액의 양과 침투거리에 영향을 준다.

5-2
침투액의 침투가 적절하게 이루어져야 탐상이 가능하다. 큰 결함보다 작은 결함들로 결함이 구성된 경우 표면적이 상대적으로 넓어서 액체 성분의 침투제가 침투하는 데 더 긴 시간이 소요된다.

정답 **5-1** ③　**5-2** ③　**5-3** ①

① 분무법 : 에어졸 캔이나 분사노즐을 이용하여 분무하여 적용한다. 대형 시험체의 국부적인 적용에 적합하다.

    ㉠ 정전기식 : 안정적인 적용방법으로 균일하게 도포 가능하다. 과잉 분무가 되어 불필요하게 흘러내리는 침투액이 없다.

② 붓칠(솔질)법 : 대형 시험체의 국부적 적용이나 소형 시험체의 적용에 적합하다. 부분적 탐상 및 환기설비가 어려운 곳에 적합하다.

③ 침적법 : 시험체를 침투액에 담가 처리하고, 주로 형광 침투에 적용한다. 기본 비용이 들기 때문에 다량이며 소형의 부품체의 검사에 적합하다. 침투액의 오염 가능성이 높아 관리에 주의한다.

④ 배액 : 침적 후 배액대 위에 놓고 흘러내리게 하여 제거한다.

6-1. 침투액 적용방법 중 가장 안정적인 적용방법이며, 균일하게 도포할 수 있고 과잉 분무가 되지 않으며, 불필요하게 흘러내리는 침투액이 없어 침투액의 손실을 최소화할 수 있는 방법은? [간혹 출제]

① 분무법
② 붓칠법
③ 정전기식 분무법
④ 침적법

6-2. 다음 중 침적법으로 침투액을 적용한 후 다음 공정을 쉽고 안전하게 하기 위하여 반드시 필요한 처리는? [기본 기출]

① 분무처리
② 솔질처리
③ 배액처리
④ 유화처리

6-3. 침투탐상검사에서 사용되는 용어 중 '배액시간'에 대한 설명으로 옳은 것은? [자주 출제]

① 현상제를 적용하고 지시모양의 관찰을 시작하기 전까지의 시간
② 결함지시모양을 만들기 위해 결함 내부로 침투하는 유체
③ 침투지시모양을 나타내기 위해 시험체 표면에 적용하는 미세한 분말 및 현탁액
④ 시험체를 침투제에 계속 침적시키지 않고 표면의 잉여침투제가 흘러내리도록 하는 시간

|해설|

6-2
침적법이란 침투제에 시험체를 담가서 침투제를 바르는 방법이므로 일정시간 동안 잉여침투제를 배액(흘러내리도록 함)시켜야 한다.

6-3
과도한 침투제 또는 현상제가 배액되는 시간이다. ①은 현상시간, ②는 침투제, ③은 현상제에 대한 설명이다.

정답 6-1 ③ 6-2 ③ 6-3 ④

핵심이론 07 침투액의 제거

① 수 세
　㉠ 흐르는 물 또는 분사된 물로 세척
　㉡ 분사 시 세척수압 : 275kPa 미만
　㉢ 분사 시 세척온도 : 40℃ 이하의 온수
② 용제 제거
　㉠ 사용 시 과세척에 주의한다.
　㉡ 마른 헝겊으로 닦아낸 후 용제를 묻힌 헝겊이나 종이수건으로 가볍게 닦아낸다.
　㉢ 별도의 건조과정이 필요 없다.

핵심예제

7-1. 다음 중 잉여침투액의 제거처리에 관한 설명으로 틀린 것은?　　　　　　　　　　　　　　　[간혹 출제]

① 수세 시 수압은 275kPa을 초과하지 않도록 한다.
② 수세 시 40℃ 이하의 온수를 사용하는 것이 효과적이다.
③ 용제 제거 시 용제를 시험체에 직접 적용하여 제거한다.
④ 용제 제거 시 별도의 건조처리는 필요하지 않다.

7-2. 침투시간이 경과한 후 과잉의 수세성 침투액을 제거하는 가장 바람직한 방법은?　　　　　　　　　　[간혹 출제]

① 물과 함께 솔질한다.
② 용제를 이용하여 세척한다.
③ 물과 깨끗한 헝겊으로 닦는다.
④ 물 스프레이를 이용하여 세척한다.

|해설|

7-1
· 세척 시 수압은 특별규정이 없는 한 275kPa 정도의 일정 수압이 적당하고, 압력이 과도하면 결함 속에 들어간 침투액까지 제거될 우려가 있다. 수온은 32~45℃ 범위가 적당하다.
· 용제를 묻혀서 닦아낼 때는 가급적 용제를 헝겊에 묻혀서 닦아내며, 건조는 현상을 위해 실시하는 과정이다.

7-2
물을 얇고 넓게 살포할 필요가 있다.

정답 7-1 ③ 7-2 ④

핵심이론 08 유화제

① 유화제의 주된 역할 : 침투력이 좋은 후유화성 침투제를 사용한 경우, 잉여침투제를 제거하기 위해서는 유화제를 사용하여 세척할 수 있도록 해야 한다.
② 유화제의 적용 시기 : 침투처리 이후
③ 유화제의 설명
　㉠ 일종의 계면활성제이다.
　㉡ 침투액과 잘 섞인다.
　㉢ 유화제는 침투액과 구별이 가능한 색을 사용한다.
　㉣ 일반적으로 가시광선 아래에서는 분홍색, 자외선 등 아래에서는 오렌지색을 띤다.
　㉤ 유화시간이란 후유화성 침투탐상검사에서 시험품을 침투처리한 후 유화처리를 할 때 유화제를 적용한 다음 세척처리에 들어갈 때까지의 시간이다.

8-1. 후유화성 침투탐상시험에서 유화제를 적용하는 시기는?

[최신 기출]

① 침투제를 사용하기 전에
② 제거처리 후에
③ 침투처리 후에
④ 현상시간이 어느 정도 지난 후에

8-2. 침투탐상시험의 유화제에 대한 설명 중 틀린 것은?

[최신 기출 및 간혹 출제]

① 일종의 계면활성제이다.
② 침투액과 서로 잘 섞인다.
③ 자연광에서 침투액과는 다른 색이다.
④ 자외선등 아래에서는 침투액과 같은 색이다.

8-3. 침투탐상시험에서 시험체에 붓칠로 유화제를 바르는 것을 금지하는 주된 이유는?

[간혹 출제]

① 시험체를 완전히 감지 못해서 세척이 곤란하기 때문이다.
② 자외선등을 사용할 때 형광을 발하는 것을 억제하기 때문이다.
③ 얕은 표면결함 속에 유화제가 작용하여 결함 속의 침투제를 제거할 수 있기 때문이다.
④ 솔을 구성하는 물질들이 유화제와 혼합되어 시험체 및 침투액을 오염시키기 때문이다.

|해설|

8-1

후유화성 침투탐상시험의 적용 순서
• 건식현상제를 사용하는 경우
  전처리 → 침투처리 → 유화처리 → 세척 → 건조 → 현상 → 관찰 → 후처리
• 습식현상제를 사용하는 경우
  전처리 → 침투처리 → 유화처리 → 세척 → 현상 → 건조 → 관찰 → 후처리

8-2
유화제는 침투액과 구별이 가능한 색을 사용하며, 일반적으로 가시광선 아래에서는 분홍색, 자외선등 아래에서는 오렌지색을 띤다.

8-3
유화제를 붓칠로 바르면 균일한 도포가 어렵다. 두껍게 발라진 과잉 유화제는 침투제를 제거할 우려가 있다.

정답 8-1 ③   8-2 ④   8-3 ③

핵심이론 09 현상제

① 현상제 : 현상제란 현상처리에 사용하며 현상처리란 세척처리 후 현상제를 시험체의 표면에 도포하여 결함 중에 남아 있는 침투액을 빨아올려 지시모양으로 만드는 조작이다.

② 현상제의 작용(사용 목적)
  ㉠ 표면 개구부에서 침투제를 빨아내는 흡출작용을 한다.
  ㉡ 배경색과 색 대비를 개선하는 작용을 한다.

③ 현상제의 특성
  ㉠ 침투액을 흡출하는 능력이 좋아야 한다.
  ㉡ 침투액을 분산시키는 능력이 좋아야 한다.
  ㉢ 침투액의 성질에 알맞은 색상이어야 한다.
  ㉣ 화학적으로 안정된 백색 미분말을 사용한다.

9-1. 현상제의 작용에 대한 내용으로 옳지 않은 것은?

[최신 기출 및 자주 출제]

① 표면 개구부에서 침투제를 빨아내는 흡출작용을 함
② 배경색과 색 대비를 개선하는 작용을 함
③ 현상막에 의해 결함지시모양을 확대하는 작용을 함
④ 자외선에 의해 형광을 발하므로 형광침투액 사용 시 결함지시의 식별성을 높임

9-2. 침투탐상시험에서 현상제를 사용하는 주목적은?

[간혹 출제]

① 표면을 건조시키기 위하여
② 침투제의 침투력을 막기 위하여
③ 남아 있는 유화제를 흡수하기 위하여
④ 결함 내부의 침투제를 흡수하여 잘 보이게 하기 위하여

|해설|

9-1
• 현상제는 흡출작용이 되어야 하고, 침투제를 흡출, 산란시키는 미세입자여야 한다.
• 가시광선, 자외선을 가급적 흡수하지 않아야 한다.
• 입자가 균일하고 다루기 쉬워야 한다.
• 균일하고 얇은 도포막이 형성되어야 한다.
• 형광침투제와 함께 사용할 때도 자체 형광등이 있어서는 곤란하며 검사 종료 후 제거가 쉽고 유해하지 않아야 한다.

9-2
현상처리란 세척처리 후 현상제를 시험체의 표면에 도포하여 결함 중에 남아 있는 침투액을 빨아올려 지시모양으로 만드는 조작을 말한다.

정답 9-1 ④ 9-2 ④

핵심이론 10 현상방법

① 건식현상법
㉠ 백색의 건조한 미세분말을 그대로 사용한다.
㉡ 시험 전 수분 제거가 필요하다.
㉢ 분말이 날아다닐 염려가 있다.

② 습식현상법
㉠ 현상제를 물에 일정 농도로 현탁하여 사용한다.
㉡ 주로 수세성 형광침투탐상시험에서 사용한다.
㉢ 현상처리 후 건조한다.
㉣ 주의점 : 현상액이 일정 농도로 유지되어야 한다. 즉, 교반 및 농도점검이 필요하다.

③ 속건식현상법
㉠ 용제의 휘발 및 건조가 빨라 침투액 흡출작용도 빠르다.
㉡ 현상작용이 촉진되어 결함검출도가 높다.
㉢ 현상액을 분무할 때 적당한 거리를 유지한다(30cm 정도).
㉣ 산화마그네슘, 산화칼슘 등 백색 미분말 휘발성 용제에 분산제와 함께 현탁하여 사용한다.

④ 무현상법
㉠ 고감도 수세성 형광침투탐상에서 사용한다.
㉡ 결함검출도는 약한 편이다.

10-1. 침투탐상시험에서 시험조건에 따른 현상제의 선택이 가장 올바르게 설명된 것은?

[최신 기출 및 간혹 출제]

① 매우 거친 표면은 습식현상제가 적합하다.
② 소형의 대량작업에는 건식현상제가 적합하다.
③ 매우 매끄러운 표면은 건식현상제가 적합하다.
④ 미세한 균열 검출에는 속건식현상제가 적합하다.

10-2. 침투탐상시험으로 습식현상제를 사용할 때 현상제에 대하여 반드시 점검하여야 할 사항은?

[간혹 출제]

① 현상제를 감안한 전처리 시간
② 현탁액이 균일한가를 점검
③ 현상제의 질량과 시험편의 건조 상태
④ 자외선조사등

10-3. 침투탐상검사에 사용되는 현상제 중 산화마그네슘, 산화칼슘 등의 백색 미분말을 휘발성 용제에 분산제와 함께 현탁하여 에어졸 용기에 넣어 사용되는 현상제는?

[기본 기출 및 최신 기출]

① 무현상제　　　　　② 건식현상제
③ 습식현상제　　　　④ 속건식현상제

10-4. 다음 중 침투탐상시험용 현상제에 사용되지 않는 것은?

[기본 기출]

① 황산칼슘　　　　　② 산화타이타늄
③ 벤토나이트　　　　④ 산화마그네슘

10-5. 침투처리 과정을 거쳐 세척처리 후 현상제를 사용하지 않고 열풍 건조에 의해 시험체 불연속부의 침투액이 열팽창으로 인하여 시험체 표면으로 표출되어 지시모양을 형상시키는 현상방법은?

[기본 기출]

① 무현상법　　　　　② 습식현상법
③ 속건식현상법　　　④ 건식현상법

|해설|

10-1
현상제의 선택
- 표면이 거친 경우는 건식현상이 적합하고 매끄러운 경우는 습식현상이 적절하다.
- 시험체의 수량이 많은 경우에는 습식현상이 적합하고 시험체의 크기가 대형인 경우에는 건식현상이 적절하다.
- 염색침투제를 사용하는 경우에는 건식현상제를 사용하지 않는다.
- 자동장비를 사용하여 검사를 하는 경우에는 습식현상을 한다.

10-2
속에 이물질이나 오물의 혼입이 없는지, 겔화되어 있는 부분이 있는지에 대해서 점검한다. 또한 충분히 교반함에도 분리되는 경우는 교환한다.

10-3
속건식현상제는 산화마그네슘, 산화칼슘 등의 백색 미분말을 휘발성 용제에 분산제와 함께 현탁하여 에어졸 용기에 넣어 사용된다.

10-4
황산칼슘은 무색이며, 나머지 세 가지는 백색이다.

10-5
문제 본문에서 '현상제를 사용하지 않고'라고 설명하였다.

정답 10-1 ④ **10-2** ② **10-3** ④ **10-4** ① **10-5** ①

핵심이론 11　현상시간 및 현상제의 선택

① 현상시간 : 현상제 적용 후 관찰할 때까지의 시간
　㉠ 현상제의 종류에 관계없이 적어도 침투시간의 1/2 이상이 되어야 하고, 최소 10분 이상이다.
　㉡ 현상시간이 과다하면 침투제의 흡출작용이 많이 진행되어 결함 검출을 어렵게 할 수도 있다.
　㉢ 최대 현상시간은 검출하고자 하는 불연속의 크기에 따라 결정된다.

② 현상제의 일반적 선택
　㉠ 수세성 형광침투액 : 습식현상제
　㉡ 후유화성 형광침투액 : 건식현상제
　㉢ 용제 제거성 염색침투액 : 속건식현상제
　㉣ 고감도 형광침투액 : 무현상법
　㉤ 대량검사 : 습식현상제
　㉥ 소량검사 : 속건식현상제
　㉦ 매끄러운 표면 : 습식현상제
　㉧ 거친표면 : 건식현상제
　㉨ 큰 결함 : 건식현상제, 무현상법
　㉩ 미세한 결함 : 습식현상제, 속건식현상제

11-1. 침투탐상시험의 현상시간에 대한 설명으로 가장 적절한 것은?　　　　　　　　　　　　　　　　[기본 기출]

① 현상제 적용 후 건조까지의 시간이다.
② 현상제 적용 후 관찰할 때까지의 시간이다.
③ 침투제 적용 후 현상제 적용 전까지의 시간이다.
④ 전처리에서부터 침투처리를 거쳐 현성, 건조처리한 상태까지의 시간이다.

11-2. 침투탐상시험에 일반적으로 흰색의 배경에 빨간색의 대조(Contrast)를 이루게 하여 관찰하는 침투액과 현상제의 조합으로 옳은 것은?　　　　　　　[최신 기출 및 간혹 출제]

① 염색침투액-건식현상제
② 염색침투액-습식현상제
③ 형광침투액-건식현상제
④ 형광침투액-습식현상제

|해설|

11-1
현상시간이란 현상제 적용 후 관찰할 때까지의 시간이며 현상제의 종류에 관계없이 적어도 침투시간의 1/2 이상이 되어야 하고, 최소 10분 이상이다. 현상시간이 과다하면 침투제의 흡출작용이 많이 진행되어 결함검출을 어렵게 할 수도 있다. 최대 현상시간은 검출하고자 하는 불연속의 크기에 따라 결정된다.

11-2
염색침투탐상검사는 육안으로 확인하며 가시성을 좋게 하기 위해 색 대비를 준다. 염색침투탐상에서는 명암도가 좋아지도록 잘 도포하기 어려우므로 건식현상제를 잘 사용하지 않는다.

정답 **11-1** ② **11-2** ②

핵심이론 12 전처리

① 표면오염의 종류
　㉠ 유기성 물질
　　• 기계유, 경유, 윤활유, 그리스 등
　　• 탐상면을 적시는 것을 방해한다.
　㉡ 페인트 : 입구를 폐쇄하여 검출을 방해한다.
　㉢ 고형물질 : 녹, 산화물, 부식물, 탄화물 등 식별성을 감소시킨다.
　㉣ 화학물질 : 산, 알칼리성 화학물질은 탐상제와 화학반응하여 탐상성능을 저하시킨다. 산성물질과 크롬산염은 염색침투액의 색채를 흐리게 하여 결함지시를 약하게 하거나 의사지시를 유도한다. 크롬산염의 잔류물은 자외선을 흡수한다.

② 전처리방법
　㉠ 세제세척
　　• 세제 : 오염 제거를 쉽게 하도록 계면활성제를 함유하는 비가연성 수용성 화합물
　　• 세척조건 : $45{\sim}60\mathrm{kgf/m^3}$의 농도에 $77{\sim}93{\,}^\circ\!\mathrm{C}$에서 $10{\sim}15$분 세척한다.
　㉡ 용제 세척
　　• 그리스, 기름막, 왁스 및 밀봉재, 페인트와 대개 유기성 물질 등을 효과적으로 분해한다.
　　• 손으로 닦아내거나 침적탱크 탈지용 용제로 사용될 때는 세척 잔류물이 없어야 한다.
　　• 유지류에는 적당하나 녹, 스케일, 플럭스, 스패터 등 무기성 오염에는 부적당하다.
　㉢ 증기탈지 : 유기성 물질의 오염에 우선적인 세척법
　㉣ 스케일 제거용액
　　• 억제된 산이나 뜨거운 알칼리 녹 제거용액으로 세척한다.
　　• 일반적으로 억제된 산은 2~3배 물로 희석하여 상온에서 사용한다.

- 알칼리 녹 제거는 녹 제거 후 충분히 헹군 다음 완전 건조가 필요하다.
  - ㉤ 페인트 제거
    - 석유화학제품인 시너(Thinner)를 이용하여 세척, 제거한다.
    - 페인트 제거 후 잔유물과 시너가 남지 않도록 유의한다.
  - ㉥ 초음파 세척
    - 제거할 오염원에 맞게 용제를 함께 사용한다.
    - 세척액 제거를 위해 가열 후 침투액 적용 전에 최소한 52℃까지 냉각한다.
  - ㉦ 기계적 세척 및 표면처리
    - 금속제거공정 : 줄질, 버프연마(버핑), 긁기가공(스크레이핑), 밀링, 드릴링, 리밍, 연삭, 액체호닝, 샌딩, 텀블 등
    - 연마제 블라스팅 : 유리비드, 모래, 알루미늄산화물, 리그노-셀룰로스 펠릿, 금속쇼트 등
    - 금속 표면을 손상시키거나 결함의 입구를 막을 가능성도 있으므로 연금속의 경우, 검사의 정밀도를 저하시키지 않을 경우에 허용한다.
  - ㉧ 알칼리 세척 : 따뜻한 알칼리용액은 표면결함을 차폐할 수 있는 녹 제거 및 산화스케일 제거에 사용한다.
  - ㉨ 증기 세척 : 열간탱크 알칼리 세척법의 수정방법으로 대형, 큰 부피 시험체에 적용한다.
  - ㉩ 산 세척 : 대개 묽은 산 용액을 사용한다.

핵심예제

12-1. 다음 중 용제 세척법으로 전처리할 경우 제거가 곤란한 오염물은? [기본 기출]

① 왁스 및 밀봉제
② 그리스 및 기름막
③ 페인트와 유기성 물질
④ 용접 플럭스 및 스패터

12-2. 연한 금속의 전처리 시 도료, 스케일 등 고형 오염물의 제거방법에 대한 설명으로 옳은 것은? [자주 출제]

① 기계적 제거방법이 가장 우수하다.
② 화학적 제거방법이 일반적으로 적용된다.
③ 기계적 제거방법 적용 시 결함의 개구부를 막아야 한다.
④ 화학적 제거방법 적용 시 시험체의 손상에 유의하지 않아도 된다.

12-3. 침투탐상시험에서 트라이클렌(Trichlene) 증기 세척장치는 다음 과정 중 어느 경우에 주로 사용되는가? [간혹 출제]

① 전처리과정
② 유화제 제거과정
③ 건조처리과정
④ 과잉침투액 제거과정

12-4. 형광침투탐상시험의 전처리과정에서 부품에 묻어 있는 강한 산성물질을 씻어내지 않았을 경우 주요 원인으로 발생되는 것은? [기본 기출]

① 침투시간이 길어진다.
② 침투제의 침투력을 촉진시킨다.
③ 얼룩이 오랫동안 남아 있게 된다.
④ 침투제의 형광성을 감소시켜 결함 식별능력을 잃게 된다.

|해설|

12-1
용접 플럭스와 스패터는 금속성 오염물로 화학적 제거로는 제거되지 않고 물리적 제거방법을 함께 사용하여야 한다.

12-2
① 제어된 산이나 뜨거운 알칼리를 이용한다.
③ 기계적 제거방법 적용 시 연한 재질 표면의 개구부는 막힐 우려가 있다.
④ 직접 적용 시 화학반응으로 인한 시험체의 손상이 항상 우려된다.

12-3
증기 세척은 전처리과정에 속한다.

12-4
산 또는 알칼리 물질은 탐상제와 화학반응을 일으켜 탐상제의 성능을 저하시킨다.

정답 12-1 ④ 12-2 ② 12-3 ① 12-4 ④

① 수세성 침투탐상시험

  ㉠ 수세성 침투탐상시험은 세척공정에 매우 민감하므로 물방울 크기를 작게 하고 압력을 높이면 낮은 세척성으로 뿌연 안개현상을 유발하여 세척한다.

  ㉡ 압력이 과도하면 과세척될 수도 있으니 주의한다.

  ㉢ 너무 높은 온도에서 세척하면 결함 속의 침투액을 유출시킬 수 있다.

② 용제 세척

  ㉠ 수세성 침투제 및 후유화성 침투제를 사용한 경우는 물로 세척한다.

  ㉡ 시험체에 세척제를 직접 뿌리거나 다량으로 적용해서는 안 된다.

  ㉢ 세척액 제거를 위한 건조처리는 따로 하지 않는다.

  ㉣ 염색침투액은 육안 식별이 용이하다.

  ㉤ 시험면에 용제를 직접 분사하거나 용제가 들어 있는 용기에 침적하는 조작은 피한다.

  ㉥ 붓칠 등으로 유화제와 침투액이 뒤섞이게 하는 것은 피한다.

③ 세척이 잘못되면 깊이가 얕은 불연속 등은 일시적 메움 현상이 일어나 검출이 어려워진다.

④ 후처리 장치 : 시험 이후 부식방지 및 잔류 침투액 제거

핵심예제

13-1. 수세성 침투탐상시험 시 침투액을 세척하는 가장 일반적인 방법은? [기본 기출]

① 물에 담근다.

② 젖은 걸레로 닦는다.

③ 세척수를 분무노즐로 분사하여 닦는다.

④ 수돗물에 담가 걸레를 이용하여 닦는다.

13-2. 수세성 침투탐상시험에서 세척 처리 시 너무 뜨거운 물로 세척할 때 발생되는 주요 문제점은? [자주 출제]

① 결함 속의 침투액을 유출시킨다.

② 실제 결함보다 너무 크게 확대시킨다.

③ 미세한 결함 내에 물의 오염을 형성한다.

④ 침투액으로부터의 형광성을 발생시킨다.

13-3. 용제 제거성 침투탐상에서 사용되는 용제세척에 대한 설명으로 틀린 것은? [자주 출제]

① 용제는 용해하는 성질이 있기 때문에 다량으로 사용하면 결함 내의 침투액을 제거하므로 주의해야 한다.

② 시험면에 용제를 직접 분사하거나 용제가 들어 있는 용기에 침적하는 조작은 피해야 한다.

③ 붓칠 등으로 유화제와 침투액이 뒤섞이게 하는 것은 피해야 한다.

④ 표면이 거친 형상은 손으로 닦아내기가 곤란한 경우 분사압력을 최대로 하여 시험 부위에 용제를 뿌려 주고 즉시 헝겊으로 닦아내야 한다.

13-4. 침투탐상시험방법 및 침투지시모양의 분류(KS B 0816)에서 평가가 끝난 후 잔류하고 있는 침투탐상제를 제거하는 것은? [최신 기출]

① 전청정 ② 후처리

③ 지시무늬 ④ 에 칭

|해설|

13-1
수세성 침투탐상시험은 세척공정에 매우 민감하므로 물방울 크기를 작게 하고 압력을 높이면 낮은 세척성으로 뿌연 안개현상을 유발하여 세척한다. 압력이 과도하면 과세척될 수도 있으니 주의한다.

13-3
분사압을 높여서 용제를 뿌리면 침투제가 함께 제거된다.

13-4
후처리 : 시험 이후 부식방지 및 잔류 침투액 제거

정답 13-1 ③ 13-2 ① 13-3 ④ 13-4 ②

① 자외선조사장치

    ㉠ 사용하는 자외선 파장의 길이 : 파장 320~400nm 의 자외선을 조사

    ㉡ 강도 : $800\mu W/cm^2$ 이상의 강도로 조사하여 시험

    ㉢ 용도 : 침투액 속의 형광물질을 발광시켜 결함을 검출

    ㉣ 자외선조사장치가 필요한 곳 : 세척대, 검사대

    ㉤ 자외선등

      • 전구 수명

        – 새것이었을 때의 강도가 25%이면 교환

        – 100W 기준으로 1,000시간/무게

      • 예열시간 : 최소 5분 이상

② 일반적으로 전처리용 장비는 일련의 침투탐상검사장 비로부터 떨어져 있거나 분리된 장소에 설치한다.

③ 피시험체가 매우 커서 이동이 어려운 경우 휴대용 장 치를 사용한다.

핵심예제

14-1. 침투탐상시험에 사용되는 자외선조사등의 파장범위로 옳은 것은? [최신 기출 및 자주 출제]

① 220~300nm   ② 320~400nm

③ 520~600nm   ④ 800~1,100nm

14-2. 검사대상 시험체가 매우 커서 이동이 어려운 경우 어떤 침투탐상시험장치가 적절한가? [기본 기출]

① 대형 장치   ② 중형 장치

③ 거치적 장치   ④ 휴대용 장치

|해설|

14-1

파장 320~400nm의 자외선을 $800\mu W/cm^2$ 이상의 강도로 조사하 여 시험한다.

14-2

시험체가 이동이 어려우므로 시험장비가 이동해야 한다.

정답 14-1 ②   14-2 ④

---

① 침투탐상시험의 신뢰성 고려사항

    ㉠ 해당 검사와 절차가 실제 검사조건에서 불연속을 검출할 수 있는가?

    ㉡ 검사 수행원들의 기량이 인정되었는가?

    ㉢ 실제 탐상작업이 관리되고 있는가?

② 신뢰도의 척도

    ㉠ 신 뢰

      • 실제 불연속이 있고 검출된 경우

      • 불연속이 없고 검출되지 않은 경우

    ㉡ 불신뢰

      • 불연속이 있고 검출이 안 된 경우

      • 불연속이 없고 검출이 된 경우

③ 신뢰의 확보

    ㉠ 정기점검을 통해 신뢰도를 확보한다.

    ㉡ 침투액, 현상제, 유화제 등의 상태와 오염도를 체크 한다.

④ 인증시험

    ㉠ 침투제의 재료 인증시험 항목 : 인화점, 점도, 형광휘 도, 독성, 부식성, 적심성, 색상, 자외선에 대한 안 정성, 온도에 대한 안정성, 수세성, 물에 의한 오염 도 등

    ㉡ 침투제의 시험 항목 : 감도시험, 형광휘도시험, 물 에 의한 오염도 시험 등

    ㉢ 건식현상제 점검항목 : 이물질의 혼입이 없는지, 현상제가 덩어리지거나 젖지 않았는지를 점검한 다. 자외선등을 비추어 과도한 형광이 있는지를 검 사한다.

15-1. 탐상제 중 건식현상제의 상태를 점검하는 방법으로 가장 적절한 것은? [기본 기출]

① 비중 측정을 한다.
② 보통 육안으로 관찰한다.
③ 용액에 녹여 점도시험을 한다.
④ 자외선등으로 형광물질 오염 여부를 확인한다.

15-2. 후유화성 형광침투액의 피로시험 항목에 속하지 않은 것은? [기본 기출]

① 감도시험
② 점성시험
③ 수세성시험
④ 수분 함유량 시험

15-3. 침투탐상시험에 사용하는 재료나 설비는 계속 사용함에 따라 신뢰성이 떨어진다. 신뢰성을 확보하기 위한 방법으로 가장 효과적인 것은? [기본 기출]

① 작업 시마다 새로운 재료와 설비를 사용한다.
② 1년 마다 재료나 설비를 새것으로 사용한다.
③ 일상점검 또는 일정기간마다 정기점검으로 관리한다.
④ 작업 시마다 수세성, 후유화성, 용제 제거성 등 시험방법을 달리하여 사용한다.

|해설|

15-1
건식현상제 속에 이물질의 혼입이 없는지, 현상제가 덩어리지거나 젖지 않았는지, 과도한 형광이 있는지를 검사한다.

15-2
침투제의 재료 인증시험 항목은 인화점, 점도, 형광휘도, 독성, 부식성, 적심성, 색상, 자외선에 대한 안정성, 온도에 대한 안정성, 수세성, 물에 의한 오염도 등이 있다. 이에 따라 침투제의 시험 항목은 감도시험, 형광휘도시험, 물에 의한 오염도 시험 등이 있다.

15-3
정기점검은 이상 유무의 감지에 상관없이 정기적으로 점검하여 결함이 있어도 초기에 발견할 수 있도록 하는 검사이다.

정답 15-1 ② **15-2** ④ **15-3** ③

핵심이론 16 시험결과와 의사지시

① 의사지시 : 불연속이나 결함이 없음에도 마치 결함이 있는 것처럼 현상이 된다(지시가 됨).
② 의사지시의 원인
　㉠ 시험면의 전처리가 부족한 경우
　㉡ 잉여침투액의 제거가 불완전하여 시험면에 남아 있는 경우
　㉢ 검사원의 손이 침투액으로 오염된 경우
　㉣ 시험체의 형상이 복잡하여 홈이나 접힌 부분이 지시되는 경우
　㉤ 현상 시 검사대의 잔여 침투액이 묻는 경우
　㉥ 스케일이나 녹의 경우
③ 무관련 지시
　㉠ 의미 : 시험체의 형태에 의해 나타나는 지시
　㉡ 시험체의 형상이 마치 결함이 있는 것처럼 굴곡이 심하다면 지시처럼 보일 것
　㉢ 억제 : 해당 부분을 형상에 맞게 얇고 일정한 도포를 실시
④ 정상적인 결함의 지시
　㉠ 결함지시 모양의 크기는 실제 결함의 크기보다 크거나 같다.
　㉡ 선형지시 : 가늘고 예리한 선 모양의 지시(지시의 길이가 폭의 3배 이상)
　㉢ 원형지시 : 둥근 모양의 지시
⑤ 판독 : 현상처리 후 판독하며 시험체 성질과 규격에 따라 판단한다.

16-1. 침투탐상검사에서 의사지시모양을 발생시키는 경우가 아닌 것은? [자주 출제]

① 제거처리가 부적당한 경우
② 불연속의 균일성 지시가 나타난 경우
③ 시험체의 형상에 복잡한 홈이 있는 경우
④ 검사대의 잔여 침투액이 시험체 표면에 묻은 경우

16-2. 침투탐상시험 결과의 해석 및 판정을 하기 위한 조치의 설명으로 틀린 것은?
[기본 기출]

① 불연속의 크기를 측정한다.
② 어떤 종류의 불연속에 의한 형성인지 해석한다.
③ 불연속 사용 시 어떤 영향을 줄 것인지 판단한다.
④ 불연속으로 판단되면 합격, 불합격의 기준에 관계없이 폐기한다.

16-3. 침투탐상시험 시 검사체의 결함은 언제 판독하는가?
[기본 기출]

① 현상시간이 경과한 직후
② 침투처리를 적용한 직후
③ 현상제를 적용하기 직전
④ 세척처리를 적용하기 직전

16-4. 침투탐상시험에서 현상이 잘되었을 때 나타난 결함지시 모양을 실제 결함과의 크기를 비교한 것으로 가장 옳은 설명은?
[기본 기출]

① 결함지시모양의 크기는 항상 실제 결함 크기와 같다.
② 결함지시모양의 크기는 항상 실제 결함 크기보다 작다.
③ 결함지시모양의 크기는 실제 결함 크기보다 크거나 같다.
④ 결함지시모양의 크기는 실제 결함 크기보다 작거나 같다.

|해설|

16-1
불연속의 균일성 지시가 나타난 경우는 연속 지시로 판정한다.

16-2
불합격으로 판단되는 지시는 반드시 재평가하여야 하며 실제로 불합격될 수 있고, 관찰 시보다 더 좋지 않은 상태일 수도 있으며, 합격으로 판단해야 하는 경우도 있다. 불합격으로 판단되는 불연속 지시는 폐기 또는 보수 후 재사용한다.

16-3
현상처리란 현상제를 시험체 표면에 도포하여 불연속에 들어 있는 침투제를 블리드 아웃(Bleed Out)시켜 지시가 나타나도록 하는 것을 밀한다.

16-4
① 결함지시의 판독이 필요한 이유는 여러 원인으로 결함이 그대로 현상되지 않기 때문이다.
②, ④ 현상제에 번지는 경우는 지시가 커진다.

정답 16-1 ② 16-2 ④ 16-3 ① 16-4 ③

핵심이론 17 그 밖의 침투탐상검사방법

① 하전입자법 : 정전기 현상을 이용하는 방법으로, 낮은 전도도의 침투액을 적용한 후, 액체를 제거하여 건조하고 고운 입자의 탄산칼슘을 뿜어 주면 입자는 양전하가 되고, 균열에 입자가 침투되어 고운 입자 크기만큼의 결함도 추적할 수 있도록 개발한 방법이다.

② 입자여과법(여과입자법) : 도자기 제조공정에서 사용되며, 소성(Baking) 전 균열의 발생 유무를 찾거나 콘크리트의 균열검사 등에 사용한다. 다공성 재질에 석유계 용제나 물에 색깔이 있는 아주 작은 입자의 분말 또는 미세한 형광입자를 현탁시킨 액체를 균일하게 적용하여 육안이나 자외선 조사로 결함을 확인하는 방법이다.

③ 휘발성침투액법 : 알코올 같은 것을 다공질재 시험체에 뿌리면 결함 있는 곳에서 휘발이 늦어져서 얼룩이 생긴다. 애당초 건조가 쉽지 않은 표면이나 얼룩을 식별하기 힘든 표면은 검사가 불가능하다.

현상제 역할로 탄산칼슘을 사용하는 침투탐상방법은 무엇인가?
[최신 기출]

① 여과입자법
② 역형광법
③ 하전입자법
④ 휘발성 침투액법

|해설|

하전입자로 탄산칼슘을 사용한다.

정답 ③

※ 책 뒤의 'KS 규격 열람방법'을 참고하시오.
※ 표를 그대로 익히는 것이 좋으며 매년, 매회 출제됨

① 표1. 사용하는 침투액에 따른 분류

명 칭	방 법	기 호
V 방법	염색침투액을 사용하는 방법	V
F 방법	형광침투액을 사용하는 방법	F
D 방법	이원성 염색침투액을 사용하는 방법	DV
	이원성 형광침투액을 사용하는 방법	DF

② 표2. 잉여침투액의 제거방법에 따른 분류

명 칭	방 법	기 호
방법 A	수세에 의한 방법	A
방법 B	기름베이스 유화제를 사용하는 후유화에 의한 방법	B
방법 C	용제 제거에 의한 방법	C
방법 D	물베이스 유화제를 사용하는 후유화에 의한 방법	D

③ 표3. 현상방법에 따른 분류

명 칭	방 법	기 호
건식현상법	건식현상제를 사용하는 방법	D
습식현상법	수용성 현상제를 사용하는 방법	A
	수현탁성 현상제를 사용하는 방법	W
속건식현상법	속건식현상제를 사용하는 방법	S
특수현상법	특수한 현상제를 사용하는 방법	E
무현상법	현상제를 사용하지 않는 방법	N

18-1. 침투탐상시험방법 및 침투지시모양의 분류(KS B 0816)에 의한 잉여침투액의 제거방법과 명칭의 조합이 틀린 것은?
[자주 출제]

① 용제 제거에 의한 방법 : 방법 C
② 휘발성 세척액을 사용하는 방법 : 방법 A
③ 물베이스 유화제를 사용하는 후유화에 의한 방법 : 방법 D
④ 기름베이스 유화제를 사용하는 후유화에 의한 방법 : 방법 B

18-2. 침투탐상시험방법 및 침투지시모양의 분류(KS B 0816)에서 특별한 규정이 없는 한 시험장치(침투, 유화, 세척, 현상, 건조, 암실, 자외선조사)를 사용하지 않아도 되는 탐상방법을 기호 표시로 나타낸 것은?
[자주 출제]

① FA-W   ② FB-D
③ VB-W   ④ VC-S

18-3. 침투탐상시험방법 및 침투지시모양의 분류(KS B 0816)에서 속건식현상제를 사용한 용제제거성 형광침투탐상에 해당하는 시험방법의 기호는?
[자주 출제]

① FC-S   ② VC-S
③ VC-A   ④ FC-A

18-4. 침투탐상시험방법 및 침투지시모양의 분류(KS B 0816)에서 사용하는 침투액에 따른 분류의 기호가 아닌 것은?
[자주 출제]

① A   ② V
③ F   ④ DV

18-5. 침투탐상시험방법 및 침투지시모양의 분류(KS B 0816)에서 현상방법에 따라 명칭을 분류할 때 기호 'S'는 무엇을 나타내는가?
[자주 출제]

① 건식현상법   ② 습식현상법
③ 특수현상법   ④ 속건식현상법

18-6. 침투탐상시험방법 및 침투지시모양의 분류(KS B 0816)에 따른 분류 기호 중 DFB-S가 있다. DFB를 옳게 나타낸 것은?
[자주 출제]

① 수세성 형광침투액
② 후유화성 염색침투액
③ 수세성 이원성 염색침투액
④ 후유화성 이원성 형광침투액

18-7. 침투탐상시험방법 및 침투지시모양의 분류(KS B 0816)에 따른 시험방법의 분류 기호 중 DFA-S로 옳은 것은?
[자주 출제]

① 수세성 이원성 형광침투액
② 수세성 형광침투액
③ 수세성 이원성 염색침투액
④ 후유화 이원성 형광침투액

18-8. 침투탐상시험방법 및 침투지시모양의 분류(KS B 0816)에서 시험방법의 기호가 DFC-N일 때 사용하는 침투액과 현상법의 종류로 옳은 것은?
[자주 출제]

① 수세성 이원성 형광침투액-무현상법
② 용제제거성 이원성 형광침투액-무현상법
③ 후유화성 형광침투액(물베이스 유화제)-무현상법
④ 후유화성 이원성 형광침투액(기름베이스 유화제)-무현상법

|해설|

18-1
휘발성 세척액인 용제를 이용하여 제거하는 방법이 용제 제거에 의한 방법이다.

18-2
장비가 필요 없으려면 염색침투액을 사용하여 닦아내는 형태로 잉여침투액을 제거하고, 속건식으로 현상하면 된다.

18-7
DFA-S
• DFA : 수세성 이원성 형광침투액을 사용하는 방법
• S : 속건식현상제를 시용

18-8
• D : 이원성
• F : 형광침투액
• C : 용제제거성 침투액 사용
• N : 무현상제

정답 18-1 ② 18-2 ④ 18-3 ① 18-4 ①
18-5 ④ 18-6 ④ 18-7 ① 18-8 ②

핵심이론 19 KS B 0816 표4

※ 시험의 순서를 나타내는 이 표는 자주 보면서 익히도록 한다.

① 표4. 시험의 순서

시험방법의 기호	사용하는 침투액과 현상법의 종류	시험의 순서(음영처리된 부분을 순서대로 시행)								
		전처리	예비세척처리	유화처리	세척처리	제거처리	건조처리	현상처리	건조처리	관찰	후처리
FA-D DFA-D	수세성 형광침투액-건식현상법 수세성 이원성 형광침투액-건식현상법	→	→		→				→		
FA-W DFA-W VA-W DVA-W	수세성 형광침투액-습식현상법(수현탁성) 수세성이원성형광침투액-습식현상법(수현탁성) 수세성 염색침투액-습식현상법(수현탁성) 수세성이원성 염색침투액-습식현상법(수현탁성)										
FA-S DFA-S VA-S DVA-S	수세성 형광침투액-속건식현상법 수세성 이원성 형광침투액-속건식현상법 수세성 염색침투액-속건식현상법 수세성 이원성 염색침투액-속건식현상법										
FA-N DFA-N	수세성 형광침투액-무현상법 수세성 이원성 형광침투액-무현상법		→		→						
FB-D DFB-D	후유화성형광침투액(유성유화제)-건식현상법 후유화성이원성형광침투액(유성유화제)-건식현상법					→		→			
FB-A DFB-A	후유화성형광침투액(유성유화제)-습식현상법(수용성) 후유화성이원성형광침투액(유성유화제)-습식현상법(수용성)					→		→			
FB-W DFB-W VB-W	후유화성형광침투액(유성유화제)-습식현상법(수현탁성) 후유화성이원성형광침투액(유성유화제)-습식현상법(수현탁성) 후유화성염색침투액(유성유화제)-습식현상법(수현탁성)								→		
FB-S DFB-S VB-S	후유화성형광침투액(유성유화제)-속건식현상법 후유화성이원성형광침투액(유성유화제)-속건식현상법 후유화성염색침투액(유성유화제)-속건식현상법					→		→			
FB-N DFB-N	후유화성형광침투액(유성유화제)-무현상법 후유화성이원성형광침투액(유성유화제)-무현상법		→		→		→	→			
FC-D DFC-D	용제제거성형광침투액-건식현상법 용제제거성이원성형광침투액-건식현상법		→		→		→		→		

시험방법의 기호	사용하는 침투액과 현상법의 종류	시험의 순서(음영처리된 부분을 순서대로 시행)										
		전처리	침투처리	예비세척처리	유화처리	세척처리	제거처리	건조처리	현상처리	건조처리	관찰	후처리
FC-A	용제제거성형광침투액-습식현상법(수용성)											
DFC-A	용제제거성이원성형광침투액-습식현상법(수용성)											
FC-W	용제제거성형광침투액-습식현상법(수현탁성)											
DFC-W	용제제거성이원성형광침투액-습식현상법(수현탁성)	→→→→					→					
VC-W	용제제거성염색침투액-습식현상법(수현탁성)											
DVC-W	용제제거성이원성염색침투액-습식현상법(수현탁성)											
FC-S	용제제거성형광침투액-속건식현상법											
DFC-S	용제제거성이원성형광침투액-속건식현상법	→→→→					→ →→					
VC-S	용제제거성염색침투액-속건식현상법											
DVC-S	용제제거성이원성염색침투액-속건식현상법											
FC-N	용제제거성형광침투액-무현상법	→→→→					→ →					
DFC-N	용제제거성이원성형광침투액-무현상법											
FD-D	후유화성형광침투액(물베이스유화제)-건식현상법						→					
FD-A	후유화성형광침투액(물베이스유화제)-습식현상법(수용성)											
FD-W	후유화성형광침투액(물베이스유화제)-습식현상법(수현탁성)						→					
VD-W	후유화성염색침투액(물베이스유화제)-습식현상법(수현탁성)											
FD-S	후유화성형광침투액(물베이스유화제)-속건식현상법						→		→			
VD-S	후유화성염색침투액(물베이스유화제)-속건식현상법											
FD-N	후유화성 형광침투액(물베이스유화제)-무현상법						→ →		→			

② 문제에서 주로 다루는 시험절차

　ⓐ 수세성 형광침투액-건식현상제의 공정 순서(상단 표에서 확인)

　　• 2008년 4회, 2012년 2회

　ⓑ 수세성 형광침투액-습식현상제의 공정 순서(상단 표에서 확인)

　　• 2009년 1회

　ⓒ 수세성 형광침투액-무현상법의 공정 순서(상단 표에서 확인)

　　• 2009년 2회

　ⓓ 수세성 염색침투액-습식현상법의 공정 순서(상단 표에서 확인)

　　• 2007년 5회, 2009년 5회, 2013년 5회, 2014년 2회, 2015년 5회

　ⓔ 수세성 염색침투액-속건식현상법의 공정 순서(상단 표에서 확인)

　　• 2012년 1회, 2014년 1회

　ⓕ 용제 제거성 염색침투액-속건식현상법의 공정 순서(표 4에서 확인)

　　• 2015년 4회

　ⓖ 후유화성 형광침투액 - 속건식현상법의 공정 순서

　　• 2014년 2회, 2016년 4회

　ⓗ 후유화성 형광침투액 - 습식현상법의 공정 순서

　　• 2015년 1회, 2015년 5회, 2016년 1회, 2016년 4회

　ⓘ 후유화성 염색침투액 - 속건식현상법의 공정 순서

　　• 2015년 4회

19-1. 침투탐상시험방법 및 침투지시모양의 분류(KS B 0816)에서 시험방법의 기호가 'VB-S'일 때 시험 절차를 바르게 나타낸 것은? [간혹 출제]

① 전처리 → 침투처리 → 세척처리 → 건조처리 → 현상처리 → 관찰 → 후처리

② 전처리 → 침투처리 → 유화처리 → 세척처리 → 건조처리 → 현상처리 → 관찰 → 후처리

③ 전처리 → 침투처리 → 세척처리 → 현상처리 → 건조처리 → 관찰 → 후처리

④ 전처리 → 침투처리 → 유화처리 → 현상처리 → 건조처리 → 세척처리 → 관찰 → 후처리

19-2. 침투탐상시험방법 및 침투지시모양의 분류(KS B 0816)에 따라 다음과 같은 탐상 순서를 갖는 시험 방법의 기호로 옳은 것은? [간혹 출제]

> 전처리 → 침투처리 → 제거처리 → 현상처리 → 관찰 → 후처리

① FA-W　　　　② FB-W

③ FC-D　　　　④ FC-N

19-3. 침투탐상시험방법 및 침투지시모양의 분류(KS B 0816)에 의한 시험방법 중 유화처리에 앞서 예비 세척처리가 필요 없는 검사법은? [기본 기출]

① 후유화성 형광침투액(물베이스 유화제)-무현상법
② 후유화성 염색침투액(물베이스 유화제)-속건식현상법
③ 후유화성 형광침투액(물베이스 유화제)-습식현상법(수현 탁성)
④ 후유화성 염색침투액(기름베이스 유화제)-습식현상법(수현 탁성)

19-4. 침투탐상시험방법 및 침투지시모양의 분류(KS B 0816)에 규정된 시험의 순서에서 건조처리가 현상처리 후에 수행하는 침투액과 현상법으로 옳은 것은? [기본 기출]

① 수세성 형광침투액-건식현상법
② 수세성 염색침투액-속건식현상법
③ 수세성 이원성 형광침투액-습식현상법
④ 후유화성 이원성 형광침투액-건식현상법

|해설|

19-4

현상처리 후 건조처리하는 시험 방법에서 적용하는 침투액과 현상법의 연결(KS B 0816 표4)
① 수세성 형광침투액-습식현상법(수현탁성)
② 수세성 염색침투액-습식현상법(수현탁성)
③ 수세성 이원성 형광침투액-습식현상법
④ 후유화성 이원성 형광침투액-습식현상법

정답 **19-1** ② **19-2** ③ **19-3** ④ **19-4** ③

① 시험체에 침투액을 적용하기 전에 유지류, 도료, 녹, 스케일, 오염 등 표면의 부착물 및 흠 속에 잔류해 있는 유지류, 수분 등을 충분히 제거하여야 한다.
② 처리방법은 부착물의 종류와 정도 및 시험체의 재질을 고려하여 용제에 의한 세척, 증기 세척, 도막박리제, 알칼리세제, 산 세척 등의 방법으로 한다.
③ 시험체의 일부분을 시험하는 경우, 시험하는 부분에서 바깥쪽으로 25mm 넓은 범위를 깨끗하게 한다.
④ 처리 후에는 용제, 세척액, 수분 등을 충분히 건조시켜야 한다.

침투탐상시험방법 및 침투지시모양의 분류(KS B 0816)에 의해 탐상시험할 때 시험체의 일부분을 시험하는 경우, 전처리는 시험하는 부분에서 바깥쪽으로 최소한 몇 mm 범위까지 깨끗하게 하여야 하는가? [최신 기출]

① 20   ② 25
③ 30   ④ 35

|해설|

전처리 : 시험체의 일부분을 시험하는 경우, 시험하는 부분에서 바깥쪽으로 25mm 넓은 범위를 깨끗하게 한다.

정답 ②

표준온도 아래에서 침투/현상시간
(KS B 0816 5.3.2)

① 침투시간은 침투액의 종류, 시험체의 재질, 예측되는
결함의 종류와 크기 및 시험체와 침투액의 온도를 고
려하여 정한다.

② 일반적으로는 온도 15~50℃의 범위에서는 다음 표에
서 나타내는 시간을 표준으로 한다.

재 질	형 태	결함의 종류	모든 종류의 침투액	
			침투시간 (분)	현상시간 (분)
알루미늄, 마그네슘, 동, 타이타늄, 강	주조품, 용접부	쇳물 경계, 융합 불량, 빈 틈새, 갈라짐	5	7
	압출품, 단조품, 압연품	랩(Lap), 갈라짐	10	7
카바이드 팁붙이 공구	–	융합 불량, 갈라짐, 빈 틈새	5	7
플라스틱, 유리, 세라믹스	모든 형태	갈라짐	5	7

③ 3~15℃ 범위에서는 온도를 고려하여 침투시간을 늘
리고, 50℃를 넘는 경우 또는 3℃ 이하인 경우는 침투
액의 종류, 시험체의 온도 등을 고려하여 정한다.

21-1. 침투탐상시험방법 및 침투지시모양의 분류(KS B 0816)
에서 보고서에 기록하는 내용 중 '시험 시의 온도'가 다음 중
어느 온도일 때 반드시 기록하여야 하는가? [매년 매회 출제]

① 18℃ ② 25℃
③ 35℃ ④ 58℃

21-2. 침투탐상시험방법 및 침투지시모양의 분류(KS B 0816)
에 따른 플라스틱 재질의 갈라짐에 대한 탐상 시 상온에서의
표준 침투시간과 현상시간의 규정으로 옳은 것은?
[10회 이상 출제]

① 침투시간 : 5분, 현상시간 : 7분
② 침투시간 : 3분, 현상시간 : 7분
③ 침투시간 : 5분, 현상시간 : 5분
④ 침투시간 : 3분, 현상시간 : 5분

|해설|

21-1
시험 시의 온도는 15~50℃이고, 이 온도를 벗어난 경우에는 반드
시 기록을 남겨 검사 결과를 해석할 때 감안하도록 한다.

21-2
핵심이론 21 ② 표 참조

정답 21-1 ④ 21-2 ①

① 유화제는 침지, 붓기, 분무 등에 따라 적용하고 균일한 유화처리를 한다.

② 유화시간은 다음의 세척처리를 정확하게 할 수 있는 시간으로 하고, 유화제 및 침투액의 종류, 온도, 시험체의 표면거칠기 등을 고려하여 정한다.

기름베이스 유화제 사용 시	형광침투액의 경우	3분 이내
	염색침투액의 경우	30초 이내
물베이스 유화제 사용 시	형광침투액의 경우	2분 이내
	염색침투액의 경우	2분 이내

핵심예제

22-1. 침투탐상시험방법 및 침투지시모양의 분류(KS B 0816)에서 유화제의 적용 방법으로 권장하고 있지 않은 것은?

[최신 기출 및 간혹 출제]

① 침 지   ② 붓 기
③ 분 무   ④ 붓 칠

22-2. 침투탐상시험방법 및 침투지시모양의 분류(KS B 0816)에서 규정하는 유화시간을 설명한 내용으로 틀린 것은?

[매년 유사 출제]

① 물베이스 유화제를 사용하는 시험에서 염색침투액을 사용할 때는 2분 이내
② 물베이스 유화제를 사용하는 시험에서 형광침투액을 사용할 때는 5분 이내
③ 기름베이스 유화제를 사용하는 시험에서 형광침투액을 사용할 때는 3분 이내
④ 기름베이스 유화제를 사용하는 시험에서 염색침투액을 사용할 때는 30초 이내

|해설|

22-1
유화제를 붓으로 바르면 균일한 도포가 어렵다. 누껍게 발라신 과잉 유화제는 침투제를 제거할 우려가 있다.

22-2
② 물베이스 유화제를 사용하는 시험에서 형광침투액을 사용할 때는 2분 이내로 한다.

정답 22-1 ④   22-2 ②

① 세척처리 및 제거처리
    ㉠ 시험체에 부착되어 있는 잉여침투액을 제거한다.
    ㉡ 흠 속에 침투되어 있는 침투액을 유출시키는 과도한 처리를 해서는 안 된다.
    ㉢ 형광침투액을 사용하는 시험에서는 자외선을 비추어 처리의 정도를 확인하면서 한다.

② 수세성 및 후유화성 침투액은 물로 세척한다.

③ 스프레이 노즐을 사용할 때의 수압은 특별히 규정이 없는 한 275kPa 이하로 한다.

④ 형광침투액을 사용할 경우 수온은 특별한 규정이 없을 때에는 10~40℃로 한다.

⑤ 용제제거성 침투액
    ㉠ 형겊 또는 종이수건 및 세척액으로 제거한다.
    ㉡ 특히 제거처리가 곤란한 경우를 제외하고 원칙적으로 세척액이 스며든 형겊 또는 종이수건을 사용하여 닦아내고 시험체를 세척액에 침지하거나 세척액을 다량으로 적용해서는 안 된다.

23-1. 침투탐상시험방법 및 침투지시모양의 분류(KS B 0816)에 의한 시험의 조작 중 세척처리와 제거처리에 대한 설명이 틀린 것은? [매년 유사 출제]

① 후유화성 침투액은 세척액으로 세척한다.
② 용제 제거성 침투액은 헝겊 또는 종이수건 및 세척액으로 제거한다.
③ 스프레이 노즐을 사용할 때의 수압은 특별한 규정이 없는 한 275kPa 이하로 한다.
④ 형광침투액을 사용하는 시험에서는 반드시 자외선을 비추어 처리의 정도를 확인하여야 한다.

23-2. 침투탐상시험방법 및 침투지시모양의 분류(KS B 0816)에 따라 세척처리 및 제거처리 시 수세성 침투액은 특별한 규정이 없는 한 무엇으로 세척하도록 규정하고 있는가? [간혹 출제]

① 10~40℃의 물 　　　 ② 공 기
③ 유화제 　　　 ④ 현상제

23-3. 다음 중 ( ) 안에 들어 갈 적절한 용어는? [기본 기출]

> 침투탐상시험방법 및 침투지시모양의 분류(KS B 0816)에서 세척처리 및 제거처리 시 시험체에 부착된 잉여침투액은 제거하여야 한다. 이때 ( )에 침투되어 있는 침투액을 유출시키는 과도한 처리를 해서는 안 된다.

① 흠 속 　　　 ② 세척제
③ 유화제 　　　 ④ 흠 주변

|해설|

23-1
후유화성 침투액은 유화처리 후 물로 세척한다.

23-2
KS B 0816 5.3.4 b에 의하면 수세성 및 후유화성 침투액은 10~40℃의 물로 세척한다.

23-3
KS B 0816 5.3.4를 참조하면 '흠 속'이다. 또 '형광침투액을 사용하는 시험에서는 자외선을 비추어 처리의 정도를 확인하면서 한다.'라고 명시되었다.

정답 23-1 ① 23-2 ① 23-3 ①

핵심이론 24 건조처리(KS B 0816 5.3.5)

① 습식현상제를 사용할 때는 현상처리한 후 시험체의 표면에 부착되어 있는 현상제를 재빨리 건조시킨다.
② 건식 또는 속건식현상제를 사용할 때는 현상처리 전에 건조처리를 한다(표면의 수분을 건조시키는 정도로 건조).
③ 세척액으로 제거한 경우는 자연건조하거나 마른 헝겊 혹은 종이수건으로 닦아내고 가열건조해서는 안 된다.

핵심예제

침투탐상시험방법 및 침투지시모양의 분류(KS B 0816)에서 세척액으로 제거한 경우 건조처리에 대한 내용으로 적당하지 않은 것은? [간혹 출제]

① 자연건조한다.
② 가열건조한다.
③ 마른 헝겊으로 닦아낸다.
④ 종이수건으로 닦아낸다.

|해설|

세척액으로 제거한 경우는 자연건조하거나 마른 헝겊 혹은 종이수건으로 닦아내고, 가열건조해서는 안 된다.

정답 ②

관찰 및 재시험(KS B 0816 5.3.7~8)

① 침투지시모양의 관찰은 현상제 적용 후 7~60분 사이
② 형광침투액 사용 시
　　㉠ 암순응(暗順應) : 1분 이상
　　㉡ 자외선 조사 강도 : $800\mu\text{W/cm}^2$ 이상
③ 염색침투액 사용 시 : 밝기(조도) 500lx 이상의 자연광이나 백색광
④ 재시험 : 시험의 중간 또는 종료 후 조작방법에 잘못이 있었을 때, 침투지시모양이 흠에 의한 것인지 의사지시인지 판단이 곤란할 때, 기타 필요한 경우에는 처음부터 다시 한다.

핵심예제

25-1. 침투탐상시험방법 및 침투지시모양의 분류(KS B 0816)에서 침투지시모양을 관찰하는 시간범위는? [자주 출제]

① 현상제 적용 후 7~30분 사이
② 현상제 적용 후 7~60분 사이
③ 현상제 적용 후 10~30분 사이
④ 현상제 적용 후 10~60분 사이

25-2. 침투탐상시험방법 및 침투지시모양의 분류(KS B 0816)에서 형광침투액 사용 시 특별한 규정이 없을 경우 검사원이 어둠에 눈을 적응시키기 위하여 필요한 최소 시간은?
[간혹 출제]

① 1초　　　　　　② 1분
③ 30분　　　　　④ 60분

25-3. 침투탐상시험방법 및 침투지시모양의 분류(KS B 0816)에 의하면 염색 침투탐상 시 가시광선 아래서 관찰할 때 시험체 표면에서의 최소조도는? [간혹 출제]

① 32lx　　　　　② 100lx
③ 350lx　　　　④ 500lx

25-4. 침투탐상시험방법 및 침투지시모양의 분류(KS B 0816)에 의하여 재시험을 해야 할 경우는? [최신 기출]

① 지시모양이 흠인지 의사지시인지 판단이 곤란한 경우
② 현상시간이 충분히 지나지 않은 상태에서부터 관찰하기 시작하였을 경우
③ 전처리를 하고 30분이 경과한 후 침투제를 적용했을 경우
④ 터짐의 폭이 커서 지시모양이 너무 명확할 경우

| 해설 |

25-1
KS B 0816 5.3.7에 따라 침투지시모양의 관찰은 현상제 적용 후 7~60분 사이에 하는 것이 바람직하다.

25-2
어두운 곳에서 눈을 적응하는 과정을 암순응이라고 하며 사람마다 순응시간이 차이가 나지만 보통 1분 정도면 충분하므로, KS B 0816에서 1분 이상으로 규정하였다.

25-3
염색침투탐상검사의 최소조도는 500lx이다.

25-4
재시험 : 시험의 중간 또는 종료 후 조작방법에 잘못이 있었을 때, 침투지시모양이 흠에 기인한 것인지 의사지시인지의 판단이 곤란할 때, 기타 필요하다고 인정되는 경우에는 시험을 처음부터 다시 한다.

정답 25-1 ②　25-2 ②　25-3 ④　25-4 ①

① A형

  ㉠ 재료 : A2024P(알루미늄 재)

  ㉡ 기호 : PT-A

  ㉢ 제작방법 : 판의 한 면 중앙부를 분젠버너로 520~ 530℃ 가열한 면에 흐르는 물을 뿌려 급랭시켜 갈라지게 한다. 이후 반대편도 갈라지게 하여 중앙부의 흠을 기계가공한다.

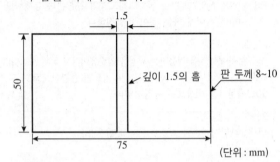

(단위 : mm)

  ㉣ 장단점

    • 시험편 제작이 간단하고, 균열형상이 자연스러우며 다양하고, 비교적 미세한 균열이 얻어진다.

    • 급가열·급랭하므로 균열 치수를 조정하기 어렵고, 반복 사용 시 산화작용에 의해 재현성이 점점 나빠진다.

② B형

  ㉠ 재료 : C2600P, C2720P, C2801P(구리계열)

  ㉡ 시험편의 종류

기 호	도금 두께(μm)	도금 갈라짐 너비(목표값)
PT-B50	50±5	2.5
PT-B30	30±3	1.5
PT-B20	20±2	1.0
PT-B10	10±1	0.5

※ 비고 : 크롬도금의 두께는 0.5μm를 목표로 한다.

  ㉢ 제작방법 : 길이 100mm, 너비 70mm의 판에 니켈도금과 크롬도금을 차례로 쌓고 도금면을 바깥쪽으로 하여 굽혀서 도금층이 갈라지게 한 후, 굽힌 면을 평평하게 하고 길이 방향으로 절단하여 2등분한다.

  ㉣ 장단점

    • 균열의 깊이가 도금 층의 두께와 같기 때문에, 도금층의 두께를 조정하면 깊이가 일정한 균열을 재현할 수 있으며 열가소성이 있어 장시간 반복 사용이 가능하다.

    • 균열형상이 실제와 다르다.

③ 침투탐상시스템 모니터 패널

  ㉠ 두께 2.3mm(0.090in) 및 약 100×150mm(4×6in) 크기의 스테인리스강으로 제작

  ㉡ 시험편의 길이 방향으로 반쪽은 크롬도금을 하고, 경도시험기를 사용 및 압입하여 반쪽 시험편의 중앙에 간격이 같은 5개의 별모양의 균열을 발생시킴

  ㉢ 시험체의 실제 탐상작업 전에 탐상제나 장치의 갑작스런 변화 또는 열화가 없는지 점검을 목적으로 개발

④ 대비시험편 사용방법

사용목적	대비시험편은 탐상제의 성능 및 조작방법의 적합 여부를 조사하는 데 사용한다.
A형 시험편 사용방법	원칙적으로 흠을 사이에 둔 양쪽면을 1조로 하여 사용하는데, 흠 부분에서 절단한 2편의 같은 쪽 면을 1조로 해도 좋다.
B형 시험편 사용방법	원칙적으로 갈라짐에 대하여 직각방향으로 1/2로 절단한 2편을 1조로 하여 사용한다. 절단하지 않고 절단선에 상당하는 위치에 적당한 칸막이를 하여 그 양쪽면을 1조로 해도 좋다.
탐상제의 성능시험	1조의 대비시험편의 각각의 면에 비교할 탐상제를 각각 적용하여 동일 조건의 시험을 하여 얻어진 침투지시모양을 비교한다.
조작의 적합 여부를 조사하기 위한 시험	1조의 대비시험편에 동일 탐상제를 다른 조건을 적용하여 시험을 하여 침투지시모양을 비교한다.

26-1. 침투탐상시험에서 사용하는 A형 대비시험편의 재질은?

[자주 출제]

① 알루미늄합금 　　② 크롬합금
③ 니켈합금 　　　　④ 동합금

26-2. 침투탐상시험방법 및 침투지시모양의 분류(KS B 0816) 에서 A형 대비시험편의 제작 시 급랭시켜 갈라짐 발생을 위해 가열 온도범위로 옳은 것은?　　　[최신 출제]

① 220~330℃　　　② 250~375℃
③ 520~530℃　　　④ 700~850℃

26-3. 침투탐상시험방법 및 침투지시모양의 분류(KS B 0816) 에 규정한 B형 대비시험편의 재질로 옳은 것은?　[자주 출제]

① 동 및 동 합금판
② 용접구조용 압연 강재
③ 고탄소, 크롬 베어링 강재
④ 알루미늄 및 알루미늄 합금판

26-4. 침투탐상시험방법 및 침투지시 모양의 분류(KS B 0816) 에 사용되는 대비시험편의 사용 목적을 옳게 설명한 것은?

[간혹 출제]

① 현상제의 수분 함량을 시험하기 위하여
② 침투제의 점도를 측정하기 위하여
③ 현상제에 함유되어 있는 형광 유무를 점검하기 위하여
④ 탐상제의 성능 및 조작방법의 적합 여부를 조사하기 위하여

26-5. 침투탐상시험방법 및 침투지시모양의 분류(KS B 0816) 에서 규정된 B형 대비시험편은 몇 종류인가?　[간혹 출제]

① 2종류　　　② 3종류
③ 4종류　　　④ 6종류

|해설|

26-1
A 기호는 알루미늄합금, C 기호는 구리합금이며 각각 A형, B형이다.

26-2
A형 대비시험편은 판의 한 면 중앙부를 520~530℃로 가열하여 가열한 면에 흐르는 물을 뿌려서 급랭시켜 갈라지게 한다.

26-3
① KS D 5201에서 규정한 C2600P, C2720P, C2801P는 구리 (Copper) 및 그 합금이다.
④ 알루미늄 및 그 합금판은 A2024P이고 A형 대비시험편이다.

26-4
대비시험편은 탐상제의 성능 및 조작방법의 적합 여부를 조사하는 데 사용한다.

26-5
핵심이론 26 ② 표 참조

정답 26-1 ① 26-2 ③ 26-3 ① 26-4 ④ 26-5 ③

핵심이론 27 탐상제 및 장치의 점검, 보수
(KS B 0816 8)

① 탐상제의 점검
　㉠ 사용 중인 탐상제 점검은 기준 탐상제와 대비하여 정기적으로 시행
　　• 기준 탐상제 : 탐상제 구입 시 청결하게 별도 보관 한 것
　㉡ 점검의 방법 : 성능시험, 겉모양시험
　㉢ 침투액
　　• 성능시험을 하여 결함검출능력, 휘도 저하, 색상 변화 시 폐기
　　• 겉모양시험을 하여 현저한 흐림이나 침전물 발생 및 형광 휘도 저하, 색상 변화, 세척성 저하 시 폐기
　㉣ 유화제
　　• 성능시험을 하여 유화 성능 저하 시 폐기
　　• 겉모양검사로 현저한 흐림이나 침전물 발생 및 점도 상승에 의해 성능 저하 시 폐기
　　• 물베이스 유화제의 농도를 굴추계 등으로 측정, 규정 농도에서 3% 이상 차이 시 폐기하거나 농도 를 다시 조정함
　㉤ 현상제
　　• 성능시험에 따라 부착 상태가 균일하지 않을 때 와 식별성이 저하되었을 때, 열화되었을 때 폐기
　　• 겉모양검사에 따라 건식은 현저한 형광 잔류 발 생 시 및 응집 입자 발생, 현상 성능 저하 시 폐기, 습식은 형광 잔류 발생 시와 적정 농도가 아니거 나 현상 성능 저하 시 폐기
② 장치의 점검
　㉠ 자외선조사장치 : 자외선 강도계를 사용하여 측정 하고, 38cm 거리에서 $800\mu W/cm^2$ 이하일 때 또는 수은등광의 누출이 있을 때 부품을 교환 또는 폐기
　㉡ 암실 : 조도계로 측정하여 20lx 이하여야 함

③ 탐상제 관리
  ⊙ 기준 탐상제와 미사용 탐상제는 밀폐하여 냉암소에 보관
  ⓛ 용제 제거성 침투액, 세척액 및 속건식현상제는 밀폐용기에 보관
  ⓒ 개방형 장치에서 사용 시 먼지, 불순물 혼입에 유의, 탐상제의 비산 방지
  ⓓ 습식, 속건식현상제는 소정의 농도 유지

핵심예제

27-1. 침투탐상시험방법 및 침투지시모양의 분류(KS B 0816)에서 사용 중인 탐상제의 점검 항목은? [최신 기출]

① 성능시험과 보관변화시험
② 성능시험과 환경변화시험
③ 성능시험과 대비시험편 비교시험
④ 성능시험과 겉모양시험

27-2. 침투탐상시험방법 및 침투지시모양의 분류(KS B 0816)에 다른 자외선조사장치를 점검할 때, 장치가 갖추어야 할 최소한의 성능은? [최신 기출 및 자주 출제]

① 자외선강도계로 측정하여 시험체 표면에서 $800\mu W/cm^2$ 이하이어서는 안 된다.
② 자외선강도계로 측정하여 시험체 표면에서 $1,000\mu W/cm^2$ 이하이어서는 안 된다.
③ 자외선강도계로 측정하여 38cm 거리에서 시험체 표면에서 $800\mu W/cm^2$ 이하이어서는 안 된다.
④ 자외선강도계로 측정하여 38cm 거리에서 시험체 표면에서 $1,000\mu W/cm^2$ 이하이어서는 안 된다.

27-3. 침투탐상시험방법 및 침투지시모양의 분류(KS B 0816)에 대한 설명으로 틀린 것은? [최신 기출 및 간혹 출제]

① 암실을 이용할 경우 어둡기는 10lx 미만이어야 한다.
② 세척처리 시 수세성 및 후유화성 침투액은 물로 세척한다.
③ 침투지시모양의 관찰은 현상제 적용 후 7~60분 사이에 하는 것이 바람직하다.
④ 잉여침투액의 제거 시 흠 속에 침투되어 있는 침투액을 유출시키는 과도한 처리를 해서는 안 된다.

|해설|

27-1

탐상제의 점검
• 사용 중인 탐상제 점검은 기준 탐상제와 대비하여 정기적으로 시행
• 점검의 방법 : 성능시험, 겉모양시험

27-2
KS B 0816 8.3.1에 '자외선조사장치의 자외선 강도는 자외선강도계를 사용하여 측정하고, 38cm 떨어져서 $800\mu W/cm^2$ 이하일 때 또는 수은등광의 누출이 있을 때는 부품을 교환 또는 폐기한다.'고 명시되어 있다.

27-3
암실은 20lx 이하이어야 한다.

정답 27-1 ④ 27-2 ③ 27-3 ①

결함의 모양 및 존재 상태에서 다음과 같이 분류한다.

독립결함	독립하여 존재하는 결함은 다음의 3종류로 분류한다. • 갈라짐 • 선상결함 : 갈라짐 이외의 결함 중 그 길이가 너비의 3배 이상인 것 • 원형상 결함 : 갈라짐 이외의 결함 중 선상결함이 아닌 것
연속결함	갈라짐, 선상결함 및 원형상 결함이 거의 동시 직선상에 존재하고 그 상호거리와 개개의 길이 관계에서 1개의 연속한 결함이라고 인정되는 것. 길이는 특별한 지정이 없을 때 개개의 길이 및 상호 거리를 합친 값으로 한다(동일선상에 존재하는 2mm 이하의 간격은 연속된 지시로 본다).
분산결함	정해진 면적 안에 존재하는 1개 이상의 결함. 분산 결함은 결함의 종류, 개수 또는 개개의 길이의 합계값에 따라 평가한다.

28-1. 침투탐상시험방법 및 침투지시모양의 분류(KS B 0816)에 따른 결함지시의 평가에 대한 설명으로 옳은 것은?

[간혹 출제]

① 지시모양이 네모 모양은 선상 침투지시이다.
② 지시모양이 가는 세선일 때 원형상 침투지시이다.
③ 갈라짐 이외의 결함으로 그 길이가 너비의 3배 이상일 때는 선상 침투지시모양이다.
④ 갈라짐 이외의 결함으로 그 길이가 너비의 2배 미만일 때는 선상 침투지시모양이다.

28-2. 침투탐상시험방법 및 침투지시모양의 분류(KS B 0816)에 의한 침투지시모양을 3종류로 분류할 때 이것에 해당되지 않은 것은?

[최신 기출 및 자주 출제]

① 의사침투지시모양
② 독립침투지시모양
③ 연속침투지시모양
④ 분산침투지시모양

28-3. 침투탐상시험방법 및 침투지시모양의 분류(KS B 0816)에 따라 탐상결과가 길이 7mm, 너비 2mm의 침투지시모양 1개가 관찰되었다면, 이 결함의 분류로 옳은 것은? [자주 출제]

① 분산결함
② 체적결함
③ 선상결함
④ 원형상 결함

28-4. 침투탐상시험방법 및 침투지시모양의 분류(KS B 0816)에 따라 다음과 같은 경우 침투지시모양의 지시 길이로 옳은 것은?

[매년 유사 출제]

> 거의 동일선상에 지시모양이 각각 2mm, 3mm, 2mm로 존재하고, 그 사이의 간격이 각각 1.5mm, 1mm이다.

① 1개의 연속된 지시모양으로 지시 길이는 7mm이다.
② 1개의 연속된 지시모양으로 지시 길이는 9.5mm이다.
③ 2개의 지시모양으로 지시 길이는 2mm, 6mm이다.
④ 2개의 지시모양으로 지시 길이는 6.5mm, 6mm이다.

|해설|

28-2
침투지시모양을 3종류로 분류하면 독립 결함, 연속 결함, 분산 결함으로 분류한다. 의사지시는 결함이 아닌데 결함처럼 지시되는 것이다.

28-4
동일선상에 존재하는 2mm 이하의 간격은 연속된 지시로 볼 수 있으므로 2+1.5+3+1+2=9.5이다.

정답 28-1 ③ 28-2 ① 28-3 ③ 28-4 ②

① 침투지시모양은 다음을 기록한다.

    ㉠ 침투지시모양의 종류

    ㉡ 지시의 길이

    ㉢ 개 수

    ㉣ 위 치

    ㉤ 도면, 사진, 스케치, 전사 등

② 결함은 다음을 기록한다.

    ㉠ 결함의 종류

    ㉡ 결함 길이

    ㉢ 개 수

    ㉣ 위 치

    ㉤ 도면, 사진, 스케치 등

③ 시험기록은 다음을 기록한다.

기록사항	세부사항
시험연월일	–
시험체	품명, 모양·치수, 재질, 표면사항
시험방법의 종류	–
탐상제	–
조작방법	전처리방법, 침투액의 적용방법, 유화제의 적용방법, 세척방법 또는 제거방법, 건조방법, 현상제의 적용방법
조작조건	시험 시의 온도, 침투시간, 유화시간, 세척수의 온도와 수압, 건조온도 및 시간, 현상시간 및 관찰시간
시험결과	갈라짐의 유무, 침투지시모양 또는 결함의 기록
시험 기술자	성명 및 취득한 침투탐상시험에 관련된 자격

④ KS W 0914에서의 기록 요구사항

    ㉠ 기록은 모두 식별하여 파일화하고 요청에 따라 주문자가 이용할 수 있도록 한다.

    ㉡ 검사한 개개의 부품 또는 로트를 추적할 수 있어야 한다.

    ㉢ 최소 포함 요구사항

       • 사용한 개개 순서의 인용

       • 결함 지시 무늬의 위치, 종류 및 조치

       • 검사원의 서명 및 기량 인정 레벨과 검사일

※ KS W 0914는 2014년에 폐지되었다(현장실무에서는 아직 일부 적용 중).

핵심예제

29-1. 침투탐상시험방법 및 침투지시모양의 분류(KS B 0816)에 의해 탐상결과 시험기록에 기재할 사항이 아닌 것은?
[매년 유사 출제]

① 시험 기술자의 취득한 자격
② 침투지시모양의 기록
③ 결함지시모양의 등급 분류방법
④ 시험품의 모양과 치수

29-2. 침투탐상검사에 의해 얻어진 결함지시모양을 기록하는 방법과 거리가 먼 것은?
[최신 기출]

① 착 색
② 전 사
③ 스케치
④ 사진 촬영

|해설|

29-2
침투지시모양의 종류, 지시의 길이, 개수, 위치, 도면, 사진, 스케치, 전사로 기록한다.

정답 29-1 ③ 29-2 ①

핵심이론 30 자외선조사장치의 파장

① 자외선의 범위 : 320~400nm

② 주이용파장 : 365nm

핵심예제

침투탐상시험방법 및 침투지시모양의 분류(KS B 0816)에 따라 형광침투제에 사용되는 자외선등의 파장범위로 적합한 것은? [자주 출제]

① 220~300nm

② 320~400nm

③ 420~480nm

④ 520~580nm

|해설|

파장 320~400nm의 자외선을 $800\mu W/cm^2$ 이상의 강도로 조사하여 시험

정답 ②

핵심이론 31 결과의 표시(KS B 0816 11)

① 전수검사인 경우

㉠ 각인, 부식 또는 착색(적갈색)으로 시험체에 P의 기호를 표시한다.

㉡ 시험체의 P의 표시를 하기가 곤란한 경우에는 적갈색으로 착색한다.

㉢ ㉠, ㉡과 같이 표시할 수 없는 경우에는 시험 기록에 기재하여 그 방법에 따른다.

② 샘플링 검사인 경우

합격한 로트의 모든 시험체에 전수검사에 준하여 ⓟ의 기호 또는 착색(황색)으로 표시한다.

핵심예제

31-1. 침투탐상시험방법 및 침투지시모양의 분류(KS B 0816)에 따라 합격한 시험체에 표시를 필요로 할 때 전수검사인 경우 각인 또는 부식에 의한 표시 기호로 옳은 것은? [매년 유사 출제]

① P

② ⓟ

③ OK

④ ○

31-2. 침투탐상시험방법 및 침투지시모양의 분류(KS B 0816)에 따라 샘플링 검사에 합격한 로트에 표시할 착색으로 옳은 것은? [최신 기출 및 자주 출제]

① 황 색

② 흰 색

③ 적 색

④ 녹 색

|해설|

31-1, 31-2
핵심이론 31 참조

정답 31-1 ① 31-2 ①

항공 우주용 기기의 침투탐상검사방법
(KS W 0914)

※ KS W 0914는 MIL-STD-6866의 폐지에 따라 폐지되었으나, MIL-STD-6866은 ASTM E1417로 대체되어 내용이 유효하다.

① 규정의 적용범위 및 대상
  ㉠ 범위 : 비다공질 금속 및 비금속제 항공 우주 기기용 구성 부품에 대하여 침투탐상검사를 하는 경우
  ㉡ 적용대상 : 공정 중 검사, 최종검사, 정비검사(운용 중 검사)

② 침투액계/현상제의 종류

침투액계	타입	Ⅰ - 형광침투액 계통
		Ⅱ - 염색침투액 계통
		Ⅲ - 복식침투액 계통
	방법	A - 수세성 침투액 계통
		B - 후유화성 침투액(친유성유화제 사용) 계통
		C - 용제 제거성 침투액 계통
		D - 후유화성 침투액(친수성유화제 사용) 계통
	감도	레벨 1 - 저감도
		레벨 2 - 중감도
		레벨 3 - 고감도
		레벨 4 - 초고감도
현상제의 종류		종류 a - 건식분말 현상제
		종류 b - 수용성 현상제
		종류 c - 수현탁성 현상제
		종류 d - 비수성(속건성) 현상제
		종류 e - 특정 용도의 현상제
제거제의 종류		클래스{1} - 할로겐화제거제
		클래스{2} - 비할로겐화제거제
		클래스{3} - 특정 용도의 제거제

③ 관 찰
  ㉠ 관찰 장소는 항상 깨끗이 유지하여야 한다.
  ㉡ 염색침투탐상검사인 경우, 조명장치는 1,000lx의 백색광을 방사하는 것이어야 한다.
  ㉢ 정치식 형광침투탐상검사인 경우, 주위 배경은 20lx 이하, 자외선조사장치는 15inch(약 38cm) 거리에서 $800\mu W/cm^2$ 이상이 되어야 한다.
  ㉣ 이동식 형광침투탐상검사인 경우 암색 천, 사진용 암막, 그 밖의 방법으로 배경의 백색광을 최저 가시 레벨로 낮추고, 자외선 강도 조절해야 한다.

④ 표면처리
  ㉠ 최종 침투탐상검사는 표면에 불연속부를 생기게 하는 원인이 되지 않을 만한 처리 전에 실시하여도 좋다.
  ㉡ 이런 처리는 액체 호닝, 거스러미 제거, 연마, 버프 연마, 샌드블라스트, 랩 다듬질, 숏 피닝 등이 있다.
  ㉢ 이런 처리 후에 최종 침투탐상검사를 하는 경우에는 그 전 청정작업에 에칭을 포함할 필요가 있다.

⑤ 표면피복
  ㉠ 최종 침투탐상검사는 도료, 프라이머, 양극 처리, 도금, 차열재 등의 표면 피복을 하기 전에 하여야 한다.
  ㉡ 화성 피막에 대하여는 그 피막을 하기 위한 표면 조정에 에칭이 포함되어 있으면 최종 침투탐상검사는 그 화성 피막을 한 후에 하여도 좋다.
  ㉢ 크롬 도금면은 개별로 요구된 경우에 최종 연삭 후에 검사하여야 한다.
  ㉣ 운용 중인 구성 부품은 특별히 지시하지 않는 한, 표면 피복을 제거하여 에칭을 한 후에 검사하여야 한다.

핵심예제

32-1. 항공 우주용 기기의 침투탐상검사방법(KS W 0914)에서 일반 요구사항 중 관찰 조건에 대한 설명으로 틀린 것은?

[간혹 출제]

① 정치식 형광침투탐상검사인 경우 주위 배경의 백색광은 20lx 이하이어야 한다.
② 자외선조사장치는 자외선 필터의 바로 앞면의 방사 조도가 $180\mu W/cm^2$ 이상이 되어야 한다.
③ 염색침투탐상검사인 경우 조명장치는 검사 대상 구성 부품의 표면에 적어도 1,000lx의 백색광을 방사하는 것이어야 한다.
④ 이동식 형광침투탐상장치를 사용하는 경우 검사 중 배경의 백색광을 암막 등으로 최저 가시레벨로 낮춘 상태에서 자외선 강도를 적절히 유지해야 한다.

32-2. 항공 우주용 기기의 침투탐상검사방법(KS W 0914)에 의한 현상제의 종류와 명칭이 틀리게 나열된 것은?

[최신 기출 및 간혹 출제]

① 종류 a : 건식분말 현상제
② 종류 b : 수용성 현상제
③ 종류 c : 수현탁성 현상제
④ 종류 d : 특정 용도의 현상제

32-3. 항공 우주용 기기의 침투탐상검사방법(KS W 0914)에서 과거에 실시한 청정화, 표면처리 또는 실제의 사용에 의해 검사의 유효성을 저하시키는 표면 상태를 생성하고 있는 징후가 인정되는 경우에 어떤 처리를 하도록 규정하는가?

[기본 기출]

① 에 칭
② 물리적 청정화
③ 기계적 청정화
④ 용제에 의한 청정화

32-4. 항공 우주용 기기의 침투탐상검사방법(KS W 0914)에 따라 에칭한 표면이 피복되어 있는 경우에 최종 침투탐상검사를 실시하여도 되는 것은?

[기본 기출]

① 도 금
② 도 료
③ 화성피막
④ 양극처리

32-5. 항공 우주용 기기의 침투탐상검사방법(KS W 0914)의 침투액계 타입 Ⅰ의 공정에 대한 설명 중 틀린 것은?

[기본 기출]

① 영구 착색렌즈를 사용해서는 안 된다.
② 검사하기 전 적어도 1분 동안 암실에 적응해야 한다.
③ 자외선의 강도는 구성 부품 표면에서 최소 $800\mu W/cm^2$ 이상이여야 한다.
④ 배경이 과잉으로 형광을 발하는 구성 부품은 청정화하여 재처리하여야 한다.

32-6. 항공 우주용 기기의 침투탐상검사방법(KS W 0914)에서 염색침투탐상장치의 관찰 장소의 백색광 조도는?

[기본 기출]

① 최소 100lx 이하
② 최소 100lx 이상
③ 최소 1,000lx 이하
④ 최소 1,000lx 이상

|해설|

32-1
적어도 15inch(약 38cm)의 거리에서 측정하고 $800\mu W/cm^2$의 방사조도가 얻어지는 것이다.

32-2
현상제의 종류
• 종류 a : 건식분말현상제
• 종류 b : 수용성 현상제
• 종류 c : 수현탁성 현상제
• 종류 d : 비수성(속건성)현상제
• 종류 e : 특정 용도의 현상제

32-3
KS W 0914 : 과거에 실시한 청정화, 표면처리 또는 실제의 사용에 의해 침투탐상검사의 유효성을 저하시키는 표면 상태를 생성하고 있는 징후가 인정되는 경우에는 특별한 지시가 없는 한 에칭을 하여야 한다. 에칭공정은 검사 대상 구성 부품의 손상을 방지하도록 선정하고 제어하여야 한다. 정밀 공차 구멍, 정밀 공차면, 접합면, 그 밖의 에칭에 의해 구성 부품 또는 조립품의 기능이 저하되는 부위에는 에칭할 필요가 없다. 그 면이 부품 또는 구성 부품의 최종 형태로 남지 않을 경우 또는 최종 침투탐상검사 전에 에칭하는 경우에는 중간 검사에서 에칭할 필요는 없다.

32-4
KS W 0914 4.7.2. **표면피복** : 최종 침투탐상검사는 도료, 프라이머, 양극처리, 도금, 차열재 등의 표면피복을 하기 전에 하여야 한다. 화성피막에 대하여는 그 피막을 하기 위한 표면 조정에 에칭이 포함되어 있으면 최종 침투탐상검사는 그 화성피막을 한 후에 하여도 좋다. 크롬 도금면은 개별로 요구된 경우에 최종 연삭 후에 검사하여야 한다. 운용 중인 구성 부품은 특별히 지시하지 않는 한 표면피복을 제거하여 에칭을 한 후에 검사하여야 한다.

32-5
타입 Ⅰ은 형광침투액 계통이고, 자외선 강도는 15inch 거리에서 $800\mu W/cm^2$이다.

32-6
염색침투탐상검사인 경우, 조명장치는 1,000lx의 백색광을 방사하는 것이어야 한다.

정답 32-1 ② 32-2 ④ 32-3 ① 32-4 ③ 32-5 ③ 32-6 ④

항공 우주용 기기검사에 적용하는 재료 및 공정의 제한

① 모든 검사 요구사항에 대하여 모든 감도레벨, 침투탐상제 및 공정이 적용될 수 있다고는 할 수 없다.

② 감도레벨은 의도하는 검사목적에 대하여 적절한 것이어야 한다.

③ 발주자가 위반을 승인하지 않는 한, 다음에 기재하는 선택 기준(강제 또는 금지)이 적용된다.

   ㉠ 건식분말 및 수용성의 현상제는 염색침투액계에 사용해서는 안 된다.

   ㉡ Ⅱ형(염색침투계)의 침투탐상검사는 항공 우주용 제품의 최종 수령검사에 이용해서는 안 된다.

   ㉢ 염색침투계의 침투탐상검사는 동일면에 대하여는 형광침투계의 침투탐상검사 전에 사용해서는 안 된다.

   ㉣ 터빈엔진의 중요 구성부품정비검사 또는 오버홀검사는 형광침투계 D방법(친수성유화제를 사용하는 후유화성 침투액)의 공정 및 감도 3레벨 또는 감도 4레벨의 침투탐상제만을 사용한다.

   ㉤ 현상제를 사용하지 않는 침투탐상검사는 해당하는 감도 레벨의 요구사항을 현상제 없이 만족하고 MIL-I-25135의 인정을 취득한 침투액계를 사용한 경우에 한하여 허용된다. 그러나 운용 중 검사인 경우에는 항상 현상제를 사용하여야 한다.

핵심예제

항공 우주용 기기의 침투탐상검사방법(KS W 0914)에 따라 탐상 시 재료 및 공정의 제한에 관한 내용으로 틀린 것은?

[최신 기출 및 간혹 출제]

① 염색침투액계의 탐상 시 수용성의 현상제는 사용해서는 안 된다.

② 염색침투탐상검사는 항공 우주용 제품의 최종 수령검사에 이용해서는 안 된다.

③ 동일한 검사면에 적용되는 형광침투탐상검사는 염색침투탐상검사 전에 사용해서는 안 된다.

④ 터빈엔진의 중요 구성 부품 정비검사는 친수성 유화제를 사용하는 초고감도 형광침투액을 사용한다.

|해설|

염색침투검사를 형광침투검사 전에 실시하면 안 된다.

정답 ③

항공 우주용 기기검사에 적용하는 침투액의 적용 및 제거 규정

① 침투액의 적용

　㉠ 구성 부품, 침투액 및 주위 온도는 특별히 지정하지 않는 한 모두 4~49℃(40~120℉)의 범위 내에 있어야 한다.

　㉡ 침투액의 체류시간은 특별한 지시가 없는 한, 최소 10분 동안으로 하여야 한다.

　㉢ 필요하면 침투액이 고이지 않도록 부품을 회전시키거나 움직이며 체류가 2시간을 초과할 때는 건조되지 않도록 필요에 따라 침투액을 재적용하여야 한다.

　㉣ 침투액을 침지법으로 적용할 경우에는 구성 부품의 침지시간은 총체류시간의 1/2 이하이어야 한다.

② 수동 스프레이

　㉠ 최대 수압 : 275kPa(40psi, 2.8kgf/cm^2)

　㉡ 분사거리 : 30cm(12in)

　㉢ 물분무 노즐은 감도 레벨 1 또는 2 공정에 대하여만 허용

　㉣ 부가 공기압 : 최대 172kPa(25psi, 1.75kgf/cm^2)

③ 과잉 세척을 판별하기 위해

　㉠ 적절한 조명이 필요하다.

　㉡ 과잉 세척이 되었을 때는 구성 부품을 충분히 건조시켜 재처리한다.

　㉢ 과잉 세척액, 깨끗한 흡수재로 흡수한다.

　㉣ 170kPa(25psi, 1.73kgf/cm^2) 미만의 공기압으로 분무한다.

④ 자동 스프레이 : 다른 각종 규격을 만족시키며 수온은 10~38℃로 유지한다.

⑤ 손작업의 천 닦기

　㉠ 실오라기 없는 깨끗하고 건조한 천 또는 흡수성이 있는 타월을 사용하여 여분의 침투액을 닦아낸다.

　㉡ 이어서 물로 적신 천 또는 타월을 사용하여 다시 표면에 남아 있는 침투액을 닦아낸다.

　㉢ 표면에 대량으로 물을 흘리거나 물을 듬뿍 적신 천 또는 타월을 사용해서는 안 된다.

　㉣ 조명과 조사 아래 침투액이 잘 제거된 것을 확인하여야 한다.

　㉤ 표면은 깨끗하고 건조한 타월 또는 천으로 물기를 흡수 또는 증발 건조시켜야 한다.

핵심예제

34-1. 항공 우주용 기기의 침투탐상검사방법(KS W 0914)에서 침투액의 적용에 대한 설명으로 틀린 것은?

[최신 기출 및 간혹 출제]

① 침투액의 침투시간은 특별한 지시가 없는 한 최소 10분이다.

② 침투액의 침투시간이 2시간을 초과하면 건조되지 않도록 다시 도포한다.

③ 침투액을 침지법으로 적용할 경우에는 침지시간은 침투시간의 1/3 이상으로 한다.

④ 침투시간 중 침투액이 국부적으로 모이지 않도록 시험품을 회전시키거나 움직이게 한다.

34-2. 항공 우주용 기기의 침투탐상검사방법(KS W 0914)에 따른 수세성 침투액의 제거 규정으로 옳은 것은? [간혹 출제]

① 수세성 침투액은 수동의 물 스프레이를 사용하여 제거해서는 안 된다.

② 저감도가 요구되는 시험에서는 부품을 물에 담가 교반하여 제거해도 된다.

③ 자동의 물 스프레이로 세척할 때 물의 수온은 5~52℃로 유지하여야 한다.

④ 손작업의 천으로 여분의 침투액을 닦아낼 때는 현상액으로 적신 천 또는 타월을 사용하여야 한다.

|해설|

34-1

침투액을 침지법으로 적용할 경우에는 침지시간은 침투시간의 1/2 이하로 한다.

34-2

② 물에 담가 교반하는 것은 감도 레벨 1이나 2의 공정에 대하여 지장이 없다.

① 수동 스프레이로 최대 수압 275kPa, 수온 10~38℃로 하여야 한다.

③ 자동 스프레이를 이용할 때도 수온은 10~38℃로 하여야 한다.

④ 손작업의 천 닦기는 실오라기가 없는 깨끗하고 건조한 천 또는 흡수성이 있는 타월을 사용하여 여분의 침투액을 닦아낸다. 표면에 물을 대량으로 흘리거나 물을 듬뿍 적신 천 또는 타월을 사용해서는 안 된다.

정답 34-1 ③ 34-2 ②

① 건조 순서
　　㉠ 건식현상제, 비수성현상제를 적용할 때는 그 전에 건조한다.
　　㉡ 현상제를 사용하지 않을 때는 검사 전에 건조한다.
　　㉢ 수성현상제를 적용한 경우에는 그 후에 건조하여야 하며, 적용 전 건조도를 권장한다.

② 건조제원
　　㉠ 실온 자연건조 또는 건조로 건조
　　㉡ 건조로 온도 70℃(160°F) 이하
　　㉢ 주의 : 물이나 수용액 또는 현탁액이 고여 있는 경우 건조로 사용 금지

③ 건식현상제
　　㉠ 체류시간 : 최소 10분~최대 4시간
　　㉡ 여분의 건식현상제는 체류시간 후 가볍게 두드려서 제거하는 것이 좋다.
　　㉢ 건식현상제는 염색침투액계에 사용해서는 안 된다.

④ 비수성현상제
　　㉠ 형광침투액계에서 균일한 얇은 피복을 형성한다.
　　㉡ 염색침투액계에서 침투액의 지시 무늬에 대하여 적당한 색 대비를 줄 만한 균일한 흰 피복을 형성한다.
　　㉢ 체류시간 : 최소 10분~최대 1시간

⑤ 수성현상제(수용성 및 수현탁성)
　　㉠ 수용성 현상제는 특별한 지시가 없는 한 염색침투액계나 형광침투액계의 수세성 침투액 계통에 사용하여서는 안 된다.
　　㉡ 수현탁성 현상제는 특별한 지시가 없는 한 염색침투액계에 사용하지 않는다.
　　㉢ 스프레이, 흘려보내기, 침지에 의해 적용한다.
　　㉢ 체류시간 : 최소 10분~최대 2시간

35-1. 항공 우주용 기기의 침투탐상검사방법(KS W 0914)에 따른 구성품의 건조 실시시기에 대한 설명으로 틀린 것은? [최신 기출]

① 수성현상제를 사용 시는 적용 후 건조 실시
② 건식분말현상제를 사용 시는 적용 후 건조 실시
③ 현상제를 사용하지 않을 때는 검사 전 건조 실시
④ 비수성(속건식)현상제를 사용 시는 적용 전 건조 실시

35-2. 항공 우주용 기기의 침투탐상검사방법(KS W 0914)에서 항공용 부품을 비수성 현상제로 침투지시모양을 관찰할 때 현상제의 체류시간(Dwell Time)으로 옳은 것은? [기본 기출]

① 최소 7분, 최대 1시간
② 최소 7분, 최대 2시간
③ 최소 10분, 최대 1시간
④ 최소 10분, 최대 2시간

35-3. 항공 우주용 기기의 침투탐상검사방법(KS W 0914)에 따른 수성(수용성, 수현탁성)현상제에 대한 설명으로 틀린 것은? [자주 출제]

① 수성현상제는 스프레이, 흘려보내기 또는 침지에 의해 적용하여야 한다.
② 수용성 현상제는 특별한 지시가 없는 한 형광침투방법에는 적용하지 않는다.
③ 수성현상제의 체류시간은 구성 부품이 건조되고 나서 최소 10분 동안 최대 2시간으로 한다.
④ 수성현상제는 구성 부품의 수세 후에 적용하거나 또는 구성 부품이 건조되고 나서 적용하여도 좋다.

|해설|

35-2
현상제의 체류시간

현상제를 사용하지 않는 경우 침투액의 체류시간	최소 10분, 최대 2시간
건식현상제	최소 10분, 최대 4시간
비수성현상제	최소 10분, 최대 1시간

35-3
수용성 현상제는 염색침투, 형광침투를 모두 사용한다.

정답 35-1 ② 35-2 ③ 35-3 ②

비항공 우주용 기기검사에 적용하는 침투액/현상제의 검사 규정

① 침투액은 규정 점검을 적어도 월 1회 실시한다. 다만, 형광 휘도는 최소 3개월에 1회 실시한다.
② 성능이 불만족일 때는 교환 또는 시정 조치한다.
③ 기 준
　㉠ 휘도 : 새것의 90% 미만 휘도 시 불만족
　㉡ 수분 함유량 : 부피 비율로 5% 초과 시 불만족
　㉢ 제거성 : 실험 기준보다 명확히 낮을 때는 교환
　㉣ 감도 : 기준보다 명확히 낮을 때는 불만족
　㉤ 유화제
　　• 제거성 : 주 1회 점검, 기준보다 낮을 때 불만족
　　• 수분 함유량 : 월 1회, 기준 5%
　　• 농도 : 주 1회, 굴절계를 사용하여 점검, 최초 값에서 3% 변화 시 불만족
④ 현상제의 검사 규정
　㉠ 건식현상제
　　• 매일 점검
　　• 굳어진 건식현상제는 불만족
　　• 시료를 얇게 살포 후 지름 10cm 안에 10개의 형광점이 있는 지 여부
　㉡ 수성현상제
　　• 매일 형광성 및 피복 범위 점검
　　• 규격 : 너비 8cm(3in), 길이 약 25cm(10inch)의 깨끗한 알루미늄 패널을 현상제에 침지한 후 꺼내서 건조시키고 자외선조사장치에서 관찰
　　• 부액계를 사용하여 농도를 점검하고 공급자의 권장 농도 유지
⑤ KS B 0816에 따른 침투액의 폐기 사유
　㉠ 사용 중인 침투액의 성능시험에 따라
　　• 결함검출능력 및 침투지시모양의 휘도 저하
　　• 색상이 변화했다고 인정된 때

　㉡ 사용 중인 침투액의 겉모양검사에 따라
　　• 현저한 흐림이나 침전물이 생겼을 때
　　• 형광 휘도의 저하
　　• 색상의 변화
　　• 세척성의 저하
⑥ KS B 0816에 따른 유화제의 폐기 사유
　㉠ 유화성능의 저하
　㉡ 겉모양검사에 따라
　　• 현저한 흐림이나 침전물이 생겼을 때
　　• 점도 상승에 의해 유화 성능의 저하가 인정될 때
　㉢ 물베이스 유화제의 농도 측정에 따라
　　• 규정 농도에서 3% 이상 차이가 날 때

36-1. 항공 우주용 기기의 침투탐상검사방법(KS W 0914)에 규정된 형광침투제에 대한 형광 휘도의 최대 점검 주기로 옳은 것은? [자주 출제]

① 매일 1회
② 매주 1회
③ 매월 1회
④ 3개월에 1회

36-2. 항공 우주용 기기의 침투탐상검사방법(KS W 0914)에서 사용 중인 침투액의 수분 함유량 최소 점검주기는 얼마인가? [기본 기출]

① 1개월
② 2개월
③ 3개월
④ 6개월

36-3. 항공 우주용 기기의 침투탐상검사방법(KS W 0914)에서 지름 10cm 원 안에 존재하는 형광점의 확인으로 성능 점검하는 현상제는? [기본 기출]

① 속건식현상제
② 수용성 현상제
③ 수현탁성 현상제
④ 건식현상제

36-4. 침투탐상시험방법 및 침투지시모양의 분류(KS B 0816)에 따른 탐상제의 점검방법에서 겉모양 검사를 하였을 때 침투액과 유화제의 폐기 사유에 공통적으로 적용되는 것은? [최신 기출]

① 점도의 변화
② 세척성의 저하
③ 형광휘도의 저하
④ 현저한 흐림이나 침전물 발생

|해설|

36-1, 36-2
침투액에 대한 검사 규정 참조

36-3
현상제에 대한 검사 규정 참조

36-4
핵심이론 36 ⑤, ⑥ 참조

정답 36-1 ④ 36-2 ① 36-3 ④ 36-4 ④

핵심이론 37 항공 우주용 기기검사에 적용하는 표시법

① 각인 : 적용하는 시방서 또는 도면에 명백히 허용되어 있는 경우에는 각인을 사용한다. 표시는 부품번호 또는 검사인에 인접한 곳에 한다.
② 에칭 : 각인이 허용되지 않는 경우 에칭으로 표시를 하여도 좋다.
③ 착색 : 각인과 에칭이 허용되지 않는 경우, 착색 또는 잉크 스탬프에 의해 식별 표시한다.
④ 기타 : 각인, 에칭, 착색을 이용할 수 없는 경우 꼬리표 등 다른 식별도 좋다.
⑤ 기 호
㉠ 각인에는 시설 식별 기호 및 검사연도의 아래 2자리 숫자를 포함한다.
• 특수 용도인 것을 제외하고 전수 검사에서 합격한 것을 표시하려면 기호 P를 사용한다.
• 샘플링 검사에서 합격된 로트의 모든 구성 부품에는 기호 P를 타원으로 둘러싼 기호 ⓟ로 표시한다.
㉡ 착색에 의한 경우
• 전수검사에서 합격한 구성 부품 : 밤색 염료
• 샘플링검사에 합격한 구성 부품 : 노란색 염료

항공 우주용 기기의 침투탐상검사방법(KS W 0914)에서 규정한 탐상검사에 합격한 각각의 구성 부품의 표시법에 대한 설명으로 틀린 것은? [최신 출제 및 자주 출제]

① 적용하는 시방서에 명백히 허용되어 있는 경우에는 각인을 사용하여야 한다.
② 부품에 각인이 허용되지 않는 경우에는 에칭으로 표시를 하여도 좋다.
③ 착색에 의한 전수검사 합격 부품은 청색염료를 사용하여야 한다.
④ 착색에 의한 샘플링검사에서 합격한 것을 표시하려면 노란색의 염료를 사용하여야 한다.

|해설|

침투탐상검사에 합격한 각각의 구성부품은 다음과 같이 표시하여야 한다.
• 에칭 또는 각인에 의할 경우에는 기호를 사용하여야 한다. 각인에는 시설 식별 기호 및 검사 연도의 아래 2자리 숫자를 포함하여도 좋다.
  – 특수 용도인 것을 제외하고 전수검사에서 합격한 것을 표시하려면 기호 P를 사용한다.
  – 샘플링검사에서 합격된 로트의 모든 구성 부품에는 기호 P를 타원으로 둘러싼 표시를 한다.
• 착색에 의한 경우는 전수검사에서 합격한 구성 부품에는 밤색의 염료, 샘플링검사에서 합격한 것을 표시하려면 노란색의 염료를 사용하여야 한다.
• 적용하는 시방서 또는 도면에 명백히 허용되어 있는 경우에는 각인을 이용하여야 한다.
• 부품에 각인이 허용되지 않는 경우에는 에칭으로 표시를 하여도 좋다.
• 에칭 또는 각인이 허용되지 않는 경우에는 착색 또는 잉크 스탬프에 의해 식별하여도 좋다.
• 구성 부품의 구조, 다듬질 또는 기능상의 요구사항에 따라 에칭, 착색 또는 각인을 이용할 수 없는 경우에는 꼬리표를 붙이는 등의 다른 식별방법을 따라도 좋다.

정답 ③

① 1형 대비시험편의 설계 및 치수
  ㉠ 1형 시험편은 35mm×100mm×2mm 치수의 직사각형 모양이다.
  ㉡ 시험편은 황동판 위에 균일한 니켈-크롬층이 도금되어 있다.
  ㉢ 니켈-크롬 도금의 두께는 각각 $10\mu m$, $20\mu m$, $30\mu m$, $50\mu m$이다.
  ㉣ 시험편은 길이 방향으로 굽혀펴기 하여 각각의 시험편에는 횡균열이 만들어져 있다.
  ㉤ 각 균열의 폭 대 깊이의 비는 대략 1 : 20이 바람직하다.

② 2형 대비시험편의 설계 및 치수
  ㉠ 2형 시험편은 155mm×50mm×2.5mm 치수의 직사각형 모양이다.
  ㉡ 모재는 스테인리스강 X2 Cr Ni Mo 17-12-3등급이다.
  ㉢ 초기 경도값 : HV20=(150±10)% 또는 동등한 값
  ㉣ 세척도 영역 : 침투액의 세척도를 점검하기 위해 25mm × 35mm인 4개의 인접한 것을 만들고 시험 표면의 반쪽은 표면거칠기(R_a)를 각각 $2.5\mu m$, $5\mu m$, $10\mu m$, $15\mu m$로 한다.
  ㉤ 결함 영역 : 도금, 인공결함의 제작
  ㉥ 측정 : 각 결함의 크기는 교정된 자를 사용하여 최대 지름을 광학적으로 측정한다.

38-1. 침투탐상검사 일반원리에서 최대 표준현상시간은 보통 침투시간의 몇 배인가? [기본 기출]

① 1.1배
② 1.2배
③ 1.5배
④ 2배

38-2. 대비시험편(KS B ISO 3452-3)에 따른 1형 대비시험편은 35×100×2mm 치수의 직사각형으로 되어 있으며, 시험편은 황동판 위에 균일한 니켈-크롬층으로 두께별로 도금되어 있다. 다음 중 규정된 도금 두께(μm)가 아닌 것은? [기본 기출]

① 20
② 30
③ 40
④ 50

|해설|

38-1

현상시간 현상제를 적용한 후 만약 액체가 건조되게 해야 할 경우, 지시모양이 나타나게 하기 위해 부재를 충분한 시간(현상시간) 동안 그대로 두어야 한다. 이 시간은 사용되는 시험 매체, 시험되는 재료 및 나타나는 결함의 특성에 의존하게 된다. 그러나 현상시간은 일반적으로 미세한 불연속에 대한 최대 침투시간까지의 침투시간(7.1.3 참조)의 대략 50%가 된다. 최대 표준현상시간은 보통 침투시간의 2배이다. 지나치게 긴 현상시간은 크고 깊은 불연속 안에 있는 침투액을 스며 나오게 하여 그 때문에 넓고 흐린 지시가 생기게 할 수 있다.

38-2

1형 대비시험편은 10, 20, 30, 50μm의 도금 두께를 갖는 4개 1조의 니켈-크롬 도금판이 있다.

정답 38-1 ④ 38-2 ③

핵심이론 39 배관 용접부의 비파괴시험방법

① KS B 0888에 규정되어 있으며 '강관을 사용하여 석유・가스 등을 수송하는 상용 압력 0.98MPa 이상의 배관에서 바깥지름 100mm 이상 2,000mm 미만, 살 두께 6mm 이상 40mm 이하의 원둘레 맞대기 용접부의 비파괴시험방법'에 대해 규정하였다.

② 침투처리에 대한 설명
　㉠ 침투액은 분무 또는 붓칠로 시험을 하는 실시범위에 적용하고, 침투에 필요한 시간 중 그 표면을 침투액으로 적셔 두어야 한다.
　㉡ 침투시간은 15~50℃ 범위에서 최소 5분, 3~15℃ 범위에서는 온도를 고려하여 시간을 늘리고, 50℃를 넘는 경우 또는 3℃ 이하의 경우는 침투액의 종류, 시험체의 온도 등을 고려하여 따로 정한다.

③ 침투탐상의 시험방법 및 실시범위
　㉠ 원칙적으로 용접부의 너비에 모재 쪽 관의 살 두께의 1/2 길이를 양쪽에 더한 범위로 한다.
　㉡ 원칙적으로 지그 부착 자국의 주변에서 그 외부로 5mm의 길이를 더한 범위로 한다.
　㉢ 원칙적으로 용제 제거성 염색침투탐상시험, 속건식현상법으로 한다.

④ 침투지시모양의 관찰
　㉠ 현상제 적용 후 7~60분 사이에 실시한다.
　㉡ 시험면의 밝기는 500lx로 한다.
　㉢ 침투지시모양은 흠을 기초로 하는 것인지, 의사 지시인지를 확인한다. 불명확한 경우 그 부분을 확대하거나 재시험한다.

⑤ 침투탐상시험결과의 기록
　㉠ 시험조건 : 탐상제(침투액, 세정액 및 현상제의 명칭), 시험 시의 온도(시험 장소의 기온), 침투시간, 현상시간 및 관찰시간
　㉡ 시험결과 : 침투지시모양의 위치, 침투지시모양의 분류와 길이, 침투지시모양의 평가점

ⓒ 보수 전의 시험 결과의 합격 여부, 용접 보수의 유무와 이유

ⓔ 그 밖의 필요한 사항

⑥ 배관 용접부의 시험결과 합격판정기준이 KS B 0888 부속서에 있으며 이 판정규정을 정리하면 다음과 같다.

구 분	A 기준	B 기준
터짐에 의한 침투지시모양	모두 불합격으로 한다.	모두 불합격으로 한다.
독립침투지시 모양 및 연속침투지시 모양	1개의 길이 8mm 이하를 합격으로 한다.	1개의 길이 4mm 이하를 합격으로 한다.
분산침투지시 모양	연속된 용접 길이 300mm 당의 합계점이 10점 이하인 경우 합격	연속된 용접 길이 300mm 당의 합계점이 5점 이하인 경우 합격
혼재한 경우	평가점의 합계점이 연속된 용접 길이 300mm당 10점 이하인 경우 합격	평가점의 합계점이 연속된 용접 길이 300mm당 5점 이하인 경우 합격

[침투탐상시험에서의 흠의 평가점]

분 류	침투지시모양의 길이		
	1mm 초과 2mm 이하	2mm 초과 4mm 이하	4mm 초과 8mm 이하
선형 침투지시 및 연속 침투지시모양	1점	2점	4점
원형 침투지시모양	–	1점	4점

핵심예제

39-1. 배관 용접부의 비파괴시험방법(KS B 0888)에 따른 침투처리 내용의 설명 중 옳은 것은? [기본 기출]

① 침투액의 적용을 위해 침투액조에 침지하였다.

② 시험체 및 침투액의 온도가 3℃ 이하이면 침투처리를 할 수 없다.

③ 침투에 필요한 시간 동안 그 표면을 침투액으로 적셔 두었다.

④ 침투시간은 시험체 및 침투액의 온도가 15~50℃ 범위일 때 3분으로 하였다.

39-2. 배관 용접부의 비파괴시험방법(KS B 0888)의 침투지시 모양의 관찰에 관한 설명 중 틀린 것은? [기본 기출]

① 자연광 또는 백색광 아래에서 관찰한다.

② 시험면의 밝기는 최소한 100lx 이상이어야 한다.

③ 현상제 적용 후 7~60분 사이에 실시하는 것이 바람직하다.

④ 의사지시 여부를 확인하기 위하여 확대경을 사용할 수 있다.

39-3. 배관 용접부의 비파괴시험방법(KS B 0888)에서 비파괴시험의 기술 구분이 특별한 경우에 적용하는 A 기준일 때 침투탐상시험에 의한 합격 판정기준에 대한 설명 중 틀린 것은? [간혹 출제]

① 선형 침투지시모양은 모두 불합격으로 한다.

② 연속 침투지시모양은 1개의 길이가 8mm 이하를 합격으로 한다.

③ 독립 침투지시모양은 1개의 길이가 8mm 이하를 합격으로 한다.

④ 분산 침투지시모양에 대하여는 침투지시모양을 분류 및 길이를 규정에 따라 평가하고 연속된 용접 길이 300mm당의 합계점이 10점 이하인 경우 합격으로 한다.

39-4. 배관 용접부의 비파괴시험방법(KS B 0888)에서 침투탐상시험의 기록사항 중 '시험결과'에 기록하여야 할 사항이 아닌 것은? [기본 기출]

① 침투시간

② 침투지시모양의 위치

③ 침투지시모양의 평가점

④ 침투지시모양의 분류와 길이

39-5. 배관 용접부의 비파괴시험 방법(KS B 0888)에서 규정하는 지그 부착 자국에 대한 침투탐상시험에서 시험의 최소실시 범위는? [기본 기출]

① 지그 부착 자국 주변에서 그 외부로 5mm의 길이를 더한 범위로 한다.

② 지그 부착 자국 주변에서 그 외부로 10mm의 길이를 더한 범위로 한다.

③ 관의 살 두께를 주변에 더한 범위로 한다.

④ 관의 살 두께의 1/2의 길이를 주변에 더한 범위로 한다.

39-1

① 침투액은 분무 또는 붓칠로 시험범위에 적용해야 한다.

②, ④ 침투시간은 시험체 및 침투액의 온도가 15~50℃의 범위에서 최소 시간 5분으로 한다. 3℃ 이하의 경우는 침투액의 종류, 시험체 온도 등을 고려하여 따로 정한다.

39-2

침투지시모양의 관찰

• 침투지시모양의 관찰은 현상제 적용 후 7~60분 사이에 실시하는 것이 바람직하다.

• 자연광 또는 백색광 아래에서 관찰한다. 시험면의 밝기는 500lx로 한다.

• 침투지시모양이 나타난 경우, 흠을 기초로 하는 것인지 의사지시인지를 확인하여야 한다. 불명확한 경우는 그 부분을 확대하거나 재시험한다.

39-3

선형 침투지시는 길이에 따라 평가점을 두어 합산 평가한다.

39-4

'KS B 0888 7.6'에 지시한 침투탐상시험의 기록은 시험조건 중 탐상제(침투액, 세정액 및 현상제의 명칭)·시험 시의 온도(시험장소의 기온)·침투시간·현상시간 및 관찰의 시간을 기록하고, 시험결과에서는 침투지시모양의 위치·침투지시모양의 분류와 길이·침투지시모양의 평가점을 기록하며 이 밖에 보수 전의 시험 결과의 합격 여부, 용접 보수의 유무와 그 이유 및 그 밖의 필요한 사항을 기록한다.

39-5

침투탐상의 시험방법 및 실시 범위

• 원칙적으로 용접부의 너비에 모재 쪽 관의 살 두께 1/2의 길이를 양쪽에 더한 범위로 한다.

• 원칙적으로 지그 부착 자국의 주변에서 그 외부로 5mm의 길이를 더한 범위로 한다.

• 원칙적으로 용제 제거성 염색침투탐상시험, 속건식현상법으로 한다.

정답 39-1 ③ 39-2 ② 39-3 ① 39-4 ① 39-5 ①

핵심이론 40 기타 규정(KS D ISO 4987, KS B ISO 10893-4)

① KS D ISO 4987은 침투탐상검사에 의하여 검출된 표면 불연속의 합격 제한을 결정하기 위한 검사방법에 대하여 규정한다.

② 합격검사

　㉠ 침투탐상시험은 나타난 불연속의 성질, 형상 및 치수를 결정해 주지 못한다.

　㉡ 불연속 지시는 선형 지시 또는 연결형 지시, 비선형(군집) 지시 등으로 분류한다.

　㉢ 불연속 지시의 치수는 불연속의 실제 치수를 직접 나타내지 못한다.

　㉣ 최대 치수 L(길이)은 최소 치수 b(폭)의 3배 이상이어야 한다.

③ 표1. 침투탐상검사에 대한 엄격도

엄격도		001	01	1	2	3	4	5
지시 관찰 수단		확대경 또는 눈	눈	눈	눈	눈	눈	눈
확 대		≤3	1	1	1	1	1	
고려될 가장 작은 상의 지름 또는 길이(mm)		0.3		1.5	2	3	5	10
비선형 지시	지시 수	5	5	8	8	12	20	32
	치수(mm)	1	1	3	6	9	14	21
선형 지시 또는 연결형 지시	지시 종류	독립형 또는 누적형		독립형 / 누적형		독립형 / 누적형		독립형 / 누적형 ...
	벽 두께 δ≤16mm	0	1	2	4	4	6	6	10	10	18	18	25
	벽 두께 16<δ≤50mm	0	1	3	6	6	12	9	18	18	27	27	40
	벽 두께 50mm<δ	0	2	5	10	10	20	15	30	30	45	45	70
주조 예 또는 관련 주조부품		항공기 또는 우주선제작 - 정밀주조 - 특수용		표면처리와 적용에 따른 기타 기계적인 엔지니어링 주조품				

• 측정용 눈금이 있는 확대경 사용 허용

• 비선형 지시(SR) : L<3b L : 지시길이, b : 폭

• 선형지시(LR) : L≥3b

• 연결형 지시(AR) : 2mm 이하로 분리된 선형 또는 비선형 지시와 최소한 3개의 지시를 포함

④ KS B ISO 10893-4는 이음매 없는 관, 용접관, 제작자, 협약에 관하여 정의한다.

⑤ KS B ISO 10893-4에 의한 불완전부

   ㉠ 침투탐상검사로 검출할 수 있는 결함은 균열, 이음매, 겹침, 탕계, 층상결함(Laminaion)과 기공이다.

   ㉡ 침투액의 지시 분류

- 선형지시 : 지시 길이가 지시 폭의 3배 이상인 지시
- 원형지시 : 형태가 원형이거나 타원형이며 지시 길이가 지시 폭의 3배 미만인 지시
- 누적지시 : 선형이거나 원형이며 동일 직선상에 존재하거나 군집되어 있고 불완전부 간 간격이 가장 작은 지시의 길이보다 크지 않으며 최소 세 개 이상의 지시로 구성된 지시
- 비관련 지시 : 절삭 흔적, 스크래치 및 크기, 직진도 표시와 같은 특별한 관 제작 공정에 의한 국부적인 표면 불규칙으로 인해 발생하는 지시
- 평가를 위해 고려해야 할 지시의 최소 크기

(단위 : mm)

수용 레벨	고려해야 할 최소 지시의 지름(D) 또는 길이(L)
P1	1.5
P2	2.0
P3	3.0
P4	5.0

- 지시의 평가
- 관 표면

[100mm × 150mm를 안에 있는 불완전부의 최대 허용 수량 및 크기(지름, 길이)]

수용 레벨	공칭 벽 두께 (T, mm)	지시의 종류					
		원 형		선 형		누 적	
		수 량	지름 (mm)	수 량	길이 (mm)	수 량	크기 의 합 (mm)
P1	$T \leq 16$	5	3.0	3	1.5	1	4.0
	$16 < T \leq 50$	5	3.0	3	3.0	1	6.0
	$T > 50$	5	3.0	3	5.0	1	10.0

수용 레벨	공칭 벽 두께 (T, mm)	지시의 종류					
		원 형		선 형		누 적	
		수 량	지름 (mm)	수 량	길이 (mm)	수 량	크기 의 합 (mm)
P2	$T \leq 16$	8	4.0	4	3.0	1	6.0
	$16 < T \leq 50$	8	4.0	4	6.0	1	12.0
	$T > 50$	8	4.0	4	10.0	1	20.0
P3	$T \leq 16$	10	6.0	5	6.0	1	10.0
	$16 < T \leq 50$	10	6.0	5	9.0	1	18.0
	$T > 50$	10	6.0	5	15.0	1	30.0
P4	$T \leq 16$	12	10.0	6	10.0	1	18.0
	$16 < T \leq 50$	12	10.0	6	15.0	1	25.0
	$T > 50$	12	10.0	6	25.0	1	35.0

- 용접 이음매

[150mm × 50mm를 안에 있는 불완전부의 최대 허용 수량 및 크기(지름, 길이)]

수용 레벨	공칭 벽 두께 (T, mm)	지시의 종류					
		원 형		선 형		누 적	
		수 량	지름 (mm)	수 량	길이 (mm)	수 량	크기 의 합 (mm)
P1	≤ 16	1	3.0	1	1.5	1	4.0
	> 16	1	3.0	1	3.0	1	6.0
P2	≤ 16	2	4.0	2	3.0	1	6.0
	> 16	2	4.0	2	6.0	1	12.0
P3	≤ 16	3	6.0	3	6.0	1	10.0
	> 16	3	6.0	3	9.0	1	18.0
P4	≤ 16	4	10.0	4	10.0	1	18.0
	> 16	4	10.0	4	18.0	1	27.0

비고 : 틀의 50mm 폭을 용접 이음매의 축 중앙에 위치시킨다.

⑥ KS B ISO 10893-4에 의한 판정

   ㉠ 해당 수용 레벨에 의해 허용된 것을 초과하는 지시가 없는 관은 통과한 것으로 간주하고, 초과 지시가 있는 관은 의심스러운 것으로 간주한다.

ⓛ 의심스러운 관에 대해 제품 표준의 요구사항에 맞도록 다음 중 하나 또는 그 이상의 조치를 채택한다.

• 의심 영역은 적절한 방법에 의해 처리되거나 탐색되어야 한다. 잔여 두께가 허용공차 내에 있는지를 점검한 후 이전에 명시된 바와 같이 관을 재검사하여야 한다. 만일 수용 레벨 이상의 지시가 얻어지지 않으면 그 관은 이 검사를 통과한 것으로 간주되어야 한다. 주문자와 제작자 간의 협약에 의해 의심 영역은 협약된 수용 레벨에 따라 다른 비파괴적 기법과 검사방법에 의해 재검사될 수도 있다.

• 의심 영역을 잘라내 버려야 한다.

• 관은 이 검사를 통과하지 못한 것으로 간주되어야 한다.

핵심예제

40-1. 주강품–침투탐상검사(KS D ISO 4987)에 따른 검사에서 검출된 주강품의 불연속지시 결과 판정에 대한 사항 중 틀린 것은? [기본 기출]

① 평가할 지시에 대해 가장 불리한 위치에 105×148mm를 측정할 수 있는 틀을 배치하는 것이 필요하다.
② 평가될 지시가 주문서에 규정된 엄격도 이하일 경우 검사는 만족한 것으로 간주한다.
③ 엄격도의 분류는 불연속의 면적으로 결정한다.
④ 연결형 지시 및 비연결형 지시는 길이의 합을 고려하여 결정한다.

40-2. 주강품–침투탐상검사(KS D ISO 4987)에 따른 불연속지시에 대한 설명으로 틀린 것은? [기본 기출]

① 표면이 열린 불연속을 검출하는 것이 목적이다.
② 불연속 지시의 치수는 불연속의 실제 치수를 직접 나타내지 못한다.
③ 불연속 지시는 선형 지시 또는 연결형 지시, 비선형(군집) 지시 등으로 분류한다.
④ 불연속 지시 중 선형 지시는 길이 최대 치수가 폭 최소 치수의 2배 이상인 것이다.

40-3. 압력용 이음매 없는 강관 및 용접 강관–침투탐상검사 (KS D ISO 12095)에 따른 시험에서 얻어진 지시의 판독에 대한 사항 중 틀린 것은? [기본 기출]

① 관 전면 검사의 경우 지시가 최대로 많이 보이는 구역을 덮어서 100mm×150mm의 가상 틀 안에 포함된 지시들의 종류 숫자, 치수를 근거로 분류한다.
② 관 용접 심 검사의 경우 지시가 최대로 많이 보이는 구역을 덮어서 50mm×150mm의 가상 틀을 50mm 치수 쪽이 용접부의 중앙에 놓이게 하여 틀 안에 포함된 지시들의 종류 숫자, 치수를 근거로 분류한다.
③ 관 끝에서 베벨면 검사의 경우, 길이가 8mm 미만의 선형지시는 합격이다.
④ 누적된 지시들의 누적 길이를 계산하는 경우 두 지시 사이의 간격이 두 지시들의 길이나 지름보다 작으면 각각의 지시들의 길이 총합을 누적 길이로 한다.

|해설|

40-1
엄격도의 분류는 불연속의 길이와 지름으로 결정한다(KS D ISO D 4987 표 참조).

40-2
KS D ISO 4987 5. 합격검사 아래 5.1 불연속 지시
• 침투탐상검사는 표면이 열린 불연속을 검출하는 데 사용하는 비파괴검사이다.
• 침투탐상시험은 나타난 불연속의 성질, 형상 및 치수를 결정해 주지 못한다.
• 불연속 지시는 선형 지시 또는 연결형 지시, 비선형(군집) 지시 등으로 분류한다.
• 선형 지시는 길이 최대 치수가 폭 최소 치수의 3배 이상이어야 한다.

40-3
④의 경우는 인디케이션(지시)의 총합을 누적길이로 한다(간격 포함).

정답 **40-1** ③ **40-2** ④ **40-3** ④

금속재료 및 용접 일반

제1절 | 금속재료

핵심이론 01 금속의 일반적인 특징

① 상온에서 고체 상태이며 결정조직을 갖는다.
② 전기 및 열의 양도체이다.
③ 일반적으로 다른 기계재료에 비해 전연성이 좋다.
④ 소성 변형성을 이용하여 가공하기 쉽다.
⑤ 금속은 각기 고유의 광택을 가지고 있다.
⑥ 비중 5 정도를 기준으로 중금속(重金屬)과 경금속(輕金屬)으로 나눈다.

핵심예제

금속의 일반적인 특징을 설명한 것 중 옳은 것은? [간혹 출제]
① 전기 및 열의 부도체이다.
② 전성은 좋으나 연성이 나쁘다.
③ 금속은 모두 은백색의 광택이 있다.
④ 수은을 제외한 금속은 고체상태에서 결정구조를 가지고 있다.

|해설|

① 전기 및 열의 전도체이다.
② 일반적으로 다른 기계재료에 비해 전연성이 좋다.
③ 금속은 각기 고유의 광택이 있다.

정답 ④

핵심이론 02 금속의 성질

① **색상** : 금속은 고유의 색상이 있고, 귀한 금속일수록 고유의 색상을 변함없이 간직한다.

금속의 변색 정도
Sn > Ni > Al > Mn > Fe > Cu > Zn > Pt > Ag > Au

② **비중** : 물과 비교했을 때에 몇 배의 무게를 갖고 있느냐를 말하는 척도
③ **용융** : 모든 물체는 고체, 액체, 기체의 상태를 가질 수 있는데, 고체에서 액체 상태로의 상태 변화를 용융이라고 한다. 용융 시에는 용융잠열이라는 열이 있는데, 이 온도가 되면 가열을 해도 일정 열용량만큼 공급되기 전에 온도가 올라가지 않는다. 이는 숨어 있는 구조의 변형에너지로 사용되기 때문이다.

※ 각 금속의 비중과 용융점 비교

금속명	비 중	용융점($℃$)	금속명	비 중	용융점($℃$)
Hg(수은)	13.65	−38.9	Cu(구리)	8.93	1,083
Cs(세슘)	1.87	28.5	U(우라늄)	18.7	1,130
P(인)	2	44	Mn(망간)	7.3	1,247
K(칼륨)	0.862	63.5	Si(규소)	2.33	1,440
Na(나트륨)	0.971	97.8	Ni(니켈)	8.9	1,453
Se(셀렌)	4.8	170	Co(코발트)	8.8	1,492
Li(리튬)	0.534	186	Fe(철)	7.876	1,536
Sn(주석)	7.23	231.9	Pd(팔라듐)	11.97	1,552
Bi(비스무트)	9.8	271.3	V(바나듐)	6	1,726
Cd(카드뮴)	8.64	320.9	Ti(타이타늄)	4.35	1,727
Pb(납)	11.34	327.4	Pt(플래티늄)	21.45	1,769
Zn(아연)	7.13	419.5	Th(토륨)	11.2	1,845
Te(텔루륨)	6.24	452	Zr(지르코늄)	6.5	1,860
Sb(안티몬)	6.69	630.5	Cr(크롬)	7.1	1,920
Mg(마그네슘)	1.74	650	Nb(니오브)	8.57	1,950
Al(알루미늄)	2.7	660.1	Rh(로듐)	12.4	1,960
Ra(라듐)	5	700	Hf(하프늄)	13.3	2,230
La(란탄)	6.15	885	Ir(이리듐)	22.4	2,442
Ca(칼슘)	1.54	950	Mo(몰리브덴)	10.2	2,610
Ge(게르마늄)	5.32	958.5	Os(오스뮴)	22.5	2,700
Ag(은)	10.5	960.5	Ta(탄탈)	16.6	3,000
Au(금)	19.29	1,063	W(텅스텐)	19.3	3,380

④ 전도성 : 열이나 전기를 잘 전해 주는 성질을 말한다.

⑤ 이온화 경향

  K > Ca > Na > Mg > Al > Zn > Fe > Co > Sn > Pb > (H) > Cu > Hg > Ag > Au 순서이며 수소를 기준으로 왼쪽이 수소를 방출한다.

2-1. 다음 중 금속의 이온화 경향에 대한 설명으로 옳은 것은?
[기본 기출]

① 금속원자가 전자를 잃고 음이온으로 되려는 성질을 이온화 경향이라 한다.
② 이온화 경향이 큰 금속은 환원력이 작아서 산화되기 어렵다.
③ 이온화 경향이 큰 것부터 나열하면 K > Ca > Na > Mg > Al 순이다.
④ 수소보다 이온화 경향이 큰 금속은 습기가 있는 대기 중에서 부식되기 어렵다.

2-2. 비중이 약 7.13, 용융점이 약 420℃이고, 조밀육방격자의 청백색 금속으로 도금, 건전지, 다이캐스팅용 등으로 사용되는 것은?
[간혹 출제]

① Pt   ② Cu
③ Sn   ④ Zn

2-3. 다음 중 용융점이 가장 낮은 금속과 가장 높은 금속은?
[기본 기출]

㉠ Zn	㉡ Sb	㉢ Pb
㉣ Sn	㉤ Cu	㉥ Ni
㉦ Cr	㉧ W	

① ㉠, ㉡   ② ㉢, ㉤
③ ㉣, ㉧   ④ ㉥, ㉦

|해설|

2-1
① 양이온이 되려는 성질이다.
② 산화되기 쉬운 순서대로 나열한다.
③ K > Ca > Na > Mg > Al > Zn > Fe > Co > Sn > Pb > (H) > Cu > Hg > Ag > Au 순서이며 수소를 기준으로 왼쪽이 수소를 방출한다.
④ 수소보다 이온화 경향이 큰 금속은 습기를 만나면 수소와 치환되어 이온화되며 이에 따라 부식성이 커진다.

2-2
핵심이론 02 ③ 참조
다이캐스팅용으로 널리 쓰이는 합금은 알루미늄합금과 아연합금뿐이다.

정답 2-1 ③ 2-2 ④ 2-3 ③

일반적인 금속선은 사용온도를 낮추면 전기저항이 다소 감소하기 시작한다. 이론적으로는 계속해서 온도를 낮추면 계속 저항이 감소하며 절대 0도(0K)에 이르러서는 저항이 없는 물체가 된다. 저항이 없어지면 손실 없이 전기를 전달할 수 있어 에너지 과학적으로 매우 중요한 의미를 가진다. 또 어떤 금속은 이렇게 절대 0도(-273.15℃)까지 낮추지 않더라도 어떤 임계온도에서는 저항이 극도로 낮아지는 현상을 갖는다. 이를 초전도현상이라 한다.

핵심예제

일정 온도에서 갑자기 전기저항이 0(Zero)이 되는 현상은?

[기본 기출]

① 초전도   ② 비정질
③ 클래드   ④ 부도체

|정답| ①

① 용융 상태의 순금속이 냉각하며 일정 온도가 되면 원자가 서로 결합하여 규칙적인 배열을 하면서 작은 결정핵이 발생하게 된다. 결정핵을 중심으로 점점 결정이 성장하여 이웃하는 결정과 만나게 되면 결정립계를 형성하게 된다.

[결정핵 생성]   [결정의 성장]   [결정립계 형성]

② 금속의 결정구조
  ㉠ 금속의 응고 중 결정핵이 1개로만 이루어진 것을 단결정이라 하며, 반도체에 쓰이는 실리콘 등이 이에 속한다.
  ㉡ 대부분의 금속은 무수히 많은 크고 작은 결정들이 모여 다결정체(Polycrystal)를 이루고 있다.
  ㉢ 방사선으로 금속의 결정입자를 관찰해 보면 결정입자의 원자들은 금속마다 특유의 입체적이고 규칙적인 배열을 가지고 있는 것을 알 수 있다. 이 원자들의 중심을 연결해 보면 입체적인 격자가 되며 이를 공간격자(Space Lattice) 또는 결정격자(Crystal Lattice)라 한다.
  ㉣ 일반적으로 금속의 공간격자를 최소 단위로 잘라 보면 세 가지 기본형으로 나누어진다.
    • 면심입방격자(FCC ; Face-centered Cubic Lattice)
      - 입방체의 각 모서리와 면의 중심에 각각 한 개씩의 원자가 있고, 이것들이 규칙적으로 쌓이고 겹쳐져서 결정을 만든다.
      - 면심입방격자 금속은 전성과 연성이 좋으며, Ni, Au, Ag, Al, Cu, γ철이 속한다.
      - 단위격자 내 원자의 수는 4개이며, 배위수는 12개이다.

- 체심입방격자(BCC ; Body-centered Cubic Lattice)
  - 입방체의 각 모서리에 1개씩의 원자와 입방체의 중심에 1개의 원자가 존재하는 매우 간단한 격자구조를 이루고 있다.
  - 잘 미끄러지지 않는 원자 간 간섭구조로 전연성이 잘 발생하지 않으며 Cr, Mo 등과 α철, δ철 등이 있다.
  - 단위격자 수는 2개이며, 배위수는 8개이다.
- 조밀육방격자(HCP ; Hexagonal Close Packed Lattice)
  - 정육각기둥의 꼭짓점과 상하면의 중심과 정육각기둥을 형성하고 있는 6개의 정삼각기둥 중 1개 거른 삼각기둥 중심에 1개씩의 원자가 있는 격자를 이루고 있다.
  - Cd, Co, Mg, Zn 등이 이에 속하며 연성이 부족하다.
  - 단위격자 수는 2개이며, 배위수는 12개이다.

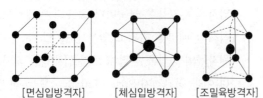

[면심입방격자]　　[체심입방격자]　　[조밀육방격자]

4-1. 물질을 구성하고 있는 원자가 입체적으로 규칙적인 배열을 이루고 있는 것은?　　　　　　　　[기본 기출]

① 입 계　　　　　　　② 결 정
③ 격 자　　　　　　　④ 단위격자

4-2. 면심입방격자(FCC)에 관한 설명으로 틀린 것은?
　　　　　　　　　　　　　　　[최신 기출 및 자주 출제]

① 원자는 2개이다.
② Ni, Cu, Al 등은 면심입방격자이다.
③ 체심입방격자에 비해 전연성이 좋다.
④ 체심입방격자에 비해 가공성이 좋다.

4-3. 금속의 격자에서 원자의 수가 2개이며, 배위수가 8인 격자는?
　　　　　　　　　　　　　　　[최신 기출 및 간혹 출제]

① 체심입방격자　　　　② 면심입방격자
③ 조밀육방격자　　　　④ 조밀정방격자

|해설|

4-1
① 입계 : 입자와 입자의 경계
③ 격자(Lattic) : 결정의 미시적 구조 중 같은 위상을 갖는 점들을 연결하여 만든 3차원 입체
④ 단위격자 : 격자 중 기본단위를 삼을 수 있는 격자

4-2
면심입방격자의 단위격자 내 원자의 수는 4개이다.

4-3
면심입방격자의 원자수는 4개이고, 조밀육방격자는 배위수는 12개이다.

정답 4-1 ②　4-2 ①　4-3 ①

① 금속결정은 온도와 외부압력, 힘에 의해 그 조직과 성질, 심지어 자성(磁性)까지 변화를 일으킨다.

② 동소변태 : 다이아몬드와 흑연은 모두 탄소로만 이루어진 물질이지만 확연히 다른 상태로 존재하는 고체이다. 이처럼 동일 원소이지만 다르게 존재하는 물질을 동소체(Allotropy)라 하며, 어떤 원인에 의해 원자배열이 달라져 다른 물질을 변하는 것, 예를 들어 흑연에 적절한 열과 압력을 가하여 다이아몬드가 되는 변태를 동소변태 또는 격자변태라 한다.

③ 자기변태 : Fe, Co, Ni 같은 강자성체(强磁性體)를 가열하면 일정온도에서 금속의 결정 구조는 변하지 않으나 자성을 잃고 상자성체(常磁性體)로 변하는 변태이다.

④ 변태 시 체적(부피)과 온도와의 관계를 보면 변태가 일어나는 시점에 체적이 감소한다고 가정했을 때 온도 t를 기준으로 온도 상승 시에는 기준 온도를 지나쳐서 변태가 일어나며, 온도 하강 시에도 역시 기준 온도를 지나쳐서 변태가 일어난다. 이를 일종의 열관성현상으로 이해한다.

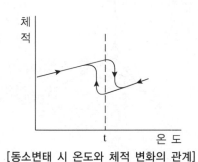

[동소변태 시 온도와 체적 변화의 관계]

5-1. 다음 중 동소변태에 대한 설명으로 틀린 것은?　　　[간혹 출제]

① 결정격자의 변화이다.
② 동소변태에는 A_3, A_4 변태가 있다.
③ 일정한 온도에서 급격히 비연속적으로 일어난다.
④ 자기적 성질을 변화시키는 변태이다.

5-2. 진공보다 작은 투자율을 가지는 물질을 나타내는 용어는?　　　[간혹 출제]

① 반자성(Diamagnetic)　　② 상자성(Paramagnetic)
③ 강자성(Ferromagnetic)　　④ 페리자성(Ferrimagnetic)

5-3. 자기변태를 설명한 것으로 옳은 것은?　　　[기본 출제]

① 고체 상태에서 원자 배열의 변화이다.
② 일정온도에서 불연속적인 성질 변화를 일으킨다.
③ 일정온도 구간에서 연속적으로 변화한다.
④ 고체 상태에서 서로 다른 공간격자구조를 갖는다.

5-4. 고체 상태에서 하나의 원소가 온도에 따라 그 금속을 구성하고 있는 원자의 배열이 변하여 두 가지 이상의 결정구조를 가지는 것은?　　　[기본 출제]

① 전 위　　　　　　② 동소체
③ 고용체　　　　　　④ 재결정

|해설|

5-1
자기변태는 에너지 변화로 결정조직의 변화를 동반하지 않는다.

5-2
Diamagnetic : 반자성을 나타내는 물질로 외부 자계에 의해서 자계와 반대 방향으로 자화되는 물질이다. 즉, 비투자율이 1보다 작은 재료로 자계에 반발하며, 자력선에 직각으로 나열되는 물질이다. 반자성체에 속하는 물질에는 Bi, C, Si, Ag, Pb, Zn, S, Cu 등이 있다.

5-3
자기변태 : 강자성체의 금속이 가열되면 일정한 온도 이상에서 금속의 결정구조는 변하지 않으나, 자성을 잃고 상자성체로 자성이 변한다. 이 변태는 결정구조가 바뀌지 않고 에너지적인 변화가 일어나므로 재구조화에 필요한 잠열구간을 두지 않는다.

5-4
동소체란 같은 원소를 이용한 결정구조라는 의미로 해석할 수 있다.

정답 5-1 ④　5-2 ①　5-3 ③　5-4 ②

① 점결함(Point Defect)

　㉠ 공공(Vacancy) : 원래 있었던 자리에 원자가 하나 또는 그 이상 빠져서 빈 공간

　㉡ 침입형 원자(Interstitial Atom) : Standard 조직 사이에 다른 원자가 끼어든 결함

　㉢ 치환(Substitution) : 기존 원자 자리에 다른 조직의 원자가 바뀌어 들어감

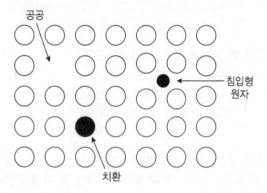

② 선결함(Line Defect)

　㉠ 전위(Dislocation) : 공공으로 인하여 전체 금속 이온의 위치가 밀리게 되고 그 결과로 인하여 구조적인 결함이 발생하는 결함이다.

　㉡ 전위결함은 금속의 성질에 큰 영향을 주며 전위를 잘 이해하면 전성, 연성 등 금속의 성질을 이해하는 데 도움이 된다.

③ 면결함(Plane Defect)

　㉠ 적층결함(Stacking Fault) : 2차원적인 전위, 층층이 쌓이는 순서가 틀어진다.

　㉡ 쌍정(Twin) : 전위면을 기준으로 대칭이 일어날 때 결정립 경계를 결함으로 보기도 한다.

　㉢ 슬립 : 미끄러짐을 뜻하는 결함으로 점층적 변형이 아닌, 원자밀도가 높은 격자 면에서 일시에 힘을 받아 발생하는 결함이다.

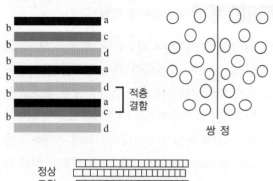

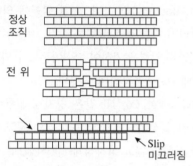

④ 3차원적 결함(Volume Defect)

　㉠ 석출(Precipitation) : 용융액 속이나 다른 고체 조직 속에서 돌덩어리가 나올 때를 석출이라 한다.

　　※ 돌 석(石) 나올 출(出)

　㉡ 주조 시 나오는 수축공, 기공 등의 결함을 3차원 결함으로 본다.

⑤ 밀러지수

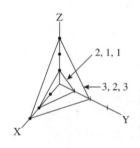

6-1. 다음 중 금속의 격자결함이 아닌 것은? [간혹 출제]

① 가로결함　　　　　　② 면결함
③ 점결함　　　　　　　④ 공 공

6-2. 원자반경이 작은 H, B, C, N 등의 용질원자가 용매원자의 결정격자 사이의 공간에 들어가는 것을 무엇이라 하는가?

[기본 기출]

① 규칙형 결정체　　　　② 침입형 고용체
③ 금속 간 화합물　　　　④ 기계적 혼합물

6-3. 결정구조결함의 일종인 빈 자리(Vacancy)로 인하여 전체 금속 이온의 위치가 밀리게 되고 그 결과로 인하여 구조적인 결함이 발생하는 결함은? [간혹 출제]

① 전위(Dislocation)
② 시효(Aging)
③ 산세(Pickling)
④ 석출(Precipitation)

6-4. 도면과 같은 금속결정 중의 원자면에서 (100)면을 나타내는 면은? [기본 기출]

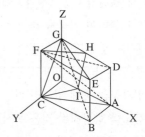

① (ACFD)　　　　　　② (ACGD)
③ (ABED)　　　　　　④ (FHIC)

6-5. 금속의 소성변형을 일으키는 원인 중 원자 밀도가 가장 큰 격자면에서 잘 일어나는 것은? [자주 출제]

① 슬 립　　　　　　　② 쌍 정
③ 전 위　　　　　　　④ 편 석

| 해설 |

6-1
격자결함의 종류는 면결함(결정립계, 접합면, 적층결함 등), 선결함(어긋나기, 점결함의 직선 배열), 점결함(불순물, 공공, 격자 간 원자) 등이 있다.

6-2
② 침입형 고용체 : 어떤 성분 금속의 결정격자 중에 다른 원자가 침입된 것으로 일반적으로 금속 상호 간에 일어나기보다는 비금속 원소가 함유되는 경우에 일어나는데 원소 간 입자의 크기가 다르기 때문에 일어난다.
③ 금속 간 화합물 : 친화력이 큰 성분 금속이 화학적으로 결합하면 각 성분 금속과는 현저하게 다른 성질을 가지는 독립된 화합물이다.

6-3
전위(Dislocation) : 위치를 다시 잡는다는 의미로 빈 공간(Vacancy)에 차례로 원자가 이동하여 새롭게 위치를 잡는 것이다.

6-4
(100)은 X=1, Y=0, Z=0, 즉 X 좌표값이 1을 지나고 YZ에는 평행한 면이다.

6-5
① 슬립(Slip) : 미끄러짐. 결정계의 면과 면에서 미끄러짐이 반복되어 소성변형이 일어남
② 쌍정 : 결정면을 기준으로 조직이 대칭을 이루는 결함
③ 전위(Dislocation) : 비어 있는 공공을 이용해서 원자가 위치를 바꾸는 현상
④ 편석 : 재료 속에 하나의 성분이 한 부분에 몰려 결정되는 현상

정답 6-1 ①　6-2 ②　6-3 ①　6-4 ③　6-5 ①

① 훅의 법칙(Hook's Law)

㉠ 응력(Stress) : 재료에 작용하는 힘을, 힘이 작용하는 면적으로 나눈 것으로, 마치 작용하는 힘을 미분한 개념이다. 수식으로 작용하는 힘(기호 : P, 단위 : N)을 단위 면적(기호 : A, 단위 : m^2)으로 나눈 값이다.

㉡ 변형률 : 힘이 작용하기 전 최초 길이에 대해 힘이 작용한 후 늘어난(또는 줄어든) 길이의 비율. 처음 길이를 L_0, 나중 길이를 L_1이라고 할 때 변형률 ε는

$$\varepsilon = \frac{L_1 - L_0}{L_0}$$

㉢ 영계수(E) : 작용하는 응력과 변형률의 관계를 조사했을 때 일정구간에서 응력과 변형률은 서로 비례한다는 것을 알게 되었고, 재료에 따라 그 비율이 다르다는 것도 알게 되었다. 각 재료별로 작용하는 응력에 비해 변형률이 다르게 변하여 재료의 고유성질을 나타낼 수도 있다. 즉, 응력을 σ, 변형률을 ε라 하면 그 비율 E는

$E = \dfrac{\sigma}{\varepsilon}$(재료 고유의 상수, 단위 : MPa, 또는 GPa)

㉣ 탄성한도 : 위의 물리량을 그래프로 정리하면 그림과 같으며 O-P-Yu-N의 곡선은 연강의 변형곡선이고 O-B-X는 일반금속의 변형곡선이다. 연강의 O-P 범위, 일반금속의 O-S(O-B와 마찬가지이며) 범위를 탄성한도라 한다.

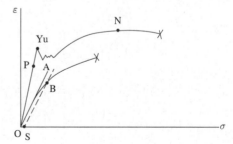

㉤ 탄성변형 : 탄성한도 내에서 응력 σ가 작용하였다가 응력이 제거되면, 변형이 일어났다가 일어났던 변형이 제거되는 데 이런 변형을 탄성변형이라 한다.

㉥ 항복변형 : 서로 비례하던 응력과 변형률의 관계는 일정 응력범위(Yu)가 지나면 비례하지 않고 갑자기 작용하는 힘이 별로 늘지 않아도 변형량이 늘게 되는데, 이 현상을 항복현상이라 하며 이때의 응력을 항복강도라고 한다.

㉦ 소성 : 연강이 아닌 일반적인 금속에서 O-B-X의 곡선에서 B 이상의 힘이 작용하면 모양이 회복되지 않는 실제 변형이 일어나는데 이런 성질을 소성이라 하며 이런 소성을 이용하여 마치 종이로 비행기를 접고, 찰흙으로 인형을 빚듯이, 금속에 힘을 가하여 구기거나 원하는 모양으로 밀거나 잡아당겨서 가공하는 방법을 소성가공이라 한다.

㉧ 열간가공과 냉간가공 : 소성가공에서 재결정온도 이상으로 가열하여 가공을 하면 좀 더 많은 양의 변형을 줄 수 있게 된다. 이렇게 가열하여 가공하는 방법을 열간가공이라 하고, 큰 변형이 필요 없거나 소성가공을 통해 일부러 가공경화를 일으켜 제품의 강도를 향상시킬 것을 목적으로 재결정온도 이하에서 가공하는 방법을 냉간가공이라 한다.

㉨ 가공경화 : 소성가공성을 이용하여 가공을 하면 재료 내부에 강제로 전위가 많이 일어나며 전위가 많아지면 내부의 가소성(可塑性)이 줄어들어 연성, 전성이 약해지고, 딱딱해지게 되는데 이를 가공경화라 한다.

7-1. 금속재료에 하중을 가하면, 응력이 증가함에 따라 처음에는 변형률이 직선적으로 증가하게 된다. 이 구간에서는 응력(σ)과 변형률(ε) 사이에 $\sigma = E \cdot \varepsilon$라는 관계가 성립한다. 이 식에서 비례상수 E는 무엇을 나타내는가? [기본 기출]

① 영 률
② 연신율
③ 수축률
④ 압축률

7-2. 금속의 소성가공을 재결정온도보다 낮은 온도에서 가공하는 것을 무엇이라고 하는가? [간혹 출제]

① 열간가공
② 승온가공
③ 적열가공
④ 냉간가공

7-3. 일반적으로 금속을 냉간가공하면 결정입자가 미세화되어 재료가 단단해지는 현상은? [자주 출제]

① 메 짐
② 가공저항
③ 가공경화
④ 가공연화

7-4. 금속의 성질 중 전성(展性)에 대한 설명으로 옳은 것은? [간혹 출제]

① 광택이 촉진되는 성질
② 소재를 용해하여 접합하는 성질
③ 얇은 박(箔)으로 가공할 수 있는 성질
④ 원소를 첨가하여 단단하게 하는 성질

| 해설 |

7-1
문제에 설명한 관계는 Thomas Young이라는 학자가 설명하였고, 이 비례관계의 기울기에 E 계수를 붙여서 부르게 되었다.
'응력과 변형률은 일정 구간에서 서로 비례한다.'

7-2
소성가공 중 재결정온도를 기준으로 그보다 높은 온도에서 소성가공하는 것을 열간가공, 그보다 낮은 온도에서 가공하는 것을 냉간가공이라 한다.

7-3
소성가공 시 금속이 변형하면서 잔류응력을 남기게 되고 변형된 조직 부분이 조밀하게 되어 경화되는 현상을 가공경화라 한다.

7-4
금속의 성질 중 넓게 퍼지는 성질을 전성이라고 한다. 일반적으로 연성이 높은 재료가 잘 퍼지기도 하지만, 한 방향으로만 잘 늘어나는 재료도 있기에 연성과는 구별되는 성질이다.

정답 7-1 ① 7-2 ④ 7-3 ③ 7-4 ③

① 인장시험

㉠ 시험편을 연속적이며 가변적인(조금씩 변하는) 힘으로 파단할 때까지 잡아당겨서 응력과 변형률과의 관계를 살펴보는 시험이다.

㉡ 이 시험을 통해 재료의 항복강도, 인장강도, 파단강도, 연신율, 단면 수축률, 탄성계수, 내력 등을 구할 수 있다.

㉢ 연신율 구하는 방법 : 핵심이론 07의 변형률과 같은 내용으로 힘이 작용하기 전 최초 길이에 대해 힘이 작용한 후 늘어난(또는 줄어든) 길이의 비율을 구한다.

처음 길이를 L_0, 나중 길이를 L_1이라고 할 때 연신율 ε는

$$\varepsilon = \frac{L_1 - L_0}{L_0}\%$$

② 파단시험 : 비파괴검사와는 반대로 어떤 경우에 재료가 파단이 일어나는지 시험편을 이용하여 직접 파단을 일으켜 보는 시험을 총칭한다.

8-1. 시편의 원표점거리가 112mm이고, 늘어난 길이는 132mm일 때 연신율은 약 몇 %인가?　　　　　　[간혹 출제]

① 15.2　　　　　　② 17.9
③ 82.1　　　　　　④ 84.8

8-2. 봉재 인장시험편의 평행부 지름이 14mm인 철강재료를 인장시험한 결과 최대 하중이 11,540kgf였다면, 이 재료의 인장강도는 약 몇 kgf/mm²인가?　　　　　　[기본 기출]

① 54　　　　　　② 75
③ 87　　　　　　④ 103

8-3. 시험편의 최초 단면적이 50mm²이던 것이 인장시험 후 46mm²로 측정되었을 때 단면 수축률은?　　　　　　[기본 기출]

① 4%　　　　　　② 6%
③ 8%　　　　　　④ 9%

|해설|

8-1

연신율 : 원래 길이(L_0)와 늘어난 길이(ΔL)의 비율

$$\frac{132-112}{112}=0.1785$$

8-2

단면적 $= \dfrac{\pi D^2}{4} = \dfrac{3.14 \times (14\text{mm})^2}{4} = 153.86\text{mm}^2$

인장강도 $= \dfrac{P}{A} = \dfrac{11,540\text{kgf}}{153.86\text{mm}^2} ≒ 75\text{kgf/mm}^2$

8-3

단면이 50mm²에서 46mm²로 4mm²가 감소하여 처음 단면적에 비해 8% 감소하였다.

정답 **8-1** ②　**8-2** ②　**8-3** ③

---

① 피로시험 : 재료에 안전한 하중이라도 계속적, 지속적으로 반복하여 작용하였을 때 파괴가 일어나는 지를 시험하는 방법이다.

② 충격시험

　㉠ 충격력에 대한 재료의 충격 저항의 크기를 알아보기 위한 것이다(얼마만큼 큰 충격에 견디는가).

　㉡ 샤르피 충격시험 : 홈을 판 시험편에 해머를 들어 올려 휘두른 뒤 충격을 주어, 처음 해머가 가진 위치에너지와 파손이 일어난 뒤의 위치에너지 차를 구하는 시험이다.

③ 경도시험

　㉠ 경도시험의 종류 : 압입경도시험, 긋기경도시험, 반발경도시험 등

　㉡ 브리넬 경도시험 : 일정한 지름 D(mm)의 강구 압입체를 일정한 하중 P(N)로 시험편 표면에 누른 다음 시험편에 나타난 압입 자국 면적을 보고 경도값을 계산한다.

　㉢ 로크웰 경도시험 : 처음 하중(10kgf)과 변화된 시험하중(60, 100, 150kgf)으로 눌렀을 때 압입 깊이 차로 결정된다.

　㉣ 비커스 경도시험 : 원뿔형의 다이아몬드 압입체를 시험편의 표면에 하중 P로 압입한 다음, 시험편의 표면에 생긴 자국의 대각선 길이 d를 비커스 경도계에 있는 현미경으로 측정하여 경도를 구한다. 좁은 구역에서 측정할 때는 마이크로 비커스 경도 측정을 한다. 도금층이나 질화층 등과 같이 얇은 층의 경도 측정에도 적합하다.

　㉤ 쇼어 경도시험 : 강구의 반발 높이로 측정하는 반발 경도시험이다.

9-1. 시험편에서 일정한 온도와 하중을 가하고 시간의 경과와 더불어 변형의 증가를 측정하여 재료의 역학적 양을 결정하기 위한 시험은? [기본 기출]

① 피로시험   ② 경도시험

③ 크리프시험   ④ 충격시험

9-2. 재료에 안전 하중의 작은 힘이라도 계속 반복하여 작용하였을 때 파괴를 일으키는 시험은? [기본 기출]

① 피로시험   ② 커핑시험

③ 충격시험   ④ 에릭센시험

9-3. 비커스 경도(HV)값을 옳게 나타낸 식은? [간혹 출제]

① HV=압입자 대면각/압입자국의 표면적

② HV=하중/압입 자국의 표면적

③ HV=압입자의 대각선 길이/압입 자국의 표면적

④ HV=표면적/압입자국의 표면적

9-4. 시험편에 압입 자국을 남기지 않거나 시험편이 큰 경우 재료를 파괴시키지 않고 경도를 측정하는 경도기는? [최신 기출 및 자주 출제]

① 쇼어 경도기   ② 로크웰 경도기

③ 브리넬 경도기   ④ 비커스 경도기

|해설|

9-1

피로시험은 재료에 안전한 하중이라도 계속적, 지속적으로 반복하여 작용하였을 때 파괴가 일어나는 지를 시험하는 방법이다. 문제의 설명은 계속적으로 하중을 가한 상황이다.

9-2

② 커핑시험 : 얇은 금속 판의 전연성을 측정하는 시험

③ 충격시험 : 충격력에 대한 재료의 충격저항의 크기를 알아보기 위한 시험

④ 에릭센시험 : 강구를 이용한 일종의 커핑시험으로 전연성 시험

9-3

비커스 경도 측정 : 다이아몬드 압입자로 실험하여 대각선의 길이를 이용하여 표면적을 계산, 힘과의 비로 나타냄

9-4

- 브리넬 경도 측정 : 강구를 사용하여 면적과 하중의 관계로부터 계산
- 로크웰 경도 측정 : 강구나 원뿔 다이아몬드의 압입 자국의 깊이차를 이용하여 계산
- 비커스 경도 측정 : 다이아몬드 압입자로 실험하여 대각선의 길이를 이용하여 표면적을 계산, 힘과의 비로 나타냄
- 마이크로 비커스 경도 측정 : 좁은 영역에서 비커스 경도 측정
- 쇼어 경도 측정 : 강구를 떨어뜨려서 튀어 올라오는 높이를 이용하여 경도를 계산

정답 9-1 ①   9-2 ①   9-3 ②   9-4 ①

Fe-Fe₃C 평형상태도의 각 점과 각 선 처럼 되어있는 우측 제목.

① 평형상태도 : 가로축을 A금속–B금속(또는 A합금, B합금)의 2원 조성(%)으로 하고 세로축을 온도(℃)로 하여 각 조성의 비율에 따라 나타나는 변태점을 연결하여 만든 도선

※ 순수한 A금속과 A금속에 B금속이 조금 고용된 고용체인 α–고용체, 순수한 B금속과 B금속에 A금속이 조금 고용된 고용체인 β–고용체의 성분비와 온도에 따른 금속조직의 상태를 나타내는 평형상태도의 예

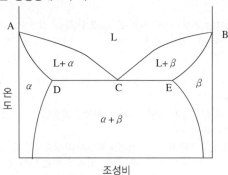

② Fe-Fe3C 상태도

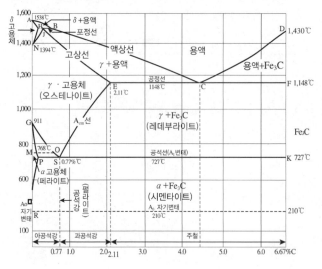

기 호	내 용
A	순철의 용융점. 1,538±3℃
AB	δ고용체의 정출 개시선(액상선)
AH	δ고용체의 정출 완료선(고상선)
B	점 H 및 J를 이은 선이 용액과 만나는 점. 0.53% C, 1,495℃
BC	γ고용체의 정출 개시선(액상선)
C	γ고용체와 시멘타이트가 동시에 정출되는 공정점. 4.3% C, 1,148℃
CD	시멘타이트(Fe3C)의 정출 개시선(액상선)
D	시멘타이트의 용융점. 6.68% C, 1,430℃
E	γ고용체에 시멘타이트가 최대로 고용된 포화점, 1,148℃, 2.11% C
ECF	공정선. 1,148℃, 용액(C점) ⇄ γ고용체+시멘타이트
ES	γ고용체에서 시멘타이트 석출 개시선. 이 선을 특별히 A_cm 이라고 하는데, 각 %C 지점에서, γ고용체(오스테나이트)에서 시멘타이트가 석출되는 온도가 열처리에서는 상당히 중요한 선이다.
F	시멘타이트의 공정점. 6.67% C, 1,148℃
G	순철의 A₃ 변태점. 911℃
GO	온도가 하강하면서 γ고용체에서 α고용체가 석출을 시작하는 선
GP	온도가 하강하면서 γ고용체에서 α고용체가 석출을 종료하는 선
H	δ고용체에서 탄소를 최대 고용하는 점. 0.09% C, 1,495℃
HJB	포정선. 용액(B)이 δ고용체(H)와 반응하여 γ 고용체(J)로 되는 포정반응 시작선
J	포정점. 0.17% C, 1,495℃
JE	온도가 하강하면서 액상에서 γ고용체의 정출이 끝나는 선. 100% γ고용체
K	시멘타이트의 공석점. 6.67% C, 727℃
M	0.0000% C 순철의 자기변태점. 768℃, A₂변태점
MO	α고용체의 자기변태선. 768℃
N	순철의 A₄ 변태점. 1,394℃
NH	온도가 하강하면서 δ고용체에서 γ고용체가 석출을 시작하는 선 A₄변태 시작
NJ	온도가 하강하면서 δ고용체에서 γ고용체가 석출을 마치는 선 A₄변태 종료
O	고용체의 자기변태점. 0.67% C, 768℃
P	α고용체에 대한 탄소의 최대 고용 정도. 0.02% C, 727℃
PSK	공석선 727℃. A₁ 변태점
R	α고용체의 A₀ 변태점. 0.005% C, 210℃
S	γ고용체에서 펄라이트(페라이트+시멘타이트=동시 석출)가 석출되는 공석점. 0.77% C, 727℃
T	시멘타이트의 A₀ 변태점. 6.67% C, 210℃

10-1. 다음 중 순철의 변태가 아닌 것은? [매년 유사 출제]

① A_1 ② A_2

③ A_3 ④ A_4

10-2. 순철의 변태 중 A_2 변태는 결정구조의 변화 없이 강자성체가 상자성체로 변한다. 이러한 변태를 무엇이라고 하는가?

[자주 출제]

① 동소변태

② 자기변태

③ 전단변태

④ 마텐자이트변태

10-3. Fe–C 평형상태도에 대한 설명으로 옳은 것은? [기본 기출]

① Fe의 자기변태점은 768℃이다.

② Fe_3C의 자기변태점은 910℃이다.

③ γ고용체 + Fe_3C를 펄라이트라 한다.

④ α고용체 + Fe_3C를 레데부라이트라 한다.

10-4. α고용체 + 용융액 $\leftrightarrows$ β고용체의 반응을 나타내는 것은? [간혹 출제]

① 공석반응

② 공정반응

③ 포정반응

④ 편정반응

10-5. 공정점 4.3% C에서는 융액으로부터 γ고용체와 시멘타이트가 동시에 정출한다. 이때의 공정 조직명은? [기본 기출]

① 페라이트

② 펄라이트

③ 오스테나이트

④ 레데부라이트

|해설|

10-1

• A_1 변태 : 강의 공석 변태를 말한다. γ고용체에서 (α-페라이트)+ 시멘타이트로 변태를 일으킨다.

• A_2 변태 : 순철의 자기변태를 말한다.

• A_3 변태 : 순철의 동소변태의 하나이며, α철(체심입방격자)에서 γ철(면심입방격자)로 변화한다.

• A_4 변태 : 순철의 동소변태의 하나이며, γ철(면심입방정계)에서 δ철(체심입방정계)로 변화한다.

10-2

• 동소변태 : 동일한 원소는 여러 형태로 존재가 가능한데, 이렇게 동일한 원소들이 환경의 변화에 따라 변태를 일으키는 것을 동소변태라 한다.

• 마텐자이트 변태 : 탄소강을 A_3 변태점 이상으로 가열해 급랭한 때에 마텐자이트 생성물이 형성되어지는 상태의 변화한다.

10-3

상태도 참조

10-4

α고용체와 용융액이 냉각하며 전혀 다른 β고용체가 나오는 경우는 냉각이 일어나는 경우이며 이런 반응을 포정반응(결정이 다른 결정을 둘러싼다고 해서 생기는 이름)이라고 한다.

※ 금속에 일어나는 여러 반응의 개념적인 이해가 필요한 용어들로 이를 돕기 위해 간단히 팁을 더하면 '정'은 결정조직이 발생하는 경우에 사용하고, '석'은 석출물, 딱딱한 물질이 용융액 속에 나오는 경우에 사용한다.

10-5

레데부라이트 : 4.3% C의 용융철이 1,148℃ 이하로 냉각될 때 2.11% C의 오스테나이트와 6.67% C의 시멘타이트로 정출되어 생긴 공정 주철이며, A_1점 이상에서는 안정적으로 존재하는 조직으로 경도가 크고 메짐성이 크다.

정답 **10-1** ① **10-2** ② **10-3** ① **10-4** ③ **10-5** ④

① 평형상태도 내에서 성분비를 구하는 방법은 용액 상태에서부터 온도가 내려가면서 점점 고체상이 늘어나며, 어느 성분을 가진 고체상이 늘어나느냐에 따라 전체 성분비가 조정이 되는 것을 이해하여야 한다.

② 다음 평형상태도를 보면

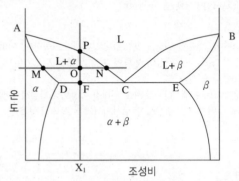

X_1의 조성을 가진 A, B 두 금속의 평형상태도를 보면, A금속에 B금속이 고용된 고용체를 α, B금속에 A금속이 고용된 고용체를 β라 하고, O점에서의 성분비를 보면 P점에서는 용액이 100%이다가 점점 α고용체가 생기기 시작한다. O점에 이르러서는 전체 용액에서 ON만큼의 α고용체가 생기고, 나머지는 용액이다.

즉, α고용체의 비율은 $\dfrac{ON}{MN}$, 용액의 비율은 $\dfrac{OM}{MN}$ 이다.

용액성분도 점점 고형화가 진행되어 공정선에 도달하면 $\dfrac{EF}{DE}$ 만큼의 α고용체와 $\dfrac{DF}{DE}$ 만큼의 β고용체 비율로 공정된다.

③ 물질의 상태도에서 각 상태의 자유도, 상률을 구하는 식은

$$F = n + 2 - p$$

(여기서, 자유도 : F, 성분의 수 : n, 상의 수 : p)

예를 들어, 물의 경우 물, 얼음 및 수증기의 각 구역에서는 1상이므로,

$$F = 1 + 2 - 1 = 2$$

즉, 자유도는 2이다.

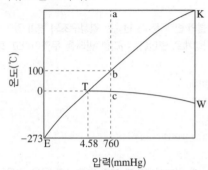

그리고 TK, TE, TW 선 위에서는 물과 수증기, 물과 얼음 및 얼음과 수증기의 2상이 공존하므로 F는

$$F = 1 + 2 - 2 = 1$$

즉, 자유도는 1이다.

그리고 T점(삼중점)에서의 자유도는

$$F = 1 + 2 - 3 = 0$$

즉, 변할 수 없다는 것이다.

11-1. 다음의 상태도를 보고 X선 조성이 가지는 액상이 냉각되어 T_E 온도에 도달하였을 때 공정반응 이전의 α 상 : 액상(L)의 양은? [기본 기출]

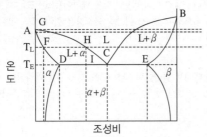

① DI : IC
② IC : DI
③ DC : CE
④ CE : DC

11-2. 물의 3중점에서 자유도는 얼마인가?

[최신 기출 및 간혹 출제]

① 0
② 1
③ 2
④ 3

|해설|

11-1
C점에서 액상이 조성되므로 고상 α는 적은 쪽 IC 비율을 갖고 액상은 ID의 비율을 갖는다.

11-2
자유도 : 역학계에서 질점계의 위치, 방향을 정하는 좌표 중 독립적으로 변화할 수 있는 것의 수이다. 물의 3중점은 기체, 고체, 액체의 상태가 만나는 점으로 온도, 압력의 값이 정해져 있다.

정답 **11-1** ② **11-2** ①

핵심이론 12 **탄소강의 표준조직**

※ 핵심이론 10의 Fe-C 상태도를 참조하며 공부할 것

① 탄소강은 순철보다는 Fe_3C의 함유량이 많고, 대략 2.0% C까지의 철을 말한다.

② 실제 사용하는 탄소강은 1.2% C 이하의 철을 이용한다.

③ 0.77% C(Fe_3C 함유량으로는 0.8% C)의 철을 공석강이라고 한다.

※ 탄소는 Fe 중에서 C의 형태로 단독으로 존재하기보다는 Fe_3C로 존재한다. 따라서 Fe-C 상태도에서 Fe-C 상태를 볼 수도 있고, Fe-Fe_3C 상태도 볼 수 있다. 탄소 함유량을 C의 함유량으로 보느냐 Fe_3C의 함유량으로 보느냐에 따라 약간의 탄소 함유량 차이가 생기며, 기능사 시험에서는 일반적으로 Fe_3C 함유량 기준으로 표시하는 경향이다.

   ㉠ 공석강은 페라이트(α-고용체)와 시멘타이트(Fe_3C)가 동시에 석출되어 층층이 쌓인 펄라이트(Pearlite)라는 독특한 조직을 갖는다.

   ㉡ 따라서 0.8% C 이하의 탄소강은 페라이트(α-고용체) + 펄라이트의 조직으로 0.8% C 이상의 탄소강은 펄라이트 + 시멘타이트(Fe_3C)의 조직이라고 본다.

④ 탄소강의 5대 불순물과 기타 불순물

   ㉠ C(탄소) : 강도, 경도, 연성, 조직 등에 전반적인 영향을 미친다.

   ㉡ Si(규소) : 페라이트 중 고용체로 존재하며, 단접성과 냉간가공성을 해친다(0.2% 이하로 제한).

   ㉢ Mn(망간) : 강도와 고온가공성을 증가시킨다. 연신율 감소를 억제, 주조성, 담금질 효과 향상, 적열취성을 일으키는 황화철(FeS) 형성을 막아 준다.

   ㉣ P(인) : 인화철 편석으로 충격값을 감수시켜 균열을 유발하고, 연신율 감소, 상온취성을 유발시킨다.

   ㉤ S(황) : 황화철을 형성하여 적열취성을 유발하나 절삭성을 향상시킨다.

ⓗ 기타 불순물
  • Cu(구리) : Fe에 극히 적은 양이 고용되며, 열간 가공성을 저하시키고, 인장강도와 탄성한도는 높여 주며 부식에 대한 저항도 높여 준다.
  • 다른 개재물은 열처리 시 균열을 유발할 수 있다.
  • 산화철, 알루미나, 규사 등은 소성가공 중 균열 및 고온메짐을 유발할 수 있다.

핵심예제

12-1. Fe-C 평형상태도에 존재하는 0.025% C~0.8% C를 함유한 범위에서 나타나는 아공석강의 대표적인 조직에 해당하는 것은? [간혹 출제]

① 페라이트와 펄라이트
② 펄라이트와 레데부라이트
③ 펄라이트와 마텐자이트
④ 페라이트와 레데부라이트

12-2. 공석조정을 0.80% C라고 하면, 0.2% C 강의 상온에서의 초석페라이트와 펄라이트의 비는 약 몇 %인가? [기본 기출]

① 초석페라이트 75% : 펄라이트 25%
② 초석페라이트 25% : 펄라이트 75%
③ 초석페라이트 80% : 펄라이트 20%
④ 초석페라이트 20% : 펄라이트 80%

12-3. 선철 원료, 내화 재료 및 연료 등을 통하여 강 중에 함유되며 상온에서 충격값을 저하시켜 상온 메짐의 원인이 되는 것은? [최신 기출 및 간혹 출제]

① Si ② Mn
③ P ④ S

12-4. 탄소강 중에 포함된 구리(Cu)의 영향으로 옳은 것은? [기본 기출]

① 내식성을 저하시킨다.
② Ar_1의 변태점을 저하시킨다.
③ 탄성한도를 감소시킨다.
④ 강도, 경도를 감소시킨다.

|해설|

12-1
공석강은 페라이트(α-고용체)와 시멘타이트(Fe_3C)가 동시에 석출되어 층층이 쌓인 펄라이트(Pearlite)라는 독특한 조직을 갖는다. 따라서 0.8% C 이하의 탄소강은 페라이트(α-고용체) + 펄라이트의 조직으로, 0.8% C 이상의 탄소강은 펄라이트+시멘타이트(Fe_3C)의 조직이라고 본다.

12-2
공석강 상태에서 펄라이트 100%로 보고, 순철을 페라이트 100%로 본다면, 0.2% C는 페라이트 : 펄라이트 = 3 : 1 비율로 존재한다고 간주한다.

12-4
탄소강에 영향을 주는 5대 불순물로 C, Si, Mn, P, S의 영향을 들 수 있고, 미미한 영향을 주는 원소로 Cu 등이 있다. Cu의 영향은 Ar_1의 변태점을 저하시킨다.

정답 12-1 ① 12-2 ① 12-3 ③ 12-4 ②

① 페라이트(Ferrite, α-고용체)

   ㉠ 상온에서 최대 0.025% C까지 고용되어 있다.

   ㉡ HB90 정도이며, 금속현미경으로 보면 다각형의 결정입자로 나타난다.

   ㉢ 다소 흰색을 띠며, 대단히 연하고 전연성이 큰 강자성체이다.

② 오스테나이트(Austenite, γ-고용체)

   ㉠ 보통 공정선 위에서 나타나고 최대 2.0% C까지 고용되어 있는 고용체이다.

   ㉡ 결정구조는 면심입방격자이며, 상태도의 A_1점 이상에서 안정적 조직이다.

   ㉢ 상자성체이며 HB155 정도이고 인성이 크다.

③ 시멘타이트(Cementite, Fe_3C)

   ㉠ 6.67%의 C를 함유한 철탄화물이다.

   ㉡ 매우 단단하고 취성이 커서 부스러지기 쉽다.

   ㉢ 1,130℃로 가열하면 빠른 속도로 흑연을 분리시킨다.

   ㉣ 현미경으로 보면 희게 보이고 페라이트와 흡사하다.

   ㉤ 순수한 시멘타이트는 210℃ 이상에서 상자성체이고 이 온도 이하에서는 강자성체이다. 이 온도를 A_0변태, 시멘타이트의 자기변태라 한다.

④ 펄라이트(Pearlite)

   ㉠ 0.8% C(0.77% C)의 γ-고용체가 723℃에서 분해하여 생긴 페라이트와 시멘타이트의 공석정이며 혼합 층상조직이다.

   ㉡ 강도와 경도가 높고(HB225 정도), 어느 정도 연성도 있다.

   ㉢ 현미경으로 봤을 때의 층상조직이 진주 조개껍질처럼 보인다 하여 Pearlite이다.

핵심예제

13-1. 철강은 탄소 함유량에 따라 순철, 강, 주철로 구별한다. 순철과 강, 강과 주철을 구분하는 탄소량은 약 몇 %인가?

[기본 기출]

① 0.025%, 0.8%   ② 0.025%, 2.0%

③ 0.80%, 2.0%   ④ 2.0%, 4.3%

13-2. Fe_3C로 나타내며 철에 6.67%의 탄소가 함유된 철의 금속 간 화합물은?

[자주 출제]

① 페라이트   ② 펄라이트

③ 시멘타이트   ④ 오스테나이트

13-3. 공석강을 A_1변태점 이상으로 가열했을 때 얻을 수 있는 조직으로 비자성이며 전기저항이 크고, 경도가 100~200HB이며 18-8 스테인리스강의 상온에서도 관찰할 수 있는 조직은?

[기본 기출]

① 페라이트   ② 펄라이트

③ 오스테나이트   ④ 시멘타이트

|해설|

13-1

순철은 탄소 함유량 0% 정도(0.025% 이하)의 철이고, 주철은 탄소함유량 2.0% 이상의 철이다. 그 사이에 든 철을 강(탄소강)이라 한다.

13-2

Fe_3C의 조직으로 표현되고 철에 불순물이 들어 있기보다는 탄소와 철 3개가 각각 결합한 새로운 형태의 화합물로 생각하여 순철과 상태도를 나타내는 B 금속으로 보는 것이 이해가 쉽다. 대단히 단단하고 경도가 높으며 높은 마모성과 좋은 주조성을 갖는 금속이지만, 취성이 크므로 이로 인해 여러 약점을 갖는 금속이다.

13-3

오스테나이트 : γ철에 탄소가 최대 2.0% 고용된 γ-고용체이며, A_1 이상에서는 안정적으로 존재하나 일반적으로 실온에서는 존재하기 어려운 조직으로 인성이 크며 상자성체이다.

정답 **13-1** ②   **13-2** ③   **13-3** ③

① 금속제품을 만드는 원재료 또는 덩어리를 '괴', 원어로 '잉곳(Ingot)'이라 부르며, 금 덩어리를 '금괴', 강 덩어리를 '강괴'라 부른다.

② 강괴는 탈산의 정도에 따라 림드(Rimmed)강, 킬드 (Killed)강, 세미킬드(Semikilled)강, 캡드(Capped)강 으로 구분한다.

③ 림드강

  ㉠ 평로 또는 전로 등에서 용해한 강에 페로망간(Fe-Mn) 을 첨가하여 가볍게 탈산시킨 다음 주형에 주입한 것 이다.

  ㉡ 주형에 접하는 부분의 용강이 더 응고되어 순도가 높은 층이 된다.

  ㉢ 탈산이 충분하지 않은 상태로 응고되어 CO가 많이 발생하고, 방출되지 못한 가스 기포가 많이 남아 있다.

  ㉣ 편석이나 기포는 제조과정에서 압착되어 결함은 아니지만, 편석이 많고 질소의 함유량도 많아서 좋은 품질의 강이라 할 수는 없다.

  ㉤ 수축에 의해 버려지는 부분이 적어서 경제적이다.

④ 킬드강

  ㉠ 용융철 바가지(Ladle) 안에서 강력한 탈산제인 페로실리콘(Fe-Si), 알루미늄 등을 첨가하여 충분히 탈산시킨 다음 주형에 주입하여 응고시킨다.

  ㉡ 기포나 편석은 없으나 표면에 헤어크랙(Hair Crack) 이 생기기 쉬우며, 상부의 수축공 때문에 10~20% 는 잘라낸다.

⑤ 세미킬드강

  ㉠ 탈산의 정도를 킬드강과 림드강의 중간 정도로 한 것 이다.

  ㉡ 상부에 작은 수축공과 약간의 기포만 존재한다.

  ㉢ 경제성, 기계적 성질이 중간 정도이고, 일반 구조 용 강, 두꺼운 판의 소재로 쓰인다.

⑥ 캡드강

  ㉠ 페로망간으로 가볍게 탈산한 용강을 주형에 주입 한 다음, 다시 탈산제를 투입하거나 주형에 뚜껑을 덮고 비등교반운동(Rimming Action)을 조기에 강제적으로 끝마치게 한 것이다.

  ㉡ 조용히 응고시킴으로써 내부를 편석과 수축공이 적은 상태로 만든 강이다.

  ㉢ 화학적 캡드강과 기계적 캡드강으로 구분한다.

핵심예제

14-1. 림드강에 관한 설명 중 틀린 것은? [간혹 출제]
① Fe-Mn으로 가볍게 탈산시킨 상태로 주형에 주입한다.
② 주형에 접하는 부분은 빨리 냉각되므로 순도가 높다.
③ 표면에 헤어크랙과 응고된 상부에 수축공이 생기기 쉽다.
④ 응고가 진행되면서 용강 중에 남은 탄소와 산소의 반응에 의하여 일산화탄소가 많이 발생한다.

14-2. 다음 중 진정강(Killed Steel)이란? [기본 기출]
① 탄소(C)가 없는 강
② 완전 탈산한 강
③ 캡을 씌워 만든 강
④ 탈산제를 첨가하지 않은 강

14-3. 강괴의 종류에 해당되지 않는 것은? [기본 기출]
① 쾌삭강   ② 캡드강
③ 킬드강   ④ 림드강

|해설|

14-1
핵심이론 14 ③ 참조

14-2
철강은 주물 과정에서 탈산과정을 거치게 되는데 그때 탈산의 정도에 따라 킬드강(완전 탈산), 세미킬드강(중간 정도 탈산), 림드강(거의 안 함)으로 나뉘게 된다.

14-3
쾌삭강은 합금강의 한 종류이다.

정답 14-1 ③ 14-2 ② 14-3 ①

① 물리, 화학적 성질

   ㉠ 비중과 선팽창계수는 탄소의 함유량이 증가함에 따라 감소한다.

   ㉡ 비열, 전기저항, 보자력 등은 탄소의 함유량이 증가함에 따라 증가한다.

   ㉢ 탄소강의 내식성은 탄소량이 증가할수록 저하된다.

   ㉣ 시멘타이트는 페라이트보다 내식성이 우수하나, 페라이트와 시멘타이트가 공존하면 페라이트의 부식을 촉진시킨다.

   ㉤ 탄소강은 알칼리에는 거의 부식되지 않으나 산에는 약하다. 0.2% C 이하의 탄소강은 산에 대한 내식성이 있으나, 그 이상의 탄소강은 탄소가 많을수록 내식성이 저하된다.

② 기계적 성질

   ㉠ 아공석강에서는 탄소 함유량이 많을수록 강도와 경도가 증가되지만 연신율과 충격값이 낮아진다.

   ㉡ 과공석강에서는 망상의 시멘타이트가 생기면서부터 변형이 잘 안 된다.

   ㉢ 탄소의 함유량이 많을수록 경도는 증가되나 강도가 감소되므로 냉간가공이 잘되지 않는다.

   ㉣ 온도를 높이면 강도가 감소하면서 연신율이 올라간다.

③ 청열취성(Blue Shortness) : 탄소강이 200~300℃에서 상온일 때보다 인성이 저하하여 취성이 커지는 특성

④ 적열취성(Red Shortness) : 황을 많이 함유한 탄소강이 약 950℃에서 인성이 저하하여 취성이 커지는 특성

⑤ 상온취성(Cold Shortness) : 인을 많이 함유한 탄소강이 상온에서도 인성이 저하하여 취성이 커지는 특성

15-1. 탄소강의 청열메짐은 약 몇 ℃ 정도에서 일어나는가?

[기본 기출]

① 500~600℃
② 200~300℃
③ 50~150℃
④ 20℃ 이하

15-2. 탄소강에 관한 설명으로 틀린 것은? [기본 기출]

① 비중과 선팽창계수는 탄소의 함유량이 증가함에 따라 감소한다.
② 탄소강의 내식성은 탄소량이 증가할수록 저하된다.
③ 탄소강은 알칼리에는 거의 부식되지 않으나 산에는 약하다.
④ 황을 많이 함유한 탄소강이 약 950℃에서 인성이 저하하여 취성이 커지는 특성을 청열취성이라 한다.

|해설|

15-1

탄소강은 200~300℃에서 상온일 때보다 인성이 저하하는 특성이 있는데, 이를 청열메짐이라 한다. 또 황을 많이 함유한 탄소강은 약 950℃에서 인성이 저하하는 특성이 있는데 이를 적열메짐이라 한다. 그리고 탄소강이 온도가 상온 이하로 내려가면 강도와 경도가 증가되나 충격값은 크게 감소한다. 그런데 인(P)을 많이 함유한 탄소강은 상온에서도 인성이 낮게 되는데 이를 상온취성이라고 한다.

15-2
• 적열취성(Red Shortness) : 황을 많이 함유한 탄소강이 약 950℃에서 인성이 저하하여 취성이 커지는 특성
• 청열취성(Blue Shortness) : 탄소강이 200~300℃에서 상온일 때보다 인성이 저하하여 취성이 커지는 특성

정답 15-1 ② 15-2 ④

핵심이론 16 주철의 성질

① 주철은 평형상태도에서는 2.0~6.67% C Fe-C 합금이나, 실제는 4.0% 이하로 한정한다.
② 주철 중 탄소는 용융 상태에서는 전부 균일하게 용융되어 있으나, 응고될 때 급랭하면 탄소는 시멘타이트로, 서랭 시에는 흑연으로 석출한다.
③ 주철의 기계적 성질 : 경도가 높고, 인장강도는 다소 낮으며, 압축강도는 좋은 편이다. 취성이 있어 충격에 약하고, 조직 내 있는 흑연의 윤활제 역할로 인해 내마멸성이 높다. 절삭가공 시 흑연의 윤활작용으로 칩이 쉽게 파쇄되는 효과가 있다.
④ 주철의 고온에서의 성질
　㉠ 주철의 성장
　　• 주철 조직의 시멘타이트는 고온에서 불안정한 상태이다.
　　• 주철이 450~600℃이 되면 Fe와 흑연이 분해하기 시작하여 750~800℃에서 $Fe_3C \rightarrow 3Fe + C$로 분해하게 된다(시멘타이트의 흑연화(Graphitizing)).
　　• A_1 변태점 이상의 온도에서 장시간 방치하거나 다시 되풀이하여 가열하면 점차로 그 부피가 증가된다(주철의 성장(Growth of Cast Iron)).
　㉡ 주철은 400℃가 넘으면 내열성이 낮아진다.
　㉢ 주철의 주조성 : 고온 유동성이 높고, 냉각 후 부피 변화가 일어난다.
　㉣ 주철의 감쇠능 : 물체에 진동이 전달되면 흡수된 진동이 점차 작아지게 하는 능력이 있는데 이를 진동의 감쇠능이라 하고, 회주철은 감쇠능이 뛰어나다.

핵심예제

16-1. 다음 중 주철의 성장 원인이라 볼 수 없는 것은?　[자주 출제]
① Si의 산화에 의한 팽창
② 시멘타이트의 흑연화에 의한 팽창
③ A_4 변태에서 무게 변화에 의한 팽창
④ 불균일한 가열로 생기는 균열에 의한 팽창

16-2. 주철에서 어떤 물체에 진동을 주면 진동에너지가 그 물체에 흡수되어 점차 약화되면서 정지하게 되는 것과 같이 물체가 진동을 흡수하는 능력은?　[기본 기출]
① 감쇠능　　② 유동성
③ 연신능　　④ 용해능

16-3. 주철의 물리적 성질을 설명한 것 중 틀린 것은?　[기본 기출]
① 비중은 C, Si 등이 많을수록 커진다.
② 흑연편이 클수록 자기 감응도가 나빠진다.
③ C, Si 등이 많을수록 용융점이 낮아진다.
④ 화합탄소를 적게 하고 유리탄소를 균일하게 분포시키면 투자율이 좋아진다.

16-4. 주철의 주조성을 알 수 있는 성질로 짝지어진 것은?　[기본 기출]
① 유동성, 수축성
② 감쇠능, 피삭성
③ 경도성, 강도성
④ 내열성, 내마멸성

16-1

주철의 성장 원인
• 주철조직에 함유되어 있는 시멘타이트는 고온에서 불안정 상태로 존재한다.
• 주철이 고온 상태가 되어 450~600℃에 이르면 철과 흑연으로 분해하기 시작한다.
• 750~800℃에서 완전 분해되어 시멘타이트의 흑연화가 된다.
• 불순물로 포함된 Si의 산화에 의해 팽창한다.
• A_1 변태점 이상 온도에서 장시간 방치하거나 다시 되풀이하여 가열하면 점차로 그 부피가 증가되는 성질이 있는데 이러한 현상을 주철의 성장이라 한다.

16-2

주철의 감쇠능 : 물체에 진동이 전달되면 흡수된 진동이 점차 작아지게 하는 능력이 있는데 이를 진동의 감쇠능이라 하고, 회주철은 감쇠능이 뛰어나다.

16-3

① Fe의 비중이 C나 Si보다 높으므로 많을수록 비중이 내려간다.
② 흑연편은 주철 내부에 연필가루 같은 흑연이 조각되어 삽입되어 있는 것이라고 생각하면 된다. 자성물질인 Fe에 비해 흑연이 많을수록 자기감응도는 낮아질 것이다.
③ C나 Si가 주철보다 용융점이 낮으므로 많을수록 용융점이 낮아진다.
④ 유리탄소란 유리(流離)되어 있는 탄소, 즉 별도로 떨어져 있는 탄소를 의미하므로 탄소를 화합하여 시멘타이트를 만드는 것보다 분리, 유리시키면 Fe과 C가 각각 존재하므로 투자율이 좋아진다.

16-4

주철의 주조성 : 고온 유동성이 높고, 냉각 후 부피 변화가 일어난다.

핵심이론 17 주철의 불순물

① 주철은 주조성이 좋아서 용융 상태에서 여러 금속, 비금속원소를 첨가하여 다양한 종류의 주철을 만들 수 있다.
② 대표적인 불순물로 흑연, 규소, 구리, 망간, 황 등이 있으며 탄소강에서의 역할과 유사하다.
③ 흑연의 함유량과 형태는 주철의 성질을 결정하는 데 큰 영향을 준다.
④ **흑연의 구상화** : 주철이 강에 비하여 강도와 연성 등이 나쁜 이유는 주로 흑연의 상이 편상으로 되어 있기 때문인데 용융된 주철에 마그네슘(Mg), 세륨(Ce), 칼슘(Ca) 등을 첨가하여 흑연을 구상화하면 강도와 연성이 개선된다.
⑤ **마우러 조직도** : 탄소 함유량을 세로축, 규소 함유량을 가로축으로 하고, 두 성분관계에 따른 주철의 조직의 변화를 정리한 선도를 마우러 조직도라고 한다.

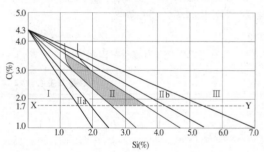

㉠ 영 역
• Ⅰ : 백주철(레데뷰라이트+펄라이트)
• Ⅱa : 반주철(펄라이트+흑연)
• Ⅱ : 펄라이트 주철(레데뷰라이트+펄라이트+흑연)
• Ⅱb : 회주철(펄라이트+흑연+페라이트)
• Ⅲ : 페라이트 주철(흑연+페라이트)
㉡ 펄라이트 주철이 형성되는 탄소, 규소의 조합을 표시하여 질 좋은 펄라이트 주철의 조성 영역을 찾는다.

17-1. 흑연을 구상화시키기 위해 선철을 용해하여 주입 전에 첨가하는 것은? [기본 기출]

① Cs
② Cr
③ Mg
④ Na₂CO₃

17-2. 주철에 대한 설명으로 틀린 것은? [기본 기출]

① 흑연은 메짐을 일으킨다.
② 흑연은 응고에 따라 편상과 괴상으로 구분한다.
③ 시멘타이트가 많으면 절삭성이 향상된다.
④ 주철의 조직은 C와 Si의 양에 의해 변화한다.

|해설|

17-1
주철 중 마그네슘의 역할은 흑연을 구상화시켜 기계적 성질을 좋게 한다. 따라서 구상화주철은 구상화제로 마그네슘 합금을 사용한다. 크롬은 탄화물을 형성시키는 원소이므로 흑연 함유량을 감소시키는 한편, 미세하게 하여 주물을 단단하게 한다. 그러나 시멘타이트의 분해가 곤란하므로 가단주철을 제조할 때에는 크롬의 함유량을 최소화하는 것이 좋다.

17-2
시멘타이트가 많으면 경도가 올라가고 취성이 높아진다.

정답 17-1 ③ 17-2 ③

---

① 보통주철

　㉠ 주철의 조성 : 3.2~3.8% C, 1.4~2.5% Si, 0.4~1.0% Mn, 0.3~0.8% P, S < 0.06% 정도이다.

　㉡ 주철의 조직 : 주로 편상 흑연과 페라이트, 약간의 펄라이트

　㉢ 주철의 용도 : 기계가공성이 좋고 값이 저렴해서 일반 기계부품, 수도관, 난방용품, 가정용품, 농기구 등에 쓰인다. 특히 공작기계의 Bed, Frame 및 구조물의 몸체에 쓰인다.

② 고급주철 : 인장강도가 245MPa 이상의 주철이다(예 펄라이트 주철).

　㉠ 미하나이트주철 : 저탄소, 저규소의 주철을 용해하고, 주입 전에 규소철(Fe-Si) 또는 칼슘-실리케이트(Ca-Si)로 접종(Inoculation) 처리하여 흑연을 미세화하여 강도를 높인 것이다. 연성과 인성이 대단히 크며, 두께의 차에 의한 성질의 변화가 아주 작다. 피스톤 링 등에 적용한다.

③ 합금주철 : 고합금계 VS 저합금계, 페라이트계 VS 마텐자이트계 VS 오스테나이트계 VS 베이나이트계로 구분

　㉠ 고력 합금주철

　　• 0.5~2.0% Ni을 첨가하거나 약간의 Cr, Mo을 배합하여 강도를 높인 것이다.

　　• 니켈-크롬계 주철은 기계구조용으로 가장 많이 사용되고 있다. 강인, 내마멸, 내식, 절삭성을 가지고 있다.

　　• 침상주철 : 1~1.5% Mo, 0.5~4.0% Ni, 별도의 구리, 크롬을 소량 첨가한다. 흑연조직이 편상 흑연이나 베이나이트 침상조직으로 된 것이다. 인장강도 440~637MPa, HB300를 가진다.

ⓛ 내마멸주철 : 탄소 및 규소 함유량을 높여 흑연을 조대화시켜 흑연의 윤활작용을 이용한다. 애시큘러 주철은 내마멸용 주철로 보통주철에 Mo, Mn, 소량의 Cu 등을 첨가하여 강인성과 내마멸성이 높아 크랭크 축, 캠축, 실린더 등에 쓰인다.

ⓒ 내열주철
  • 니크로실랄(Nicrosilal, Ni-Cr-Si 주철)은 오스테나이트계 주철이다. 고온에서 성장 현상이 없고 내산화성이 우수하며, 강도가 높고 열충격에 좋고, 950℃ 내열성(보통은 400℃)이다.
  • 니레지스트(Niresist, Ni-Cr-Cu 주철)은 오스테나이트계이며, 500~600℃에서의 안정성이 좋아 내열주철로 많이 사용한다.
  • 고크롬주철은 내산화성이 우수하고 성장도 작다. 강도도 높으므로 14~17% Cr은 1,000℃에서도 견딘다.

ⓔ 내산주철 : 회주철은 백주철보다 산류에 약하나, 내산주철은 흑연이 미세하거나 오스테나이트계이므로 내산성을 갖는다.

④ 특수용도 주철
  ⓐ 가단주철 : 주철의 결점인 여리고 약한 인성을 개선하기 위하여 먼저 백선철의 주물을 만들고, 이것을 장시간 열처리하여 탄소의 상태를 분해 또는 소실시켜 인성 또는 연성을 증가시킨 주철이다. 가단주철은 주강과 같은 정도의 강도를 가지며, 주조성과 피삭성이 좋고, 대량 생산에 적합하므로 자동차 부품, 파이프 이음쇠 등의 대량 생산에 많이 이용된다. Si는 적은 양은 다소 경도와 인장강도를 증가시키고, 함유량이 많아지면 내식성과 내열성을 증가시키며, 전자기적 성질을 개선한다.
  • 백심가단주철 : 파단면이 흰색을 나타낸다. 백선 주물을 산화철 또는 철광석 등의 가루로 된 산화제로 싸서 900~1,000℃의 고온에서 장시간 가열하면 탈탄반응에 의하여 가단성이 부여되는 과정을 거친다. 이때 주철 표면의 산화가 빨라지고, 내부의 탄소 확산 상태가 불균형을 이루게 되면 표면에 산화층이 생긴다. 강도는 흑심가단주철보다 다소 높으나 연신율이 작다.
  • 흑심가단주철 : 표면은 탈탄되어 있으나 내부는 시멘타이트가 흑연화되었을 뿐이지만 파단면이 검게 보인다. 백선 주물을 풀림상자 속에 넣어 풀림로에서 가열, 2단계의 흑연화처리를 행하여 제조된다. 흑심 가단주철의 조직은 페라이트 중에 미세 괴상 흑연이 혼합된 상태로 나타난다.
  • 펄라이트 가단주철 : 입상 펄라이트 조직으로 되었다. 흑심가단주철을 제2단계 흑연화처리 중 제1단계 흑연화 처리만 한 다음 500℃ 전후로 서랭하고, 다시 700℃ 부근에서 20~30시간 유지하여 필요한 조직과 성질로 조절한 것으로 그 조직은 흑심가단주철과 거의 같다. 뜨임된 탄소와 펄라이트가 혼재되어 있어서 인성은 약간 떨어지나, 강력하고 내마멸성이 좋다.

ⓛ 구상흑연주철 : 흑연을 구상화한 것으로 노듈러주철, 덕타일 주철 등으로도 불린다.

ⓒ 칠드주철 : 보통주철보다 규소 함유량을 적게 하고 적당량의 망간을 가한 쇳물을 주형에 주입할 때, 경도를 필요로 하는 부분에만 칠 메탈(Chill Metal)을 사용하여 빨리 냉각시키면 그 부분의 조직만이 백선화되어 단단한 칠 층이 형성된다. 이를 칠드(Chilled)주철이라 한다.

※ Chill : 1. 냉기, 한기
        2. 오싹한 느낌

18-1. 백선철을 900~1,000℃로 가열하여 탈탄시켜 만든 주철은?
　　　　　　　　　　　　　　　　　　　　[기본 기출]

① 칠드주철　　　　　　② 합금주철
③ 편상흑연주철　　　　④ 백심가단주철

18-2. 유도로, 큐폴라 등에서 출탕한 용탕을 레이들 안에 Mg, Ce, Ca을 첨가하여 제조한 주철은?
　　　　　　　　　　　　　　　　　　　　[기본 기출]

① 회주철　　　　　　　② 백주철
③ 구상흑연주철　　　　④ 비스만테스 주철

18-3. 보통주철(회주철) 성분에 0.7~1.5% Mo, 0.5~4.0% Ni을 첨가하고 별도로 Cu, Cr을 소량 첨가한 것으로 강인하고 내마멸성이 우수하여 크랭크축, 캠축, 실린더 등의 재료로 쓰이는 것은?
　　　　　　　　　　　　　　　　　　　　[기본 기출]

① 듀리론　　　　　　　② 니레지스트
③ 애시큘러 주철　　　　④ 미하나이트 주철

|해설|

18-1
핵심이론 18 ④ ㉠ 참조

18-2
• 구상흑연주철 : 주철이 강에 비하여 강도와 연성 등이 나쁜 이유는 주로 흑연의 상이 편상으로 되어 있기 때문이다. 이에 구상흑연주철은 용융 상태의 주철 중에 마그네슘, 세륨 또는 칼슘 등을 첨가 처리하여 흑연을 구상화한 것으로 노듈러 주철, 덕타일 주철 등으로도 불린다.
• 주철은 주조 상태에서 흑연이 많이 석출되어 그 파단면이 회색인 회주철과 탄화물이 많이 석출되어 그 파단면이 흰색을 띤 백주철 및 이들의 중간에 속하는 반주철로 나눈다. 일반적으로 주철이라 함은 회주철을 말한다.

18-3
애시큘러 주철은 내마멸용 주철로 보통주철에 Mo, Mn, 소량의 Cu 등을 첨가하여 강인성과 내마멸성이 높아 크랭크 축, 캠축, 실린더 등에 쓰인다.

정답 **18-1** ④　**18-2** ③　**18-3** ③

핵심이론 19 주 강

① 주철에 비해 주조의 어려움이 있으나 전반적인 기계적 성질이 좋고, 주조기술의 발달로 이용이 활발하다.
② 주강의 종류
　㉠ Ni 주강 : 주강의 강인성을 높일 목적으로 1.0~5.0 Ni 첨가한다. 연신율의 저하를 막으며 강도가 증가하고 내마멸성이 향상된다. 톱니바퀴, 차축, 철도용 및 선박용 설비에 사용한다.
　㉡ Cr 주강 : 3% Cr 이하 첨가로 강도와 내마멸성 증가하며 분쇄 기계, 석유 화학공업용 기계에 사용한다.
　㉢ Ni-Cr 주강 : 1.0~4.0% Ni, 0.5~1.5% Cr을 함유하는 저합금 주강이다. 강도가 크고 인성이 양호하며 피로한도와 충격값이 크다. 자동차, 항공기 부품, 톱니바퀴, 롤 등에 사용한다.
　㉣ Mn 주강 : 0.9~1.2% Mn 펄라이트계인 저망간주강은 열처리 후 제지용 롤에 이용한다. 0.9% C, 11~14% Mn을 함유하는 해드필드강은 고망간주강으로 레일의 포인트, 분쇄기 롤, 착암기의 날 등 광산 및 토목용 기계부품에 사용한다.
　㉤ 주강은 페라이트가 결정면에서 평행으로 석출된 비드만스테텐 조직 때문에 반드시 열처리해서 사용한다.

19-1. 합금주강에 관한 설명으로 옳은 것은? [기본 기출]

① 니켈주강은 경도를 높일 목적으로 2.0~3.5% 정도 Ni을 첨가한 합금이다.

② 크롬주강은 보통 주강에 10% 이상의 Cr을 첨가하며 강인성을 높인 합금이다.

③ 니켈-크롬주강은 피로한도 및 충격값이 커 자동차, 항공기 부품 등에 사용한다.

④ 망간주강은 Mn을 11~14% 함유한 마텐자이트계인 저망간주강은 뜨임처리하여 제지용 롤 등에 사용한다.

19-2. 주강과 주철을 비교 설명한 것 중 틀린 것은? [기본 기출]

① 주강은 주철에 비해 용접이 쉽다.

② 주강은 주철에 비해 용융점이 높다.

③ 주강은 주철에 비해 탄소량이 적다.

④ 주강은 주철에 비해 수축률이 적다.

| 해설 |

19-1

③ 니켈강은 강도는 크지만 경도는 높지 않기 때문에, 이를 보완하기 위해 니켈강에 크롬을 첨가시킨 합금강을 니켈-크롬강이라 한다. 강인성이 높고, 담금질성이 좋으므로 큰 단강재에 적당하다. 또 강도를 요하는 봉재, 판재, 파이프 및 여러 가지 단조품, 기계 동력을 전달하는 축, 기어, 캠, 피스톤, 핀 등에 널리 사용된다.

① 탄소강에 니켈을 합금하면 담금질성이 향상되고 인성이 증가된다.

② 크롬에 의한 담금질성과 뜨임에 의하여 기계적 성질을 개선한 합금강으로, 0.28~0.48%의 탄소강에 약 1~2%의 크롬을 첨가한 합금이다.

④ 망간주강은 0.9~1.2% C, 11~14% Mn를 함유하는 합금주강으로 Hadfield강이라고 한다. 오스테나이트 입계에 탄화물이 석출하여 취약하지만 1,000~1,100℃로부터의 담금질을 하면 균일한 오스테나이트 조직이 되며, 강하고 인성이 있는 재질이 된다. 가공경화성이 극히 크며 충격에 강하다. 레일크로싱, 광산, 토목용 기계 부품 등에 쓰인다.

19-2
강은 주철에 비해 연성이 좋아 수축률도 높다.

정답 19-1 ③　19-2 ④

---

① 강의 열처리

ㄱ 불림, 노멀라이징(Normalizing)

- 조직을 가열하여 오스테나이트화한 후, 조용한 공기 중에서 또는 약간 교반시킨 공기 중에서 냉각시키는 과정이다.
- 뒤틀어지고, 응력이 생기고, 불균일해진 조직을 균일화, 표준화하는 것이 가장 큰 목적이다.
- 주조 조직을 미세화하고, 냉간가공, 단조 등에 의해 생긴 내부응력을 제거하여 결정조직, 기계적 성질, 물리적 성질 등을 표준화시킨다.
- 가열온도 영역은 다음 그림과 같다.

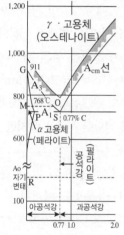

ㄴ 완전풀림(Full Annealing)

- 일반적인 풀림이다. 주조 조직이나 고온에서 오랜 시간 단련된 것은 오스테나이트의 결정입자가 크고 거칠어지며, 기계적인 성질이 나빠진다.
- 가열 온도 영역으로 일정시간 가열하여 γ고용체로 만든 다음, 노 안에서 서랭하면 변태로 인히여 새로운 미세 결정입자가 생겨 내부응력이 제거되면서 연화된다.
- 아공석강은 페라이트+층상 펄라이트, 공석강은 층상 펄라이트, 과공석강은 시멘타이트+층상 펄라이트의 이상적인 표준조직을 얻을 수 있다.

• 가열온도 영역은 다음 그림과 같다.

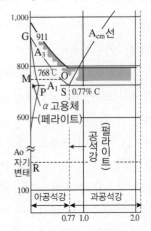

ⓒ 항온풀림(Isothermal Annealing) : 짧은 시간 풀림처리를 할 수 있도록 풀림 가열 영역으로 가열하였다가 노 안에서 냉각이 시작되어 변태점 이하로 온도가 떨어지면 A₁ 변태점 이하에서 온도를 유지하여 원하는 조직을 얻은 뒤 서랭한다.

ⓔ 응력제거풀림(Stress Relief Annealing)

• 금속재료의 잔류응력을 제거하기 위해서 적당한 온도에서 적당한 시간을 유지한 후에 냉각시키는 처리이다.

• 주조, 단조, 압연 등의 가공, 용접 및 열처리에 의해 발생된 응력을 제거한다.

• 주로 450~600℃ 정도에서 시행하므로 저온풀림이라고도 한다.

ⓜ 연화풀림(Softening Annealing)

• 냉간가공을 계속하기 위해 가공 도중 경화된 재료를 연화시키기 위한 열처리로 중간풀림이라고도 한다.

• 온도 영역은 650~750℃이다.

• 연화과정 : 회복 → 재결정 → 결정립 성장

ⓗ 구상화풀림 : 과공석강에서 펄라이트 중 층상 시멘타이트 또는 초석 망상 시멘타이트가 그대로 있으면 좋지 않으므로 소성가공이나 절삭가공을 쉽게 하거나 기계적 성질을 개선할 목적으로 탄화물을 구상화시키는 열처리이다.

ⓢ 담금질(Quenching)

• 가열하여 오스테나이트화한 강을 급랭하여 마텐자이트로 변태시켜 경화시키는 조작이다(전통적인 대장간의 풀무질 후 물에 담그는 급랭과정을 상상하면 좋다).

• 온도 영역은 A₃ 변태점 이상

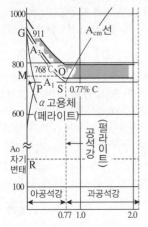

- 담금질 조직
  - 마텐자이트 : 급랭할 때만 나오는 조직으로 매우 경하고 침상조직이며 내식성이 강한 강자성체이다.
  - 트루스타이트 : 오스테나이트를 기름에 냉각할 때 500℃ 부근에서, 마텐자이트를 뜨임하면 생긴다. 마텐자이트보다 덜 경하며, 인성은 다소 높다.
  - 소르바이트 : 트루스타이트보다 약간 더 천천히 냉각하면 생기며, 마텐자이트를 뜨임할 때 트루스타이트보다 조금 더 높은 온도영역(500~600℃)에서 뜨임하면 생긴다. 조금 덜 경하고, 강인성은 조금 더 좋다.
  - 잔류 오스테나이트 : 냉각 후 상온에서도 채 변태를 끝내지 못한 오스테나이트가 조직 내에 남게 된다. 이런 오스테나이트는 조직 내에서 어울리지 못하여 문제가 되므로 심랭처리(0℃ 이하로 담금질, 서브제로, 과랭)하여 없애도록 한다.
  - 강도의 순서 : 마텐자이트 > 트루스타이트 > 소르바이트 > 오스테나이트
- ◎ 뜨임 : 담금질과 연결해서 실시하는 열처리로 생각하면 좋다. 담금질 후 내부응력이 있는 강의 내부응력을 제거하거나 인성을 개선시켜주기 위해 100~200℃ 온도로 천천히 뜨임하거나 500℃ 부근에서 고온으로 뜨임한다. 200~400℃ 범위에서 뜨임을 하면 뜨임메짐현상이 발생한다.

② 항온열처리
- ㉠ TTT 선도 : A₁에서 냉각이 시작되어 수 초가 지나면 Ac'점을 지나게 된다. 우선 Ac' 이하의 온도영역으로 급랭을 한 후 온도를 유지하면 개선된 품질의 담금질 강을 얻을 수 있는데 이를 항온열처리라 하며 이해를 돕기 위해 변태의 시작선과 완료선을 시간과 온도에 따라 그려놓은 선도를 TTT 선도라 한다.

d에서 시작하여 a의 냉각은 마텐자이트 변태, d에서 c로의 변태는 공랭에 의한 풀림이며, d에서 b로의 냉각이 마텐자이트가 생길 수 있는 최대 속도인 임계냉각속도이며 BCD를 하부 임계냉각곡선이라 한다.

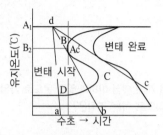

- ㉡ 마퀜칭 : D 윗점까지 급랭 후 안팎이 같은 온도가 될 때까지 항온을 유지하고 이후 공기 중 냉각하는 방법이다.
- ㉢ 마템퍼링 : D점 이하까지 급랭 후 항온 유지 후 공랭하는 방법이다.
- ㉣ 오스템퍼링 : D 윗점까지 급랭 후 계속 항온을 유지하여 완전조직을 만든 후 냉각시키는 방법이다. 이 과정에서 나온 조직이 베이나이트이며 인성이 크고 강한 조직이 나온다.
- ㉤ 오스포밍 : D점 이하까지 급랭 후 항온을 유지하며 소성가공을 실시하는 열처리다.
- ㉥ 오스풀림 : B점 바로 위까지 급랭한 후 항온 유지하여 변태완료선을 지난 후 공랭한다.
- ㉦ 항온뜨임 : 뜨임 경화가 일어나는 고속도강이나 Die Steel의 뜨임에 적당하다. D점 위로 항온 유지하여 베이나이트 조직을 얻는 조작이다.

20-1. A₃ 또는 A_cm 변태점 이상 +30~50℃의 온도범위로 일정한 시간 가열해서 미세하고 균일한 오스테나이트로 만든 후, 공기 중에서 서랭하여 표준화된 조직을 얻는 열처리는?

[간혹 출제]

① 오스템퍼링
② 노멀라이징
③ 담금질
④ 풀 림

20-2. 철강을 A₁ 변태점 이하의 일정 온도로 가열하여 인성을 증가시킬 목적으로 하는 조작은? [간혹 출제]

① 풀 림
② 뜨 임
③ 담금질
④ 노멀라이징

20-3. 냉간가공한 재료를 가열했을 때, 가열온도가 높아짐에 따라 재료의 변화과정을 순서대로 바르게 나열한 것은?

[기본 기출]

① 회복→재결정→결정립 성장
② 회복→결정립 성장→재결정
③ 재결정→회복→결정립 성장
④ 재결정→결정립 성장→회복

20-4. 다음 중 항온 열처리 방법에 속하는 것은? [간혹 출제]

① 오스템퍼링
② 노멀라이징
③ 어닐링
④ 퀜 칭

20-5. 강의 서브제로처리에 관한 설명으로 틀린 것은?

[기본 기출]

① 퀜칭 후의 잔류 오스테나이트를 마텐자이트로 변태시킨다.
② 냉각제는 드라이아이스+알코올이나 액체질소를 사용한다.
③ 게이지, 베어링, 정밀금형 등의 경년변화를 방지할 수 있다.
④ 퀜칭 후 실온에서 장시간 방치하여 안정화시킨 후 처리하면 더욱 효과적이다.

|해설|

20-1
'표준화된 조직'을 만든다는 내용과 노멀라이징을 연결한다. 노멀라이징은 보통으로 만든다, 표준화한다는 언어적 의미를 갖고 있다.

20-2
뜨임 : 일반적으로 담금질 이후에 실시하는 열처리로 인성을 증가시키고 취성을 완화시키는 과정이다. 밥 지을 때 뜸 들이는 것을 상상하면 온도 영역대에 대한 이해가 가능할 것이다.

20-3
냉간가공 후 응력을 제거하기 위해 풀림처리를 하며 과정은 회복 → 재결정 → 결정립 성장의 과정을 거친다.

20-4
오스템퍼링(Austempering) : 펄라이트 형성온도보다는 낮고 마텐자이트 형성온도보다는 높은 온도에서 행하는 철계 합금의 항온변태이다.

20-5
심랭처리(0℃ 이하로 담금질, 서브제로)는 잔류 오스테나이트를 처리하는 것이므로 방치 후 실시하나 바로 실시하나 크게 차이가 없다.

정답 20-1 ② 20-2 ② 20-3 ① 20-4 ① 20-5 ④

① AI의 성질

　㉠ 물리적 성질

비중 (20℃)	용융점 (℃)	선팽창계수 (20~100℃)	비열 (cal/g)	전기 전도 (%)	전기비저항 ($\mu\Omega \cdot cm$)	저항온도 계수(상온)
2.70	660.2	23.68×10^{-6}	0.2226	64.94	2.6548	0.00429

　㉡ 알루미늄의 부식성

　　• 공기 중에서와 물에서 천천히 산화하고, 산화된 피막을 알루미나라고 한다.

　　• 알루미나는 부식을 막는 피막역할을 하나, 바닷물 (해수)에는 부식이 쉽고, 염산, 황산, 알칼리 등에 도 잘 부식된다. 이를 해결하기 위해 주로 양극 산 화 처리로 피막을 형성하며 수산법, 황산법, 크롬 산법이 있다.

② 알루미늄 합금

　㉠ 알코아 : 주물용 Cu계 합금으로 Mg을 0.2~1.0% 첨가하여 내열기관의 크랭크 케이스, 브레이크 등 에 사용한다.

　㉡ 라우탈 합금 : 알코아에 Si을 3~8% 첨가하면 주조 성이 개선되며 금형주물로 사용된다.

　㉢ 실루민(또는 알팍스)

　　• Al에 Si 11.6%, 577℃는 공정점이며 이 조성을 실루민이라 한다.

　　• 이 합금에 Na, F, NaOH, 알칼리 염류를 용탕에 넣어 처리하면 조직이 미세화되고 공정점도 조정 되며 이를 개량처리라 한다.

　　• 주조용 알루미늄을 다이캐스팅하면 개량처리가 필요 없다.

　　• 실용합금 10~13% Si 실루민은 용융점이 낮고 유 동성이 좋아 얇고 복잡한 주물에 적합하다.

　㉣ 하이드로날륨

　　• Mn(망간)을 함유한 Mg계 알루미늄 합금을 말한다.

　　• 주조성은 좋지 않으나 비중이 작고 내식성이 매 우 우수하여 선박용품, 건축용 재료에 사용된다.

　　• 내열성은 좋지 않아 내연 기관에는 사용하지 않 는다.

　㉤ Y합금

　　• 4% Cu, 2% Ni, 1.5% Mg 등을 함유하는 Al 합금 이다.

　　• 고온에 강한 것이 특징이다. 모래형 또는 금형 주물 및 단조용 합금이다.

　　• 경도도 적당하고 열전도율이 크며, 고온에서 기 계적 성질이 우수하다. 내연기관용 피스톤, 공랭 실린더 헤드 등에 널리 쓰인다.

　㉥ Alloy사의 히듀미늄(Hiduminium)계 여러 합금이 있으며 그중 RR50, RR53은 Cu와 Ni을 Y합금보다 적게 하고, 대신 Fe, Ti을 약간 함유한다. 주조성이 좋아 실린더 블록, 크랭크케이스 등 대형 주물과 강도가 큰 실린더 헤드에 사용한다.

　㉦ 코비탈륨 : Y합금의 일종으로 Ti과 Cu를 0.2% 정 도씩 첨가한 합금으로 피스톤의 재료이다.

　㉧ Lo-Ex 합금 : 팽창률이 낮은(Low Expansion) 합 금. 0.8~0.9% Cu, 1.0% Mg, 1.0~2.5% Ni, 11~ 14% Si, 1.0% Fe 등을 함유하고 내열, 내마멸성이 좋고 피스톤용으로 쓰인다.

　㉨ 두랄루민

　　• 단련용 Al 합금. Al-Cu-Mg계이며 4% Cu, 0.5% Mg, 0.5% Mn

　　• 시효경화성 Al 합금으로 가볍고 강도가 커서 항 공기, 자동차, 운반기계 등에 사용된다.

　　※ 용체화처리
　　금속재료를 적정 온도로 가열하여 단상의 조직을 만든 후 급랭시켜 단상의 과포화 고용체를 만드는 현상을 용체화 처리라고 한다. 설명을 위해서는 금속이 온도에 따른 불순물 의 함유량이 달라지는 것을 이해하여야 하고, 상온에서 가질 수 없는 함유량을 갖게끔 처리하여, 시효경화를 실시 하도록 한다. 꼭 그렇지는 않지만 시효경화 전 단계로 이해 하면 쉽다.

　　• 초두랄루민 : 보통 두랄루민에서 Mg을 다소 증 가시킨다.

- 초초두랄루민 : 인장강도를 530MPa 이상으로 향상시킨 것을 의미하고 알코아 75S 가속하며 Al-Mg-Zn계에 균열방지로 Mn, Cr을 첨가하고, 석출경화의 과정을 거친다.

ㅊ 알민(Almin) : 내식용 알루미늄합금으로 1~1.5% Mn 함유한다. 가공 상태에서 비교적 강하고 내식성의 변화도 없다. 저장탱크, 기름탱크 등에 사용한다.

ㅋ 알드리 : Al-Mg-Si계 합금. 상온 가공, 고온 가공이 가능하며 내식성 우수하고 전기전도율이 좋고 비중이 낮아서 송전선 등에 사용한다.

ㅌ 알클래드(Alclad) : 두랄루민에 Al 또는 Al 합금을 피복, 강도와 내식성을 증가시킨다.

ㅍ SAP(Al 분말소결체) : 특수한 방법으로 제조한 알루미나가루와 알루미늄가루를 압축 성형하고, 소결한 후 열간에서 압출 가공한 일종의 분산 강화형 합금이다. 500℃까지 재결정의 연화 없이 내산화성, 고온강도가 우수하며, 열과 전기 전도율, 내식성도 좋으므로 피스톤, 블레이드 등에 사용된다.

핵심예제

21-1. 알루미늄(Al)의 특성을 설명한 것 중 옳은 것은?

[기본 기출]

① 온도에 관계없이 항상 체심입방격자이다.
② 강(Steel)에 비하여 비중이 가볍다.
③ 주조품 제작 시 주입온도는 1,000℃이다.
④ 전기 전도율이 구리보다 높다.

21-2. Si이 10~13% 함유된 Al-Si계 합금으로 녹는점이 낮고 유동성이 좋아 크고 복잡한 사형주조에 이용되는 것은?

[최신 기출 및 매년 유사 출제]

① 알 민   ② 알드리
③ 실루민   ④ 알클래드

21-3. 4% Cu, 2% Ni 및 1.5% Mg이 첨가된 알루미늄 합금으로 내연기관용 피스톤이나 실린더 헤드 등으로 사용되는 재료는?

[매년 유사 출제]

① Y 합금
② Lo-Ex 합금
③ 라우탈(Lautal)
④ 하이드로날륨(Hydronalium)

21-4. 알루미늄 합금 중 대표적인 단련용 Al 합금으로 주요성분이 Al-Cu-Mg인 것은?

[최신 기출 및 매년 유사 출제]

① 알 민   ② 알드리
③ 두랄루민   ④ 하이드로날륨

21-1

물리적 성질	알루미늄	구 리	철
비 중	2.699g/cm³	8.93g/cm³	7.86g/cm³
녹는점	660℃	1,083℃	1,536℃
끓는점	2,494℃	2,595℃	2,861℃
비 열	0.215kcal/kg·K	50kcal/kg·K	65kcal/kg·K
융해열	95kcal/kg	2,582kcal/kg	2,885kcal/kg

21-2

실루민(또는 알팍스)
- Al에 Si 11.6%, 577℃는 공정점이며 이 조성을 실루민이라 한다.
- 이 합금에 Na, F, NaOH, 알칼리 염류를 용탕에 넣어 처리하면 조직이 미세화되고 공정점도 조정되며 이를 개량처리라 한다.
- 주조용 알루미늄을 다이캐스팅하면 개량처리가 필요 없다.
- 실용합금 10~13% Si 실루민은 용융점이 낮고 유동성이 좋아 얇고 복잡한 주물에 적합하다.

21-3

① Y 합금 : Cu 4%, Ni 2%, Mg 1.5% 정도이고 나머지가 Al인 합금, 내열용(耐熱用) 합금으로서 뛰어나고, 단조, 주조 양쪽에 사용된다. 주로 쓰이는 용도는 내연 기관용 피스톤이나 실린더 헤드 등이다.

② Lo-Ex 합금(Low Expansion Alloy) : Al-Si 합금에 Cu, Mg, Ni을 소량 첨가한 것이다. 선팽창 계수가 작고 내열성이 좋으며, 주조성과 단조성이 뛰어나서 자동차 등의 엔진 피스톤 재료로 사용되고 있다.

③ 라우탈 합금 : 금속재료도 여러모로 연구해서 적절한 성질을 가진 제품으로 시장에 내놓는데, 라우탈이란 이름을 가진 사람에 의해서 고안된 알루미늄 합금이다. 알루미늄에 구리 4%, 규소 5%를 가한 주조용 알루미늄 합금으로, 490~510℃로 담금질한 다음, 120~145℃에서 16~48시간 뜨임을 하면 기계적 성질이 좋아진다. 적절한 시효경화를 통해 두랄루민처럼 강도를 만들 수도 있다. 자동차, 항공기, 선박 등의 부품재로 공급된다.

④ 하이드로날륨 : 알루미늄에 10%까지의 마그네슘을 첨가한 내식(耐蝕) 알루미늄 합금으로, 알루미늄이 바닷물에 약한 것을 개량하기 위하여 개발된 합금이다.

21-4

두랄루민 : Cu 4%, Mn 0.5%, Mg 0.5% 정도이고, 이 합금은 500~510℃에서 용체화처리한 다음, 물에 담금질하여 상온에서 시효시키면 기계적 성질이 향상된다.

정답 21-1 ② 21-2 ③ 21-3 ① 21-4 ③

핵심이론 22 구리와 그 합금

① 구리의 성질

㉠ 물리적 성질

구 분	물리량	구 분	물리량
밀도(20℃, g/cm³)	8.89	열팽창률(×10⁻⁶℃)	16.8
용융점(℃)	1,083	용융 숨은열(cal/g)	48.9
끓는점(℃)	2,595	열전도율(cal/cm², 10m/s/℃)	0.934
응고점(℃)	1,065	도전율(IACS)	약 101
비열(cal/g·℃)	0.092	저항(μΩ·cm)	1.71

㉡ Cu는 전기전도율, 열전도율이 높고 내식성이 우수하며 가공성이 양호할 뿐만 아니라 인장강도도 크고, 용접 등에도 적당하다. 또한 아연, 주석과 합금하여 기계부품으로도 활용도가 높다. 이러한 성질 때문에 철보다 먼저 인류가 폭넓게 사용한 금속이다.

㉢ 기계적 성질은 합금에 따라 많이 다르며, 기본적으로 면심입방격자 구조를 갖는다. 화학적으로 CO_2가 있는 공기 중에서 탄산구리가 생겨 녹청색을 띤다. 해수에 부식이 되고 묽은 황산이나 염산에는 서서히 용해된다.

② 구리의 종류

㉠ 전기구리 : 전기분해에 의해 얻어지는 순도 높은 구리이다.

㉡ 전해인성구리 : 99.9% Cu 이상이고, 0.02~0.05%의 O_2를 함유하며 선, 봉, 판 및 스트립 등을 제조하는 데 사용한다.

㉢ 무산소 구리 : O_2나 탈산제를 품지 않는 구리로 O_2 함유량은 0.001~0.002% 정도이며 전도성이 좋고 수소 메짐성도 없고 가공성이 우수하여 전자기기에 사용한다.

㉣ 탈산 구리 : 용해 때 흡수한 O_2를 P로 탈산하여 O_2는 0.01% 이하가 되고, 잔류 P의 양은 0.02% 정도로 조절한다. 환원기류 중에서 수소 메짐성이 없고, 고온에서 O_2를 흡수하지 않으며 연화온도도 약간 높으므로 용접용으로 적합하다.

③ 황동 합금

  ㉠ 황 동
    • Cu와 Zn의 합금으로 Cu에 비하여 주조성, 가공성 및 내식성이 좋고 가격이 싸며 색깔이 아름다우므로 공업용으로 많이 사용한다.
    • 보통 40% Zn이나 높은 온도에서 Zn이 탈출하는 현상이 발생할 수 있다(고온 탈아연).

  ㉡ 문쯔메탈 : 영국인 Muntz가 개발한 합금으로 6-4 황동이다. 적열하면 단조할 수 있어서 가단 황동이라고도 한다. 배의 밑바닥 피막을 입히거나 그 외 해수에 직접 닿을 수 있는 장소의 볼트 및 리벳 등에 사용된다.

  ㉢ 탄피 황동 : 7-3 Cu-Zn 합금으로 강도와 연성이 좋아 딥드로잉(Deep Drawing)용으로 사용된다.

  ㉣ 톰백(Tombac) : 8~20%의 아연을 구리에 첨가한 구리합금은 황동 중에서 가장 금빛깔에 가까우며, 소량의 납을 첨가하여 값이 싼 금색 합금을 만든다. 특히 금종이의 대용품으로서 서적의 금박 입히기, 금색 인쇄에 사용된다.

  ㉤ 납황동(Leaded Brass) : 황동에 Sb 1.5~3.7%까지 첨가하여 절삭성을 좋게 한 것으로, 쾌삭황동(Free Cutting Brass)이라 한다. 쾌삭황동은 정밀 절삭가공을 필요로 하는 시계나 계기용 기어, 나사 등의 재료로 쓰인다.

  ㉥ 주석황동(Tin Brass) : 주석은 탈아연 부식을 억제하기 때문에 황동에 1% 정도의 주석을 첨가하면 내식성 및 내해수성이 좋아진다. 황동은 주석 함유량의 증가에 따라 강도와 경도는 상승하지만, 고용한도 이상으로 넣으면 취약해지므로 인성을 요하는 때에는 0.7% Sn이 최대 첨가량이다.

  ㉦ 애드미럴티 황동 : 7-3황동에 Sn을 넣은 것이며 70% Cu-29% Zn-1% Sn이다. 전연성이 좋으므로 관 또는 판을 만들어 복수기, 증발기, 열교환기 등의 관에 이용한다.

  ㉧ 네이벌 황동(Naval Brass) : 6-4황동에 Sn을 넣은 것으로 62% Cu-37% Zn-1% Sn이다. 판, 봉 등으로 가공되어 복수기판, 용접봉, 밸브대 등에 이용한다.

  ㉨ 알루미늄 황동 : 알브락(Albrac)을 예로 들 수 있으며, 고온 가공으로 관을 만들어 복수기 관, 급수가열기, 열교환기 관, 증류기 관 등으로 이용한다.

  ㉩ 규소황동(Silzin Bronze) : 10~16% Zn 황동에 4~5% Si를 넣은 것으로 주물을 만들기 쉽고, 내해수성이나 강도가 우수하고 값도 싸서 선박 부품 등의 주물에 사용된다.

  ㉪ 망간황동 : 6-4황동에 Mn, Fe, Al, Ni 및 Sn 등을 첨가한 합금이다. 청동과 유사하여 Mn 청동이라고도 부르며 화학약품에 약하고 탈아연이 쉬우며, 내해수성은 비교적 크다. 프로펠러, 선박 기계의 부품, 피스톤, 밸브 등에 많이 사용된다.

  ㉫ 니켈황동 : 양은 또는 양백이라고도 하며, 7-3황동에 7~30% Ni을 첨가한 것이다. 예부터 장식용, 식기, 악기, 기타 Ag 대용으로 사용되었고, 탄성과 내식성이 좋아 탄성재료, 화학기계용 재료에 사용된다. 30% Zn 이상이 되면 냉간가공성은 저하되지만 열간가공성이 좋아진다.

  ㉬ 델타메탈 : 6 : 4 황동에 철을 1% 내외 첨가한 것으로 주조재, 가공재로 사용된다.

④ 청동 합금

  ㉠ 청동 : Cu-Sn 합금 또는 Sn의 일부를 다른 원소로 바꾼 것을 의미하고 Sn 대신 Al이나 Si를 넣은 것도 청동이라 부른다. 황동보다 강하고 가벼우며, 내식성이나 마찰저항이 크다. 주조성이 좋고 광택이 있어 고대부터 가구, 장신구, 동상, 종, 무기, 스프링, 기계 부품, 베어링재료, 미술 공예품 등으로 널리 사용한다.

  ㉡ 포금 : 기계용 청동으로 기어, 밸브, 콕, 부싱, 플랜지, 프로펠러 등에 사용한다.

ⓒ 애드미럴티 포금 : 88% Cu-10% Sn-2% An을 함유하며 물에 대한 내압력이 크다. 열처리 후 연성도 증가시킬 수 있다.

ⓔ 베어링용 청동 : 10~14% Sn 청동으로 경도가 크고 특히 내마멸성이 커서 베어링, 차축 등에 사용된다. 특히 5~15% Pb을 첨가한 것은 윤활성이 우수하여 철도 차량, 공작기계, 압연기 등의 고압용 베어링에 적당하다.

- 켈밋(Kelmet) : 28~42% Pb, 2% 이하의 Ni 또는 Ag, 0.8% 이하의 Fe, 1% 이하의 Sn을 함유하고 있으며 고속회전용 베어링, 토목 광산기계에 사용한다.

- 소결 베어링용 합금 : Cu 분말에 8~12% Sn 분말과 4~5% 흑연 분말을 배합하여 압축성형하여 소결한다. 오일리스 베어링이라고도 한다.

ⓜ 인청동 : Sn 청동 주조 시 P를 0.05~0.5% 남게 하여 용탕의 유동성 개선, 합금의 경도, 강도 증가, 내마멸성, 탄성 개선을 한 합금이다.

ⓗ 니켈청동 : Ni을 함유한 Cu-Sn 합금으로, 동과 니켈에 다시 알루미늄이나 철, 망간 등을 첨가한 합금을 가리킨다. 이로 인하여 점성이 강하고, 내식성도 크며, 거기다 표면이 평활한 합금이 된다.

ⓢ 규소청동 : Si는 탈산제로 첨가가 되었으며 잉여 Si가 있는 청동을 규소 동, 규소 청동이라 부른다. Si는 합금의 강도를 증가시킬 뿐만 아니라 내식성도 크게 한다. Si는 Cu의 전기 저항을 크게 하지 않고, 강도를 현저히 증가시키는 것이므로 Cu-Si 합금은 전신 전화선 또는 전차의 트롤리선으로 잘 쓰이고 있다.

ⓞ 베릴륨청동 : Cu에 2~3% Be을 첨가하여 시효경화성이 강력한 구리 합금이다. 가장 큰 강도와 경도를 얻을 수 있으며 내식성, 도전성, 내피로성, 베어링, 스프링, 전기접전 및 전극재료로 쓰인다.

ⓩ 망간청동 : Mn 20% 정도로 보일러 연소실 재료, 증기관, 증기 밸브, 터빈 날개 등에 사용한다. 망가닌(Manganin)은 전기저항 온도계수가 작아 정밀계기 부품에 많이 사용한다.

ⓨ 코슨 합금 : 금속 간 화합물 Ni₂Si의 시효경화성 합금이다. 열처리 후 인장강도가 개선되고 전도율이 커서 통신선, 스프링 등에 사용한다.

ⓚ 타이타늄 청동 : 고강도 합금이며 내열성도 좋으나 도전율이 낮다.

핵심예제

22-1. 구리에 대한 특성을 설명한 것 중 틀린 것은?

[기본 기출]

① 구리는 비자성체다.
② 전기전도율이 Ag 다음으로 좋다.
③ 공기 중에 표면이 산화되어 암적색이 된다.
④ 체심입방격자이며, 동소변태점이 존재한다.

22-2. 절삭성이 우수한 쾌삭황동(Free Cutting Brass)으로 스크루, 시계의 톱니 등으로 사용되는 것은?

[자주 출제]

① 납황동   ② 주석황동
③ 규소황동   ④ 망간황동

22-3. Cu에 Pb을 28~42%, 2% 이하의 Ni 또는 Ag, 0.8% 이하의 Fe, 1% 이하의 Sn을 함유한 Cu합금으로 고속회전용 베어링 등에 사용되는 합금은?

[자주 출제]

① 켈밋메탈   ② 킬드강
③ 공석강   ④ 세미킬드강

22-4. 60% Cu-40% Zn 황동으로 복수기용판, 볼트, 너트 등에 사용되는 합금은?

[매년 유사 출제]

① 톰백(Tombac)
② 길딩메탈(Gilding Metal)
③ 문쯔메탈(Muntz Metal)
④ 애드미럴티메탈(Admiralty Metal)

22-5. Cu에 3~4% Ni 및 1% Si를 첨가한 합금으로 금속 간 화합물 Ni₂Si를 생성하며 시효경화성을 가진 합금은?

[간혹 출제]

① 켈밋 합금(Kelmet Alloy)
② 코슨 합금(Corson Alloy)
③ 망가닌 합금(Manganin Alloy)
④ 애드미럴티 포금(Admiralty Gun Metal)

22-6. 6-4황동에 Sn을 1% 첨가한 것으로 판, 봉으로 가공되어 용접봉, 밸브대 등에 사용되는 것은? [최신 기출 및 간혹 출제]
① 톰 백　　　　　② 니켈황동
③ 네이벌 황동　　④ 애드미럴티 황동

22-7. Zn을 5~20% 함유한 황동으로, 강도는 낮으나 전연성이 좋고, 색깔이 금색에 가까워 모조금이나 판 및 선 등에 사용되고 있는 황동은? [최신 기출]
① 톰 백　　　　　② 주석황동
③ 7-3황동　　　　④ 문쯔메탈

|해설|

22-1
구리는 기본적으로 면심입방격자 구조를 갖는다.

22-2
① 납황동 : 황동에 Sb 1.5~3.7%까지 첨가하여 절삭성을 좋게 한 것으로, 쾌삭황동(Free Cutting Brass)이라 한다. 쾌삭황동은 정밀 절삭가공을 필요로 하는 시계나 계기용 기어, 나사 등의 재료로 쓰인다.
② 주석황동 : 주석은 탈아연 부식을 억제하기 때문에 황동에 1% 정도의 주석을 첨가하면 내식성 및 내해수성이 좋아진다. 황동은 주석 함유량의 증가에 따라 강도와 경도는 상승하지만, 고용 한도 이상으로 넣으면 취약해지므로 인성을 요하는 때에는 0.7% Sn이 최대 첨가량이다.
③ 규소황동 : 10~16% Zn 황동에 4~5% Si를 넣은 것으로 주물을 만들기 쉽고, 내해수성이나 강도가 우수하고 값도 싸서 선박 부품 등의 주물에 사용된다.
④ 망간황동 : 이 합금은 황동에 소량의 망간을 첨가하여 인장강도, 경도 및 연신율을 증가시킨 것으로 고강도 황동이라고도 한다. 종류에 따라 선박용 프로펠러, 베어링, 밸브 시트, 기계 부품 등에 쓰이거나 내마멸성을 요하는 슬라이더 부품, 대형 밸브, 기어 등에 사용된다.

22-3
켈밋(Kelmet) : 28~42% Pb, 2% 이하의 Ni 또는 Ag, 0.8% 이하의 Fe, 1% 이하의 Sn을 함유. 고속회전용 베어링, 토목 광산기계에 사용한다.

22-4
문쯔메탈 : 영국인 Muntz가 개발한 합금으로 6-4황동이다. 적열하면 단조할 수 있어서 가단 황동이라고도 한다. 배의 밑바닥 피막을 입히거나 그 외 해수에 직접 닿을 수 있는 장소의 볼트 및 리벳 등에 사용된다.

22-5
1927년 미국인 Corson이 발명한 Cu-Ni 3~4%-Si 0.8~1.0% 합금으로 담금질 시효경화가 큰 합금으로 일명 C합금이라고도 한다. 강도가 크며 도전율이 양호하므로 군용 전화선과 산간에 가설하는 장거리 지점 전화선 등에 사용된다.

22-6
황동 합금은 자주 출제되는 항목으로, 특히 비파괴검사의 대상 작업이 되는 주조, 단조, 용접작업에 쓰이는 합금은 알아두도록 한다. 네이벌 황동은 판으로는 복수기판, 밸브대 등으로, 봉으로 가공되어 용접봉 등에 사용된다.

22-7
톰백(Tombac) : 8~20%의 아연을 구리에 첨가한 구리합금은 황동 중에서 가장 금빛깔에 가까우며, 소량의 납을 첨가하여 값이 싼 금색 합금을 만든다. 특히 금종이의 대용품으로서 서적의 금박 입히기, 금색 인쇄에 사용된다.

정답 22-1 ④ 22-2 ① 22-3 ① 22-4 ③ 22-5 ② 22-6 ③ 22-7 ①

① 마그네슘 합금

　㉠ 특징 : 비중(1.74) 대 강도 비가 커서 항공기, 자동차 등에 사용된다. 주조용과 단조용이 있다.

　㉡ 대표 합금 : 일렉트론(독일, Mg-Al계, Zn, Mn 첨가), 다우메탈(미국, Mg-Al계, Zn, Mn, Cu, Cd 첨가)

　㉢ Mg-Al 합금
　　• 내식성의 개선방법으로 소량의 Mn을 첨가
　　• Zn의 함량이 어느 정도 이상이 되면 주조성을 해침
　　• Al을 10% 정도까지 첨가한 것과 여기에 Zn을 첨가한 것이 일반적으로 사용됨

② 주물용 마그네슘 합금 용해 시 주의사항

　㉠ 고온에서 산화하기 쉽고, 연소하기 쉬우므로 산화 방지책이 필요하다.

　㉡ 수소가스를 흡수하기 쉬우므로 탈가스처리를 하여야 한다.

　㉢ 주물 조각을 사용할 때에는 모재를 잘 제거하여야 한다.

　㉣ 주조 조직 미세화를 위하여 용탕온도를 적당히 조절하여야 한다.

③ Mg-RE계 : 미시메탈(52% Ce-18% Nd-5% Pr-1% Sm-24% La), 다이디뮴(미시메탈에서 Ce 제외)

④ Ni-Cu계 합금 : 콘스탄탄(55~60% Cu), 어드밴스(54% Cu-1% Mn-0.5% Fe), 모넬메탈(60~70% Ni), K모넬(고온에서 압연 뜨임하여 인장강도 개선), R모넬, KR모넬(쾌삭성), H모넬, S모넬(경화성 및 강도)

⑤ Ni-Cr계 합금

　㉠ 내식성과 내마멸성, 강도와 경도 등이 개선됨

　㉡ 스테인리스강의 주요 합금으로 사용

　㉢ 크로멜 : Ni에 Cr을 첨가한 합금, 알루멜은 Ni에 Al을 첨가한 합금으로 크로멜-알루멜을 이용하여 열전대를 형성한다.

⑥ Ni-Fe계 합금

　㉠ 인바(Invar) : 불변강 표준자

　㉡ 엘린바(Elinvar) : 36% Ni-12% Cr-나머지 Fe, 각종 게이지

　㉢ 플래티나이트(Platinite) : 열팽창계수가 백금과 유사, 전등의 봉입선

　㉣ 니칼로이(Nicalloy) : 50% Ni-50% Fe, 초투자율, 포화자기, 저출력 변성기, 저주파 변성기

　㉤ 퍼멀로이 : 70~90% Ni-10~30% Fe, 투자율이 높다.

　㉥ 퍼민바(Perminvar) : 일정 투자율, 고주파용 철심, 오디오 헤드

⑦ 내식성 Ni 합금 : 하스텔로이(염산 내식성, 가공성, 용접성), 인코넬(가공성, 기계적 성질), 인콜로이(고급 스테인리스강-Ni계 합금의 접점, 유전관, 인산제조용 관재, 공해 방지용 관)

핵심예제

23-1. 다음 중 Mg 합금에 해당하는 것은? 　　[간혹 출제]
① 실루민
② 문쯔메탈
③ 일렉트론
④ 배빗메탈

23-2. 다음 중 Ni-Cu 합금이 아닌 것은? 　　[간혹 출제]
① 어드밴스
② 콘스탄탄
③ 모넬메탈
④ 니칼로이

23-3. Mg-희토류계 합금에서 희토류 원소를 첨가할 때 미시메탈(Misch-metal)의 형태로 첨가한다. 미시메탈에서 세륨(Ce)을 제외한 합금 원소를 첨가한 합금의 명칭은?
　　[간혹 출제]
① 탈타뮴
② 다이디뮴
③ 오스뮴
④ 갈바늄

23-4. 주물용 마그네슘(Mg) 합금을 용해할 때 주의해야 할 사항으로 틀린 것은?

[기본 기출]

① 주물 조각을 사용할 때에는 모래를 투입하여야 한다.
② 주조조직의 미세화를 위하여 적절한 용탕온도를 유지해야 한다.
③ 수소가스를 흡수하기 쉬우므로 탈가스처리를 해야 한다.
④ 고온에서 취급할 때는 산화와 연소가 잘되므로 산화 방지책이 필요하다.

|해설|

23-1
① 알루미늄계 합금
② 구리계 합금
④ 주석계 합금

23-2
니칼로이(Nicalloy)는 니켈, 망간, 철의 합금이다. 초투자율이 크고, 포화자율, 비저항이 크기 때문에 통신용이나 변압 · 증폭기용으로 쓰인다.

23-3
② 다이디뮴 : 네오디뮴과 프라세오디뮴의 혼합물이다. 합금의 강도를 증가시키기 위해 첨가하는 물질이다.
③ 오스뮴 : 이리듐 및 백금과 합금되기도 하는 희소 금속으로 펜촉, 베어링, 나침반 바늘, 보석 세공 등에 사용된다.
④ 갈바늄 : 알루미늄에 아연도금을 한 합금이다.

23-4
주물용 마그네슘 합금 용해 시 주의사항
• 고온에서 산화하기 쉽고, 연소하기 쉬우므로 산화 방지책이 필요하다.
• 수소가스를 흡수하기 쉬우므로 탈가스처리를 하여야 한다.
• 주물 조각을 사용할 때에는 모재를 잘 제거하여야 한다.
• 주조조직 미세화를 위하여 용탕온도를 적당히 조절하여야 한다.

정답 23-1 ③　23-2 ④　23-3 ②　23-4 ①

핵심이론 24 공구용 합금강

① 공구용 합금강의 조건
　㉠ 탄소공구강에 Ni, Cr, Mn, W, V, Mo 등을 첨가하여 고속 절삭, 강력 절삭용 제작
　㉡ 담금질 효과가 좋고, 결정입자도 미세하고, 경도와 내마멸성이 우수

② 고속도 공구강
　㉠ 500~600℃까지 가열하여도 뜨임에 의하여 연화되지 않고, 고온에서 경도의 감소가 적음
　㉡ 18W-4Cr-1V이 표준 고속도강 1,250℃ 담금질, 550~600℃ 뜨임, 뜨임 시 2차 경화
　㉢ W계 표준 고속도강에 Co를 3% 이상 첨가하면 경도가 더 크게 되고, 인성이 증가됨
　㉣ Mo계는 W의 일부를 Mo로 대치. W계보다 가격이 싸고, 인성이 높으며, 담금질 온도가 낮을 뿐만 아니라, 열전도율이 양호하여 열처리가 잘됨

③ 서멧(Cermet) : 세라믹+메탈로부터 만들어진 것으로, 금속조직(Metal Matrix) 내에 세라믹 입자를 분산시킨 복합재료. 절삭 공구, 다이스, 치과용 드릴 등과 같은 내충격, 내마멸용 공구로 사용

④ 초경합금(초경질 공구강) : 절삭팁 등에 사용
　㉠ 주조 초경질 공구강
　　• 40~55 Co, 15~33 Cr, 10~20 W, 3 C, 5 Fe 등을 함유한 주조 합금. Co를 주로 하는 고용체의 기지에 침상의 큰 탄화물로 조직됨
　　• 대표는 Co-Cr-W-C계의 스텔라이트(Stellite)
　　• 주조 후 연삭하여 사용함
　㉡ 소결 초경질 공구강(일반적인 초경합금)
　　• WC(텅스텐카바이드), TiC 및 TaC 등에 Co를 점결제로 혼합하여 소결한 비철합금
　　• 비디아(Widia) : WC 분말을 Co 분말과 혼합, 예비 소결 성형 후, 수소 분위기에서 소결
　　• 유사품 : 카볼로이(Carboloy), 미디아(Midia), 텅갈로이(Tungalloy)

⑤ 베어링강

    ⑦ 표면경화용 Cr강은 내충격성, 스테인리스강은 내식성과 내열성, 고속도 공구강 및 Ni-Co 합금은 내고온성이 요구되는 베어링 재료

    ⓛ 고탄소-크롬베어링강 : 0.95~1.10 C, 0.15~0.35 Si, 0.5 Mn 이하, 0.025 P 이하, 0.025 S 이하, 0.9~1.2 Cr

    ⓒ 오일리스 베어링 : Cu에 10% 정도의 Sn과 2% 정도의 흑연의 각 분말상을 윤활제나 휘발성 물질과 가압 소결 성형한 합금. 극압 상황에서 윤활제 없이 윤활이 가능한 재질

핵심예제

24-1. 공구용 합금강 재료로서 구비해야 할 조건으로 틀린 것은?
[최근 기출]

① 강인성이 커야 한다.
② 내마멸성이 작아야 한다.
③ 열처리와 공작이 용이해야 한다.
④ 고온에서의 경도는 높아야 한다.

24-2. 다음은 고속도 공구강 중 W계와 Mo계를 설명한 것으로 틀린 것은?
[기본 기출]

① W계에 비해 Mo계의 비중이 높다.
② W계에 비해 Mo계의 공구강이 인성이 높다.
③ W계에 비해 Mo계의 공구강이 담금질 온도가 낮다.
④ W계에 비해 Mo계의 열전도율이 양호하여 열처리가 잘된다.

24-3. 타이타늄탄화물(TiC)과 Ni 또는 Co 등을 조합한 재료를 만드는 데 응용하며, 세라믹과 금속을 결합하고 액상 소결하여 만들어진 절삭 공구로도 사용되는 고경도 재료는?
[기본 기출]

① 서멧(Cermet)
② 인바(Invar)
③ 두랄루민(Duralumin)
④ 고속도강(High Speed Steel)

24-4. 분말상 Cu에 약 10% Sn 분말과 2% 흑연 분말을 혼합하고, 윤활제 또는 휘발성 물질을 가한 후 가압 성형하여 소결한 베어링 합금은?
[최근 기출]

① 켈밋 메탈
② 배빗 메탈
③ 앤틱프릭션
④ 오일리스 베어링

24-5. 고탄소 크롬베어링강의 탄소함유량의 범위(%)로 옳은 것은?
[기본 기출]

① 0.12~0.17%
② 0.21~0.45%
③ 0.95~1.10%
④ 2.20~4.70%

|해설|

24-1
공구용 합금강은 내마멸성도 커야 한다.

24-2
Mo계 고속도강은 W계에 비해 낮은 가격에 가볍고 인성도 크다. 열처리 시 담금질 온도가 낮아 비용이 적게 들고 열전도성도 좋다.

24-3
① 서멧(Cermet) : 세라믹+메탈로부터 만들어진 것으로, 금속 조직(Metal Matrix) 내에 세라믹 입자를 분산시킨 복합재료이다. 절삭 공구, 다이스, 치과용 드릴 등과 같은 내충격, 내마멸용 공구로 사용되고 있다.
② Invar : 이 합금은 내식성이 좋고 열팽창 계수가 20℃에서 $1.2\mu m/m \cdot K$으로서 철의 $\frac{1}{10}$ 정도이다.
③ 두랄루민 : Cu 4%, Mn 0.5%, Mg 0.5% 정도이고, 이 합금은 500~510℃에서 용체화 처리한 다음, 물에 담금질하여 상온에서 시효시키면 기계적 성질이 향상된다.
④ 고속도강 : 고속도 공구강이라고도 하고 탄소강에 크롬(Cr), 텅스텐(W), 바나듐(V), 코발트(Co) 등을 첨가하면 500~600℃의 고온에서도 경도가 저하되지 않고 내마멸성이 크며, 고속도의 절삭작업이 가능하게 된다. 주성분은 0.8% C - 18% W - 4% Cr - 1% V로 된 18-4-1형이 있으며 이를 표준형으로 본다.

24-4
오일리스 베어링 : Cu에 10% 정도의 Sn과 2% 정도의 흑연의 각 분말상을 윤활제나 휘발성 물질과 가압 소결 성형한 합금. 극압 상황에서 윤활제 없이 윤활이 가능한 재질

24-5
고탄소 크롬베어링강 : 볼이나 롤러 베어링에 사용하는 강을 베어링강이라고 하는데, 이 중 보통 1% C와 1.5% Cr을 함유한 강을 고탄소·고크롬 베어링강(High Carbon Chromiun Bearing Steel)이라고 한다. 고탄소 크롬베어링 강은 780~850℃에서 담금질한 후, 140~160℃로 뜨임처리하여 사용한다.

정답 24-1 ② 24-2 ① 24-3 ① 24-4 ④ 24-5 ③

① 스테인리스강 : 페라이트계 / 마텐자이트계 / 오스테나이트계 / 석출경화계

② 고Cr-Ni계 스테인리스강

   ㉠ 표준 성분 18 Cr-8 Ni

   ㉡ 내식, 내산성이 우수하며, 비자성. 경화 후 약간의 자성

   ㉢ 탄화물 입계 석출로 입계 부식이 생기기 쉬움

③ 내열강 : 탄소강에 Ni, Cr, Al, Si 등을 첨가, 내열성과 고온 강도를 부여, 내열강은 물리 화학적으로 조직이 안정해야 하며 일정 수준 이상의 기계적 성질을 요구한다.

④ 불변강 : 온도 변화에 따른 선팽창 계수나 탄성률의 변화가 없는 강

   ㉠ 인바(Invar) : 35~36 Ni, 0.1~0.3 Cr, 0.4 Mn+Fe. 내식성 좋고, 바이메탈, 진자, 줄자

   ㉡ 슈퍼인바(Superinvar) : Cr와 Mn 대신 Co, 인바에서 개선

   ㉢ 엘린바(Elinvar) : 36% Ni-12% Cr-나머지 Fe, 각종 게이지, 정밀 부품

   ㉣ 코엘린바(Coelinvar) : 10~11% Cr, 26~58% Co, 10~16% Ni+Fe, 공기 중 내식성

   ㉤ 플래티나이트(Platinite) : 열팽창계수가 백금과 유사, 전등의 봉입선

⑤ 스텔라이트 : 비철 합금 공구 재료의 일종으로 C 2~4%, Cr 15~33%, W 10~17%, Co 40~50%, Fe 5%의 합금이다. 그 자체가 경도가 높아 담금질할 필요 없이 주조한 그대로 사용되고, 단조는 할 수 없고, 절삭 공구, 의료 기구에 적합하다.

⑥ 게이지용 강 : 팽창계수가 보통 강보다 작고 시간에 따른 변형이 없으며 담금질 변형이나 담금질 균형이 없어야 하고 HRC 55 이상의 경도를 갖추어야 한다.

25-1. 스테인리스강에 대한 설명으로 틀린 것은? [간혹 출제]

① 상자성체이다.
② 내식성이 우수하다.
③ 오스테나이트계이다.
④ 18% Cr-8% Ni의 합금이다.

25-2. 다음 중 불변강이 아닌 것은? [매년 유사 출제]

① 인 바
② 엘린바
③ 코엘린바
④ 스텔라이트

25-3. 열팽창계수가 아주 작아 줄자, 표준자 재료에 적합한 것은? [간혹 출제]

① 인 바
② 센더스트
③ 초경합금
④ 바이탈륨

25-4. 가공용 다이스나 발동기용 밸브에 많이 사용하는 특수 합금으로 주조한 그대로 사용되는 것은? [기본 기출]

① 고속도강
② 화이트 메탈
③ 스텔라이트
④ 하스텔로이

25-5. 다음 보기의 성질을 갖추어야 하는 공구용 합금강은? [간혹 출제]

┌─ 보기 ┐
- HRC 55 이상의 경도를 가져야 한다.
- 팽창계수가 보통 강보다 작아야 한다.
- 시간이 지남에 따라서 치수 변화가 없어야 한다.
- 담금질에 의하여 변형이나 담금질 균열이 없어야 한다.

① 게이지용 강
② 내충격용 공구강
③ 절삭용 합금 공구강
④ 열간 금형용 공구강

|해설|

25-1

18-8 스테인리스강

- HNO_3과 같은 산화성의 산뿐만 아니라 비산화성의 산에도 잘 견딤
- 크롬계 스테인리스강에 비해 내산성, 내식성이 우수
- 변태점이 없어서 열처리에 의한 기계적 성질 개선이 쉬움
- 오스테나이트 조직이므로 연성이 좋아서 판, 봉, 선 등으로 가공이 쉬움
- 가공 경화성이 크므로 가공에 의해서 인성을 저하시키지 않고 강도를 현저히 높일 수 있음
- 입계 부식성이 있어 부식의 우려가 있음

25-2

- 스텔라이트 : 비철 합금 공구 재료의 일종이다. C 2~4%, Cr 15~33%, W 10~17%, Co 40~50%, Fe 5%의 합금이다. 그 자체가 경도가 높아 담금질할 필요 없이 주조한 그대로 사용되고, 단조는 할 수 없고, 절삭 공구, 의료 기구에 적합하다.
- 엘린바 : 36% Ni에 약 12% Cr이 함유된 Fe 합금으로 온도의 변화에 따른 탄성률 변화가 거의 없으며 지진계의 부품, 고급 시계의 재료로 사용된다.

25-3

인바는 Invar에서 Var를 일상으로 사용하는 막대(Bar)이다. 기준 막대로 생각하면 된다.

25-4

③ 스텔라이트 : 비철 합금 공구 재료의 일종. C 2~4%, Cr 15~33%, W 10~17%, Co 40~50%, Fe 5%의 합금. 그 자체가 경도가 높아 담금질할 필요 없이 주조한 그대로 사용되고, 단조는 할 수 없으며, 절삭 공구, 의료 기구에 적합하다.

① 고속도강 : 고속도 공구강이라고도 하고 탄소강에 크롬(Cr), 텅스텐(W), 바나듐(V), 코발트(Co) 등을 첨가하면 500~600℃의 고온에서도 경도가 저하되지 않고 내마멸성이 크며, 고속도의 절삭 작업이 가능하게 된다. 주성분은 0.8% C-18% W-4% Cr-1% V로 된 18-4-1형이 있으며 이를 표준형으로 본다.

② White Metal : Pb-Sn-Sb계, Sn-Sb계 합금을 통틀어 부른다. 녹는점이 낮고 부드러우며 마찰이 작아서 베어링 합금, 활자 합금, 납 합금 및 다이케스트 합금에 많이 사용된다.

④ 하스텔로이(Hastelloy) : 미국 Haynes Stellite사의 특허품으로 A, B, C 종이 있다. 내염산 합금이며 구성은 A의 경우 Ni : Mo : Mn : Fe = 58 : 20 : 2 : 20로, B의 경우 Ni : Mo : W : Cr : Fe = 58 : 17 : 5 : 14 : 6로, C의 경우 Ni : Si : Al : Cu = 85 : 10 : 2 : 3으로 구성되어 있다.

25-5

게이지용강은 팽창계수가 보통 강보다 작고 시간에 따른 변형이 없으며 담금질 변형이나 담금질 균형이 없어야 하고 HRC 55 이상의 경도를 갖추어야 한다.

정답 25-1 ① 25-2 ④ 25-3 ① 25-4 ③ 25-5 ①

핵심이론 26 비정질 합금

① 비정질 : 원자가 규칙적으로 배열된 결정이 아닌 상태

② 제조방법

　㉠ 진공증착, 스퍼터링(Sputtering)법

　㉡ 용탕에 의한 급랭법 : 원심급랭법, 단롤법, 쌍롤법

　㉢ 액체급랭법 : 분무법(대량생산의 장점)

　㉣ 고체 금속에서 레이저를 이용하여 제조

③ 특 성

　㉠ 구조적으로 규칙성이 없다.

　㉡ 균질한 재료이며, 결정 이방성이 없다.

　㉢ 광범위한 조성에 걸쳐 단상, 균질 재료를 얻을 수 있다.

　㉣ 전자기적, 기계적, 열적 특성이 조성에 따라 변한다.

　㉤ 강도가 높고 연성이 양호, 가공경화현상이 나타나지 않는다.

　㉥ 전기저항이 크고, 저항의 온도 의존성은 낮다.

　㉦ 열에 약하며, 고온에서는 결정화되어 비정질 상태를 벗어난다.

　㉧ 얇은 재료에서 제조 가능하다.

26-1. 다음 중 비정질 합금에 대한 설명으로 틀린 것은?

[간혹 출제]

① 전기저항이 크다.
② 강도는 높고 연성도 크나 가공경화는 일으키지 않는다.
③ 비정질 합금의 제조법에는 단롤법, 쌍롤법, 원심급랭법 등이 있다.
④ 액체급랭법에서 비정질재료를 용이하게 얻기 위해서는 합금에 함유된 이종원소의 원자반경이 같아야 한다.

26-2. 비정질 합금의 제조법 중에서 기체급랭법에 해당되지 않는 것은?

[간혹 출제]

① 진공증착법　　　　② 스퍼터링법
③ 화학증착법　　　　④ 스프레이법

26-3. 비정질 재료의 제조방법 중 액체급랭법에 의한 제조법이 아닌 것은?

[간혹 출제]

① 단롤법　　　　　　② 쌍롤법
③ 화학증착법　　　　④ 원심법

|해설|

26-1
비정질 합금의 비정질성은 원자 배열의 불규칙성을 전제로 하므로 원자의 크기는 각기 다르거나 상관이 없다.

26-2
스프레이법은 액체급랭법에 해당한다.

26-3
용탕에 의한 급랭법 : 원심급랭법, 단롤법, 쌍롤법
※ **화학증착법**(Chemical Vapor Deposition Method)
　화학기상성장법이라고도 불리는 것으로서 기체 상태의 원료 물질을 가열한 기판 위에 송급하고, 기판 표면에서의 화학반응에 따라서 목적으로 하는 반도체나 금속 간 화합물을 합성하는 방법이다. 열분해, 수소환원, 금속에 의한 환원이나 방전, 빛, 레이저에 의한 여기반응을 이용하는 등 여러 가지의 반응 방식이 있다.

정답 26-1 ④　26-2 ④　26-3 ③

핵심이론 27 복합재료

① **복합재료** : 어떤 목적을 위해 2종 또는 그 이상의 다른 재료를 서로 합하여 하나의 재료로 만든 것이다.
② **섬유강화금속 복합재료**(FRM) : 금속 모재 중에 매우 강한 섬유상의 물질을 분산시켜 요구되는 특성을 가지도록 만든 것이다.
③ **분산강화금속 복합재료**(SAP, TD Ni) : 기지 금속 중에 $0.01{\sim}0.1\mu m$ 정도의 산화물 등의 미세한 분산 입자를 균일하게 분포시킨 재료이다.
④ **입자강화금속 복합재료**(Cermet) : $1{\sim}5\mu m$ 정도의 비금속입자가 금속이나 합금의 기지 중 분산되어 있는 재료이다.
⑤ **클래드**(Clad) **재료** : 2종 이상의 금속 재료를 합리적으로 짝을 맞추어 각각의 소재가 가진 특성을 복합적으로 얻을 수 있는 재료이다. 일반적으로 얇은 특수 금속을 두껍고 저렴한 모재에 야금적으로 접합시킨 것이다.
⑥ **휘스커**(Whisker) : 전위 등의 내부 결함이 적은 침상의 금속이나 무기물의 결정이다.
⑦ **용융금속침투법** : 용융금속을 섬유 사이에 침투시켜 복합재료를 제조하는 방법이다.

27-1. 재료의 강도를 높이는 방법으로 휘스커(Whisker) 섬유를 연성과 인성이 높은 금속이나 합금 중에 균일하게 배열시킨 복합재료는? [기본 기출]

① 클래드 복합재료
② 분산강화 금속 복합재료
③ 입자강화 금속 복합재료
④ 섬유강화 금속 복합재료

27-2. 다음 재료 중 1~5μm 정도의 비금속 입자가 금속이나 합금의 기지 중에 분산되어 있는 것은? [기본 기출]

① 서멧 재료   ② FRM재료
③ 클래드 재료   ④ TD Ni재료

|해설|

27-1
섬유강화금속 복합재료는 섬유 상 모양의 휘스커를 금속 모재 중 분산시켜 금속에 인성을 부여한 재료이다.

27-2
서멧재료가 입자강화금속 복합재료이다.

정답 27-1 ④ 27-2 ①

핵심이론 28 형상기억합금

① 특정온도 이상으로 가열하면 변형되기 이전의 원래 상태로 되돌아가는 현상
② 역사 : 1953년 일리노이 대학 Au-Cd 합금 발견, 1954년 In-Ti 합금 발견, 1963년 미 해군에서 Ti-Ni 합금을 발견 후 상용화
③ 종류 : 1방향 형상 기억 / 2방향 형상 기억
④ 조직역학적 기구 : 열탄성 마텐자이트의 특성을 이용
⑤ 특 징
  ㉠ 마텐자이트 변태는 작은 구동력으로 일어나는 열탄성 변태이다.
  ㉡ 고온상은 대부분 규칙적 구조를 가지며, 저온상은 대칭이 낮은 결정 구조를 가진다.
  ㉢ 탄소강의 마텐자이트 변태는 반드시 원래 위치로 되돌아오는 것이 아니라 자유에너지가 낮은 원자 배열의 모상으로 되돌아온다.

28-1. 처음에 주어진 특정한 모양의 것을 인장하거나 소성 변형한 것이 가열에 의하여 원래의 상태로 돌아가는 현상은?

[간혹 출제]

① 석출경화효과
② 시효현상효과
③ 형상기억효과
④ 자기변태효과

28-2. 다음 중 형상기억합금에 관한 설명으로 틀린 것은?

[기본 기출]

① 열탄성형 마텐자이트가 형상기억효과를 일으킨다.
② 형상기억효과를 나타내는 합금은 반드시 마텐자이트 변태를 한다.
③ 마텐자이트 변태를 하는 합금은 모두 형상기억효과를 나타낸다.
④ 원하는 형태로 변형시킨 후에 원래 모상의 온도로 가열하면 원래의 형태로 되돌아간다.

28-3. 다음 중 형상기억합금으로 가장 대표적인 것은?

[기본 기출]

① Fe-Ni
② Ni-Ti
③ Cr-Mo
④ Fe-Co

|해설|

28-1
일정한 온도 대에서 이전의 형상을 기억하여 변형 후에도 원래 형상으로 돌아갈 수 있게끔 니켈과 타이타늄을 이용하여 제작한 합금을 형상기억합금이라 한다.

28-2
• 형상기억합금은 대개 고온에서 체심입방격자이나 Ms점 이하에서 마텐자이트로 변태된다. 이 상태의 합금을 변형하면 외견상 항복이 일어나나 다시 일정온도 이상이 되면 회복이 일어나는 성질을 이용하는 것이 형상기억합금이다.
• 탄소강의 마텐자이트 변태는 반드시 원래 위치로 되돌아오는 것이 아니라 자유에너지가 낮은 원자 배열의 모상으로 되돌아온다.

28-3
Au-Cd 합금, In-Ti 합금 등이 있었으나 제일 대표적인 합금은 Ni-Ti 합금이다.

정답 28-1 ③ 28-2 ③ 28-3 ②

핵심이론 29 신소재

① **센더스트**

㉠ Fe에 Si 및 Al을 첨가한 합금이다. 풀림 상태에서 우수한 자성을 나타내는 고투자율 합금으로 오디오 헤드용 재료로 사용되며 가공성은 나쁘다.

㉡ 알루미늄 5%, 규소 10%, 철 85%의 조성을 가진 고투자율(高透磁率) 합금이다. 주물로 되어 있어 정밀 교류계기의 자기차폐로 쓰이며, 또 무르기 때문에 지름 $10\mu m$ 정도의 작은 입자로 분쇄하여, 절연체의 접착제로 굳혀서 압분자심(壓粉磁心)으로서 고주파용으로 사용한다.

② **리드프레임 재료** : IC(Integrated Circuit)의 리드를 받치는 틀 구조에 쓰이는 도전재료의 총칭이다. 이 재료는 발열을 방지하므로 전기 및 열전도가 크고, 더구나 얇게 만드는 재료의 강도가 높다. 또 열팽창계수가 작고, 피로강도가 높은 것을 구할 수 있다. 현재, Fe-Ni계와 Fe-Co계의 Fe 기합금과 Cu 기합금 등이 쓰인다. Fe 기합금은 강도는 높으나 전기 및 열전도가 작고, Cu 기합금은 그 반대의 특성이 일반적이다. 그러므로 양합금의 장점을 가진 합금의 개발이 지향되고 있다.

③ **경질 자성재료**

㉠ 알니코 자석 : Fe에 Al, Ni, Ci를 첨가한 합금으로 주조 알니코와 소결 알니코, 이방성(異方性) 알니코, 등방성(等方性) 알니코가 있다.

㉡ 페라이트 자석 : 바륨 페라이트계, 스트론튬 페라이트계, 가격은 바륨, 성능은 스트론튬, 분말야금에 의해 제조된다.

㉢ 희토류계 자석 : 희토류-Co계 자석, 자기적 특성이 우수하여 영구자석으로서 최고의 성능을 가지고 있다.

㉣ 네오디뮴 자석 : Co 대신 Fe과 화합할 희토류 중 Nd가 적당하다.

④ 연질 자성재료

    ㉠ Si 강판 : 5% 미만의 Si 첨가, 전력의 송수신용 변압기의 철심

    ㉡ 퍼멀로이 : Ni-Fe계 합금. 78Ni의 78 퍼멀로이가 대표적이다. Mo 첨가한 슈퍼멀로이, Cr, Cu를 첨가한 미시메탈 등도 있다. 퍼멀로이는 가공성이 양호하고 투자율이 높으므로, 특히 오디오 헤드용 재료로서 가장 많이 사용된다.

    ㉢ 알펌(Alperm, Fe-Al 합금), 퍼멘더(Permendur 49Co-2V), 슈퍼멘들 등

⑤ 초소성 합금 : 금속이 변형하는 성질을 소성이라고 하는데 변형시키는 온도·속도를 적당하게 선택함으로써 통상의 수십 배~수천 배의 연성(초소성)을 나타내는 합금이다. 초소성합금에는 결정을 미세화하여 만든 미세립 초소성 합금과 결정구조의 변화를 이용하여 만든 변화 초소성 합금이 있다. 실용 합금으로서는 Zn·22% Al 합금 등 미세립 타입이 많고, 초소성 니켈기합금은 형상의 복잡한 터빈의 날개 등의 제조에 이용되고 있다.

29-1. Fe에 Si 및 Al을 첨가한 합금으로 풀림 상태에서 매우 우수한 자성을 나타내는 고투자율 합금으로 Si 5~11%, Al 3~8% 함유하고 있으며, 오디오 헤드용 재료로 사용되는 합금은?   [기본 기출]

① 센더스트   ② 해드필드강
③ 스프링강   ④ 오스테나이트강

29-2. 다음 중 연질 자성재료가 아닌 것은?   [간혹 출제]

① 알니코 자석   ② Si 강판
③ 퍼멀로이   ④ 센더스트

|해설|

29-1

① 센더스트 : 알루미늄 5%, 규소 10%, 철 85%의 조성을 가진 고투자율(高透磁率) 합금이다. 주물로 되어 있어 정밀 교류계기의 자기차폐로 쓰이며, 무르기 때문에 지름 $10\mu m$ 정도의 작은 입자로 분쇄하여, 절연체의 접착제로 굳혀서 압분자심(壓粉磁心)으로서 고주파용으로 사용한다.

② 해드필드강 : C 1~1.3%, Mn 11.5~13%를 함유한 고망간강으로 오스테나이트 계열이다. 냉간가공이나 표면 슬라이딩에 의해 경도와 내마모성이 증대하기 때문에 파쇄기의 날, 버킷의 날, 레일, 레일의 포인트 등에 사용된다.

③ 스프링강 : 탄성한도가 높은 강의 일반적인 총칭. 높은 탄성한도, 피로한도, 크리프 저항, 인성 및 진동이 심한 하중과 반복 하중에 잘 견딜 수 있는 성질을 요구한다.

④ 오스테나이트강 : 오스테나이트조직(FCC 결정구조)을 갖는 스테인리스강이다. Fe-Cr-Ni계에 대하여 1,050~1,100℃에서 급랭시키면 준안정한 오스테나이트 조직이 나타난다. 17~20% Cr, 7~10%의 소위 18-8 스테인리스강이 대표적이다.

29-2

• 알니코 자석 : Fe, Ni, Al계 자석(MK 자석)을 기초로 하여 발전시킨 영구 자석이며 많은 종류가 있는데 실용 자석 중 가장 다량으로 사용되고 있다. 대표적인 것으로는 Alnico 5가 있으며, Co 24%, Ni 14%, Al 8%, Cu 3%, Fe 나머지, Br 12,500~13,000G, Hc 0~700Oe, (BH)max 5~6×10^6G·Oe이다.

• 연질 자성재료 : 일반적으로 투자율이 크고, 보자력이 작은 자성 재료의 통칭으로, 고투자율 재료, 자심재료 등이 여기에 포함된다. 규소강판, 퍼멀로이, 전자 순철 등이 대표적인 것이며, 기계적으로 연하고, 변형이 작은 것이 요구되나 기계적 강도와는 큰 관계가 없다.

정답 29-1 ① 29-2 ①

① 주요 금속의 성질

원소	키워드
Ni	강인성과 내식성, 내산성
Mn	내마멸성, 황
Cr	내식성, 내열성, 자경성, 내마멸성
W	고온 경도, 고온 강도
Mo	담금질 깊이가 커짐, 뜨임 취성 방지
V	크롬 또는 크롬-텅스텐
Cu	석출 경화, 오래 전부터 널리 쓰임
Si	내식성, 내열성, 전자기적 성질을 개선, 반도체의 주재료
Co	고온 경도와 고온 인장강도를 증가
Ti	입자 사이의 부식에 대한 저항, 가벼운 금속
Pb	피삭성, 저용융성
Mg	가벼운 금속, 구상흑연, 산이나 열에 침식됨
Zn	황동, 다이캐스팅용
S	피삭성, 주조결함
Sn	무독성, 탈색효과 우수, 포장형 튜브
Ge	저마늄(게르마늄), 1970년대까지 반도체에 쓰임
Pt	은백색, 전성·연성 좋음, 소량의 이리듐을 더해 더욱 좋고 강한 합금이 됨

② 반자성체 : 반자성체란 자성을 만나 자계 안에 놓였을 때, 기존 자계와 반대 방향의 자성을 얻어 자석으로부터 척력을 발생시키는 물질을 의미한다. 종류로는 비스무트, 안티몬, 인, 금, 은, 수은, 구리, 물과 같은 물질이 있다.

③ 철강 속의 망간의 영향

　　㉠ 연신율을 감소시키지 않고 강도를 증가시킨다.

　　㉡ 고온에서 소성을 증가시키며 주조성을 좋게 한다.

　　㉢ 황화망간으로 형성되어 S를 제거한다.

　　㉣ 강의 점성을 증가시키고, 고온 가공을 쉽게 한다.

　　㉤ 고온에서의 결정 성장, 즉 거칠어지는 것을 감소시킨다.

　　㉥ 강도, 경도, 인성을 증가시켜 기계적 성질이 향상된다.

　　㉦ 담금질효과를 크게 한다.

30-1. 합금강에 함유된 합금원소와 영향이 옳게 짝지어진 것은? [기본 기출]

① Ni-뜨임메짐 방지

② Mo-적열메짐 방지

③ Mn-전자기적 성질 개선

④ W-고온 강도와 경도 증가

30-2. 특수강에서 함유량이 증가하면 자경성을 주는 원소로 가장 좋은 것은? [기본 기출]

① Cr　　　　　　　　② Mn

③ Ni　　　　　　　　④ Si

30-3. 비중이 약 7.13, 용융점이 약 420℃이고, 조밀육방격자의 청백색 금속으로 도금, 건전지, 다이캐스팅용 등으로 사용되는 것은? [자주 출제]

① Pt　　　　　　　　② Cu

③ Sn　　　　　　　　④ Zn

30-4. 강자성체에 해당하지 않는 것은? [기본 기출]

① 철　　　　　　　　② 니켈

③ 금　　　　　　　　④ 코발트

30-5. 독성이 없어 의약품, 식품 등의 포장형 튜브 제조에 많이 사용되는 금속으로 탈색효과가 우수하며, 비중이 약 7.3인 금속은? [기본 기출]

① 주석(Sn)　　　　　② 아연(Zn)

③ 망간(Mn)　　　　　④ 백금(Pt)

30-3
각 금속의 비중, 용융점 비교

금속명	비 중	용융점(℃)	금속명	비 중	용융점(℃)
Hg(수은)	13.65	-38.9	Cu(구리)	8.93	1,083
Cs(세슘)	1.87	28.5	U(우라늄)	18.7	1,130
P(인)	2	44	Mn(망간)	7.3	1,247
K(칼륨)	0.862	63.5	Si(규소)	2.33	1,440
Na(나트륨)	0.971	97.8	Ni(니켈)	8.9	1,453
Se(셀렌)	4.8	170	Co(코발트)	8.8	1,492
Li(리튬)	0.534	186	Fe(철)	7.876	1,536
Sn(주석)	7.23	231.9	Pd(팔라듐)	11.97	1,552
Bi(비스무트)	9.8	271.3	V(바나듐)	6	1,726
Cd(카드뮴)	8.64	320.9	Ti(타이타늄)	4.35	1,727
Pb(납)	11.34	327.4	Pt(플래티늄)	21.45	1,769
Zn(아연)	7.13	419.5	Th(토륨)	11.2	1,845
Te(텔루륨)	6.24	452	Zr(지르코늄)	6.5	1,860
Sb(안티몬)	6.69	630.5	Cr(크롬)	7.1	1,920
Mg(마그네슘)	1.74	650	Nb(니오브)	8.57	1,950
Al(알루미늄)	2.7	660.1	Rh(로듐)	12.4	1,960
Ra(라듐)	5	700	Hf(하프늄)	13.3	2,230
La(란탄)	6.15	885	Ir(이리듐)	22.4	2,442
Ca(칼슘)	1.54	950	Mo(몰리브덴)	10.2	2,610
Ge(게르마늄)	5.32	958.5	Os(오스뮴)	22.5	2,700
Ag(은)	10.5	960.5	Ta(탄탈)	16.6	3,000
Au(금)	19.29	1,063	W(텅스텐)	19.3	3,380

30-4
반자성체 : 반자성체란 자성을 만나 자계 안에 놓였을 때, 기존 자계와 반대 방향의 자성을 얻어 자석으로부터 척력을 발생시키는 물질을 의미한다. 종류로는 비스무트, 안티몬, 인, 금, 은, 수은, 구리, 물과 같은 물질이 있다.

30-5
핵심이론 30 ① 참조

정답 30-1 ④ 30-2 ① 30-3 ④ 30-4 ③ 30-5 ①

핵심이론 31 고용융합금, 저용융합금

① 고용융점 금속

금 속	융점(℃)	특 징
금(Au)	1,063	침식, 산화되지 않는 귀금속, 재결정온도 40~100℃
백금(Pt)	1,774	회백색, 내식성, 내열성, 고온저항 우수, 열전대로 사용
이리듐(Ir)	2,442	비중이 무겁고 백색의 금속으로 합금으로 사용
팔라듐(Pd)	1,552	
오스뮴(Os)	2,700	
코발트(Co)	1,492	비중 8.9, 내열합금, 영구자석, 촉매 등에 쓰임
텅스텐(W)	3,380	FCC, 비중 19.3, 상온에서는 안정, 고온에서는 산화, 탄화
몰리브덴(Mo)	2,610	은백색, BCC, 비중 10.2, 염산, 질산에 침식

② 저용융점 금속

금 속	융점(℃)	특 징
아연(Zn)	419.5	청백색의 HCP 조직, 비중 7.1, FeZn 상이 인성을 나쁘게 함
납(Pb)	327.4	비중 11.3의 유연한 금속, 방사선차단, 상온재결정, 합금, Eoa
Cd(카드뮴)	320.9	중금속 물질, 전성 연성이 매우 좋음
Bi(비스무트)	271.3	소량의 희귀금속, 합금에 사용
주석(Sn)	231.9	은백색의 연한 금속, 도금 등에 사용

※ 저용점합금 : 납(327.4℃)보다 낮은 융점을 가진 합금의 총칭. 대략 250℃ 정도 이하를 말하며 조성이 쉬워 분류를 한다.

31-1. 저용융점 합금이란 약 몇 ℃ 이하에서 용융점이 나타나는가? [기본 기출]

① 250℃ ② 350℃
③ 450℃ ④ 550℃

31-2. 저용융점 합금(Fusible Alloy)의 원소로 사용되는 것이 아닌 것은? [기본 기출]

① W ② Bi
③ Sn ④ In

31-3. 다음의 금속 중 재결정온도가 가장 높은 것은? [기본 기출]

① Mo ② W
③ Ni ④ Pt

|해설|

31-1
녹는점이 327.4℃인 납을 기준으로 납보다 더 낮은 용융점을 가진 금속들을 말하며 보통 200℃ 정도 이하의 녹는점을 가진 금속을 말한다.

31-2
핵심이론 31 ② 표 참조

정답 31-1 ① 31-2 ① 31-3 ②

핵심이론 32 표면경화법

① **금속침투법**
ㄱ 세라다이징 : 아연을 침투, 확산시키는 것
ㄴ 칼로라이징 : 알루미늄 분말에 소량의 염화암모늄(NH_4Cl)을 가한 혼합물과 경화
ㄷ 크로마이징 : 크롬은 내식, 내산, 내마멸성이 좋으므로 크롬 침투에 사용한다.
  • 고체분말법 : 혼합분말 속에 넣어 980~1,070℃ 온도에서 8~15시간 가열한다.
  • 가스 크로마이징 : 이 처리에 의해서 Cr은 강 속으로 침투하고, 0.05~0.15mm의 Cr 침투층이 얻어진다.
ㄹ 실리코나이징 : 내식성을 증가시키기 위해 강철 표면에 Si를 침투하여 확산시키는 처리
  • 고체분말법 : 강철부품을 Si 분말, Fe-Si, Si-C 등의 혼합물 속에 넣고, 염소가스를 통과시킨다. 염소 가스는 용기 안의 Si 카바이드 또는 Fe-Si와 작용하여 강철 속으로 침투, 확산한다.
  • 펌프축, 실린더, 라이너, 관, 나사 등의 부식 및 마멸이 문제되는 부품에 효과가 있다.
ㅁ 보로나이징 : 강철 표면에 붕소를 침투 확산시켜 경도가 높은 보론화 층을 형성
② **하드페이싱** : 소재의 표면에 스텔라이트나 경합금 등을 융접 또는 압접으로 융착시키는 표면경화법
③ **전해경화법** : 전해액 속에 경화 처리할 부품을 넣고 전해액을 +극에, 물품을 −극에 접속한 후 220~260V, 5~10A/cm^2, 5~10초 동안 처리하는 방법. 1~3mm 깊이까지 담금질 경화가 됨
④ **금속착화법** : 표면에 각종 금속을 다양한 방법으로 입혀서 표면성질을 개선하는 방법
ㄱ 금속용사법 : 강의 표면에 용융 상태 혹은 반용융 상태의 미립자를 고속으로 분사시켜 강 표면에 매우 강력한 보호피막이 형성되게 하는 방법

⑤ 화염경화법 : 표면에 불꽃을 염사하여 닿는 부위만 열처리 되는 효과를 보고자 하는 표면경화법으로 국부 담금질이 가능하고, 온도 조절이 쉬우며, 대상물의 크기나 형상에 제한이 없다. 그러나 균일한 가열이나 균일한 열처리에는 어려움이 있다.

⑥ 질화처리 : 가스침투법의 하나로 암모니아 가스를 이용하여 재질의 내마모성과 내식성을 부여하고 안정적인 고온 경도를 부여하는 표면처리법이다.

핵심예제

32-1. 금속의 표면에 Zn을 침투시켜 대기 중 청강의 내식성을 증대시켜 주기 위한 처리법은?　　　　　　　　[기본 기출]

① 세라다이징
② 크로마이징
③ 칼로라이징
④ 실리코나이징

32-2. 금속 표면에 스텔라이트, 초경합금 등의 금속을 용착시켜 표면경화층을 만드는 방법은?　　　　　　　　[기본 기출]

① 하드페이싱
② 전해경화법
③ 금속침투법
④ 금속착화법

32-3. 화염경화법의 특징을 설명한 것 중 틀린 것은?
　　　　　　　　　　　　　　　　　　　[기본 기출]

① 국부 담금질이 가능하다.
② 가열온도의 조절이 쉽다.
③ 부품의 크기나 형상에 제한이 없다.
④ 일반 담금질에 비해 담금질 변형이 작다.

32-4. 암모니아 가스 분해와 질소의 내부 확산을 이용한 표면경화법은?　　　　　　　　　　　　　　　　[최신 기출]

① 염욕법
② 질화법
③ 염화바륨법
④ 고체침탄법

|해설|

32-1
금속침투법
• 세라다이징 : 아연을 침투, 확산시키는 것
• 칼로라이징 : 알루미늄 분말에 소량의 염화암모늄(NH_4Cl)을 가한 혼합물과 경화
• 크로마이징 : 크롬은 내식, 내산, 내마멸성이 좋으므로 크롬 침투에 사용한다.
　－ 고체분말법 : 혼합분말 속에 넣어 980~1,070℃ 온도에서 8~15시간 가열한다.
　－ 가스 크로마이징 : 이 처리에 의해서 Cr은 강 속으로 침투하고, 0.05~0.15mm의 Cr 침투층이 얻어진다.
• 실리코나이징 : 내식성을 증가시키기 위해 강철 표면에 Si를 침투하여 확산시키는 처리
　－ 고체분말법 : 강철 부품을 Si 분말, Fe-Si, Si-C 등의 혼합물 속에 넣고, 염소가스를 통과시킨다. 염소가스는 용기 안의 Si 카바이드 또는 Fe-Si와 작용하여 강철 속으로 침투, 확산한다.
　－ 펌프축, 실린더, 라이너, 관, 나사 등의 부식 및 마멸이 문제되는 부품에 효과가 있다.

32-2
① 하드페이싱 : 소재의 표면에 스텔라이트나 경합금 등을 용접 또는 압접으로 용착시키는 표면경화법
② 전해경화법 : 전해액 속에 경화 처리할 부품을 넣고 전해액을 +극에, 물품을 -극에 접속한 후 220~260V, 5~10A/cm^2, 5~10초 동안 처리하는 방법. 1~3mm 깊이까지 담금질 경화가 된다.
③ 금속침투법 : 표면에 각종 금속을 다양한 방법으로 침투시켜 표면 성질을 개선하는 방법
④ 금속착화법 : 표면에 각종 금속을 다양한 방법으로 입혀서 표면 성질을 개선하는 방법

32-3
화염경화법은 표면에 불꽃을 염사하여 닿는 부위만 열처리되는 효과를 보고자 하는 표면경화법으로 국부 담금질이 가능하고, 온도 조절이 쉬우며, 대상물의 크기나 형상에 제한이 없다. 그러나 균일한 가열이나 균일한 열처리에는 어려움이 있다.

32-4
질화처리 : 가스침투법의 하나로 암모니아 가스를 이용하여 재질의 내마모성과 내식성을 부여하고 안정적인 고온경도를 부여하는 표면처리법이다.

정답 32-1 ① 32-2 ① 32-3 ④ 32-4 ②

핵심이론 01 용접 일반

① 용접의 장점
  - ㉠ 제품의 성능과 수명이 향상된다.
  - ㉡ 이음형상을 자유롭게 할 수 있다.
  - ㉢ 이음효율이 향상된다.
  - ㉣ 재료 두께의 제한이 없다.
  - ㉤ 이종(異種) 재료도 접합할 수 있다.

② 용접의 단점
  - ㉠ 열에 의한 변형, 수축 및 취성의 발생 우려가 있다.
  - ㉡ 잔류응력에 의한 부식의 우려가 있다.
  - ㉢ 품질검사가 어렵다.
  - ㉣ 숙련도에 따라 작업자 요인이 많이 작용한다.

③ 환산용접 길이
  - ㉠ 용접작업마다 조건이 달라서 용접시간을 계산하기 어려우므로 각 작업에 환산계수를 곱하여 현장용접 길이로 환산한 용접 길이
  - ㉡ 판 두께 10mm짜리 맞대기 용접과 20mm짜리 용접의 두 작업을 각각 10m씩 한 경우, 10mm짜리는 환산계수가 1.32, 20mm짜리는 5.04라고 하면 판 두께 10mm짜리의 용접 길이는 실제 용접 길이 10m × 환산계수 1.32 = 현장용접 길이 13.2m, 판 두께 20mm짜리의 용접 길이는 10m × 환산계수 5.04 = 현장용접 길이 50.4m로 작업량이 비교 가능하다.

④ 균 열
  - ㉠ 용접균열은 용접 부위가 열을 받고 냉각하는 사이에 모재의 열영향부와 영향을 받지 않은 부분의 열의 불균형에 의해 주로 발생하고, 불순물이나 용접 불량 등에서도 발생한다.
  - ㉡ 저온균열은 용접 부위가 상온으로 냉각되면서 생기는 균열을 말하며, 용접부에 수소의 침투나 경화에 의해 발생한다. 수소의 침투를 제한하기 위해 수분(H_2O)의 제거나 저수소계 용접봉 등을 사용하거나 열충격을 낮추기 위해 가열부의 온도를 제한하는 방법을 고려할 수 있다.

핵심예제

1-1. 용접의 장점이 아닌 것은?　　　　　　[기본 기출]
① 제품의 성능과 수명이 향상된다.
② 이음형상을 자유롭게 할 수 있다.
③ 기밀, 수밀은 우수하나 이음 효율이 낮다.
④ 재료의 두께에 제한이 없다.

1-2. 저온 균열을 방지하기 위한 대책으로 틀린 것은?
　　　　　　[기본 기출]
① 저수소계 용접봉을 사용한다.
② 용접봉을 건조하여 사용한다.
③ 냉각속도를 느리게 한다.
④ 예열온도를 낮게 한다.

|해설|

1-1
이음효율이란 원래 판재의 강도와 이음이 된 부분의 강도의 비율로서 용접은 거의 100%의 효율이 나오는 이음법이다.

1-2
저온균열은 용접 부위가 상온으로 냉각되면서 생기는 균열을 말하며, 용접부에 수소의 침투나 경화에 의해 발생한다. 수소의 침투를 제한하기 위해 수분(H_2O)의 제거나 저수소계 용접봉 등을 사용하거나 열충격을 낮추기 위해 가열부의 온도를 제한하는 방법을 고려할 수 있다.

정답 1-1 ③　1-2 ③

① 가스용접 보호구 및 공구 : 보호안경, 토치 라이터, 팁 클리너, 압력조정기 등

② 가스용접의 장단점
　㉠ 열량 조절이 쉽고, 조작방법이 간편하다.
　㉡ 설비비가 싸고 유해 광선에 의한 피해가 적다.
　㉢ 열원의 온도가 낮고 열의 집중성이 나쁘다.
　㉣ 가열시간이 길어 용접 변형이 크다.
　㉤ 폭발 위험성이 크다.

③ 불꽃
　㉠ 형태에 따른 불꽃의 종류 : 불꽃심(끝부분에서 가장 높은 온도), 속불꽃, 겉불꽃
　㉡ 연소에 따른 불꽃의 종류 : 중성불꽃(연료 : 산소 = 1 : 1), 탄화불꽃(연료 多), 산화불꽃(산소 多)

④ 토치 취급 시 주의사항
　㉠ 점화된 토치는 함부로 방치하지 않는다.
　㉡ 토치를 망치나 꼬챙이, 막대 대용으로 사용하지 않는다.
　㉢ 안전한 취급을 위해 열의 소거, 변형의 조정, 공급량 조정 등의 조절 시에는 밸브를 모두 잠근다.
　㉣ 작업 중 역류, 역화, 인화 등에 항상 주의한다.

⑤ 역류, 역화, 인화
　㉠ 역류(Contraflow) : 산소가 아세틸렌 발생기 쪽으로 흘러 들어가는 것(발생기 쪽 막힘 같은 경우)
　㉡ 인화(Flash Back) : 혼합실(가스 + 산소 만나는 곳)까지 불꽃이 밀려들어가는 것. 팁 끝이 막히거나 작업 중 막는 경우 발생
　㉢ 역화(Backfire) : 가스 혼합, 팁 끝의 과열, 이물질의 영향, 가스 토출압력 부적합, 팁의 죔 불완전 등으로 불꽃이 '펑펑'하며 팁 안으로 들어왔다 나갔다 하는 현상

2-1. 다음 중 가스용접 토치 취급 시 주의사항으로 적합하지 않은 것은? [기본 기출]
① 점화되어 있는 토치는 함부로 방치하지 않는다.
② 토치를 망치나 갈고리 대용으로 사용해서는 안 된다.
③ 팁이 가열되었을 때는 산소 밸브와 아세틸렌 밸브가 모두 열려있는 상태로 물속에 담근다.
④ 작업 중에는 역류, 역화, 인화 등에 항상 주의하여야 한다.

2-2. 가스용접 보호구 및 공구가 아닌 것은? [기본 기출]
① 보호안경　　　　　　② 토치 라이터
③ 팁 클리너　　　　　　④ 용접 홀더

2-3. 산소와 아세틸렌을 이론적으로 1 : 1 정도 혼합시켜 연소할 때 용접 토치에서 얻는 불꽃은? [기본 기출]
① 중성 불꽃　　　　　　② 탄화 불꽃
③ 산화 불꽃　　　　　　④ 환원 불꽃

|해설|
2-1
안전한 취급을 위해 열의 소거, 변형의 조정, 공급량 조정 등의 조절 시에는 밸브를 모두 잠근다.

2-2
핵심이론 2 ① 참조

2-3
연소는 산소와 연료가 만나서 일어나며 연료가 많으면 탄화(화학적으로는 환원이라고 본다)되고 산소가 많으면 산화된다.

정답 2-1 ③　　2-2 ④　　2-3 ①

① 아세틸렌

  ㉠ 카바이드(CaC_2)를 석회(CaO)와 코크스를 혼합시켜 다량 제조

  ㉡ 카바이드와 물을 반응시키면 이론적으로 순수한 카바이드 1kgf에 348L 아세틸렌가스가 발생(실제는 230~300L)

  ㉢ 수소와 탄소의 화합물로 불안정하며, 냄새가 있다. 또 산소보다 가볍다.

  ㉣ 아세틸렌가스의 용해(1kgf/cm^2일 때) : 물 1배, 터빈유 2배, 석유 2배, 순알코올 2배, 벤젠 4배, 아세톤 25배. 12kgf/cm^2일 때 아세톤의 300배(용적 25배×압력 12배)

  ㉤ 폭발성 : 150℃, 2기압에서 완전 폭발하고 1.5기압에서 약간 충격 폭발한다. 압력에 유의한다.

  ㉥ 아세톤 1kg은 905L의 부피이다.

  ㉦ 아세틸렌 용기 취급 시 주의사항

    • 반드시 세워서 사용할 것

    • 충격이나 타격을 주지 말 것

    • 화기에 가까이 설치하면 안 됨

    • 비눗물로 누설검사를 실시할 것

② 수소 : 오래전부터 사용해 왔으며 불꽃이 무색이다. 납땜이나 수중 절단용으로 사용한다.

③ LPG : 가압하여 부피가 250배 압축되므로 저장이 간편하다. 산화성 강한 불꽃이 생성된다.

④ 산 소

  ㉠ 무색, 무취, 무미이고, 공기보다 무겁다. 액체 산소는 청색이다.

  ㉡ 연소를 돕는 기체이다.

  ㉢ 물을 분해하여 얻거나 공기 중에서 냉각하여 분리한다.

  ㉣ 산소용기 내 일반적으로 150kgf/cm^2으로 압축 충전하며, 1kgf/cm^2을 대기압으로 보고 150배 압축한 것이다.

  ㉤ 용접 가능시간

$$용접\ 가능시간 = \frac{산소용기\ 내\ 총산소량}{시간당\ 소비량}$$

핵심예제

3-1. 충전 전 아세틸렌 용기의 무게는 50kg이었다. 아세틸렌 충전 후 용기의 무게가 55kg이었다면 충전된 아세틸렌가스의 양은 몇 L인가?(단, 15℃, 1기압하에서 아세틸렌가스 1kg의 용적은 905L이다) [기본 기출]

① 4,525   ② 6,000

③ 4,500   ④ 5,000

3-2. 15℃, 15kgf/cm^2하에서 아세톤 30L가 들어 있는 아세틸렌 용기에 용해된 최대 아세틸렌의 양은? [기본 기출]

① 3,000L   ② 4,500L

③ 6,750L   ④ 11,250L

3-3. 용해 아세틸렌 취급 시 주의사항으로 틀린 것은?

[기본 기출]

① 용기는 수평으로 놓은 상태에서 사용한다.

② 저장실의 전기 스위치는 방폭구조로 한다.

③ 토치 불꽃에서 가연성 물질을 가능한 한 멀리한다.

④ 용기 운반 전에 밸브를 꼭 잠근다.

3-4. 33.7L의 산소용기에 150kgf/cm^2로 산소를 충전하여 대기 중에서 환산하면 산소는 몇 L인가? [간혹 출제]

① 5,055   ② 6,015

③ 7,010   ④ 7,055

3-5. 내용적 50L 산소용기의 고압력계가 150기압(kgf/cm^2)일 때 프랑스식 250번 팁으로 사용압력 1기압에서 혼합비 1 : 1을 사용하면 몇 시간 작업할 수 있는가? [최신 기출]

① 20시간   ② 30시간

③ 40시간   ④ 50시간

3-1

충전된 아세틸렌의 무게는 5kg이고 1kg당 905L의 부피를 차지하므로 5kg은 5×905=4,525L의 부피를 차지한다.

3-2

아세틸렌은 그대로 보관하면 부피가 크기 때문에 용해시켜서 보관한다. 아세틸렌을 용해시키는 방법은 아세틸렌 용기 속에 목탄 또는 규조토 등의 다공성 물질을 먼저 충전시키고, 다공성 물질에 아세톤을 흡수시켜서 용해하여 보관한다. 아세톤에 아세틸렌은 25배 용해된다. 15kgf/cm2이므로 15배 압축되어 있고 30L가 들어 있으므로 최대 아세틸렌 용해량은 30L×15×25=11,250L 이다.

3-3

용기는 수직으로 세운다.

3-4

33.7L×150배=5,055L(∵ 1kgf/cm² 을 대기압으로 보므로 대기 압에 비해 150배 압축)

3-5

150배 압축된 양이 50L이므로 산소의 양은 7,500L이다.

$$용접\ 가능시간 = \frac{산소용기\ 내\ 총산소량}{시간당\ 소비량}$$

250번 팁은 시간당 가스 소비량이 250L이므로 $\frac{7,500}{250}=30$이다.

정답 3-1 ① 3-2 ④ 3-3 ① 3-4 ① 3-5 ②

핵심이론 04 가스용접봉과 용가제

① 가스용접봉은 P, S 원소만 규정되어 있고, 이 성분이 매우 적은 저탄소강이 사용된다.

② 첨가된 화학성분

성 분	역 할
C	강도, 경도를 증가시키고 연성, 전성을 약하게 한다.
Mn	산화물을 생성하여 비드면 위로 분리한다.
S	용접부의 저항을 감소시키며, 기공 발생과 열간균열의 우려가 있다.
Si	탈산작용을 하여 산화를 방지한다.

③ 가스용접봉의 지름

㉠ 연강판의 두께와 용접봉 지름

(단위 : mm)

모재의 두께	2.5 이하	2.5~6.0	5~8	7~10	9~15
용접봉 지름	1.0~1.6	1.6~3.2	3.2~4.0	4~5	4~6

㉡ 용접봉의 지름 구하는 식 : $D = \dfrac{T}{2} + 1$

4-1. 산소-아스틸렌가스 용접을 할 때 사용하는 연강용 가스 용접봉의 재질에 첨가된 화학성분에 대하여 설명한 것 중 틀린 것은? [간혹 출제]

① 탄소(C) : 강의 강도는 증가하나 연신율과 굽힘성은 감소한다.

② 규소(Si) : 강도는 증가하나, 기공이 발생한다.

③ 인(P) : 강에 취성을 주며, 가연성을 잃게 한다.

④ 유황(S) : 용접부의 저항력을 감소시킨다.

4-2. 다음 중 두께가 3.2mm인 연강판을 산소-아세틸렌가스 용접할 때 사용하는 용접봉의 지름은 얼마인가?(단, 가스용접봉 지름을 구하는 공식을 사용한다) [간혹 출제]

① 1.0mm

② 1.6mm

③ 2.0mm

④ 2.6mm

|해설|

4-1
망간과 규소는 용융금속 중의 산소와 화합하여 산화물이 생성되어 비드 표면에 떠오르거나 탈산작용을 하여 산화를 방지한다.

4-2
용접봉의 지름 구하는 식

$$D = \frac{T}{2} + 1$$

$$\therefore D = \frac{3.2}{2} + 1 = 2.6mm$$

정답 4-1 ② 4-2 ④

핵심이론 05 용접의 실제

① 가스용접의 토치 운봉법

　㉠ 전진용접법 : 토치를 오른손, 용접봉을 왼손에 잡고, 토치의 팁이 향하는 방향(왼쪽)으로 용접비드를 놓아 가는 방법이다. 용착금속이 모재의 용융되지 않은 부분에 내려앉으므로 비드와 모재가 분리된 불완전한 용접이 되기 쉬우나 방법이 쉬우므로 얇은 판에 많이 사용한다.

　㉡ 후진용접법 : 전진용접법과 반대 방향으로 진행하는 방법으로 불꽃이 먼저 모재에 닿고 용착금속이 내려앉으므로 용입이 깊고, 접합이 좋으나 불편하다. 두꺼운 판에 적합하다.

② 맞대기 용접기호

맞대기 용접의 홈 형상에 비슷한 영문자를 따다 붙인 것이다.

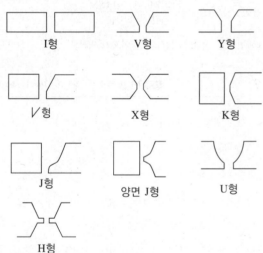

[맞대기 이음의 홈 모양]

③ 용접 자세 기호

　㉠ F(Front) : 아래보기(위에서 아래 보기) 용접

　㉡ V(Vertical) : 수직용접

　㉢ H(Horizontal) : 수평용접

　㉣ OH(Over Head) : 위보기(아래에서 위로 보기) 용접

5-1. 가스용접의 후진법 특징에 대한 설명 중 잘못된 것은?

[기본 기출]

① 비드 모양이 아름답다.
② 열 이용률이 좋다.
③ 용접 변형이 작다.
④ 용접부의 산화가 적다.

5-2. 다음 중 맞대기 용접의 홈 형상이 아닌 것은?

[기본 기출]

① H형
② I형
③ R형
④ K형

|해설|

5-1
후진용접은 모재를 충분히 녹일 수 있어 용입이 깊고 열 이용이 좋다. 용접봉을 녹인 후 비드를 다듬기가 어렵고, 용접이 다소 불편하다.

5-2
맞대기 용접의 홈 형상과 비슷한 영문자를 따다 붙인 것이다.

정답 **5-1** ① **5-2** ③

① 용접은 열을 이용하므로 작업 후에 열변형에 의한 잔류응력이 남는다.
② 잔류응력을 제거하기 위해서는 열처리가 필요하며 응력 제거를 위해서는 풀림처리를 한다.

용접에서 발생한 잔류응력을 제거하려면 어떠한 열처리를 하는 것이 가장 적합한가?

[간혹 출제]

① 담금질을 한다.
② 불림처리를 한다.
③ 뜨임처리를 한다.
④ 풀림처리를 한다.

|해설|

담금질은 강화, 불림(노멀라이징)은 표준화, 뜨임은 담금질 후 조정, 응력 제거에는 풀림처리를 시행한다.

정답 ④

① 아크용접은 교류 또는 직류 전압을 전극봉과 모재에 접속하여 아크를 발생시켜 용접한다.

② 아크(Arc)란 일종의 집중 방전현상으로 전극에서 전하가 공기 중으로 튀어나와 다른 전극으로 건너뛰는 현상을 말한다.

③ 접합부에서 모재와 녹아 붙은 금속을 용착금속(Weld Metal)이라 한다.

④ 모재가 용융된 깊이를 용입(Penetration)이라 한다.

⑤ 모재 표면은 용착금속이 응고되어 파형모양을 띄게 되며 이를 비드(Bead)라고 부른다.

⑥ 피복아크용접, 불활성가스아크용접(TIG, MIG), 서브머지드아크용접, CO_2 용접, 플라스마아크용접 등이 있다.

핵심예제

피복아크용접에서 아크열에 의해 용접봉이 녹아 금속증기 또는 용적으로 되어 녹은 모재와 융합하여 용착금속을 만드는 데 용융물이 모재에 녹아 들어간 깊이를 무엇이라 하는가?

[기본 기출]

① 용융지   ② 용 입
③ 용 착   ④ 용 적

|해설|

모재가 용융된 깊이를 용입(Penetration)이라 한다.

정답 ②

① 정전압특성 : 아크의 길이가 l_1에서 l_2로 변하면 아크전류가 I_1에서 I_2로 크게 변화하지만 아크전압에는 거의 변화가 나타나지 않는 특성을 정전압특성 또는 CP(Constant Potential)특성이라 한다.

② 상승특성 : 아르곤이나 CO_2 아크 자동 및 반자동 용접과 같이 가는 지름의 전극 와이어에 큰 전류를 흐르게 할 때의 아크는 상승특성을 나타내며, 여기에 상승 특성이 있는 직류 용접기를 사용하면, 아크의 안정은 자동적으로 유지되어, 아크의 자기제어작용을 한다.

③ 부특성 : 전류밀도가 작은 범위에서 전류가 증가하면 아크 저항은 감소하므로 아크전압도 감소하는 특성

④ 아크용접의 비교

분 류	장 점	단 점
직류아크용접	아크가 안정되고 전격의 위험이 작다.	구조가 복잡하고 아크 쏠림이 일어난다.
교류아크용접	구조가 간단하고 아크 쏠림이 없다.	아크가 불안정하고 전류가 높아 위험하다.

⑤ 직류 정극성 : 정극성은 용접봉에서 전하가 튀어 나가도록 연결된 상황으로 (−)극에서 전하가 튀어 나간다. 즉, 용접봉 (−)극, 모재 (+)극으로 연결된다. 전하를 받는 쪽에서 마찰과 충격으로 인한 발열에너지가 발생하며 용접봉과 모재에 발생하는 에너지의 70%가 (+)쪽에서 발생한다.

⑥ 정극성 VS 역극성

   ㉠ 정극성 : 모재의 용입이 깊고 비드폭이 좁다. 또 용접봉의 용융이 느리다.

   ㉡ 역극성 : 용입이 얕다. 비드가 상대적으로 넓고, 모재 쪽 용융이 느리다. 얇은 판에 유리하다.

⑦ 아크쏠림

   ㉠ 직류아크용접 중 아크가 극성이나 자기(Magnetic)에 의해 한쪽으로 쏠리는 현상이다.

ⓛ 아크쏠림 방지대책
- 접지점을 용접부에서 멀리함
- 가용접을 한 후 후진법으로 용접을 함
- 아크의 길이를 짧게 유지함
- 직류용접보다는 교류용접을 사용함

⑧ 용접입열 : 용접부에 외부에서 주어지는 열량

용접입열 $H = \dfrac{60EI}{V}$ (Joule/cm)

E : 아크전압, I : 아크전류, V : 용접속도(cm/min)

핵심예제

8-1. 아크전압의 특성은 전류밀도가 작은 범위에서는 전류가 증가하면 아크저항은 감소하므로 아크전압도 감소하는 특성이 있다. 이러한 특성을 무엇이라고 하는가?　　[기본 기출]

① 정전압특성　　　　　② 정전류특성
③ 부특성　　　　　　　④ 상승특성

8-2. 피복아크용접에 관한 설명 중 틀린 것은?　[자주 출제]

① 용접봉에 (+)극을 연결하고 모재에 (-)극을 연결하는 역극성이라 한다.
② 직류 정극성에서는 약 70%의 열이 양극에서 발생한다.
③ 피복아크용접은 직류보다 교류아크가 안정되어 있다.
④ 아크 발열이 가스의 연소열보다 온도가 높다.

8-3. 아크용접에서 아크쏠림 방지대책으로 틀린 것은?

[기본 기출]

① 접지점을 될 수 있는 대로 용접부에서 멀리할 것
② 용접부가 긴 경우에는 전진법을 사용할 것
③ 직류용접으로 하지 말고 교류용접으로 할 것
④ 짧은 아크를 사용할 것

8-4. 아크전류 150A, 아크전압 25V, 용접속도 15cm/min일 경우 용접단위 길이 1cm당 발생하는 용접입열은 약 몇 Joule/cm인가?　　[간혹 출제]

① 15,000　　　　　　② 20,000
③ 25,000　　　　　　④ 30,000

8-5. 직류 정극성의 열 분배는 용접봉 쪽에 몇 % 정도 열이 분배되는가?　　[최신 기출]

① 30　　　　　　　　② 50
③ 70　　　　　　　　④ 80

|해설|

8-1

③ 부특성 : 전류밀도가 작은 범위에서 전류가 증가하면 아크저항은 감소하므로 아크전압도 감소하는 특성이다.
① 정전압특성 : 아크의 길이가 I_1에서 I_2로 변하면 아크전류가 I_1에서 I_2로 크게 변화하지만 아크전압에는 거의 변화가 나타나지 않는 특성을 정전압 특성 또는 CP(Constant Potential) 특성이라 한다.
④ 상승특성 : 아르곤이나 CO_2 아크 자동 및 반자동 용접과 같이 가는 지름의 전극 와이어에 큰 전류를 흐르게 할 때의 아크는 상승특성을 나타내며, 여기에 상승 특성이 있는 직류 용접기를 사용하면, 아크의 안정은 자동적으로 유지되어 아크의 자기제어작용을 한다.

8-3

용접부가 긴 경우 후진법을 사용한다.

8-4

용접입열 $H = \dfrac{60EI}{V}$ Joule/cm

(여기서, E : 아크전압, I : 아크전류, V : 용접속도(cm/min))

$H = \dfrac{60 \times 25(\text{V}) \times 150(\text{A})}{15(\text{cm/min})} = 15,000 \text{Joule/cm}$

8-5

정극성의 경우 용접봉의 전하가 튀어나와 모재 쪽에 충돌하므로 모재 쪽에 발열이 더 크다. (+)극에서 70% 정도의 발열이, (-)극에서 30% 정도의 발열이 발생한다.

정답 8-1 ③　8-2 ③　8-3 ②　8-4 ①　8-5 ①

① 교류 아크용접기의 규격

종류		AW200	AW300	AW400	AW500
정격 2차 전류(A)		200	300	400	500
정격 사용률(%)		40	40	40	60
정격 부하 전압	저항 강하(V)	30	35	40	40
	리액턴스 강하(V)	0	0	0	12
최고 2차 무부하 전압(V)		85 이하	85 이하	85 이하	95 이하
2차 전류(A)	최댓값	200 이상 220 이하	300 이상 330 이하	400 이상 440 이하	500 이상 550 이하
	최솟값	35 이하	60 이하	80 이하	100 이하
사용되는 용접봉 지름		2.0~4.0	2.6~6.0	3.2~8.0	4.0~8.0

② 사용률 : 실제 용접작업에서 어떤 용접기로 어느 정도 용접을 해도 용접기에 무리가 생기지 않는가를 판단하는 기준

$$사용률 = \frac{아크발생시간}{아크발생시간 + 휴식시간}$$

③ 허용사용률 $= \left(\frac{정격2차전류}{사용용접전류}\right)^2 \times 정격사용률$

  ㉠ 정격사용률 : 정격2차전류로 용접하는 경우의 사용률

④ 아크용접기구

  ㉠ 용접봉 홀더

  ㉡ 용접봉 케이블

  ㉢ 접지클램프

  ㉣ 핸드실드와 헬멧

  ㉤ 케이블 커넥터

  ㉥ 장갑, 앞치마, 팔덮개, 발 커버

⑤ 아크용접기 부속장치

  ㉠ 고주파발생장치 : 아크안정을 목적

  ㉡ 전격방지장치 : 감전재해에서 용접사를 보호할 목적

  ㉢ 원격제어장치 : 용접기에서 떨어져 작업 위치의 전류를 조정

  ㉣ 핫스타트 장치 : 아크 발생 초기, 입열 부족으로 아크 불안정이 생기기 때문에 아크 초기에만 전류를 크게 할 목적

9-1. AW 240 용접기를 사용하여 용접했을 때 허용사용률은 약 얼마인가?(단, 실제 사용한 용접전류는 200A이었으며 정격 사용률은 40%이다) [매년 유사 출제]

① 33.3%　　　　　　② 48.0%
③ 57.6%　　　　　　④ 83.3%

9-2. 핫스타트(Hot Start)장치의 사용 이점이 아닌 것은? [기본 기출]

① 아크 발생을 쉽게 한다.
② 비드 모양을 개선한다.
③ 기공(Blow Hole)을 촉진한다.
④ 아크 발생 초기 비드 용입을 양호하게 한다.

9-3. AW 300인 교류 아크용접기의 규격상의 전류 조정범위로 가장 적합한 것은? [기본 기출]

① 20~100A　　　　　② 40~220A
③ 60~330A　　　　　④ 80~440A

|해설|

9-1

$$허용사용률 = \left(\frac{정격2차전류}{사용용접전류}\right)^2 \times 정격사용률$$

$$= \left(\frac{240}{200}\right)^2 \times 40\% = 57.6\%$$

9-2
아크가 발생하는 초기에만 용접전류를 특별히 커지게 만든 아크의 발생방법이다.

핫스타트장치의 장점
• 아크 발생을 쉽게 한다.
• 블로 홀을 방지한다.
• 비드의 이음을 좋게 한다.
• 아크 발생 초기의 비드의 용입을 좋게 한다.

9-3

종류	2차 전류(A)	
	최댓값	최솟값
AW200	200 이상 220 이하	35 이하
AW300	300 이상 330 이하	60 이하
AW400	400 이상 440 이하	80 이하
AW500	500 이상 550 이하	100 이하

정답 9-1 ③　9-2 ③　9-3 ③

① 피복제의 역할

　㉠ 아크의 안정과 집중성을 향상시킨다.

　㉡ 환원성과 중성 분위기를 만들어 대기 중의 산소나 질소의 침입을 막아 용융금속을 보호한다.

　㉢ 용착금속의 탈산정련작용을 한다.

　㉣ 용융점이 낮은 적당한 점성의 가벼운 슬래그를 만든다.

　㉤ 용착금속의 응고속도와 냉각속도를 느리게 한다.

　㉥ 용착금속의 흐름을 개선한다.

　㉦ 용착금속에 필요한 원소를 보충한다.

　㉧ 용적을 미세화하고 용착효율을 높인다.

　㉨ 슬래그 제거를 쉽게 하고, 고운 비드를 생성한다.

　㉩ 스패터링을 제어한다.

② 피복제의 주된 원소와 그 작용

　㉠ 셀룰로스 : 가스 발생을 좋게 하고 환원분위기를 조성한다.

　㉡ 산화타이타늄 : 아크를 안정하게 하고 슬래그를 좋게 한다.

　㉢ 일미나이트 : 아크를 안정하게 하고 슬래그를 개선한다.

　㉣ 산화철 : 슬래그를 좋게 하고, 산화작용이 생긴다.

　㉤ 이산화탄소 : 아크를 안정시키고 슬래그 생성과 산화작용에 간섭한다.

　㉥ 페로망간 : 슬래그를 좋게 하고, 환원작용을 하며 합금효과가 있다.

　㉦ 이산화망간 : 슬래그를 개선하고, 산화작용을 돕는다.

　㉧ 규사 : 슬래그를 좋게 한다.

　㉨ 규산칼륨 : 아크를 안정시키고 슬래그 생성을 좋게 한다. 피복의 고착에 관여한다.

　㉩ 규산나트륨 : 슬래그를 좋게 하고 피복의 고착에 직접 관여한다.

③ 아크용접봉의 특성

일미나이트계 (E4301)	슬래그 생성식으로 전자세 용접이 되고, 외관이 아름답다.
고셀룰로스계 (E4311)	가장 많은 가스를 발생시키는 가스 생성식이며 박판용접에 적합하다.
고산화 타이타늄계 (E4313)	아크의 안정성이 좋고, 슬래그의 점성이 커서 슬래그의 박리성이 좋다.
저수소계 (E4316)	슬래그의 유동성이 좋고 아크가 부드러워 비드의 외관이 아름다우며, 기계적 성질이 우수하다.
라임티타니아계 (E4303)	슬래그의 유동성이 좋고 아크가 부드러워 비드가 아름답다.
철분 산화철계 (E4327)	스패터가 적고 슬래그의 박리성도 양호하며, 비드가 아름답다.
철분 산화타이타늄계 (E4324)	아크가 조용하고 스패터가 적으나 용입이 얕다.
철분 저수소계 (E4326)	아크가 조용하고 스패터가 적어 비드가 아름답다.

④ 용착금속의 중량 = 용접봉의 중량 × 용착효율

10-1. 피복제에 첨가되어 아크를 안정시키는 성분이 아닌 것은? [기본 기출]

① 규산칼륨
② 규산나트륨
③ 석회석
④ 규소철

10-2. 다음 중 균열에 대한 감수성이 특히 좋아서 두꺼운 판 구조물의 용접 혹은 구속도가 큰 구조물, 고장력강 및 탄소나 황의 함유량이 많은 강의 용접에 가장 적합한 용접봉은? [간혹 출제]

① 고셀룰로스계(E4311)
② 저수소계(E4316)
③ 일루미나이트계(E4301)
④ 고산화타이타늄계(E4313)

10-3. 용접봉 지름이 6mm, 용착효율이 65%인 피복아크용접봉 200kg을 사용하여 얻을 수 있는 용착금속의 중량은? [기본 기출]

① 130kg
② 200kg
③ 184kg
④ 1,200kg

|해설|

10-1
아크를 안정시키는 성분에는 산화타이타늄, 일미나이트, 산화철, 이산화탄소, 규산칼륨, 규산나트륨이 있다.

10-3
용착금속의 중량 = 용접봉의 중량 × 용착효율
$$= 200 \times 0.65 = 130$$

정답 10-1 ④ 10-2 ② 10-3 ①

핵심이론 11 피복아크용접의 결함

① 용접균열 : 가장 중대한 결함이며, 용접금속의 균열과 열영향부 균열로 나뉜다.

　㉠ 용접금속의 균열
　　• 고온균열 : 필릿용접의 세로균열이나 크레이터 균열 등과 같이 용융금속이 수축할 때에 생기기 쉽다. 강재 속의 황, 인, 탄소가 원인이 된다.
　　• 저온균열 : 응력이 집중되는 부분에 생기기 쉬우며, 비드균열이 여기 속한다.

　㉡ 열영향부 균열 : 비드 밑 균열, 토(Toe) 균열, 비드 균열이 있다.

　㉢ 균열 방지
　　• 적당한 모재 선택
　　• 저수소 용접봉 사용
　　• 적당한 예열과 후열

② 기공 : 아크의 길이가 길 때, 피복제에 수분이 있을 때, 용접부의 냉각속도가 빠를 때 용착금속에 가스가 생긴다.

③ 스패터 : 용융금속의 기포나 용적이 폭발할 때 슬래그가 비산하여 발생한다. 과대 전류, 피복제의 수분, 아크의 길이가 길 때 발생한다.

④ 언더컷 : 모재와 비드의 경계 부분에 팬 홈이 생기는 것이다. 과대전류, 용접봉의 부적절한 운봉, 지나친 용접속도, 긴 아크 길이가 원인이 된다.

⑤ 오버랩 : 용융금속이 모재에 용착되는 것이 아니라 덮기만 하는 것을 말한다. 용접전류가 낮거나 속도가 느리거나, 맞지 않는 용접봉 사용 시 발생한다.

⑥ 용입 불량 : 모재가 녹아서 융합된 깊이를 용입이라 하고, 용입 깊이가 얕은 경우를 말한다. 용접전류가 낮거나 용접속도가 빠를 때 발생하기 쉽다.

⑦ 슬래그 섞임 : 용착금속 안에 슬래그가 남아 있는 것이다. 슬래그 제거 불량이나 운봉 불량이 원인이 된다.

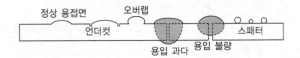

핵심예제

11-1. 피복아크용접에서 용입 불량의 주요 원인 설명으로 가장 관계가 먼 것은?
[기본 기출]

① 용접속도가 너무 빠를 때
② 용접전류가 낮을 때
③ 이음 설계에 결함이 있을 때
④ 모재 가운데 황 함유량이 많을 때

11-2. 수직 자세나 수평 필릿 자세에서 운봉법이 나쁘면 수직 자세에서는 비드 양쪽, 수평 필릿 자세에서는 비드 위쪽 토(Toe)부에 모재가 오목한 부분이 생기는 것은?
[기본 기출]

① 오버랩
② 스패터
③ 자기불림
④ 언더컷

|해설|

11-1
용접전류가 낮거나 용접속도가 빠를 때 용입 불량이 일어난다. 황은 FeS을 생성하여 입계균열을 유발한다.

11-2
언더컷 : 모재와 비드의 경계 부분에 팬 홈이 생기는 것으로 과대전류, 용접봉의 부적절한 운봉, 지나친 용접속도, 긴 아크 길이가 원인이 된다.

정답 11-1 ④ 11-2 ④

핵심이론 12 피복아크용접 기법

① 용착방법에 따라
　㉠ 전진법 : 비드를 뒤로 하고 비드를 쌓을 면을 계속 보면서 용접하는 방법
　㉡ 후진법 : 생성된 비드를 계속 보면서 용접봉을 뒤로 물러가며 용접하는 방법
　㉢ 대칭법 : 용접 부위 전체를 중심을 기준으로 좌우대칭 용접하는 방법으로 응력분산효과가 있음
　㉣ 스킵법 : 용접할 전체 부위를 5군데로 나누어 번호를 매겨 1-4-2-5-3 순으로 용접하는 방법으로 잔류응력을 적게 할 때 사용
② 용접층에 따라
　㉠ 덧살올림법 : 가장 일반적으로 비드 위에 비드를 쌓아 올려가며 쭉 이어 용접하는 방법
　㉡ 점진블록법 : 용접봉 하나를 소진하여 몇 층을 쌓을 양만큼, 즉 5층으로 쌓을 것이면 용접봉의 1/5을 소진하는 길이만큼 용접한 후 층 쌓기를 하는 방법
　㉢ 캐스케이드법 : 층을 쌓은 후 이동하기를 반복하는 방법
③ 위빙 : 비드를 움직여 쌓는 과정으로 심선 지름의 2~3배 정도가 되면 너무 넓지 않게 힘을 받을 수 있는 적당한 양

핵심예제

용접작업에서의 용착법 중 박판용접 및 용접 후의 비틀림을 방지하는 데 가장 효과적인 것은?
[최신 기출]

① 전진법　　　　　　② 후진법
③ 캐스케이드법　　　④ 스킵법

|해설|

스킵법은 얇고 응력의 영향이 있는 재료에 적합한 방법으로 전체를 몇 구역으로 나누어 띄엄띄엄 용접하는 방법이다.

정답 ④

① 불활성 가스용접 : 불활성 가스 속에서 아크를 발생시켜 모재와 전극봉을 용융, 접합. TIG용접(Inert Gas Shielded Tungsten Arc Welding), MIG용접(Inert Gas Shielded Metal Arc Welding)이 있다. 열집중이 높고 가스 이온이 모재 표면의 산화막을 제거하는 청정작용이 있으며 불활성 가스로 인해 산화, 질화가 방지된다.

② 서브머지드 아크용접 : 뿌려둔 용제 속에서 아크를 발생시키고, 이 아크열로 용접한다. 슬래그가 덮여 있어 용입이 깊고, 이음 홈이 좁아 경제적이며 용접 중 용접부가 잘 안 보인다.

③ CO2 아크용접 : 보호가스로 CO_2를 사용한다. 전류밀도가 높아 용융속도가 빠르며 아크가 보여서 시공이 편리하다.

④ 플라스마 용접 : 전극과 모재 사이에 플라스마 아크를 이용하여 용접한다. 열 집중이 우수하여 용입이 깊고 용접속도가 빠르며 용접부가 대기로부터 보호된다.

⑤ 전자빔, 레이저빔 용접 : 열 집중이 좋아 좁고 깊은 용입이 얻어진다. 레이저빔은 비금속 재료의 용접에도 적합하다.

⑥ 스터드(Stud) 용접 : Stud(볼트, 환봉, 핀)와 모재 사이에 아크를 발생시켜 스터드와 모재를 적절히 녹인 후 꾹 눌러 융합시키는 용접이다. 용접변형이 적고, 느린 냉각으로 균열이 적다.

⑦ 테르밋(Thermit) 용접 : 미세한 알루미늄 가루와 산화철 가루를 3~4 : 1 중량으로 혼합한 테르밋제에 과산화바륨과 알루미늄(또는 Mg)의 혼합 가루로 된 점화제를 넣어 점화하고 화학반응에 의한 열을 이용한다. 이 반응을 테르밋반응이라 한다.

　　㉠ 용융테르밋법 : 테르밋반응에 의해 만들어진 용융 금속을 접합 또는 덧살올림 용접하는 방법이다.

　　㉡ 특징 : 기술 습득이 용이하고, 용접시간이 짧아 용접 후 변형이 적다.

⑧ 전기저항용접

　　㉠ 겹치기 저항용접 : 스폿(Spot) 용접, 심(Seam) 용접, 프로젝션(Projection) 용접

　　㉡ 맞대기 저항용접 : 업셋(Upset) 용접, 플래시(Flash) 용접

핵심예제

13-1. 직류 역극성에서 아르곤 가스를 사용하는 경우에 생기는 작용으로 아르곤의 이온이 모재와 충돌함으로써 모재 표면의 산화막을 제거하는 현상은? [기본 기출]

① 산화작용　　　　　② 청정작용
③ 폭발작용　　　　　④ 드레싱작용

13-2. 테르밋 용접에서 테르밋은 무엇과 무엇의 혼합물인가? [자주 출제]

① 붕사와 붕산의 분말
② 알루미늄과 산화철의 분말
③ 알루미늄과 마그네슘의 분말
④ 규소와 납의 분말

13-3. 다음 중 용융속도와 용착속도가 빠르며 용입이 깊은 특징을 가지며, '잠호용접'이라고도 하는 용접은? [기본 기출]

① 저항용접
② 서브머지드 아크용접
③ 피복금속아크용접
④ 불활성 가스텅스텐 아크용접

|해설|

13-1
청정작용은 아르곤 가스용접 시에만 생겨난다.

13-2
테르밋 용접 : 미세한 알루미늄 가루와 산화철 가루를 중량비로 3 : 1~4 : 1 정도로 혼합한 테르밋제에 과산화바륨과 알루미늄 또는 마그네슘의 혼합 가루로 된 점화제로 점화하면, 화학반응(테르밋반응)에 의해 2,800℃ 이상의 열이 발생한다.

13-3
뿌려둔 용제 속에서 아크를 발생시키고, 이 아크열로 용접한다. 슬래그가 덮여 있어 용입이 깊고, 이음 홈이 좁아 경제적이며 용접 중 용접부가 잘 안 보인다.

정답 13-1 ② 13-2 ② 13-3 ②

① 납땜 : 모재가 녹지 않고 용융재를 녹여 모세관 현상에 의해 접합
  ㉠ 연납땜 : 인장강도 및 경도가 낮고 용융점(450℃)이 낮아 작업이 쉽다. 주석과 납을 5 : 5로 섞어서 많이 사용한다.
    • 연납용 용제 : 염화아연, 염산, 염화암모늄이 대표적이다.
  ㉡ 경납땜 : 용융점(450℃) 이상의 납땜에 사용되는 납재를 경납이라 한다.
    • 은납 : 구성성분이 Sn 95.5%, Ag 3.8%, Cu 0.7% 정도이고 용융점이 낮고 과열에 의한 손상이 없다. 접합강도, 전연성, 전기전도도, 작업능률이 좋은 편이다.
    • 황동납 : 진유납이라고도 말하며 구리와 아연의 합금으로 용점이 820~935℃ 정도이다.
② 납땜 용제의 구비조건
  ㉠ 땜납재의 융점보다 낮은 온도에서 용해되어 산화물을 용해하고 슬래그로 제거될 것
  ㉡ 납땜 중 납땜부 및 땜납재의 산화를 방지할 것
  ㉢ 모재 및 땜납에 대한 부식작용이 작을 것
  ㉣ 용재의 유동성이 좋아 좁은 간극까지 침투할 것

14-1. 납땜을 연납땜과 경납땜으로 구분할 때의 융점온도는?
[기본 기출]

① 100℃ ② 212℃
③ 450℃ ④ 623℃

14-2. 진유납이라고도 말하며 구리와 아연의 합금으로 그 융점은 820~935℃ 정도인 것은?
[기본 기출]

① 은 납 ② 황동납
③ 인동납 ④ 양은납

14-3. 납땜용제의 구비조건 중 틀린 것은?
[기본 기출]

① 땜납재의 융점보다 낮은 온도에서 용해되어 산화물을 용해하고 슬래그로 제거될 것
② 납땜 중 납땜부 및 땜납재의 산화를 방지할 것
③ 모재 및 납에 대한 부식작용이 클 것
④ 용재의 유동성이 양호하여 좁은 간극까지 잘 침투할 것

|해설|

14-1
납땜은 그 용융온도에 따라 대체로 450℃ 이하인 연납과 450℃ 이상인 경납으로 구분한다.

14-2
용융점(450℃) 이상의 납땜 재를 경납이라 하며 은납과 황동납이 예이다.
• 은납 : 구성성분이 Sn 95.5%, Ag 3.8%, Cu 0.7% 정도이고 용융점이 낮고 과열에 의한 손상이 없다. 접합강도, 전연성, 전기전도도, 작업능률이 좋은 편이다.
• 황동납 : 진유납이라고도 말하며 구리와 아연의 합금으로 용점이 820~935℃ 정도이다.

14-3
모재나 땜납에 대해 부식을 일으키지 않아야 한다.

정답 14-1 ③ 14-2 ② 14-3 ③

① 가스 절단 : 강의 일부를 가열시켜 녹인 후 산소로 용융부를 불어내어 절단한다.

　　㉠ 절단조건
　　　• 드래그(입구면과 출구면의 수평거리차)가 가능한 작을 것
　　　• 드래그 홈이 작고 노치가 없을 것
　　　• 슬래그가 쉽게 빠져나갈 것
　　　• 절단 표면의 각이 예리할 것

　　㉡ 절단용 산소에 불순물이 증가되면 절단속도가 늦어지고, 이에 따라 많은 면이 절단된다. 같은 열량을 내는 데 많은 산소가 필요하고, 절단 개시 시간이 늦어져서 결국 슬래그가 천천히 빠져나가 표면이 좋지 않은 절단면을 생성할 수 있다.

　　㉢ 예열불꽃이 강할 때 절단 부분 외에도 많은 부분이 열변형의 영향을 받아, 절단부 외의 주변부도 변형이 되어 모서리가 둥글게 되며, 실제 절단면은 거칠어진다.

　　㉣ 반대로 예열불꽃이 약하면 드래그가 증가하며, 절단속도가 느려지고, 충분히 녹지 않아 절단이 중단되기도 쉬우며, 토치부의 영향을 받아 역화 등이 일어날 수도 있다.

② 아크 절단

　　㉠ 탄소아크 절단 : 가장 간단한 절단법이다. 아크열을 발생시켜 용융, 절단할 수 있다.

　　㉡ 금속아크 절단 : 탄소아크 절단에 비해 절단면 폭을 좁게 할 수 있다.

　　㉢ 아크 에어 가우징 : 탄소아크 절단에 압축공기를 함께 사용하여 용접부의 홈파기, 용접 결함부의 제거 및 절단, 구멍 뚫기에 이용한다.

　　㉣ 산소아크 절단 : 가스 절단과 결합한 고속 절단법이다.

　　㉤ TIG/MIG 아크 절단 : 특수토치로 경합금, 구리합금 등 비철금속의 고속 절단에 사용한다.

　　㉥ 플라스마 아크 절단 : 플라스마 빔을 생성하여 금속 및 비금속을 절단한다.

　　㉦ 스카핑(Scarfing) : 불꽃 가공의 일종으로 가스 절단의 원리를 응용하여 강재의 표면을 비교적 낮고, 폭넓게 녹여 절삭하여 결함을 제거하는 방법이다. 이에 사용되는 가우징의 형상은 깊이와 폭의 비가 1:3~1:7 정도의 평평한 반타원형이다. 강괴와 강편 등의 표면 흠집, 균열, 비금속 개재물 또는 탈탄층을 제거하는 데 사용된다.

핵심예제

15-1. 가스 절단작업에서 예열불꽃이 약할 때 생기는 현상으로 가장 거리가 먼 것은? [간혹 출제]

① 절단작업이 중단되기 쉽다.
② 절단속도가 늦어진다.
③ 드래그가 증가한다.
④ 모서리가 용융되어 둥글게 된다.

15-2. 강재 표면의 흠이나 개재물, 탈탄층 등을 제거하기 위하여 될 수 있는 대로 얇게 그리고 타원형 모양으로 표면을 깎아내는 가공법은? [기본 기출]

① 스카핑　　　　　　　② 용사법
③ 원자수소법　　　　　④ 레이저 용접

|해설|

15-1
가스 유량이 불충분하거나 예열불꽃이 약할 경우에는 절단면에 노치가 발생하기 쉽고, 산화반응의 지속이 어려워 절단이 중지되기도 한다. 예를 들어 표면에 스케일이나 불순물로 인해 강한 예열이 요구되는 상황에서 충분한 예열불꽃이 발생되지 않는 경우 절단이 중지되기도 한다. 반대로 예열불꽃이 너무 강하면 절단 홈 모서리부터 녹기 시작하며, 절단면이 깔끔하지 않게 된다.

15-2
스카핑(Scarfing) : 불꽃가공의 일종으로 가스 절단의 원리를 응용하여 강재의 표면을 비교적 낮고, 폭넓게 녹여 절삭하여 결함을 제거하는 방법이다. 이에 사용되는 가우징의 형상은 깊이와 폭의 비가 1:3~1:7 정도의 평평한 반타원형이다. 강괴와 강편 등의 표면 흠집, 균열, 비금속 개재물 또는 탈탄층을 제거하는 데 사용된다.

정답 15-1 ④　15-2 ①

교육이란 사람이 학교에서 배운 것을
잊어버린 후에 남은 것을 말한다.

-알버트 아인슈타인-

Win-Q

침투비파괴검사기능사

※ 비파괴검사-침투탐상검사-일반원리(KS B ISO 3452)는 2016년 12월에 폐지됨

PART

2

과년도 + 최근 기출복원문제

01 자분탐상검사에 형광자분을 사용하는 경우 자외선등의 파장으로 옳은 것은?

① 80   ② 257

③ 365   ④ 500

해설

단순 지식을 묻는 문제이다. 365nm의 파장(사용범위 320~400nm)이 가장 강한 가시광선을 발생시키며, 형광침투액은 발광 시 주로 연녹색을 사용한다.

02 와전류탐상시험에서 시험코일의 자계의 세기와 자속밀도와의 관계로 옳은 것은?

① 비례관계

② 항상 불변

③ 반비례관계

④ 고주파일때만 비례관계

해설

$\mu = \dfrac{B}{H}$ (μ : 투자율, B : 자속밀도, H : 자력 세기)

03 X선의 일반적 특성에 대한 설명으로 옳은 것은?

① 높은 주파수를 갖는다.

② 높은 지향성을 갖는다.

③ 파장이 긴 전자파이다.

④ 물체에 닿으면 모두 반사한다.

해설

② 지향성은 초음파의 특성이다.

③, ④ 파장의 길이가 짧고 반사되는 것이 아니라 투과성을 지닌다.

04 초음파탐상시험을 할 때 일상점검이 아닌 특별점검이 요구되는 시기와 거리가 먼 것은?

① 탐촉자 케이블을 교환했을 때

② 장비에 충격을 받았다고 생각될 때

③ 일일작업 시작 전 장비를 점검할 때

④ 특수환경에서 장비를 사용하였을 때

해설

일상점검은 작업 전, 작업 중, 작업 후 점검으로 일상적인 작업에 관련하여 실시하는 점검이다.

05 누설검사법 중 미세한 누설에 검출률이 가장 높은 것은?

① 기포누설검사법

② 헬륨누설검사법

③ 할로겐누설검사법

④ 암모니아누설검사법

해설

헬륨누설시험법은 극히 미세한 누설까지도 검사가 가능하고 검사 시간도 짧으며, 이용범위도 넓다.

06 침투탐상시험에서 침투액이 불연속에 침투할 때 기장 영향을 많이 미치는 것은?

① 탐상할 시편의 조도

② 탐상할 시편의 전도율

③ 탐상할 시편의 합금 상태

④ 탐상할 시편의 표면 상태

해설

침투탐상시험은 표면탐상시험이다. 표면 상태에 따라 적심성과 침투능력에 영향을 많이 받는다.

07 그림과 같이 물을 통하여 알루미늄에 초음파를 9°의 입사각으로 입사시킬 때 알루미늄에서의 굴절각은 약 몇 도인가?(단, 물의 종파속도는 1,500m/s, 알루미늄의 종파속도는 6,300m/s이다)

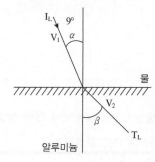

① 13° ② 21°

③ 33° ④ 41°

해설

$\dfrac{\sin\alpha}{\sin\beta}=\dfrac{V_1}{V_2}$, $\sin\beta=\dfrac{V_2}{V_1}\times\sin\alpha$,

$\sin\beta=\dfrac{6,300}{1,500}\times\sin9°=0.657$ ∴ $\beta=41°$

08 다른 침투탐상시험과 비교하여 후유화성 형광침투탐상시험의 장점이라고 볼 수 없는 것은?

① 거친 표면에 적합하다.

② 관찰 시 잘 보일 수 있도록 한다.

③ 극히 작은 불연속부에 민감하다.

④ 깊이가 얕고, 폭이 넓은 결함 검출에 우수하다.

해설

거친 면은 민감하게 반응한다. 후유화성 형광침투탐상시험이 아니더라도 거친 면에는 침투탐상이 적절하지 않고 굳이 적용하려면 민감도가 낮은 염색침투탐상 등을 적용하는 것이 낫다.

09 초음파탐상시험과 비교한 방사선투과시험의 장점은?

① 결함의 깊이를 정확히 알 수 있다.

② 시험체의 한쪽 면만으로도 탐상이 가능하다.

③ 탐상현장에 판독자가 입회하지 않아도 된다.

④ 일반적으로 시험에 필요한 장비가 더 가볍고 소규모이다.

해설

방사선투과시험은 사진이 남아서 촬영된 사진이 있으면 탐상현장이 아니어도 판독이 가능하다.

10 와전류탐상시험에 대한 설명으로 옳은 것은?

① 자성인 시험체, 베이클라이트나 목재가 적용 대상이다.

② 전자유도시험이라고도 하며 적용범위는 좁으나 결함 깊이와 형태의 측정에 이용된다.

③ 시험체의 와전류 흐름이나 속도가 변하는 것을 검출하여 결함의 크기, 두께 등을 측정하는 것이다.

④ 기전력에 의해 시험체 중에 발생하는 소용돌이 전류로 결함이나 재질 등의 영향에 의한 변화를 측정한다.

해설

① 목재는 적용 대상이 아니다.

② 형태 측정을 하지 않는다.

③ 두께가 아니라 피막을 측정한다.

11 비파괴검사를 수행하는 목적이 아닌 것은?

① 생산비 절감

② 신뢰성 향상 도모

③ 제조수의 개량 및 개선

④ 안전 관리자 및 검사원의 기량 향상

해설
연습 삼아 비파괴검사를 실시하지는 않는다.

12 1Pa을 N/m^2로 환산한 값으로 옳은 것은?

① 0.133　　② 1

③ 101.3　　④ 760

해설
Pa은 파스칼이 고안한 압력의 단위로 단위면적(m^2)당 작용하는 힘(N)이다.

13 방사선투과시험과 비교하여 자분탐상시험의 특징을 설명한 것으로 옳지 않은 것은?

① 모든 재료에의 적용이 가능하다.

② 탐상이 비교적 빠르고 간단한 편이다.

③ 표면 및 표면 바로 밑의 균열검사에 적합하다.

④ 결함모양이 표면에 직접 나타나므로 육안으로 관찰할 수 있다.

해설
강자성체에 자분탐상시험이 가능하다.

14 비파괴검사에 대한 설명 중 옳은 것은?

① 방사선투과시험은 미세 표면균열의 검출감도가 우수하다.

② 자분탐상시험에서는 비자성체보다 자성체가 탐상하기 쉽다.

③ 침투탐상시험은 결함이 예리한 균열보다 결함의 폭이 넓어야 감도가 좋다.

④ 와전류탐상시험을 이용하면 결함의 종류, 크기, 깊이를 판정하기가 매우 쉽다.

해설
① 방사선투과시험은 표면결함보다 내부결함 검출에 적합하다.

③ 침투탐상검사에서 감도는 예리한 쪽이 좋다.

④ 와전류탐상시험은 표면근처의 결함을 연속으로 찾아내는 데 적합하다.

15 침투탐상시험의 유화제에 대한 설명 중 틀린 것은?

① 일종의 계면활성제이다.

② 침투액과 서로 잘 섞인다.

③ 자연광에서 침투액과는 다른 색이다.

④ 자외선등 아래에서는 침투액과 같은 색이다.

해설
유화제는 침투액과 구별이 가능한 색을 사용하며, 일반적으로 가시광선 아래에서는 분홍색, 자외선등 아래에서는 오렌지색을 띤다.

16 침투탐상시험 시 침투액이나 현상액을 시험체 표면에 고르게 분무할 수 있는 가장 효과적인 기구는?

① 솔
② 담 금
③ 분무 노즐
④ 정전기식 분무

해설
정전기식 분무법
안정적인 적용방법으로 균일하게 도포 가능하다. 과잉 분무가 되어 불필요하게 흘러내리는 침투액이 없다.

17 다음 중 침투탐상시험을 적용하기 곤란한 것은?

① 일반 주강품
② 플라스틱 제품
③ 알루미늄 단조물
④ 다공성 물질로 만든 부품

해설
침투탐상시험은 침투액이 침투하여 표면의 결함을 조사하는 방법으로 다공질 재료의 경우, 결함이 없는 영역에서도 넓게 침투액의 침투가 일어나서 침투탐상검사의 방법으로 적당하지 않다.

18 침투탐상시험에서 시험체 표면의 일부분에 침투액이 남아 있지 않게 하기 위해서 액체를 흘러내리게 하는 조작을 무엇이라 하는가?

① 침 투
② 유 화
③ 흡 입
④ 배 액

해설
배액이란 과잉침투액을 회수하는 과정이다.

19 침투탐상시험에서 시험체에 붓칠로 유화제를 바르는 것을 금지하는 주된 이유는?

① 시험체를 완전히 감지 못해서 세척이 곤란하기 때문이다.
② 자외선등을 사용할 때 형광을 발하는 것을 억제하기 때문이다.
③ 얕은 표면결함 속에 유화제가 작용하여 결함 속의 침투제를 제거할 수 있기 때문이다.
④ 솔을 구성하는 물질들이 유화제와 혼합되어 시험체 및 침투액을 오염시키기 때문이다.

해설
유화제를 붓칠로 바르면 균일하게 도포하기 어렵다. 두껍게 발라진 과잉유화제는 침투제를 제거할 우려가 있다.

20 침투제가 그 역할을 수행하기 위한 주된 현상은?

① 건 조
② 세척작용
③ 후유화 현상
④ 모세관 현상

해설
침투제는 적심성 정도에 의해 침투능력이 발휘되고, 침투된 침투액은 모세관 현상에 의해 현상되어진다.

21 형광침투액에 자외선을 조사할 때 외관상 주로 나타나는 색깔은?

① 빨간색 ② 노란색
③ 황록색 ④ 검은색

해설
형광침투액이 자외선을 만나면 황록색으로 발광한다.

22 침투탐상시험에서 현상이 잘되었을 때 나타난 결함지시모양을 실제 결함과의 크기를 비교한 것으로 가장 옳은 설명은?

① 결함지시모양의 크기는 항상 실제 결함 크기와 같다.
② 결함지시모양의 크기는 항상 실제 결함 크기보다 작다.
③ 결함지시모양의 크기는 실제 결함 크기보다 크거나 같다.
④ 결함지시모양의 크기는 실제 결함 크기보다 작거나 같다.

해설
① 결함지시의 판독이 필요한 이유는 여러 원인으로 결함이 그대로 현상되지 않기 때문이다.
②, ④ 현상제에 번지는 경우는 지시가 커진다.

23 많은 양의 조그만 부품들을 후유화성 형광침투탐상시험할 경우 과유화를 막기 위한 가장 효과적인 방법은?

① 끓는 물을 붓는다.
② 약 −5℃의 물로 세척한다.
③ 하나씩 침투제를 닦아낸다.
④ 약 40℃의 물을 뿌려 씻는다.

해설
보기의 설명들은 유화제의 사용온도를 구별하고 있다. 유화제는 30℃ 전후의 온수를 사용한다.

24 형광침투탐상시험에 대한 설명 중 옳은 것은?

① 전원이 필요하지 않다.
② 미세한 표면결함 검출에 용이하다.
③ 밝은 곳에서 검사가 용이하다.
④ 표면 아래에 있는 결함 검출이 용이하다.

해설
② 염색탐상에 비해 작은 지시도 식별이 용이하다.
① 자외선조사장치를 사용해야 한다.
③ 어두워야 한다.
④ 침투탐상시험은 표면하의 결함 검출은 용이하지 않다.

25 침투탐상시험 후 시험체의 합격, 불합격에 대한 판정기준으로 가장 중요한 것은?

① 검사원의 학력
② 침투탐상 범위
③ 시험체의 재질 및 관련 규격
④ 후처리 및 주변의 정리 정돈

해설
합격, 불합격 판정은 KS B 0888, 6225 등 관련 규격에 의거한다.

26 침투탐상시험방법 및 침투지시 모양의 분류(KS B 0816)에서 시험방법의 기호가 'VA-S'일 때 의미로 옳은 것은?

① 수세성 염색침투액 – 건식현상법
② 수세성 염색침투액 – 속건식현상법
③ 수세성 형광침투액 – 습식현상법
④ 수세성 형광침투액 – 속건식현상법

해설
• 사용하는 침투액에 따른 분류

명 칭	방 법	기 호
V 방법	염색침투액을 사용하는 방법	V
F 방법	형광침투액을 사용하는 방법	F
D 방법	이원성 염색침투액을 사용하는 방법	DV
	이원성 형광침투액을 사용하는 방법	DF

• 잉여침투액의 제거 방법에 따른 분류

명 칭	방 법	기 호
방법 A	수세에 의한 방법	A
방법 B	기름베이스 유화제를 사용하는 후유화에 의한 방법	B
방법 C	용제 제거에 의한 방법	C
방법 D	물베이스 유화제를 사용하는 후유화에 의한 방법	D

• 현상방법에 따른 분류

명 칭	방 법	기 호
건식현상법	건식 현상제를 사용하는 방법	D
습식현상법	수용성 현상제를 사용하는 방법	A
	수현탁성 현상제를 사용하는 방법	W
속건식현상법	속건식 현상제를 사용하는 방법	S
특수현상법	특수한 현상제를 사용하는 방법	E
무현상법	현상제를 사용하지 않는 방법	N

27 침투탐상시험방법 및 침투지시모양의 분류(KS B 0816)에서 B형 대비시험편의 기호와 도금 갈라짐의 너비(목표값)가 옳게 연결된 것은?

① PT-B50 : 2.5μm
② PT-B30 : 2.0μm
③ PT-B20 : 1.5μm
④ PT-B10 : 1.0μm

해설
B형 대피시험편의 종류

기 호	도금 두께(μm)	도금 갈라짐 너비(목표값)
PT-B50	50±5	2.5
PT-B30	30±3	1.5
PT-B20	20±2	1.0
PT-B10	10±1	0.5

28 침투탐상시험방법 및 침투지시모양의 분류(KS B 0816)에 따라 침투, 유화, 세척, 현상, 건소 등의 장치와 암실이 모두 필요한 탐상법은?

① VB-S   ② FA-D
③ VC-S   ④ FB-W

해설
유화과정이 있고 암실이 필요한 것으로 보아 후유화성 형광침투탐상법이며, 세척이 필요한 현상제를 사용한다(26번 해설 참조).

29 침투탐상시험방법 및 침투지시모양의 분류(KS B 0816)에 의한 탐상 시 표준으로 하는 시험체와 침투액의 온도 범위로 옳은 것은?

① 5~40℃

② 15~50℃

③ 25~60℃

④ 30~80℃

해설

일반적으로 온도 15~50℃의 범위에서 침투시간은 다음 표와 같다.

재 질	형 태	결함의 종류	모든 종류의 침투액	
			침투시간 (분)	현상시간 (분)
알루미늄, 마그네슘, 동, 타이타늄, 강	주조품, 용접부	쇳물 경계, 융합 불량, 빈 틈새, 갈라짐	5	7
	압출품, 단조품, 압연품	랩(Lap), 갈라짐	10	7
카바이드 팁붙이 공구	–	융합 불량, 갈라짐, 빈 틈새	5	7
플라스틱, 유리, 세라믹스	모든 형태	갈라짐	5	7

30 침투탐상시험방법 및 침투지시모양의 분류(KS B 0816)에서 사용하는 침투액에 따른 분류의 기호가 아닌 것은?

① A

② V

③ F

④ DV

해설

26번 해설 참조

31 침투탐상시험방법 및 침투지시모양의 분류(KS B 0816)에 의한 잉여침투액의 제거방법과 명칭의 조합이 틀린 것은?

① 용제 제거에 의한 방법 : 방법 C

② 휘발성 세척액을 사용하는 방법 : 방법 A

③ 물베이스 유화제를 사용하는 후유화에 의한 방법 : 방법 D

④ 기름베이스 유화제를 사용하는 후유화에 의한 방법 : 방법 B

해설

휘발성 세척액인 용제를 이용하여 제거하는 방법이 용제 제거에 의한 방법이다.

잉여침투액의 제거방법에 따른 분류

명 칭	방 법	기 호
방법 A	수세에 의한 방법	A
방법 B	기름베이스 유화제를 사용하는 후유화에 의한 방법	B
방법 C	용제 제거에 의한 방법	C
방법 D	물베이스 유화제를 사용하는 후유화에 의한 방법	D

32 항공우주용기기의 침투탐상검사방법(KS W 0914)에 따른 사용 중인 현상제의 점검에 관한 설명 중 틀린 것은?

① 굳어진 건식현상제는 불만족한 것으로 한다.

② 수성현상제는 점검 조건에 맞게 하여 패널이 일정하게 젖어 있지 않을 때는 불만족한 것으로 한다.

③ 반복 사용하는 건식현상제가 점검 조건에 맞게 하여 지름 10cm인 원 안에 10개 이상 형광점이 확인된 경우는 불만족한 것으로 한다.

④ 수성현상제는 점검 조건에 맞게 하여 농도를 점검하고 사용하지 않은 현상제 농도의 최초 값에서 1%를 초과하여 변화가 있을 때는 불만족한 것으로 한다.

해설
- 건식현상제는 매일 점검하고 면모 모양으로 뭉실뭉실하여 굳어져 있지 않음을 확인하여야 한다.
- 굳어진 건식현상제는 불만족한 것으로 한다.
- 반복 사용하는 건식현상제에 대하여는 그 시료를 평탄한 면에 얇게 살포했을 때, 지름 10cm(4in)인 원 안에 10개 이상의 형광점이 확인된 경우는 불만족한 것으로 한다.
- 수성현상제는 매일 형광성(해당될 때) 및 피복범위를 점검하여야 한다.
- 너비 약 8cm(3in), 길이 약 5cm(10in)의 깨끗한 알루미늄 패널을 현상제에 침지한 후 꺼내서 건조시키고 자외선조사장치하에서 관찰한다.
- 수성현상제의 경우 패널이 일정하게 젖어 있지 않을 때, 수성현상제의 경우 형광이 확인되었을 때는 불만족한 것으로 한다.
※ KS W 0914는 2014년에 폐지되었다.

33 침투탐상시험방법 및 침투지시모양의 분류(KS B 0816)에 따라 시험체와 침투액의 온도가 20℃일 경우 침투시간이 5분일 때 표준 현상시간은 얼마인가?

① 3분   ② 7분

③ 30분   ④ 침투시간의 1/2

해설
29번 해설 참조

34 침투탐상시험방법 및 침투지시모양의 분류(KS B 0816)에 따른 탐상제, 장치의 보수 및 점검에 대한 설명으로 틀린 것은?

① 침투액의 색상이 변화했다고 인정된 때는 폐기한다.

② 암실은 조도계로 측정하여 밝기가 20lx 이하여야 한다.

③ 유화제의 유화성능이 저하되었나고 인정된 때는 폐기한다.

④ 기준 탐상제 및 사용하지 않는 탐상제는 그 상태대로 암실에 보관한다.

해설
기준 탐상제 및 사용하지 않는 탐상제는 용기에 밀폐하여 냉암소에 보관하여야 한다.

35 항공우주용 기기의 침투탐상검사방법(KS W 0914)에서 탐상검사에 합격한 각각의 구성부품의 표시법에 대한 설명 중 틀린 것은?

① 착색에 의한 전수검사 합격 부품은 청색염료를 사용하여야 한다.

② 부품에 각인이 허용되지 않는 경우에는 에칭으로 표시를 하여도 좋다.

③ 적용하는 시방서에 명백히 허용되어 있는 경우에는 각인을 사용하여야 한다.

④ 착색에 의한 샘플링 검사에서 합격한 것을 표시하려면 노란색의 염료를 사용하여야 한다.

해설

침투탐상검사에 합격한 각각의 구성부품은 다음과 같이 표시하여야 한다.
• 에칭 또는 각인에 의할 경우에는 기호를 사용하여야 한다. 각인에는 시설 식별 기호 및 검사 연도의 아래 2자리 숫자를 포함하여도 좋다.
 – 특수 용도인 것을 제외하고 전수 검사에서 합격한 것을 표시하려면 기호 P를 사용한다.
 – 샘플링 검사에서 합격된 로트의 모든 구성 부품에는 기호 P를 타원으로 둘러싼 표시를 한다.
• 착색에 의한 경우는 전수검사에서 합격한 구성 부품에는 밤색의 염료, 샘플링 검사에서 합격한 것을 표시하려면 노란색의 염료를 사용하여야 한다.
※ KS W 0914는 2014년에 폐지되었다.

36 침투탐상시험방법 및 침투지시모양의 분류(KS B 0816)에 따라 시험결과, 길이 3mm인 둥근형태의 지시와 1.5mm 떨어지고, 동일선상에 길이 10mm의 균열에 의한 지시가 관찰되었다. 이 지시는 어떤 결함으로 분류되는가?

① 갈라짐　　　② 선상결함

③ 연속결함　　④ 분산결함

해설

연속 침투지시는 여러 개의 지시모양이 거의 동일 직선상에 나란히 존재하고 그 상호거리가 2mm 이하인 침투지시모양이다.

37 침투탐상시험방법 및 침투지시모양의 분류(KS B 0816)에 따라 세척처리 및 제거처리 시 수세성 침투액은 특별한 규정이 없는 한 무엇으로 세척하도록 규정하고 있는가?

① 물　　　　　② 공 기

③ 유화제　　　④ 현상제

해설

KS B 0816 5.3.4. b에 따르면 '수세성 및 후유화성 침투액은 물로 세척한다.'고 되어 있다.

38 침투탐상시험방법 및 침투지시모양의 분류(KS B 0816)에 따라 스프레이 노즐을 사용하여 세척 및 제거처리할 경우 규정한 수압은?(단, 별도의 다른 규정이 없을 때이다)

① 175kPa 이하

② 225kPa 이하

③ 275kPa 이하

④ 325kPa 이하

해설

KS B 0816 5.3.4. c
스프레이 노즐을 사용할 때의 수압은 특별한 규정이 없는 한 275kPa 이하로 한다. 형광침투액을 사용할 경우 수온은 특별한 규정이 없을 때는 10~40℃로 한다.

39 침투탐상시험방법 및 침투지시모양의 분류(KS B 0816)에 따른 침투처리 시 주의사항으로 옳은 것은?

① 50℃ 이상의 온도에서는 침투시간을 감소시킨다.

② 3~15℃의 범위에서는 온도를 고려, 침투시간을 증가시킨다.

③ 50℃ 이상의 온도에서는 침투시간은 3분을 초과해서는 안 된다.

④ 너비가 넓은 터짐에 대하여는 침투시간을 정상시간의 2배로 한다.

> **해설**
> • 50℃ 이상 또는 3℃ 이하의 온도에서는 침투시간을 적절히 조정한다.
> • 3~15℃에서는 온도를 고려하여 침투시간을 늘린다.

40 침투탐상시험방법 및 침투지시모양의 분류(KS B 0816)의 후유화성 형광침투탐상시험에서 물베이스 유화제가 침투제로 침투하는 데 필요한 최소한의 유화시간은 원칙적으로 몇 분인가?

① 30초 이내

② 2분 이내

③ 5분 이내

④ 10분 이내

> **해설**
> 5.3.3. b : 유화시간은 다음의 세척처리를 정확하게 할 수 있는 시간으로 하고, 유화제 및 침투액의 종류, 온도, 시험체의 표면 거칠기 등을 고려하여 정한다. 유화시간은 원칙적으로 기름베이스 유화제를 사용하는 시험에서 형광침투액을 사용할 때는 3분 이내, 염색침투액을 사용할 때는 30초 이내, 물베이스 유화제를 사용하는 시험에서 침투액이 형광침투액 및 염색침투액인 경우는 2분 이내로 한다.

41 컴퓨터 바이러스에 관한 설명으로 틀린 것은?

① 컴퓨터 바이러스는 컴퓨터의 기능을 마비시킬 수 있다.

② 백신 프로그램은 바이러스가 발생할 때만 실행해야 한다.

③ 바이러스가 존재할 수 없도록 예방에 힘써야 한다.

④ USB메모리 또한 반드시 바이러스 체크를 한 후에 사용해야 한다.

> **해설**
> 백신은 정기적으로 가동을 하는 것이 좋다.
> ※ 더 이상 출제영역이 아니다.

42 정보를 인가 받지 않은 개인, 개체, 그리고 프로세서에게 가용하지 않은 특성은?

① 인 증   ② 가용성

③ 비밀성   ④ 무결성

> **해설**
> • 비밀성 : 시스템 내의 정보와 자원은 인가된 자에게만 접근 허용
> • 무결성 : 안정되고 정확한 정보의 신뢰성
> • 가용성 : 사용 가능 여부에 대한 판단
> • 보안위협유형 : 흐름차단(가용성), 가로채기(비밀성), 변조(무결성), 위조(무결성)
> ※ 더 이상 출제영역이 아니다.

43 IP주소를 이용하여 MAC주소를 얻는 수단으로 사용하는 것은?

① ARP   ② ERP

③ TCP   ④ IP

> **해설**
> ARP(Address Resolution Protocol) : 하드웨어적 주소인 MAC 주소로 논리적 주소인 IP를 가져다가 통신할 수 있도록 변경하는 역할을 담당하는 프로토콜
> ※ 더 이상 출제영역이 아니다.

44 인터넷에서 특정한 웹사이트에 접속했던 기록을 보관하고 있는 것은?

① CGI   ② Cookie

③ GPS   ④ Modem

해설

① CGI : Common Gateway Interface

③ GPS : Global Positioning System

④ Modem : Modulation Demodulation

※ Modulation : 음성, 화상, 데이터의 변조, 조바꿈

※ 더 이상 출제영역이 아니다.

45 다음 유틸리티 프로그램 중 성격이 다른 것은?

① V3   ② ARJ

③ RAR   ④ WINZIP

해설

① 보안프로그램

②, ③, ④ 파일압축프로그램

※ 더 이상 출제영역이 아니다.

46 60% Cu + 40% Zn으로 구성된 합금으로 조직은 $\alpha + \beta$ 이며, 인장강도는 높으나 전연성이 비교적 낮고, 열교환기, 열간 단조품, 볼트, 너트 등에 사용되는 것은?

① 문쯔메탈

② 길딩메탈

③ 모넬메탈

④ 콘스탄탄

해설

문쯔메탈 : 영국인 Muntz가 개발한 합금으로 6-4 황동이다. 적열하면 단조할 수 있어서 가단 황동이라고도 한다. 배의 밑바닥 피막을 입히거나 그 외 해수에 직접 닿을 수 있는 장소의 볼트 및 리벳 등에 사용된다.

47 인장시험 시 시험편이 파괴되기 직전의 최소단면적이 22mm², 시험 전 원래 단면적이 27mm²이었다면 단면 수축률은 약 얼마인가?

① 8.5%   ② 18.5%

③ 22.7%   ④ 32.5%

해설

단면 수축률 계산식

$$q = \frac{A_0 - A_1}{A_0} \times 100\% = \frac{27 - 22}{27} \times 100\% = 18.52\%$$

48 주물용 마그네슘 합금을 용해할 때 주의해야 할 사항으로 틀린 것은?

① 수소가스를 흡수하기 쉬우므로 탈가스처리를 해야 한다.

② 주조조직의 미세화를 위하여 적절한 용탕온도를 유지해야 한다.

③ 주물 조각을 사용할 때에는 모래를 투입하여야 한다.

④ 고온에서 취급할 때는 산화와 연소가 잘되므로 산화 방지책이 필요하다.

49 Fe에 Si 및 Al을 첨가한 합금으로 풀림 상태에서 대단히 우수한 자성을 나타내는 고투자율 합금으로 Si 5~11%, Al 3~8% 함유하고 있으며, 오디오 헤드용 재료로 사용되는 합금은?

① 센더스트
② 헤드필드강
③ 스프링강
④ 오스테나이트강

해설

① 센더스트 : 알루미늄 5%, 규소 10%, 철 85%의 조성을 가진 고투자율합금이다. 주물로 되어 있어 정밀교류계기의 자기차폐로 쓰이며, 또 무르기 때문에 지름 $10\mu m$ 정도의 작은 입자로 분쇄하여, 절연체의 접착제로 굳혀서 압분자심으로서 고주파용으로 사용한다.
② 헤드필드강 : C 1~1.3%, Mn 11.5~13%를 함유한 고망간강으로 오스테나이트 계열이다. 냉간가공이나 표면 슬라이딩에 의해 경도와 내마모성이 증대하기 때문에 파쇄기의 날, 버킷의 날, 레일, 레일의 포인트 등에 사용된다. 1,050℃에서 급랭하여 오스테나이트 상태로서 사용된다.
③ 스프링강 : 탄성한도가 높은 강의 일반적인 총칭으로 높은 탄성한도, 피로한도, 크리프 저항, 인성 및 진동이 심한 하중과 반복하중에 잘 견딜 수 있는 성질을 요구한다.
④ 오스테나이트강 : 오스테나이트조직(FCC 결정구조)을 갖는 스테인리스강이다. Fe‐Cr‐Ni계에 대하여 1,050~1,100℃에서 급랭시키면 준안정한 오스테나이트조직이 나타난다. 17~20% Cr, 70~10% Ni의 소위 18‐8 스테인리스강이 대표적이다.

50 비정질 재료의 제조방법 중 액체 급랭법에 의한 제조법이 아닌 것은?

① 단롤법
② 쌍롤법
③ 화학증착법
④ 원심법

해설

용탕에 의한 급랭법 : 원심급랭법, 단롤법, 쌍롤법
※ 화학증착법(Chemical Vapor Deposition Method)
화학 기상 성장법이라고도 불리는 것으로서 기체 상태의 원료물질을 가열한 기판 위에 송급하고, 기판 표면에서의 화학반응에 따라서 목적으로 하는 반도체나 금속간 화합물을 합성하는 방법이다. 열분해, 수소환원, 금속에 의한 환원이나 방전, 빛, 레이저에 의한 여기반응을 이용하는 등 여러 가지의 반응방식이 있다.

51 비커스 경도(HV)값을 옳게 나타낸 식은?

① HV=압입자 대면각/압입 자국의 표면적
② HV=하중/압입 자국의 표면적
③ HV=압입자의 대각선 길이/압입 자국의 표면적
④ HV=표면적/압입 자국의 표면적

해설

비커스 경도 측정 : 다이아몬드 압입자로 실험하여 대각선의 길이를 이용하여 표면적을 계산, 힘과의 비로 나타낸다.

52 주철을 600℃ 이상의 온도에서 가열과 냉각을 반복하면 부피가 증가하여 파열되는 데 그 원인으로 틀린 것은?

① 흑연의 시멘타이트화에 의한 팽창
② A_1 변태에서 부피 변화로 인한 팽창
③ 불균일한 가열로 생기는 균열에 의한 팽창
④ 페라이트 중에 고용되어 있는 Si의 산화에 의한 팽창

해설

주철을 600℃ 이상으로 가열・냉각을 반복하면 시멘타이트가 흑연화될 것이다.

53 Cu에 Pb을 28~42%, 2% 이하의 Ni 또는 Ag, 0.8% 이하의 Fe, 1% 이하의 Sn을 함유한 Cu합금으로 고속회전용 베어링 등에 사용되는 합금은?

① 켈밋 메탈
② 킬드강
③ 공석강
④ 세미킬드강

해설

Kelmet : 강(Steel) 위에 청동을 용착시켜 마찰이 많은 곳에 사용하도록 만든 베어링용 합금이다.

54 탈산 및 기타 가스처리가 불충분한 상태의 용강을 그대로 주형에 주입 응고시킨 것으로 탄소 0.3% 이하의 탄소강 제조에 국한되는 강은?

① 림드강
② 킬드강
③ 공석강
④ 세미킬드강

해설

철강은 주물과정에서 탈산과정을 거치게 되는데 그때 탈산의 정도에 따라 킬드강(완전 탈산), 세미킬드강(중간 정도 탈산), 림드강(거의 안 함)으로 나뉘게 된다.

55 비중이 약 7.13, 용융점이 약 420℃이고, 조밀육방격자의 청백색 금속으로 도금, 건전지, 다이캐스팅용 등으로 사용되는 것은?

① Pt
② Cu
③ Sn
④ Zn

해설

각 금속의 비중, 용융점 비교

금속명	비중	용융점(℃)	금속명	비중	용융점(℃)
Hg(수은)	13.65	-38.9	Cu(구리)	8.93	1,083
Cs(세슘)	1.87	28.5	U(우라늄)	18.7	1,130
P(인)	2	44	Mn(망간)	7.3	1,247
K(칼륨)	0.862	63.5	Si(규소)	2.33	1,440
Na(나트륨)	0.971	97.8	Ni(니켈)	8.9	1,453
Se(셀렌)	4.8	170	Co(코발트)	8.8	1,492
Li(리튬)	0.534	186	Fe(철)	7.876	1,536
Sn(주석)	7.23	231.9	Pd(팔라듐)	11.97	1,552
Bi(비스무트)	9.8	271.3	V(바나듐)	6	1,726
Cd(카드뮴)	8.64	320.9	Ti(타이타늄)	4.35	1,727
Pb(납)	11.34	327.4	Pt(플래티늄)	21.45	1,769
Zn(아연)	7.13	419.5	Th(토륨)	11.2	1,845
Te(텔루륨)	6.24	452	Zr(지르코늄)	6.5	1,860
Sb(안티몬)	6.69	630.5	Cr(크롬)	7.1	1,920
Mg(마그네슘)	1.74	650	Nb(니오브)	8.57	1,950
Al(알루미늄)	2.7	660.1	Rh(로듐)	12.4	1,960
Ra(라듐)	5	700	Hf(하프늄)	13.3	2,230
La(란탄)	6.15	885	Ir(이리듐)	22.4	2,442
Ca(칼슘)	1.54	950	Mo(몰리브덴)	10.2	2,610
Ge(게르마늄)	5.32	958.5	Os(오스뮴)	22.5	2,700
Ag(은)	10.5	960.5	Ta(탄탈)	16.6	3,000
Au(금)	19.29	1,063	W(텅스텐)	19.3	3,380

다이캐스팅용으로 널리 쓰이는 합금은 알루미늄합금과 아연합금뿐이다.

56 다음 중 불변강이 아닌 것은?

① 인 바
② 엘린바
③ 코엘린바
④ 스텔라이트

해설

④ 스텔라이트 : 비철 합금 공구 재료의 일종이다. C 2~4%, Cr 15~33%, W 10~17%, Co 40~50%, Fe 5%의 합금이다. 그 자체의 경도가 높아 담금질할 필요 없이 주조한 그대로 사용되고, 단조는 할 수 없고, 절삭 공구, 의료기구에 적합하다.

※ 불변강은 기준합금으로 쓰이며 이름에 들어있는 바를 막대기, 자 등으로 기억하면 좋겠다.

57 물질을 구성하고 있는 원자가 입체적으로 규칙적인 배열을 이루고 있는 것을 무엇이라고 하는가?

① 입 계
② 결 정
③ 격 자
④ 단위격자

해설

① 입계 : 입자와 입자의 경계
③ 격자(Lattic) : 결정의 미시적 구조 중 같은 위상을 갖는 점들을 연결하여 만든 3차원 입체
④ 단위격자 : 격자 중 기본단위를 삼을 수 있는 격자

58 충전 전 아세틸렌 용기의 무게는 50kg이었다. 아세틸렌 충전 후 용기의 무게가 55kg이었다면 충전된 아세틸렌가스의 양은 몇 L인가?(단, 15℃, 1기압하에서 아세틸렌가스 1kg의 용적은 905L이다)

① 4,525
② 6,000
③ 4,500
④ 5,000

해설

충전된 아세틸렌의 무게는 5kg이고 1kg당 905L의 부피를 차지하므로 5kg은 4,525L의 부피를 차지한다.

59 피복아크용접에 관한 설명 중 틀린 것은?

① 용접봉에 (+)극을 연결하고 모재에 (−)극을 연결하는 것을 역극성이라 한다.

② 직류 정극성에서는 약 70%의 열이 양극에서 발생한다.

③ 피복아크용접은 직류보다 교류 아크가 안정되어 있다.

④ 아크 발열이 가스의 연소열보다 온도가 높다.

해설

아크 용접의 비교

분 류	장 점	단 점
직류아크용접	아크가 안정되고 전격의 위험이 작다.	구조가 복잡하고 아크 쏠림이 일어난다.
교류아크용접	구조가 간단하고 아크 쏠림이 없다.	아크가 불안정하고 전류가 높아 위험하다.

60 용접에서 발생한 잔류응력을 제거하려면 어떠한 열처리를 하는 것이 가장 적합한가?

① 담금질을 한다.

② 불림처리를 한다.

③ 뜨임처리를 한다.

④ 풀림처리를 한다.

해설

담금질은 강화, 불림(노멀라이징)은 표준화, 뜨임은 담금질 후 조정, 응력 제거에는 풀림처리를 시행한다.

2011년 제5회 과년도 기출문제

01 와전류탐상검사에서 사용하는 시험코일이 아닌 것은?

① 관통코일(Encircling Coil)

② 내삽코일(Inside Coil)

③ 표면코일(Surface Coil)

④ 직교코일(Cross Coil)

해설
시험코일의 분류

유도방식에 의해	비교방식에 의해	코일 위치에 의해
자기 유도형	단일방법	관통코일
		내삽코일
		표면코일
	표준비교방식	관통코일
		내삽코일
		표면코일
	자기비교방식	관통코일
		내삽코일
		표면코일
상호 유도형	단일방법	관통코일
		내삽코일
		표면코일
	표준비교방식	관통코일
		내삽코일
		표면코일
	자기비교방식	관통코일
		내삽코일
		표면코일

02 자분탐상시험의 선형자화법에서 자계의 세기(자화력)을 나타내는 단위는?

① 암페어

② 볼트(Volt)

③ 웨버(Weber)

④ 암페어/미터

해설
① A : 전류의 단위
② Volt : 전압의 단위
③ Weber : 자기력선속의 단위로 단위면적당 통과하는 자속선 수의 단위

03 반영구적인 기록과 거의 모든 재료에 적용이 가능하지만 인체에 대한 안전관리가 요구되는 비파괴검사법은?

① 초음파탐상검사(UT)

② 방사선투과검사(RT)

③ 와전류탐상검사(ECT)

④ 침투탐상검사(PT)

해설
방사선투과검사 과정에서는 방사능 물질에 노출될 가능성이 있다.

04 각종 비파괴검사의 종류와 그 원리가 옳게 연결된 것은?

① 육안시험-열화상 해석

② 침투탐상시험-전자기현상

③ 초음파탐상시험-파(음)의 전달

④ 스트레인 시험-색채의 변화를 관찰

해설
① 육안시험 : 외형을 관찰
② 침투탐상검사 : 염색탐상검사에서 색채의 변화를 관찰
④ 스트레인 시험 : 열화상 해석

1 ④ 2 ④ 3 ② 4 ③ 정답

05 초음파탐상검사의 진동자 재질로 사용되지 않는 것은?

① 수 정
② 황산리튬
③ 할로겐화은
④ 타이타늄산바륨

해설

초음파검사의 진동자 재질로는 수정, 황산리튬, 지르콘, 압전세라믹, 타이타늄산바륨 등이 있다.

06 방사선투과시험용 X선관에서 타깃으로 주로 사용되는 금속은?

① 니 켈
② 구 리
③ 텅스텐
④ 알루미늄

해설

X선관의 음극은 텅스텐 필라멘트로, 양극은 금속 타깃으로 되어있다. 고전압을 사용하는 투과시험일수록 융점이 높은 텅스텐 금속을 타깃으로 사용한다.

07 표면근처의 결함 검출, 박막 두께 측정 및 재질 식별등의 검사가 가능한 비파괴시험법은?

① 자분탐상시험
② 침투탐상시험
③ 와류탐상시험
④ 음향방출시험

해설

자분탐상시험이나 침투탐상시험도 표면의 결함이 검출 가능하다. 박막 두께 측정 및 재질 식별의 특징은 와류탐상시험에서 가능하다.

08 침투탐상시험에서 사용하는 A형 대비시험편의 재질은?

① 알루미늄합금
② 크롬합금
③ 니켈합금
④ 동합금

해설

A형 대비시험편의 재질은 알루미늄합금, B형 대비시험편의 재질은 구리합금이다.

09 물질의 밀도가 ρ, 물질 내에서 초음파의 속도가 V인 경우 물질의 음향 임피던스(Z)를 구하는 식은?

① $Z = \dfrac{\rho}{2V}$

② $Z = \dfrac{\rho}{V}$

③ $Z = \rho V$

④ $Z = 2\rho V$

해설

음향 임피던스란 매질의 밀도(ρ)와 음속(V)의 곱으로 나타내는 매질 고유의 값으로 이론적으로는 입자속도와 음압의 비율이다.

10 침투액의 침투성을 나타내는 성질 중 액체를 고체 표면에 떨어뜨렸을 때 액체가 기체를 밀면서 넓히는 성질은?

① 점 성 ② 적심성
③ 인 성 ④ 확산성

해설
적심성 : 얼마나 빠르게 결함 부위의 기체를 밀어내고 침투액이 침투하느냐의 성질을 나타내는 것이 적심성이다. 표면과 액체의 침투각이 적심성과 관련이 있다.

11 비파괴검사는 적용시기에 따라 구분할 수 있다. 사용 전 검사(PSI ; Pre Service Inspection)란 무엇인가?

① 제작된 제품이 규격 또는 사양을 만족하고 있는가를 확인하기 위한 검사
② 다음 검사까지의 기간에 안전하게 사용 가능한가 여부를 평가하는 검사
③ 기기, 구조물의 사용 중에 결함을 검출하고 평가하는 검사
④ 사용 개시 후 일정기간마다 하게 되는 검사

해설
시기에 따른 비파괴검사 구분
• 사용 전 검사는 제작된 제품이 규격 또는 시방을 만족하고 있는가를 확인하기 위한 검사이다.
• 가동 중 검사(In Service Inspection)는 다음 검사까지의 기간에 안전하게 사용 가능한가 여부를 평가하는 검사이다.
• 위험도에 근거한 가동 중 검사(Risk Informed In Service Inspection)는 가동 중 검사 대상에서 제외할 것은 과감히 제외하고 위험도가 높고 중요한 부분을 더 강화하여 실시하는 검사이다.
• 상시 감시 검사(On-line Monitoring)는 기기 · 구조물의 사용 중에 결함을 검출하고 평가하는 모니터링 기술이다.

12 와전류의 침투 깊이는 여러 인자와 관련이 있는데 다른 인자들은 고정한 상태로 시험주파수만 4배로 높일 경우 침투깊이는?

① 4배 증가
② 2배 증가
③ 1/2로 감소
④ 1/4로 감소

해설
와전류의 침투 깊이
$$\delta = \frac{1}{\sqrt{\pi f \mu \sigma}}$$
f : 주파수, μ : 도체의 투자율, σ : 도체의 전도도
즉, 주파수의 1/2승 만큼 감소한다.

13 누설검사 중 검출감도가 가장 높은 검사법은?

① 기포누설시험
② 헬륨질량분석기시험
③ 할로겐누설시험
④ 암모니아누설시험

해설
헬륨누설시험법은 극히 미세한 누설까지도 검사가 가능하고 검사 시간도 짧으며, 이용범위도 넓다.

14 표면으로 열린 결함만 검출이 가능한 시험법은?

① 초음파탐상시험
② 침투탐상시험
③ 와류탐상시험
④ 자기탐상시험

해설
침투탐상검사는 표면에서 침투액이 침투할 열린 공간이 있어야 한다.

15 침투탐상시험에 대한 설명으로 틀린 것은?

① 검사체의 표면 상태는 침투시간 결정에 도움이 된다.

② 예상 불연속부의 종류에 따라 침투시간은 5~30초 정도이다.

③ 전처리 시 폴리싱(Polishing)하는 것은 좋은 방법이 아니다.

④ 침투액이 담긴 용기 내에 탐상시험할 부품을 침적시켜 침투처리하는 경우도 있다.

해설
표준침투시간

재 질	형 태	결함의 종류	모든 종류의 침투액	
			침투시간 (분)	현상시간 (분)
알루미늄, 마그네슘, 동, 타이타늄, 강	주조품, 용접부	쇳물 경계, 융합 불량, 빈 틈새, 갈라짐	5	7
	압출품, 단조품, 압연품	랩(Lap), 갈라짐	10	7
카바이드 팁붙이 공구	–	융합 불량, 갈라짐, 빈 틈새	5	7
플라스틱, 유리, 세라믹스	모든 형태	갈라짐	5	7

16 침투탐상시험에 사용되는 자외선조사장치에 대한 설명으로 옳은 것은?

① 자외선조사장치는 고전압이 걸리므로 과열되지 않도록 수시로 스위치를 껐다가 다시 켜두는 것이 좋다.

② 전압의 변동이 심하지 않도록 전압조정기를 병용하여야 한다.

③ 어두운 곳에서 사용하면 전구 수명이 단축되므로 밝은 곳에서 사용해야만 한다.

④ 수은이 응고하지 않도록 0℃ 이하의 온도에서 사용을 제한해야 한다.

해설
① 자외선등은 전출력을 내는데 약 5분 이상의 예열이 필요하다.
③ 자외선조사장치는 형광침투검사에 사용한다. 밝은 곳에서는 형광의 구분이 어렵다.
④ 모든 물질의 응고는 상대적 상태에서 더 저온일수록 발생한다.

17 연한 금속의 전처리 시 도료, 스케일 등 고형 오염물의 제거방법에 대한 설명으로 옳은 것은?

① 기계적 제거방법이 가장 우수하다.

② 화학적 제거방법이 일반적으로 적용된다.

③ 기계적 제거방법 적용 시 결함의 개구부를 막아야 한다.

④ 화학적 제거방법 적용 시 시험체의 손상에 유의하지 않아도 된다.

해설
① 제어된 산이나 뜨거운 알칼리를 이용한다.
③ 기계적 제거방법 적용 시 연한 재질 표면의 개구부는 막힐 우려가 있다.
④ 직접 적용 시 화학반응으로 인한 시험체의 손상이 항상 우려된다.

18 침투탐상시험에서 일반적으로 흰색의 배경에 빨간색의 대조(Contrast)를 이루게 하여 관찰하는 침투액과 현상제의 조합으로 옳은 것은?

① 염색침투액 – 건식현상제
② 염색침투액 – 습식현상제
③ 형광침투액 – 건식현상제
④ 형광침투액 – 습식현상제

해설
색채 대비를 이용하는 것은 염색침투제이고, 염색침투제를 사용하는 경우 주로 습식현상법이나 속건식현상법을 사용한다.

19 다른 비파괴검사법과 비교하여 침투탐상검사법의 장점이라 할 수 없는 것은?

① 재질에 관계없이 표면 미세결함 검출이 우수하다.
② 원리 및 적용이 쉽고 시험방법이 간단하다.
③ 제품의 크기 및 형상에 구애를 받지 않는다.
④ 온도 변화에 상관없이 시험체를 검사할 수 있다.

해설
침투탐상검사는 액체의 점성과 모세관현상을 이용하므로, 온도에 따라 점성의 상태가 달라지며 심지어 침투액의 상태도 달라진다.

20 침투탐상검사에서 침투액 적용, 세척, 건조처리 후에 하는 현상처리는 결함 내부의 침투액을 시험 표면으로 뽑아내는 것이다. 이것은 무슨 현상을 이용한 것인가?

① 모세관현상   ② 표면장력
③ 적심성   ④ 점 성

해설
표면장력은 모세관 현상을 유발하는 힘 중 하나이고, 적심성은 침투액의 침투의 원리이며, 점성은 액체의 유동성에 관련되어 역시 침투에 더 관련이 많다.

21 침투탐상검사에서 침투액이 40mL일 때 수분의 함량으로 옳은 것은?

① 2mL   ② 5mL
③ 10mL   ④ 40mL

해설
• 침투액 내의 수분에 대한 영향은 수분에 의한 오염으로 보며 MIL-I-25135에서 5% 수분을 기준으로 성능의 변화가 없어야 한다고 설명한다.
• 수세성 침투탐상검사 시 표면이 거칠게 되면 얕은 결함의 침투액이 세척 시 쉽게 세척된다.

22 수세성 침투탐상법을 적용하는 것이 적합한 경우는?

① 시험면이 거친 시험체
② 피로균열, 연마균열
③ 미세균열 및 폭이 넓은 균열
④ 전기 및 수도 설비가 없는 곳

해설
수세성 침투탐상검사는 잉여침투액의 제거가 용이하므로 검사체의 형상이 복잡한 것, 검사면이 거친 것 등에 적용된다.

23 침투탐상시험 결과 가늘고 예리한 선모양의 지시로 판단되는 것은?

① 얕고 좁은 균열

② 용접 기공

③ 주물 표면 기공

④ 깊고 넓은 균열

해설
- 지시는 결함의 모양을 읽을 수 있도록 한다. 가늘고 예리한 선 모양은 선형지시라고 한다.
- 침투제의 재료 인증시험 항목은 인화점, 점도, 형광휘도, 독성, 부식성, 적심성, 색상, 자외선에 대한 안정성, 온도에 대한 안정성, 수세성, 물에 의한 오염도 등이 있다.
- 이에 따라 침투제의 시험 항목은 감도시험, 형광휘도시험, 물에 의한 오염도 시험 등이 있다.

24 잉여침투액의 제거방법에 따른 분류방법에 해당되지 않는 것은?

① 수용성

② 수세성

③ 용제 제거성

④ 후유화성

해설
② 수세성 - 물로 씻어낸다.
③ 용제 제거성 - 솔벤트를 묻혀서 닦아낸다.
④ 후유화성 - 유화제를 발라 씻어낸다.

25 침투탐상시험에 사용되는 현상제의 특징이 아닌 것은?

① 침투액을 분산시키는 능력이 우수하여야 한다.

② 화학적으로 안정된 백색 미분말을 주로 사용한다.

③ 형광침투액 사용 시 현상제는 형광성을 가져야 한다.

④ 건식현상제는 주로 산화규소 분말로 구성되어 있다.

해설
현상제는 흡출작용이 되어야 하고 침투제를 흡출, 산란시키는 미세입자여야 하며 가시광선, 자외선을 가급적 흡수하지 않아야 한다. 입자가 균일하고 다루기 쉬워야 하며 균일하고 얇은 도포막 형성이 되어야 한다. 형광침투제와 함께 사용할 때도 자체 형광등이 있어서는 곤란하며 검사 종료 후 제거가 쉬워야 하고 유해하지 않아야 한다.

26 비파괴검사-침투탐상검사-일반 원리(KS B ISO 3452)에 규정한 규격의 적용에 대한 설명으로 틀린 것은?

① 합격 또는 불합격의 레벨을 규격에서 규정하고 있다.

② 현장검사와 같이 제조 및 가동 중 재료와 기기의 침투탐상검사에 대한 일반 지침에 대하여 규정한다.

③ 탐상 표면이 통상적으로 비흡수성이고, 침투탐상 공정을 적용하는 데 적낭할 경우 사용할 수 있다.

④ 재료나 기기의 표면으로 열린 겹침, 주름, 균열, 기공 및 틈과 같은 불연속을 검출하기 위해 사용된다.

해설
KS B ISO3452는 현장검사와 같이 제조 및 가동 중 재료와 기기의 침투탐상검사 수행방법에 대한 일반 지침에 대하여 규정한다.

27 침투탐상시험방법 및 침투지시모양의 분류(KS B 0816)에서 속건식현상제를 사용한 용제 제거성 형광침투탐상에 해당하는 시험방법의 기호는?

① FC-S   ② VC-S

③ VC-A   ④ FC-A

해설

• 사용하는 침투액에 따른 분류

명 칭	방 법	기 호
V 방법	염색침투액을 사용하는 방법	V
F 방법	형광침투액을 사용하는 방법	F
D 방법	이원성 염색침투액을 사용하는 방법	DV
	이원성 형광침투액을 사용하는 방법	DF

• 잉여침투액의 제거 방법에 따른 분류

명 칭	방 법	기 호
방법 A	수세에 의한 방법	A
방법 B	기름베이스 유화제를 사용하는 후유화에 의한 방법	B
방법 C	용제 제거에 의한 방법	C
방법 D	물베이스 유화제를 사용하는 후유화에 의한 방법	D

• 현상방법에 따른 분류

명 칭	방 법	기 호
건식현상법	건식현상제를 사용하는 방법	D
습식현상법	수용성 현상제를 사용하는 방법	A
	수현탁성 현상제를 사용하는 방법	W
속건식현상법	속건식현상제를 사용하는 방법	S
특수현상법	특수한 현상제를 사용하는 방법	E
무현상법	현상제를 사용하지 않는 방법	N

28 압력용 이음매 없는 강관 및 용접 강관 – 침투탐상검사(KS D ISO 12095)에 따른 시험에서 얻어진 지시의 판독에 대한 사항 중 틀린 것은?

① 관 전면 검사의 경우 지시가 최대로 많이 보이는 구역을 덮어서 100mm×150mm의 가상 틀 안에 포함된 지시들의 종류, 숫자, 치수를 근거로 분류한다.

② 관 용접 심 검사의 경우 지시가 최대로 많이 보이는 구역을 덮어서 50mm×150mm의 가상 틀을 50mm 치수 쪽이 용접부의 중앙에 놓이게 하여 틀 안에 포함된 지시들의 종류, 숫자, 치수를 근거로 분류한다.

③ 관 끝에서 베벨면 검사의 경우, 길이가 8mm 미만의 선형지시는 합격이다.

④ 누적된 지시들의 누적길이를 계산하는 경우 두 지시 사이의 간격이 두 지시들의 길이나 지름보다 작으면 각각의 지시들의 길이 총합을 누적 길이로 한다.

해설

④의 경우는 인디케이션(지시)의 총합을 누적 길이로 한다(간격 포함).

29 침투탐상시험방법 및 침투지시모양의 분류(KS B 0816)에 의한 잉여침투액 제거방법의 분류 기호가 '방법 A'일 때 어떤 방법을 의미하는가?

① 수세에 의한 방법

② 기름베이스 유화제를 사용하는 후유화에 의한 방법

③ 물베이스 유화제를 사용하는 후유화에 의한 방법

④ 용제 제거에 의한 방법

해설

잉여침투액의 제거방법에 따른 분류

명 칭	방 법	기 호
방법 A	수세에 의한 방법	A
방법 B	기름베이스 유화제를 사용하는 후유화에 의한 방법	B
방법 C	용제 제거에 의한 방법	C
방법 D	물베이스 유화제를 사용하는 후유화에 의한 방법	D

30 침투탐상시험방법 및 침투지시모양의 분류(KS B 0816) 에서 A형 대비시험편 제작 시 규정하는 재료는?

① A2024P
② A2015P
③ A7075P
④ A6062P

해설

종 류	규 정	재 료
A형 대비시험편	KS D 6701	A2024P

31 침투탐상시험방법 및 침투지시모양의 분류(KS B 0816) 에 따른 자외선조사장치를 사용하지 않는 시험방법의 기호로 옳은 것은?

① FA-W
② FC-N
③ FB-D
④ VC-S

해설
염색침투탐상검사는 자외선조사장치가 필요 없다.
※ 27번 해설 참조

32 침투탐상시험방법 및 침투지시모양의 분류(KS B 0816)에서 형광침투액 사용 시 특별한 규정이 없을 경우 검사원이 어둠에 눈을 적응시키기 위하여 필요한 최소 시간은?

① 1초
② 1분
③ 30분
④ 60분

해설
어두운 곳에서 눈을 적응하는 과정을 암순응이라고 한다. 사람마다 순응시간이 차이가 나지만 보통 1분 정도면 충분한 것으로 보고, KS B 0816에서 1분 이상으로 규정하였다.

33 침투탐상시험방법 및 침투지시모양의 분류(KS B 0816)에 따라 다음과 같은 순서로 탐상하는 시험방법은?

전처리 → 침투처리 → 제거처리 → 관찰 → 후처리

① 수세성 형광침투액을 사용한 속건식현상법
② 용제 제거성 형광침투액을 사용한 무현상법
③ 후유화성 염색침투액을 사용한 습식현상법
④ 용제 제거성 형광침투액을 사용한 건식현상법

해설
KS B 0816 5.2. 참조

34 침투탐상시험방법 및 침투지시모양의 분류(KS B 0816)에서 특별한 규정이 없는 한 시험장치(침투, 유화, 세척, 현상, 건조, 암실, 자외선조사)를 사용하지 않아도 되는 탐상방법을 기호 표시로 나타낸 것은?

① FA - W
② FB - D
③ VB - W
④ VC - S

해설
장비가 필요 없으려면 염색침투액을 사용하여 닦아내는 형태로 잉여침투액을 제거하고, 속건식으로 현상하면 된다.
※ 27번 해설 참조

35 침투탐상시험방법 및 침투지시모양의 분류(KS B 0816)에 의한 습식현상제를 사용하는 수세성 염색침투탐상시험에서 침투지시모양을 관찰하는 시기는?

① 세척처리 후
② 제거처리 후
③ 현상처리 후
④ 건조처리 후

> **해설**
> 습식현상을 하는 수세성 염색침투탐상시험(VA–W)의 순서
> 전처리 → 침투처리 → 세척처리 → 현상처리 → 건조처리 → 관찰 → 후처리

36 침투탐상시험방법 및 침투지시모양의 분류(KS B 0816)에 의하면 염색침투탐상 시 가시광선 아래서 관찰할 때 시험체 표면에서의 최소 조도는?

① 32lx
② 100lx
③ 350lx
④ 500lx

> **해설**
> 염색침투탐상검사의 최소 조도는 500lx이다.

37 침투탐상시험방법 및 침투지시모양의 분류(KS B 0816)에 따라 결함을 분류할 때 다음 중 독립결함에 속하지 않는 분류는?

① 분산결함
② 갈라짐
③ 선상결함
④ 원형상 결함

> **해설**
> **결함의 분류**
>
> | | | |
> |---|---|---|
> | 독립결함 | 갈라짐 | 갈라졌다고 인정되는 것 |
> | | 선상결함 | 갈라짐 이외의 결함으로, 그 길이가 너비의 3배 이상인 것 |
> | | 원형상 결함 | 갈라짐 이외의 결함으로, 선상결함이 아닌 것 |
> | 연속결함 | | 갈라짐, 선상결함 및 원형상 결함이 거의 동시 직선상에 존재하고, 그 상호거리와 개개의 길이의 관계에서 1개의 연속한 결함이라고 인정되는 것. 결함 길이는 특별한 지정이 없을 때는 결함의 개개의 길이 및 상호거리를 합친 값으로 한다. |
> | 분산결함 | | 정해진 면적 안에 존재하는 1개 이상의 결함. 분산결함은 결함의 종류, 개수 또는 개개의 길이의 합계값에 따라 평가한다. |

38 침투탐상시험방법 및 침투지시모양의 분류(KS B 0816)에 다른 자외선조사장치를 점검할 때, 장치가 갖추어야 할 최소한의 성능은?

① 자외선강도계로 측정하여 시험체 표면에서 800 $\mu W/cm^2$ 이하이어서는 안 된다.
② 자외선강도계로 측정하여 시험체 표면에서 1,000 $\mu W/cm^2$ 이하이어서는 안 된다.
③ 자외선강도계로 측정하여 38cm 거리에서 시험체 표면에서 800$\mu W/cm^2$ 이하이어서는 안 된다.
④ 자외선강도계로 측정하여 38cm 거리에서 시험체 표면에서 1,000$\mu W/cm^2$ 이하이어서는 안 된다.

> **해설**
> KS B 0816 8.3.1에 '자외선조사장치의 자외선 강도는 자외선 강도계를 사용하여 측정하고, 38cm 떨어져서 800$\mu W/cm^2$ 이하일 때 또는 수은등광의 누출이 있을 때는 부품을 교환 또는 폐기한다.'고 명시되었다.

39 침투탐상시험방법 및 침투지시모양의 분류(KS B 0816)에 의해 탐상결과 시험기록에 기재할 사항이 아닌 것은?

① 시험 기술자의 취득한 자격
② 침투지시모양의 기록
③ 결함지시모양의 등급 분류방법
④ 시험품의 모양과 치수

해설

시험기록사항

기록사항	세부사항
시험 연월일	–
시험체	품명, 모양–치수, 재질, 표면사항
시험방법의 종류	–
탐상제	–
조작방법	전처리방법, 침투액의 적용방법, 유화제의 적용방법, 세척방법 또는 제거방법, 건조방법, 현상제의 적용방법
조작조건	시험 시의 온도, 침투시간, 유화시간, 세척수의 온도와 수압, 건조온도 및 시간, 현상시간 및 관찰시간
시험결과	갈라짐의 유무, 침투지시모양 또는 결함
시험 기술자	성명 및 취득한 침투탐상시험에 관련된 자격

41 운영체제의 역할로서 거리가 먼 것은?

① 컴퓨터 자원의 관리
② 소프트웨어 문제 해결
③ 사용자 인터페이스 제공
④ 태스크 및 프로세스 제공

해설

운영체제(Operating System)는 컴퓨터와 사용자 간의 중간자 역할로 사용자 인터페이스를 제공하며 사용자의 명령에 따라 컴퓨팅을 실행한다.
※ 더 이상 출제영역이 아니다.

42 서로 다른 컴퓨터 간에 통신을 담당하기 위한 통신규약에 속하는 것은?

① URL   ② OLE
③ CGI   ④ TCP/IP

해설

TCP/IP(Transfer Control Protocol/Internet Protocol) : 컴퓨터 간에 메시지를 전송할 때 적절히 나누고 변형하여 주고받아 원래의 정보로 변환하기 위해 정해 놓은 약속, 통신 규약이다.
※ 더 이상 출제영역이 아니다.

40 침투탐상시험방법 및 침투지시모양의 분류(KS B 0816)에 따른 A형 비교시험편의 재질로 옳은 것은?

① 탄소강과 그 합금
② 알루미늄과 그 합금
③ 301 스테인리스강
④ 황동판에 니켈도금

해설

KS D 6701은 알루미늄과 그 합금 관련 규정이다.

43 데이터 통신 시 전송한 자료가 수신지로 가는 도중에 몰래 보거나 도청하는 행위는?

① 위 조   ② 수 정
③ 가로채기   ④ 가로막기

해설

※ 더 이상 출제영역이 아니다.

44 해커로부터의 공격을 대비하기 위한 방법 중 패스워드 관리에 대한 내용으로 옳지 않은 것은?

① ID와 패스워드를 동일하게 사용하지 않도록 한다.

② 주민번호와 자동차번호를 패스워드로 사용하지 않는다.

③ 외우기 쉬운 문자배열이나 숫자 배열은 피한다.

④ 자신의 휴대폰 번호를 패스워드로 사용하여 패스워드를 쉽게 잊지 않도록 한다.

해설
패스워드는 타인이 예측하기 어려운 숫자와 기호, 영문을 혼합하여 사용하는 것이 좋다.
※ 더 이상 출제영역이 아니다.

45 다음 중 전자우편 사용 시 지켜야 할 사항으로 가장 거리가 먼 것은?

① 전자우편을 자주 점검하여 필요 없는 메일을 삭제한다.

② 임의의 사용자에게 광고 메일을 전송 시 사전에 허락을 요청한다.

③ 비용이 들지 않으므로 생각날 때마다 보낸다.

④ 중요한 메일을 받았을 때 답신을 보낸다.

해설
전자우편 또한 받는 사람에 대한 예의를 생각하여야 하는 의사소통 매체이다.
※ 더 이상 출제영역이 아니다.

46 아주 작은 부품이나 얇은 판, 가는 선, 도금층의 두께, 경화층 등을 측정하기에 적합한 경도계는?

① 쇼어경도계

② 로크웰경도계

③ 브리넬경도계

④ 마이크로비커스경도계

해설
• 브리넬경도 측정 : 강구를 사용하여 면적과 하중의 관계로부터 계산
• 로크웰경도 측정 : 강구나 원뿔 다이아몬드의 압입 자국의 깊이 차를 이용하여 계산
• 비커스경도 측정 : 다이아몬드 압입자로 실험하여 대각선의 길이를 이용하여 표면적을 계산, 힘과의 비로 나타냄
• 마이크로비커스경도 측정 : 좁은 영역에서 비커스경도 측정
• 쇼어경도 측정 : 강구를 떨어뜨려서 튀어 올라오는 높이를 이용하여 경도를 계산

47 가로축을 Fe-C의 2원 합금의 조성(%)으로 하고 세로축을 온도(℃)로 하여 각 조성의 비율에 따라 나타나는 변태점을 연결하여 만든 도선은?

① 상율도 　　　 ② 평형자유도

③ 평형상태도 　 ④ 마우러조직도

해설
Fe-C 상태도

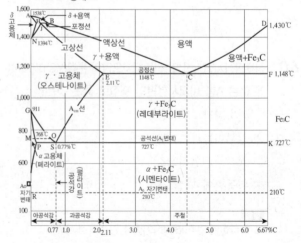

48 줄자, 표준자 재료에 적합한 합금은?

① 인 바
② 센더스트
③ 초경합금
④ 바이탈륨

해설

Invar에서 Bar를 연상하며 일상으로 사용하는 막대, 기준 막대를 생각하면 좋겠다.

49 금속 표면에 스텔라이트, 초경합금 등의 금속을 용착시켜 표면경화층을 만드는 방법은?

① 하드페이싱
② 전해경화법
③ 금속침투법
④ 금속착화법

해설

① 하드페이싱 : 소재의 표면에 스텔라이트나 경합금 등을 융접 또는 압접으로 융착시키는 표면경화법
② 전해경화법 : 전해액 속에 경화 처리할 부품을 넣고 전해액을 (+)극에, 물품을 (-)극에 접속한 후 220~260V, 5~10A/cm² 5~10초 동안 처리하는 방법. 1~3mm 깊이까지 담금질 경화가 됨
③ 금속침투법 : 표면에 각종 금속을 다양한 방법으로 침투시켜 표면성질을 개선하는 방법
④ 금속착화법 : 표면에 각종 금속을 다양한 방법으로 입혀서 표면성질을 개선하는 방법

50 다음 중 Ni-Cu 합금이 아닌 것은?

① 어드밴스   ② 콘스탄탄
③ 모넬메탈   ④ 니칼로이

해설

니칼로이는 니켈, 망간, 철의 합금이다. 초투자율이 크고, 포화자기, 비저항이 크기 때문에 통신용이나 변압·증폭기용으로 쓰인다.

51 유도로, 큐폴라 등에서 출탕한 용탕을 레이들 안에 Mg, Ce, Ca을 첨가하여 제조한 주철은?

① 회주철
② 백주철
③ 구상흑연주철
④ 비스만테스주철

해설

• 구상흑연주철 : 주철이 강에 비하여 강도와 연성 등이 나쁜 이유는 주로 흑연의 상이 편상으로 되어 있기 때문이다. 이에 구상흑연주철은 용융 상태의 주철 중에 마그네슘, 세륨 또는 칼슘 등을 첨가 처리하여 흑연을 구상화한 것으로 노듈러 주철, 덕타일 주철 등으로도 불린다.
• 주철은 주조 상태에서 흑연이 많이 석출되어 그 파단면이 회색인 회주철과 탄화물이 많이 석출되어 그 파단면이 흰색을 띤 백주철 및 이들의 중간에 속하는 반주철로 나눈다. 일반적으로 주철이라 함은 회주철을 말한다.

52 그림과 같은 면심입방격자(FCC)의 단위격자에 속해 있는 원자 수는 몇 개인가?

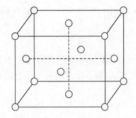

① 4개 　　　② 6개
③ 8개 　　　④ 14개

해설
꼭짓점의 $\frac{1}{8}$ 원자 8개, 각 면의 $\frac{1}{2}$ 원자 6개, 격자 내 원자 0개

원자의 수 $= \frac{1}{8} \times 8 + \frac{1}{2} \times 6 + 0 = 4$

53 A_3 또는 A_{cm} 변태점 이상 +30~50℃의 온도범위로 일정한 시간 가열해서 미세하고 균일한 오스테나이트로 만든 후, 공기 중에서 서랭하여 표준화된 조직을 얻는 열처리는?

① 오스템퍼링 　　　② 노멀라이징
③ 담금질 　　　④ 풀림

해설
'표준화된 조직'을 만든다는 문구와 노멀라이징을 연결한다. 노멀라이징은 보통으로 만든다. 표준화한다는 언어적 의미를 갖고 있다.

54 다음 중 Y합금은 어느 합금에 해당되는가?

① 내열용 알루미늄합금
② 열전대용 백금합금
③ 히터용 크롬합금
④ 내열용 타이타늄합금

해설
Y합금 : Cu 4%, Ni 2%, Mg 1.5% 정도이고 나머지가 Al인 합금이며 내열용(耐熱用) 합금으로서 뛰어나고 단조, 주조 양쪽에 사용된다. 주로 쓰이는 용도는 내연 기관용 피스톤이나 실린더 헤드 등이다.

55 절삭성이 우수한 쾌삭황동(Free Cutting Brass)으로 스크루, 시계의 톱니 등으로 사용되는 것은?

① 납황동
② 주석황동
③ 규소황동
④ 망간황동

해설
① 납황동 : 황동에 Sb 1.5~3.7%까지 첨가하여 절삭성을 좋게 한 것으로, 쾌삭황동(Free Cutting Brass)이라 한다. 쾌삭황동은 정밀 절삭가공을 필요로 하는 시계나 계기용 기어, 나사 등의 재료로 쓰인다.
② 주석황동 : 주석은 탈아연 부식을 억제하기 때문에 황동에 1% 정도의 주석을 첨가하면 내식성 및 내해수성이 좋아진다. 황동은 주석 함유량의 증가에 따라 강도와 경도는 상승하지만, 고용 한도 이상으로 넣으면 취약해지므로 인성을 요하는 때에는 0.7% Sn이 최대 첨가량이다.
③ 규소황동 : 10~16% Zn 황동에 4~5% Si를 넣은 것으로 주물을 만들기 쉽고, 내해수성이나 강도가 우수하고 값도 싸서 선박 부품 등의 주물에 사용된다.
④ 망간황동 : 이 합금은 황동에 소량의 망간을 첨가하여 인장강도, 경도 및 연신율을 증가시킨 것으로 고강도 황동이라고도 한다. 종류에 따라 선박용 프로펠러, 베어링, 밸브 시트, 기계 부품 등에 쓰이거나 내마멸성을 요하는 슬라이더 부품, 대형 밸브, 기어 등에 사용된다.

56 Al-Si 합금으로 개량처리하여 사용되는 합금은?

① SAP

② 알민(Almin)

③ 실루민(Silumin)

④ 알드리(Aldrey)

해설
Al-Si 합금(실루민) : 개량처리
※ 지속적으로 중복 문제가 출제된다.

57 재료에 안전 하중의 작은 힘이라도 계속 반복하여 작용하였을 때 파괴를 일으키는 시험은?

① 피로시험

② 커핑시험

③ 충격시험

④ 에릭센시험

해설
② 커핑시험 : 얇은 금속 판의 전연성을 측정하는 시험
③ 충격시험 : 충격력에 대한 재료의 충격 저항의 크기를 알아보기 위한 시험
④ 에릭센시험 : 강구를 이용한 일종의 커핑시험으로 전연성 시험

58 정격 2차전류 200A, 정격 사용률 35%의 아크 용접기로 150A의 용접전류를 사용하는 경우 허용사용률은 약 얼마인가?

① 45%   ② 62%

③ 71%   ④ 82%

해설
$$허용사용률 = \left(\frac{정격\ 2차\ 전류}{사용용접전류}\right)^2 \times 정격사용률$$

$$= \left(\frac{200}{150}\right)^2 \times 0.35 = 0.62$$

$$= 62\%$$

59 아크전압의 특성은 전류밀도가 작은 범위에서는 전류가 증가하면 아크저항은 감소하므로 아크 전압도 감소하는 특성이 있다. 이러한 특성을 무엇이라고 하는가?

① 정전압특성

② 정전류특성

③ 부특성

④ 상승특성

해설
① 정전압특성 : 아크의 길이가 l_1에서 l_2로 변하면 아크 전류가 I_1에서 I_2로 크게 변화하지만 아크 전압에는 거의 변화가 나타나지 않는 특성을 정전압 특성 또는 CP(Constant Potential) 특성이라 한다.
④ 상승특성 : 아르곤이나 CO_2 아크 자동 및 반자동 용접과 같이 가는 지름의 전극 와이어에 큰 전류를 흐르게 할 때의 아크는 상승특성을 나타내며, 여기에 상승특성이 있는 직류용접기를 사용하면, 아크의 안정은 자동적으로 유지되어, 아크의 자기 제어작용을 한다.

60 가스 절단작업에서 예열불꽃이 약할 때 생기는 현상으로 가장 거리가 먼 것은?

① 절단작업이 중단되기 쉽다.

② 절단속도가 늦어진다.

③ 드래그가 증가한다.

④ 모서리가 용융되어 둥글게 된다.

해설
가스 유량이 불충분하거나 예열불꽃이 약할 경우에는 절단면에 노치가 발생하기 쉽고, 산화반응의 지속이 어려워 절단이 중지되기도 한다. 예를 들어 표면에 스케일이나 불순물로 인해 강한 예열이 요구되는 상황에서 충분한 예열불꽃이 발생되지 않는 경우 절단이 중지되기도 한다. 반대로 예열불꽃이 너무 강하면 절단 홈 모서리부터 녹기 시작하며, 절단면이 깔끔하지 않게 된다.

2012년 제1회 과년도 기출문제

01 약 1mm 정도 두께의 자동차용 다듬질 강판에 존재하는 래미네이션을 탐상하고자 할 때 가장 적합하게 적용할 수 있는 비파괴검사법은?

① 누설검사
② 침투탐상시험
③ 자분탐상시험
④ 초음파탐상시험

해설
래미네이션은 내부결함이기 때문에 누설검사, 침투탐상시험은 적당하지 않고, 자분탐상시험에서는 래미네이션을 구별하기 힘들다.

02 각종 비파괴시험의 특징을 설명한 것으로 옳은 것은?

① 용접부의 언더컷 검출에는 음향방출시험이 적합하다.
② 강재의 내부균열 검출에는 자분탐상시험이 적합하다.
③ 강재의 표면결함 검출에는 초음파탐상시험이 적합하다.
④ 파이프 등의 표면결함 고속검출에는 와전류탐상시험이 적합하다.

해설
비파괴검사별 적용대상

검사방법	적용대상
방사선투과검사	용접부, 주조품 등의 내부 결함
초음파탐상검사	용접부, 주조품, 단조품 등의 내부 결함 검출과 두께 측정
침투탐상검사	기공을 제외한 표면이 열린 용접부, 단조품 등의 표면 결함
와전류탐상검사	철, 비철 재료로 된 파이프 등의 표면 및 근처 결함을 연속 검사
자분탐상검사	강자성체의 표면 및 근처 결함
누설검사	압력용기, 파이프 등의 누설 탐지
음향방출검사	재료 내부의 특성 평가

03 전자유도시험의 적용 분야로 적합하지 않은 것은?

① 세라믹 내의 미세균열
② 비철금속 재료의 재질시험
③ 철강재료의 결함탐상시험
④ 비전도체의 도금막 두께 측정

해설
세라믹은 비전도체여서 적용이 어렵고, ④는 도금막이 전도체이므로 적용이 가능하다.

04 침투탐상시험은 다공성인 표면을 검사하는 데 적합한 시험방법이 아니다. 그 이유로 가장 옳은 것은?

① 누설시험이 가장 좋은 방법이기 때문에
② 다공성인 경우 지시의 검출이 어렵기 때문에
③ 초음파탐상시험이 가장 좋은 방법이기 때문에
④ 다공성인 경우 어떤 지시도 생성시킬 수 없기 때문에

해설
다공재 부분에 침투제가 머물러 의사 지시를 만들 가능성이 많다.

05 침투탐상시험과 비교하였을 때 자분탐상시험의 장점으로 틀린 것은?

① 표면결함 및 표면하의 결함 검출에 우수하다.
② 검사 표면이 도금되어 있을 때도 검사가 가능하다.
③ 검사 표면에 이어진 미세한 기공의 검출에 우수하다.
④ 표면이 거친 검사 표면일 경우 자분탐상시험이 더 우수한 결과를 얻을 수 있다.

해설
검사 표면에 이어진 미세한 기공의 경우 후유화성 침투탐상을 실시하면 검출이 더 좋다.

1 ④ 2 ④ 3 ① 4 ② 5 ③ 정답

06 물질과 상호작용하여 물질에 따라 투과하고 흡수되는 정도가 다른 성질을 이용하는 비파괴검사법은?

① 방사선투과시험

② 초음파탐상시험

③ 자분탐상시험

④ 침투탐상시험

해설
방사선투과시험의 특징
방사선을 시험체에 조사하여 결함부를 지날 때 발생하는 투과 정도의 차이에 따라 필름상의 농도차로부터 결함을 검출

08 시험체의 도금두께 측정에 가장 적합한 비파괴검사법은?

① 침투탐상시험법

② 음향방출시험법

③ 자분탐상시험법

④ 와전류탐상시험법

해설
도금 두께 측정에는 와전류탐상시험법이 가장 적합하다.

09 강용접부의 자분탐상시험으로 가장 간편한 시험방법은?

① 극간(Yoke)법

② 코일(Coil)법

③ 전류 관통법

④ 축통전법

해설
자화방법에 따라 축통전법, 코일법, 전류 관통법, 극간법 등으로 나뉘는데, 이 중 극간법은 시험체나 시험 부위를 전자석이나 영구 자석의 자극 사이에 놓아 자화하는 방법이며, 선형자계를 형성한다. 아크 자국이 남지 않아서 사용 중 점검에 이용된다.

07 공기 중에서 초음파의 주파수가 5MHz일 때 물속에서의 파장은 몇 mm가 되는가?(단, 물에서의 초음파 음속은 1,500m/s이다)

① 0.1

② 0.3

③ 0.5

④ 0.7

해설
주파수란 1초당 떨림 횟수이므로 공기 중 500만 번 떨리면서 340m(공기 중 음속 340m/s) 이동하므로 한 번당 0.068mm(=파장의 길이) 같은 떨림수를 갖고 있고, 음속만 다르면 파장당 길이가 1,500 : 340로 길어지므로 $0.068mm \times \left(\dfrac{1,500}{340}\right) = 0.3mm$이다.

10 자분탐상시험 결과 부품의 수명에 나쁜 영향을 주는 불연속을 무엇이라 하는가?

① 결 함

② 의사지시

③ 건전지시

④ 단면급변지시

해설
지시는 결함 또는 비결함 표시가 나타난 현상이다. 의사지시는 비슷한 지시의 의미이고, 건전지시는 이상이 없다는 의미이고, 단면급변지시는 단면의 모양이 급하게 변하였을 때 나타나는 지시이다.

11 누설검사에 사용되는 단위인 1atm과 값이 틀린 것은?

① 760mmHg

② 760Torr

③ 980kg/cm²

④ 1,013mbar

해설

1atm = 760mmHg = 760Torr = 1.03323kg/cm² = 1,013mbar

12 침투탐상시험에서 후유화성 침투액의 유화제 역할을 설명한 것 중 옳은 것은?

① 형광을 더욱 밝게 해 준다.

② 건식현상제의 접촉을 용이하게 해 준다.

③ 침투액과 섞이지 않도록 막을 형성시킨다.

④ 잉여침투액을 물로 씻을 수 있도록 해 준다.

해설

후유화성 침투액에는 유화제가 포함되어 있지 않아 침투 이후 유화제를 바른 후 잉여침투제를 제거한다.

13 누설 개소와 누설량을 알 수 있으며, 밀봉 부품이나 가스 용품에 탐상 가능하고 폭발의 위험이 없는 누설 검사법은?

① 기포누설시험

② 헬륨누설시험

③ 할로겐누설시험

④ 암모니아누설시험

해설

①, ④ : 누설량을 알 수 없고 밀봉시험이 어렵다.
③ : 할로겐누설시험은 폭발 위험이 있다.

14 일반적으로 방사선투과시험으로 결함을 판별할 때 가장 어려운 경우는?

① 결함의 수

② 결함의 종류

③ 결함의 깊이

④ 결함의 크기

해설

결함의 깊이를 알고 싶다면 2차원 이상의 방사선투과시험을 실시하여야 한다.

15 침투탐상검사에서 의사지시모양을 발생시키는 경우가 아닌 것은?

① 제거처리가 부적당한 경우

② 불연속의 균일성 지시가 나타난 경우

③ 시험체의 형상에 복잡한 홈이 있는 경우

④ 검사대의 잔여 침투액이 시험체 표면에 묻은 경우

해설

불연속의 균일성 지시가 나타난 경우는 연속 지시로 판정한다.

16 다음 중 잉여침투액의 제거방법으로 틀린 것은?

① 수세성 잉여침투액을 물을 사용하여 제거한다.

② 후유화성 잉여침투액을 유화제 적용 후 물을 사용하여 제거한다.

③ 용제제거성 잉여침투액을 유기용제의 세척제를 사용하여 제거한다.

④ 용제제거성 잉여침투액 제거는 물베이스와 기름베이스 적용방법이 있다.

해설
용제제거성 잉여침투액은 구분 없이 종이타월 등을 이용하여 닦아낸다.

17 침투탐상검사의 전처리에 사용되는 세척제 중 녹이나 스케일을 제거하는 데 적합하지 않은 것은?

① 황 산

② 아세톤

③ 가성소다

④ 다이크로뮴산 나트륨(중크롬산 소다)

해설
아세톤은 유기물질을 제거하는 데 적당하다. 황산은 강산성으로 피막을 제거하여 세척하고, 수산화나트륨과 다이크로뮴산 나트륨은 녹과 중화작용을 유발하여 제거한다.

18 수세성 염색침투액과 속건식현상제를 사용하는 경우 시험 절차 순서가 올바른 것은?

① 전처리 → 침투처리 → 제거처리 → 건조처리 → 현상처리 → 관찰 → 후처리

② 전처리 → 침투처리 → 세척처리 → 건조처리 → 현상처리 → 관찰 → 후처리

③ 전처리 → 침투처리 → 제거처리 → 현상처리 → 건조처리 → 관찰 → 후처리

④ 전처리 → 침투처리 → 세척처리 → 현상처리 → 건조처리 → 관찰 → 후처리

해설
KS B 0816의 표 4를 참조하도록 하고, 수세 후 속건식현상제를 사용하려면 건조처리가 되어야 사용이 가능하다.

19 침투탐상검사의 표준 시험온도로 적합하지 않은 것은?

① 5℃   ② 15℃

③ 25℃   ④ 35℃

해설
표준 시험온도는 15~50℃이다.

20 현상제가 가져야 할 요구 특성에 해당하지 않는 것은?

① 침투액을 흡출하는 능력이 좋아야 한다.

② 침투액을 분산시키는 능력이 좋아야 한다.

③ 가능한 한 두껍게 도포할 수 있어야 한다.

④ 형광침투제에 적용할 때는 형광성이 아니어야 한다.

해설
현상제는 흡출작용이 되어야 하고 침투제를 흡출·산란시키는 미세입자여야 하며, 가시광선·자외선을 가급적 흡수하지 않아야 한다. 입자가 균일하고 다루기 쉬워야 하며 균일하고 얇은 도포막 형성이 되어야 한다. 형광침투제와 함께 사용할 때도 자체 형광등이 있어서는 곤란하며 검사 종료 후 제거가 쉬워야 하고 유해하지 않아야 한다.

21 수세성 염색침투탐상검사로 검사가 가능한 표면거칠기는 최대 어느 정도까지인가?

① 100μm ② 300μm

③ 1,000μm ④ 1,300μm

해설

수세성 침투탐상검사 시 표면이 거칠면 얕은 결함의 침투액이 세척 시 쉽게 세척되므로 표면거칠기를 300μm 이내로 제한한다.

22 모세관현상을 관찰하기 위하여 액체로 물과 수은을 각각 사용한 경우, 유리관을 액체 내에 담갔을 때 유리관 내·외부와 액체 표면과의 관계를 옳게 설명한 것은?

① 물과 수은에서 모두 올라간다.
② 물과 수은에서 모두 내려간다.
③ 물에서는 내려가고 수은에서는 올라간다.
④ 물에서는 올라가고 수은에서는 내려간다.

해설

물은 부착력이 더 강하여 관이 물을 끌어올리고, 수은은 액체의 응집력이 더 강하여 수은끼리 잘 뭉친다. 관의 기준에서 보면 내려간다. 온도계의 표시기둥을 수은주로 쓰는 이유 중의 하나이다.

23 후유화성 형광침투액의 피로시험 항목에 속하지 않은 것은?

① 강도시험
② 점성시험
③ 수세성 시험
④ 수분 함유량 시험

해설

침투제의 재료 인증시험 항목은 인화점, 점도, 형광휘도, 독성, 부식성, 적심성, 색상, 자외선에 대한 안정성, 온도에 대한 안정성, 수세성, 물에 의한 오염도 등이 있다. 이에 따라 침투제의 시험 항목은 감도시험, 형광휘도시험, 물에 의한 오염도 시험 등이 있다.

24 감도와 분해능이 우수한 현상법으로 현상과 기록을 동시에 할 수 있는 장점을 가지고 있으며 정점 랙커 성분과 콜로이달 수지(Colloidal Resin)로 이루어져 있는 현상법은?

① 무현상법
② 건식현상법
③ 습식현상법
④ 플라스틱 필름현상법

해설

현상필름이 콜로이달 수지(Colloidal Resin)이다.

25 환경 등의 안전을 고려하여 다음 중 침투탐상검사 시스템과 분리하여 설치해야 하는 장치는?

① 전처리장치 ② 침투장치
③ 유화장치 ④ 현상장치

해설

일반적으로 전처리용 장비는 일련의 침투탐상검사 장비로부터 떨어져 있거나 분리되어 있는 장소에 설치한다.

26 금속의 균열을 침투탐상검사할 때 일반적으로 검사 결과에 가장 큰 영향을 주는 것은?

① 검사물의 경도
② 침투제의 색깔
③ 검사물의 열전도도
④ 검사물의 표면조건

해설
침투탐상검사는 표면검사이므로 기본적으로 표면조건의 영향이 가장 크다.

27 다음 중 모세관 현상을 결정하는 인자와 가장 거리가 먼 것은?

① 점 성
② 점착력
③ 표면장력
④ 자속밀도

해설
모세관 현상이란 액체 속에 가느다란 관을 집어넣었을 때 액체와 관의 재료에 따른 응집력(또는 응집력에 의한 표면장력)과 부착력 (점착력)의 차이에 따라 액체가 끌어올려 지거나 끌려내려 가는 현상을 말한다.
점성은 응집력에 영향을 준다.

28 침투탐상시험방법 및 침투지시모양의 분류(KS B 0816)에 따른 침투지시모양의 관찰은 언제 하는 것이 바람직한가?

① 현상제 적용 후 1~5분 사이
② 현상제 적용 후 7~60분 사이
③ 현상제 적용 전 1~5분 사이
④ 현상제 적용 전 7~60분 사이

해설
침투지시모양의 관찰은 현상제 적용 후 7~60분 사이가 좋다.

29 침투탐상시험방법 및 침투지시모양의 분류(KS B 0816)에 따라 탐상시험시의 온도 기록에 있어서 시험체와 침투액의 온도가 몇 ℃ 이하인 경우 반드시 기재하여야 하는가?

① 10℃
② 15℃
③ 25℃
④ 37℃

해설
탐상 시의 온도기록은 15℃ 이하 또는 50℃ 이상일 때는 반드시 기재한다.

30 침투탐상시험방법 및 침투지시모양의 분류(KS B 0816)에 따라 다음과 같은 탐상 순서를 갖는 시험 방법의 기호로 옳은 것은?

전처리 → 침투처리 → 제거처리 → 현상처리 →
관찰 → 후처리

① FA-W
② FB-W
③ FC-D
④ FC-N

해설
KS B 0816 4.2.의 시험 순서를 참조

31 침투탐상시험방법 및 침투지시모양의 분류(KS B 0816)에 따른 탐상제의 점검에서 침투액을 성능시험하여 결함의 검출능력이 저하된다고 판단될 때 그 침투액은 어떻게 하여야 하는가?

① 폐기한다.
② 가열하여 수분을 제거하고 재사용한다.
③ 사용하지 않은 새 제품의 침투액과 혼합하여 사용한다.
④ 규정된 값이 되도록 열풍 건조하여 농도를 측정하고 사용한다.

해설
KS B 0816 7.2.1.에서 결함검출능력 및 침투지시모양의 휘도가 저하되었거나 색상이 변화했다고 인정된 때는 폐기한다고 지시하였다.

32 침투탐상시험방법 및 침투지시모양의 분류(KS B 0816)에 따라 후유화성 염색침투탐상시험시 유화시간은 세척처리를 확실히 실시할 수 있는 범위 내의 최소 시간으로 하여야 하는데 원칙적으로는 몇 분 이내로 하여야 하는가?

① 2분   ② 5분
③ 10분   ④ 15분

해설
기름베이스 유화제를 사용하는 시험의 경우 형광침투액 사용 시 3분 이내, 염색침투액을 사용 시 30초 이내이고, 물베이스 유화제를 사용하는 시험의 경우 형광침투액 및 염색침투액의 경우 2분 이내로 한다.

33 침투탐상시험방법 및 침투지시모양의 분류(KS B 0816)에 따라 형광침투제에 사용되는 자외선등의 파장범위로 적합한 것은?

① 220~300nm
② 320~400nm
③ 420~480nm
④ 520~580nm

해설
파장 320~400nm의 자외선을 $800\mu W/cm^2$ 이상의 강도로 조사하여 시험한다.

34 침투탐상시험방법 및 침투지시모양의 분류(KS B 0816)에 따른 수세성 및 후유화성 침투액은 무엇으로 세척하는가?

① 물
② 공 기
③ 알코올
④ 유기용제

해설
KS B 0816 2.3.(4)에 물로 세척한다고 명시했으며 스프레이 노즐의 경우 보통 275kPa 이하로 명시했다.

35 항공우주용 기기의 침투탐상검사 방법(KS W 0914)에서 침투액의 제거를 위한 자동 스프레이법의 수온은 몇 ℃ 범위를 유지하도록 하는가?

① 0~4　　　　　　② 5~8

③ 10~38　　　　　④ 40~68

해설

KS W 0914 5.3.1.2.에 수온은 10~38℃(50~100°F)로 유지하라고 명시되어 있다.

※ KS W 0914는 2014년에 폐지되었다.

36 침투탐상시험방법 및 침투지시모양의 분류(KS B 0816)에 따른 플라스틱 재질의 갈라짐에 대한 탐상 시 상온에서의 표준 침투시간과 현상시간의 규정으로 옳은 것은?

① 침투시간 : 5분, 현상시간 : 7분

② 침투시간 : 3분, 현상시간 : 7분

③ 침투시간 : 5분, 현상시간 : 5분

④ 침투시간 : 3분, 현상시간 : 5분

해설

일반적으로 온도 15~50℃의 범위에서의 침투시간은 다음 표와 같다.

재 질	형 태	결함의 종류	모든 종류의 침투액	
			침투시간 (분)	현상시간 (분)
알루미늄, 마그네슘, 동, 타이타늄, 강	주조품, 용접부	쇳물 경계, 융합 불량, 빈 틈새, 갈라짐	5	7
	압출품, 단조품, 압연품	랩(Lap), 갈라짐	10	7
카바이드 팁붙이 공구	–	융합 불량, 갈라짐, 빈 틈새	5	7
플라스틱, 유리, 세라믹스	모든 형태	갈라짐	5	7

37 침투탐상시험방법 및 침투지시모양의 분류(KS B 0816)에 따라 현상제를 적용한 후 관찰할 때까지의 시간인 현상시간은 현상제의 종류, 예측되는 결함의 종류와 크기 및 시험품의 온도에 따라 결정되는데 온도가 15~50℃인 경우 알루미늄 단조품의 갈라짐 검출에 대해 규정한 표준 현상시간은?

① 3분　　　　　　② 5분

③ 7분　　　　　　④ 10분

해설

36번 해설 참조

38 침투탐상시험방법 및 침투지시모양의 분류(KS B 0816)에 따라 합격한 시험체에 표시를 필요로 할 때 전수검사인 경우 각인 또는 부식에 의한 표시 기호로 옳은 것은?

① P　　　　　　② ⓟ

③ OK　　　　　④ ○

해설

결과의 표시(KS B 0816, 11)

• 전수검사인 경우
 – 각인, 부식 또는 착색(적갈색)으로 시험체에 P의 기호를 표시한다.
 – 시험체의 P의 표시를 하기가 곤란한 경우에는 적갈색으로 착색한다.
 – 위와 같이 표시할 수 없는 경우에는 시험 기록에 기재하여 그 방법에 따른다.

• 샘플링 검사인 경우 : 합격한 로트의 모든 시험체에 전수검사에 준하여 ⓟ의 기호 또는 착색(황색)으로 표시한다.

39 침투탐상시험방법 및 침투지시모양의 분류(KS B 0816)에 따라 샘플링 검사에 합격한 로트에 표시할 착색으로 옳은 것은?

① 황 색 　　　② 흰 색
③ 적 색 　　　④ 녹 색

해설
38번 해설 참조

40 침투탐상시험방법 및 침투지시모양의 분류(KS B 0816)에 따른 결함의 분류는 모양 및 존재 상태에 따라 정한다. 이에 의한 결함에 해당되지 않은 것은?

① 독립결함
② 연속결함
③ 분산결함
④ 불연속결함

해설
결함의 모양 및 존재 상태에서 다음과 같이 분류한다.

독립 결함	갈라짐	갈라졌다고 인정되는 것
	선상결함	갈라짐 이외의 결함으로, 그 길이가 너비의 3배 이상인 것
	원형상 결함	갈라짐 이외의 결함으로, 선상결함이 아닌 것
연속결함		갈라짐, 선상결함 및 원형상 결함이 거의 동시 직선상에 존재하고, 그 상호거리와 개개의 길이의 관계에서 1개의 연속한 결함이라고 인정되는 것. 결함 길이는 특별한 지정이 없을 때는 결함의 개개의 길이 및 상호거리를 합친 값으로 한다.
분산결함		정해진 면적 안에 존재하는 1개 이상의 결함. 분산결함은 결함의 종류, 개수 또는 개개의 길이의 합계값에 따라 평가한다.

41 침투탐상시험방법 및 침투지시모양의 분류(KS B 0816)에 따른 A형 대비시험편에 대한 설명으로 옳은 것은?

① 시험편의 재료는 A2024P이다.
② 시험편의 결함 재료는 C2600P이다.
③ 520~530℉로 가열한 후 급랭시켜 터짐을 발생시킨다.
④ 950~975℃로 가열한 후 급랭시켜 터짐을 발생시킨다.

해설
• 시험편의 재료는 KS D 6701에 규정한 A2024P이다.
• 520~530℃로 가열하여 가열한 면에 흐르는 물을 뿌려서 급랭시켜 갈라지게 한다.

42 침투탐상시험방법 및 침투지시모양의 분류(KS B 0816)에 대한 B형 대비시험편 종류의 기호와 도금 두께, 도금 갈라짐 너비의 나열이 옳지 않은 것은?(단, 도금 두께, 도금 갈라짐 너비의 단위는 μm이다)

① PT-B50 : 50±5, 2.5
② PT-B40 : 40±3, 2.0
③ PT-B20 : 20±2, 1.0
④ PT-B10 : 10±1, 0.5

해설
B형 대비시험편의 종류

기 호	도금 두께(μm)	도금 갈라짐 너비(목표값)
PT-B50	50±5	2.5
PT-B30	30±3	1.5
PT-B20	20±2	1.0
PT-B10	10±1	0.5

43 4% Cu, 2% Ni 및 1.5% Mg이 첨가된 알루미늄 합금으로 내연기관용 피스톤이나 실린더 헤드 등으로 사용되는 재료는?

① Y합금

② Lo-Ex합금

③ 라우탈(Lautal)

④ 하이드로날륨(Hydronalium)

해설

① Y합금 : Cu 4%, Ni 2%, Mg 1.5% 정도이고 나머지가 Al인 합금, 내열용 합금으로서 뛰어나고, 단조, 주조 양쪽에 사용된다. 주로 쓰이는 용도는 내연 기관용 피스톤이나 실린더 헤드 등이다.

② Lo-Ex합금(Low Expansion Alloy) : Al-Si 합금에 Cu, Mg, Ni을 소량 첨가한 것이다. 선팽창계수가 작고 내열성이 좋으며, 주조성과 단조성이 뛰어나서 자동차 등의 엔진 피스톤 재료로 사용되고 있다.

③ 라우탈 합금 : 금속재료도 여러모로 연구해서 적절한 성질을 가진 제품으로 시장에 내놓는데, 라우탈이란 이름을 가진 사람에 의해서 고안된 알루미늄 합금이다. 알루미늄에 구리 4%, 규소 5%를 가한 주조용 알루미늄 합금으로, 490~510℃로 담금질한 다음, 120~145℃에서 16~48시간 뜨임을 하면 기계적 성질이 좋아진다. 적절한 시효경화를 통해 두랄루민처럼 강도를 만들 수도 있다. 자동차, 항공기, 선박 등의 부품재로 공급된다.

④ 하이드로날륨 : 알루미늄에 10%까지의 마그네슘을 첨가한 내식 알루미늄 합금으로, 알루미늄이 바닷물에 약한 것을 개량하기 위하여 개발된 합금이다.

44 고탄소 크롬베어링강의 탄소 함유량의 범위(%)로 옳은 것은?

① 0.12~0.17%

② 0.21~0.45%

③ 0.95~1.10%

④ 2.20~4.70%

해설

고탄소 크롬베어링강 : 볼이나 롤러 베어링에 사용하는 강을 베어링강이라고 하는데, 이 중 보통 1% C와 1.5% Cr을 함유한 강을 고탄소·고크롬베어링강(High Carbon Chromiun Bearing Steel)이라고 한다. 고탄소 크롬베어링강은 780~850℃에서 담금질한 후 140~160℃로 뜨임처리하여 사용한다.

45 금속의 표면에 Zn을 침투시켜 대기 중 청강의 내식성을 증대시켜 주기 위한 처리법은?

① 세라다이징

② 크로마이징

③ 칼로라이징

④ 실리코나이징

해설

금속침투법 정리

• 세라다이징 : 아연을 침투, 확산시키는 것으로 아연을 제련할 때 부산물로 얻는 청분(Blue Powder)이라고 불리는 300mesh 이하 아연분말을 사용하고, 보통 350~380℃에서 2~3시간 처리하여 두께 0.06mm 정도의 층을 얻는다.

• 칼로라이징 : 알루미늄 분말에 소량의 염화암모늄(NH_4Cl)을 가한 혼합물과 경화하고자 하는 물체를 회전로에 넣고 중성분위기 중에서 850~950℃로 2~3시간 동안 가열한다. 이때 층의 두께는 0.3mm 정도가 표준이며, 1mm 이상의 두께가 되면 입자가 크고 거칠어진다. 상온에서 내식성, 내해수성이 있고 질산에 강하며, 고온에서는 SO_2, H_2S, NH_3, CN계에 강하다.

• 크로마이징 : 크롬은 내식, 내산, 내마멸성이 좋으므로 크롬 침투에 사용한다.
 – 고체분말법 : 혼합분말 속에 넣어 980~1,070℃ 온도에서 8~15시간 가열한다.
 – 가스 크로마이징 : 이 처리에 의해서 Cr은 강 속으로 침투하고, 0.05~0.15mm의 Cr 침투층이 얻어진다.

• 실리코나이징 : 내식성을 증가시키기 위해 강철 표면에 Si를 침투하여 확산시키는 처리이며, 고체분말법과 가스법이 있다.
 – 고체분말법은 강철 부품을 Si 분말, Fe-Si, Si-C 등의 혼합물 속에 넣고, 회전로 또는 보통의 침탄로에서 950~1,050℃로 가열한 후에 염소가스를 통과시킨다.
 – 염소가스는 용기 안의 Si 카바이드 또는 Fe-Si와 작용하여 강철 속으로 침투, 확산한다. 950~1,050℃에서 2~4시간의 처리로 0.5~1.0mm의 침투 Si층이 생긴다.
 – 펌프축, 실린더, 라이너, 관, 나사 등의 부식 및 마멸이 문제되는 부품에 효과가 있다.

• 보로나이징 : 강철 표면에 붕소를 침투 확산시켜 경도가 높은 보론화층을 형성시키는 표면경화법이다. 보론화된 표면층의 경도는 HV 1,300~1,400에 달하며, 보론화처리에서 경화 깊이는 0.15m 정도이고, 처리 후에 담금질이 필요 없으며, 여러 가지 강에 적용이 가능한 장점이 있다.

46 탄소강의 표준조직에 해당하는 것은?

① 펄라이트와 마텐자이트

② 페라이트와 소르바이트

③ 펄라이트와 페라이트

④ 페라이트와 베이나이트

해설

펄라이트란 페라이트와 시멘타이트의 층상조직으로 마치 진주조개껍질(Pearl)처럼 보인다하여 붙여진 이름이다. 탄소 함유량 0.7% 정도의 공석강에서는 100% 펄라이트 조직으로 나타나며, 아공석강의 경우 초석페라이트와 펄라이트 조직이, 과공석강에서는 펄라이트 조직과 시멘타이트 조직이 나타난다. 일반적으로 상온에서의 탄소강의 표준조직은 초석페라이트+펄라이트로 본다.

47 흑연을 구상화시키기 위해 선철을 용해하여 주입 전에 첨가하는 것은?

① Cs

② Cr

③ Mg

④ Na_2CO_3

해설

• 주철 중 마그네슘의 역할은 흑연을 구상화시켜 기계적 성질을 좋게 한다. 따라서 구상화주철은 구상화제로 마그네슘 합금을 사용한다.

• 크롬은 탄화물을 형성시키는 원소이므로 흑연 함유량을 감소시키는 한편, 미세하게 하여 주물을 단단하게 한다. 그러나 시멘타이트의 분해가 곤란하므로 가단주철을 제조할 때에는 크롬의 함유량을 최소화하는 것이 좋다.

48 α고용체 + 용융액 $\leftrightarrows$ β고용체의 반응을 나타내는 것은?

① 공석반응

② 공정반응

③ 포정반응

④ 편정반응

해설

• 금속에 일어나는 여러 반응의 개념적인 이해가 필요한 용어들로 이를 돕기 위해 간단히 팁을 더하면 '정'은 결정조직이 발생하는 경우에 사용하고, '석'은 석출물, 딱딱한 물질이 용융액 속에 나오는 경우에 사용한다.

• α고용체와 용융액이 냉각하며 전혀 다른 β고용체가 나오는 경우는 P점에서 냉각이 일어나는 경우이며 이런 반응을 포정반응(결정이 다른 결정을 둘러싼다고 해서 생기는 이름)이라고 한다.

49 다음 중 반자성체에 해당하는 금속은?

① 철(Fe)

② 니켈(Ni)

③ 안티몬(Sb)

④ 코발트(Co)

해설

반자성체란 자성을 만나 자계 안에 놓였을 때, 기존 자계와 반대 방향의 자성을 얻어 자석으로부터 척력을 발생시키는 물질을 의미한다. 종류로는 비스무트, 안티몬, 인, 금, 은, 수은, 구리, 물과 같은 물질이 있다.

50 라우탈은 Al-Cu-Si 합금이다. 이 중 3~8% Si를 첨가하여 향상되는 성질은?

① 주조성

② 내열성

③ 피삭성

④ 내식성

해설

• 라우탈 합금 : 금속재료도 여러모로 연구해서 적절한 성질을 가진 제품으로 시장에 내놓는데, 라우탈이란 이름을 가진 사람에 의해서 고안된 알루미늄 합금이다. 알루미늄에 구리 4%, 규소 5%를 가한 주조용 알루미늄 합금으로, 490~510℃로 담금질한 다음, 120~145℃에서 16~48시간 뜨임을 하면 기계적 성질이 좋아진다. 적절한 시효경화를 통해 두랄루민처럼 강도를 만들 수도 있다. 자동차, 항공기, 선박 등의 부품재로 공급된다.

• Si를 첨가하여 주조성 향상을 기대하며, Cu의 첨가로 절삭성의 향상을 기대한다.

51 백선철을 900~1,000℃로 가열하여 탈탄시켜 만든 주철은?

① 칠드주철

② 합금주철

③ 편상흑연주철

④ 백심가단주철

- 칠드주철 : 보통주철보다 규소 함유량을 적게 하고 적당량의 망간을 가한 쇳물을 주형에 주입할 때, 경도를 필요로 하는 부분에만 칠 메탈(Chill Metal)을 사용하여 빨리 냉각시키면 그 부분의 조직만이 백선화되어 단단한 칠층이 형성된다. 이를 칠드(Chilled)주철이라 한다.
- 합금주철 : 합금강의 경우와 마찬가지로 주철에 특수 원소를 첨가하여 보통주철보다 기계적 성질을 향상시키거나 내식성, 내열성, 내마멸성, 내충격성 등의 특성을 가지도록 한 주철이다.
- 편상흑연주철 : 주철 내 흑연조직이 편상흑연으로 된 것으로 편상흑연은 표준형의 흑연으로 균일한 분포의 편상 구조이며 기계적 성질이 우수하다.
- 가단주철 : 주철의 결점인 여리고 약한 인성을 개선하기 위하여 먼저 백선철의 주물을 만들고, 이것을 장시간 열처리하여 탄소의 상태를 분해 또는 소실시켜 인성 또는 연성을 증가시킨 주철이다.
  - 백심가단주철 : 파단면이 흰색을 나타낸다. 백선 주물을 산화철 또는 철광석 등의 가루로 된 산화제로 싸서 900~1,000℃의 고온에서 장시간 가열하면 탈탄반응에 의하여 가단성이 부여되는 과정을 거친다. 이때 주철 표면의 산화가 빨라지고, 내부의 탄소의 확산 상태가 불균형을 이루게 되면 표면에 산화층이 생긴다. 강도는 흑심가단주철보다 다소 높으나 연신율이 작다.

52 다음 중 용융점이 가장 낮은 금속은?

① Zn

② Sb

③ Pb

④ Sn

각 금속의 비중, 용융점 비교

금속명	비 중	용융점 (℃)	금속명	비 중	용융점 (℃)
Hg(수은)	13.65	−38.9	Cu(구리)	8.93	1,083
Cs(세슘)	1.87	28.5	U(우라늄)	18.7	1,130
P(인)	2	44	Mn(망간)	7.3	1,247
K(칼륨)	0.862	63.5	Si(규소)	2.33	1,440
Na(나트륨)	0.971	97.8	Ni(니켈)	8.9	1,453
Se(셀렌)	4.8	170	Co(코발트)	8.8	1,492
Li(리튬)	0.534	186	Fe(철)	7.876	1,536
Sn(주석)	7.23	231.9	Pd(팔라듐)	11.97	1,552
Bi(비스무트)	9.8	271.3	V(바나듐)	6	1,726
Cd(카드뮴)	8.64	320.9	Ti(타이타늄)	4.35	1,727
Pb(납)	11.34	327.4	Pt(플래티늄)	21.45	1,769
Zn(아연)	7.13	419.5	Th(토륨)	11.2	1,845
Te(텔루륨)	6.24	452	Zr(지르코늄)	6.5	1,860
Sb(안티몬)	6.69	630.5	Cr(크롬)	7.1	1,920
Mg(마그네슘)	1.74	650	Nb(니오브)	8.57	1,950
Al(알루미늄)	2.7	660.1	Rh(로듐)	12.4	1,960
Ra(라듐)	5	700	Hf(하프늄)	13.3	2,230
La(란탄)	6.15	885	Ir(이리듐)	22.4	2,442
Ca(칼슘)	1.54	950	Mo(몰리브덴)	10.2	2,610
Ge(게르마늄)	5.32	958.5	Os(오스뮴)	22.5	2,700
Ag(은)	10.5	960.5	Ta(탄탈)	16.6	3,000
Au(금)	19.29	1,063	W(텅스텐)	19.3	3,380

53 고속베어링에 적합한 것으로 주요 성분이 Cu+Pb인 합금은?

① 톰 백 ② 포 금
③ 켈 밋 ④ 인청동

해설

③ 켈밋(Kelmet) : 강(Steel) 위에 청동을 용착시켜 마찰이 많은 곳에 사용하도록 만든 베어링용 합금이다.
① 톰백(Tombac) : 8~20%의 아연을 구리에 첨가한 구리합금은 황동 중에서 가장 금빛에 가까우며, 소량의 납을 첨가하여 값이 싼 금색 합금을 만든다. 특히 금종이의 대용품으로서 서적의 금박 입히기, 금색 인쇄에 사용된다.
② 포금(Gun Metal) : 8~12% Sn에 1~2% Zn이 함유된 구리 합금으로 과거 포신(砲身)을 제조할 때 사용했다 하여 포금이라 부른다. 단조성이 좋고 강력하며, 내식성이 있어 밸브, 콕, 기어, 베어링 부시 등의 주물에 널리 사용된다. 또 내해수성이 강하고, 수압, 증기압에도 잘 견디므로 선박 등에 널리 사용된다. 이 중 애드미럴티 포금(Admiralty Gun Metal)은 주조성과 절삭성이 뛰어나다.
④ 인청동(Phosphor Bronze) : 청동에 1% 이하의 인(P)을 첨가한 것이다. 인은 주석 청동의 용융 주조시에 탈산제로 사용되며, 이의 첨가량을 많게 하여 합금 중에 인을 0.05~0.5% 잔류시키면 구리 용융액의 유동성이 좋아지고, 강도, 경도 및 탄성률 등 기계적 성질이 개선될 뿐만 아니라 내식성이 좋아진다. 봉은 기어, 캠, 축, 베어링 등에 사용되며, 선은 코일 스프링, 스파이럴 스프링 등에 사용된다.

55 알루미늄(Al)의 특성을 설명한 것 중 옳은 것은?

① 온도에 관계없이 항상 체심입방격자이다.
② 강(Steel)에 비하여 비중이 가볍다.
③ 주조품 제작 시 주입온도는 1,000℃이다.
④ 전기 전도율이 구리보다 높다.

해설

물리적 성질	알루미늄	구 리	철
비 중	2.699g/cm³	8.93g/cm³	7.86g/cm³
녹는점	660℃	1,083℃	1,536℃
끓는점	2,494℃	2,595℃	2,861℃
비 열	0.215kcal/kg·K	50kcal/kg·K	65kcal/kg·K
융해열	95kcal/kg	2,582kcal/kg	2,885kcal/kg

54 금속간 화합물에 대한 설명으로 옳은 것은?

① 변형하기 쉽고, 인성이 크다.
② 일반적으로 복잡한 결정구조를 갖는다.
③ 전기저항이 낮고, 금속적인 성질이 우수하다.
④ 성분금속 중 낮은 용융점을 갖는다.

해설

금속간 화합물은 일종 금속에 불순물이 첨가된 형태의 화합물이 아니라 이종(異種)간 금속의 화합물로 일반적으로 고용체의 결합력보다 이종간 결합력이 크기에 단단하면서도 부서지기 쉬우나 반도체 등으로 활용되는 경우도 많고, 일종 금속과 같이 일정 녹는점을 갖는 등 독특한 특징을 갖는다.

56 문쯔메탈(Muntz Metal)이라 하며 탈아연 부식이 발생하기 쉬운 동합금은?

① 6-4황동
② 주석청동
③ 네이벌 황동
④ 애드미럴티 황동

해설

문쯔메탈 : 영국인 Muntz가 개발한 합금으로 6-4황동이다. 적열하면 단조할 수 있어서 가단 황동이라고도 한다. 배의 밑바닥 피막을 입히거나 그 외 해수에 직접 닿을 수 있는 장소의 Bolt 및 리벳 등에 사용된다.

57 소성변형이 일어나면 금속이 경화하는 현상을 무엇이라 하는가?

① 가공경화

② 탄성경화

③ 취성경화

④ 자연경화

해설

소성가공 시 금속이 변형하면서 잔류응력을 남기게 되고 변형된 조직 부분이 조밀하게 되어 경화되는 현상을 가공경화라 한다.

59 다음 중 용접 후 잔류응력이 제품에 미치는 영향으로 가장 중요한 것은?

① 언더컷이 생긴다.

② 용입 부족이 된다.

③ 용착 불량이 생긴다.

④ 변형과 균열이 생긴다.

해설

잔류응력의 가장 큰 영향은 시간이 지남에 따라 잔류응력에 의한 부식을 유발하고, 잔류응력이 해소되려는 방향으로 지속적인 힘이 작용함에 따라 변형을 유도하며, 약한 부분에는 균열을 발생시킬 수 있다.

58 AW 240 용접기를 사용하여 용접했을 때 허용사용률은 약 얼마인가?(단, 실제 사용한 용접전류는 200A 이었으며 정격사용률은 40%이다)

① 33.3%

② 48.0%

③ 57.6%

④ 83.3%

해설

$$허용사용률 = \left(\frac{정격\ 2차\ 전류}{사용용접전류}\right)^2 \times 정격사용률$$

$$= \left(\frac{240}{200}\right)^2 \times 0.4 = 0.576$$

$$= 57.6\%$$

60 다음 중 가스용접 토치 취급 시 주의사항으로 적합하지 않은 것은?

① 점화되어 있는 토치는 함부로 방치하지 않는다.

② 토치를 망치나 갈고리 대용으로 사용해서는 안 된다.

③ 팁이 가열되었을 때는 산소 밸브와 아세틸렌 밸브가 모두 열려있는 상태로 물속에 담근다.

④ 작업 중에는 역류, 역화, 인화 등에 항상 주의하여야 한다.

해설

안전한 취급을 위해 열의 소거, 변형의 조정, 공급량 조정 등의 조절 시에는 밸브를 모두 잠근다.

2012년 제2회 과년도 기출문제

01 다음 자분탐상시험법 중 선형자화법을 이용하는 것은?

① 극간법
② 프로드법
③ 직각통전법
④ 전류관통법

해설
선형자화란 코일에 전류를 통전시키면 코일 안으로 자속이 직선으로 이루어지고 코일법과 극간법 등이 선형자화의 대표적인 방법이다.

02 침투탐상시험으로 미세한 균열을 검출하는 데 가장 검출 감도가 좋은 탐상 방법은?

① 수세성 형광침투탐상시험
② 후유화성 형광침투탐상시험
③ 용제 제거성 염색침투탐상시험
④ 용제 제거성 형광침투탐상시험

해설
후유화성 침투제가 침투성이 가장 좋다.

03 침투탐상시험으로 습식현상제를 사용할 때 현상제에 대하여 반드시 점검하여야 할 사항은?

① 현상제를 감안한 전처리 시간
② 현탁액이 균일한가를 점검
③ 현상제의 질량과 시험편의 건조 상태
④ 자외선조사등

해설
속에 이물질이나 오물의 혼입이 없는지, 겔화되어 있는 부분이 있는 지에 대해서 점검한다. 또한 충분히 교반함에도 분리되는 경우는 교환한다.

04 다음 중 매질 내의 음속을 결정하는 인자들로 구성된 것은?

① 주파수 및 탄성률
② 탄성률 및 밀도
③ 매질 두께 및 밀도
④ 조직입도(Grain) 및 두께

해설
매질을 통과하는 소리가 갖는 전파속도이다. 이는 매질의 부피 탄성률과 정지 상태의 밀도의 영향을 받아 결정된다.

05 침투탐상시험의 특성에 대한 설명 중 틀린 것은?

① 큰 시험체의 부분 검사에 편리하다.
② 다공성인 표면의 불연속 검출에 탁월하다.
③ 표면의 균열이나 불연속을 측정에 유리하다.
④ 서로 다른 탐상액을 혼합하여 사용하면 감도에 변화가 생긴다.

해설
침투탐상검사는 침투제가 침투된 모양을 흡출하여 검사하므로 다공재의 공극에 침투제가 침투하면 의사지시를 형성하기 쉽다.

06 주강품에 대한 비파괴시험에서 발견할 수 있는 결함이 아닌 것은?

① 균 열　　　　② 블로홀
③ 수축공　　　④ 래미네이션

래미네이션 : 압연 강재에 있는 내부결함, 비금속 개재물, 기포 또는 불순물 등이 압연 방향을 따라 평행하게 늘어나 층상조직이 된 것. 평행하게 층 모양으로 분리된 것은 이중 판 균열이라고도 부른다.

07 방사선투과사진의 명암도(콘트라스트)에 영향을 주는 인자 중 시험체 명암도(파사체 콘트라스트)에 영향을 주는 인자와 거리가 먼 것은?

① 현상조건
② 산란 방사선
③ 방사선의 선질
④ 시험체의 두께차

시험체 명암도는 시험체의 형태, 사용하는 방사선질 및 촬영배치 등에 따라 흑화도 차이가 달라진다. 피사체 명암도에 영향을 주는 요인으로는 시험체 두께 차이, 방사선의 선질, 산란 방사선 등이 있다.

08 다음 중 원리가 같은 검사방법끼리 조합된 것은?

① 방사선투과검사(RT), 컴퓨터단층촬영(CT)검사
② 육안검사(VT), 자분탐상검사(MT)
③ 침투탐상검사(PT), 와전류탐상검사(ECT)
④ 초음파탐상검사(UT), 누설검사(LT)

② 육안검사는 가시성을 이용하고, 자분탐상검사는 자기력을 이용한다.
③ 침투탐상검사는 모세관 현상을 이용하고, 와전류탐상검사는 전자기력을 이용한다.
④ 초음파탐상검사는 음파의 진동과 파형을 이용하고, 누설검사는 가스의 투과성을 이용한다.

09 초음파탐상시험에 사용되는 탐촉자의 표시방법에서 진동자 재료 중 수정을 나타내는 것은?

① C　　　　② M
③ Q　　　　④ Z

초음파검사 탐촉자의 표시방법

구 분	종	기 호
주파수 대역	보 통	N(또는 생략)
	광대역	B
공칭주파수	–	숫자(MHz(단위))
진동자재료	수 정	Q
	지르콘, 타이타늄산납계자기	Z
	압전자기일반	C
	압전소자일반	M
진동자의 공칭치수	원 형	직경 표시(mm)
	각 형	높이×폭(mm)
형 식	수 직	N
	사 각	A
	종파사각	LA
	표면파	S
	가변각	LA
	수침(국부수침 포함)	I
	타이어	W
	2진동자	D를 더함
	두께 측정용	T를 더함
굴절각	저탄소강	단위 ˚
	알루미늄용	단위 ˚ AL
공칭집속범위	–	F(mm)

10 X-선에 대한 설명 중 틀린 것은?

① 표적금속의 종류에 의해 고유성질이 정해진다.
② 단일 에너지를 가진다.
③ 파장은 관전압이 바뀌면 변한다.
④ 연속 스펙트럼을 가진다.

• 표적금속의 번호에 따라 X-선의 강도와 고유성질이 정해진다.
• 단일 X선이 단일 에너지를 가진다.
• 관전압에 따라 파장이 변한다.

11 다음 중 방사선투과시험과 초음파탐상시험에서 대한 비교 설명으로 틀린 것은?

① 방사선투과시험은 시험체 두께에 영향을 많이 받으며, 초음파탐상시험은 시험체 조직 크기에 영향을 받는다.

② 방사선투과시험은 방사선안전관리가 필요하고, 초음파탐상시험은 방사선안전관리가 필요하지 않다.

③ 방사선투과시험은 촬영 후 현상과정을 거쳐야 판독 가능하고, 초음파탐상시험은 검사 중 판독이 가능하다.

④ 방사선투과시험은 결함의 3차원적 위치 확인이 가능하고, 초음파탐상시험은 2차원적 위치 확인만 가능하다.

해설
초음파탐상시험에서 3차원적 위치 확인이 가능하다.

12 초음파탐상기에 요구되는 성능 중 수신된 초음파 펄스의 음압과 브라운관에 나타난 에코 높이의 비례관계 정도를 나타내는 것은?

① 시간축 직선성
② 분해능
③ 증폭 직선성
④ 감 도

해설
초음파탐상기의 성능 결정요인
• 시간축 직선성 : 반사원의 위치를 정확히 측정하기 위해서는 에코의 빔 진행거리가 탐상면에서 반사원까지의 거리에 정확히 대응해야 하고 이를 위해 측정범위의 조정을 정확히 해 놓아야 하며 초음파펄스가 송신되고부터 수신될 때까지의 시간에 정확히 비례한 횡축에 에코를 표시할 수 있는 탐상기 성능
• 증폭 직선성 : 수신된 초음파펄스의 음압과 브라운관에 나타난 에코높이의 비례관계 정도
• 분해능 : 탐촉자로부터의 거리 또는 방향이 다른 근접한 2개의 반사원을 2개의 에코로 식별할 수 있는 성능으로 원거리분해능, 근거리분해능 및 방위분해능이 있다.

13 외경이 24mm이고, 두께가 2mm인 시험체를 평균 직경이 18mm인 내삽형 코일로 와전류탐상검사를 할 때 충전율(Fill-factor)은 얼마인가?

① 67%　　　　② 75%
③ 81%　　　　④ 90%

해설
내삽코일의 충전율 식
$$\eta = \left(\frac{D}{d}\right)^2 \times 100\%$$
$$= \left(\frac{18}{24-2-2}\right)^2 \times 100\% = 81\%$$
(여기서, D : 코일의 평균 직경, d : 관의 내경)

14 다음 비파괴검사법 중 전처리 과정이 생략되었을 때 결함의 검출감도에 가장 크게 영향을 미치는 시험법은?

① 침투탐상검사
② 초음파탐상검사
③ 방사선투과시험
④ 중성자투과시험

해설
②·③·④는 투과시험이므로 전처리의 영향이 크지 않다.

15 다음 중 용제세척법으로 전처리할 경우 제거가 곤란한 오염물은?

① 왁스 및 밀봉제
② 그리스 및 기름막
③ 페인트와 유기성 물질
④ 용접 플럭스 및 스패터

해설
용접 플럭스와 스패터는 금속성 오염물로 화학적 제거로는 제거되지 않고 물리적 제거방법을 함께 사용하여야 한다.

16 용제제거성 침투탐상에서 사용되는 용제세척에 대한 설명으로 틀린 것은?

① 용제는 용해하는 성질이 있기 때문에 다량으로 사용하면 결함 내의 침투액을 제거하므로 주의해야 한다.

② 시험면에 용제를 직접 분사하거나 용제가 들어 있는 용기에 침적하는 조작은 피해야 한다.

③ 붓칠 등으로 유화제와 침투액이 뒤섞이게 하는 것은 피해야 한다.

④ 표면이 거친 형상은 손으로 닦아내기가 곤란한 경우는 분사압력을 최대로 하여 시험 부위에 용제를 뿌려주고 즉시 헝겊으로 닦아내야 한다.

해설
분사압을 높여서 용제를 뿌리면 침투제가 함께 제거된다.

17 다음 중 침투탐상시험에 대한 설명으로 옳은 것은?

① 현상시간은 침투시간의 약 5배 이상이어야 한다.

② 침투제는 시험체에 적용한 후 반드시 가열하여야 한다.

③ 건조기의 온도가 너무 높으면 그 영향으로 침투 효과가 저하된다.

④ 샌드블라스팅은 침투탐상할 표면을 세척하는 데 가장 일반적으로 사용되는 전처리 방법이다.

해설
③ 건조의 영향을 받는다.
① 현상시간은 적어도 침투시간의 50% 이상이 되어야 하고, 최소 10분 이상이다.
② 침투제가 개선되어서 가열을 필요로 하지 않는다.
④ 샌드블라스팅은 연한 재료의 표면에 여러 미세 변형이 일어나 불연속이 나타나지 않을 수 있어서 자주 추천되지 않는다.

18 침투탐상검사에서 사용되는 용어 중 "배액시간"에 대한 설명으로 옳은 것은?

① 현상제를 적용하고 지시모양의 관찰을 시작하기 전까지의 시간

② 결함지시모양을 만들기 위해 결함 내부로 침투하는 유체

③ 침투지시모양을 나타내기 위해 시험체 표면에 적용하는 미세한 분말 및 현탁액

④ 시험체를 침투제에 계속 침적시키지 않고 표면의 잉여침투제가 흘러 내리도록 하는 시간

해설
다르게 설명하면, 과도한 침투제 또는 현상제가 배액되는 시간을 말한다. ① 현상시간, ② 침투제, ③ 현상제를 설명한다.

19 다음 중 침투탐상검사의 온도에 대한 설명으로 옳은 것은?

① 시험체의 온도가 높아지면 침투액의 침투속도가 빨라진다.

② 시험체의 온도가 높아지면 침투액의 유동속도가 느려진다.

③ 시험체의 온도가 높아지면 침투액의 점성이 증가한다.

④ 시험체의 온도가 높아지면 침투액의 표면장력이 증가한다.

해설
침투속도는 적심성과 관련이 있고, 적심성은 점성과 관련이 있으며, 일반적으로 온도가 올라갈수록 점성은 낮아진다.

20 모세관 현상에서 모세관 속의 액체가 상승하는 높이와 직접적인 관련이 없는 것은?

① 적심성
② 관의 지름
③ 관의 길이
④ 액체의 표면장력

해설
① 적심성은 표면장력의 차에 따르는 모세관 현상과 관련이 있다.
② 관의 지름이 너무 작으면 유체의 응집의 영향이 모두 반영되지 않을 수 있다.
④ 액체 표면장력의 차에 의해 모세관 현상이 일어난다.

21 수세성 형광침투액과 건식현상제를 사용하는 경우 시험절차 순서가 적절한 것은?

① 침투처리 → 유화처리 → 세척처리 → 건조처리 → 현상처리 → 관찰 → 후처리
② 전처리 → 침투처리 → 세척처리 → 건조처리 → 현상처리 → 관찰 → 후처리
③ 전처리 → 세척처리 → 침투처리 → 건조처리 → 현상처리 → 관찰 → 후처리
④ 전처리 → 침투처리 → 세척처리 → 현상처리 → 건조처리 → 관찰 → 후처리

해설
KS B 0816. 4.2.는 자주 인용되는 문제이므로 반드시 확인하여야 한다. 암기하지 못하였을 때, 이해를 도와 해결하려면 수세성 침투액은 유화처리가 필요 없이 바로 세척하며 건식 또는 속건식현상은 건조처리를 먼저하고, 습식현상은 현상을 먼저한다고 알아둔다.

22 다음 중 의사지시모양이 나타나는 원인으로 적절하지 않은 것은?

① 시험면에 대한 전처리가 부족한 경우
② 잉여침투액이 시험면에 남아 있는 경우
③ 현상제를 너무 많이 시험면에 적용한 경우
④ 검사원의 손에 묻어 있는 침투액이 시험면에 묻은 경우

해설
의사지시
• 침투액이 원하는 대로 제어되지 않아서 현상할 때 지시가 나타난다.
• 불완전 세척과 침투제 등의 취급부주의로 인해 나타난다.
• 특히 수용성 및 후유화성 침투제를 사용할 때 세척이 불충분하면 발생되기 쉽다.
• 용제 세척 시 수세척보다 잘 세척해야 한다. 과잉 침투제나 얼룩을 지시로 혼동할 수 있다.

23 침투액 적용방법 중 가장 안정적인 적용방법이며, 균일하게 도포할 수 있고 과잉 분무가 되지 않으며, 불필요하게 흘러내리는 침투액이 없어 침투액의 손실을 최소화할 수 있는 방법은?

① 분무법
② 붓칠법
③ 정전기식 분무법
④ 침적법

해설
정전기 분무법에 대한 설명이다.

24 다음 침투탐상검사법 중 제거방법이 다른 것은?

① 수세성 형광침투탐상검사
② 후유화성 형광침투탐상검사
③ 후유화성 염색침투탐상검사
④ 용제 제거성 염색침투탐상검사

해설
①·②·③은 수세척을 하고, ④는 용제(Solvent)로 제거한다.

25 현상제의 작용에 대한 내용으로 옳지 않은 것은?

① 표면 개구부에서 침투제를 빨아내는 흡출작용을 함

② 배경색과 색 대비를 개선하는 작용을 함

③ 현상막에 의해 결함지시모양을 확대하는 작용을 함

④ 자외선에 의해 형광을 발하므로 형광침투액 사용시 결함지시의 식별성을 높임

• 현상제는 흡출작용이 되어야 하고, 침투제를 흡출, 산란시키는 미세입자여야 한다.
• 가시광선, 자외선을 가급적 흡수하지 않아야 한다.
• 입자가 균일하고 다루기 쉬워야 한다.
• 균일하고 얇은 도포막이 형성되어야 한다.
• 형광침투제와 함께 사용할 때도 자체 형광등이 있어서는 곤란하며 검사 종료 후 제거가 쉽고 유해하지 않아야 한다.

26 침투탐상시험 시 검사체의 결함은 언제 판독하는가?

① 현상시간이 경과한 직후

② 침투처리를 적용한 직후

③ 현상제를 적용하기 직전

④ 세척처리를 적용하기 직전

현상시간 : 현상제 적용 후 관찰할 때까지의 시간
• 현상제의 종류에 관계없이 적어도 침투시간의 1/2 이상이 되어야 하고, 최소 10분 이상이다.
• 현상시간이 과다하면 침투제의 흡출작용이 많이 진행되어 결함 검출을 어렵게 할 수도 있다.
• 최대 현상시간은 검출하고자 하는 불연속의 크기에 따라 결정된다.

27 수세성 침투탐상검사에서 배액처리를 실시하는 것이 원칙인 경우는?

① 전처리에서 알칼리 세척을 할 때

② 침투처리에서 침적법을 할 때

③ 침투처리에서 붓칠법을 할 때

④ 전처리에서 산세척을 할 때

잉여침투액이 발생하는 경우, 침투액을 흘러내리게 하여 배액처리한다. 침투액 속에 시험체를 담근 후 배액처리가 필요하다.
배액처리
침투처리의 경우 배액은 매우 중요하다. 용제 제거성 침투탐상시험에서는 표면에 부착되어 있는 잉여침투액은 닦아서 제거하기에 문제가 없지만, 그 외 침투탐상시험에서는 침투처리 후 유화처리를 하거나 물세척을 하기 때문에 잉여침투액의 피막층을 될 수 있는 대로 균일하게 해 주는 것이 표면을 균일하게 세척하는 데 필요하다. 이 때문에 침투액조에서 들어낸 시험체는 형상을 고려하고, 거치법을 고려하여 잉여침투액이 흘러내려서 균일한 피막이 되도록 하는 것이 바람직하다. 이것을 배액처리라 하며, 이것은 물세척을 균일하게 할 뿐 아니라 유화처리를 필요로 하는 검사일 경우에는 균일한 유화처리가 가능하도록 하기 위해서도 필요한 처리이다.

28 침투탐상시험방법 및 침투지시모양의 분류(KS B 0816)에서 밀폐된 공간에서 용접부를 침투탐상할 때 침투제 적용방법 중 가장 효과적인 것은?

① 분 무   ② 침 지
③ 흘 림   ④ 붓 칠

붓칠법의 장단점

장 점	단 점
• 분무법처럼 공기 중으로 날리지 않고, 침지법처럼 많은 침투제를 도포치 않는다. • 환기가 어려운 장소에서 효과적이다.	• 다량, 대량의 경우는 부적당하다. • 침투제를 적용하는 데 시간이 많이 걸린다.

29 침투탐상시험방법 및 침투지시모양의 분류(KS B 0816) 에서 시험장치를 가장 적게 필요로 하는 시험방법은?

① 수세성 형광침투액-건식현상법
② 수세성 염색침투액-습식현상법
③ 용제 제거성 염색침투액-속건식현상법
④ 후유화성 염색침투액-속건식현상법

해설
형광침투액을 사용하면 자외선등, 암실과 같은 장비가 필요하여 염색침투액이 장비면에서는 간단하고, 수세성이나 후유화성 침투액에 비해 용제 제거성 침투액은 그냥 닦아서 세척하면 된다.

30 침투탐상시험방법 및 침투지시모양의 분류(KS B 0816) 에 따라 침투지시모양이 동일선상이고 상호간의 거리 가 몇 mm 이하일 때 연속침투지시모양으로 규정하고 있는가?

① 1   ② 2
③ 3   ④ 5

해설
동일선상 지시가 2mm 이하이면 연속침투로 보도록 되어 있다(KS B 0816 8.1.2.(2) 참조).

31 침투탐상시험방법 및 침투지시모양의 분류(KS B 0816) 에서 시험방법의 기호가 DFC-N일 때 사용하는 침투액 과 현상법의 종류로 옳은 것은?

① 수세성 이원성 형광침투액-무현상법
② 용제 제거성 이원성 형광침투액-무현상법
③ 후유화성 형광침투액(물베이스 유화제)-무현상법
④ 후유화성 이원성 형광침투액(기름베이스 유화제)-무현상법

해설
• 사용하는 침투액에 따른 분류

명 칭	방 법	기 호
V 방법	염색침투액을 사용하는 방법	V
F 방법	형광침투액을 사용하는 방법	F
D 방법	이원성 염색침투액을 사용하는 방법	DV
	이원성 형광침투액을 사용하는 방법	DF

• 잉여침투액의 제거 방법에 따른 분류

명 칭	방 법	기 호
방법 A	수세에 의한 방법	A
방법 B	기름베이스 유화제를 사용하는 후유화에 의한 방법	B
방법 C	용제 제거에 의한 방법	C
방법 D	물베이스 유화제를 사용하는 후유화에 의한 방법	D

• 현상방법에 따른 분류

명 칭	방 법	기 호
건식현상법	건식현상제를 사용하는 방법	D
습식현상법	수용성 현상제를 사용하는 방법	A
	수현탁성 현상제를 사용하는 방법	W
속건식현상법	속건식현상제를 사용하는 방법	S
특수현상법	특수한 현상제를 사용하는 방법	E
무현상법	현상제를 사용하지 않는 방법	N

32 침투탐상시험방법 및 침투지시모양의 분류(KS B 0816)에서 규정하는 유화시간을 설명한 내용으로 틀린 것은?

① 물베이스 유화제를 사용하는 시험에서 염색침투액을 사용할 때는 2분 이내

② 물베이스 유화제를 사용하는 시험에서 형광침투액을 사용할 때는 5분 이내

③ 기름베이스 유화제를 사용하는 시험에서 형광침투액을 사용할 때는 3분 이내

④ 기름베이스 유화제를 사용하는 시험에서 염색침투액을 사용할 때는 30초 이내

해설

유화시간

기름베이스 유화제 사용 시	형광침투액의 경우	3분 이내
	염색침투액의 경우	30초 이내
물 베이스 유화제 사용 시	형광침투액의 경우	2분 이내
	염색침투액의 경우	2분 이내

33 침투탐상시험방법 및 침투지시모양의 분류(KS B 0816)에서 형광침투제를 사용하는 조건으로 옳은 것은?

① 밝은 실내에서 행해져야 한다.

② 현상처리 적용 후 침투제를 적용하여야 한다.

③ 어두운 곳, 자외선조사등하에서 행해져야 한다.

④ 시험체 온도가 −20~4℃ 사이에서 행해져야 한다.

해설

KS B 0816. 4.3.7.(2)에도 설명되어 있지만, 형광침투제를 사용하는 경우는 주변이 어둡고 자외선등의 조사(照射)가 필요하다.

34 침투탐상시험방법 및 침투지시모양의 분류(KS B 0816)에 대한 설명으로 틀린 것은?

① 암실을 이용할 경우 어둡기는 10lx 미만이어야 한다.

② 세척처리 시 수세성 및 후유화성 침투액은 물로 세척한다.

③ 침투지시모양의 관찰은 현상제 적용 후 7~60분 사이에 하는 것이 바람직하다.

④ 잉여침투액의 제거 시 흠 속에 침투되어 있는 침투액을 유출시키는 과도한 처리를 해서는 안 된다.

해설

암실은 20lx 이하이어야 한다.

35 항공 우주용 기기의 침투탐상검사방법(KS W 0914)에 규정된 검사방법의 적용 대상이 아닌 것은?

① 시료검사

② 정비검사

③ 최종검사

④ 공정 중 검사

해설

KS W 0914에 따르면 적용 대상을 '이 규격에서 규정하는 침투탐상검사 방법은 공정 중 검사, 최종 검사 및 정비 검사(운용 중 검사)에 적용한다.'라고 명시해 놓았다.

※ KS W 0914는 2014년에 폐지되었다.

36 항공 우주용 기기의 침투탐상검사방법(KS W 0914)에서 속건식현상제에 관한 설명 중 틀린 것은?

① 구성 부품은 현상제를 적용하기 전에 건조시켜야 한다.

② 현탁성이 있는 비수성 현상제는 적용하기 전 교반하여야 한다.

③ 비수성 현상제는 흘려보내기 또는 침지에 의해 적용하여야 한다.

④ 현상제의 체류시간은 최소 10분 동안 최대 1시간으로 하여야 한다.

해설

비수성 현상제는 스프레이에 의해서만 적용하여야 한다.
※ KS W 0914는 2014년에 폐지되었다.

37 침투탐상시험방법 및 침투지시모양의 분류(KS B 0816)에서 강용접부의 결함 검출을 위해 5분의 표준 침투시간을 필요로 하는 온도범위는?

① 5~50℃

② 10~50℃

③ 15~50℃

④ 20~50℃

해설

KS B 0816 4.3.7.(1)

38 침투탐상시험방법 및 침투지시모양의 분류(KS B 0816)에서 침투지시모양을 관찰하는 시간 범위는?

① 현상제 적용 후 7~30분 사이

② 현상제 적용 후 7~60분 사이

③ 현상제 적용 후 10~30분 사이

④ 현상제 적용 후 10~60분 사이

해설

침투지시모양의 관찰은 현상제 적용 후 7~60분 사이로 한다.

39 침투탐상시험방법 및 침투지시모양의 분류(KS B 0816)에 따라 시험체의 일부분을 시험하는 경우 전처리해야 하는 범위의 규정으로 옳은 것은?

① 시험부 중심에서 바깥쪽으로 20mm까지

② 시험부 중심에서 바깥쪽으로 50mm까지

③ 시험하는 부분에서 바깥쪽으로 25mm 넓은 범위

④ 시험면이 인접하는 영역에서 오염물에 의한 영향을 받지 않는 50mm 이상의 넓이

해설

이 문제는 거의 매회 출제되고 있는 문제이다. 전처리는 25mm 바깥쪽으로 넓게 실시한다.

40 침투탐상시험방법 및 침투지시모양의 분류(KS B 0816)에 의해 강용접부를 탐상시험하였더니 그림과 같은 결함이 거의 동일선상에 나타났다. 이 결함은 어떻게 판정하며, 또한 결함 길이는 몇 mm인가?

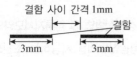

① 2개로 판정하며, 각각 길이는 4, 3

② 1개로 판정하며, 길이는 6

③ 1개로 판정하며, 길이는 7

④ 3개로 판정하며, 각각 길이는 3, 1, 3

해설

동일선상의 2mm 이하의 간격으로 불연속 지시가 나타난 경우는 결함이 잘 나타나지 않은 연속지시로 간주하며 지시가 시작된 부분부터 끝나는 부분까지의 길이를 연속 길이로 간주한다.

41 침투탐상시험방법 및 짐투지시모양의 분류(KS B 0816)에 따라 형광침투액을 사용하는 실험에서 관찰자가 어두운 곳에서 눈을 적응시키기 위해 규정된 최소 시간은?

① 30초 이상
② 1분 이상
③ 5분 이상
④ 10분 이상

해설
어두운 곳에서 눈을 적응하는 과정을 암순응이라고 한다. 사람마다 순응시간이 차이가 나지만 보통 1분 정도면 충분한 것으로 보고, KS B 0816에서 1분 이상으로 규정하였다.

42 침투탐상시험방법 및 침투지시모양의 분류(KS B 0816)에서 강단조품의 랩(Lap) 결함을 검출하고자 할 때 일반적으로 적용하는 표준 침투시간은?

① 5분
② 7분
③ 10분
④ 20분

해설
38번 해설 참조

43 가공용 다이스니 발동기용 밸브에 많이 사용하는 특수 합금으로 주조한 그대로 사용되는 것은?

① 고속도강
② 화이트 메탈
③ 스텔라이트
④ 하스텔로이

해설
③ 스텔라이트 : 비철 합금 공구 재료의 일종으로 C 2~4%, Cr 15~33%, W 10~17%, Co 40~50%, Fe 5%의 합금이다. 그 자체가 경도가 높아 담금질할 필요 없이 주조한 그대로 사용되고, 단조는 할 수 없고, 절삭 공구, 의료 기구에 적합하다.
① 고속도강 : 고속도 공구강이라고도 하고 탄소강에 크롬(Cr), 텅스텐(W), 바나듐(V), 코발트(Co) 등을 첨가하면 500~600℃의 고온에서도 경도가 저하되지 않고 내마멸성이 크며, 고속도의 절삭작업이 가능하게 된다. 주성분은 0.8% C-18% W-4% Cr-1% V로 된 18-4-1형이 있으며 이를 표준형으로 본다.
② White Metal : Pb-Sn-Sb계, Sn-Sb계 합금을 통틀어 부른다. 녹는점이 낮고 부드러우며 마찰이 작아서 베어링 합금, 활자 합금, 납 합금 및 다이캐스트 합금에 많이 사용된다.
④ 하스텔로이(Hastelloy) : 미국 Haynes Stellite 社의 특허품으로 A, B, C 종이 있다. 내염산 합금이며 구성은 A의 경우 Ni : Mo : Mn : Fe = 58 : 20 : 2 : 20로, B의 경우 Ni : Mo : W : Cr : Fe = 58 : 17 : 5 : 14 : 6로, C의 경우 Ni : Si : Al : Cu = 85 : 10 : 2 : 3으로 구성되어 있다.

44 공정주철의 탄소 함유량은 약 몇 %인가?

① 0.2%
② 0.8%
③ 2.1%
④ 4.3%

해설
Fe-C 상태도

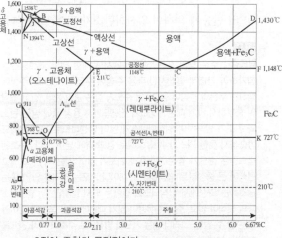

C점이 주철의 공정점이다.

45 납황동은 황동에 납을 첨가하여 어떤 성질을 개선한 것인가?

① 강 도 　　　　　② 내식성
③ 절삭성 　　　　　④ 전기전도도

일반적으로 주석이나 납이 들어가면 절삭성과 주조성이 개선되는 것으로 생각하면 좋겠다.

46 면심입방격자(FCC)에 관한 설명으로 틀린 것은?

① 원자는 2개이다.
② Ni, Cu, Al 등은 면심입방격자이다.
③ 체심입방격자에 비해 전연성이 좋다.
④ 체심입방격자에 비해 가공성이 좋다.

면심입방격자의 단위격자 내 원자의 수는 4개이다.

47 림드강에 관한 설명 중 틀린 것은?

① Fe-Mn으로 가볍게 탈산시킨 상태로 주형에 주입한다.
② 주형에 접하는 부분은 빨리 냉각되므로 순도가 높다.
③ 표면에 헤어크랙과 응고된 상부에 수축공이 생기기 쉽다.
④ 응고가 진행되면서 용강 중에 남은 탄소와 산소의 반응에 의하여 일산화탄소가 많이 발생한다.

림드강 : 주로 평로 또는 전로 등에서 용해한 강에 페로망간을 첨가하여 가볍게 탈산시킨 다음 주형에 주입한 것으로, 주형에 접하는 부분의 용강이 응고되어 순도가 높은 층이 된다. 탈산 조작이 충분하지 않기 때문에 응고가 진행되면서 용강 중에 남은 탄소와 산소가 반응하여 일산화탄소가 많이 발생하므로 응고 후에도 방출하지 못한 가스가 기포 상태로 강괴 내에 남아 있다. 응고된 림드강은 순도가 높은 표면층과 기포가 많이 있는 내부, 그리고 편석이 큰 중심부로 형성된다. 편석이나 기포는 강괴를 압연 또는 단조하는 과정에서 압착되므로 결함은 되지 않지만 황, 인, 탄소 등의 편석이 많고, 질소 함유량이 많기 때문에 좋은 품질의 강이라고는 할 수 없다. 그러나 많은 기포의 발생으로 수축이 작아 강괴를 버리는 부분이 적은 것이 특징이다.

48 응축계인 금속은 대기압하에서 어떠한 인자를 무시하여 자유도를 구할 수 있는가?

① 상 　　　　　② 압 력
③ 농 도 　　　　　④ 온 도

대기압하에서 다른 압력요인이 없다면 압력은 일정하게 유지한 상태에서 조작이 되므로 압력요인은 자유도에서 제하여 놓고 생각하여야 한다.

49 Mg-희토류계 합금에서 희토류 원소를 첨가할 때 미시메탈(Misch-metal)의 형태로 첨가한다. 미시메탈에서 세륨(Ce)을 제외한 합금 원소를 첨가한 합금의 명칭은?

① 탈타뮴 　　　　　② 다이디뮴
③ 오스뮴 　　　　　④ 갈바늄

② 다이디뮴 : 네오디뮴과 프라세오디뮴의 혼합물이다. 합금의 강도를 증가시키기 위해 첨가하는 물질이다.
③ 오스뮴 : 이리듐 및 백금과 합금되기도 하는 희소 금속. 펜촉, 베어링, 나침반 바늘, 보석 세공 등에 사용된다.
④ 갈바늄 : 알루미늄에 아연도금을 한 합금이다.

50 주철에 대한 설명으로 틀린 것은?

① 흑연은 메짐을 일으킨다.

② 흑연은 응고에 따라 편상과 괴상으로 구분한다.

③ 시멘타이트가 많으면 절삭성이 향상된다.

④ 주철의 조직은 C와 Si의 양에 의해 변화한다.

해설

시멘타이트가 많으면 경도가 올라가고 취성이 높아진다.

51 알루미늄 합금 중 대표적인 단련용 Al 합금으로 주요 성분이 Al–Cu–Mg인 것은?

① 알 민

② 알드리

③ 두랄루민

④ 하이드로날륨

해설

두랄루민 : Cu 4%, Mn 0.5%, Mg 0.5% 정도이고, 이 합금은 500~510℃에서 용체화처리한 다음, 물에 담금질하여 상온에서 시효시키면 기계적 성질이 향상된다.

52 결정구조결함의 일종인 빈 자리(Vacancy)로 인하여 전체 금속 이온의 위치가 밀리게 되고 그 결과로 인하여 구조적인 결함이 발생하는 이러한 결함의 명칭은?

① 전위(Dislocation)

② 시효(Aging)

③ 산세(Pickling)

④ 석출(Precipitation)

해설

전위(Dislocation) : 위치를 다시 잡는다는 의미로 빈 공간(Vacancy)에 차례로 원자가 이동하여 새롭게 위치를 잡는 것을 말한다.

53 저용융점 합금이란 약 몇 ℃ 이하에서 용융점이 나타나는가?

① 250℃   ② 350℃

③ 450℃   ④ 550℃

해설

녹는점이 327.4℃인 납을 기준으로 납보다 더 낮은 용융점을 가진 금속들을 말하며 보통 200℃ 정도 이하의 녹는점을 가진 금속을 말한다. 이런 온도영역의 문제는 잘 모른다면 가장 낮은 온도를 고르면 확률이 높다. 높은 온도가 답이면 더 낮은 온도도 영역에 포함이 되므로 문제 시비가 있을 수 있어서 이를 회피하기 위해 가장 낮은 답지를 답안을 배치하는 것이 보통이다.

54 Cu에 3~4% Ni 및 1% Si를 첨가한 합금으로 금속간 화합물 Ni$_2$Si를 생성하며 시효경화성을 가진 합금은?

① 켈밋 합금(Kelmet Alloy)

② 코슨 합금(Corson Alloy)

③ 망가닌 합금(Manganin Alloy)

④ 애드미럴티 포금(Admiralty Gun Metal)

해설

1927년 미국인 Corson이 발명한 Cu–Ni 3~4%–Si 0.8~1.0% 합금으로 담금질 시효경화가 큰 합금. 일명 C합금이라고도 한다. 강도가 크며 도전율이 양호하므로 군용 전화선과 산간에 가설하는 장거리 지점 전화선 등에 사용된다.

55 다음 중 냉간가공도가 증가할수록 감소하는 것은?

① 경 도   ② 내 력

③ 연신율   ④ 인장강도

> **해설**
> 냉간가공을 진행할수록 표면강도와 경도가 커지는 반면 연성이
> 작용할 여지가 점점 줄어들므로 연신율은 감소한다.

56 다음의 자성 재료 중 연질 자성 재료에 해당되는 것은?

① 알니코   ② 네오디뮴

③ 센더스트   ④ 페라이트

> **해설**
> ③ 센더스트 : 알루미늄 5%, 규소 10%, 철 85%의 조성을 가진
> 고투자율 합금이다. 주물로 되어 있어 정밀교류계기의 자기차
> 폐로 쓰이며, 무르기 때문에 지름 10μm 정도의 작은 입자로
> 분쇄하여, 절연체의 접착제로 굳혀서 압분자심으로서 고주파
> 용으로 사용한다.
> ① 알니코 : 강자성의 영구자석으로 사용되는 재료의 상품명. 니
> 켈, 철, 알루미늄, 코발트 등의 합금이다.
> ② 네오디뮴 : 한 원소인 줄 알았던 다이디뮴을 2개의 성분으로
> 분리하여, 그중 하나를 새롭다는 뜻의 그리스어 네오스(Neos)
> 를 따서 네오디뮴이라 하였다. 은백색의 금속으로, 공기 중에서
> 는 청색을 띤 회색이 된다. 전성·연성이 있고, 뜨거운 물과
> 작용하여 수소를 발생한다. 산소·수소·질소 및 할로겐과 직
> 접 화합하며, 묽은 무기산에 잘 녹는다.
> ④ 페라이트 : 자화되는 정도에 따라 크게 소프트 페라이트와 하드
> 페라이트 2종류로 나뉜다. 소프트 페라이트는 자기장을 약간
> 만 가해도 자화되는 속도가 빨라 물질의 자화도가 금방 포화된
> 다. 잔류 자기를 지우거나 반전시킬 때도 약한 자기장만으로도
> 충분하다.

57 합금 주강에 관한 설명으로 옳은 것은?

① 니켈 주강은 경도를 높일 목적으로 2.0~3.5% 정도 Ni을 첨가한 합금이다.

② 크롬 주강은 보통 주강에 10% 이상의 Cr을 첨가 하며 강인성을 높인 합금이다.

③ 니켈-크롬 주강은 피로한도 및 충격값이 커 자동 차, 항공기 부품 등에 사용한다.

④ 망간 주강은 Mn을 11~14% 함유한 마텐자이트계 인 저망간 주강은 뜨임처리하여 제지용 롤 등에 사용한다.

> **해설**
> ③ 니켈강은 강도는 크지만 경도는 그다지 높지 않기 때문에, 이를
> 보완하기 위해 니켈강에 크롬을 첨가시킨 합금강을 니켈-크롬
> 강이라 한다. 강인성이 높고, 담금질성이 좋으므로 큰 단강재에
> 적당하다. 또 강도를 요하는 봉재, 판재, 파이프 및 여러 가지
> 단조품, 그리고 기계 동력을 전달하는 축, 기어, 캠, 피스톤,
> 핀 등에 널리 사용된다.
> ① 탄소강에 니켈을 합금하면 담금질성이 향상되고 인성이 증가
> 된다.
> ② 크롬에 의한 담금질성과 뜨임에 의하여 기계적 성질을 개선한
> 합금강으로, 0.28~0.48%의 탄소강에 약 1~2%의 크롬을 첨
> 가한 합금이다.
> ④ 망간 주강은 C 0.9~1.2%, Mn 11~14%를 함유하는 합금 주강
> 으로 Hadfield강이라고 한다. 오스테나이트 입계에 탄화물이
> 석출하여 취약하지만 1,000~1,100°C로부터의 담금질을 하면
> 균일한 오스테나이트 조직이 되며, 강하고 인성이 있는 재질이
> 된다. 가공경화성이 극히 크며, 또한 충격에 강하다. 레일크로
> 싱, 광산, 토목용 기계 부품 등에 쓰인다.

58 다음 중 맞대기 용접의 홈 형상이 아닌 것은?

① H형   ② I형

③ R형   ④ K형

맞대기 용접의 홈 형상에 비슷한 영문자를 따다 붙인 것이다.
맞대기 이음의 홈 모양

I형

V형

Y형

∨형   X형   K형

J형   양면 J형   U형

H형

59 다음 중 균열에 대한 감수성이 특히 좋아서 두꺼운 판 구조물의 용접 혹은 구속도가 큰 구조물, 고장력강 및 탄소나 황의 함유량이 많은 강의 용접에 가장 적합한 용접봉은?

① 고셀룰로스계(E4311)

② 저수소계(E4316)

③ 일루미나이트계(E4301)

④ 고산화타이타늄계(E4313)

아크용접봉의 특성

일미나이트계	슬래그 생성식으로 전자세 용접이 되고, 외관이 아름답다.
고셀룰로스계	가스 생성식이며 박판용접에 적합하다.
고산화타이타늄계	아크의 안정성이 좋고, 슬래그의 점성이 커서 슬래그의 박리성이 좋다.
저수소계	슬래그의 유동성이 좋고 아크가 부드러워 비드의 외관이 아름다우며, 기계적 성질이 우수하다.
라임티타니아계	슬래그의 유동성이 좋고 아크가 부드러워 비드가 아름답다.
철분 산화철계	스패터가 적고 슬래그의 박리성도 양호하며, 비드가 아름답다.
철분 산화타이타늄계	아크가 조용하고 스패터가 적으나 용입이 얕다.
철분 저수소계	아크가 조용하고 스패터가 적어 비드가 아름답다.

60 다음 중 두께가 3.2mm인 연강판을 산소-아세틸렌 가스용접할 때 사용하는 용접봉의 지름은 얼마인가? (단, 가스 용접봉 지름을 구하는 공식을 사용한다)

① 1.0mm   ② 1.6mm

③ 2.0mm   ④ 2.6mm

연강판의 두께와 용접의 지름

모재의 두께	2.5mm 이하	2.5~6.0 mm	5~8mm	7~10mm	9~15mm
용접봉 지름	1.0~1.6 mm	1.6~3.2 mm	3.2~4.0 mm	4~5mm	4~6mm

용접봉의 지름을 구하는 식

$$D = \frac{T}{2} + 1, \therefore D = \frac{3.2}{2} + 1 = 2.6\text{mm}$$

2012년 제4회 과년도 기출문제

01 광자와 물질과의 상호작용에서 전자쌍 생성이 일어나려면 광자는 최소한 얼마의 에너지를 가져야 하는가?

① 1.42MeV
② 1.22MeV
③ 1.02MeV
④ 0.82MeV

해설

전자쌍 생성은 에너지가 1.02MeV 이상의 광자(光子)가 물질 중의 원자핵 근처를 통과할 때 그 강한 전계(電界)의 영향을 받아 음전자와 양전자의 전자쌍으로 변하는 현상이다. 전자의 질량에 해당하는 에너지는 0.51MeV이므로 2개의 전자를 생성하는 데는 최저 1.02MeV가 필요하다. 전자쌍생성에 의한 흡수계수는 광자에너지가 높을수록 커지게 되며, 물질의 원자번호 제곱에 거의 비례한다.

03 방사선투과시험에 대한 설명으로 옳은 것은?

① 방사선투과 방향에 두께차가 있는 시험편인 경우 작은 결함도 비교적 검출이 쉽다.
② 블로홀이나 슬래그 혼입 등의 결함은 방사선투과시험으로 검출하기는 매우 어렵다.
③ 텅스텐 혼입은 두께가 매우 얇은 결함이기 때문에 방사선투과시험으로는 검출이 불가능하다.
④ 래미네이션은 결함 방향에 영향을 받지 않으므로 결함 검출이 쉽다.

해설

블로홀이나 슬래그, 개재물 및 수축공 등과 같이 방사선투과 방향에 대해 두께차가 생기는 결함, 즉 구상결함은 작은 것이라도 비교적 검출이 쉽다.

02 표면코일을 사용하는 와전류탐상시험에서 시험코일과 시험체 사이의 상대 거리의 변화에 의해 지시가 변화하는 것을 무엇이라 하는가?

① 공진효과
② 표피효과
③ 리프트 오프 효과
④ 카이저 효과

해설

프로브형 코일을 사용하는 전자유도시험에서 시험 코일과 시험체 표면 간의 거리를 리프트 오프(Lift-off)라고 하며, 리프트 오프 효과에 의해서 지시가 변화하면 정확한 검사가 곤란하기 때문에 위상 해석에서는 리프트 오프 효과를 최소로 하여야 한다. 그러나 이 리프트 오프 효과를 반대로 이용하여 피막 두께 측정을 할 수도 있다.

04 방사선투과시험(RT)과 초음파탐상시험(UT)을 비교 설명한 내용 중 틀린 것은?

① 결함형상 판별에는 RT가 더 유리하다.
② 체적결함 검출에는 UT가 더 유리하다.
③ 결함위치 판정에는 UT가 더 유리하다.
④ 결함길이 판정에는 RT가 더 유리하다.

해설

• 방사선투과검사 : 방사선의 조사 방향에 평행하게 놓여 있는, 즉 두께차를 가지는 구상결함의 검출이 우수하다. 그리고 결함의 종류, 형상을 판별하기 쉽고 기록 보존성이 높다. 그러나 래미네이션이나 방사선 조사 방향에 대해 기울어져 있는 균열 등은 검출되지 않는다.
• 초음파탐상검사 : 균열 등 면상결함의 검출능력이 방사선투과검사에 비해 우수하다. 그러나 초음파가 균열 등의 결함면에 수직으로 입사하도록 탐상조건을 설정하는 데 주의해야 한다.

05 자분탐상시험의 특징을 설명한 것 중 틀린 것은?

① 시험체가 전도체이어야만 측정할 수 있다.

② 표면 및 표면 근처의 결함을 찾을 수 있다.

③ 결함모양이 표면에 나타나므로 육안으로 관찰할 수 있다.

④ 사용되는 자분은 시험체 표면의 색과 잘 대비를 이루어야 한다.

> **해설**
> ① 시험체가 자성체이어야 한다. 전도체이면서 자성이 없는 금속들에서는 시험이 어렵다.

06 누설검사에서 온도가 화씨온도(°F)로 규정되어 섭씨온도(℃)로 환산할 때 사용할 공식으로 옳은 것은?

① $℃ = \dfrac{9}{5}°F + 32$

② $℃ = \dfrac{9}{5}(°F - 32)$

③ $℃ = \dfrac{5}{9}°F + 32$

④ $℃ = \dfrac{5}{9}(°F - 32)$

> **해설**
> 섭씨와 화씨 0도는 서로 32도 차이이며 온도 간격은 화씨가 섭씨에 비해 1.4 : 1(= 9 : 5)로 많다.

07 침투탐상시험에 대한 설명으로 옳은 것은?

① 침투탐상시험은 내부결함을 검출할 수 없다.

② 침투탐상시험은 시험편의 크기에 큰 제한을 받는다.

③ 침투탐상시험은 와전류탐상검사보다 형상에 제한을 더 받는다.

④ 침투탐상시험은 자분탐상검사보다 표면직하의 결함을 찾아내는 데 더 확실하고 빠르며 경제적이다.

> **해설**
> ①, ④ 표면부터 열려있는 결함만 검출이 가능하다.
> ②, ③ 시험편의 크기와 형상에 따라 적절한 침투탐상을 선택하면 된다.

08 와전류탐상시험으로 시험체를 탐상한 경우 검사 결과를 얻기 어려운 경우는?

① 재질 검사

② 피막두께 측정

③ 표면직하의 결함 위치

④ 내부결함의 깊이와 모양

> **해설**
> 와전류탐상시험은 도체의 표층부를 비접촉, 고속으로 탐상 가능하며 봉, 관 등의 자동탐사에 좋다. 그러나 도체에 흐르는 교류 또는 와전류는 도체의 표면층에 집중하는 표피효과가 있어 내부로 들어갈수록 급격히 감소한다.

09 강용접부를 통상의 방법으로 초음파탐상검사 할 때 검출이 곤란한 것은?

① 블로홀   ② 홈면 융합 불량

③ 내부 용입 불량   ④ 횡균열

> **해설**
> 블로홀은 홀의 길이 방향으로 표면까지 개방되어 있으므로 파형을 변화시키기는 어렵다.

10 침투탐상시험에서 침투액이 가장 잘 침투되려면 그림의 접촉각 θ의 조건은?

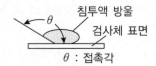

침투액 방울
검사체 표면
θ : 접촉각

① $\theta = 180°$　　　② $90° < \theta < 180°$
③ $\theta = 90°$　　　④ $\theta < 90°$

해설
침투가 잘 되려면 적심성이 좋아야 하고, 적심성이 높으려면 접촉각이 90°보다 작아야 한다.

11 자기탐상검사에서 자화방법에 따라 검출할 수 있는 결함의 방향이 틀린 것은?

① 축통전법 : 축 방향의 결함
② 직각통전법 : 축에 직각인 결함
③ 전류관통법 : 축에 직각인 결함
④ 자속관통법 : 원주방향의 결함

해설
전류관통법은 축통전법과 비슷하지만, 튜브처럼 속이 빈 제품을 검사하는 데 적합하다.

12 절대온도(K)를 환산하는 식으로 옳은 것은?

① K = 273 + ℃
② K = 273 - ℃
③ K = 473 + ℃
④ K = 473 - ℃

해설
켈빈온도(K)는 에너지가 0인 온도를 절대 0도로 산정하여 계산한 온도이며 이 온도를 절대 영도라 하고 -273.15℃이다.

13 음향방출시험에서 계측시스템에 해당되지 않는 것은?

① 필 터　　　② 증폭기
③ AE변환자　　　④ 스트레인 게이지

해설
스트레인 게이지는 변형을 측정하는 응력 탐지기이다. 음파를 탐지하지 않는다.

14 초음파탐상검사에 대한 설명으로 틀린 것은?

① 일반적으로 펄스반사법이 적용된다.
② 표피효과가 발생하기도 한다.
③ 시험체의 두께 측정이 가능하다.
④ 용접부, 주조품 등의 내부결함 검출에 이용된다.

해설
표피효과 : 도체에 고주파 전류를 흐르게 할 때 전류가 도체의 표면 부근만 흐르는 현상이다. 이것은 도체를 흐르는 전류의 방향이 급속히 변화하기 때문에 유도기전력이 도체 내부에 발생하여 도체의 중심부에 전류를 흐르기 어렵게 하기 때문이다. 전류를 쓰지 않는 초음파탐상검사에서는 발생하지 않는다.

15 수세성 형광침투액-속건식현상법에서 건조처리가 되어야 할 시기는?

① 현상처리 전
② 현상처리 후
③ 침투처리 전
④ 침투처리 후

해설

전처리 → 침투처리 → 세척처리 → 건조처리 → 현상처리 → 관찰→ 후처리

16 다음 중 침투액이 지녀야 할 특성에 관한 설명으로 틀린 것은?

① 인화점이 낮아야 한다.
② 침투성이 좋아야 한다.
③ 세척성이 좋아야 한다.
④ 부식성이 없어야 한다.

해설

침투제가 갖추어야 할 조건
• 미세 개구부에도 스며들 수 있어야 한다.
• 세척 후 얕은 개구부에도 남아 있어야 한다.
• 너무 빨리 증발하거나 건조되어서는 안 된다.
• 매우 얇은 막으로 도포되었을 때 형광성이나 색상이 뛰어나야 한다.
• 짧은 현상시간 동안 미세 개구부로부터 흡출되어야 한다.
• 미세 개구부의 끝으로부터 매우 얇은 막으로 도포되어야 한다.
• 검사 후 쉽게 제거되어야 한다.
• 열, 빛, 자외선등에 노출되었어도 색상이나 형광성을 유지해야 한다.
• 악취 등의 냄새가 없어야 한다.
• 폭발성이 없고(인화점은 95℃ 이상이어야 함) 독성이 없어야 한다.
• 저장 및 사용 중에 특성이 일정하게 유지되어야 한다.
• 가격이 저렴해야 한다.

17 다음 중 용제 제거성 염색침투탐상검사에 관한 설명으로 틀린 것은?

① 조작 순서가 다른 검사법에 비해 간단하다.
② 구조물이나 대형 시험체의 부분적인 탐상에 적합하다.
③ 매우 거친 탐상면을 가진 시험체의 검사에 적합하다.
④ 전원 및 수도설비가 필요 없고 휴대형으로 사용할 수 있다.

해설

용제 제거성 침투탐상검사의 장단점

장 점	단 점
• 휴대용 검사에 적합	• 좋은 표면조도가 요구됨
• 염색침투보다 감도가 좋음	• 암실과 자외선등이 필요
• 검사시간이 짧음	• 세척이 곤란함
• 부분 탐상에 적합	• 대량 검사가 곤란함

수세성 침투탐상검사의 장단점

장 점	단 점
• 형광 감도가 다양함	• 크롬산 표면처리가 검사 감도에 영향을 줌
• 표면에 있는 침투제의 제거 용이	• 감도가 침투제 제거 공정에 영향을 받음
• 소량 대형 부품검사에 적합	• 얕은 표면의 개구부에 있는 침투제는 쉽게 제거됨
• 표면이 비교적 거친 부품 검사에 적합	• 거칠거나 다공성의 시험체 표면 배경에 있는 침투제의 제거가 곤란
• 키나 나사 부위 부품검사에 적합	• 암실과 자외선등이 필요
• 결함 검출속도가 빠름	• 수분에 오염되면 침투액의 성능이 저하됨
• 유화제 도포가 불필요	
• 후유화성 침투탐상검사에 비해 자동화가 용이함	
• 검사 비용이 저렴함	

18 침투탐상시험의 무관련지시에 대한 설명으로 틀린 것은?

① 무관련지시는 주의깊게 관찰하면 판단이 가능하다.

② 무관련지시는 표면 상태에 원인이 있는 경우가 많다.

③ 무관련지시라고 확인되지 못한 지시는 불연속지시로 간주한다.

④ 시험체에 쇼트 블라스팅을 실시하면 대부분의 경우 무관련지시가 발생한다.

해설
- 무관련지시는 제품의 형상변화가 심한 곳에서 또는 부적절한 전처리에 영향을 받으며, 조립된 부분이나 주조품의 스케일, 거친 표면 등에서도 나타난다.
- 진지시와 함께 나타날 수 있어서 잘 관찰하여 구분할 수 있어야 하며, 판단을 위해 조립조건이나 제조과정에 대한 이해가 필요하다.

19 침투탐상시험시 의사지시가 생기는 원인이 아닌 것은?

① 부적절한 세척을 했을 때

② 현상제에 침투액이 묻었을 때

③ 방사선투과시험을 먼저 했을 때

④ 외부 물질에 의하여 오염되었을 때

해설
의사지시가 생기려면 결함 아닌 곳에서 침투액이 현상되어야 한다. 방사선투과시험은 비접촉시험이므로 표면에 의사지시를 남길 만한 사유가 없다.

20 온도가 20℃로 동일한 경우 점성이 가장 큰 물질은?

① 물　　　　　　　② 케로신

③ 에틸알코올　　　④ 에틸렌글리콜

해설
물 1.0을 기준으로 숫자가 높을수록 물에 비하여 점성이 몇 배만큼 높다라고 이해하면 좋겠다.

20℃에서의 동점성계수

유 체	동점성계수(cP)	유 체	동점성계수(cP)
아세트산	1.219	올리브오일	84,000
아세톤	0.324	윤활유	799.4
벤 젠	0.647	파라핀유	1,000
브 롬	0.993	페 놀	12.74
이황화탄소	0.375	톨루엔	0.585
사염화탄소	0.972	테레빈유 (송화유)	1.49
글리세린	1,495	물	1
수 은	1.552	에탄올	1.201
메탈알코올	0.594	케로신(등유)	2.5
나이트로벤젠	2.03	에틸렌 클리콜 (부동액)	20.9

21 다음 중 접촉각이 θ일 때 적심성이 가장 좋은 것은?

① $\theta < 90°$　　　② $\theta > 90°$

③ $\theta = 90°$　　　④ $\theta = 180°$

해설
접촉각이 예각일 때 적심성이 좋다.

22 침투탐상검사에서 침투처리에 관한 설명으로 옳은 것은?

① 수세성 침투탐상의 침투시간은 후유화성 침투탐상의 침투시간보다 일반적으로 길다.

② 침투액과 시험체 온도는 침투시간과는 무관한 관계이다.

③ 침투시간은 시험체의 재질과는 무관하다.

④ 침투제가 흘러내려서 표면이 침투시간 내에 건조되어도 재시험은 하지 않는다.

> **해설**
> 후유화성 침투제는 수세성 침투제에 비하여 매우 높은 침투력을 가지고 있다.

23 침투탐상시험에서 침투제와 혼합화하여 수세가 가능하도록 하는 물질을 무엇이라 하는가?

① 유화제　　　　② 용 제

③ 배액제　　　　④ 세척제

> **해설**
> 유화제는 시험체 표면상의 과잉침투제를 물로 세척 가능하도록 변환시키기 위해 사용되는 액체이다.

24 다른 비파괴검사와 비교한 침투탐상검사의 장점으로 틀린 것은?

① 거의 모든 재료의 표면에 사용이 용이하다.

② 표면에 존재하는 불연속부의 검출이 가능하다.

③ 내부의 결함 검출에 용이하고 비용도 적게 든다.

④ 고도의 전문적인 기술이 적은 사람이라도 작업할 수 있다.

> **해설**
> 내부의 결함검출은 어렵다.
> 침투비과피시험의 장단점

장 점	단 점
• 주요 비파괴검사 중 원리 및 적용이 비교적 간단하다.	• 표면에 열려 있는 불연속 부위의 표면검사 목적으로만 적용 가능하다.
• 복잡한 형상일지라도 한번에 표면 전체 검사가 가능하다.	• 오염에 민감하다.
• 미세균열 검출도 가능하다.	• 침투제 제거가 양호하지 않을 경우, 혼동을 유발할 수 있다.
• 거의 모든 재료에 적용이 가능하다.	• 침투제와 반응이 되는 재료에 적용이 어렵다.
• 검사장비가 비교적 간단하고, 휴대용 장비로도 가능하다.	• 피부자극을 유발할 수 있다.
• 지시의 검출이 용이하고 비용이 저렴하다.	• 발화에 유의하여야 한다.
• 불연속 위치, 방향, 크기 등이 시험체에 직접 나타난다.	• 가스 오염이나 인체 유해물질을 취급한다.
• 소형 부품의 경우 한 번에 다량검사가 가능하다.	• 침투제의 오염이 비교적 쉽다.
	• 검사에 사용된 폐수는 환경오염의 가능성이 크므로 적절한 환경보호 조치가 필요하다.

25 다음 중 침투탐상검사의 적심의 정도를 나타내는 공식에 해당되는 것은?(단, 침투액의 표면장력 : A, 시험체의 표면장력 : B, 고체/액체 계면의 표면장력 : C이다)

① A-B　　　　② B-C

③ C-A　　　　④ B-A

> **해설**
> 시험체의 표면장력(B)이 크면 침투액을 잘 잡아당긴다는 의미이므로 적심성이 좋아지고, 고체와 액체가 만나는 면의 표면장력(C)이 크게 되면 경계면에서 잡아당기고 있게 되므로 적심을 방해한다.

26 침투탐상시험에서 침투액 세척 또는 제거하는 방법에 대한 설명이 틀린 것은?

① 형광침투액 세척 확인은 자외선등을 이용한다.
② 염색침투액 세척 확인은 흰 마른 헝겊으로 닦아 옅은 분홍색이 묻어나면 세척이 완료된 것으로 간주한다.
③ 수세성 침투탐상검사의 세척하는 방법으로 수세척을 한다.
④ 후유화성 침투탐상의 세척하는 방법으로 용제를 사용한다.

후유화성 침투탐상의 세척하는 방법은 유화제 후 물을 사용한다.

27 침투제를 쉽게 관찰할 수 있도록 가시성을 증가시키는 과정을 침투탐상검사에서는 무엇이라 하는가?

① 침투처리   ② 세척처리
③ 건조처리   ④ 현상처리

현상처리란 현상제를 시험체 표면에 도포하여 불연속에 들어 있는 침투제를 블리드 아웃(Bleed Out)시켜 지시가 나타나도록 하는 것을 말한다.

28 침투탐상시험방법 및 침투지시모양의 분류(KS B 0816)에서 현상처리 후에 건조과정이 필요한 탐상방법은 무엇인가?

① FB-W   ② FA-D
③ FC-S   ④ FB-D

현상처리 후 건조과정이 필요한 탐상법은 습식현상법이며 W는 습식현상법 중 수현탁성현상제를 사용하는 방법을 표기한다.

29 침투탐상시험방법 및 침투지시모양의 분류(KS B 0816)에서 잉여침투액의 제거방법에 따른 분류 기호에 대한 설명이 틀리게 연결된 것은?

① A : 수세에 의한 방법
② B : 기름베이스 유화제를 사용하는 후유화에 의한 방법
③ C : 용제 제거에 의한 방법
④ D : 속건식유화제를 사용하는 후유화에 의한 방법

잉여침투액의 제거 방법에 따른 분류

명 칭	방 법	기 호
방법 A	수세에 의한 방법	A
방법 B	기름베이스 유화제를 사용하는 후유화에 의한 방법	B
방법 C	용제 제거에 의한 방법	C
방법 D	물베이스 유화제를 사용하는 후유화에 의한 방법	D

30 침투딤싱시험빙법 및 침투지시모양의 분류(KS B 0816)에서 스프레이 노즐을 사용하여 세척처리할 때의 수압 규정은?

① 175kPa 이하

② 275kPa 이하

③ 375kPa 이하

④ 475kPa 이하

> **해설**
> 스프레이 노즐을 사용할 때의 수압은 특별히 규정이 없는 한 275kPa 이하로 한다.

31 비파괴 시험 용어(KS B 0550)에서의 용어 설명으로 틀린 것은?

① 기름베이스 유화제 : 물을 첨가하지 않고 사용하는 유화제

② 습식현상제 : 물에 분산시켜 사용하는 백색 미분말 상태의 현상제

③ 세척제 : 전처리나 제거처리에 사용하는 용제

④ 유화시간 : 유화제를 적용 후 현상을 할 때까지의 시간

> **해설**
> 유화시간은 다음의 세척처리를 정확하게 할 수 있는 시간으로 하고 유화제 및 침투액의 종류, 온도, 시험체의 표면거칠기 등을 고려하여 정한다.

32 항공우주용 기기의 침투탐상검사방법(KS W 0914)에서 규정한 침투제의 최소 체류시간은 10분이다. 침지법으로 적용할 때 시험품의 침지시간은 얼마인가?

① 1분 이하   ② 3분 이하

③ 5분 이하   ④ 10분 이하

> **해설**
> 침투액의 체류 시간은 특별한 지시가 없는 한, 최소 10분 동안으로 하여야 한다. 침투액을 침지법으로 적용할 경우에는 구성부품의 침지시간은 총 체류시간의 1/2 이하여야 한다.
> ※ KS W 0914는 2014년에 폐지되었다.

33 침투탐상시험방법 및 침투지시모양의 분류(KS B 0816)에서 규정한 세척 및 제거에 대한 설명 중 옳은 것은?

① 과세척을 방지하기 위해 흐르는 물을 사용한다.

② 염색침투액은 제거처리 후 깨끗한 헝겊으로 닦아 세척을 확인한다.

③ 제거처리는 세척액에 침지할 때 효과적이다.

④ 세척효과를 위해 수압은 275kPa 이상으로 한다.

> **해설**
> 세척처리와 제거처리
> • 시험체에 부착되어 있는 잉여침투액을 제거하는 과정이다. 과도한 처리를 하면 침투액이 빠져나온다. 자외선을 비추어 처리 정도를 확인해 가며 진행하는 것이 요령이다.
> • 수세성 및 후유화성 침투액은 물로 세척한다.
> • 스프레이 노즐을 사용할 때의 수압은 보통 275kPa 이하로, 형광침투액 사용 시 수온은 10~40℃로 한다.
> • 용제제거성 침투액은 헝겊이나 종이수건, 세척액으로 닦는다. 시험체를 세척액에 담그거나 다량 사용하면 안 된다.

34 침투탐상시험방법 및 침투지시모양의 분류(KS B 0816)에서 시험체의 일부분을 시험하는 경우 전처리의 범위는?

① 시험하는 부분에서 바깥쪽으로 15mm 넓은 범위

② 시험하는 부분에서 바깥쪽으로 20mm 넓은 범위

③ 시험하는 부분에서 바깥쪽으로 25mm 넓은 범위

④ 시험하는 부분에서 바깥쪽으로 50mm 넓은 범위

> **해설**
> 시험체의 일부분을 시험하는 경우는 시험하는 부분에서 바깥쪽으로 25mm 넓은 범위를 깨끗하게 한다.

35 자외선등에서 적정한 주파수를 넘어 높은 주파수가 발생할 때 생체에 미치는 영향으로 맞는 것은?

① 탈모현상이 일어난다.
② 장기에 영향을 준다.
③ 피부를 태우고 눈에 해가 있다.
④ 설사 및 구토가 일어난다.

해설

높은 주파수의 자외선은 강한 에너지를 갖고 있기 때문에 박테리아를 죽이고 피부에 화상을 입히며, 눈에도 해를 입힌다.

36 침투탐상시험방법 및 침투지시모양의 분류(KS B 0816)에 따라 다음과 같은 경우 침투지시모양의 지시 길이로 옳은 것은?

> 거의 동일선상에 지시모양이 각각 2mm, 3mm, 2mm
> 가 존재하고, 그 사이의 간격이 각각 1.5mm, 1mm이다.

① 1개의 연속된 지시모양으로 지시 길이는 7mm이다.
② 1개의 연속된 지시모양으로 지시 길이는 9.5mm이다.
③ 2개의 지시모양으로 지시 길이는 각각 2mm, 6mm이다.
④ 2개의 지시모양으로 지시 길이는 각각 6.5mm, 6mm이다.

해설

지시의 적용문제로, 거의 동일선상에 존재하고 상황상 1개의 연속지시로 보이는 경우이다. 각 간격도 연속선상에 있다고 보아야 하므로 전체 길이는 모든 길이를 더한 9.5mm이다.

37 침투탐상시험방법 및 침투지시모양의 분류(KS B 0816)에 의하여 침투탐상시험방법을 선정할 때 고려해야 할 내용과 관계가 먼 것은?

① 시험체에 예상되는 결함의 종류
② 시험하는 날의 날씨
③ 시험체의 용도
④ 탐상제의 성질

해설

시험체에 예상되는 결함의 종류, 크기, 시험체의 용도, 표면거칠기, 치수, 수량, 탐상제의 성질 등을 고려한다.

38 침투탐상시험방법 및 침투지시모양의 분류(KS B 0816)에 따른 재시험을 실시하여야 하는 경우는 무엇인가?

① 기준보다 침투시간을 초과하였을 경우
② 기준보다 유화시간을 초과하였을 경우
③ 의사지시가 발생하였을 경우
④ 실제지시와 의사지사가 혼재되었을 경우

해설

재시험을 실시할 때
• 조작방법에 잘못이 있었을 때
• 침투지시모양이 흠에 기인한 것인지 의사지시인지의 판단이 곤란할 때
• 기타 필요하다고 인정되는 경우

39 침투탐상시험방법 및 침투지시모양의 분류(KS B 0816)에 의한 침투탐상시험결과를 시험품에 표시하는 방법으로 맞는 것은?

① 전수검사의 경우 합격품에 대해 P로 각인한다.
② 전수검사의 경우 불합격품에 대해 노란색으로 표시한다.
③ 전수검사의 경우 합격품에 대해 W로 각인한다.
④ 샘플링 검사의 경우 합격품에 대해 빨간색으로 표시한다.

해설

결과의 표시(KS B 0816. 11)

• 전수검사인 경우
 – 각인, 부식 또는 착색(적갈색)으로 시험체에 P의 기호를 표시한다.
 – 시험체의 P의 표시를 하기가 곤란한 경우에는 적갈색으로 착색한다.
 – 위와 같이 표시할 수 없는 경우에는 시험 기록에 기재하여 그 방법에 따른다.
• 샘플링 검사인 경우 : 합격한 로트의 모든 시험체에 전수검사에 준하여 Ⓟ의 기호 또는 착색(황색)으로 표시한다.

40 배관 용접부의 비파괴시험 방법(KS B 0888)에서 비파괴시험의 기술 구분이 특별한 경우에 적용하는 A 기준 일 때 침투탐상시험에 의한 합격 판정기준에 대한 설명 중 틀린 것은?

① 선형 침투지시모양은 모두 불합격으로 한다.
② 연속 침투지시모양은 1개의 길이가 8mm 이하를 합격으로 한다.
③ 독립 침투지시모양은 1개의 길이가 8mm 이하를 합격으로 한다.
④ 분산 침투지시모양에 대하여는 침투지시모양을 분류 및 길이를 규정에 따라 평가하고 연속된 용접 길이 300mm당의 합계점이 10점 이하인 경우 합격으로 한다.

해설

KS B 0888에 따른 침투탐상검사의 판정규정

구 분	A 기준	B 기준
터짐에 의한 침투지시모양	모두 불합격으로 한다.	모두 불합격으로 한다.
독립침투지시모양 및 연속침투지시모양	1개의 길이 8mm 이하를 합격으로 한다.	1개의 길이 4mm 이하를 합격으로 한다.
분산침투 지시모양	연속된 용접 길이 300mm당 합계점이 10점 이하인 경우 합격	연속된 용접 길이 300mm당 합계점이 5점 이하인 경우 합격
혼재한 경우	평가점의 합계점이 연속된 용접 길이 300mm당 10점 이하인 경우 합격	평가점의 합계점이 연속된 용접 길이 300mm당 5점 이하인 경우 합격

41 항공 우주용 기기의 침투탐상검사방법(KS W 0914)에서 사용 중인 수세성 침투액의 수분 함유량은 수분이 부피비로 몇 %를 초과할 때부터 불만족한 것으로 규정하는가?

① 1%   ② 3%
③ 5%   ④ 10%

해설

KS W 0914 5.8.4.1.2 참조
※ KS W 0914는 2014년에 폐지되었다.

42 침투탐상시험방법 및 침투지시모양의 분류(KS B 0816)에 규정된 시험 기록사항 중 조작조건에서 시험시의 온도에 대한 설명으로 옳은 것은?

① 시험 장소에서의 침투액의 온도가 16~49℃일 때의 온도는 반드시 기록하여야 한다.

② 시험 장소에서 기온이 15℃ 이하 또는 50℃ 이상일 때의 온도는 반드시 기록하여야 한다.

③ 시험 장소에서의 기온이 25~40℃일 때의 온도는 반드시 기록하여야 한다.

④ 시험 장소에서 기온이 20℃ 이하 또는 45℃ 이상일 때의 온도는 반드시 기록하여야 한다.

해설
KS B 0816 9.2.(6).(a)

43 자기변태에 대한 설명으로 옳은 것은?

① 자기적 성질의 변화를 자기변태라 한다.
② 결정격자의 결정구조가 바뀌는 것을 자기변태라 한다.
③ 일정한 온도에서 급격히 비연속적으로 일어나는 변태이다.
④ 원자배열이 변하여 두 가지 이상의 결정구조를 갖는 것이 자기변태이다.

해설
변태는 결정격자가 바뀌기도 하고, 일정온도에서 비연속적으로 일어나기도 하며, 결정구조가 2가지로 나타날 수도 있다. 그러나 가장 핵심이 되는 변화는 자기적 성질이 변화하는 것이다.

44 소결 초경질 공구강의 금속 탄화물에 해당되지 않는 것은?

① WC
② TaC
③ TiC
④ MaC

해설
소결합금으로는 성형이 힘든 탄화텅스텐, 탄화탄탈, 탄화타이타늄 등이고 탄화마그네슘은 소결 합금의 재료가 아니다.

45 기계적 성질 및 유동성이 우수하며, 얇고 복잡한 모래형 주물에 많이 사용되는 알루미늄 합금인 실루민의 공정온도인 577℃에서의 Si의 고용한계는 약 몇 %인가?

① 1.65%
② 2.55%
③ 4.33%
④ 5.75%

해설
알루미늄에 들어간 Si는 열경화가 가능하지 않으므로 과고용체 상태로 시효경화를 실시하여야 한다. 상용 Al 합금은 20% 정도까지 Si를 함유하며, 이 물질의 공정점은 Si 12.6%, 온도 577℃, 같은 온도에서 α 금속을 최대 고용하며 1.65%이다.

46 조성은 Al-4% Cu-2% Ni-1.5% Mg 합금으로 열전
도율이 크며 고온에서 기계적 성질이 우수하여 내연
기관용 피스톤, 공랭 실린더 헤드 등에 널리 사용되는
알루미늄 합금은?

① Y-합금

② 두랄루민

③ 알클래드

④ 하이드로날륨

해설
① Y-합금 : Cu 4%, Ni 2%, Mg 1.5% 정도이고 나머지가 Al인
    합금으로 내열용 합금으로서 뛰어나고, 단조, 주조 양쪽에 사용
    된다. 주로 쓰이는 용도는 내연 기관용 피스톤이나 실린더 헤드
    등이다.
② 두랄루민 : Cu 4%, Mn 0.5%, Mg 0.5% 정도이고, 이 합금은
    500~510℃에서 용체화처리한 다음, 물에 담금질하여 상온에
    서 시효시키면 기계적 성질이 향상된다.
③ 알클래드 : 두랄루민의 내식성 향상을 위해 알루미늄 피복을
    한 것이다.
④ 하이드로날륨 : 알루미늄에 10%까지의 마그네슘을 첨가한 내
    식 알루미늄합금으로, 알루미늄이 바닷물에 약한 것을 개량하
    기 위하여 개발된 합금이다.

47 주철 제조 시 탈황제로 가장 적합한 것은?

① C   ② Mn

③ Fe   ④ Si

해설
철강 속 망간의 영향
• 연신율을 감소시키지 않고 강도를 증가시킨다.
• 고온에서 소성을 증가시키며 주조성을 좋게 한다.
• 황화망간으로 형성되어 S를 제거한다.
• 강의 점성을 증가시키고, 고온가공을 쉽게 한다.
• 고온에서의 결정 성장, 즉 거칠어지는 것을 감소시킨다.
• 강도, 경도, 인성을 증가시켜 기계적 성질이 향상된다.
• 담금질효과를 크게 한다.

48 Rimmed강 제조 시 Rimming Action을 일으키는 가
스는?

① H_2 ② CO

③ O_2 ④ CH_4

해설
Rimmed강은 거의 탈산이 되지 않은 강으로 탈산 조작이 충분하지
않기 때문에 응고가 진행되면서 용강 중에 남은 탄소와 산소가
반응하여 CO가 많이 발생하므로, 응고 후에도 방출하지 못한 가스
가 기포 상태로 강괴 내에 남아 있다.

49 형상기억 합금에 관한 설명으로 틀린 것은?

① 열탄성형 변태이다.

② 대표적인 합금계는 Sb-Cu이다.

③ 센서와 각종 접속판 재료로 사용된다.

④ 고온에서의 상은 대부분 규칙구조를 갖는다.

해설
니켈-타이타늄 합금, 구리-아연-알루미늄 합금이 대표적이다.

50 경도를 부여하기 위한 재료 중 담금질 온도가 가장 높은 것은?

① STS3 ② SM45C
③ STD11 ④ SKH51

> 해설

④ SKH51 : 몰리브덴계 고속도 공구강 C 0.8, W 6.0, Cr 4.0, V 2.0, Mo 5.0 함유. 1,200~1,240℃ 유랭 후 540~570℃ 공랭
① STS3 : 냉간 금형용 공구강 중 게이지, 다이스, 절단기, 칼날, 담금질 800~850℃ 유랭
② SM45C : 탄소 함유량 0.45%의 공구강재
③ STD11 : 냉간 금형용 공구강 중 게이지, 다이스, 프레스형틀. 담금질 760~810℃ 서랭

52 원단면적이 40mm²인 시험편을 인장시험한 후 단면적이 35mm²로 측정되었을 때 이 시험편의 단면 수축률은?

① 4.5% ② 6.5%
③ 12.5% ④ 21.1%

> 해설

단면 수축률 계산식

$$q = \frac{A_0 - A_1}{A_0} \times 100\%, \quad q = \frac{40 - 35}{40} \times 100\% = 12.5\%$$

51 상온에서 910℃까지 존재하는 α-Fe의 원자 배열은?

① 체심입방격자
② 면심입방격자
③ 조밀육방격자
④ 단순입방격자

> 해설

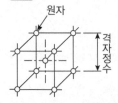

페라이트 α철 : α-Fe에 최대 0.025% C까지 α고용체가 고용되어 있으며 조직상 페라이트라고 한다. HB90 금속현미경으로 보면 다각형의 결정입자로 나타나며, 흰색으로 보인다. 매우 연하고 전성과 연성이 크며, 강자성체이다. 이 구간에서의 조직은 체심입방격자를 갖는데, 체심입방격자란 원자배열의 형태가 원자 여덟 개를 정육면체의 배치로 놓고 정육면체 중심에 원자가 하나 더 있는 형태의 격자인데, 실제로는 계란을 쌓듯 정사각 모양으로 붙여서 펼친 원자 배열 위 사이사이에 원자가 더 얹어져 있는 배열이다. 따라서 경사진 연결 구조를 갖게 되어 미끄러짐이 면심입방구조에 비해 상대적으로 어려워 단단한 구조를 갖는다.

53 실용되는 공업용 황동의 상태도에서 나타나는 상온 조직은?

① α단상 ② β단상
③ α 및 $\alpha + \beta$상 ④ β 및 $\beta + \delta$상

> 해설

황동은 구리와 아연(Zn)의 2원 합금으로 아연이 30% 또는 40%를 함유한 7 : 3 황동, 6 : 4 황동이 가장 널리 사용되고 있다. 여기서는 $\alpha, \beta, \gamma, \delta, \epsilon, \eta$ 등 여섯 가지 상이 있으나, 공업적으로는 Zn 45% 이하가 사용되므로 α, β상이 중요하다.

54 Ni-28% Mo-5% Fe 합금으로 염산에 대하여 내식성이 있고, 가공성과 용접성을 겸비한 합금은?

① 퍼멀로이(Permalloy)

② 모넬메탈(Monel Metal)

③ 콘스탄탄(Constantan)

④ 하스텔로이 비(Hastelloy B)

해설

④ 하스텔로이(Hastelloy) : 미국 Haynes Stellite 社의 특허품으로 A, B, C종이 있다. 내염산 합금이며 구성은 A의 경우 Ni : Mo : Mn : Fe = 58 : 20 : 2 : 20으로, B의 경우 Ni : Mo : W : Cr : Fe = 58 : 17 : 5 : 14 : 60으로, C의 경우 Ni : Si : Al : Cu = 85 : 10 : 2 : 3으로 구성되어 있다.

① 퍼멀로이 : 니켈과 철의 2원 합금으로 고투자율 합금으로 개발된 것이다. 적당한 열처리를 하면 높은 자기투과도를 나타낸다.

② 모넬메탈 : 니켈, 동 합금으로 내식성, 내열성이 좋고, 기계적 성질도 뛰어나다. Ni 63~70%, Fe 2.5% 이하, Mn 2% 이하, 미량의 C, Si, Al, S, 나머지 부분은 Cu(26~30%)으로 구성된 합금으로 화학 관련 공업 등에 널리 이용된다.

③ 콘스탄탄 : 니켈 40~50%와 구리의 합금으로, 전기저항이 크며 전기저항값은 온도 변화의 영향을 받는다. 동이나 철판의 조합으로 기전력이 크기 때문에 열전대·계측기 등에 사용되고 있다.

※ 설명을 보다 보면 문제에서 설명하는 내용과 금속의 성분이나 성질에 대해 설명하는 사람과 기관에 따라 조금씩 다르게 설명하는데, 먼저 이해해야 하는 것은 금속도 누군가가 목적을 갖고 발견해 내거나 만들어낸 일종의 상품이라는 것이다. 냉면의 주성분을 전분을 이용한 면과 과일즙, 고추비빔양념 등으로 설명할 수 있지만, 제조사에 따라 고구마전분을 쓰기도 하고 무즙을 사용하기도 하며 고추비빔양념의 함유물이 다르다는 것을 알 수 있다. 또한 학자라 하여 그 성분을 알고 있다 하여도 해당 금속을 정확히 재연해 내기는 쉽지 않다는 것을 이해하여야 하며, 다만 면과 고추비빔양념을 사용하면 비빔냉면이 되고, 면과 육수를 섞으면 물냉면이 되는 것처럼, Cu에 Zn을 섞으면 주조성이 좋은 황동이 되고, Cu에 Sn을 섞으면 가공성이 좋은 청동이 된다는 식의 대체적인 내용을 알고 있도록 요구하는 것이다.

55 금속 침투법에서 고온 산화 방지에 적합한 것으로 Al을 침투시키는 것은?

① 세라다이징   ② 칼로라이징

③ 크로마이징   ④ 보로나이징

해설

금속침투법 정리

• 세라다이징 : 아연을 침투 확산시키는 것으로 아연을 제련할 때 부산물로 얻는 청분(Blue Powder)이라고 불리는 300mesh 이하 아연분말을 사용하고, 보통 350~380℃에서 2~3시간 처리하여 두께 0.06mm 정도의 층을 얻는다.

• 칼로라이징 : 알루미늄 분말에 소량의 염화암모늄(NH_4Cl)을 가한 혼합물과 경화하고자 하는 물체를 회전로에 넣고 중성분위기 중에서 850~950℃로 2~3시간 동안 가열한다. 이때 층의 두께는 0.3mm 정도가 표준이며, 1mm 이상의 두께가 되면 입자가 크고 거칠어진다. 상온에서 내식성, 내해수성이 있고 질산에 강하며, 고온에서는 SO_2, H_2S, NH_3, CN계에 강하다.

• 크로마이징 : 크롬은 내식, 내산, 내마멸성이 좋으므로 크롬 침투에 사용한다.

  – 고체분말법 : 혼합분말 속에 넣어 980~1,070℃ 온도에서 8~15시간 가열한다.

  – 가스 크로마이징 : 이 처리에 의해서 Cr은 강 속으로 침투하고, 0.05~0.15mm의 Cr 침투층이 얻어진다.

• 보로나이징 : 강철 표면에 붕소를 침투 확산시켜 경도가 높은 보론화 층을 형성시키는 표면경화법이다. 보론화된 표면층의 경도는 HV 1,300~1,400에 달하며, 보론화처리에서 경화 깊이는 0.15m 정도이고, 처리 후에 담금질이 필요 없으며, 여러 가지 강에 적용이 가능한 장점이 있다.

56 마그네슘(Mg)의 성질을 설명한 것 중 틀린 것은?

① 용융점은 약 650℃ 정도이다.

② Cu, Al보다 열전도율은 낮으나 절삭성은 좋다.

③ 알칼리에는 부식되나 산이나 염류에는 잘 견딘다.

④ 실용 금속 중 가장 가벼운 금속으로 비중이 약 1.74 정도이다.

해설

마그네슘은 공업에서 실용화된 금속 중 가장 가벼운 금속으로 보통 바닷물에서 채취하며 순수한 금속 상태로서는 거의 사용이 불가능하고 Al, Zn 등과 합금하여 사용되고 있다. 화학적으로 매우 활성이 높아서 내식성을 기대하기는 아주 어렵고 알칼리액, 바닷물 등에 바로 부식되며, 공기 중에서 착화, 연소되는 성질을 가지고 있다.

57 고온에서 크리프 강조를 가장 높게 하는 원소는?

① V
② Mo
③ Cr
④ Mg

여러 가지 합금 원소의 효과

원소	효과
Ni	강인성과 내식성, 내산성을 증가시킨다.
Mn	적은 양일 때에는 니켈과 거의 같은 작용을 하며, 함유량이 증가하면 내마멸성이 커진다. 황에 의하여 일어나는 취성을 방지한다.
Cr	적은 양에 의하여 경도와 인장강도가 증가하고, 함유량의 증가에 따라 내식성과 내열성 및 자경성이 커지며, 탄화물을 만들기 쉬워 내마멸성을 증가시킨다.
W	적은 양일 때에는 크롬과 거의 비슷하며, 탄화물을 만들기 쉽고 경도와 내마멸성이 커진다. 또한, 고온경도와 고온강도가 커진다.
Mo	텅스텐과 거의 흡사하나, 그 효과는 텅스텐의 2배이다. 담금질 깊이가 커지고, 크리프 저항과 내식성이 커진다. 뜨임 취성을 방지한다.
V	몰리브덴과 비슷한 성질이나, 경화성은 몰리브덴보다 훨씬 더하다. 단독으로는 그렇게 많이 사용하지 않고, 크롬 또는 크롬-텅스텐과 함께 있어야 비로소 그 효력이 나타난다.
Cu	석출경화를 일으키기 쉽고, 내산화성을 나타낸다.
Si	적은 양은 다소 경도와 인장 강도를 증가시키고, 함유량이 많아지면 내식성과 내열성을 증가시키며, 전자기적 성질을 개선한다.
Co	고온경도와 고온 인장강도를 증가시키나 단독으로는 사용하지 않는다.
Ti	규소나 바나듐과 비슷하며, 입자 사이의 부식에 대한 저항을 증가시켜 탄화물을 만들기 쉽다.

58 AW-200 교류용접기에서 2차 무부하 전압이 80V, 아크전압이 20V일 때 용접기의 효율은 얼마인가? (단, 내부손실은 4kW이다)

① 45%
② 50%
③ 55%
④ 60%

용접기의 역률과 효율

$$역률 = \frac{소비전력}{전원입력}, \quad 효율 = \frac{아크출력}{소비전력}$$

전원입력 = 아크전류 × 무부하전압
소비전력 = 아크출력 + 내부손실
AW-200의 전류값 : 200A
소비전력 = 200A×20V + 4kW = 8kW
아크출력 = 200A×20V = 4kW

$$효율 = \frac{4kW}{8kW} = 50\%$$

59 다음 중 산소-아세틸렌 가스용접에서 사용하는 아세틸렌가스에 관한 설명으로 틀린 것은?

① 물보다 아세톤에 용해가 잘된다.
② 일정 온도 이상이 되면 자연 폭발한다.
③ 압력을 가하여도 폭발의 위험이 작다.
④ 구리와 접촉하면 폭발성 있는 화합물을 생성한다.

아세틸렌은 폭발의 위험성이 있어 취급에 유의해야 한다.

60 다음 중 전기 저항열에 의해 용접되는 것이 아닌 것은?

① 산소-수소 용접
② 점 용접
③ 심 용접
④ 프로젝션 용접

산소-수소 용접은 가스용접이다.

01 자기비교형-내삽 코일을 사용한 관의 와전류탐상시험에서 관의 처음에서 끝까지 동일한 결함이 연속되어 있을 경우 발생되는 신호는 어떻게 되는가?

① 신호가 나타나지 않는다.

② 신호가 단속적으로 나타난다.

③ 신호가 주기적으로 나타난다.

④ 관의 중간 지점에서만 신호가 나타난다.

해설

와전류탐상시험은 자속의 방향의 변화를 감지하여 검사하므로 처음부터 끝까지 결함이 있어서 자속의 변화가 발생하지 않으면 결함을 검출하기 어렵다. 2개 코일에 나란한 방향으로 긴 결함의 경우에는 결함의 시작과 끝에서만 신호가 발생하고 경우에 따라서는 신호가 거의 발생하지 않을 수도 있기 때문에 긴 결함의 검출에는 적합하지 않다.

02 침투탐상검사에서 침투액의 종류를 구분하는 방법은?

① 침투액의 침투능력과 깊이

② 침투액의 확산속도에 따른 침투시간

③ 잉여침투액의 제거방법

④ 사용하는 현상제와의 조합방법

해설

침투액의 종류를 잉여침투액을 제거하는 방법에 따라 수세성-물로 세척, 후유화성-유화 뒤 물로 세척, 용제 제거성-솔벤트를 묻혀 닦아서 세척 등으로 구분한다.

03 초음파탐상검사에 쓰이는 탐촉자의 표시방법에서 형식을 나타내는 기호가 틀린 것은?

① 2진동자 : T

② 표면파 : S

③ 사각 : A

④ 수직 : N

해설

탐촉자의 표시방법 중 형식을 나타내는 기호
• 수직 : N
• 사각 : A
• 종파사각 : LA
• 표면파 : S
• 가변각 : LA
• 수침(국부수침포함) : I
• 타이어 : W
• 2진동자 : D를 더함
• 두께 측정용 : T를 더함

04 시험체를 자르거나 큰 하중을 가하여 재료의 기계적, 물리적 특성을 파악하는 시험방법은?

① 파괴시험

② 비파괴시험

③ 위상분석시험

④ 임피던스시험

해설

② 재료의 파손 없이 시험체를 검사하는 시험
③ 신호의 위상을 분석하여 시험
④ 인가 접압과 회로에 흐르는 전류비를 이용하여 시험

05 다음 중 절대압력에 대한 식으로 옳은 것은?

① 절대압력=계기압력−대기압력

② 절대압력=대기압력−진공압력

③ 절대압력=진공압력+대기압력

④ 절대압력=진공압력−대기압력

해설

절대압력이란 압력 0으로부터 측정한 압력이다. '계기압력+대기압력'으로 나타내며, 계기압력이 0보다 낮을 때, 즉 대기압력보다 낮을 때 진공이라고 표시한다. 따라서 ②의 경우는 대기압력보다 낮은 경우의 절대압력 표시방법이다.

06 다른 비파괴검사법과 비교했을 때 와전류탐상검사의 장점에 속하지 않는 것은?

① 고속으로 자동화된 전수검사에 적합하다.

② 표면 아래 깊숙한 위치의 결함 검출이 용이하다.

③ 비접촉법으로 검사속도가 빠르고 자동화에 적합하다.

④ 결함 크기 변화, 재질 변화 등의 동시 검사가 가능하다.

해설

와전류탐상검사의 특징

장 점	단 점
• 관, 선, 환봉 등에 대해 비접촉으로 탐상이 가능하기 때문에 고속으로 자동화된 전수검사를 실시할 수 있다. • 고온하에서의 시험, 가는 선, 구멍 내부 등 다른 시험방법으로 적용할 수 없는 대상에 적용하는 것이 가능하다. • 지시를 전기적 신호로 얻으므로 그 결과를 결함 크기의 추정, 품질관리에 쉽게 이용할 수 있다. • 탐상 및 재질검사 등 복수 데이터를 동시에 얻을 수 있다. • 데이터를 보존할 수 있어 보수검사에 유용하게 이용할 수 있다.	• 표층부 결함 검출에 우수하지만 표면으로부터 깊은 곳에 있는 내부결함의 검출은 곤란하다. • 지시가 이송진동, 재질, 치수변화 등 많은 잡음인자의 영향을 받기 쉽기 때문에 검사과정에서 해석상의 장애를 일으킬 수 있다. • 결함의 종류, 형상, 치수를 정확하게 판별하는 것은 어렵다. • 복잡한 형상을 갖는 시험체의 전면탐상에는 능률이 떨어진다.

07 자분탐상시험을 적용할 수 없는 것은?

① 강 재질의 표면결함 탐상

② 비금속 표면결함 탐상

③ 강용접부 홈의 탐상

④ 강구조물 용접부의 표면 터짐 탐상

해설

자기현상을 이용한 탐상법은 강자성 재료의 열린 결함이나 표면 근처의 결함을 검출하는 데 유용하다. 자화가 어려운 재료는 사용하기 어렵다.

08 방사선투과시험에 대한 설명으로 틀린 것은?

① 체적결함에 대한 검출감도가 높다.

② 결함의 깊이를 정확히 측정할 수 있다.

③ 결함의 종류 및 형상에 대한 정보를 알 수 있다.

④ 건전부와 결함부에 대한 투과선량의 차이에 따라 필름상의 농도차를 이용하는 시험방법이다.

해설

단면 시험으로는 결함의 깊이를 측정할 수 없다. 그러나 3차원적인 방사선 검사를 통해 결함의 위치를 찾아낼 수도 있다. 보기 중 요구하는 답에 가장 가까운 것은 ②번이다.

09 누설검사 중 압력변화시험에 대한 설명으로 틀린 것은?

① 특별히 추적가스가 필요하지 않다.

② 누설 위치와 누설량을 쉽게 찾을 수 있다.

③ 시험시간이 타 검사법에 비해 긴 편이다.

④ 대형 압력용기도 압력게이지를 이용하여 검사가 가능하다.

해설

압력변화시험은 누설 여부 정도를 알 수 있는 시험법이다.

10 다음 중 단강품에 대한 비파괴검사에 주로 이용되지 않는 것은?

① 방사선투과검사
② 초음파탐상검사
③ 침투탐상검사
④ 자분탐상검사

해설
단강품은 다공질 재질을 갖게 되어 방사선투과시험으로 결함을 판독하기 어렵다.

11 필름에 입사된 빛의 강도가 100이고, 필름을 투과한 빛의 강도가 1이라면 방사선투과사진의 농도는?

① 1   ② 2
③ 3   ④ 4

해설
강도 L_0인 빛을 입사시켰을 때 빛은 필름을 투과해 나오게 되며 이 투과된 빛의 강도를 L이라 하면 D(Density)는

$$D = \log \frac{L_0}{L}$$

$$\therefore \log 100 = \log(10)^2 = 2$$

12 초음파탐상시험에 의해 결함 높이를 측정할 때 결함의 길이를 측정하는 방법은?

① 표면파를 이용하여 측정한다.
② 결함 에코의 높이를 측정한다.
③ 횡파, 종파의 모드 변환을 측정한다.
④ 탐촉자의 이동거리에 따라 측정한다.

해설
탐촉자의 입사점에서 결함의 바로 위까지의 거리를 이용하여 깊이를 측정한다.

13 축통전법으로 반지름이 0.18m인 시험체를 20A의 자화전류를 가하여 자기탐상검사를 하려고 한다. 시험면에 발생하는 원형자계의 세기는?

① 17.68A/m
② 35.37A/m
③ 55.56A/m
④ 111.11A/m

해설
시험편에 발생하는 원형자계를 몰라도 단위에서 계산방법을 유추할 수 있다. 보기의 단위 A/m만 보고 바로 20A/0.18m를 계산할 수 있으나 축통전법은 원통형의 시험체에 적용하는 방법이므로 원의 둘레를 계산하여 계산한다.

원의 둘레 $= \pi \times$ 지름, $\dfrac{20A}{\pi \times 0.18m \times 2} = 17.68A/m$

14 형광침투액을 사용한 침투탐상시험의 경우 자외선등 아래에서 결함지시가 나타내는 일반적인 색은?

① 적 색   ② 자주색
③ 황록색   ④ 청 색

해설
형광침투액을 자외선등으로 조사(照射)하면 황록색(일반적으로 형광색이라 부르는 색)의 발광(發光)이 생긴다.

15 다음 중 침투탐상시험 시 습식현상제에 의한 물리적 현상은 어떤 효과를 이용한 것인가?

① 삼투압 현상

② 모세관 현상

③ X-선 감광

④ 브롬화은의 석출

해설

불연속 부위의 침투제는 현상제의 모세관 작용에 의해 표면으로 흡출된다.

16 침투탐상시험장치의 배액대는 일반적으로 어떤 구성으로 되어 있는가?

① 롤러콘베이어, 배액받이, 뚜껑 등

② 롤러콘베이어, 히터, 온도조절기 등

③ 펌프장치, 온도조절장치, 배수장치 등

④ 온도조절장치, 배수장치, 뚜껑 등

해설

배액은 흘려서 잉여제를 제거하는 과정이므로 히터, 펌프, 온도조절장치 등이 필요 없다.

17 다음의 전처리 방법에 관한 과정에서 세척제 선정에 관한 설명 중 옳지 않은 것은?

① 기계유, 경유 등은 유기용제 세척제를 주로 사용한다.

② 중유, 그리스 등은 수용성 세척제가 효과적이다.

③ 무기 오염물의 경우 수용성 세척제가 적합하다.

④ 연질재료의 표면 그라인딩 후에는 산세가 효과적이다.

해설

중유나 그리스 등은 용제를 이용하여 증기세척을 하는 것이 적당하다.

18 다음 중 침적법을 이용한 수세성 형광침투탐상검사 시 필요로 하는 장치가 아닌 것은?

① 암 실

② 유화조

③ 건조기

④ 침투액조

해설

수세성 검사에서 침투액에는 유화제가 포함되어 있으므로 유화과정이 따로 필요 없다.

15 ② 16 ① 17 ② 18 ② 정답

19 다음 중 모세관 현상을 결정하는 요인이 아닌 것은?

① 액체의 접촉각

② 액체의 점도

③ 액체의 표면장력

④ 액체의 부력

해설

부력이란 액체와 그 액체에 담긴 물체와 작용하는 힘이다. 모세관 현상은 액체 자체가 관벽과 작용하여 일으키는 현상으로, 부력과 모세관 현상은 서로 무관하다.

20 현상제의 종류에 대한 설명으로 옳지 못한 것은?

① 건식현상제는 주로 산화규소의 미세한 분말로 이루어져 있다.

② 속건식현상제는 산화마그네슘, 산화칼슘 등의 백색 분말로 이루어져 있다.

③ 속건식현상제는 휘발성 용제에 현탁되어 있으므로 개방형 장치에는 사용이 곤란하다.

④ 습식현상제는 벤토나이트 등의 분말제로 농도와 상관없이 물에 현탁하여 사용한다.

해설

습식현상제는 주로 점토의 일종인 벤토나이트, 활성백토 등에 습윤제와 계면활성제 등을 첨가하여 물에 현탁시켜서 사용한다. 일반적인 습식현상제는 10~15L의 물에 약 650g의 백색 현상분말을 현탁하여 사용하며 pH 9~10 정도의 약염기성 및 30dyne/cm 정도의 표면장력을 나타낸다.

21 침투탐상시험에서 탐상제의 점검 중 습식현상제의 농도측정에 사용되는 기기는?

① 점도측정기

② 굴절계

③ 원심분리기

④ 비중계

해설

현상제의 공정관리 시험

현상제	항 목
건식현상제	• 이물질 등에 의한 오염 여부 • 현상제가 구형으로 뭉쳐지는 현상이 있는지 여부 • 습기 등에 의해 덩어리를 형성하는지 여부 • 형광물질에 의한 오염 여부 – 자외선등을 이용한 검사
속건식현상제	용제 내의 고체 함유물 측정
습식현상제	비중계를 이용한 현상제의 부족 혹은 과도 여부 점검

22 침투탐상시험의 적심성(Wettability)과 관계가 깊은 접촉각에 대한 설명으로 틀린 것은?

① 표면장력이 큰 수은은 접촉각이 90° 이상이 된다.

② 침투액은 가능한 한 접촉각이 큰 값을 갖도록 만든다.

③ 집촉각이 90° 이상인 때에는 모세관 내부에서 하향의 힘이 작용한다.

④ 액면에 작은 관을 세웠을 때 접촉각이 클수록 관 내에 올라가는 높이가 낮아진다.

해설

침투액은 가능한 한 접촉각이 작아서 침투가 용이하도록 하는 것이 좋다.

23 침투탐상시험에서 콜드 셧(Cold Shut)은 일반적으로 어느 모양으로 나타나는가?

① 완만한 곡선
② 뾰족한 직각형
③ 예리한 칼날형
④ 깊고 넓은 균열

해설

콜드 셧의 경우 연속 선형의 모양으로 지시되는데 보기에서는 완만한 곡선으로 보는 것이 옳을 것이다.

24 침투액 적용방법 중 다량의 소형 부품을 한번에 침투 처리하는 데 적합한 것은?

① 분무법
② 침적법
③ 붓칠법
④ 정전 분무법

해설

침투제의 적용
• 침적법
  – 시험체 전체 표면에 침투제를 적용하는 가장 효율적인 방법
  – 일반적으로 다량의 소형 시험체 검사 목적으로 널리 사용
  – 형상이 복잡한 부품을 침적할 경우 침투제 기포 등이 발생하지 않도록 세심한 주의
  – 시험체를 침적시키기 전에 피검체의 오일 통로 및 공기 통로, 통로가 막힌 구멍을 제거
• 분무법
  – 압축공기를 이용하여 분무 노즐을 통해 분무하거나 에어로졸 제품과 같이 내장된 압축가스에 의하여 침투액을 분사하여 도포하는 방법
  – 침적법으로 적용하기 큰 대형 부품의 국부적인 검사에 유용하게 적용될 수 있는 방법
  – 마스킹 등을 하지 않으면 침투제 제거가 곤란한 부위에도 도포될 가능성
  – 용제 제거성 염색침투탐상검사법은 대부분 에어로졸 방식에 의한 분무법을 사용
  – 분무법의 종류 : 압축공기 분무법, 정전 분무법, 에어로졸 분무법
• 브러시법(붓칠법)
  – 대형 부품 또는 구조물의 국부검사에 적합한 방법
  – 손으로 직접 칠하므로 검사가 요구되는 특정 부위만 도포 가능

25 침투탐상시험에서 시험편의 전처리로 샌드블라스팅한 다음 화학적 에칭(Etching)을 하지 않은 경우 탐상에 흔히 어떤 오류가 예상되는가?

① 결함 부위가 막혀 버릴 우려가 있다.
② 기름이나 오염물이 결함을 막을 우려가 있다.
③ 모래가 결함을 더 크게 만들게 될 우려가 있다.
④ 현상제의 사용을 쉽게 하여 또 다른 결함이 생길 수 있다.

해설

전처리는 화학적 세척과 물리적 세척으로 나뉜다.
• 화학적 세척
  – 증기탈지
  – 알칼리 세척
  – 산 세척
  – 염기성 에칭
• 물리적 세척
  – 텀블링
  – 초음파 세척
  – 블라스팅
  – 고압용수나 증기 세척
  – 와이어 브러시
블라스팅의 목적은 금속제의 미세 입자가 표면에서 스케일, 녹 등과 같은 이물질을 제거하는 데 있다. 블라스팅 이후는 에칭을 함께 실시하는데, 에칭을 실시하지 않으면 블라스팅 시 연한 금속 재료의 표면에 일어난 미끄러짐 현상을 제거하지 못하게 된다. ②, ③은 블라스팅 시 생길 수 있는 오류를 생각할 수 있다.

26 이상적인 침투제가 구비해야 하는 성질을 적합하게 나타낸 것은?

① 탐상면을 균일하고 충분하게 적셔야 한다.

② 인화점이 낮아야 한다.

③ 시험품과 화학반응을 잘 일으켜야 한다.

④ 색체 콘트라스트나 형광휘도가 낮아야 한다.

해설

침투제가 갖추어야 할 조건

• 미세 개구부에도 스며들 수 있어야 한다.
• 세척 후 얇은 개구부에도 남아 있어야 한다.
• 너무 빨리 증발하거나 건조되어서는 안 된다.
• 매우 얇은 막으로 도포되었을 때 형광성이나 색상이 뛰어나야 한다.
• 짧은 현상시간 동안 미세 개구부로부터 흡출되어야 한다.
• 미세 개구부의 끝으로부터 매우 얇은 막으로 도포되어야 한다.
• 검사 후 쉽게 제거되어야 한다.
• 열, 빛, 자외선등에 노출되었어도 색상이나 형광성을 유지해야 한다.
• 악취 등의 냄새가 없어야 한다.
• 폭발성이 없고(인화점은 95℃ 이상이어야 함) 독성이 없어야 한다.
• 저장 및 사용 중에 특성이 일정하게 유지되어야 한다.
• 가격이 저렴해야 한다.

28 침투탐상시험방법 및 침투지시모양의 분류(KS B 0816)에서 알루미늄이나 강의 용접부 결함을 검출하기 위한 표준 침투시간과 현상시간으로 바르게 나타낸 것은?(단, 온도는 15~50℃이다)

① 침투시간 : 5분, 현상시간 : 5분

② 침투시간 : 5분, 현상시간 : 7분

③ 침투시간 : 10분, 현상시간 : 7분

④ 침투시간 : 10분, 현상시간 : 10분

해설

일반적으로 온도 15~50℃의 범위에서 침투시간은 다음 표와 같다.

재 질	형 태	결함의 종류	모든 종류의 침투액	
			침투시간 (분)	현상시간 (분)
알루미늄, 마그네슘, 동, 타이타늄, 강	주조품, 용접부	쇳물 경계, 융합 불량, 빈 틈새, 갈라짐	5	7
	압출품, 단조품, 압연품	랩(Lap), 갈라짐	10	7
카바이드 팁붙이 공구	–	융합 불량, 갈라짐, 빈 틈새	5	7
플라스틱, 유리, 세라믹스	모든 형태	갈라짐	5	7

27 다음 중 전원을 사용하지 않고 검사할 수 있는 침투탐상시험은?

① 수세성 형광침투탐상시험

② 용제 제거성 염색침투탐상시험

③ 후유화성 형광침투탐상시험

④ 용제 제거성 형광침투탐상시험

해설

형광침투탐상시험 시 자외선 발광장치가 필요하다. 염색침투제는 밝은 곳에서 육안으로 관찰할 수 있는 경우에 사용한다.

29 침투탐상시험방법 및 침투지시모양의 분류(KS B 0816)에서 전수검사에 의해 합격한 시험체에 표시하는 방법으로 옳은 것은?

① 황색으로 착색하여 시험체에 P의 기호를 표시

② 황색으로 착색하여 시험체에 Ⓟ의 기호를 표시

③ 각인, 부식 또는 착색으로 시험체에 P의 기호를 표시

④ 각인, 부식 또는 착색으로 시험체에 Ⓟ의 기호를 표시

해설

결과의 표시(KS B 0816. 11)

• 전수검사인 경우
 – 각인, 부식 또는 착색(적갈색)으로 시험체에 P 기호를 표시한다.
 – 시험체에 P 표시를 하기 곤란한 경우에는 적갈색으로 착색한다.
 – 위와 같이 표시할 수 없는 경우에는 시험 기록에 기재하여 그 방법에 따른다.

• 샘플링 검사인 경우 : 합격한 로트의 모든 시험체에 전수검사에 준하여 Ⓟ의 기호 또는 착색(황색)으로 표시한다.

30 침투탐상시험방법 및 침투지시모양의 분류(KS B 0816)에 따른 탐상제의 관리에 대한 설명으로 틀린 것은?

① 기준 탐상제 및 사용하지 않는 탐상제는 용기에 밀폐하여 냉암소에 보관한다.

② 탐상제를 개방형의 장치에서 사용할 때는 먼지, 불순물의 혼입, 탐상제의 비산을 방지하도록 처리하여야 한다.

③ 수세성 침투액, 세척액 및 속건식현상제는 밀폐한 용기에 보관하여야 한다.

④ 습식 및 속건식현상제는 소정의 농도로 유지하여야 한다.

해설

탐상제의 보수

• 기준 탐상제 및 사용하지 않는 탐상제는 용기에 밀폐하여 냉암소에 보관하여야 한다.

• 용제 제거성 침투액, 세척액 및 속건식현상제는 밀폐된 용기에 보관하여야 한다.

• 탐상제를 개방형의 장치에서 사용할 때는 먼지, 불순물의 혼입, 탐상제의 비산을 방지하도록 처리하여야 한다.

• 습식 및 속건식현상제는 소정의 농도로 유지하여야 한다.

31 침투탐상시험방법 및 침투지시모양의 분류(KS B 0816)에 따른 탐상제의 점검방법에서 겉모양 검사를 하였을 때 침투액과 유화제의 폐기 사유에 공통적으로 적용되는 것은?

① 색상의 변화

② 세척성의 저하

③ 형광휘도의 저하

④ 현저한 흐림이나 침전물 발생

해설

• 침투액의 점검방법
 – 사용 중인 침투액의 성능시험을 하여 결함 검출능력 및 침투지시모양의 휘도의 저하 또는 색상이 변화했다고 인정된 때는 폐기한다.
 – 사용 중인 침투액의 겉모양 검사를 하여 현저한 흐림이나 침전물이 생겼을 때 및 형광휘도의 저하, 색상의 변화, 세척성의 저하 등이 인정되었을 때는 폐기한다.

• 유화제의 점검방법
 – 사용 중인 유화제의 성능시험을 하고 유화성능의 저하가 인정되었을 때는 폐기한다.
 – 사용 중인 유화제의 겉모양 검사를 하여 현저한 흐림이나 침전물이 생겼을 때 및 점도의 상승에 의해 유화성능의 저하가 인정되었을 때는 폐기한다.
 – 사용 중인 물베이스 유화제의 농도를 굴절계 등으로 측정하여 규정농도에서의 차이가 3% 이상일 때는 폐기하거나 농도를 다시 조정한다.

32 침투탐상시험방법 및 침투지시모양의 분류(KS B 0816)에 의한 결함의 분류에 해당되지 않는 것은?

① 갈라짐
② 래미네이션
③ 연속결함
④ 분산결함

해설
• 래미네이션 : 압연 강재에 있는 내부 결함, 비금속 개재물, 기포 또는 불순물 등이 압연방향을 따라 평행하게 늘어나 층상조직이 된 것이다. 평행하게 층 모양으로 분리된 것은 이중 판 균열이라고도 부른다.
• 침투지시모양은 모양 및 존재 상태에서 다음과 같이 분류한다.

독립 침투 지시 모양	갈라짐에 의한 침투지시모양	결함침투지시인지 의사침투지시인지 확인하여야 하는 규정에 따라 갈라져 있는 것이 확인된 결함지시모양
	선상침투 지시모양	갈라짐 이외의 침투지시모양 가운데 그 길이가 너비의 3배 이상인 것
	원형상 침투 지시모양	갈라짐에 의하지 않는 침투지시모양 가운데 선상침투지시모양 이외의 것
연속침투지시모양		여러 개의 지시모양이 거의 동일 직선상에 나란히 존재하고, 그 상호 거리가 2mm 이하인 침투지시모양. 침투지시모양의 지시 길이는 특별한 지정이 없는 경우 침투지시모양의 개개의 길이 및 상호거리를 합친 값으로 한다.
분산침투지시모양		일정한 면적 내의 여러 개의 침투지시모양이 분산하여 존재하는 침투지시모양

33 침투탐상시험방법 및 침투지시모양의 분류(KS B 0816)에서 시험방법을 분류하는 기호 중 염색침투액을 사용하는 방법을 표시하는 기호는?

① V
② F
③ DV
④ DF

해설
사용하는 침투액에 따른 분류

명 칭	방 법	기 호
V 방법	염색침투액을 사용하는 방법	V
F 방법	형광침투액을 사용하는 방법	F
D 방법	이원성 염색침투액을 사용하는 방법	DV
	이원성 형광침투액을 사용하는 방법	DF

34 항공우주용 기기의 침투탐상검사방법(KS W 0914)에 따라 탐상 시 재료 및 공정의 제한에 관한 내용으로 틀린 것은?

① 염색침투액계의 탐상 시 수용성의 현상제는 사용해서는 안 된다.
② 염색침투탐상검사는 항공우주용 제품의 최종 수령검사에 이용해서는 안 된다.
③ 동일한 검사면에 사용되는 형광침투탐상검사는 염색침투탐상검사 전에 사용해서는 안 된다.
④ 터빈 엔진의 중요 구성 부품 정비검사는 친수성 유화제를 사용하는 초고감도 형광침투액을 사용한다.

해설
염색침투액계 침투탐상검사는 동일면에 대하여 형광침투액계 침투탐상검사 전에 사용해서는 안 된다. 다만, 이것은 검사한 표면이 이후의 공작 또는 성형작업에서 제거되는 경우에도 공정 중 검사로서 염색침투액계의 침투탐상검사를 이용하는 것을 제외하고자 하는 것은 아니다.
※ KS W 0914는 2014년에 폐지되었다.

35 항공우주용 기기의 침투탐상검사방법(KS W 0914)에 따른 탐상검사 시 건식현상제에 관한 사항 중 틀린 것은?

① 건식현상제는 염색침투액계에 사용해서는 안 된다.
② 구성 부품은 건식현상제를 적용하기 전에 건조시켜야 한다.
③ 건식현상제의 체류시간은 최소 10분 동안 최대 4시간으로 하여야 한다.
④ 여분의 건식현상제는 체류시간 전에 가볍게 두드려서 제거하는 것이 좋다.

해설
여분의 건식현상제는 체류시간 후 가볍게 두드려서 제거하는 것이 좋다.
※ KS W 0914는 2014년에 폐지되었다.

36 침투탐상시험방법 및 침투지시모양의 분류(KS B 0816)에서 용접 시험품의 일부분을 전처리할 때 그 범위는?

① 용접부 중심에서 20mm 범위까지
② 용접부 가장자리에서 20mm 범위까지
③ 용접부 중심에서 25mm 범위까지
④ 용접부 가장자리에서 25mm 범위까지

해설

시험체의 일부분을 시험하는 경우는 시험하는 부분에서 바깥쪽으로 25mm 넓은 범위를 깨끗하게 한다.

37 침투탐상시험방법 및 침투지시모양의 분류(KS B 0816)에서 연속 침투지시모양으로 분류하기 위해 규정되어 있는 지시 사이의 상호거리는?

① 1mm 이하
② 2mm 이하
③ 4mm 이하
④ 5mm 이하

해설

연속 침투지시는 여러 개의 지시모양이 거의 동일 직선상에 나란히 존재하고 그 상호거리가 2mm 이하인 침투지시모양이다.

38 침투탐상시험방법 및 침투지시모양의 분류(KS B 0816)의 규정에 따라 시험을 한 후 처음부터 다시 시험을 해야 할 경우와 관계가 먼 것은?

① 조작방법에 잘못이 있었을 때
② 필요하다고 인정될 때
③ 침투지시모양이 흠에 기인한 것인지 의사지시인지의 판단이 곤란할 때
④ 재질이 두껍다고 인정될 때

해설

재시험이 필요한 때
• 조작방법에 잘못이 있었을 때
• 침투지시모양이 흠에 기인한 것인지 의사지시인지의 판단이 곤란할 때
• 기타 필요하다고 인정되는 경우

39 침투탐상시험방법 및 침투지시모양의 분류(KS B 0816)에 규정된 건식현상제를 이용한 용제 제거성 형광침투액의 시험 순서로 올바른 것은?

① 전처리 → 침투처리 → 제거처리 → 현상처리 → 관찰 → 후처리
② 전처리 → 침투처리 → 수세처리 → 현상처리 → 관찰 → 후처리
③ 전처리 → 침투처리 → 제거처리 → 건조처리 → 현상처리 → 관찰 → 후처리
④ 전처리 → 침투처리 → 수세처리 → 건조처리 → 현상처리 → 관찰 → 후처리

해설

FC-D : 전처리 → 침투처리 → 제거처리 → 현상처리 → 관찰 → 후처리

40 항공우주용 기기의 침투탐상검사방법(KS W 0914)에 따라 합격한 부품에 각인을 사용할 때 표시하는 위치로 옳은 것은?

① 검사인에 인접한 곳
② 결함지시 무늬가 있는 곳
③ 침투탐상검사를 시작한 기준점에 인접한 곳
④ 침투탐상검사를 적용한 중앙의 잘 보이는 곳

해설
적용하는 시방서 또는 도면에 명백히 허용되어 있는 경우에는 각인을 이용하여야 한다. 표시는 부품번호 또는 검사인에 인접한 곳에 하여야 한다.
※ KS W 0914는 2014년에 폐지되었다.

41 침투탐상시험방법 및 침투지시모양의 분류(KS B 0816)에 따라 후유화성 형광침투액을 사용하고 무현상법으로 현상할 때 자외선들의 사용단계로 옳은 것은?

① 세척단계
② 형광침투액 적용단계
③ 건조단계
④ 유화제 적용단계

해설
형광침투액을 사용할 때의 세척장치는 자외선조사장치를 갖춘 것으로 한다.

42 침투탐상시험방법 및 침투지시모양의 분류(KS B 0816)에서 규정한 기록해야 할 조작방법의 항목이 아닌 것은?

① 지시의 관찰방법   ② 전처리방법
③ 침투액 적용방법   ④ 건조방법

해설
조작방법의 기록
• 전처리방법
• 침투액의 적용방법
• 유화제의 적용방법(후유화성 침투액을 사용하는 경우)
• 세척방법 또는 제거방법
• 건조방법
• 현상제의 적용방법

43 각종 금속의 변태점을 측정하는 방법이 아닌 것은?

① 브래그법
② 열분석법
③ 열팽창 측정법
④ 전기저항 측정법

해설
물질은 변태점을 기해서 물질의 구조가 변화가 일어나므로 일반적으로 부피의 변화가 일어나거나, 자성이나 전기저항 등이 변화한다. 따라서 변태점 측정을 위해서 잠열 구간이 생기는 것을 관찰하기 위한 열 분석법, 부피 변화를 측정하기 위한 부피측정법, 전기저항의 변화를 측정하기 위한 전기저항법을 사용한다.

44 귀금속에 해당되는 금(Au)의 순도는 주로 캐럿(Karat, K)으로 나타낸다. 22K에 함유된 순금의 순도는 약 얼마인가?

① 53%   ② 75%
③ 83%   ④ 92%

해설
24K가 100%이므로 $\dfrac{22}{24} \times 100 = 91.7\%$

45 활자금속에 대한 설명으로 틀린 것은?

① 응고할 때 부피 변화가 커야 한다.

② 주요 합금조성은 Pb-Sn-Sb이다.

③ 내마멸성 및 상당한 인성이 요구된다.

④ SnSb 화합물이 있어 그 양으로 경도를 조절한다.

해설

활자금속은 주조로 조형하므로 응고 시 부피의 변화가 가급적 작아야 한다.

47 주철에 대한 설명으로 옳은 것은?

① 단조가공이 쉽다.

② 강에 비해 주조성이 나쁘다.

③ 인장강도에 비해 압축강도가 낮다.

④ 고온에서 가열과 냉각을 반복하면 부피가 증가한다.

해설

주조용 철을 주철이라고 생각하면 좋겠다. 액상 철의 유동성이 좋고, 안정적인 냉각과정을 가진다. 탄소의 함유량이 많아 경도는 높으나 연성, 인성 등이 약하다.

46 Fe-C계 평형상태도상에 탄소 0.18%를 함유하는 포정점의 온도는?

① 210℃

② 768℃

③ 1,490℃

④ 1,539℃

해설

Fe-C 상태도

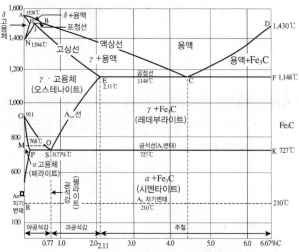

1,593℃는 순철의 녹는점, 0.18% 포정점은 J점이다.

48 오스테나이트(Austenite) 상태의 강을 노 중에 천천히 냉각시킬 때 나타나는 조직은?

① 마텐자이트　　② 펄라이트

③ 소르바이트　　④ 트루스타이트

해설

오스테나이트 조직

• 노랭하면 700℃ 부근에서 A_{r_1} 변태가 일어나며 상온에서 펄라이트가 얻어진다.

• 공랭하면 소르바이트 조직이 생긴다.

• 유랭하면 550℃ 부근에서 A_r' (오스테나이트 → 트루스타이트) 200℃ 부근에서 A_r'' (오스테나이트 → 마텐자이트)의 2단계 변화를 하며 트루스타이트와 마텐자이트의 혼합조직이 생긴다.

• 수랭하면 200℃ 부근에서 A_r'' 변태가 일어나며 이것이 완료되기 전에 상온에 도달하므로, 마텐자이트와 잔류 오스테나이트의 혼합조직을 생성한다.

49 냉간가공에 의하여 금속이 변화하는 성질 중 틀린 것은?

① 인장강도의 증가

② 연신율의 감소

③ 전기저항의 감소

④ 경도의 증가

해설

냉간가공은 금속조직의 정렬에만 영향을 주므로 보기 중 전기저항에의 영향이 가장 미미하다.

50 탄소의 함량이 0.12%이하로 철사, 못, 철판, 와이어 등으로 사용되는 것은?

① 연 강   ② 극연강

③ 경 강   ④ 탄소구공강

해설

강의 종류	극연강	연 강	반연강	경 강	최경강
탄소 함유량	~0.14%	~0.28%	~0.40%	~0.50%	~0.60%

51 조밀육방격자 금속으로 청백색의 저용융점 금속이며 도금용, 전지, 다이캐스팅용 및 기타 합금용으로 사용되는 금속은?

① Zn   ② Cr

③ Cu   ④ Mo

해설

문제의 설명이 앞으로 자격시험에서 아연을 정의하게 되는 문장일 것이다. 아연은 단일 요소로 사용되기보다 합금의 주요 요소로 첨가되어 구리, 철 등의 성질에 깊게 관여하는 저용융점 주요 금속의 하나이다.

52 Al-Cu나 Al-Mg과 같은 알루미늄합금에서 용질원자가 용체화 처리 → 퀜칭 → 시효처리의 순으로 진행되는 재료강화(경화) 기구는?

① 용해연화

② 고용취화

③ 석출경화

④ 결정립 조대화 연화

해설

두랄루민의 시효경화가 예가 될 수 있다. 과포화된 조직을 시효처리하여 석출시켜 이 석출된 조직의 영향으로 경화가 진행된 현상이다.

53 1차 결합에 해당되지 않는 것은?

① 금속결합

② 이온결합

③ 공유결합

④ 반데르발스 결합

해설

• 1차 결합은 한 분자 내의 결합으로 이온결합, 금속결합, 공유결합 등이 있다.

• 반데르발스 결합은 분자 간의 힘에 의해 결합하는 결합방법으로 근접해 있는 분자와의 상호작용력에 의해 발생한다. 작은 에너지에도 융해되고 승화도 잘된다.

54 금속의 소성변형에서 마치 거울에 나타나는 상이 거울을 중심으로 하여 대칭으로 나타나는 것과 같은 형상을 나타내는 변형은?

① 쌍정변형

② 전위변형

③ 벽계변형

④ 딤플변형

결정면을 중심으로 같은 결정이 대칭형으로 나타난 것을 쌍정(雙晶, Twin)이라 한다. 기계적인 전단응력에 의해 발생하는 원장이동에 의해 기계적 쌍정이 만들어지며, 소성변형 후 어닐링(Annealing) 열처리에 의해서 어닐링 쌍정도 만들어진다.

55 강에 특수원소를 첨가하여 절삭할 때, 칩을 잘게 하고 피삭성을 좋게 하는 원소는?

① Ag, Ni

② Cr, Ni

③ Pb, S

④ Na, Mo

피삭성을 향상시키는 불순물로는 납과 황이 대표적이다.

56 비자성체이고 열전도율이 좋으며 비중이 약 8.9인 금속은?

① Cu

② Al

③ Fe

④ Na

원 소	Cu	Al	Fe	Na
비 중	8.94	2.7	7.84	0.97
녹는점	1,085℃	660.32℃	1,538℃	97.8℃
특 징	비교적 전성과 연성이 크고 가공성이 좋아 유사이래 많이 사용된 금속	은백색에 가볍고 내구성이 커서 경금속 중 내구재로 많이 쓰임	가장 대표적인 금속으로 여러 금속과 합금되어 합금강으로 사용됨	알칼리 금속의 하나로 단일금속으로는 매우 무르고, 반응성이 대단히 큼

57 다음 중 1kgf/mm²를 MPa로 환산한 값으로 옳은 것은?

① 약 0.98

② 약 9.8

③ 약 100

④ 약 1,000

$1kgf = 1kg \times 9.8m/s^2$, $1MPa = 1N/mm^2$

∴ $1kgf/mm^2 = 1kg \times 9.8m/s^2/mm^2 = 9.8N/mm^2 = 9.8MPa$

58 다음 중 일반적으로 산소-아세틸렌 가스용접에 있어 산소가 반대로 흐르는 현상에 대한 원인과 가장 거리가 먼 것은?

① 팁이 막혔다.

② 팁과 모재가 접촉되었다.

③ 토치의 기능이 불량이었다.

④ 아세틸렌 호스에 물이 들어갔다.

해설

- 산소가 반대로 흘러 불꽃이 순간적으로 팁 끝에 들어갔다 곧 정상이 되거나 순간 꺼지는 현상을 역화라고 하는데, 이는 토치의 취급 잘못으로 팁 끝이 과열되거나 팁 끝에 이물이 있을 때, 압력이 부적절할 때, 팁의 죔이 불완전할 때 일어난다.
- ①, ②, ③ 모두 팁이 막힐 수 있는 경우를 설명하였고, 물이 들어간 경우도 역화나 역류를 유발할 수도 있으나 대부분의 경우는 증발되어 버려 이런 경우가 거의 없다.

59 정격 2차 전류가 300A인 용접기에서 실제로 200A의 전류로 용접한다고 가정한다면, 허용사용률은 몇 %인가?(단, 정격 사용률은 50%로 한다)

① 76%

② 98%

③ 112%

④ 225%

해설

$$허용사용률 = \left(\frac{정격\ 2차\ 전류}{사용용접전류}\right)^2 \times 정격\ 사용률$$

$$= \left(\frac{300}{200}\right)^2 \times 50\% = 112.5\%$$

60 다음 중 용접 변형을 줄이는 방법으로 적절하지 않은 것은?

① 용접 지그를 이용한다.

② 예열과 후열을 하지 않는다.

③ 적정한 용접 조건을 택한다.

④ 용접 순서를 충분히 고려한다.

해설

용접 변형 중 열변형의 영향을 줄이기 위해 예열과 후열을 실시할 필요가 있다.

2013년 제1회 과년도 기출문제

01 자분탐상시험 중 시험체를 먼저 자화시킨 다음 자분을 뿌려 검사하는 방법을 무엇이라 하는가?

① 연속법
② 잔류법
③ 습식법
④ 건식법

해설

자분탐상시험은 자력선의 모양으로 내부의 결함을 찾아 내는 방법이다.

검사 분류

• 자분 적용에 대한 자화 시기에 따라 : 연속법(자화 중 검사), 잔류법(시험체를 먼저 자화 후 잔류로 검사)
• 자분의 종류에 따라 : 형광 자분, 비형광 자분
• 자분 매질에 따라 : 건식법, 습식법
• 자화 전류 종류에 따라 : 직류, 맥류, 충격전류, 교류
• 자화방법에 따라 : 축 통전법, 직각 통전법, 전류 관통법, 코일법, 극간법, 프로드법

02 와전류탐상검사에서 사용하는 시험코일이 아닌 것은?

① 내삽형 코일
② 표면형 코일
③ 침투형 코일
④ 관통형 코일

해설

와전류탐상검사의 코일 : 관통코일, 내삽코일, 표면코일

03 결함검출 확률에 영향을 미치는 요인이 아닌 것은?

① 결함의 이방성
② 균질성이 있는 재료 특성
③ 검사시스템의 성능
④ 시험체의 기하학적 특징

해설

결함검출 확률(POD)은 시험기가 얼마만큼 결함을 찾아내느냐의 비율로 나타내며 ①, ②, ③, ④ 모든 요인이 영향을 미친다. ①, ③, ④는 부정적 영향을 미치는 보기이고, 긍정적 영향을 미치는 보기는 ② 하나이다.

04 가동 중인 열교환기 튜브의 전체 벽 두께를 측정할 수 있는 초음파탐상검사법은?

① EMAT
② IRIS
③ PAUT
④ TOFD

해설

② IRIS(Internal Rotary Inspection System) : 회전하는 터빈이 붙은 반사경을 통해 초음파 센서가 펄스를 튜브에 보낸 후 다시 수신된 신호로 튜브의 내면 및 외면의 상태를 디지털 로터리 B-scan으로 디스플레이하므로 튜브의 상태를 한눈에 알 수 있다.
① EMAT(Electromagnetic Acoustic Transducer) : 전자 초음파 탐촉자
③ PAUT(Phased Array Ultrasound Testing) : 위상배열 초음파 검사법은 하나의 탐촉자로 다양한 각도의 초음파 신호를 동시에 발생시켜 결함 검출 신뢰도를 높인 검사법으로, 두께가 얇은 튜브 내면의 결함도 검출이 가능하다.
④ TOFD(Time Of Flight Diffraction) : 회절파 시간 측정법이다.

05 X선 필름에 영향을 주는 후방산란을 방지하기 위한 가장 적당한 조작은?

① X선관 가까이 필터를 끼운다.

② 필름의 표면과 피사체 사이를 막는다.

③ 두꺼운 마분지로 필름 카세트를 가린다.

④ 두꺼운 납판으로 필름 카세트 후면을 가린다.

해설
- 산란방사선의 종류
  - 내부산란
  - 측면산란
  - 후방산란
- 산란방사선의 영향을 줄이기 위한 방법
  - 증감지를 사용
  - 후면 스크린을 사용
  - 마스크(산란방사선 흡수체) 사용
  - 필터(산란이 쉬운 방사선을 방사시점에 필터링) 사용
  - 콜리메이터 사용

보기 중 후방산란을 막기 위해서는 후면에 스크린이나 마스크를 설치해야 한다.

06 초음파의 발생에서 음속(C), 주파수(f), 파장(λ)과의 관계를 옳게 표현한 것은?

① $C = \dfrac{\lambda}{f}$　　② $C = \dfrac{f}{\lambda}$

③ $C = f\lambda$　　④ $C = \dfrac{1}{f\lambda}$

해설
주파수(f)란 초당 떨린 횟수이며, 한 번 떨릴 때 진행한 거리가 파장(λ)이다. 한 번 떨릴 때 진행한 거리(λ)와 초당 떨린 횟수(f)를 곱하면 초당 진행한 거리(속도, 여기서는 음속 C)가 된다($C = f\lambda$).

07 시험체에 있는 도체에 전류가 흐르도록 한 후 형성된 시험체 중의 전위분포를 계측해서 표면부의 결함을 측정하는 시험법은?

① 광탄성시험법

② 전위차시험법

③ 응력 스트레인 측정법

④ 적외선 서모그래피 시험법

해설
① 광탄성 시험 : 재료가 내부응력을 발생하면 광학적 등방성(Isotropy)을 상실해 2개의 굴절(Refraction)선이 발생한다. 이 2개의 굴절광선의 위상차와 평면 내의 주응력차와의 사이에는 1차 비례관계가 있으며, 또 위상차(Phase Contrast)와 빛의 강도와의 사이에는 주기적으로 변하는 관계가 있다. 주응력차의 같은 점은 어떤 차수의 암흑선으로 나타나며, 이것을 등색선이라 한다. 이렇게 빛의 위상차를 광탄선 줄무늬 사진에서 측정하는데 따라 주 응력차의 값을 구할 수 있다.

③ 응력 스트레인 시험법 : 재료에 하중을 가했을 때 스트레인(변형)의 정도를 시험한다. 다소 포괄적인 용어이다.

④ 적외선 서모그래피(Infrared Thermography) 시험법 : 적외선 발광체의 변화를 측정함으로써 시험체나 장면의 표면 위에 겉보기 온도의 변화를 표시하는 방법이다.

08 표면 또는 표면직하 결함 검출을 위한 비파괴검사법과 거리가 먼 것은?

① 중성자투과검사　　② 자분탐상검사

③ 침투탐상검사　　④ 와전류탐상검사

해설
중성자투과시험법 : 중성자는 X선이나 γ선과는 달리 원자번호가 작은 수소나 붕소에서도 매우 큰 흡수계수를 갖고 있기 때문에 철 등과는 다른 재질의 시험을 할 수 있다는 장점이 있다. X-ray 등과 마찬가지로 표면이나 그 직하를 검사하기보다 내부의 조직을 관찰하는 데 적합하다.

09 누설비파괴검사법 중 헬륨질량분석시험의 종류가 아닌 것은?

① 검출기프로브법　② 침지법
③ 진공후드법　④ 압력변화법

해설
- 시험체 내에 헬륨가스를 넣은 후 질량분석형 검지기를 이용하여 누설 위치와 누설량을 검지하는 방법으로는 스프레이법, 후드법, 진공적분법, Sniffer법, 가압적분법, Suction Cup법, 벨자(Bell Jar)법, 펌핑법 등이 있다.
- 침지법
  - 초음파 탐상시험에서 탐촉자와 재료 사이에 적당한 간격을 두고 양자의 중간에 액체를 채워서 탐상하는 방법
  - 누설시험에서 액체에 담가 기포의 발생을 관찰하는 방법

10 시험체의 양면이 서로 평행해야만 최대의 효과를 얻을 수 있는 비파괴검사법은?

① 방사선투과시험의 형광투시법
② 자분탐상시험의 선형자화법
③ 초음파탐상시험의 공진법
④ 침투탐상시험의 수세성 형광침투법

해설
검사체 중 Pair가 필요한 검사체는 공진법밖에 없다. 나머지는 검사체가 2개일 필요는 없다.

11 다음 중 와전류탐상시험으로 측정할 수 있는 것은?

① 절연체인 고무막 두께
② 액체인 보일러의 수면 높이
③ 전도체인 파이프의 표면결함
④ 전도체인 용접부의 내부결함

해설
와전류탐상시험의 주된 특징은 도체에 적용되며, 시험체의 표면에 있는 결함 검출을 대상으로 한다.

12 침투탐상시험을 위한 침투액의 조건이 아닌 것은?

① 침투성이 좋을 것
② 형광휘도나 색도가 뚜렷할 것
③ 점도가 높을 것
④ 부식성이 없을 것

해설
- 침투액은 침투가 목적이므로 점도가 낮아야 한다.
- 점도란 액체가 얼마나 끈적끈적한지를 나타내는 수치이다.

13 용제제거성 형광 침투탐상검사의 장점이 아닌 것은?

① 수도시설이 필요 없다.
② 구조물의 부분적인 탐상이 가능하다.
③ 표면이 거친 시험체에 적용할 수 있다.
④ 형광침투탐상검사방법 중에서 휴대성이 가장 좋다.

해설
- 침투탐상검사는 침투액의 가시성이 밝은 데서 나타나는 염색침투액과 어두운 데서 나타나는 두 가지 경우와 제거성에 따라 수세성 침투액, 후유화성 침투액, 용제 제거성 침투액으로 나뉘며 이 2가지와 3가지의 경우에 따라 검사방법을 나눈다.
- 용제 제거성 형광 침투탐상검사는 물세척이 필요 없고, 검사시간이 짧으며, 주로 부분 탐상에 적합하고, 염색침투보다 감도가 좋으나 암실과 자외선등이 필요하고, 완전세척이 곤란하며, 대량 검사에는 적합하지 않다.

14 누설검사시험 중 누설량의 값을 쉽게 알 수 있는 방법은?

① 발포법
② 헬륨법
③ 방치법
④ 암모니아법

헬륨누설시험은 누설 위치를 알 수 있고, 밀봉 부품의 누설시험이 가능하며, 가스 봉입 부품의 누설시험이 가능하고 누설량을 알기 쉽다.

15 다음 재료 및 장치 중 후유화성 염색침투탐상시험과 무관한 것은?

① 자외선조사장치
② 유화제
③ 현상제
④ 분사 노즐

침투액은 밝은 데서 보는 염색성과 어두운 데서 보는 형광성으로 나뉘며 자외선조사장치는 형광성 침투액에 필요하다.

16 다음 중 잉여침투액의 제거처리에 관한 설명으로 틀린 것은?

① 수세 시 수압은 275kPa을 초과하지 않도록 한다.
② 수세 시 40℃ 이하의 온수를 사용하는 것이 효과적이다.
③ 용제 제거 시 용제를 시험체에 직접 적용하여 제거한다.
④ 용제 제거 시 별도의 건조처리는 필요하지 않다.

• 세척 시 수압은 특별 규정이 없는 한 275kPa 정도의 일정 수압이 적당하고, 압력이 과도하면 결함 속에 들어간 침투액까지 제거할 우려가 있다. 수온은 32~45℃ 범위가 적당하다.
• 용제를 묻혀서 닦아낼 때는 가급적 용제를 헝겊에 묻혀서 닦아내며, 건조는 현상을 위해 실시하는 과정이다.

17 형광침투액은 몇 nm 파장의 자외선을 받아 연두색의 가시광선을 내는가?

① 200nm
② 365nm
③ 500nm
④ 1,000nm

단순 지식을 묻는 문제이다. 365nm의 파장(사용범위 320~400nm)이 가장 강한 가시광선을 발생시키며, 형광침투액은 발광 시 주로 연녹색을 사용한다.

18 다음 중 금속 표면에 열린 결함의 입구를 폐쇄하여 침투탐상검사의 효율을 저하시킬 수 있는 전처리법은?

① 증기 세척
② 기계적 세척
③ 알칼리 세척
④ 초음파 세척

• 증기는 고온·고압의 물이 주성분이며, 알칼리는 산화–환원작용을 이용하여 표면의 더러움을 제거하며, 초음파는 떨림을 이용하여 화학적 세척의 효과를 증대시켜 준다.
• 기계적 세척은 기계작업을 이용하여 강제로 닦아 주게 된다. 기계적 세척 시 연한 금속 표면의 강제적 전·연성현상이 발생할 수 있다.
※ 정확한 내용을 몰라도 증기, 알칼리, 초음파, 기계작업의 특징을 안다면 풀 수 있다.

19 다음 결함 중 발생 요인이 다른 것은?

① 텅스텐 혼입　　② 고온 균열

③ 용입 부족　　　④ 콜드 셧

해설
단순히 현상적으로 접근하여 ②~④는 고온의 액체가 냉각하며 고체가 될 때 현상과 관련되며, ①은 불순물과 관련되었다. 식으로 해석하면 문제가 요구한 '발생 요인'에 대해 고려하지 않은 것이다. ①~③은 용접작업 중 발생하는 결함이고, ④는 주조작업 중 발생한 불량이라고 접근하면 문제가 요구한 '발생 요인'을 발생원인별로 구분한 것이다.
※ 문제의 영역을 어느 영역으로 보느냐에 따라 답이 달라질 수 있으므로, 출제자가 어느 맥락에서 출제하였느냐를 추측해 봐야 한다.

20 다음 침투액 중 특히 깊이가 얕고 폭이 넓은 결함의 검출에 우수한 탐상액은 어느 것인가?

① 수세성 형광침투액

② 후유화성 형광침투액

③ 수세성 염색침투액

④ 용제 제거성 형광침투액

해설
후유화성 침투탐상검사법은 미세결함 검출이 가능하고, 얕고 넓은 결함 검출이 양호하며, 표면의 과잉침투제는 유화처리 후 쉽게 제거된다. 침투액의 수분에 의한 오염과 온도에 의한 영향이 작으며, 과도한 세척의 가능성이 낮은 장점이 있다.

21 침투액의 침투성은 침투탐상시험에서 어떤 물리적 현상을 이용한 것인가?

① 습도와 끓는점

② 압력과 대기압

③ 표면장력과 적심성

④ 원자번호와 밀도차

해설
• 표면장력 : 표면장력과 관련된 현상은 모세관 현상이다. 액체가 다른 물체, 특히 고체의 표면을 접할 때, 고체와의 접촉면의 장력과 액체 내부의 응집력 차에 의해 고체표면이 액체를 잡아당기거나, 액체끼리 서로 뭉쳐서 고체표면을 따라 가지 않으려는 현상이다. 침투탐상검사에는 고체의 잡아당기는 힘이 액체의 응집력보다 큰 침투액을 사용한다.
• 적심성 : 얼마나 빠르게 결함 부위의 기체를 밀어내고 침투액이 침투하느냐의 성질을 나타내는 것이 적심성이다. 표면과 액체의 침투각이 적심성과 관련이 있다.

22 건식현상법을 염색침투탐상시험에 이용하지 않는 이유는?

① 침투액과 반응하므로

② 대비(Contrast)가 나빠서

③ 침투액을 과잉으로 빨아내므로

④ 가루가 날려서 위생상 나쁘므로

해설
염색침투제를 사용하는 경우에는 불연속 지시가 주위 배경과 충분한 색채 대비를 이룰 수 있는 색상이어야 하나, 건식현상을 하면 대비가 나빠 사용하기가 어렵다.

23 다음 중 결함검출 감도가 가장 낮은 현상법은?

① 무현상법
② 건식현상법
③ 습식현상법
④ 속건식현상법

해설
현상제를 사용하지 않는 무현상법은 현상제를 적용하는 방법에 비해 감도가 낮다. 시험체 표면에 남아 있는 과잉침투제를 제거한 후 열을 가해 열팽창으로 침투제가 새어나오는 것을 관찰하는 방법이다.

24 침투탐상시험에 적용되는 원리에 해당되지 않는 내용은?

① 침투액은 어떤 지시를 나타내기 위해 결함에 침투해야 한다.
② 모든 침투탐상시험에 있어서 결함의 지시모양을 발광시켜 식별하기 위해 자외선등을 사용하여야 한다.
③ 조그만 결함에 대해서는 평소보다 많은 침투시간이 필요하다.
④ 결함 속의 침투액이 모두 세척되면 결함에서도 지시가 나타나지 않는다.

해설
염색침투탐상에서는 자외선등을 사용할 필요는 없다.

25 수세성 침투액을 시험편 표면에서 닦아낸 후 시험편을 건조시켜야 하는데 이때 건조온도는 71℃를 넘지 않아야 한다. 그 주된 이유는 무엇인가?

① 시험편의 온도가 71℃를 넘으면 검사할 결함이 없어지기 때문이다.
② 71℃ 이상이면 결함 부위에 침투했던 과량의 침투액이 빠져 나오기 때문이다.
③ 71℃를 넘으면 결함지시모양의 색체가 열화되거나 건조되어 탐상감도가 낮아지기 때문이다.
④ 71℃ 이상으로 가열하면 유독가스가 발생하기 때문이다.

해설
71℃는 160°F로 바꿔서 표현 가능하다. 책에 따라 125°F 이하로 유지를 요구한다. 이처럼 높은 온도에서 또는 장시간 건조 시 침투액 내의 휘발성 성분이 날아가거나 수분이 제거되어 지시형성능력을 감소시킨다.

26 후유화성 침투탐상시험에서 유화제를 적용하는 시기는?

① 침투제를 사용하기 전에
② 제거처리 후에
③ 침투처리 후에
④ 현상시간이 어느 정도 지난 후에

해설
후유화성 침투탐상시험의 적용 순서
• 건식현상제를 사용하는 경우
전처리 → 침투처리 → 유화처리 → 세척 → 건조 → 현상 → 관찰 → 후처리
• 습식현상제를 사용하는 경우
전처리 → 침투처리 → 유화처리 → 세척 → 현상 → 건조 → 관찰 → 후처리

27 다음 중 용제 세척에 대한 설명으로 틀린 것은?

① 용제 제거성 침투액을 사용하는 경우에 행하는 세척방법이다.

② 에어졸 제품의 세척액은 검사면에 직접 분무해서 세척처리하는 게 가장 이상적이다.

③ 세척액 자체가 휘발성이 높기 때문에 세척처리 후 건조처리는 하지 않아도 된다.

④ 염색침투액의 경우 세척에 사용한 헝겊에 묻어 있는 침투액, 색의 정도로 세척 상태를 확인할 수 있다.

해설
② 시험체에 세척제를 직접 뿌리거나 다량으로 적용해서는 안 된다.
① 수세성 침투제 및 후유화성 침투제를 사용한 경우는 물로 세척한다.
③ 세척액 제거를 위한 건조처리는 따로 하지 않는다.
④ 염색침투액은 육안 식별이 용이하다.

28 침투탐상시험방법 및 침투지시모양의 분류(KS B 0816)에 규정된 잉여침투액 제거방법에 따른 분류와 기호가 틀린 것은?

① 수세에 의한 방법-A

② 용제 제거에 의한 방법-C

③ 물베이스 유화제를 사용하는 후유화에 의한 방법 - W

④ 기름베이스 유화제를 사용하는 후유화에 의한 방법-B

해설
잉여침투액의 제거 방법에 따른 분류

명 칭	방 법	기 호
방법 A	수세에 의한 방법	A
방법 B	기름베이스 유화제를 사용하는 후유화에 의한 방법	B
방법 C	용제 제거에 의한 방법	C
방법 D	물베이스 유화제를 사용하는 후유화에 의한 방법	D

29 침투탐상시험방법 및 침투지시모양의 분류(KS B 0816)에 따른 시험방법의 분류 기호 중 DFA-S로 옳은 것은?

① 수세성 이원성 형광침투액

② 수세성 형광침투액

③ 수세성 이원성 염색침투액

④ 후유화 이원성 형광침투액

해설
• 사용하는 침투액에 따른 분류

명 칭	방 법	기 호
V 방법	염색침투액을 사용하는 방법	V
F 방법	형광침투액을 사용하는 방법	F
D 방법	이원성 염색침투액을 사용하는 방법	DV
	이원성 침투액을 사용하는 방법	DF

• 잉여침투액의 제거방법에 따른 분류

명 칭	방 법	기 호
방법 A	수세에 의한 방법	A
방법 B	기름베이스 유화제를 사용하는 후유화에 의한 방법	B
방법 C	용제 제거에 의한 방법	C
방법 D	물베이스 유화제를 사용하는 후유화에 의한 방법	D

• 현상방법에 따른 분류

명 칭	방 법	기 호
건식현상법	건식현상제를 사용하는 방법	D
습식현상법	수용성 현상제를 사용하는 방법	A
	수현탁성 현상제를 사용하는 방법	W
속건식현상법	속건식현상제를 사용하는 방법	S
특수현상법	특수한 현상제를 사용하는 방법	E
무현상법	현상제를 사용하지 않는 방법	N

• DFA-S
  - DFA : 수세성 이원성 형광침투액을 사용하는 방법
  - S : 속건식현상제를 사용

30 항공우주용 기기의 침투탐상검사방법(KS W 0914)에 따른 침투탐상 시 사용되는 자외선조사장치의 파장은?

① 근자외선 파장범위는 320~400nm이다.

② 근자외선 파장범위는 390~450nm이다.

③ 원자외선 파장범위는 320~400nm이다.

④ 원자외선 파장범위는 390~450nm이다.

가시광선의 파장범위는 400nm까지이며 가시광선의 자색 바깥쪽 중 가까운 범위가 근자외선, 먼 범위가 원자외선이다. 근자외선은 파장 400nm 이하의 범위이고, 원자외선은 그보다 파장의 범위가 짧은 200nm 부근의 범위이다. 정답 여부와 관계없이 보기 중 문장이 옳게 기술된 보기는 ①밖에 없다. 390~450nm는 가시광선 범위이고, 320~400nm는 근자외선 범위이며, 역시 390~400nm도 근자외선 범위이다.
※ KS W 0914는 2014년에 폐지되었다.

31 항공우주용 기기의 침투탐상검사방법(KS W 0914)에서 비수성 현상제를 적용하는 구성 부품의 현상제 적용방법은?

① 침지법　　　　② 거품내기법

③ 붓 칠　　　　④ 스프레이

비수성 현상제는 속건성으로, 스프레이에 의해서만 적용하여야 한다.
※ KS W 0914는 2014년에 폐지되었다.

32 침투탐상시험방법 및 침투지시모양의 분류(KS B 0816)에 의한 침투지시모양을 3종류로 분류할 때 이것에 해당되지 않은 것은?

① 의사침투지시모양　　② 독립침투지시모양

③ 연속침투지시모양　　④ 분산침투지시모양

침투지시모양의 모양 및 존재 상태에서 분류

	갈라짐에 의한 침투지시모양	결함침투지시인지 의사침투지시인지 확인하여야 하는 규정에 따라 갈라져 있는 것이 확인된 결함지시모양
독립 침투 지시 모양	선상침투 지시모양	갈라짐 이외의 침투지시모양 가운데 그 길이가 너비의 3배 이상인 것
	원형상 침투 지시모양	갈라짐에 의하지 않는 침투지시모양 가운데 선상침투지시모양 이외의 것
연속침투지시모양		여러 개의 지시모양이 거의 동일 직선상에 나란히 존재하고, 그 상호거리가 2mm 이하인 침투지시모양. 침투지시모양의 지시길이는 특별한 지정이 없는 경우 침투지시모양의 개개의 길이 및 상호거리를 합친 값으로 한다.
분산침투지시모양		일정한 면적 내의 여러 개의 침투지시모양이 분산하여 존재하는 침투지시모양

33 침투탐상시험방법 및 침투지시모양의 분류(KS B 0816)에 따라 시험품의 일부를 시험하는 경우 어느 범위까지 전처리를 해야 하는가?

① 시험하는 부분의 녹, 스케일을 제거한다.

② 시험면이 인접하는 영역에서 오염물에 의한 영향을 받지 않는 넓이까지

③ 시험면이 인접하는 영역에서 최소한 30mm의 넓이까지

④ 시험하는 부분에서 바깥쪽으로 최소한 25mm의 넓이까지

시험체의 일부분을 시험하는 경우는 시험하는 부분에서 바깥쪽으로 25mm 넓은 범위를 깨끗하게 한다.

34 항공우주용 기기의 침투탐상검사방법(KS W 0914)에서 규정한 형광침투액을 세척할 때 수온과 수압은?

① 수온 50~100℉, 수압 275kPa 이하
② 수온 50~125℉, 수압 275kPa 이하
③ 수온 50~100℉, 수압 275kPa 이상
④ 수온 50~125℉, 수압 275kPa 이상

해설
침투액을 제거할 때 최대수압은 275kPa(=40psi=2.8kgf/cm²), 수온은 10~38℃(50~100℉)로 하여야 한다.
※ KS W 0914는 2014년에 폐지되었다.

35 비파괴검사-침투탐상검사-일반 원리(KS B ISO 3452)에 규정한 최대 표준현상시간은 보통 침투시간의 몇 배인가?

① 1.1배
② 1.2배
③ 1.5배
④ 2배

해설
현상시간 현상제를 적용한 후 액체가 건조되게 해야 할 경우, 지시모양이 나타나게 하기 위해 부재를 충분한 시간(현상시간) 동안 그대로 두어야 한다. 이 시간은 사용되는 시험 매체, 시험되는 재료 및 나타나는 결함의 특성에 의존하게 된다. 그러나 현상시간은 일반적으로 침투시간(7.1.3 참조)의 대략 50%가 된다. 최대 표준현상시간은 보통 침투 시간의 2배이다. 지나치게 긴 현상시간은 크고 깊은 불연속 안에 있는 침투액을 스며 나오게 하여 그 때문에 넓고 흐린 지시가 생길 수 있다.

36 침투탐상시험방법 및 침투지시모양의 분류(KS B 0816)에 따라 갈라짐 이외의 결함으로 그 길이가 너비의 3배 이상인 것을 무슨 결함이라 하는가?

① 분산결함
② 연속결함
③ 선상결함
④ 원형상 결함

해설
32번 해설 참고

37 항공우주용 기기의 침투탐상검사방법(KS W 0914)에 따라 침투액을 침지법으로 적용할 경우 구성부품의 총 체류시간이 20분일 때 침지시간으로 옳은 것은?

① 7분 이하
② 7분 초과
③ 10분 이하
④ 10분 초과

해설
• 침투액의 체류시간은 특별한 지시가 없는 한, 최소 10분으로 하여야 한다.
• 침투액을 침지법으로 적용할 경우에는 구성 부품의 침지시간은 총체류시간의 1/2 이하여야 한다.
※ KS W 0914는 2014년에 폐지되었다.

38 침투탐상시험방법 및 침투지시모양의 분류(KS B 0816)에서 검사표면에 온도가 15~50℃일 때 표준 침투시간은?

① 1~5분
② 5~10분
③ 10~15분
④ 15~20분

해설
일반적으로 온도 15~50℃의 범위에서의 침투시간은 다음 표와 같다.

재 질	형 태	결함의 종류	모든 종류의 침투액 침투시간 (분)	모든 종류의 침투액 현상시간 (분)
알루미늄, 마그네슘, 동, 타이타늄, 강	주조품, 용접부	쇳물 경계, 융합 불량, 빈 틈새, 갈라짐	5	7
알루미늄, 마그네슘, 동, 타이타늄, 강	압출품, 단조품, 압연품	랩(Lap), 갈라짐	10	7
카바이드 팁붙이 공구	–	융합 불량, 갈라짐, 빈 틈새	5	7
플라스틱, 유리, 세라믹스	모든 형태	갈라짐	5	7

3~15℃ 범위에서는 침투시간을 늘려야 하며, 그 밖의 범위에서는 상황을 고려하여 정한다.

39 침투탐상시험방법 및 침투지시모양의 분류(KS B 0816)에 규정된 시험의 순서에서 건조처리가 현상처리 후에 수행하는 침투액과 현상법으로 옳은 것은?

① 수세성 형광침투액 – 건식현상법

② 수세성 염색침투액 – 속건식현상법

③ 수세성 이원성 형광침투액 – 습식현상법

④ 후유화성 이원성 형광침투액 – 건식현상법

해설

현상처리 후 건조처리하는 시험 방법에서 적용하는 침투액과 현상법의 연결(KS B 0816 표4)

• 수세성 형광침투액 – 습식현상법(수현탁성)

• 수세성 염색침투액 – 습식현상법(수현탁성)

• 수세성 이원성 형광침투액 – 습식현상법

• 후유화성 이원성 형광침투액 – 습식현상법

40 침투탐상시험방법 및 침투지시모양의 분류(KS B 0816)에 의한 형광침투탐상에서 암실의 밝기로 옳은 것은?

① 20lx 이하 ② 80lx 이하

③ 500lx 이하 ④ 800lx 이하

해설

형광침투탐상 시 암실의 밝기는 20lx 이하로 어둡게 유지한다.

41 항공우주용 기기의 침투탐상검사방법(KS W 0914)에 의한 현상제의 종류와 명칭이 틀리게 나열된 것은?

① 종류 a : 건식분말현상제

② 종류 b : 수용성 현상제

③ 종류 c : 수현탁성 현상제

④ 종류 d : 특정 용도의 현상제

해설

현상제

• 종류 a – 건식분말현상제

• 종류 b – 수용성 현상제

• 종류 c – 수현탁성 현상제

• 종류 d – 비수성(속건성)현상제

• 종류 e – 특정 용도의 현상제

※ KS W 0914는 2014년에 폐지되었다.

42 항공우주용 기기의 침투탐상검사방법(KS W 0914)에서 규정한 침투탐상검사에 합격한 구성 부품의 식별방법 중 착색에 의한 표시로 옳은 것은?

① 전수검사에 합격한 구성 부품에는 밤색 염료로 표시한다.

② 전수검사에 합격한 구성 부품에는 노란색 염료로 표시한다.

③ 샘플링 검사에 합격한 구성 부품에는 밤색 염료로 표시한다.

④ 샘플링 검사에 합격한 구성 부품에는 적색 염료로 표시한다.

해설

기 호

침투탐상검사에 합격한 각각의 구성부품은 다음과 같이 표시하여야 한다.

• 에칭 또는 각인에 의할 경우에는 기호를 사용하여야 한다. 각인에는 시설 식별기호 및 검사 연도의 아래 2자리 숫자를 포함하여도 좋다.

– 특수 용도인 것을 제외하고 전수검사에서 합격한 것을 표시하려면 기호 P를 사용한다.

– 샘플링 검사에서 합격된 로트의 모든 구성 부품에는 기호 P를 타원으로 둘러싼 표시를 한다.

• 착색에 의한 경우는 전수검사에서 합격한 구성 부품에는 밤색의 염료, 샘플링 검사에서 합격한 것을 표시하려면 노란색의 염료를 사용하여야 한다.

※ KS W 0914는 2014년에 폐지되었다.

43 열팽창계수가 아주 삭아 줄자, 표준사 새료에 적합한 것은?

① 인 바 ② 센더스트

③ 초경합금 ④ 바이탈륨

해설

Invar에서 Bar를 연상하여 사용하는 막대, 기준 막대를 생각하면 좋겠다.

44 실용되고 있는 주철의 탄소 함유량(%)으로 가장 적합한 것은?

① 0.5~1.0%

② 1.0~1.5%

③ 1.5~2.0%

④ 3.2~3.8%

해설

탄소 함유량 2.0%를 기준으로 그보다 미량일 경우 강(鋼), 그보다 다량일 경우 철(鐵)로 구분하며, 강의 경우 탄소 함유량 0.7%를 기준으로 종류를 재구분한다.

45 특수강에서 함유량이 증가하면 자경성을 주는 원소로 가장 좋은 것은?

① Cr ② Mn

③ Ni ④ Si

해설

자경성(Self-hardening) : 크롬, 니켈 등이 함유되면 스스로 경도가 높아지는 성질을 갖게 된다. 보기 중 경도 측면에서 가장 강점을 갖는 불순물은 크롬이다.

46 처음에 주어진 특정한 모양의 것을 인장하거나 소성 변형한 것이 가열에 의하여 원래의 상태로 돌아가는 현상은?

① 석출경화효과

② 시효현상효과

③ 형상기억효과

④ 자기변태효과

해설

일정한 온도대에서 이전의 형상을 기억하여 변형 후에도 원래 형상으로 돌아갈 수 있게끔 니켈과 타이타늄을 이용하여 제작한 합금을 형상기억합금이라 한다.

47 Fe-C 평형상태도에서 δ(고용체) + L(융체) $\rightleftarrows$ γ(고용체)로 되는 반응은?

① 공정점 ② 포정점

③ 공석점 ④ 편정점

해설

Fe-C 상태도를 참조하여 보면, $\delta + L$에서 γ로 변환하는 것은 액체 상태에서 차차 고체 상태로 조직이 변하는 것과 같고, 액체가 고체로 변한다는 것은 온도가 내려가면서 액체로 활동 가능한 조직이 포화되어 고체로 굳는 것을 상상하면 좋겠다.

48 탄소강 중에 포함되어 있는 망간(Mn)의 영향이 아닌 것은?

① 고온에서 결정립 성장을 억제시킨다.

② 주조성을 좋게 하고 황(S)의 해를 감소시킨다.

③ 강의 담금질 효과를 증대시켜 경화능을 크게 한다.

④ 강의 연신율은 그다지 감소시키지 않으나 강도, 경도, 인성을 감소시킨다.

해설

철강 속 망간의 영향

• 연신율을 감소시키지 않고 강도를 증가시킨다.
• 고온에서 소성을 증가시키며 주조성을 좋게 한다.
• 황화망간으로 형성되어 S를 제거한다.
• 강의 점성을 증가시키고, 고온 가공을 쉽게 한다.
• 고온에서의 결정 성장, 즉 거칠어지는 것을 감소시킨다.
• 강도, 경도, 인성을 증가시켜 기계적 성질이 향상된다.
• 담금질효과를 크게 한다.

49 Al-Si계 합금에 금속나트륨, 수산화나트륨, 플루오르화알칼리, 알칼리염류 등을 첨가하면 조직이 미세화되고 공정점이 내려간다. 이러한 처리방법은?

① 시효처리
② 개량처리
③ 실루민처리
④ 용체화처리

② 개량처리 : Al-Si계 합금을 실루민이라고도 하는데, 실루민을 주물상태에서 서랭시키면 처음 결정이 생긴 규소의 조직이 커져서 취약한 성질을 갖게 된다. 이점을 개선하기 위해 Na성분의 플루오르화나트륨(NaF)과 소금(NaCl)의 혼합염을 조금 첨가하여 처음 결정되는 규소(Si)조직을 미세화하여 기계적 성질을 개선하는 과정을 개량처리라 한다.
① 시효경화 : 시효경화란 금속재료를 일정한 시간 적당한 온도하에 놓아 두면 단단해지는 현상이다. 시효경화가 일어나는 합금은 여러 종류가 있지만, 상온에서 일어나는 것은 알루미늄합금·납합금 등 녹는점이 낮은 금속의 합금이다.
④ 용체화처리 : 금속재료를 적정 온도로 가열하여 단상의 조직을 만든 후 급랭시켜 단상의 과포화 고용체를 만드는 현상을 용체화처리라고 한다. 설명을 위해서는 금속이 온도에 따른 불순물의 함유량이 달라지는 것을 이해하여야 하고, 상온에서 가질 수 없는 함유량을 갖게끔 처리하여, 시효경화를 실시하도록 한다. 꼭 그렇지는 않지만 시효경화 전 단계로 이해하면 쉽겠다.

50 금속의 성질 중 전성(展性)에 대한 설명으로 옳은 것은?

① 광택이 촉진되는 성질
② 소재를 용해하여 접합하는 성질
③ 얇은 박(箔)으로 가공할 수 있는 성질
④ 원소를 첨가하여 단단하게 하는 성질

금속의 성질 중 넓게 펴지는 성질을 전성이라고 한다. 일반적으로 연성이 높은 재료가 잘 펴지기도 하지만, 한 방향으로만 잘 늘어나는 재료도 있기에 연성과는 구별되는 성질이다.

51 다음 중 진정강(Killed Steel)이란?

① 탄소(C)가 없는 강
② 완전 탈산한 강
③ 캡을 씌워 만든 강
④ 탈산제를 첨가하지 않은 강

철강은 주물과정에서 탈산과정을 거치게 되는데 그때 탈산의 정도에 따라 킬드강(완전 탈산), 세미킬드강(중간 정도 탈산), 림드강(거의 안 함)으로 나뉘게 된다.

52 라우탈(Lautal) 합금의 특징을 설명한 것 중 틀린 것은?

① 시효경화성이 있는 합금이다.
② 규소를 첨가하여 주조성을 개선한 합금이다.
③ 주조 균열이 크므로 사형 주물에 적합하다.
④ 구리를 첨가하여 피삭성을 좋게 한 합금이다.

라우탈 합금 : 알루미늄에 구리 4%, 규소 5%를 가한 주조용 알루미늄 합금으로, 490~510℃로 담금질한 다음, 120~145℃에서 16~48시간 뜨임을 하면 기계적 성질이 좋아진다. 적절한 시효경화를 통해 두랄루민처럼 강도를 만들 수도 있다. 자동차, 항공기, 선박 등의 부품재로 공급된다.

53 오스테나이트계의 스테인리스강의 대표강인 18-8 스테인리스강의 합금 원소와 그 함유량이 옳은 것은?

① Ni(18%)-Mn(8%)
② Mn(18%)-Ni(8%)
③ Ni(18%)-Cr(8%)
④ Cr(18%)-Ni(8%)

• 스테인리스강은 크롬(Cr)을 12% 이상 함유한 강이라는 사실을 알아도 보기 중 해당되는 것이 하나밖에 없다.
• 불순물로서 크롬과 니켈의 함유량이 18%, 8% 들어 있는 합금강이다.

54 황동에 납(Pb)을 첨가하여 절삭성을 좋게 한 황동으로 스크루, 시계용 기어 등의 정밀가공에 사용되는 합금은?

① 리드 브라스(Lead Brass)

② 문쯔메탈(Muntz Metal)

③ 틴 브라스(Tin Brass)

④ 실루민(Silumin)

> **해설**
> ②는 단조가 가능하도록 6-4 황동으로 제작한 것이다.
> ③은 내식성을 증강시킨 주석황동이다.
> ④는 알루미늄 합금이다.

55 강대금(Steel Back)에 접착하여 바이메탈 베어링으로 사용하는 구리(Cu)-납(Pb)계 베어링 합금은?

① 켈밋(Kelmet)

② 백동(Cupronickel)

③ 베빗메탈(Babbit Metal)

④ 화이트메탈(White Metal)

> **해설**
> ① 켈밋 : 강(Steel) 위에 청동을 용착시켜 마찰이 많은 곳에 사용하도록 만든 베어링용 합금이다.
> ② 백동 : 구리-니켈계 백색의 동합금을 일컫는다.
> ③ 베빗메탈 : 주석을 주성분으로 하고, 이것에 안티몬과 동을 추가한 베어링용 합금이다. 대하중, 고속도의 발전기 터빈, 엔진, 삭암기 등의 주축 크랭크 등에 이용된다.
> ④ 화이트메탈 : Pb-Sn-Sb계, Sn-Sb계 합금을 통틀어 부른다. 녹는점이 낮고 부드러우며 마찰이 적어서 베어링 합금, 활자 합금, 납 합금 및 다이캐스트 합금에 많이 사용된다.

56 Fe-C계 평형상태도에서 냉각 시 A_{cm}선이란?

① δ고용체에서 γ고용체가 석출하는 온도선

② γ고용체에서 시멘타이트가 석출하는 온도선

③ α고용체에서 펄라이트가 석출하는 온도선

④ γ고용체에서 α고용체가 석출하는 온도선

> **해설**
> Fe-C 상태도

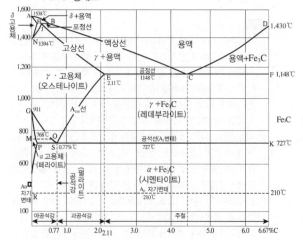

57 동(Cu) 합금 중에서 가장 큰 강도와 경도를 나타내며 내식성, 도전성, 내피로성 등이 우수하여 베어링, 스프링, 전기접전 및 전극재료 등으로 사용되는 재료는?

① 인(P) 청동

② 베릴륨(Be) 동

③ 니켈(Ni) 청동

④ 규소(Si) 동

> **해설**
> ① 인 청동 : 기계 청동의 일종으로 1854년 프랑스인 M. Roulz가 발명한 것이다. 가단 인 청동과 주조 인 청동의 2종으로 대별되고, 전자는 펌프, 스핀들, 보일러 부속품 등에 사용되며, 후자는 베어링, 기어와 같은 경도와 내마모성을 요구하는 것에 사용된다.
> ③ 니켈 청동 : 동과 니켈에 다시 알루미늄이나 철, 망간 등을 첨가한 합금을 가리킨다. 이로 인하여 점성이 강하고, 내식성도 크며, 거기다 표면의 원활한 합금이 된다.
> ④ 규소 동 : Si는 탈산제로 첨가가 되었으며 잉여 Si가 있는 청동을 규소 동, 규소청동이라 부른다. Si는 합금의 강도를 증가시킬 뿐만 아니라 내식성도 크게 한다. Si는 Cu의 전기저항을 크게 하지 않고, 강도를 현저히 증가시키는 것이므로 Cu-Si합금은 전신전화선 또는 전차의 트롤리선으로 잘 쓰이고 있다.

58 정격 2차 전류가 200A, 정격 사용률이 50%인 아크 용접기로 120A의 용접전류를 사용하여 용접하였을 때 허용사용률은 약 얼마인가?

① 83%　　　　② 100%

③ 139%　　　　④ 167%

해설

$$허용사용률 = \left(\frac{정격 2차 전류}{사용용접전류}\right)^2 \times 정격사용률$$

$$= \left(\frac{200}{120}\right)^2 \times 50\% = 139\%$$

59 가스용접봉의 성분 중 강의 강도를 증가시키나, 연신율 굽힘성 등이 감소되는 성분은?

① C　　　　② Si

③ P　　　　④ S

해설

탄소는 철에서 가장 중요한 불순물이다. 탄소의 함량에 따라 철의 성질이 달라진다. 가스용접봉은 연강, 주철 등을 주원료로 제작한다.

60 납땜을 연납땜과 경납땜으로 구분할 때의 융점 온도는?

① 100℃　　　　② 212℃

③ 450℃　　　　④ 623℃

해설

납땜은 그 용융 온도에 따라 대체로 450℃ 이하인 연납과 450℃ 이상인 경납으로 구분한다.

2013년 제2회 과년도 기출문제

01 강자성체 철(Fe)의 자기적 성질이 변하는 온도인 퀴리점은?

① 450℃　　　　　② 768℃

③ 915℃　　　　　④ 1,200℃

해설
Fe-C 상태도의 MO선, α고용체의 자기변태점, 768℃

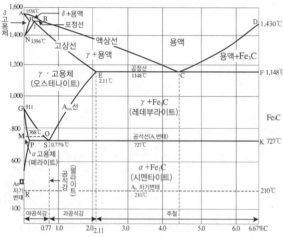

02 방사선투과시험용 투과도계(KS A 4054)에서 호칭번호 F02형 선형투과도계는 7개로 배열되어 있다. 가운데 4번째 선지름은 얼마인가?

① 0.1mm　　　　　② 0.2mm

③ 0.4mm　　　　　④ 0.8mm

해설
방사선투과시험용 투과도계의 호칭번호 중 F는 재질을 의미하며 뒤의 02는 7개 선 중 가장 굵은 선의 지름을 의미한다. 예를 들어 02는 0.2mm, 040은 0.40mm을 의미한다.
※ KS A 4054는 2013년 폐지되었다.

03 방사선투과검사와 비교하여 일반적인 초음파탐상검사의 특성을 옳게 설명한 것은?

① 결함의 종류를 쉽게 구별할 수 있다.

② 제품의 형상에 구애를 받지 않는다.

③ 결함의 깊이를 쉽게 측정할 수 있다.

④ 1mm 이하의 얇은 판 검사에 효과적이다.

해설
• 방사선투과시험은 시험체 두께에 영향을 많이 받고, 초음파탐상은 시험체 조직의 크기에 영향을 받는다.
• 방사선투과시험은 방사선 안전관리가 필요하다.
• 방사선투과시험은 촬영 후 현상과정을 거쳐서 판독하고, 초음파탐상은 검사 중 판독이 가능하다.
• 초음파탐상시험에서 2, 3차원적 위치 확인이 가능하다.
• 초음파탐상시험은 방사선투과시험보다 균열 등 면상결함의 검출능력이 유리하다.
• 초음파탐상시험에서는 탐촉자와 시험편 사이의 접촉관리를 신경 써야 한다.

04 각종 비파괴검사법과 그 원리가 틀리게 짝지어진 것은?

① 방사선투과검사 – 투과성

② 초음파탐상검사 – 펄스반사법

③ 자분탐상검사 – 자분의 침투력

④ 와전류탐상검사 – 전자유도작용

해설
강자성체를 자화시켜 누설자속에 의한 자속의 변형을 이용하여 검사한다.

1 ② 2 ② 3 ③ 4 ③ **정답**

05 항공기 터빈 블레이드의 균열검사에 적용할 수 있는 와전류탐상코일은 무엇인가?

① 표면형 코일
② 내삽형 코일
③ 회전형 코일
④ 관통형 코일

해설
① 표면형 코일 : 코일축이 시험체면에 수직인 경우에 적용되는 시험코일. 이 코일에 의해 유도되는 와전류는 코일과 같이 원형의 경로로 흐르기 때문에 균열 등 결함의 방향에 상관없이 검출할 수 있다.
② 내삽형 코일 : 시험체의 구멍 내부에 삽입하여 구멍의 축과 코일축이 서로 일치하는 상태에 이용되는 시험코일. 관이나 볼트구멍 등 내부를 통과하는 사이에 그 전체 표면을 고속으로 검사할 수 있는 특징이 있다. 열교환기 전열관 등의 보수검사에 이용한다.
④ 관통형 코일 : 시험체를 시험코일 내부에 넣고 시험하는 코일. 시험체가 그 내부를 통과하는 사이에 시험체의 전표면을 검사할 수 있기 때문에 고속 전수검사에 적합하다. 선 및 직경이 작은 봉이나 관의 자동검사에 이용한다.

06 자분탐상검사와 비교한 침투탐상검사의 장점이 아닌 것은?

① 비금속 재료에도 적용이 가능하다.
② 결함 방향의 영향을 받지 않는다.
③ 결함에 대한 확대비율이 높다.
④ 온도의 영향이 작다.

해설
침투액을 사용하므로 침투액의 적심성이 온도에 영향을 받는다.

07 원형 봉강 등을 원형자화시켜 자분탐상검사할 때 효과적인 방법은 무엇인가?

① 극간법
② 코일법
③ 축통전법
④ 전류관통법

해설
③ 축통전법(EA) : 시험체의 축 방향으로 전류를 흐르게 함
① 극간법(M) : 시험체를 영구자석 사이에 놓음
② 코일법(C) : 시험체를 코일에 넣고 코일에 전류를 흐르게 함
④ 전류관통법(B) : 시험체의 구멍 등에 통과시킨 도체에 전류를 흐르게 함

08 섭씨 98.6℃를 화씨(°F)로 환산한 값은?

① 209.4
② 37
③ 20.9
④ 19.5

해설
계산방법을 이용해도 되겠지만, 사람이 추워서 살기 힘든 온도를 0°F, 약 −18℃, 사람이 더워서 살기 힘든 온도를 100°F, 약 38℃로 생각하고 200°F는 사우나 내의 아주 뜨거운 온도 93℃ 정도를 생각하면 바로 유추할 수 있는 문제이다.

09 완전진공일 때를 0으로 하고 표준대기압이 1.033일 때 압력은?

① 게이지압력
② 대기압력
③ 절대압력
④ 증기압력

해설
③ 절대압력 : 압력이 전혀 작용하지 않는 완전 진공으로부터의 압력으로 일반적으로 절대압력 = 대기압 + 게이지압의 관계로 표현된다.
① 게이지압력 : 압력 측정 게이지에 읽히는 압력값으로 내외부에 대기압이 작용하므로 대기압이 제외된 값이다.
② 대기압력 : 대기의 압력으로 지표면에서는 1atm = 760mmHg = 760Torr = 1.03323kg/cm² = 1,013mbar이다.
④ 증기압력 : 열을 품은 증기의 압력으로 같은 양의 기체라도 열을 품게 되면 압력이 상승한다.

10 와전류탐상검사에서 신호지시를 검출하는 데 영향을 주는 시험체-시험코일 연결 인자가 아닌 것은?

① 리프트 오프(Lift Off)
② 충전율(Fill – factor)
③ 표피효과(Skin Effect)
④ 모서리 효과(Edge Effect)

해설
③ 표피효과 : 표면에 전류 밀도가 밀집되고 중심으로 갈수록 전류 밀도가 지수적 함수만큼 줄어드는 것
① 리프트 오프 : 코일과 시험면 사이 거리가 변할 때마다 출력이 달라지는 효과
② 충전율 : 코일이 얼마나 시험체와 잘 결합되어 있느냐, 즉 거리와 코일 간격 등에 따라 출력지시가 달라짐
④ 모서리 효과 : 시험체 모서리에서 와전류 밀도가 변함에 따라 마치 불연속이 있는 것처럼 지시가 변화하는 효과

11 비파괴시험법 중 체적검사에 해당하는 것은?

① 초음파탐상검사
② 자기탐상검사
③ 와전류탐상검사
④ 침투탐상검사

해설
초음파탐상시험에서 2, 3차원적 위치 확인이 가능하다.

12 누설검사에서 누설 여부를 확인할 때 검출기를 사용하지 않는 방법은?

① 암모니아 누설시험
② 헬륨질량분석기 누설시험
③ 할로겐 누설시험
④ 기체방사성 동위원소법

해설
암모니아는 검출기가 없어도 특유의 냄새로 검출이 가능하다.

13 다음 중 초음파탐상검사의 장점이 아닌 것은?

① 미세한 균열의 검출에 대한 감도가 낮다.
② 내부결함의 위치 측정이 가능하다.
③ 검사결과를 신속히 알 수 있다.
④ 내부결함의 크기 측정이 가능하다.

해설
초음파탐상검사의 장점
• 균열 등 미세 결함에도 높은 감도
• 초음파의 투과력
• 내부결함의 위치나 크기, 방향 등을 어느 정도 정확히 측정할 수 있음
• 신속한 결과 확인
• 방사선 피폭의 우려가 적음

14 방사선투과시험 시 공업용으로 쓰이는 X선 발생장치의 초점 크기는 대략 얼마인가?

① 0.25mm
② 2.5mm
③ 25mm
④ 250mm

해설
공업용 X선 발생장치에서는 실용적인 범위 내에서 가능한 작게 만든다.

15 현상제에 대한 설명으로 옳지 않은 것은?

① 현상제 피막으로 침투제가 빨려 나오는 것은 모세관 현상에 해당한다.

② 현상제는 색 대비를 향상시킨다.

③ 짧은 시간 내에 지시모양을 관찰하게 한다.

④ 현상제는 액체상 물질로 구성되어 있으며 시험체 표면에 두껍게 도포된다.

해설
현상제는 시험체 표면에 얇게 도포한다.

16 침투탐상시험에서 후유화성 침투제와 작용하여 물로 씻을 수 있도록 해 주는 물질은?

① 유화제 　　　② 현상제

③ 물 　　　　　④ 알코올

해설
후유화성 검사란 침투액을 적용한 후 유화제를 이용하여 침투액을 유화시켜 씻어낼 수 있도록 하는 검사이다.

17 침투탐상시험에서 시험체 표면이 오염되었을 때 이를 제거하는 전처리 방법으로 틀린 것은?

① 세제(Detergent), 용제 세척(Solvent Cleaning)

② 증기탈지(Vapor Degreasing), 침투시간(Dwell Time)

③ 페인트 제거제(Paint Remover), 초음파 세척(Ultrasonic Cleaning)

④ 기계적 방법(Mechanical Method), 고온 가열(Air Firing)

해설
침투시간은 침투제가 결함에 침투하는 데 부여되는 시간이다.

18 균열 내부에 있던 **침투제**가 현상제 도포 후 표면으로 이동해 나오는 원리는?

① 역삼투압 현상

② 모세관 현상

③ 누설자장

④ 접촉매질

해설
압력차에 의해 경계막을 통과해 나와야 삼투압 현상이다. 현상제가 두 물질의 부착력 차이에 의해 흡출되므로 모세관 현상에 가깝다.

19 다음 중 침투제를 적용하는 방법으로 틀린 것은?

① 담그기(침적법)

② 붓으로 칠하기

③ 스프레이로 뿌리기

④ 침탄법

해설
침탄법은 표면처리방법의 하나로 표면에 탄소를 침착시켜 표면을 경화시키는 방법이다.

20 적심성과 어떤 액체를 고체 표면에 적용할 때 액체와 고체 표면이 이루는 각도인 접촉각 사이의 상관관계에 대한 설명으로 옳은 것은?

① 접촉각이 90°보다 클수록 적심능력이 제일 양호하다.

② 접촉각 90°에서 적심능력이 제일 양호하다.

③ 접촉각이 90°보다 작을수록 적심능력이 제일 양호하다.

④ 접촉각과 적심능력은 서로 상관이 없다.

해설
접촉각이 예각(90° 이하)일 때 침투능력이 뛰어나다.

21 다음 중 침투제의 성질로 옳은 것은?

① 일반적으로 침투제는 표면장력이 작은 것이 바람직하다.

② 침투제의 점성이 클수록 침투율(침투속도)이 크다.

③ 침투제의 비중은 통상 1보다 크며 비중이 클수록 모세관의 상승 높이가 크다.

④ 침투제는 비활성이 바람직하다.

해설
① 침투제의 표면장력이 크면 접촉각이 커져서 적심성이 떨어지므로 표면장력이 작은 편이 침투력이 좋다.
② 점성이 작을수록 침투력이 좋다.
③ 같은 부착력을 가진 경우 비중이 작은 물체가 모세관 현상에 크게 작용받는다.
④ 침투제는 비휘발성에 화학적 불활성이어야 한다. 보기의 비활성은 어떤 영역에서의 비활성을 의미하는지 알 수 없다.
※ 저자의견 : ①, ④
예시 정답으로 ④가 선택되었다면, ④의 보기가 비활성이 아닌, 비휘발성이 아니었을까 싶다. 그런 경우라면 정답으로 ④를 선택하여야 하는데, 왜냐하면 정답이 두 개인 경우 더 정답에 가까운 것을 선택해야 하는 것이 선택형 문제이기 때문이다. 침투제는 침투를 위해서는 일반적으로 표면장력이 작은 편이 좋지만, 적절한 표면장력을 갖지 않으면 결함 속에 머물러 있지 못하기 때문에 ①과 ④를 모두 응답해야 하는 경우, 더 답에 가까운 쪽을 선택한다.

22 침투제의 침투력에 영향을 주는 요인으로 틀린 것은?

① 시험체의 청결도

② 개구부의 형태

③ 개구부의 청정도

④ 시험체의 분자량

해설
침투제는 열린 결함을 통해 침투해 들어가야 하며 표면의 청결도가 적심성에 영향을 준다.

23 침투탐상시험 시 연결된 선형지시모양이 나타났다면 다음 중 어떤 결함으로 추정하는 것이 가장 적합한 것인가?

① 다공질의 구멍　　② 슬래그 혼입

③ 수축공　　　　　④ 갈라진 틈

해설
① 다공질 구멍은 원형지시이다.
② 슬래그의 혼입은 지시가 없을 가능성이 높다.
③ 수축공은 원형지시가 나올 가능성이 높다.

24 침투탐상시험으로 검사가 가장 어려운 시험체는?

① 주 철

② 담금질한 알루미늄

③ 유리로 만들어진 부품

④ 다공성 물질로 된 부품

해설
침투탐상검사는 표면검사이므로 표면의 재질 상태가 가장 중요하다.

25 다음 중 표면장력에 관한 설명으로 옳은 것은?

① 표면장력은 액체의 온도가 상승하면 증가한다.

② 표면장력은 액체의 고체 표면 적심능력에 영향을 미친다.

③ 액체가 스스로 팽창하여 표면적을 가장 크게 가지려고 하는 힘이다.

④ 액체의 표면장력은 첨가하는 물질에 의해 아무런 영향을 받지 않는다.

해설
① 액체의 온도가 올라가면 점성이 떨어져서 표면장력이 떨어진다.
③ 액체의 응집력에 의한 힘이다.
④ 당연히 영향을 받는다.

26 침투탐상시험에서 의사지시모양이 나타나는 원인이 아닌 것은?

① 전처리가 부족한 경우

② 제거처리가 부적당한 경우

③ 시험체의 형상이 단순한 경우

④ 외부 경로를 통한 오염이 있는 경우

해설
시험체의 형상이 복잡하거나 경계가 있어 결함이 아님에도 침투액이 남아 있는 경우 의사지시가 나타날 수 있다.

27 다음 중 침투비파괴검사의 단점은?

① 자석에 붙는 재료에 한하여 검사가 가능하다.

② 표면에 노출된 결함만 검사할 수 있다.

③ 자성재료에 한하여 검사가 가능하다.

④ 전기가 통하는 재료에 한하여 검사가 가능하다.

해설
침투탐상검사는 표면탐상검사이며 열린 틈으로 침투액이 침투할 수 있는 경우만 결함 검출이 가능하다.

28 항공우주용 기기의 침투탐상검사방법(KS W 0914)에서 용제성 제거제로 쓰이는 할로겐화 제거제는 다음 클래스 중 어디에 속하는가?

① 클래스(1)

② 클래스(2)

③ 클래스(3)

④ 클래스(4)

해설
• 클래스(1)-할로겐화 제거제
• 클래스(2)-비할로겐화 제거제
• 클래스(3)-특정용도의 제거제
※ KS W 0914는 2014년에 폐지되었다.

29 침투탐상시험방법 및 침투지시모양의 분류(KS B 0816)에서 VC-S 시험법의 시험 순서를 바르게 나열한 것은?

① 전처리 → 침투처리 → 제거처리 → 현상처리 → 관찰

② 전처리 → 침투처리 → 세척처리 → 건조처리 → 현상처리 → 관찰

③ 전처리 → 침투처리 → 세척처리 → 제거처리 → 건조처리 → 현상처리 → 관찰

④ 전처리 → 침투처리 → 유화처리 → 세척처리 → 제거처리 → 건조처리 → 현상처리 → 관찰

해설
KS B 0816 표 1, 3과 표 4를 참고한다. VC-S는 용제 제거성 침투액을 사용하고, 속건식현상제를 사용하는 방법이다. 건식, 속건식현상제를 사용하면 건조처리가 필요 없고, 용제 제거성 침투액을 사용하면 세척이 필요 없다.

30 침투탐상시험방법 및 침투지시모양의 분류(KS B 0816)에서 규정된 B형 대비시험편은 몇 종류인가?

① 2종류   ② 3종류
③ 4종류   ④ 6종류

해설
B형 대비시험편의 종류

기 호	도금 두께(μm)	도금 갈라짐 너비(목표값)
PT-B50	50±5	2.5
PT-B30	30±3	1.5
PT-B20	20±2	1.0
PT-B10	10±1	0.5

31 침투탐상시험방법 및 침투지시모양의 분류(KS B 0816)에서 분류된 결함에 대한 기록 중 포함되어야 할 내용이 아닌 것은?

① 결함 길이   ② 결함 개수
③ 결함 깊이   ④ 결함 위치

해설
결함은 다음을 기록한다.
• 결함의 종류
• 결함 길이
• 개 수
• 위 치
• 도면, 사진, 스케치 등

32 항공우주용 기기의 침투탐상검사방법(KS W 0914)에 따른 수세성 침투탐상검사를 1일 1교대의 완전 조업으로 설비를 가동 시 사용 중인 침투액 점검주기에 관한 내용 중 틀린 것은?

① 형광휘도시험은 적어도 월 1회 하여야 한다.
② 수분 함유량 측정은 적어도 월 1회 하여야 한다.
③ 제거성 시험은 적어도 월 1회 하여야 한다.
④ 감도시험은 적어도 월 1회 하여야 한다.

해설
침투액은 규정 점검을 적어도 월 1회 실시한다. 다만 형광휘도는 최소 3개월에 1회이다.
※ KS W 0914는 2014년에 폐지되었다.

33 침투탐상시험방법 및 침투지시모양의 분류(KS B 0816)에서 보고서에 기록하는 내용 중 '시험 시의 온도'가 다음 중 어느 온도일 때 반드시 기록하여야 하는가?

① 18℃   ② 25℃
③ 35℃   ④ 58℃

해설
시험 시의 온도는 15~50℃이고, 이 온도를 벗어난 경우는 반드시 기록을 남겨 검사 결과를 해석할 때 감안하도록 한다.

34 침투탐상시험방법 및 침투지시모양의 분류(KS B 0816)에서 전수검사를 실시한 경우 시험체에 표시하는 방법이 아닌 것은?

① 각 인   ② 도 금
③ 부 식   ④ 착 색

해설
결과의 표시(KS B 0816)
• 전수검사인 경우
 – 각인 부식 또는 착색(적갈색)으로 시험체에 P의 기호를 표시한다.
 – 시험체의 P의 표시를 하기가 곤란한 경우에는 적갈색으로 착색한다.
 – 위와 같이 표시할 수 없는 경우에는 시험 기록에 기재하여 그 방법에 따른다.

35 침투탐상시험방법 및 침투지시모양의 분류(KS B 0816)에서 침투탐상검사에 현상제의 적용방법으로 옳은 것은?

① 잉여침투액의 제거 후 즉시
② 잉여침투액의 제거 후 5분 뒤
③ 침투제의 적용 후 즉시
④ 침투제의 적용 후 5분 뒤

해설

일반적으로 온도 15~50℃의 범위에서의 침투시간은 다음 표와 같다.

재 질	형 태	결함의 종류	모든 종류의 침투액	
			침투시간 (분)	현상시간 (분)
알루미늄, 마그네슘, 동, 타이타늄, 강	주조품, 용접부	쇳물 경계, 융합 불량, 빈 틈새, 갈라짐	5	7
	압출품, 단조품, 압연품	랩(Lap), 갈라짐	10	7
카바이드 팁붙이 공구	-	융합 불량, 갈라짐, 빈 틈새	5	7
플라스틱, 유리, 세라믹스	모든 형태	갈라짐	5	7

36 항공우주용 기기의 침투탐상검사방법(KS W 0914)의 침투액계 타입 Ⅰ의 공정에 대한 설명 중 틀린 것은?

① 영구 착색렌즈를 사용해서는 안 된다.
② 검사하기 전 적어도 1분 동안 암실에 적응해야 한다.
③ 자외선의 강도는 구성부품 표면에서 최소 800 $\mu W/cm^2$ 이상이어야 한다.
④ 배경이 과잉으로 형광을 발하는 구성부품은 청정화하여 재처리하여야 한다.

해설

타입 Ⅰ은 형광침투액 계통이고, 자외선 강도는 15inch 거리에서 800 $\mu W/cm^2$이다.
※ KS W 0914는 2014년에 폐지되었다.

37 항공우주용 기기의 침투탐상검사방법(KS W 0914)에서 친유성 유화제의 최대 체류시간의 특별한 지시가 없을 때, 타입 Ⅰ 침투액계와 타입 Ⅱ 침투액계의 체류시간을 가장 잘 짝지어 놓은 것은?

① 타입 Ⅰ-3분, 타입 Ⅱ-10초
② 타입 Ⅰ-3분, 타입 Ⅱ-30초
③ 타입 Ⅰ-10초, 타입 Ⅱ-3분
④ 타입 Ⅰ-30초, 타입 Ⅱ-3분

해설

타입 Ⅰ-형광침투액 계통, 타입 Ⅱ-염색침투액 계통
유화시간

기름베이스 유화제 사용 시	형광침투액의 경우	3분 이내
	염색침투액의 경우	30초 이내
물베이스 유화제 사용 시	형광침투액의 경우	2분 이내
	염색침투액의 경우	2분 이내

※ KS W 0914는 2014년에 폐지되었다.

38 침투탐상시험방법 및 침투지시모양의 분류(KS B 0816)에서 시험조작 중 전처리 방법에 속하지 않는 것은?

① 용제에 의한 세척
② 증기 세척
③ 알칼리 세척
④ 기계가공에 의한 세척

해설

기계가공에 의한 세척으로 볼 여지도 있으나 나머지 보기는 여지 없이 전처리 방법으로 볼 수 있으므로 기계적 세척과 기계가공에 의한 세척을 구분하여 제시한 것으로 봐야 한다.

39 침투탐상시험방법 및 침투지시모양의 분류(KS B 0816)에서 예비세척이 필요한 침투탐상방법은 무엇인가?

① FC-S
② FB-N
③ FD-D
④ VC-S

40 침투탐상시험방법 및 침투지시모양의 분류(KS B 0816)에 의한 시험자의 자격요건 사항으로 틀린 것은?

① 필요한 자격을 가진 자
② 해당 시험에 대하여 충분한 지식을 가진 자
③ 침투탐상제의 화학 성분 분석능력을 가진 자
④ 해당 시험에 대하여 충분한 기능 및 경험을 가진 자

해설
시험자는 탐상제를 잘 이해하고 다룰 수 있으면 된다.

41 항공우주용 기기의 침투탐상검사방법(KS W 0914)에 따른 침투액계 감도레벨 4가 의미하는 것은?

① 저감도
② 중감도
③ 고감도
④ 초고감도

해설
• 레벨 1 : 저감도
• 레벨 2 : 중감도
• 레벨 3 : 고감도
• 레벨 4 : 초고감도
※ KS W 0914는 2014년에 폐지되었다.

42 침투탐상시험방법 및 침투지시모양의 분류(KS B 0816)에 따른 전수검사에 의한 합격품은 어떠한 색깔로 착색표시하는가?

① 적갈색
② 황 색
③ 적 색
④ 청 색

해설
전수검사인 경우
• 각인, 부식 또는 착색(적갈색)으로 시험체에 P의 기호를 표시한다.
• 시험체의 P의 표시를 하기가 곤란한 경우에는 적갈색으로 착색한다.
• 위와 같이 표시할 수 없는 경우에는 시험 기록에 기재하여 그 방법에 따른다.

43 합금공구강 중 게이지용 강이 갖추어야 할 조건으로 틀린 것은?

① 경도는 HRC 55 이하를 가져야 한다.
② 팽창계수가 보통강보다 작아야 한다.
③ 담금질에 의한 변형 및 균열이 없어야 한다.
④ 시간이 지남에 따라 치수의 변화가 없어야 한다.

해설
게이지용 강은 HRC 55 이상의 경도를 가져야 한다. 그리고 게이지는 측정기이므로 변형에 대한 저항력을 갖고 있는 내용으로 고르면 된다.

44 구상흑연주철을 만들 때 구상화제로 주로 사용되는 것은?

① P, S

② N, B

③ Cr, Ni

④ Ca, Mg

> **해설**
> 구상흑연주철 : 주철이 강에 비하여 강도와 연성 등이 나쁜 이유는 주로 흑연의 상이 편상으로 되어 있기 때문이다. 이에 구상흑연주철은 용융 상태의 주철 중에 마그네슘(Mg), 세륨(Ce) 또는 칼슘(Ca) 등을 첨가처리하여 흑연을 구상화한 것으로 노듈러 주철, 덕타일 주철 등으로도 불린다.

45 다음 중 순산소에 의해 산화열로 정련하는 제강법은?

① 전 로   ② 전기로

③ 유동로   ④ 도가니로

> **해설**
> 전로는 선철(Pig Iron)에 순산소를 불어넣어 정련한다. 선철을 강으로 전환하여 Converter이다.

46 금속의 일반적인 특성을 설명한 것 중 틀린 것은?

① 열과 전기에 도체이다.

② 전성과 연성이 나쁘다.

③ 금속 고유의 광택을 가진다.

④ 고체 상태에서 결정구조를 가진다.

> **해설**
> 전성은 잘 펴지는 성질, 연성은 잘 늘어나는 성질을 의미하며 금속은 전연성이 좋은 재료이다. 목재(木材)나 석재(石材) 등과 비교한다면 그 특징을 분명히 알 수 있을 것이다.

47 주조한 그대로 사용되는 스텔라이트의 주요 함유성분에 포함되지 않는 것은?

① Cu   ② Co

③ Cr   ④ W

> **해설**
> 스텔라이트 : 비철 합금 공구 재료의 일종이다. C 2~4%, Cr 15~33%, W 10~17%, Co 40~50%, Fe 5%의 합금이다. 그 자체가 경도가 높아 담금질할 필요 없이 주조한 그대로 사용되고, 단조는 할 수 없고 절삭 공구, 의료 기구에 적합하다.

48 Ai-Si계 합금을 주조할 때 금속 나트륨, 알칼리 염류 등을 첨가하여 조직을 미세화시키기 위한 처리의 명칭으로 옳은 것은?

① 심랭처리

② 개량처리

③ 용체화처리

④ 페이딩처리

> **해설**
> 실루민(알팍스)
> Al에 Si 11.6%, 577℃는 공정점이며 이 조성을 실루민이라 한다. 이 합금에 Na, F, NaOH, 알칼리 염류를 용탕에 넣어 처리하면 조직이 미세화되고 공정점도 조정되며 이를 개량처리라 한다.

49 비정질 재료의 제조방법 중 액체 급랭법에 의한 제조법이 아닌 것은?

① 단롤법
② 쌍롤법
③ 화학증착법
④ 원심법

해설

용탕에 의한 급랭법 : 원심급랭법, 단롤법, 쌍롤법

51 다음 중 Mg에 대한 설명으로 틀린 것은?

① 상온에서 비중은 약 1.74이다.
② 구상흑연주철 제조 시 첨가제로 사용한다.
③ 절삭성은 양호하고, 산이나 염수에 잘 견디나 알칼리에는 침식된다.
④ Mg은 용융점 이상에서 공기와 접촉하여 가열되면 폭발 및 발화되기 때문에 주의가 필요하다.

해설

마그네슘(Mg)은 알칼리에는 잘 견디나 산이나 열에는 침식이 생긴다. 마그네슘은 주요 합금에 첨가되어 필요한 성질을 첨가하는 역할을 하며 그 특징이 이 문제를 통해 설명되었으므로 앞으로 시험에서 마그네슘에 대한 정의의 기준이 될 수 있다.

50 황동에서 탈아연 부식이란 무엇인가?

① 황동 중의 구리가 염분에 녹는 현상
② 황동 중에 탄소가 용해되는 현상
③ 황동이 수용액 중에서 아연이 용해하는 현상
④ 황동 제품이 공기 중에 부식되는 현상

해설

황동이 바닷물을 만나면 아연만 용해되어 재료에 구멍이 나기도 한다.

52 유압식 브리넬 경도기의 조작방법이 아닌 것은?

① 시험면에 압입자를 접촉시킨다.
② 시험면이 시험기 받침대와 평행되게 한다.
③ 유압밸브를 조이고 하중 중추가 떠오를 때까지 유압 레버를 작동시켜 하중을 가한다.
④ 시험면에 현미경을 일정 배율로 초점을 맞추고 시험 위치를 결정한다.

해설

현미경 관찰은 압입 후 실시한다.

53 금속의 상변태에 대한 설명으로 틀린 것은?

① 어떤 결정구조에서 다른 결정구조로 바뀌는 것을 상변태라 한다.

② 상변태를 일으키기 위해서는 핵생성과 핵성장이 필요하다.

③ 순철에서의 자기 변태는 A_3 변태이며, 동소변태는 A_2와 A_4 변태가 있다.

④ 핵성장은 본래의 상으로부터 새로운 상으로 원자가 이동함으로써 진행된다.

해설
• A_2 변태 : 순철의 자기변태를 말한다.
• A_3 변태 : 순철의 동소변태의 하나이며, α철(체심입방격자)에서 γ철(면심입방격자)로 변화한다.
• A_4 변태 : 순철의 동소변태의 하나이며, γ철(면심입방정계)에서 δ철(체심입방정계)로 변화한다.

54 Fe-C 평형상태도에서 펄라이트의 조직은?

① 페라이트

② 페라이트+시멘타이트

③ 오스테나이트+시멘타이트

④ 페라이트+오스테나이트

해설
공석강
0.77% C(탄소 함유량으로는 0.8% C)의 철을 공석강이라고 한다. 공석강은 페라이트(α고용체)와 시멘타이트(Fe_3C)가 동시에 석출되어 층층이 쌓인 펄라이트(Pearlite)라는 독특한 조직을 갖는다. 따라서 0.77% C 이하의 탄소강은 페라이트(α고용체) + 펄라이트의 조직으로 0.77% C 이상의 탄소강은 펄라이트+시멘타이트(Fe_3C)의 조직이라고 본다.

55 다음 중 청동(Bronze) 합금에 해당되는 조성은?

① Sn-Be

② Zn-Mn

③ Cu-Zn

④ Cu-Sn

56 타이타늄탄화물(Tic)과 Ni 또는 Co 등을 조합한 재료로 만드는 데 응용하며, 세라믹과 금속을 결합하고 액상 소결하여 만들어진 절삭 공구로도 사용되는 고경도 재료는?

① 서멧(Cermet)

② 인바(Invar)

③ 두랄루민(Duralumin)

④ 고속도강(High Speed Steel)

해설
서멧(Cermet) : 세라믹+메탈로부터 만들어진 것으로, 금속조직(Metal Matrix) 내에 세라믹 입자를 분산시킨 복합 재료. 절삭 공구, 다이스, 치과용 드릴 등과 같은 내충격, 내마멸용 공구로 사용한다.

57 초강 두랄루민(ESD)계의 주성분으로 옳은 것은?

① Al-Cu계 합금

② Al-Si계 합금

③ Al-Cu-Si계 합금

④ Al-Mg-Zn계 합금

해설

초초두랄루민 : 인장강도를 530MPa 이상으로 향상시킨 것을 의미한다. 알코아 75S가 속하며 Al-Mg-Zn계에 균열방지로 Mn, Cr을 첨가하여 석출경화의 과정을 거친다.

58 피복아크용접에서 아크열에 의해 용접봉이 녹아 금속증기 또는 용적으로 되어 녹은 모재와 융합하여 용착금속을 만드는 데 용융물이 모재에 녹아 들어간 깊이를 무엇이라 하는가?

① 용융지　　　　　② 용 입

③ 용 착　　　　　④ 용 적

해설

모재가 용융된 깊이를 용입(Penetration)이라 한다.

59 단면적이 500mm²인 연강 봉에 500kgf의 인장하중을 받아 이 재료의 허용인장응력에 도달하였다. 이 봉의 인장강도가 500kgf/cm²이라면 안전율은?

① 1　　　　　② 5

③ 10　　　　④ 50

해설

$$안전율(S) = \frac{가능한\ 인장응력}{실제\ 사용\ 인장응력}$$

즉, 100kgf/cm²까지 견디는 재료를 50kgf/cm²만 사용하도록 설계하였다면 안전율(안전계수)은 2이다.

단면적 500mm²의 봉에 500kgf을 걸었을 때 허용인장응력(실제 사용하도록 허용한 인장력)에 도달하였다면

$$\frac{500kgf}{500mm^2} = 1kgf/mm^2 = 1kgf/(0.1cm)^2 = \frac{1}{0.01}kgf/cm^2$$

즉, 100kgf/cm²이 실제 사용하도록 허용한 인장력이다.

이 재료는 500kgf/cm²까지 잡아당겨도 안전하므로 5배 정도의 여유를 두고 허용인장응력을 설정한 것이다.

※ 안전율은 정수로 표시하기 위해 비율을 뒤집어서 표현한다. 다른 비율 같으면 20%의 강도까지 허용한다고 표현할 것이다.

60 연강용 가스 용접봉에 함유된 금속 성분 중에서 용접부의 저항력을 감소시키고 기공의 발생 원인이 되는 것은?

① 탄소(C)　　　　② 규소(Si)

③ 유황(S)　　　　④ 인(P)

해설

첨가된 화학성분

성 분	역 할
C	강도, 경도를 증가시키고 연성, 전성을 약하게 한다.
Mn	산화물을 생성하여 비드면 위로 분리한다.
S	용접부의 저항을 감소시키며 기공발생과 열간균열의 우려가 있다.
Si	탈산작용을 하여 산화를 방지한다.

2013년 제4회 과년도 기출문제

01 기계나 구조물을 설계할 때 부재의 치수, 형상, 재료의 적부를 판단하거나, 제작된 기계나 구조물이 사용 중 파손 및 변형되지 않도록 감시하는 데 이용되는 비파괴검사법은?

① 음향방출시험
② 응력 스트레인 측정
③ 전위차 시험
④ 적외선 서모그래피

해설

응력 스트레인법
- 기계적인 미세한 변화를 검출하기 위해 얇은 센서를 붙여서 기계적 변형을 측정해 내는 방법
- 기계나 구조물의 설계 시 응력, 변형률을 측정·적용하여 파손, 변형의 적절성을 측정해 낸다.

02 방사선작업 종사자가 착용하는 개인 피폭선량계에 속하지 않는 것은?

① 세베이미터
② 필름배지
③ 포켓도시미터
④ 열형광선량계

해설

개인 피폭선량계
- 포켓선량계 : Self-reading Type의 전리함은 간단하고 판독이 쉬우며 작고 휴대성이 좋다.
- 필름배지 : 작은 배지 Type으로 사용 후 필름이 검게 변한 정도로 피폭량을 측정한다.
- 형광유리선량계 : 전리방사선이 쏘아지면 형광중심이 생기며, 자외선이 쏘아지면 가시광선이 발생한다.
- 열형광선량계 : 필름배지를 사용하며 재사용이 가능하다. 작은 크기로 특정부위의 피폭선량 측정도 가능하다.

03 와전류탐상시험에서 검사 코일의 임피던스 변화에 미치는 영향이 제일 작은 것은?

① 시험속도
② 시험주파수
③ 음향방출검사
④ 시험체의 투자율

해설

코일 임피던스에 영향을 주는 인자
- 시험주파수
- 시험체의 전도도
- 시험체의 투자율
- 시험체의 형상과 치수
- 코일과 시험체의 상대 위치
- 탐상속도
※ 저자의견 : 확정답안은 ①번으로 발표되었으나 문제의 오류로 보이며 ③번이 정답인 듯 보인다.

04 초음파탐상시험에 대한 설명 중 틀린 것은?

① 오스테나이트강에서는 종파에 비해 횡파의 경우 감쇠가 크다.
② 시험체의 결정립계에서 탄화물을 석출하면 산란 감쇠가 증가한다.
③ 오스테나이드강에서는 횡파는 때때로 주상정의 성장 방향에 따라 진행한다.
④ 스테인리스강 재질은 탄소강 재질과 초음파속도가 같으므로 대비시험편은 어느 것을 사용하여도 무방하다.

해설

재질에 따라 초음파의 속도는 다르다.

05 초음파탐상법을 원리에 의해 분류할 때 해당하지 않는 것은?

① 펄스반사법
② 투과법
③ A-주사법
④ 공진법

A-주사법(A-scope)은 표시방법에 의한 분류이다. 초음파탐상법은 그 원리에 따라 펄스반사법, 투과법, 공진법으로 구분할 수 있다.

06 누설검사에서 추적가스로 사용할 수 없는 것은?

① 수 소
② 할로겐
③ 헬 륨
④ 암모니아

수소는 염화수소나 수소이온 형태로 사용한다.

07 침투탐상검사에 대한 설명 중 틀린 것은?

① 표면균일 검사에 효과적이다.
② 시험품 표면온도가 검사결과에 영향을 준다.
③ 구조물의 부분탐상에는 후유화법이 효과적이다.
④ 철, 비철 등 금속제품 검사에 효과적이다.

국부탐상에는 용제제거성 방법을 많이 사용한다.

08 침투탐상검사로 검출이 어려운 결함은?

① 언더 컷
② 오버랩
③ 피로균열
④ 슬래그 혼입

침투탐상검사는 표면탐상검사이므로 내부에 슬래그가 혼입되었는지를 검사할 수 없다.

09 어떤 물체의 온도가 56℃이었다. 이를 화씨(°F)로 전환하면 얼마인가?

① 약 132°F
② 약 13°F
③ 약 1.3°F
④ 약 17°F

$$°F = \frac{9}{5} \times ℃ + 32 = \frac{9}{5} \times 56 + 32 = 132.8$$

10 자분탐상시험으로 고리모양의 제품을 탐상할 때 가장 좋은 자화방법은?

① 프로드법　　　　② 극간법
③ 축 통전법　　　　④ 전류 관통법

해설
고리의 환 부분을 검사하기에 적당하다.
전류 관통법(B) : 시험체의 구멍 등에 통과시킨 도체에 전류를 흐르게 함

11 자분탐상시험법에 사용되는 시험방법이 아닌 것은?

① 축 통전법　　　　② 직각 통전법
③ 프로드법　　　　④ 단층 촬영법

해설
단층 촬영은 투과성이 있는 방사선 검사 계열이다.

12 자화전류와 자분의 관계에서 표면하결함 검출에 좋은 조합은 다음 중 무엇인가?

① 교류 – 습식자분
② 교류 – 건식자분
③ 반파직류 – 습식자분
④ 반파직류 – 건식자분

해설
자분 적용에 따른 특징

건식자분	습식자분
• 공기를 분무하여 적용한다. • 거친 표면의 결함 검출에 유용하다. • 야외현장 적용은 습식법이 낮다.	• 용매로 물이나 기름을 사용한다. • 미세 표면결함 검출에 유용하다. • 대량 부품검사에 유용하다.

자화전류에 따른 특징

교 류	반파직류
표피효과로 인해 표면결함 검출에 유용하다.	표면하 침투력을 가지고 있으므로 표면하 검사에 유용하다.

13 내부 기공의 결함 검출에 가장 적합한 비파괴검사법은?

① 음향방출시험
② 방사선투과시험
③ 침투탐상시험
④ 와전류탐상시험

해설
비파괴검사별 적용대상

검사방법	적용대상
방사선투과검사	용접부, 주조품 등의 내부결함
초음파탐상검사	용접부, 주조품, 단조품 등의 내부결함 검출과 두께 측정
침투탐상검사	기공을 제외한 표면이 열린 용접부, 단조품 등의 표면결함
와전류탐상검사	철, 비철 재료로 된 파이프 등의 표면 및 근처 결함을 연속 검사
자분탐상검사	강자성체의 표면 및 근처 결함
누설검사	압력용기, 파이프 등의 누설 탐지
음향방출검사	재료 내부의 특성 평가

14 비파괴검사에 대한 일반적인 설명으로 틀린 것은?

① 자분탐상시험은 표면결함 검출에 적용된다.
② 초음파탐상시험은 작업자의 숙련도에 크게 좌우된다.
③ 침투탐상시험은 강자성체에만 적용할 수 있다.
④ 방사선투과시험은 검사체 내부결함 검출에 유용하다.

해설
침투탐상검사는 표면 상태에 영향을 받는다.
강자성체에만 적용이 가능한 검사는 자화가 필요한 검사이며 아직까지 개발된 침투탐상검사에서는 자화가 필요없다.

15 침투탐상시험 시 형광침투액에 비해 염색침투액의 장점은?

① 작은 지시들을 더 잘 볼 수 있다.

② 크롬산 표면에 사용할 수 있다.

③ 거친 표면에 대조색이 적다.

④ 특별한 조명을 필요로 하지 않는다.

해설

염색침투액을 사용할 때는 색의 대비에 의한 가시성을 이용한다.

16 다음 중 침투제의 침투력에 영향을 주는 요인으로 틀린 것은?

① 개구부의 표면에 열려진 크기

② 침투제의 표면장력

③ 침투제의 적심성

④ 시험체의 재질

해설

침투탐상검사는 표면탐상검사로 표면 상태가 중요하며, 시험체의 재질은 침투력에 큰 영향을 주지 않는다.

17 침투의 원리에서 액체분자 사이의 응집력은 액체가 스스로 수축하여 표면적을 가장 작게 가지려고 하는 힘을 표현한 것은?

① 표면장력   ② 모세관 현상

③ 적심성   ④ 접촉각

해설

표면장력 : 유체가 자기들끼리 뭉치는 응집력과 유체에 닿는 고체가 유체를 잡아당기는 부착력의 차이 때문에 생기는 힘이다. 유체 표면의 배가 위로 나오면 유체의 응집력이 더 큰 경우이고, 유체 표면의 배가 아래로 나오면 잡아당기는 힘인 부착력이 더 큰 경우이다.

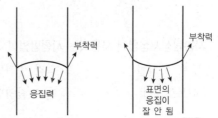

18 형광침투탐상시험에 사용되는 자외선조사장치에 장시간 노출되었을 때 가장 먼저 장해를 받는 것은?

① 인체 근육조직   ② 인체의 염색체

③ 인체 혈관세포   ④ 인체의 눈

해설

보기 중 외부와 직접 접촉하는 인체 요소는 눈 밖에 없다. 자외선 조사를 오래 맞게 되면 피부와 눈에 좋지 않은 영향을 미친다.

19 탐상제 중에 염색침투액보다 형광침투액이 좋은 점은?

① 일반 광선으로 검사할 수 있다.

② 작은 지시라도 쉽게 검출 가능하다.

③ 물이 묻은 부품에 사용이 용이하다.

④ 자외선등을 이용하므로 장비가 단순, 간편하다.

해설

가시광선에 비해 암실을 만들고 결함 부위에 발광을 시키므로 검출의 민감성이 높다.

20 침투탐상시험에서 현상제가 갖추어야 할 조건으로 옳은 것은?

① 휘발성이 높아야 한다.

② 세척성이 좋아야 한다.

③ 침투성이 좋아야 한다.

④ 침투액의 분산력이 좋아야 한다.

해설

현상제의 특성

• 침투액을 흡출하는 능력이 좋아야 한다.

• 침투액을 분산시키는 능력이 좋아야 한다.

• 침투액의 성질에 알맞은 색상이어야 한다.

• 화학적으로 안정된 백색 미분말을 사용한다.

21 형광침투탐상시험을 할 때 과잉침투제를 제거한 직후 행하여야 할 사항으로 옳은 것은?

① 표면을 압축공기로 불어 건조시킨다.

② 흡수지를 사용하여 표면에 남아 있는 액체를 빨아낸다.

③ 자외선등으로 과잉침투액이 제거되었는가 점검한다.

④ 열풍식 건조기로 표면을 건조시킨다.

해설

과잉침투액을 제거한 후 혹시 남아 있는 과잉침투액이 없는지 확인한다.

22 염색침투비파괴검사에 가장 적합한 조명은?

① 20lx 이하

② 20lx부터 30lx 사이

③ 500lx 이상

④ 10W/m^2

해설

염색침투검사는 색의 대비를 이용하고 가시성을 확보하여야 하므로 주변을 기준 이상 밝게 유지해야 한다.

23 침투탐상시험 시 침투제가 가져야 할 특성이 아닌 것은?

① 미세한 틈 사이에도 침투할 수 있는 능력

② 침투처리 시 비교적 큰 결함에도 남을 수 있는 능력

③ 침투처리 시 재빨리 증발할 수 있는 능력

④ 후처리 시 표면으로부터 쉽게 씻겨질 수 있는 능력

해설

침투제는 현상할 때까지 잘 머물러 있어야 한다.

24 의사지시모양은 현상제를 적용한 면에 어떤 것이 남아 있을 경우 나타날 가능성이 가장 높은가?

① 침투액
② 세척액

③ 유화액
④ 트라이클렌

해설

결함이 아닌 면에 침투액이 남아 있으면 의사지시로 나타난다.

25 다음 중 접촉각만의 관점에서 볼 때 적심성이 가장 좋은 침투액은?

① 접촉각이 10°인 침투액

② 접촉각이 30°인 침투액

③ 접촉각이 45°인 침투액

④ 접촉각이 90°인 침투액

해설

적심성(Wettability)
- 얼마나 침투제가 대상 물체를 잘 적시는가를 나타내는 성질
- 적심성이 높으려면 유체인 침투제의 응집력이 높으면 안 됨
- 온도가 높을수록 잘 적시고, 점도가 낮을수록 잘 적심

접촉각이 작아서(90° 이하) 적심성이 높음	접촉각이 커서(90° 이상) 적심성이 낮음

26 침투탐상검사에서 침투에 영향을 미치는 요인은?

① 검사 대상물의 크기

② 결함의 방향성

③ 검사 대상물의 화학성분

④ 결함의 폭

해설

보기 모두 영향이 없다고 할 수는 없으나 아무래도 침투액이 얼마나 수월하게 침투하느냐에는 그 크기에 관련된 항이 연관성이 높다.

27 주조품에서 수축균열이 발생하는 부위는 주로 어느 곳인가?

① 얇은 부재 쪽

② 두꺼운 부재 쪽

③ 두께 변화가 심한 곳

④ 주물 내부의 기공이 있는 곳

해설

수축균열은 각 부분의 냉각속도 차에 의해 부피의 변화 정도가 일정하지 않아 생긴다.

28 항공 우주용 기기의 침투탐상검사방법(KS W 0914)에서 염색침투탐상장치 관찰 장소의 백색광 조도는?

① 최소 100lx 이하

② 최소 100lx 이상

③ 최소 1,000lx 이하

④ 최소 1,000lx 이상

해설

염색침투탐상검사인 경우, 조명장치는 1,000lx의 백색광을 방사하는 것이어야 한다.

※ KS W 0914는 2014년에 폐지되었다.

29 침투탐상시험방법 및 침투지시모양의 분류(KS B 0816)에 의한 시험분류 방법 중 '후유화성 형광침투액 수현탁성 현상제'의 표시는?

① FB-W

② FB-A

③ VB-W

④ VB-A

해설

KS B 0816 의 표 1, 3을 참조하면 F는 형광침투액을 사용하고, 후유화성 침투액인 경우 FB이며, 수현탁성 현상은 W 기호를 사용한다.

30 침투탐상시험방법 및 침투지시모양의 분류(KS B 0816)에서 규정한 A형 대비시험편의 크기와 대비시험편 흠의 깊이로 옳은 것은?

① 크기 : 75×50mm   흠의 깊이 : 1.5mm

② 크기 : 75×50mm   흠의 깊이 : 2mm

③ 크기 : 100×75mm   흠의 깊이 : 1.5mm

④ 크기 : 100×75mm   흠의 깊이 : 2mm

해설

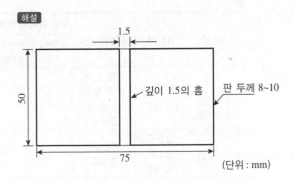

깊이 1.5의 흠   판 두께 8~10

(단위 : mm)

31 항공 우주용 기기의 침투탐상검사방법(KS W 0914)에서 적용하는 침투액계의 타입에 대한 설명으로 옳지 않은 것은?

① 타입 1 – 형광침투액의 계통

② 타입 2 – 염색침투액 계통

③ 타입 3 – 염색 및 형광복식침투액 계통

④ 타입 4 – 후유화성 염색형광복식침투액 계통

해설

타입 1, 2, 3밖에 없다.

※ KS W 0914는 2014년에 폐지되었다.

32 침투탐상시험방법 및 침투지시모양의 분류(KS B 0816)에서 시험방법 중 후유화성 형광침투액(기름베이스 유화제)–수현탁성 습식현상제를 사용하였을 때 유화처리 후 다음 단계에 수행하여야 하는 처리방법은?

① 세척처리   ② 침투처리

③ 건조현상처리   ④ 습식현상처리

해설

후유화성 침투액을 사용하면 유화제를 사용하여야 세척이 가능하다.

33 침투탐상시험방법 및 침투지시모양의 분류(KS B 0816)에서 B형 대비시험편 제작 시 규정하는 재료로 틀린 것은?

① C2024P   ② C2600P

③ C2720P   ④ C2801P

해설

B형 재료 : C2600P, C2720P, C2801P(구리 계열)

34 항공 우주용 기기의 침투탐상검사방법(KS W 0914)의 방법 B에 따라 친유성 유화제를 시편에 적용하려 한다. 설명으로 틀린 것은?

① 침지법에 의해 적용해야 한다.

② 흘림에 의해 적용해야 한다.

③ 붓칠을 이용하여 적용해야 한다.

④ 적용 중 교반은 불허한다.

해설

유화제를 붓칠로 바르면 균일한 도포가 어렵다. 두껍게 발라진 과잉유화제는 침투제를 제거할 우려가 있다.

※ KS W 0914는 2014년에 폐지되었다.

35 침투탐상시험방법 및 침투지시모양의 분류(KS B 0816)에 따른 현상제의 적용방법 중 열풍 순환식 건조기를 사용하지 않는 것은?

① 수용성 현상제
② 물 현탁성 현상제
③ 습식현상제
④ 건식현상제

해설
건식현상제는 백색의 건조한 미세분말을 그대로 사용한다.

36 침투탐상시험방법 및 침투지시모양의 분류(KS B 0816)에 규정된 B형 대비시험편의 종류 기호가 아닌 것은?

① PT-B10
② PT-B20
③ PT-B40
④ PT-B50

해설
B형 대비시험편의 종류

기 호	도금 두께(μm)	도금 갈라짐 너비(목표값)
PT-B50	50±5	2.5
PT-B30	30±3	1.5
PT-B20	20±2	1.0
PT-B10	10±1	0.5

37 침투탐상시험방법 및 침투지시모양의 분류(KS B 0816)에 의한 시험방법의 분류 중 수용성 습식현상법을 사용할 때의 기호는?

① B
② A
③ D
④ C

해설

명 칭	방 법	기 호
건식현상법	건식현상제를 사용하는 방법	D
습식현상법	수용성 현상제를 사용하는 방법	A
	수현탁성 현상제를 사용하는 방법	W
속건식현상법	속건식현상제를 사용하는 방법	S
특수현상법	특수한 현상제를 사용하는 방법	E
무현상법	현상제를 사용하지 않는 방법	N

38 침투탐상시험방법 및 침투지시모양의 분류(KS B 0816)에서 강 용접부 시험체와 침투액의 온도가 22℃일 때 표준 현상시간은?

① 2분
② 5분
③ 7분
④ 15분

해설
일반적으로 온도 15~50℃의 범위에서의 침투시간은 다음 표와 같다.

재 질	형 태	결함의 종류	모든 종류의 침투액	
			침투시간(분)	현상시간(분)
알루미늄, 마그네슘, 동, 타이타늄, 강	주조품, 용접부	쇳물 경계, 융합 불량, 빈 틈새, 갈라짐	5	7
	압출품, 단조품, 압연품	랩(Lap), 갈라짐	10	7
카바이드 팁붙이 공구	-	융합 불량, 갈라짐, 빈 틈새	5	7
플라스틱, 유리, 세라믹	모든 형태	갈라짐	5	7

39 침투탐상시험방법 및 침투지시모양의 분류(KS B 0816)에서 일반 주강품에 대해 형광침투탐상할 때 관찰에 필요한 자외선의 강도는?

① 25cm 거리에서 1,000W/cm^2 이상
② 25cm 거리에서 800W/cm^2 이상
③ 시험체 표면에서 500μW/cm^2 이상
④ 시험체 표면에서 800μW/cm^2 이상

해설
강도 : 800μW/cm^2 이상의 강도로 조사하여 시험(KS W 0914에서 정의한 것과는 대상과 거리가 다름에 유의)

40 침투탐상시험방법 및 침투지시모양의 분류(KS B 0816)에 따른 침투탐상시험에서 시험보고서에 시험 장소에서의 기온 및 침투액의 온도를 기록하지 않아도 좋은 경우는?

① 15℃ 이하일 때
② 15~50℃일 때
③ 50℃ 이상일 때
④ 90℃ 이상일 때

<u>해설</u>
15~50℃ 온도범위를 표준으로 보고 이보다 높거나 낮으면 반드시 기록한다.

41 배관 용접부의 비파괴시험 방법(KS B 0888)에서 규정하는 지그부착자국에 대한 침투탐상시험에서 시험의 최소 실시 범위는?

① 지그부착자국 주변에서 그 외부로 5mm의 길이를 더한 범위로 한다.
② 지그부착자국 주변에서 그 외부로 10mm의 길이를 더한 범위로 한다.
③ 관의 살두께를 주변에 더한 범위로 한다.
④ 관의 살두께의 1/2의 길이를 주변에 더한 범위로 한다.

<u>해설</u>
침투탐상의 시험방법 및 실시 범위
• 원칙적으로 용접부의 너비의 모재 쪽 관의 살두께의 1/2의 길이를 양쪽에 더한 범위로 한다.
• 원칙적으로 지그부착자국의 주변에서 그 외부로 5mm의 길이를 더한 범위로 한다.
• 원칙적으로 용제제거성 염색 침투탐상시험, 속건식현상법으로 한다.

42 배관 용접부의 비파괴시험 방법(KS B 0888)에서 도관의 일반 부분인 경우 침투탐상시험에 대한 지시모양의 분류 및 합격판정 기준으로 옳은 것은?

① 독립침투지시모양은 독립하여 존재하는 개개의 침투지시모양으로 3종류로 구분한다.
② 연속침투지시모양의 길이는 침투지시모양의 개개의 길이 및 상호의 간격을 더한 값으로 한다.
③ 독립침투지시모양 및 연속침투지시모양은 1개의 길이 10mm 이하를 합격으로 한다.
④ 분산침투지시모양은 연속된 용접 길이 500mm당의 합계점이 10점 이하인 경우를 합격으로 한다.

<u>해설</u>
선형침투지시는 길이에 따라 평가점을 두어 합산 평가한다.

43 로크웰 경도를 시험할 때 처음 기준하중은 몇 kgf으로 하는가?

① 5   ② 10
③ 30   ④ 50

<u>해설</u>
로크웰 경도 시험 : 처음 하중(10kgf)과 변화된 시험하중(60, 100, 150kgf)으로 눌렀을 때 압입 깊이 차로 결정된다.

44 다음 중 2,500℃ 이상의 고용융점을 가진 금속이 아닌 것은?

① Cr   ② W
③ Mo   ④ Ta

<u>해설</u>
용융점
• Cr : 1,920℃   • W : 3,380℃
• Mo : 2,610℃   • Ta : 3,000℃

45 다음 중 초경합금과 관계없는 것은?

① Tic   ② WC

③ Widia   ④ Lautal

해설
- 대표는 Co-Cr-W-C계의 스텔라이트(Stellite), WC(텅스텐카바이드), TiC 및 TaC 등에 Co를 점결제로 혼합하여 소결한 비철합금
- 비디아(Widia) : WC 분말을 Co 분말과 혼합, 예비 소결 성형후, 수소 분위기에서 소결

46 금속에 열을 가하여 액체 상태로 한 후에 고속으로 급랭하면 원자가 규칙적으로 배열되지 못하고 액체 상태로 응고되어 고체 금속이 된다. 이와 같이 원자들이 배열이 불규칙한 상태의 합금을 무엇이라 하는가?

① 비정질 합금

② 형상기억 합금

③ 제진 합금

④ 초소성 합금

해설
- 비정질이란 원자가 규칙적으로 배열된 결정이 아닌 상태
- 제조방법
  - 진공 증착, 스퍼터링(Sputtering)법
  - 용탕에 의한 급랭법 : 급랭법, 단롤법, 쌍롤법
  - 액체급랭법(분무법) : 대량 생산의 장점
  - 고체 금속에서 레이저를 이용하여 제조

47 강의 서브제로 처리에 관한 설명으로 틀린 것은?

① 퀜칭 후의 잔류 오스테나이트를 마텐자이트로 변태시킨다.

② 냉각제는 드라이아이스+알코올이나 액체질소를 사용한다.

③ 게이지, 베어링, 정밀금형 등의 경년변화를 방지할 수 있다.

④ 퀜칭 후 실온에서 장시간 방치하여 안정화시킨후 처리하면 더욱 효과적이다.

해설
심랭처리(0℃ 이하로 담금질, 서브제로)는 잔류 오스테나이트를 처리하는 것이므로 방치 후 실시하나 바로 실시하나 크게 차이가 없다.

48 다음 상태도에서 액상선을 나타내는 것은?

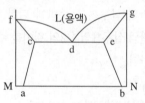

① acf   ② cde

③ fdg   ④ beg

해설
액상선이란 상태도에서 고체에서 100% 액체로 변하는 최초의 상태점을 연결한 선이다.

49 주물용 마그네슘(Mg) 합금을 용해할 때 주의해야 할 사항으로 틀린 것은?

① 주물 조각을 사용할 때에는 모래를 투입하여야 한다.

② 주조조직의 미세화를 위하여 적절한 용탕온도를 유지해야 한다.

③ 수소가스를 흡수하기 쉬우므로 탈가스처리를 해야 한다.

④ 고온에서 취급할 때는 산화와 연소가 잘되므로 산화 방지책이 필요하다.

해설
주물용 마그네슘 합금 용해 시 주의사항
• 고온에서 산화하기 쉽고, 연소하기 쉬우므로 산화 방지책이 필요하다.
• 수소가스를 흡수하기 쉬우므로 탈가스처리를 하여야 한다.
• 주물 조각을 사용할 때에는 모재를 잘 제거하여야 한다.
• 주조조직 미세화를 위하여 용탕온도를 적당히 조절하여야 한다.

51 주철의 물리적 성질은 조직과 화학 조성에 따라 크게 변화한다. 주철을 600℃ 이상의 온도에서 가열과 냉각을 반복하면 주철이 성장한다. 주철 성장의 원인으로 옳은 것은?

① 시멘타이트(Cementite)의 흑연화로 발생한다.

② 균일 가열로 인하여 발생한다.

③ 니켈의 산화에 의한 팽창으로 발생한다.

④ A_4 변태로 인한 부피 팽창으로 발생한다.

해설
주철의 성장 원인
• 주철조직에 함유되어 있는 시멘타이트는 고온에서 불안정 상태로 존재한다.
• 주철이 고온 상태가 되어 450~600℃에 이르면 철과 흑연으로 분해하기 시작한다.
• 750~800℃에서 완전 분해되어 시멘타이트의 흑연화가 된다.
• 불순물로 포함된 Si의 산화에 의해 팽창한다.
• A_1 변태점 이상 온도에서 장시간 방치하거나 다시 되풀이하여 가열하면 점차로 그 부피가 증가되는 성질이 있는데 이러한 현상을 주철의 성장이라 한다.

50 60% Cu–40% Zn 황동으로 복수기용판, 볼트, 너트 등에 사용되는 합금은?

① 톰백(Tombac)

② 길딩메탈(Gilding Metal)

③ 문쯔메탈(Muntz Metal)

④ 애드미럴티메탈(Admiralty Metal)

해설
문쯔메탈 : 영국인 Muntz가 개발한 합금으로 6–4황동이다. 적열하면 단조할 수 있어서 가단 황동이라고도 한다. 배의 밑바닥 피막을 입히거나 그외 해수에 직접 닿을 수 있는 장소의 볼트 및 리벳 등에 사용된다.

52 다음 중 내식성 알루미늄(Al) 합금이 아닌 것은?

① 하이스텔로이(Hastelloy)

② 하이드로날륨(Hydronalium)

③ 알클래드(Alclad)

④ 알드리(Aldrey)

해설
하이스텔로이는 내식성 Ni계 합금이다.

53 다음 보기의 성질을 갖추어야 하는 공구용 합금강은?

보기

- HRC 55 이상의 경도를 가져야 한다.
- 팽창계수가 보통강보다 작아야 한다.
- 시간이 지남에 따라서 치수 변화가 없어야 한다.
- 담금질에 의하여 변형이나 담금질 균열이 없어야 한다.

① 게이지용 강
② 내충격용 공구강
③ 절삭용 합금 공구강
④ 열간 금형용 공구강

해설

게이지용 강이 이전까지 언급이 없었다가 2013년에만 2번 출제되었다.

54 구조용 특수강 중 Cr-Mo강에서 Mo의 역할 중 가장 옳은 것은?

① 내식성을 향상시킨다.
② 산화성을 향상시킨다.
③ 절삭성을 양호하게 한다.
④ 뜨임 취성을 없앤다.

해설

Mo은 일반적으로 담금질 깊이가 커지고 뜨임 취성을 방지한다.

55 다음 중 니켈 황동에 대한 설명으로 옳은 것은?

① 양은 또는 양백이라 한다.
② 5:5 황동에 Sn 첨가한 합금을 니켈 황동이라 한다.
③ Zn이 30% 이상이 되면 냉간가공성이 좋아진다.
④ 스크루, 시계톱니 등과 같은 제품의 재료로 사용한다.

해설

니켈 황동 : 양은 또는 양백이라고도 한다. 7-3 황동에 7~30% Ni을 첨가한 것으로, 예부터 장식용, 식기, 악기, 기타 Ag 대용으로 사용되었고, 탄성과 내식성이 좋아 탄성재료, 화학기계용 재료에 사용된다. 30% Zn 이상이 되면 냉간가공성은 저하되지만, 열간가공성이 좋아진다.

56 TTT 곡선에서 하부 임계냉각속도란?

① 50% 마텐자이트를 생성하는 데 요하는 최대의 냉각속도
② 100% 오스테나이트를 생성하는 데 요하는 최소의 냉각속도
③ 최초에 소르바이트가 나타나는 냉각속도
④ 최초에 마텐자이트가 나타나는 냉각속도

해설

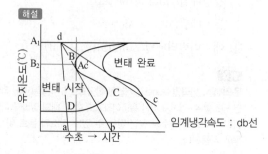

임계냉각속도 : db선

57 다음 중 용융금속이 가장 늦게 응고하여 불순물이 가장 많이 모이는 부분은?

① 금속의 모서리 부분

② 결정립계 부분

③ 결정입자 중심 부분

④ 가장 먼저 응고하는 금속 표면 부분

해설

결정립계에서 부식이나 변형, 균열이 잘 일어나는 이유이다.

58 용접법 중 열원으로 미세한 금속 분말의 반응열을 이용하여 용접하는 방식은?

① 플라스마 용접

② 테르밋 용접

③ 프로젝션 용접

④ 불활성가스 아크용접

해설

미세한 알루미늄 가루와 산화철 가루를 3~4:1 중량으로 혼합한 테르밋제에 과산화바륨과 알루미늄(또는 Mg)의 혼합 가루로 된 점화제를 넣어 점화하고 화학반응에 의한 열을 이용한다. 이 반응을 테르밋반응이라 한다.

59 용해 아세틸렌 취급 시 주의사항으로 틀린 것은?

① 용기는 수평으로 놓은 상태에서 사용한다.

② 저장실의 전기 스위치는 방폭구조로 한다.

③ 토치 불꽃에서 가연성 물질을 가능한 한 멀리 한다.

④ 용기 운반 전에 밸브를 꼭 잠근다.

해설

용기는 수직으로 세운다.

60 피복 아크 용접에서 용접전류는 150A, 아크전압이 30V이고, 용접속도가 10cm/min일 때 용접입열은 몇 J/cm인가?

① 2,700

② 27,000

③ 270,000

④ 2,700,000

해설

용접입열(H) : 용접부에 외부에서 주어지는 열량

$$H = \frac{60\,EI}{V} \text{(Joule/cm)}$$

E : 아크전압, I : 아크전류, V : 용접속도(cm/min)

$$H = \frac{60 \times 30\text{V} \times 150\text{A}}{10\text{cm/min}} = 27,000\text{J/cm}$$

2013년 제5회 과년도 기출문제

01 페인트가 칠하여진 표면에 침투탐상시험을 해야 할 때의 첫 단계 작업은?

① 표면에 조심스럽게 침투액을 뿌린다.

② 페인트를 완전히 제거한다.

③ 세척제로 표면을 완전히 닦아낸다.

④ 페인트로 매끄럽게 칠하여진 면을 거칠게 하기 위하여 칫솔질을 한다.

해설

문제에서 검사 대상을 표면이라 명시했다. 페인트 도색면을 검사하는 것이 아니므로 벗겨 내야 한다.

02 두께 100mm인 강판 용접부에 대한 내부균열의 위치와 깊이를 검출하는 데 가장 적합한 비파괴검사법은?

① 방사선투과시험   ② 초음파탐상시험

③ 누설탐상시험   ④ 침투탐상시험

해설

비파괴검사별 적용대상

검사방법	적용대상
방사선투과검사	용접부, 주조품 등의 내부결함
초음파탐상검사	용접부, 주조품, 단조품 등의 내부결함 검출과 두께 측정
침투탐상검사	기공을 제외한 표면이 열린 용접부, 단조품 등의 표면결함
와전류탐상검사	철, 비철 재료로 된 파이프 등의 표면 및 근처 결함을 연속 검사
자분탐상검사	강자성체의 표면 및 근처 결함
누설검사	압력용기, 파이프 등의 누설 탐지
음향방출검사	재료 내부의 특성 평가

03 다음 중 와전류탐상시험 방법이 아닌 것은?

① 펄스에코검사

② 임피던스검사

③ 위상분석시험

④ 변조분석시험

해설

에코펄스검사는 초음파 검사 계열이다.

04 금속재료의 결함탐상에 일반적으로 사용되는 초음파 탐상시험의 주파수 범위에 해당하는 것은?

① 0.5kHz   ② 1kHz

③ 2kHz   ④ 20kHz

해설

※ 저자의견 : 가청주파수의 범위는 20Hz에서 20,000Hz, 즉 20kHz의 범위이며 이를 넘는 주파수 범위에 해당하는 음파가 초음파이다.

즉, 확정답안은 ③번으로 발표되었으나 문제의 오류로 보이며, 정답은 ④번으로 생각된다.

1 ②   2 ②   3 ①   4 ③(저자의견 ④)   **정답**

05 침투탐상시험에서 침투액이 고체 표면에 적용될 액체와 고체 표면이 이루는 각을 접촉각이라 하며, 액체가 고체 표면을 적시는 능력을 무엇이라고 하는가?

① 밀 도   ② 적심성
③ 점 성   ④ 표면장력

해설
적심성(Wettability)
• 얼마나 침투제가 대상 물체를 잘 적시는가를 나타내는 성질
• 적심성이 높으려면 유체인 침투제의 응집력이 높으면 안 됨
• 영향을 주는 요인은 유체의 점도와 온도
• 온도가 높을수록 잘 적시고, 점도가 낮을수록 잘 적심

접촉각이 작아서(90° 이하) 적심성이 높음	접촉각이 커서(90° 이상) 적심성이 낮음
접촉각 침투액 시험체	접촉각 침투액 시험체

06 다음 중 자분탐상시험방법만으로 조합된 것은?

① 관통법과 공진법
② 투과법과 건식법
③ 극간법과 코일법
④ 내삽법과 프로브법

해설
자분탐상시험의 종류(자화방법에 따라)
• 축 통전법(EA) : 시험체의 축 방향으로 전류를 흐르게 함
• 직각 통전법(ER) : 축에 대하여 직각 방향으로 직접 전류를 흐르게 함
• 전류 관통법(B) : 시험체의 구멍 등에 통과시킨 도체에 전류를 흐르게 함
• 코일법(C) : 시험체를 코일에 넣고 코일에 전류를 흐르게 함
• 극간법(M) : 시험체를 영구자석 사이에 놓음
• 프로드법(P) : 시험체 국부에 2개의 전극을 대어서 흐르게 함

07 비파괴검사법 중 철강 제품의 표면에 생긴 미세한 균열을 검출하기에 가장 부적합한 것은?

① 방사선투과시험
② 와전류탐상시험
③ 침투탐상시험
④ 자분탐상시험

해설
검사를 할 수 없지는 않지만 표면탐상에는 나머지 방법들이 더 적당하다.

08 납(Pb)과 같이 비중이 큰 재료에 효율적으로 작용할 수 있는 비파괴검사법은?

① 적외선검사(IRP)
② 음향방출시험(AE)
③ 방사선투과검사(RT)
④ 중성자투과검사(NRT)

해설
물질의 원자번호나 밀도가 큰 텅스텐, 납 등에는 중성자선을 사용한다.

09 다음 중 와전류탐상시험에서 와전류의 분포 및 강도의 변화에 영향을 주는 인자와 가장 거리가 먼 것은?

① 시험체의 전도도
② 시험체의 크기와 형태
③ 접촉매질의 종류와 양
④ 코일과 시험체 표면 사이의 거리

해설
접촉매질의 성질은 초음파탐상, 방사선탐상에서 다룬다.

10 누설시험의 '가연성 가스'의 정의로 옳은 것은?

① 폭발범위 하한이 20%인 가스

② 폭발범위 상한과 하한의 차가 10%인 가스

③ 폭발범위 하한이 10% 이하 또는 상한과 하한의 차가 20% 이상인 가스

④ 폭발범위 하한이 20% 이하 또는 상한과 하한의 차가 10% 이상인 가스

해설
가연성 가스 : 폭발범위 하한이 10%이거나 상한과 하한의 차가 20% 이상인 가스

11 시방서의 요구에 맞는 검사를 수행하기 위해 특정 기법의 적용을 순서대로 상세하게 기술한 문서를 무엇이라 하는가?

① 검사사양서   ② 검사지침서

③ 검사요구서   ④ 검사절차서

해설
• 사양서 : 내용이나 방법을 설명한 문서
• 지침서 : 지침이나 규칙을 적어 놓은 문서
• 요구서 : 목적성이 있는 요구를 적어 놓은 문서

12 다음 중 누설검사법에 해당되지 않는 것은?

① 가압법   ② 감압법

③ 수직법   ④ 진공법

해설
누설검사에서 진공, 가압, 감압 방법은 압력을 어떤 형태로 가하는가에 따라 분류한 것이다.

13 방사선투과시험에서 필름 현상온도를 15.5℃에서 24℃로 상승시킴에 따라 현상시간은 어떻게 해야 하는가?

① 항상 5분으로 한다.

② 15.5℃일 때보다 시간을 길게 한다.

③ 15.5℃일 때보다 시간을 짧게 한다.

④ 현상온도와 현상시간은 서로 무관한 함수이므로 15.5℃일 때와 같은 시간으로 한다.

해설
필름의 현상은 잠상이라는 피사체를 드러내는 작업인데, 현상시간과 온도에 따라 현상 정도가 달라진다. 시간과 온도 모두 길어지고 높아질수록 현상의 증감현상을 나타내는 곡선이 달라지고, 같은 조건에서 같은 필름을 현상한다면, 현상시간과 온도는 서로 보완적인 관계이므로 한 가지 요소가 강화되었다면 나머지 요소는 적게 조정하여도 된다.

※ 저자의견 : 5회 1과목을 풀이하면서 느낀 점은 다른 회차에 비해서 1과목에서 요구하는 범위가 다소 넓다는 것이다. 아마도 가을에 출제한 출제위원 중 누군가가 이런 범위도 필요하다고 생각하는 것 같다.

이 문제 또한 방사선시험에서 필름을 현상할 때의 조건이 침투탐상검사기능사 자격을 취득하는 사람들에게까지 요구할 지식인가 싶은 생각이다.

시험을 준비하는 입장에서 준비를 하면 더 좋겠지만, 특히 1과목과 3과목에서 문항 수가 적기 때문에 중복 문항이 적고 보지 못한 영역의 문제가 자주 나온다는 것을 학습 중 느낄 수 있을 것이다. 이런 경우의 문제들이 출제되면, 중요도를 느끼는 바에 따라 학습하도록 하고, 이런 문항은 물리적, 기본적인 지식을 동원하여 최선을 다해 선택하는 쪽으로 준비하는 편이 좋지 않을까 생각한다.

14 자분탐상검사에서 자화방법 중 원형자계를 발생시키는 방법이 아닌 것은?

① 축통전법   ② 극간법

③ 직각통전법   ④ 프로드법

해설
검사방법으로 전류를 통하게 하여 자화를 시키면 통전되는 부분이 자석처럼 되어 그 극단에서 자장이 출발하고 반대쪽 극단에서 들어가게 된다. 검사방법으로 자석을 사용하면 자장을 직접 이용하게 된다. 설혹 잘 기억이 나지 않더라도 보기 3개가 통전을 이용하고 하나가 자석을 이용하므로 자장의 모양이 다르게 형성된다는 것을 유추할 수 있다.

15 침투비파괴검사의 전처리 장비로 틀린 것은?

① 증기탈지기
② 샌드브라스터
③ 수세장치
④ 자외선등

해설
자외선등은 결함 검출 단계에서 필요하다.

16 침투탐상 시의 온도가 표준 온도보다 낮은 3~15℃의 범위일 때 일반적으로 표준침투시간과 비교하여 어떻게 하는 것이 옳은 것인가?

① 표준 침투시간과 같게 한다.
② 표준 침투시간보다 시간을 줄인다.
③ 표준 침투시간보다 시간을 늘린다.
④ 표준 침투시간보다 시간을 줄였다가 다시 늘린다.

해설
침투액이 온도에 영향을 받는데, 일반적인 액체는 온도가 올라갈수록 활동성이 올라가므로 온도가 낮아졌을 때는 적심성이 떨어지는 것을 예상할 수 있다.

17 침투탐상시험의 특징에 대한 설명으로 틀린 것은?

① 비철재료, 플라스틱 등의 표면결함 검출이 가능하다.
② 시험체의 결함이 개구되어 있지 않으면 검출이 불가능하다.
③ 형태가 복잡한 시험체라도 거의 전 표면의 탐상이 가능하다.
④ 큰 시험체는 탐상이 불가능하므로 작은 규모의 시험체로 분리하여야만 적용된다.

해설
큰 시험체도 탐상이 가능하다.

18 침투처리과정을 거쳐 세척처리 후 현상제를 사용하지 않고 열풍 건조에 의해 시험체 불연속부의 침투액이 열팽창으로 인하여 시험체 표면으로 표출되어 지시 모양을 형성시키는 현상방법은?

① 무현상법   ② 습식현상법
③ 속건식현상법   ④ 건식현상법

해설
문제 본문에서 '현상제를 사용하지 않고'라고 설명하였다.

19 침투탐상검사의 결과로 나타난 지시 중 선형지시의 의미는?

① 지시의 길이가 깊이의 3배 이하인 지시
② 지시의 길이가 깊이의 3배를 초과한 지시
③ 지시의 길이가 폭의 3배 이하인 지시
④ 지시의 길이가 폭의 3배를 초과한 지시

해설
선형지시 : 가늘고 예리한 선 모양의 지시(지시의 길이가 폭의 3배 이상)

20 다른 비파괴검사와 비교 시 침투탐상검사만의 장점인 것은?

① 검사속도가 빠르고 경제적이다.
② 시험체의 국부적인 검사가 가능하다.
③ 한 번에 시험체 전체를 검사할 수 있다.
④ 시험체의 재질에 크게 제한을 받지 않는다.

[해설]
표면이 열려 있는 결함이면 시험체의 재질에 크게 영향을 받지 않고 검사가 가능하다.

21 형광침투탐상검사에 필요한 장비가 아닌 것은?

① 자외선을 비추는 자외선등
② 빛의 세기를 측정하는 조도계
③ 잔류자장을 측정하는 자장계
④ 표면 온도계

[해설]
침투탐상검사는 자력과 전자기력을 이용하지 않는다.

22 다음 중 침투액의 적심성의 설명으로 옳은 것은?

① 접촉각이 작으면 적심성이 좋다고 본다.
② 접촉각이 0°이면 적심성이 없다고 본다.
③ 접촉각이 180°이면 적심성이 좋다고 본다.
④ 적심성이 좋으면 침투가 잘되지 않는다.

[해설]
② 접촉각이 0°이면 마찰력이 없는 상태이다.
③ 접촉각이 180°이면 표면에서 흐르지 못하는 상태이다.
④ 잘 적셔서 적심성이다.

23 침투탐상시험에서 여러 개의 흐트러진 점으로 된 지시가 나타났다면 이것은 다음 중 어떤 불연속으로 판단하는 것이 적합한가?

① 얇고 넓은 균열
② 내부 깊숙한 균열
③ 용접 후 발생한 냉간균열
④ 주물 표면의 다공성 기공

[해설]
②와 ③은 검출할 수 없고, ①은 원형지시 형태일 가능성이 높다. 다공재의 표면에도 침투액이 머무를 수 있어서 다공재의 표면탐상은 침투탐상이 적절치 않다.

24 다음 침투탐상시험 중 거친 표면에 있는 결함을 탐상할 때 가장 적합한 방법은?

① 유화제법에 의한 형광침투탐상시험
② 용제법에 의한 형광침투탐상시험
③ 수세법에 의한 형광침투탐상시험
④ 유화제법에 의한 염색침투탐상시험

[해설]
의사지시의 우려가 많으므로 표면의 침투액을 잘 씻어낼 수 있는 방법을 선택한다. 보기 중 아무래도 유화제를 한 번 더 적용하는 경우보다 수세를 하는 경우가 세척이 더 용이하며 용제를 사용하면 침투액의 잔류 우려가 높다.

25 침투탐상시험에서 트라이클렌 증기 세척장치는 다음 과정 중 어느 경우에 주로 사용되는가?

① 전처리 과정
② 유화제 제거과정
③ 건조처리과정
④ 과잉침투액 제거과정

해설
증기 세척은 전처리 과정에 속한다.

26 수세성 염색침투제와 습식현상제를 사용하는 침투탐상시험에서 요구되지 않는 기구나 장치는?

① 현상조
② 건조기
③ 유화조
④ 침투액조

해설
유화처리는 후유화성 검사에서 필요한 과정이다.

27 일반적으로 사용되는 수세성 형광침투액에 대한 설명으로 틀린 것은?

① 형광 염료가 첨가되어 있다.
② 세척수를 사용한다.
③ 점도가 낮을수록 시험시간이 길어진다.
④ 수세성 염색침투액보다 검출능력이 좋다.

해설
침투액의 점도가 낮으면 침투가 빨라진다.

28 항공우주용 기기의 침투탐상검사방법(KS W 0914)에서 규정한 사용 중인 형광침투액의 형광휘도시험은 MIL 규격에 따라 사용하지 않은 침투액의 시료를 기준으로 비교하여 어느 정도를 유지하여야 하는가?

① 75% 이상
② 80% 이상
③ 85% 이상
④ 90% 이상

해설
규 정
• 휘도 : 새것의 90% 미만 휘도 시 불만족
• 수분 함유량 : 부피 비율로 5% 초과 시 불만족
• 제거성 : MIL-I-25135에 따라 실험하여 기준보다 명확히 낮을 때는 교환
• 감도 : 기준보다 명확히 낮을 때는 불만족
• 유화제
  – 제거성 : MIL-I-25315에 따라 주 1회 점검. 기준보다 낮을 때 불만족
  – 수분 함유량 : 월 1회, 기준 5%
  – 농도 : 주 1회, 굴절계를 사용하여 점검. 최초값에서 3% 변화 시 불만족
※ KS W 0914는 2014년에 폐지되었다.

29 침투탐상시험방법 및 침투지시모양의 분류(KS B 0816)에서 침투시간을 정할 때 고려하는 인자가 아닌 것은?

① 침투액의 종류
② 시험체의 재질
③ 시험체와 침투액의 온도
④ 시험체의 치수와 수량

해설
침투시간의 결정인자
• 시험체의 온도
• 시험체의 결함의 종류
• 시험체의 재질
• 침투액의 종류

30 항공우주용 기기의 침투탐상검사방법(KS W 0914)에서 지름 10cm 원 안에 존재하는 형광점의 확인으로 성능 점검하는 현상제는?

① 속건식현상제

② 수용성 현상제

③ 수현탁성 현상제

④ 건식현상제

> **해설**
> 건식현상제의 검사 규정
> • 매일 점검
> • 굳어진 건식현상제는 불만족
> • 시료를 얇게 살포 후 지름 10cm 안에 10개의 형광점이 있는지 여부
> ※ KS W 0914는 2014년에 폐지되었다.

31 침투탐상시험방법 및 침투지시모양의 분류(KS B 0816)에서 강단조품을 검사할 때 표준온도범위에서 표준현상시간은?

① 5분   ② 7분

③ 10분   ④ 15분

> **해설**
>
> | 재 질 | 형 태 | 결함의 종류 | 모든 종류의 침투액 | |
> |---|---|---|---|---|
> | | | | 침투시간 (분) | 현상시간 (분) |
> | 알루미늄, 마그네슘, 동, 타이타늄, 강 | 주조품, 용접부 | 쇳물 경계, 융합 불량, 빈 틈새, 갈라짐 | 5 | 7 |
> | | 압출품, 단조품, 압연품 | 랩(Lap), 갈라짐 | 10 | 7 |
> | 카바이드 팁붙이 공구 | – | 융합 불량, 갈라짐, 빈 틈새 | 5 | 7 |
> | 플라스틱, 유리, 세라믹 | 모든 형태 | 갈라짐 | 5 | 7 |

32 침투탐상시험방법 및 침투지시모양의 분류(KS B 0816)에서 규정하는 암실의 밝기 기준은?

① 10lx 이하   ② 20lx 이하

③ 30lx 이하   ④ 50lx 이하

> **해설**
> 암실은 20lx 이하이어야 한다.

33 침투탐상시험방법 및 침투지시모양의 분류(KS B 0816)에서 수세성 염색 침투액-습식현상법(수현탁성)을 사용하는 시험방법을 표시하는 기호는?

① VA–S   ② VA–W

③ FA–W   ④ DVA–S

34 침투탐상시험방법 및 침투지시모양의 분류(KS B 0816)에 따른 과잉침투액을 세척하는 방법이 다른 것은?

① FB–S

② DFB–S

③ FA–S

④ FC–S

> **해설**
> 잉여침투액의 제거방법에 따른 분류
>
> | 명 칭 | 방 법 | 기 호 |
> |---|---|---|
> | 방법 A | 수세에 의한 방법 | A |
> | 방법 B | 기름베이스 유화제를 사용하는 후유화에 의한 방법 | B |
> | 방법 C | 용제 제거에 의한 방법 | C |
> | 방법 D | 물베이스 유화제를 사용하는 후유화에 의한 방법 | D |
>
> ∴ 방법 C는 닦아낸다.

35 침투탐상시험방법 및 침투지시모양의 분류(KS B 0816)에서 규정한 B형 대비시험편의 재질로 옳은 것은?

① 니켈 강판
② 동 및 동합금의 판
③ 304 스테인리스 강판
④ 알루미늄 및 알루미늄 합금의 판

해설
B형
• 재료 : C2600P, C2720P, C2801P(구리계열)
• B형 대비시험편의 종류

기 호	도금 두께(μm)	도금 갈라짐 너비(목표값)
PT-B50	50±5	2.5
PT-B30	30±3	1.5
PT-B20	20±2	1.0
PT-B10	10±1	0.5

36 침투탐상시험방법 및 침투지시모양의 분류(KS B 0816)의 B형 대비시험편에 대한 내용으로 맞는 것은?

① 시험편의 치수는 길이 100mm, 너비 60mm로 한다.
② 니켈 도금과 크롬 도금을 하고, 도금면을 안쪽으로 하여 굽혀서 도금층이 갈라지게 한 후 굽힌 면을 평평하게 한다.
③ 시험편은 도금 두께 및 도금 갈라짐의 너비를 달리하여 총 6종으로 구성된다.
④ 시험편 PT-B10의 도금 두께 및 도금 갈라짐의 너비는 각각 10μm 및 0.5μm이다.

해설
35번 해설 참조

37 침투탐상시험방법 및 침투지시모양의 분류(KS B 0816)에 따라 샘플링 검사를 통해 합격한 로트의 시험체를 착색에 의한 표시를 할 때 올바른 색깔은?

① 적갈색　　　　② 흰 색
③ 적 색　　　　④ 황 색

해설
샘플링 검사인 경우 : 합격한 로트의 모든 시험체에 전수검사에 준하여 Ⓟ의 기호 또는 착색(황색)으로 표시

38 침투탐상시험방법 및 침투지시모양의 분류(KS B 0816)에서 규정한 절차서의 내용 중 옳은 것은?

① 세척 시 수압은 최소 275kPa을 유지한다.
② 알루미늄 단조품의 침투시간은 최소 10분을 유지한다.
③ 자외선등의 강도는 15인치 거리에서 최소 1,000 μm/cm^2 이상을 유지한다.
④ 암실의 조도는 자외선등 수직 아래 시험품 표면에서의 조도를 말한다.

해설
① 275kPa 이하
③ 800μW/cm^2
④ 38cm 아래에서 조도

39 침투탐상시험방법 및 침투지시모양의 분류(KS B 0816)에서 규정하고 있는 전처리 방법 중 권고하고 있지 않은 것은?

① 물 세척
② 도막박리제
③ 산 세척
④ 용제에 의한 세척

해설

제시된 전처리 방법
• 세제 세척
• 용제 세척
• 증기 탈지
• 스케일 제거용액
• 페인트 제거제
• 초음파 세척
• 기계적 세척 및 표면처리
• 알칼리 세척
• 증기 세척
• 산 세척

40 침투탐상시험방법 및 침투지시모양의 분류(KS B 0816)에서 잉여침투액을 제거하는 방법 중 기호 C로 표시되는 것은?

① 수세에 의한 방법
② 물베이스 유화제를 사용하는 후유화에 의한 방법
③ 용제 제거에 의한 방법
④ 기름베이스 유화제를 사용하는 후유화에 의한 방법

해설

34번 해설 참조

41 침투탐상시험방법 및 침투지시모양의 분류(KS B 0816)에 따른 침투탐상시험 결과의 판정에서 선상결함에 대한 설명으로 가장 옳은 것은?

① 갈라짐 이외의 결함으로 길이가 너비의 3배 이하인 지시
② 갈라짐 이외의 결함으로 길이가 너비의 3배 이상인 지시
③ 갈라짐 이외의 결함으로 길이가 너비의 2배 이상인 지시
④ 갈라짐 이외의 결함으로 길이가 너비의 2배 이하인 지시

해설

19번 해설 참조

42 침투탐상시험방법 및 침투지시모양의 분류(KS B 0816)에서 VC-S 시험방법에 관한 설명으로 옳은 것은?

① 형광침투액을 사용한다.
② 잉여침투액은 용제로 제거한다.
③ 수용성 현상제를 사용하여 현상한다.
④ 수현탁성 현상제를 사용하여 현상한다.

해설

KS B 0816 표1, 3을 참조하면 VC-S는 용제 제거성 침투액을 사용하고 속건식현상제를 사용하는 방법이다.

43 비금속 개재물에 관한 설명 중 틀린 것은?

① 재료 내부에 점 상태로 존재한다.

② 인성을 증가시키나, 메짐의 원인이 된다.

③ 열처리를 할 때에 개재물로부터 균열이 발생한다.

④ 비금속 개재물에는 Fe_2O_3, FeO, MnO, SiO_2 등이 있다.

해설

핵심이론에서는 다루지 않은 부분이다. 용접이나 소성가공의 작업에서 재료 내부에 금속이 아닌 이물질이 들어간 것을 비금속 개재물이라고 한다. 기타 금속성 불순물처럼 특별한 성질을 갖는 것이 아니라, 내부에 존재하는 이물질이나 티끌로 생각하고 문제를 풀어본다.

44 고속도 공구강의 특징을 설명한 것 중 틀린 것은?

① 고속도 공구강은 2차 경화강이다.

② 고온에서 경도의 감소가 적은 것이 특징이다.

③ 표준 고속도 공구강은 0.8~1.5% C, 18% W, 4% Cr, 1% V 그 외 Fe이다.

④ Mo계 고속도 공구강은 열전도율이 나빠 열처리가 잘되지 않는 특징이 있다.

해설

Mo계는 W의 일부를 Mo로 대치한다. W계보다 가격이 싸고, 인성이 높으며, 담금질 온도가 낮을 뿐 아니라 열전도율이 양호하여 열처리가 잘된다.

45 Cu에 Pb을 28~42%, 2% 이하의 Ni 또는 Ag, 0.8% 이하의 Fe, 1% 이하의 Sn을 함유한 Cu 합금으로 고속 회전용 베어링 등에 사용되는 합금은?

① 켈밋메탈　　　　② 코슨 합금

③ 델타메탈　　　　④ 애드미럴티 합금

해설

켈밋(Kelmet) : 28~42% Pb, 2% 이하의 Ni 또는 Ag, 0.8% 이하의 Fe, 1% 이하의 Sn을 함유한다. 고속 회전용 베어링, 토목 광산기계에 사용한다.

46 면심입방격자를 나타내는 기호로 옳은 것은?

① HCP　　　　② BCC

③ FCC　　　　④ BCT

해설

면(Face)심(Centered)입방격자(Cubic)

47 비중 7.14, 용융점 419℃, 조밀육방격자인 금속으로 주로 도금, 건전지, 인쇄판, 다이캐스팅용 및 합금용으로 사용되는 것은?

① Ni　　　　② Cu

③ Zn　　　　④ Al

해설

아연(Zn)

비중은 7.14이고, 용융점은 약 419℃이며 조밀육방격자 금속이다. 청백색의 저용융점 금속이고 도금용, 전지, 다이캐스팅용 및 기타 합금용으로 사용되는 금속이다.

48 금속의 재결정온도, 가공도 등에 대한 설명으로 옳은 것은?

① 가공도가 클수록 재결정온도는 낮다.

② 가열시간이 길수록 재결정온도는 높아진다.

③ 재결정 입자의 크기는 가공도에 영향을 받지 않는다.

④ 금속 및 합금은 종류에 관계없이 재결정온도가 같다.

해설

가공도가 크다는 것은 재료 내부에 이미 많은 에너지가 투입되어 변형되었다는 의미이다. 재결정은 다시 결정을 조직을 하는 과정이므로 또 많은 에너지가 투입되어야 정돈이 가능하다. 따라서 재결정하는 데 더 많은 열, 즉 에너지가 필요하다.

49 비정질 합금에 대한 설명으로 옳은 것은?

① 균질하지 않은 재료로서 결정이방성이 있다.

② 강도가 낮고 연성이 작고, 가공경화를 일으킨다.

③ 제조법에는 단롤성, 쌍롤법, 원심급랭법 등이 있다.

④ 액체 급랭법에서 비정질 재료를 용이하게 얻기 위해서는 합금에 함유된 이종원소의 원자 반경이 같아야 한다.

해설

용탕에 의한 급랭법 : 원심급랭법, 단롤법, 쌍롤법

50 표준 저항선, 열전쌍용 선으로 사용되는 Ni 합금인 콘스탄탄(Constantan)의 구리 함유량은?

① 5~15%

② 20~30%

③ 30~40%

④ 50~60%

해설

콘스탄탄은 Ni-Cu계 합금이며 55~60% Cu를 함유하고 있다.

51 금속의 결정격자에서 공간격자는 무엇으로 구성되어 있는가?

① 분 자   ② 쌍 정

③ 전 위   ④ 단위격자

해설

결정입자의 원자들을 연결해 보면 규칙적인 입체 배열을 가지고 있는데 이를 공간격자라 한다. 공간격자를 최소 단위로 잘라보면 면심입방격자, 체심입방격자, 조밀육방격자와 같은 기본 단위격자를 가지고 있다.

52 6 : 4 황동으로 상온에서 $\alpha + \beta$ 조직을 갖는 재료는?

① 알드리

② 알클래드

③ 문쯔메탈

④ 플래티나이트

해설

문쯔메탈 : 영국인 Muntz가 개발한 합금으로 6-4 황동이다. 적열하면 단조할 수 있어서 가단 황동이라고도 한다. 배의 밑바닥 피막을 입히거나 그 외 해수에 직접 닿을 수 있는 장소의 볼트 및 리벳 등에 사용된다.

48 ① 49 ③ 50 ④ 51 ④ 52 ③ 정답

53 저용융점 합금(Fusible Alloy)의 원소로 사용되는 것이 아닌 것은?

① W
② Bi
③ Sn
④ In

해설
Mo는 2,610℃로 높은 고용융점을 갖는다.

54 다음 중 주철의 주합금원소로 옳은 것은?

① Fe-C
② Cu-Mn
③ Al-Cu
④ Co-Ti

해설
주철은 Fe_3C의 불순물을 2.0% 이상 함유하고 있다.

55 황동의 합금 주성분을 옳게 표시한 것은?

① Cu-Ti
② Cu-Zn
③ Cu-Ni
④ Cu-Sb

해설
구리 합금은 크게 황동과 청동으로 나뉘며 구리에 주석을 주로 합금한 것을 청동, 구리에 아연을 주로 합금한 것을 황동이라 한다. 기계적으로는 황동의 용도가 다소 넓으므로 황동을 잘 학습할 필요가 있다.

56 다음 중 부식에 대한 저항성이 가장 강한 것은?

① 순 철
② 연 강
③ 경 강
④ 고탄소강

해설
입계에서 부식이 일어난다는 점을 감안하면, 어떤 형태든 불순물이 적은 쪽이 내식성에서는 유리하다.

57 다음 중 주철의 성장 원인이라 볼 수 없는 것은?

① Si 산화에 의한 팽창

② 시멘타이트의 흑연화에 의한 팽창

③ A₄ 변태에서 무게 변화에 의한 팽창

④ 불균일한 가열로 생기는 균열에 의한 팽창

해설
주철의 성장 원인
- 주철조직에 함유되어 있는 시멘타이트는 고온에서 불안정 상태로 존재
- 주철이 고온 상태가 되어 450~600℃에 이르면 철과 흑연으로 분해하기 시작
- 750~800℃에서 완전 분해되어 시멘타이트의 흑연화가 됨
- 불순물로 포함된 Si의 산화에 의해 팽창
- A₁ 변태점 이상 온도에서 장시간 방치하거나 다시 되풀이하여 가열하면 점차 그 부피가 증가되는 성질이 있는데 이러한 현상을 주철의 성장이라 한다.

59 33.7L의 산소 용기에 150kgf/cm²로 산소를 충전하여 대기 중에서 환산하면 산소는 몇 L인가?

① 5,055　　　② 6,015

③ 7,010　　　④ 7,055

해설
33.7L × 150배 = 5,055L
(∵ 1kgf/cm²를 대기압으로 보므로 대기압에 비해 150배 압축)

58 직류 용접 시 정극성과 비교한 역극성(DCRP)의 특징에 대한 설명으로 올바른 것은?

① 모재의 용입이 깊다.

② 비드폭이 좁다.

③ 용접봉의 용융이 느리다.

④ 주철, 고탄소강, 합금강, 용접 시 적당하다.

해설
- 정극성 : 모재의 용입이 깊고, 비드폭이 좁으며, 용접봉의 용융이 느리다.
- 역극성 : 용입이 얕고, 비드가 상대적으로 넓으며, 모재 쪽 용융이 느리다. 얇은 판에 유리하다.

60 수직 자세나 수평필릿 자세에서 운봉법이 나쁘면 수직 자세에서는 비드 양쪽, 수평필릿 자세에서는 비드 위쪽 토(Toe)부에 모재가 오목한 부분이 생기는 것은?

① 오버랩

② 스패터

③ 자기불림

④ 언더 컷

해설
언더 컷 : 모재와 비드의 경계 부분에 팬 홈이 생기는 것으로 과대전류, 용접봉의 부적절한 운봉, 지나친 용접속도, 긴 아크 길이가 원인이 된다.

2014년 제1회 과년도 기출문제

01 비파괴검사법 중 일반적으로 결함의 깊이를 가장 정확히 측정할 수 있는 시험법은?

① 자분탐상시험
② 침투탐상시험
③ 방사선투과시험
④ 초음파탐상시험

해설
초음파의 주파수는 초당 떨린 횟수이며, 한 번 떨릴 때 진행한 거리가 파장이다. 즉, 초음파는 거리값인 파장을 이용하여 비교적 정확히 탐색체의 위치를 파악할 수 있다.

02 시험체를 가압 또는 감압하여 일정한 시간이 지난 후 압력 변화를 계측하여 누설검사하는 방법을 무엇이라 하는가?

① 헬륨 누설검사
② 암모니아 누설검사
③ 압력변화 누설검사
④ 전위차에 의한 누설검사

해설
압력변화시험은 누설 여부 정도를 알 수 있는 시험법이다.

03 형광침투액을 사용한 침투탐상시험의 경우 자외선등 아래에서 결함지시가 나타내는 일반적인 색은?

① 갈 색
② 자주색
③ 황록색
④ 청 색

해설
형광침투액을 자외선등으로 조사(照射)하면 황록색(일반적으로 형광색이라 부르는 색)의 발광(發光)이 생긴다.

04 다른 비파괴검사법과 비교했을 때 방사선투과시험의 특징에 대한 설명으로 틀린 것은?

① 표면균열만을 검출할 수 있다.
② 반영구적인 기록이 가능하다.
③ 내부결함의 검출이 가능하다.
④ 방사선 안전관리가 요구된다.

해설
방사선투과시험은 깊은 내부결함 검출, 압력용기 용접부의 슬래그 혼입의 검출, 체적검사 등이 가능하다.

05 자분탐상시험에서 자력선 성질이 아닌 것은?

① N극에서 나와서 S극으로 들어간다.
② 자력선의 밀도가 큰 곳은 자계가 세다.
③ 자력선의 밀도는 그 점에서 자계의 세기를 나타낸다.
④ 자력선은 도중에서 갈라지거나 서로 교차한다.

해설
자력선
자계의 상태를 알기 쉽게 하기 위해 가상으로 그린 선이다. N극에서 나와 S극으로 들어가고 접선은 자계의 방향, 밀도는 자계의 세기를 나타낸다. 자력은 서로 당겨지거나 밀어내므로 겹치거나 교차하지 않는다.

06 비파괴검사의 신뢰도를 향상시킬 수 있는 내용을 설명한 것으로 틀린 것은?

① 비파괴검사를 수행하는 기술자의 기량을 향상시켜 검사의 신뢰도를 높일 수 있다.

② 제품 또는 부품에 적합한 비파괴검사의 선정을 통해 검사의 신뢰도를 향상시킬 수 있다.

③ 제품 또는 부품에 적합한 평가 기준의 선정 및 적용으로 검사의 신뢰도를 향상시킬 수 있다.

④ 검출 가능한 모든 지시 및 불연속을 제거함으로써 검사의 신뢰도를 향상시킬 수 있다.

해설
④에서 기술된 방법은 경제성이 없는 방법으로 적용하기 어렵다.

07 표면코일을 사용하는 와전류탐상시험에서 시험코일과 시험체 사이의 상대 거리의 변화에 의해 지시가 변화하는 것을 무엇이라 하는가?

① 오실로스코프 효과

② 표피효과

③ 리프트 오프 효과

④ 카이저 효과

해설
③ 리프트 오프 효과 : 코일과 시험면 사이 거리가 변할 때마다 출력이 달라지는 효과
④ 카이저 효과 : 어느 시험체에 응력이 걸린 경험이 있는 경우에 다시 그 응력, 즉 그 하중 이상이 되기 전까지는 거의 음향 방출이 되지 않는 현상

08 방사선투과시험시 농도가 짙은 사진이 나오는 일반적인 이유 2가지가 모두 옳은 것은?

① 초과 노출과 과현상

② 불충분한 세척과 과현상

③ 초과 노출과 오염된 정착액

④ 오염된 정착액과 불충분한 세척

해설
• 초과 노출 : 방사선을 필요한 양 이상으로 노출
• 과현상 : 감도가 지나침

09 초음파 진동자에서 초음파의 발생효과는 무엇인가?

① 진동효과   ② 압전효과

③ 충돌효과   ④ 회절효과

해설
초음파 발생의 여러 방법 중 전자력을 이용하는 방법과 압전소자를 이용하는 방법이 실용화되어 있다. 압전소자는 압력(힘)이 가해지면 전압이 발생하는데 이를 압전효과라 한다.

10 기포누설시험에 사용되는 발포액의 특성으로 옳지 않은 것은?

① 점도가 높을 것

② 적심성이 좋을 것

③ 표면장력이 작을 것

④ 시험품에 영향이 없을 것

해설
발포액의 점도가 높을수록 기포 형성에 드는 압력이 커야 한다.

11 직선도체에 500A의 전류를 통했을 때 도선의 중심에서 50cm 떨어진 위치에서의 자계의 세기는 얼마인가?

① 약 1.6A/m

② 약 3.2A/m

③ 약 160A/m

④ 약 320A/m

해설

직선전류가 만드는 자장을 식으로 나타내면

$$|B| = \frac{\mu_0 I}{2\pi r}$$

여기서, μ_0 : 진공의 자기 밀도

I : 전류량

r : 거리

즉, $|B| = \frac{\mu_0 I}{2\pi r} = \frac{1 \times 500}{2 \times 3.14 \times 0.5} = 159.24(A/m)$

※ μ_0은 다른 조건이 없고 추정값을 구하는 것이므로, 1로 가정한다.

12 자분탐상시험의 특징에 대한 설명으로 틀린 것은?

① 핀홀과 같은 점 모양의 결함은 검출이 어렵다.

② 자속 방향이 불연속 위치와 수직하면 결함 검출이 어렵다.

③ 시험체 두께 방향의 결함 깊이에 관한 정보는 얻기가 어렵다.

④ 표면으로부터 깊은 곳에 있는 결함의 모양과 종류를 알기는 어렵다.

해설

자속은 가능한 한 결함면에 수직이 되도록 함

13 단면적 1m²인 환봉을 10kgf의 하중으로 인장할 경우 인장응력은?

① 0.098Pa

② 9.8Pa

③ 98Pa

④ 980Pa

해설

$\sigma = 10\text{kgf}/m^2 = 10\text{kg} \times 9.81 m/s^2 \div m^2$

$= 10 \times 9.81(\text{kg} \times m/s^2)/m^2 = 98.1N/m^2 \fallingdotseq 98Pa$

14 내마모성이 요구되는 부품의 표면경화층 깊이나 피막 두께를 측정하는 데 쓰이는 비파괴검사법은?

① 적외선분석검사(IRT)

② 방사선투과검사(RT)

③ 와전류탐상검사(ECT)

④ 음향방출검사(AE)

해설

리프트 오프 효과는 표면경화층 깊이나 피막 두께 측정에 이용한다.

15 침투탐상시험에서 침투액이 시험체 표면의 결함 속으로 침투하는 데 영향을 미치는 인자로 옳은 것은?

① 모세관 현상, 적심성, 표면장력

② 모세관 현상, 시험면의 청결도, 조명의 밝기

③ 모세관 현상, 결함의 형상, 강자성 시험체

④ 모세관 현상, 표면장력, 자장의 세기

해설

침투에 영향을 미치는 요인

• 표면 청결도

• 표면에 열린 형상

• 열린 부분의 크기

• 침투액의 표면장력과 적심성

16 다음 중 현상제가 지녀야 할 특성에 관한 설명으로 틀린 것은?

① 현상막을 제거하기 쉬워야 한다.

② 건식현상제는 투명도가 있는 것이어야 한다.

③ 염색침투탐상에 사용하는 현상제는 백색도가 낮아야 한다.

④ 형광침투액을 사용할 때는 자외선에 의해 형광을 발하지 않아야 한다.

해설
배경색과 색 대비를 개선하는 작용을 해야 한다.

17 다공질이나 흡수성 재료의 검사에 이용되지만 검사의 신뢰성이나 정확도를 기대하기 어려운 침투탐상 방법은 무엇인가?

① 기체 방사성 동위원소법

② 후유화성 침투탐상검사

③ 휘발성 액체법

④ 하전입자법

해설
침투탐상방법은 다공성 재질을 탐상하기 불가능하지만 입자여과 법으로 검사가 가능하다. 이를 유성액체에 입자를 입혀 시험체면에 적용하면 결함 부위에 더 많이 흡수되어 관찰할 수 있다. 그러나 결함의 위치와 크기 등을 확인하는 방법이므로 미세한 결함 검출에는 부적합하다. 보기 중 휘발성 액체 입자에 색깔을 입혀 시험체에 적용하는 방법이 해당된다.

18 형광침투액의 구성성분 중 가장 높은 함량을 갖는 성분은?

① 유성 형광염료

② 유성 계면활성제

③ 연질 석유계 탄화수소

④ 프탈산에스테르

해설
③ 연질 석유계 탄화수소 : 유기용제로 쓰이며 유기용제란 어떤 물질을 녹여 사용하는 매질을 말한다.
④ 프탈산에스테르 : 가소제로 사용되며 가소제란 소성을 늘려 주는 물질을 말한다.

19 다음 중 침투탐상검사로 검출이 가능한 결함이 아닌 것은?

① 단조품의 겹침

② 주조품의 열간 터짐

③ 용접부의 표면균열

④ 주조품의 내부수축공

해설
침투탐상으로 검출 가능한 결함은 표면이 개방되어 있어야 한다.

20 수용성 습식현상제는 물에 백색현상 분말을 현탁하여 사용한다. 이 현상액의 농도를 측정하는 기구는?

① pH 미터

② 비중계

③ 점도계

④ 룩스미터

해설
① pH 미터 : 산도 측정
③ 점도계 : 점도 측정
④ 룩스(lx)미터 : 밝기 측정

21 기온이 급강하하여 에어졸형 탐상제의 압력이 낮아져서 분무가 곤란할 때 검사자의 조치방법으로 가장 적합한 것은?

① 새것과 언 것을 교대로 사용한다.

② 온수 속에 탐상 캔을 넣어 서서히 온도를 상승시킨다.

③ 에어졸형 탐상제를 난로 위에 놓고 온도를 상승시킨다.

④ 일단 언 상태에서는 온도를 상승시켜도 제 기능을 발휘하지 못하므로 폐기한다.

해설
에어졸 탐상제가 기온 저하로 분무가 안 될 때는 온수 속에 담가서 서서히 내부 온도를 올린다.

22 침투탐상시험에서 적심성을 측정하는 방법은?

① 표면장력

② 모세관 현상

③ 점 성

④ 접촉각

해설
• 접촉각이 작을 때(90° 이하) : 적심성이 높다.
• 접촉각이 클 때(90° 이상) : 적심성이 낮다.

23 침투액의 성질에 관한 설명으로 틀린 것은?

① 낮은 인화점을 가져야 한다.

② 점성은 침투속도에 영향을 준다.

③ 접촉각이 작을수록 적심성이 좋다.

④ 휘발되는 속도가 너무 빠르지 않아야 한다.

해설
인화점이란 발화되는 온도, 즉 불이 붙는 온도를 의미한다. 상온이나 일상에서 발생할 수 있는 온도범위에서 불이 붙는다면 위험하다.

24 다음 중 침투액의 침투시간에 크게 영향을 미치는 인자와 거리가 먼 것은?

① 침투액의 종류

② 시험체의 무게

③ 시험체의 재질

④ 예측되는 결함의 종류

해설
침투시간의 결정인자
• 시험체의 온도
• 시험체 결함의 종류
• 시험체의 재질
• 침투액의 종류

25 침투탐상시험에서 시험체에 침투액을 적용한 후 배액시간이 너무 길어지면 나타나는 현상으로 틀린 것은?

① 침투액이 건조하게 된다.

② 침투효과가 저하된다.

③ 세척처리가 곤란하다.

④ 현상이 쉬워진다.

해설
배액시간이 길어지면 침투액이 건조되어 세척이 곤란하고, 깔끔한 현상을 기대하기 어려워진다.

26 다음 중 모세관 현상에서 관 속 액면의 높이가 낮은 물질은?

① 물 　　　　　　② 수 은
③ 기 름 　　　　　④ 알코올

> 해설
> 모세관 현상에서 관의 부착력이 액체의 응집력보다 큰 경우는 벽면을 따라 액체가 따라 올라가므로 관 속 액면의 높이가 높고, 반대로 액체의 응집력이 관의 부착력보다 큰 경우는 벽면에 잘 부착되지 않고 액체끼리 응집하므로 관 바깥의 액면보다 관 속의 액면이 더 낮게 된다. 일반적으로 액체 상태의 비중이 높은 물질이 액체의 응집력이 더 높다.

27 다음 중 알루미늄 대비시험편의 특성에 관한 설명으로 틀린 것은?

① 시험편의 제작이 간편하다.
② 비교적 미세한 균열을 만들 수 있다.
③ 균열의 폭 및 깊이를 조정할 수 있다.
④ 장시간 반복하여 사용하면 균열의 재현성이 나빠진다.

> 해설
> 알루미늄(A형) 시험편의 장단점
> • 장점 : 시험편 제작이 간단하고, 균열 형상이 자연스러우며 다양하고, 비교적 미세한 균열이 얻어진다.
> • 단점 : 급가열·급랭하므로 균열 치수를 조정하기 어렵고, 반복 사용 시 산화작용에 의해 재현성이 점점 나빠진다.

28 침투탐상시험방법 및 침투지시모양의 분류(KS B 0816) 에서 사용하는 A형 대비시험편의 재료는?

① 철
② 구 리
③ 니 켈
④ 알루미늄

> 해설
> A형은 알루미늄, B형은 구리 계열이다.

29 항공우주용 기기의 침투탐상검사방법(KS W 0914) 에 따라 지시모양 관찰에 대한 사항 중 틀린 것은?

① 염색침투탐상검사의 경우 조명장치는 검사대상품의 표면에 최소 1,000lx의 백색광을 방사하는 것일 것
② 형광침투탐상검사의 경우 주위 배경의 백색광은 20lx 이하일 것
③ 자외선조사장치는 자외선 필터 앞면에서 38cm 되는 거리에서 방사조도가 $800\mu\text{W/cm}^2$ 이상일 것
④ 염색침투탐상장치의 관찰 장소는 월 1회 점검할 것

> 해설
> 관찰 장소는 항상 깨끗해야 한다.
> ※ KS W 0914는 2014년에 폐지되었다.

30 침투탐상시험방법 및 침투지시모양의 분류(KS B 0816) 에서 규정한 필요시 침투결함의 기록방법에 속하지 않는 것은?

① 도 면 　　　　　② 사 진
③ 스케치 　　　　　④ 전 사

> 해설
> 침투지시모양은 도면, 사진, 스케치, 전사 등으로 기록하고, 침투결함은 도면, 사진, 스케치 등으로 기록한다.

31 침투탐상시험방법 및 침투지시모양의 분류(KS B 0816)에서 기름베이스 유화제와 형광침투액을 함께 쓸 때 유화시간의 규정으로 옳은 것은?

① 침투제 적용 후 즉시

② 침투제 적용 후 3분 이내

③ 유화제 적용 후 즉시

④ 유화제 적용 후 3분 이내

해설

유화시간

기름베이스 유화제 사용 시	형광침투액의 경우	3분 이내
	염색침투액의 경우	30초 이내
물베이스 유화제 사용 시	형광침투액의 경우	2분 이내
	염색침투액의 경우	2분 이내

32 항공우주용 기기의 침투탐상검사방법(KS W 0914)에서 침투액을 침지법으로 적용할 경우 총체류시간은?

① 총체류시간의 1/3

② 총체류시간의 1/2

③ 총체류시간의 2/3

④ 총체류시간의 3/4

해설

침투액을 침지법으로 적용할 경우에는 구성 부품의 침지시간은 총체류시간의 1/2 이하이어야 한다(KS W 0914. 5.2).

※ KS W 0914는 2014년에 폐지되었다.

33 침투탐상시험방법 및 침투지시모양의 분류(KS B 0816)에서 사용되는 A형 대비시험편에 관한 설명으로 틀린 것은?

① 시험편의 재료는 A2024P이다.

② 시험편의 두께는 8~10mm이다.

③ 시험편의 크기는 길이 75mm, 너비 50mm이다.

④ 시험편의 중앙부에 깊이 2mm의 흠을 기계가공한다.

해설

A형 대비시험편

• 재료 : A2024P(알루미늄 재)

• 기호 : PT-A

• 제작방법 : 판의 한 면 중앙부를 분젠버너로 520~530℃로 가열한 면에 물을 뿌려서 급랭시켜 갈라지게 한다. 이후 반대편도 갈라지게 하여 중앙부에 흠을 기계가공한다.

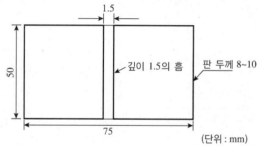

34 침투탐상시험방법 및 침투지시모양의 분류(KS B 0816)에서 침투지시모양의 분류에 대한 설명으로 틀린 것은?

① 모양 및 존재 상태에 따라 분류한다.

② 연속지시의 크기는 개개의 길이 및 상호거리를 합한 값이나.

③ 선상침투지시모양은 길이가 너비의 3배 미만인 것이다.

④ 선상침투지시 이외의 것은 갈라짐이나 원형상 지시이다.

해설

선상결함 : 갈라짐 이외의 결함 중 그 길이가 너비의 3배 이상인 것

35 침투탐상시험방법 및 침투지시모양의 분류(KS B 0816)에 의한 다음 시험방법 중 암실이 필요하지 않은 것은?

① 수세성 형광침투액을 사용

② 용제 제거성 형광침투액 사용

③ 용제 제거성 염색침투액 사용

④ 후유화성 형광침투액 사용

해설

형광침투액 이용 시 암실이 필요하며, 염색침투탐상시험에서는 500lx 이상의 밝기가 필요하다.

37 항공우주용 기기의 침투탐상검사방법(KS W 0914)에서 규정한 친유성 유화제의 점검주기와 수분 함유량의 범위가 옳게 연결된 것은?

① 주 1회 – 3% 이하

② 주 1회 – 5% 이하

③ 월 1회 – 3% 이하

④ 월 1회 – 5% 이하

해설

유화제

• 제거성 : MIL-I-25315에 따라 주 1회 점검. 기준보다 낮을 때 불만족

• 수분 함유량 : 월 1회, 기준 5%

• 농도 : 주 1회, 굴절계를 사용하여 점검. 최초값에서 3% 변화 시 불만족

※ KS W 0914는 2014년에 폐지되었다.

38 항공우주용 기기의 침투탐상검사방법(KS W 0914)에서 과거에 실시한 청정화, 표면처리 또는 실제의 사용에 의해 검사의 유효성을 저하시키는 표면 상태를 생성하고 있는 징후가 인정되는 경우에 어떤 처리를 하도록 규정하는가?

① 에 칭　　　　　② 물리적 청정화

③ 기계적 청정화　　④ 용제에 의한 청정화

해설

에칭 : 화학적인 부식작용을 이용한 가공법

※ KS W 0914는 2014년에 폐지되었다.

36 침투탐상시험방법 및 침투지시모양의 분류(KS B 0816)에 따른 침투탐상시험 중 '전처리 – 침투처리 – 제거처리 – 현상처리 – 관찰 – 후처리'의 순서로 하는 시험방법은?

① 용제 제거성 염색침투액 – 속건식현상법

② 용제 제거성 형광침투액 – 수현탁성 습식현상법

③ 후유화성 형광침투액(물베이스 유화제) – 속건식현상법

④ 후유화성 형광침투액(물베이스 유화제) – 수현탁성 습식현상법

39 침투탐상시험방법 및 침투지시모양의 분류(KS B 0816)에서 물에 의한 잉여 형광침투액의 제거 시 특별한 규정이 없는 경우 수온은 몇 ℃를 넘지 않도록 규정하고 있는가?

① 40　　　　　② 60

③ 75　　　　　④ 100

해설

형광침투액을 사용할 경우 수온은 특별한 규정이 없을 때에는 10~40℃로 한다.

40 침투탐상시험방법 및 침투지시모양의 분류(KS B 0816)에 규정한 속건식현상제의 적용법으로 틀린 것은?

① 분 무

② 붓 기

③ 침 지

④ 붓 칠

침지시키면 빨리 건조시키기 어렵다.

41 침투탐상시험방법 및 침투지시모양의 분류(KS B 0816)에서 용제 세척액이 필요한 경우의 시험방법은?

① FA-D, VA-W

② FB-A, VB-W

③ FA-D, FB-A

④ FC-A, VC-W

F와 V 뒤의 C기호는 용제 제거의 방법을 의미한다.

42 침투탐상시험방법 및 침투지시모양의 분류(KS B 0816)에서 잉여침투액의 제거방법 중 잘못된 것은?

① 적절한 헹구기 기법을 사용한다.

② 수온이 80℃ 정도인 물을 사용한다.

③ 깨끗한 천을 사용한다.

④ 깨끗한 종이(휴지)를 사용한다.

형광침투액을 사용할 경우 수온은 특별한 규정이 없을 때에는 10~40℃로 한다.

43 Fe-C 평형상태도에서 자기변태만으로 짝지어진 것은?

① A_0변태, A_1변태

② A_1변태, A_2변태

③ A_0변태, A_2변태

④ A_3변태, A_4변태

• A_1 : 순철 외의 강과 철이 공석이 일어나는 공석선
• A_3 : 순철의 상이 α에서 γ로 변함
• A_4 : 순철의 상이 γ에서 δ로 변함

44 분말상 Cu에 약 10% Sn 분말과 2% 흑연 분말을 혼합하고, 윤활제 또는 휘발성 물질을 가한 후 가압 성형하여 소결한 베어링 합금은?

① 켈밋 메탈

② 배빗 메탈

③ 앤티프릭션

④ 오일리스 베어링

오일리스 베어링 : Cu 분말에 10% 정도의 Sn 분말과 2% 정도의 흑연 분말을 배합하여 압축 성형하여 소결한 베어링 합금이다. 소결 베어링용 합금이라고도 한다.

45 다음 중 슬립(Slip)에 대한 설명으로 틀린 것은?

① 슬립이 계속 진행하면 변형이 어려워진다.

② 원자밀도가 최대인 방향으로 슬립이 잘 일어난다.

③ 원자밀도가 가장 큰 격자면에서 슬립이 잘 일어난다.

④ 슬립에 의한 변형은 쌍정에 의한 변형보다 매우 작다.

해설
• Slip : 미끄러짐. 결정계의 면과 면에서 미끄러짐이 반복되어 소성변형이 일어난다.
• 쌍정 : 결정면을 기준으로 조직이 대칭을 이루는 결합
• 전위(Dislocation) : 비어 있는 공공을 이용해서 원자가 위치를 바꾸는 현상
• 편석 : 재료 속에 하나의 성분이 한 부분에 몰려 결정되는 현상으로 소형변형이 쌓이면 소성이 떨어진다.

46 보통주철(회주철) 성분에 0.7~1.5% Mo, 0.5~4.0% Ni을 첨가하고 별도로 Cu, Cr을 소량 첨가한 것으로 강인하고 내마멸성이 우수하여 크랭크축, 캠축, 실린더 등의 재료로 쓰이는 것은?

① 듀리론

② 니-레지스트

③ 애시큘러 주철

④ 미하나이트 주철

해설
애시큘러 주철은 고력 합금 주철에 속한다.

47 다음 중 형상기억합금으로 가장 대표적인 것은?

① Fe-Ni

② Ni-Ti

③ Cr-Mo

④ Fe-Co

해설
형상기억합금
특정 온도 이상으로 가열하면 변형되기 이전의 원래 상태로 돌아가는 성질을 가진 것으로, Ni-Ti을 이용하여 제작한 합금이다.

48 주철에서 어떤 물체에 진동을 주면 진동에너지가 그 물체에 흡수되어 점차 약화되면서 정지하게 되는 것과 같이 물체가 진동을 흡수하는 능력은?

① 감쇠능

② 유동성

③ 연신능

④ 용해능

해설
① 감쇠능 : 감쇠시키는 능력
② 유동성 : 유연하게 움직이는 성질
③ 연신능 : 잘 늘어나는 능력
④ 용해능 : 잘 융해되는(녹는) 능력

49 탄소강 중에 포함된 구리(Cu)의 영향으로 옳은 것은?

① 내식성을 저하시킨다.
② Ar₁의 변태점을 저하시킨다.
③ 탄성한도를 감소시킨다.
④ 강도, 경도를 감소시킨다.

해설

탄소강에 영향을 주는 5대 불순물로 C, Si, Mn, P, S의 영향을 들 수 있고, 미미한 영향을 주는 원소로 Cu 등이 있다. Cu의 영향은 Ar₁의 변태점을 저하시킨다.

※ 합금강에서 Cu의 영향을 연결해서 알아두는 식으로 공부하는 편이 낫다.

51 체심입방격자(BCC)의 근접 원자간 거리는?(단, 격자정수는 a이다)

① a

② $\dfrac{1}{2}a$

③ $\dfrac{1}{\sqrt{2}}a$

④ $\dfrac{\sqrt{3}}{2}a$

해설

체심입방형은 정육면체의 한가운데 원자가 있고, 8개의 꼭짓점에 원자가 있는 형태이므로 입자 대각선의 길이가 $\sqrt{3}$ 이므로 입자 간 거리는 그 절반인 $\dfrac{\sqrt{3}}{2}$, 면심입방형의 격자 간 거리는 $\dfrac{1}{\sqrt{2}}a$ 이다.

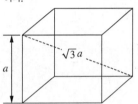

50 다음 중 소성가공에 해당되지 않는 가공법은?

① 단 조
② 인 발
③ 압 출
④ 표면처리

해설

소성가공의 종류
단조, 인발, 압연, 압출, 굽힘, 프레스 가공

52 비중 7.14, 용융점 약 419℃이며 다이캐스팅용으로 많이 이용되는 조밀육방격자 금속은?

① Cr   ② Cu
③ Zn   ④ Pb

해설

아연(Zn)
비중은 7.14이고, 용융점은 약 419℃이며 조밀육방격자 금속이다. 청백색의 저용융점 금속이고 도금용, 전지, 다이캐스팅용 및 기타 합금용으로 사용되는 금속이다.

※ 아연은 다이캐스팅용 합금 원소라는 설명과 조밀육방격자라는 설명, 비중에 관한 설명이 번갈아 반복되고 있다.

53 다음 중 시효경화성이 있는 합금은?

① 실루민

② 알팍스

③ 문쯔메탈

④ 두랄루민

두랄루민
- 단련용 Al 합금 : Al–Cu–Mg계이며 4% Cu, 0.5% Mg, 0.5% Mn, 0.5% Si
- 시효경화성 Al 합금 : 가볍고 강도가 크므로 항공기, 자동차, 운반기계 등에 사용된다.

54 6:4 황동에 철을 1% 내외 첨가한 것으로 주조재, 가공재로 사용되는 합금은?

① 인 바

② 라우탈

③ 델타메탈

④ 하이드로날륨

델타메탈은 특수황동의 일종으로 인장강도와 인성이 좋아 가공재로 사용되며 주조성이 좋아 주조재로 사용된다.

55 다음 중 볼트, 너트, 전동기축 등에 사용되는 것으로 탄소함량이 약 0.2~0.3% 정도인 기계구조용 강재는?

① SM25C

② STC4

③ SKH2

④ SPS8

기계구조용 강재의 기호는 SM이며, 뒤의 25C는 탄소(C)가 0.25% 함유되어 있다는 의미이다.

56 주철의 물리적 성질을 설명한 것 중 틀린 것은?

① 비중은 C, Si 등이 많을수록 커진다.

② 흑연편이 클수록 자기감응도가 나빠진다.

③ C, Si 등이 많을수록 용융점이 낮아진다.

④ 화합 탄소를 적게 하고 유리 탄소를 균일하게 분포시키면 투자율이 좋아진다.

주철의 물리적 성질
- Si와 C가 많을수록 비중은 작아지며, 용융온도는 낮아진다. 회주철의 비중은 7.1~7.5g/cm^3, 백주철은 7.5~7.7g/cm^3 정도이며 용융온도는 1,150~1,350℃, 비열은 0.548kJ/kg·K, 열전도율은 백주철이 높다.
- 흑연편이 클수록 자기감응도가 나빠진다. 투자율을 크게 하기 위해서는 화합 탄소를 적게 하고, 유리 탄소를 균일하게 분포시키는 것이 좋다.
- Si와 Ni의 양이 증가함에 따라 고유저항이 높아진다.

57 다음 합금 중에서 알루미늄 합금에 해당되지 않는 것은?

① Y합금
② 콘스탄탄
③ 라우탈
④ 실루민

해설

콘스탄탄은 Ni-Cu계 합금이다.

58 셀룰로스(유기물)를 20~30% 정도 포함하고 있어 용접 중 가스를 가장 많이 발생하는 용접봉은?

① E4311
② E4316
③ E4324
④ E4327

해설

아크용접봉의 특성

일미나이트계 (E4301)	슬래그 생성식으로 전 자세 용접이 되고, 외관이 아름답다.
고셀룰로스계 (E4311)	가스 생성식이며 박판용접에 적합하다.
고산화타이타늄계 (E4313)	아크의 안정성이 좋고, 슬래그의 점성이 커서 슬래그의 박리성이 좋다.
저수소계 (E4316)	슬래그의 유동성이 좋고 아크가 부드러워 비드의 외관이 아름다우며, 기계적 성질이 우수하다.
라임티타니아계 (E4303)	슬래그의 유동성이 좋고 아크가 부드러워 비드가 아름답다.
철분 산화철계 (E4327)	스패터가 적고 슬래그의 박리성도 양호하며, 비드가 아름답다.
철분 산화타이타늄계 (E4324)	아크가 조용하고 스패터가 적으나 용입이 얕다.
철분 저수소계 (E4326)	아크가 조용하고 스패터가 적어 비드가 아름답다.

59 산소-아세틸렌 가스용접기로 두께가 2mm인 연강판의 용접에 적합한 가스용접봉의 이론적인 지름(mm)은?

① 1
② 2
③ 3
④ 4

해설

$$D = \frac{T}{2} + 1$$

$$\therefore D = \frac{2}{2} + 1 = 2mm$$

60 진유납이라고도 말하며 구리와 아연의 합금으로 그 융점은 820~935℃ 정도인 것은?

① 은 납
② 황동납
③ 인동납
④ 양은납

해설

경납땜의 재료

• 황동납 : Cu에 Zn 34~67%을 첨가 용융하여 제조한다. 융점은 820~875℃ 정도로 진유납이라고도 부른다.
• 은납 : Ag-Cu-Sn 합금이며 카드뮴이나 주석이 첨가되기도 한다. 융점은 720~855℃ 정도이다.
• 양은납 : Cu-Ni-Zn 합금이며, 황동, 모넬메탈, 백동 등에 적용한다. 높은 온도의 융점을 갖는다.
• 인동납 : P-Cu의 합금이며 구리합금에 쓰인다.

2014년 제2회 과년도 기출문제

01 금속 내부 불연속을 검출하는 데 적합한 비파괴검사법의 조합으로 옳은 것은?

① 와전류탐상시험, 누설시험

② 누설시험, 자분탐상시험

③ 초음파탐상시험, 침투탐상시험

④ 방사선투과시험, 초음파탐상시험

해설

비파괴검사별 적용 대상

검사 방법	적용 대상
방사선투과검사	용접부, 주조품 등의 내부결함
초음파탐상검사	용접부, 주조품, 단조품 등의 내부결함 검출과 두께 측정
침투탐상검사	기공을 제외한 표면이 열린 용접부, 단조품 등의 표면결함
와전류탐상검사	철, 비철 재료로 된 파이프 등의 표면 및 근처 결함을 연속 검사
자분탐상검사	강자성체의 표면 및 근처 결함
누설검사	압력용기, 파이프 등의 누설 탐지
음향방출검사	재료 내부의 특성 평가

02 수세성 형광침투액과 건식현상제를 사용하여 검사하는 방법을 표현한 것은?

① FA-D

② FB-D

③ FA-S

④ FB-S

해설

• 사용하는 침투액에 따른 분류

명 칭	방 법	기 호
V 방법	염색침투액을 사용하는 방법	V
F 방법	형광침투액을 사용하는 방법	F
D 방법	이원성 염색침투액을 사용하는 방법	DV
	이원투액을 사용하는 방법	DF

• 잉여침투액의 제거방법에 따른 분류

명 칭	방 법	기 호
방법 A	수세에 의한 방법	A
방법 B	기름베이스 유화제를 사용하는 후유화에 의한 방법	B
방법 C	용제 제거에 의한 방법	C
방법 D	물베이스 유화제를 사용하는 후유화에 의한 방법	D

• 현상방법에 따른 분류

명 칭	방 법	기 호
건식현상법	건식현상제를 사용하는 방법	D
습식현상법	수용성 현상제를 사용하는 방법	A
	수현탁성 현상제를 사용하는 방법	W
속건식현상법	속건식현상제를 사용하는 방법	S
특수현상법	특수한 현상제를 사용하는 방법	E
무현상법	현상제를 사용하지 않는 방법	N

03 수세성 염색침투탐상검사에 습식현상제를 사용할 때의 시험 순서로 옳은 것은?

① 전처리 → 침투처리 → 제거처리 → 건조처리 → 현상처리 → 관찰

② 전처리 → 침투처리 → 세척처리 → 현상처리 → 건조처리 → 관찰

③ 전처리 → 침투처리 → 세척처리 → 유화처리 → 제거처리 → 현상처리 → 건조처리 → 관찰

④ 전처리 → 세척처리 → 침투처리 → 현상처리 → 건조처리 → 관찰

해설

시험 방법의 기호	사용하는 침투액과 현상법의 종류	시험의 순서(음영처리된 부분을 순서대로 시행)								
		전처리	침투처리	예비세척처리	유화처리	세척처리	제거처리	건조처리	현상처리	건조처리	관찰	후처리
FA-W	수세성 형광침투액-습식현상법(수현탁성)										
DFA-W	수세성이원성형광침투액-습식현상법(수현탁성)	→	→		→	→					
VA-W	수세성 염색침투액-습식현상법(수현탁성)										
DVA-W	수세성이원성 염색침투액-습식현상법(수현탁성)										

04 기포누설검사의 특징에 대한 설명으로 옳은 것은?

① 누설 위치의 판별이 빠르다.

② 경제적이나 안정성에 문제가 많다.

③ 기술의 숙련이나 경험을 크게 필요로 한다.

④ 프로브(탐침)나 스니프(탐지기)가 반드시 필요하다.

해설

① 발포되는 위치는 육안으로 식별 가능하다.

② 방사선 탐사시험에 관한 설명이다.

③ 어려운 기술이 필요한 검사는 아니다.

05 코일법으로 자분탐상시험을 할 때 요구되는 전류는 몇 A인가?(단, $\frac{L}{D}$ 은 3, 코일의 감은 수는 10회, 여기서 L은 봉의 길이이며, D는 봉의 외경이다)

① 40

② 700

③ 1,167

④ 1,500

해설

코일법에서 전류를 설정할 때는 시험체 길이와 시험체 두께의 비에 따라

• $2 \leqq \frac{L}{D} < 4$인 경우, $\dfrac{45,000}{\frac{L}{D}} = AT$

• $4 \leqq \frac{L}{D}$인 경우, $\dfrac{35,000}{\frac{L}{D}+2} = AT$

따라서 이 문제의 경우 $\dfrac{45,000}{\frac{L}{D}} = AT$

$\dfrac{45,000}{3} = A \times 10$

∴ $A = 1,500$

※ AT는 Ampere Turn으로 전류와 감은 수의 곱으로 표현한다.

06 방사선투과시험(RT)과 초음파탐상시험(UT)을 비교 설명한 내용 중 틀린 것은?

① 결함 형상 판별에는 UT가 더 유리하다.

② 체적결함 검출에는 RT가 더 유리하다.

③ 결함 위치 판정에는 UT가 더 유리하다.

④ 결함 길이 판정에는 RT가 더 유리하다.

해설

RT에서는 결함이 사진처럼 현상된다.

07 누설을 통한 기체의 흐름에 영향을 미치는 인자가 아닌 것은?

① 기체의 분자량

② 기체의 점도

③ 압력의 차이

④ 기체의 색

해설
색상과 흐름은 무관하다.

08 초음파탐상검사에 대한 설명으로 틀린 것은?

① 펄스반사법이 많이 이용된다.

② 내부 조직에 따른 영향이 작다.

③ 불감대가 존재한다.

④ 미세균열에 대한 감도가 높다.

해설
내부 조직은 초음파에게 매질 역할을 하며 매질의 종류는 음파의 전진에 영향을 준다.

09 전자기 원리를 이용한 비파괴검사법은?

① 와전류탐상시험

② 침투탐상시험

③ 방사선투과시험

④ 초음파탐상시험

해설
전자기 원리란 전류가 발생하면 이에 상응하는 자력이 발생하고 자력이 작용하면 이에 상응하는 전기력이 발생하는 것이다.

10 초음파탐상시험법의 분류 중 송수신 방식의 분류가 아닌 것은?

① 반사법

② 투과법

③ 경사각법

④ 공진법

해설
경사각법은 전파 방향에 따른 분류이다.

11 자분탐상시험의 일반적인 특징이 아닌 것은?

① 시험체는 강자성체가 아니면 적용할 수 없다.

② 자속은 가능한 한 결함 면에 수직이 되도록 한다.

③ 일반적으로 깊은 결함 검출이 곤란하다.

④ 시험체 두께 방향의 결함 높이와 형상에 관한 정보를 얻을 수 있다.

해설
두께 방향의 높이, 즉 깊이와 깊이 방향의 모양, 길이는 자분탐상시험으로 알 수 없다.

7 ④ 8 ② 9 ① 10 ③ 11 ④ **정답**

12 방사선투과시험 시 관용도(Latitude)가 큰 필름을 사용했을 때 나타나는 현상은?

① 관전압이 올라간다.

② 관전압이 내려간다.

③ 콘트라스트가 높아진다.

④ 콘트라스트가 낮아진다.

해설

콘트라스트(대비)는 결함과 정상적인 부분이 잘 변별되게 하는 것으로 관용도가 커지면 변별 없이 투과된다.

13 와전류탐상시험의 탐상코일 중 외삽 코일과 같은 의미에 속하는 것은?

① 내삽 코일(Inner Coil)

② 표면 코일(Surface Coil)

③ 프로브 코일(Probe Coil)

④ 관통 코일(Encircling Coil)

해설

외삽은 내삽과 대비되는 의미로 코일을 시험체 겉에 배치한다. 즉, 시험체가 코일을 관통한다는 의미이다.

14 원자핵의 분류 중 $_1^1H$와 $_1^2H$는 무엇으로 분류되는가?

① 동중핵

② 동위원소

③ 동중성자핵

④ 핵이성체

해설

$_1^2H$에서 1의 위치에 원자번호, 2의 위치에 질량수를 표기하는데, 동위원소란 화학적으로는 거의 구별할 수 없으나 그 구성하는 원자의 질량이 서로 다른 것을 말한다. 따라서 $_1^1H$와 $_1^2H$는 원자번호는 모두 1로 같으나, 질량수가 앞의 것은 1, 뒤의 것은 2로 다른 동위원소이다.

15 침투탐상시험에서 속건식현상법의 특징이 아닌 것은?

① 검출강도가 비교적 높다.

② 현상제의 도막을 형성한다.

③ 현상제의 휘발성 용매를 사용한다.

④ 현상 후에 반드시 건조처리를 해야 한다.

해설

속건식(현상제가 빨리 건조되는 방식)에서는 일반적으로 건조처리가 생략된다.

16 침투탐상시험 시 단조품에서 발생할 수 있는 결함은?

① 탕계(Cold Shut)

② 겹침(Forging Lap)

③ 블로 홀(Blow Hole)

④ 수축공(Shrinkage Cavity)

해설

겹침은 단조에서 콜드셧(Cold Shut), 수축공, 블로 홀은 주조품에서 발생하는 결함이다.

17 다음 중 침투제의 특징이 아닌 것은?

① 휘발성이 좋아야 한다.

② 침투력이 좋아야 한다.

③ 큰 개구에도 잔류할 수 있어야 한다.

④ 과잉침투액은 쉽게 제거되어야 한다.

해설

침투액이 너무 빨리 증발하거나 건조되어서는 안 된다.

18 침투탐상시험에서 습식현상제를 사용한 후 가장 필요한 장비는?

① 건조기

② 현상탱크

③ 세척탱크

④ 침투탱크

해설

습식현상제를 사용하여 현상처리한 후에 건조시켜야 한다.

19 침투탐상시험에서 성능에 영향을 미치는 침투액의 온도가 16℃일 때 상대밀도의 범위로 옳은 것은?

① 0.26~0.46

② 0.56~0.76

③ 0.86~1.06

④ 1.26~1.46

해설

상대밀도란 비중이라고도 표현하며 순수한 4℃의 물과 비교하였을 때 같은 양의 질량비를 의미한다. 즉, 4℃의 같은 양의 물과 무게가 같다면 비중은 1이다. 상온에서 침투액은 약 1의 비중을 갖는다.

20 다음 중 유화제의 주요 기능에 대한 가장 올바른 설명은?

① 표면에 있는 잉여침투액과 반응하여 수세성을 용이하게 한다.

② 침투액의 침투능력을 도와준다.

③ 얕은 개구에 있는 침투액을 빨아낸다.

④ 현상제가 잘 도포될 수 있도록 도와준다.

해설

유화제란 잉여침투액과 반응하여 물로 씻어낼 때 잘 씻기도록 하는 역할을 한다.

21 형광침투탐상검사에 사용되는 자외선조사장치의 시험품 표면에서의 강도가 적절하지 않는 것은?(단, 자외선조사장치 전면 필터에서 시험품 표면까지의 거리는 38cm이다)

① $500 \mu W/cm^2$

② $800 \mu W/cm^2$

③ $900 \mu W/cm^2$

④ $1,000 \mu W/cm^2$

해설

적합강도는 $800 \mu W/cm^2$ 이상이다.

22 침투탐상검사에서 현상제를 사용하는 목적과 거리가 먼 것은?

① 지시의 흡출

② 지시의 분산

③ 가시성 증대

④ 의사지시 발생 억제

해설

현상처리란 세척처리 후 현상제를 시험체의 표면에 도포하여 결함 중에 남아 있는 침투액을 빨아올려 지시모양으로 만드는 조작이다.

24 침투비파괴검사 방법으로 잘 검사하지 않는 재료는?

① 표면이 거칠고 기공이 많은 세라믹스

② 구 리

③ 알루미늄

④ 탄소강

해설

침투비파괴검사는 표면에 열린 결함을 검출하는 방법으로 ①의 경우는 결함 식별이 어렵다.

23 침투탐상검사를 하기 전 시험체의 표면을 깨끗하게 하는 전처리 공정이 왜 필요한지의 설명으로 틀린 것은?

① 결함과 주위 배경과의 식별능력을 향상시킨다.

② 침투제가 이물질과 반응하여 의사지시를 발생시키는 것을 방지한다.

③ 침투제가 시험체 표면을 충분히 적시고 결함 속으로 잘 침투하도록 한다.

④ 침투제가 도금, 코팅, 페인트에도 잘 투과되도록 하여 결함 식별능력을 향상시키게 한다.

해설

전처리란 오염물질을 제거하여 침투제가 의사지시를 일으키지 않고, 결함을 잘 지시할 수 있도록 하는 공정이다. 전처리를 하였다 하여 도금, 코팅, 페인팅 등 표면처리가 되어 있는 경우 침투제가 표면에 침투할 수 없다. 벗겨내고 시험을 하려면 기계적, 화학적 처리로 벗겨내야 한다.

25 침투탐상시험이 누설시험을 대체할 수 없는 경우에 대한 설명으로 적합한 것은?

① 검사체의 온도가 30℃이면 곤란하므로

② 표면이 깨끗하면 누설시험이 곤란하므로

③ 염색침투액보다는 형광침투액을 사용해야 하므로

④ 검사체의 한 면만으로는 관찰 또는 접근이 곤란하므로

해설

누설탐상검사는 시험체에 기체나 유체가 새어나오는 결함이 있어야 한다. 즉, 시험체를 관통하여 양쪽으로 열려 있어야 하는데, 침투비파괴검사로 표면을 검사했더라도 이 제품의 결함이 양쪽으로 열렸는지 등을 알 수가 없다. 흔하지는 않지만, 결함이 제품 전체를 관통하여 침투액이 반대 방향으로 새는 경우라면 결함이 지시될 수 없다.

26 침투액을 적용하는 방법 중 정전(Electrostatic) 분무에 관한 설명으로 가장 거리가 먼 것은?

① 고속 분무가 가능하다.

② 과잉 분무가 되지 않는다.

③ 소형 또는 좁은 면적의 시험체의 적용에 적합하다.

④ 필요한 최소한의 침투액만 균일하게 도포할 수 있어 경제적이다.

해설

정전 분무란 분무재에 정전장의 작용을 이용하여 도포하는 방법으로 균일한 도포층을 얻을 수 있고, 도포효율이 좋아서 대형 부품의 탐상에 적당하다.

27 침투탐상시험 시 소형 부품을 대량 세척할 때 가장 효과적인 세척장치는?

① 초음파 세척장치

② 트라이클로로에틸렌 증기 세척장치

③ 수압이 5kg/cm^2 이하의 유수

④ 100mesh 정도의 모래 분사(Sand Blasting)

해설

① 대상물을 액체에 담고 초음파를 가하여 표면에 미세 진동을 일으켜 세척하는 방식으로 소형 부품에 적합하다.

② 세척성분의 증기를 이용하여 대상물에 부착된 오염물을 제거하며 부피가 큰 대형 시험체에 적합하다.

③ 흐르는 물을 말한다.

④ Sand Blasting은 비교적 미립자 고체인 모래를 분사하여 마찰에 의해 이물질을 제거하는 방법으로 넓은 면의 거친 이물질 등에 적용한다.

28 침투탐상시험방법 및 침투지시모양의 분류(KS B 0816)에 따른 탐상제의 점검방법에서 겉모양검사를 하였을 때 침투액과 유화제의 폐기 사유에 공통적으로 적용되는 것은?

① 점도의 변화

② 세척성의 저하

③ 형광휘도의 저하

④ 현저한 흐림이나 침전물 발생

해설

침투액/현상제의 검사 규정은 KS W 0914 5.8.4에 규정되어 있으며, KS B 0816에도 점검방법이 명시되어 있다.

• 침투액의 폐기 사유
  – 사용 중인 침투액의 성능시험에 따른 폐기
    ⓐ 결함 검출능력 및 침투지시모양의 휘도 저하
    ⓑ 색상이 변화했다고 인정된 때
  – 사용 중인 침투액의 겉모양검사에 따른 폐기
    ⓐ 현저한 흐림이나 침전물이 생겼을 때
    ⓑ 형광휘도의 저하
    ⓒ 색상의 변화
    ⓓ 세척성의 저하
• 유화제의 폐기 사유
  – 유화 성능의 저하
  – 겉모양검사에 따른 폐기
    ⓐ 현저한 흐림이나 침전물이 생겼을 때
    ⓑ 점도 상승에 의해 유화 성능의 저하가 인정될 때
  – 물베이스 유화제의 농도 측정에 따른 폐기
    ⓐ 규정 농도에서 3% 이상 차이가 날 때
※ KS W 0914는 2014년에 폐지되었다.

29 항공우주용 기기의 침투탐상검사방법(KS W 0914)에서 규정하고 있는 침투탐상검사의 적용대상이 아닌 것은?

① 공정 중 검사　　② 최종 검사

③ 정비 검사　　　④ 소재 검사

해설

KS W 0914의 적용대상
- 공정 중 검사
- 최종 검사
- 정비 검사(운용 중 검사)

※ KS W 0914는 2014년에 폐지되었다.

30 항공우주용 기기의 침투탐상검사방법(KS W 0914)에서 탐상결과의 검사기록에 요구되는 최소한의 내용에 포함되지 않는 것은?

① 의뢰처 및 검사 장소

② 사용한 개개 순서서의 인용

③ 결함지시 무늬의 위치, 종류 및 조치

④ 검사원의 서명 및 기량 인정 레벨과 검사일

해설

KS W 0914에서 기록은 모두 식별하여 파일화하고 요청에 따라 주문자가 이용할 수 있도록 하며, 검사한 개개의 부품 또는 루트를 추적할 수 있어야 한다고 지시하고 있다. 또한 최소 포함 요구사항으로 사용한 개개의 순서서의 인용, 결함지시 무늬의 위치, 종류 및 조치, 검사원의 서명 및 기량 인정 레벨과 검사일을 기록하도록 하고 있다.

※ KS W 0914는 2014년에 폐지되었다.

31 항공우주용 기기의 침투탐상검사방법(KS W 0914)에 따라 검사할 때 타입Ⅱ인 경우 조명장치의 조도는?

① 시험편 표면에서 1,000lx 이하

② 시험편 표면에서 1,000lx 이상

③ 시험편 표면에서 20lx 이하

④ 시험편 표면에서 20lx 이상

해설

타입Ⅱ는 염색침투탐상검사이며 이때는 1,000lx(100lm/ft^2) 이상을 요구한다.

※ KS W 0914는 2014년에 폐지되었다.

32 침투탐상시험방법 및 침투지시모양의 분류(KS B 0816)에서 규정한 시험체의 전처리 방법으로 틀린 것은?

① 용제에 의한 세척

② 도막 박리제에 의한 제거 처리

③ 산 세척

④ 그라인딩에 의한 제거 처리

해설

KS B 0816 5.3.1 b에서 제시한 전처리 방법은 용제에 의한 세척, 증기 세척, 도막 박리제의 적용, 알칼리 세제의 적용, 산 세척 등이 있다. 그라인딩(연삭)은 기계적인 금속 표면 제거방법으로 세척으로 볼 수는 없고, 표면의 오염원을 제거하는 기계적 방법으로 구분이 되는 것이 적당하다.

※ KS B 0816 규정에서 제시하지 않았다하여 전처리 방법으로 사용할 수 없다고 규정할 수는 없지만 시험을 준비하는 수험생의 입장에서 문제에서 요구하는 바를 해결해 주어야 하며, 특히 KS 규정을 잘 익혀두는 것도 나쁘지 않으므로 규정을 잘 숙지하도록 하자.

33 항공우주용 기기의 침투탐상검사방법(KS W 0914)에 따른 정치식 형광침투탐상장치(타입 Ⅰ)를 사용하는 경우 검사 장소의 점검으로 옳은 것은?

① 매일 점검하고 청정도, 형광 오염의 유무를 점검하여야 한다.

② 매일 점검하고 배경상의 잔류 백색광에 대하여 점검하여야 한다.

③ 검사 장소는 난잡하거나 형광 오염이 일부 남아 있어도 된다.

④ 주 1회 점검하고 청정도, 형광 오염의 유무를 점검하여야 한다.

해설

KS W 0914.5.8.5에 따르면 정치식 형광침투탐상장치(타입Ⅰ)를 사용하는 경우 검사 장소는 주 1회, 청정도, 형광 오염의 유무 및 배경상의 잔류 백색광에 대하여 점검하여야 한다.
※ KS W 0914는 2014년에 폐지되었다.

34 침투탐상시험방법 및 침투지시모양의 분류(KS B 0816)에 의한 형광침투탐상 시 관찰을 위한 자외선 강도는 어떻게 규정하고 있는가?

① 시험체 표면에서 $800\mu W/cm^2$ 이상

② 시험체 표면에서 $800\mu W/cm^2$ 이하

③ 시험체 표면에서 500lx 이상

④ 자외선등에서 38cm 떨어진 거리에서 500lx 이상

해설

시험체 표면에서 $800\mu W/cm^2$ 이상이다.

35 항공우주용 기기의 침투탐상검사방법(KS W 0914)에 따라 탐상 시 재료 및 공정의 제한에 관한 내용으로 틀린 것은?

① 염색침투액계의 탐상 시 수용성의 현상제는 사용해서는 안 된다.

② 염색침투탐상검사는 항공우주용 제품의 최종 수령검사에 이용해서는 안 된다.

③ 동일한 검사면에 적용되는 형광침투탐상검사는 염색침투탐상검사 전에 사용해서는 안 된다.

④ 터빈 엔진의 중요 구성 부품 정비검사는 친수성 유화제를 사용하는 초고감도 형광침투액을 사용한다.

해설

KS W 0914. 4.8에 따른 재료 및 공정의 제한
모든 검사 요구사항에 대하여 모든 감도 레벨, 침투탐상제 및 공정이 적용될 수 있다고는 할 수 없다. 감도 레벨은 의도하는 검사 목적에 대하여 적절한 것이어야 한다. 발주자가 위반을 승인하지 않는 한 다음에 기재하는 선택 기준(강제 또는 금지)이 적용된다.

• 건식 분말 및 수용성의 현상제는 염색 침투액계에 사용해서는 안 된다.
• Ⅱ형(염색형)의 침투탐상검사는 항공우주용 제품의 최종 수령검사에 이용해서는 안 된다.
• 또한 염색침투계의 침투탐상검사는 동일 면에 대하여는 형광침투계의 침투탐상검사 전에 사용해서는 안된다.
• 터빈 엔진의 중요 구성 부품 정비 검사 또는 오버홀 검사는 형광침투계 D방법(친수성 유화제를 사용하는 후유화성 침투액)의 공정 및 감도 3레벨 또는 감도 4레벨의 침투탐상제만을 사용하여야 한다.
• 현상제를 사용하지 않는 침투탐상검사는 해당하는 감도 레벨의 요구사항을 현상제 없이 만족하고 MIL-I-25135의 인정을 취득한 침투액계를 사용한 경우에 한하여 허용된다. 그러나 운용 중 검사인 경우에는 항상 현상제를 사용하여야 한다.
※ KS W 0914는 2014년에 폐지되었다.

36 침투탐상시험방법 및 침투지시모양의 분류(KS B 0816)에 따라 시험할 때 온도가 3~15℃ 범위에 있을 경우 침투시간은?

① 표준 온도에서의 침투시간과 동일하게 적용한다.
② 온도를 고려하여 침투시간을 늘린다.
③ 온도를 고려하여 침투시간을 줄인다.
④ 침투시간은 온도에 영향을 받지 않는다.

해설
온도에 따라 침투액의 유동성이 다소 낮아지는 점을 고려해야 한다.

37 침투탐상시험방법 및 침투지시모양의 분류(KS B 0816)에 따른 시험결과, 길이 3mm인 둥근 형태의 지시와 1.5mm 떨어진 동일선상에서 길이 10mm의 균열에 의한 지시가 관찰되었다. 이 지시는 어떤 결함으로 분류되는가?

① 갈라짐   ② 선상결함
③ 연속결함   ④ 분산결함

해설
결함의 분류

독립 결함	갈라짐	갈라졌다고 인정되는 것
	선상결함	갈라짐 이외의 결함으로, 그 길이가 너비의 3배 이상인 것
	원형상 결함	갈라짐 이외의 결함으로, 선상결함이 아닌 것
연속결함		갈라짐, 선상결함 및 원형상 결함이 거의 동시 직선상에 존재하고, 그 상호거리와 개개의 길이의 관계에서 1개의 연속한 결함이라고 인정되는 것. 결함 길이는 특별한 지정이 없을 때는 결함의 개개의 길이 및 상호거리를 합친 값으로 한다.
분산결함		정해진 면적 안에 존재하는 1개 이상의 결함. 분산결함은 결함의 종류, 개수 또는 개개의 길이의 합계값에 따라 평가한다.

38 침투탐상시험방법 및 침투지시모양의 분류(KS B 0816)에서 시험방법의 기호가 DFC-N일 때 적용하는 침투액과 현상법의 종류로 옳은 것은?

① 수세성 이원성 형광침투액-무현상법
② 용제 제거성 이원성 형광침투액-무현상법
③ 후유화성 형광침투액(물베이스 유화제)-무현상법
④ 후유화성 이원성 형광침투액(기름베이스 유화제)-무현상법

해설
• D : 이원성
• F : 형광침투액
• C : 용제 제거성 침투액 사용
• N : 무현상제

39 침투탐상시험방법 및 침투지시모양의 분류(KS B 0816)에 의해 강용접부를 탐상시험을 하였더니 다음과 같은 결함이 거의 동일선상에 나타났다. 이 결함은 어떻게 판정하며, 또한 결함 길이는 몇 mm인가?

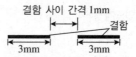

① 2개로 판정하며, 각각 길이는 3, 3
② 1개로 판정하며, 길이는 6
③ 1개로 판정하며, 길이는 7
④ 3개로 판정하며, 각각 길이는 3, 1, 3

해설
2mm 이하의 간격은 연속된 결함에서 지시가 표출되지 않은 것으로 생각하여 연속된 결함으로 전체 길이를 합쳐서 판정한다.

40

VD-S의 방법으로 침투탐상검사를 할 때 시험공정의 순서로 맞는 것은?

① 전처리→침투처리→예비 세척처리→유화처리→세척처리→건조처리→현상처리→관찰→후처리

② 전처리→침투처리→유화처리→세척처리→건조처리→현상처리→관찰→후처리

③ 전처리→침투처리→예비 세척처리→유화처리→건조처리→현상처리→관찰→후처리

④ 전처리→침투처리→예비 세척처리→유화처리→세척처리→건조처리→현상처리→건조처리→관찰→후처리

해설

시험방법의 기호	사용하는 침투액과 현상법의 종류	시험의 순서(음영처리된 부분을 순서대로 시행)										
		전처리	침투처리	예비세척처리	유화처리	세척처리	제거처리	건조처리	현상처리	건조처리	관찰	후처리
FD-S	후유화성 형광침투액(물베이스유화제)-속건식현상법											
VD-S	후유화성 염색침투액(물베이스유화제)-속건식현상법					→			→			

41

항공우주용 기기의 침투탐상검사방법(KS W 0914)에서 검사품에 대한 표시방법의 우선순위로 맞는 것은?

① 각인-에칭-착색 순
② 에칭-착색-각인 순
③ 착색-에칭-각인 순
④ 에칭-각인-착색 순

해설

- 각인 : 적용하는 시방서 또는 도면에 명백히 허용되어 있는 경우에는 각인을 사용. 부품번호 또는 검사인에 인접한 곳에 표시한다.
- 에칭 : 각인이 허용되지 않는 경우 에칭으로 표시를 하여도 좋다.
- 착색 : 각인과 에칭이 허용되지 않는 경우, 착색 또는 잉크 스탬프에 의해 식별 표시한다.
※ KS W 0914는 2014년에 폐지되었다.

42

침투탐상시험방법 및 침투지시모양의 분류(KS B 0816)에 따른 침투탐상검사 시험방법의 조합으로 틀린 것은?

① VC-D
② DVA-W
③ FB-A
④ VB-S

해설

용제 제거성 염색침투탐상법에는 일반적으로 속건식현상제를 사용하며, KS B 0816에 VC-D는 제시되어 있지 않다.

43

비정질 합금의 제조법 중 기체 급랭법에 해당되는 것은?

① 단롤법
② 원심법
③ 스퍼터링법
④ 스프레이법

해설

스퍼터링법 : 진공 증착법의 일종으로 비교적 낮은 진공도에서 이온화된 아르곤 가스 등을 가속하여 타깃에 충돌시키고, 원자를 분출시켜 웨이퍼 기판상에 막을 만드는 방법이다. 증류법에 비해 증착능력, 복잡한 합금의 유지능이 높고, 내열성 금속 증착능력이 뛰어나다.

44

압력이 일정한 Fe-C 평형상태도에서 공정점의 자유도는?

① 0
② 1
③ 2
④ 3

해설

공정점은 정해진 압력, 성분비, 온도에서 나타난다. 평형상태도에서 변할 수 있는 변수가 모두 고정되어 있으므로 자유도는 0이다.

45 두 가지 이상의 금속 또는 원소가 간단한 원자비로 결합되어 성분 금속과는 다른 성질을 갖는 물질을 무엇이라 하는가?

① 공정 2원 합금
② 금속간 화합물
③ 침입형 고용체
④ 전율가용 고용체

해설
금속간 화합물 : 친화력이 큰 성분 금속이 화학적으로 결합하면 각 성분 금속과는 현저하게 다른 성질을 가지는 독립된 화합물

46 원자의 배열이 불규칙한 상태를 하고 있으며, 결정립계, 전위, 편석 등 결정의 결함이 없고 표면 전체가 균일하고 내식성이 우수한 합금은?

① 형상기억합금
② 초소성 합금
③ 초탄성 합금
④ 비정질 합금

해설
비정질이란 원자가 규칙적으로 배열된 결정이 아닌 상태를 말한다. 이 비균질성이 결함이 없고 강도를 높게 한다.

47 7-3황동에 주석을 1% 첨가한 것으로 전연성이 좋아 관 또는 판을 만들어 증발기, 열교환기 등의 재료로 사용되는 것은?

① 양 은
② 델타메탈
③ 네이벌 황동
④ 애드미럴티 황동

해설
애드미럴티 황동
7-3 황동에 Sn을 넣은 것이며 70% Cu, 29% Zn, 1% Sn이다. 전연성이 좋아 관 또는 판을 만들어 복수기, 증발기, 열교환기 등의 관에 이용한다.

48 금속조직학상으로 철강재료를 분류할 때, 탄소 함유량이 0.8~2.0%인 것은?

① 아공석강
② 아공정 주철
③ 과공석강
④ 과공정 주철

해설
공석강의 탄소 함유량은 0.77%이며, 탄소 함유량이 공석강보다 많을 때 과공석강이다.

49 금형 또는 칠 메탈이 붙어 있는 모래형에 주입하여 표면은 단단하고 내부는 회주철로 강인한 성질을 가지는 주철은?

① 칠드주철
② 흑심가단주철
③ 백심가단주철
④ 구상흑연주철

해설
칠드주철 : 보통주철보다 규소 함유량을 적게 하고 적당량의 망간을 가한 쇳물을 주형에 주입할 때, 경도를 필요로 하는 부분에만 칠 메탈을 사용하여 빨리 냉각시키면 그 부분의 조직만이 백선화되어 단단한 칠층이 형성된다. 이를 칠드주철이라 한다.

50 다음의 재료 중 불순한 물질 또는 부식성 물질이 녹아 있는 수용액의 작용에 의해 표면 또는 내부에서 탈연 되는 것은?

① 황 동
② 엘린바
③ 퍼멀로이
④ 코슨합금

해설
보기 중 아연이 들어 있는 합금은 황동밖에 없다.

52 다음 중 대표적인 시효경화성 합금은?

① 주 강
② 두랄루민
③ 화이트메탈
④ 흑심가단주철

해설
두랄루민 : Al–Cu–Mg계 단련용 Al 합금이다. 4% Cu, 0.5% Mg, 0.5% Mn, 0.5% Si으로 시효경화성 Al 합금으로 가볍고 강도가 커서 항공기, 자동차, 운반기계 등에 사용된다.

51 탄성률이 좋아 스프링 등 고탄성을 요하는 재료로 통신 기기, 계기 등에 사용되는 것은?

① 인청동
② 망간청동
③ 니켈청동
④ 알루미늄청동

해설
Sn청동은 주조 시 P을 0.05~0.5% 남게 하여 용탕의 유동성 개선, 합금의 경도, 강도 증가, 내마멸성, 탄성 개선을 한 합금이다.

53 기지조직이 거의 페라이트(Ferrite)로 된 것은?

① 스프링강
② 고망간강
③ 공구강
④ 순 철

해설
페라이트(Ferrite)가 원어로 철의 의미를 갖고 있고, 일반적으로 많이 사용하는 강은 페라이트와 시멘타이트의 혼합물이고 페라이트가 많을수록 순철에 가깝다.

54 고용융점 금속이 아닌 것은?

① W   ② Ta

③ Zn   ④ Mo

각 금속의 비중, 용융점 비교

금속명	비 중	용융점 (℃)	금속명	비 중	용융점 (℃)
Hg(수은)	13.65	-38.9	Cu(구리)	8.93	1,083
Cs(세슘)	1.87	28.5	U(우라늄)	18.7	1,130
P(인)	2	44	Mn(망간)	7.3	1,247
K(칼륨)	0.862	63.5	Si(규소)	2.33	1,440
Na(나트륨)	0.971	97.8	Ni(니켈)	8.9	1,453
Se(셀렌)	4.8	170	Co(코발트)	8.8	1,492
Li(리튬)	0.534	186	Fe(철)	7.876	1,536
Sn(주석)	7.23	231.9	Pd(팔라듐)	11.97	1,552
Bi(비스무트)	9.8	271.3	V(바나듐)	6	1,726
Cd(카드뮴)	8.64	320.9	Ti(타이타늄)	4.35	1,727
Pb(납)	11.34	327.4	Pt(플래티늄)	21.45	1,769
Zn(아연)	7.13	419.5	Th(토륨)	11.2	1,845
Te(텔루륨)	6.24	452	Zr(지르코늄)	6.5	1,860
Sb(안티몬)	6.69	630.5	Cr(크롬)	7.1	1,920
Mg(마그네슘)	1.74	650	Nb(니오브)	8.57	1,950
Al(알루미늄)	2.7	660.1	Rh(로듐)	12.4	1,960
Ra(라듐)	5	700	Hf(하프늄)	13.3	2,230
La(란탄)	6.15	885	Ir(이리듐)	22.4	2,442
Ca(칼슘)	1.54	950	Mo(몰리브덴)	10.2	2,610
Ge(게르마늄)	5.32	958.5	Os(오스뮴)	22.5	2,700
Ag(은)	10.5	960.5	Ta(탄탈)	16.6	3,000
Au(금)	19.29	1,063	W(텅스텐)	19.3	3,380

55 금속에 냉간가공도가 커질수록 기계적 성질의 변화로 틀린 것은?

① 경도가 커진다.

② 연신율이 커진다.

③ 인장강도가 커진다.

④ 단면 수축률이 감소한다.

냉간가공도가 커지면 내부의 유동성의 여부가 감소하여 전체적인 소성이 줄어든다.

56 피아노 선재, 레일 등을 제조할 때 사용되는 최경강인 이 재료의 탄소 함량으로 옳은 것은?

① 0.13~0.20%C

② 0.30~0.40%C

③ 0.50~0.70%C

④ 1.50~2.0%C

설명하는 재료는 피아노선이라고 하는 스프링강의 일종이다. 0.7~0.85%C를 갖고 있는 고탄소강을 인발가공을 하여 빼어낸 후, 파텐팅이라는 열처리 후에야 고강도와 인성이 주어진다.

57 조성은 30~32% Ni, 4~6% Co 및 나머지 Fe을 함유한 합금으로 20℃에서 팽창계수가 0(Zero)에 가까운 합금은?

① 알민(Almin)

② 알드레이(Aldrey)

③ 알클래드(Alclad)

④ 슈퍼 인바(Super Invar)

Ni계 합금은 인바 외에는 없다.

58 알루미늄 분말과 산화철 분말의 화학반응열을 이용하여 철도레일의 맞대기 용접에 적합한 용접법은?

① 테르밋 용접
② TIG 용접
③ 탄산가스 아크용접
④ 일렉트로 슬래그 용접

해설
테르밋(Thermit) 용접
미세한 알루미늄 가루와 산화철 가루를 3~4:1 중량으로 혼합한 테르밋제에 과산화바륨과 알루미늄(또는 Mg)의 혼합 가루로 된 점화제를 넣어 점화하고 화학반응에 의한 열을 이용한다.

59 정격 2차 전류 200A이고 정격 사용률이 40%인 아크 용접기로 150A의 전류를 사용할 경우 허용사용률은 약 얼마인가?

① 71%   ② 75%
③ 81%   ④ 85%

해설

$$허용사용률 = \left(\frac{정격\ 2차\ 전류}{사용용접전류}\right)^2 \times 정격사용률$$

$$= \left(\frac{200}{150}\right)^2 \times 40\% = 71.1\%$$

60 아크용접법 중 용극식에 해당되지 않는 것은?

① 피복아크용접법
② 서브머지드 아크용접법
③ 불활성가스 텅스텐 아크용접법
④ 이산화탄소 시일드 아크용접법

해설
용극이란 각종 아크용접 및 아크 절단에서 아크 중에 용융되어 소모되는 전극을 말한다. 보기 중 전극의 소모가 없는 용접은 TIG 용접이다.

01 시험체 내부결함이나 구조적인 이상 유무를 판별하는데 이용되는 방사선의 특성은?

① 회절 특성

② 분광 특성

③ 진동 특성

④ 투과 특성

해설

방사선투과검사(RT)

방사선-투과선량에 의한 필름 위의 농도차

02 볼트류 등 소형이며 다량의 제품을 검사하기 좋은 침투탐상검사방법은 무엇인가?

① 용제 제거성 침투탐상

② 수세성 침투탐상

③ 후유화성 침투탐상

④ 이원성 침투탐상

해설

침투제를 적용해서 모아 놓고 다시 물을 쫙 뿌려서 씻어내면 검사하기 편하다.

03 와전류탐상시험에서 표준침투 깊이를 구할 수 있는 인자와의 비례관계를 옳게 설명한 것은?

① 표준침투 깊이는 파장이 클수록 작아진다.

② 표준침투 깊이는 주파수가 클수록 작아진다.

③ 표준침투 깊이는 투자율이 작을수록 작아진다.

④ 표준침투 깊이는 전도율이 작을수록 작아진다.

해설

$$\delta(\text{침투 깊이}) = \frac{1}{\sqrt{\pi f \mu \sigma}}$$

여기서, f : 주파수

μ : 도체의 투자율

σ : 도체의 전도도

04 침투탐상시험에서 접촉각과 적심성 사이의 관계를 옳게 설명한 것은?

① 접촉각이 클수록 석심성이 좋다.

② 접촉각이 작을수록 적심성이 좋다.

③ 접촉각과 적심성과는 관련이 없다.

④ 접촉각이 90° 이상이 경우 적심성이 좋다고 한다.

해설

시험체를 잘 적시는 침투제는 표면이 침투제를 잘 끌어당겨서 접촉각이 작아진다.

05 굴삭기의 몸체에 칠해진 페인트 막의 품질을 비파괴시험하기 위하여 막 두께를 측정하고자 할 때 가장 적합한 검사법은?

① 자분탐상시험
② 침투탐상시험
③ 방사선투과시험
④ 와전류탐상시험

해설

와전류탐상시험의 적용 분야 : 표면 근처의 결함 검출, 박막 두께 측정 및 재질 식별

06 초음파탐상시험에 의해 결함 높이를 측정할 때 결함의 길이를 측정하는 방법은?

① 표면파로 변환하여 측정한다.
② 최대 결함 에코의 높이부터 최대 에코 높이까지 측정한다.
③ 횡파, 종파의 모드를 변환하여 측정한다.
④ 6dB Drop법에 따라 측정한다.

해설

6dB Drop법
최대 에코 진폭이 나타나는 지점으로부터 에코가 1/2(−6dB) 값으로 감소될 때까지 탐촉자를 이동하여 반사체의 크기(길이, 깊이, 폭)를 평가하는 방법

07 누설검사에서 추적자로 사용되지 않는 기체는?

① 수 소　　　　② 헬 륨
③ 암모니아　　④ 할로겐가스

해설

누설시험에서는 공기, 헬륨, 암모니아, 할로겐가스, 화학지시약 등을 사용한다.

08 누설탐상검사를 할 때 여러 이상 기체 방정식을 알아야 한다. 이 중 물질의 양에 따른 부피의 변화를 나타낸 법칙(원리)은?

① 보일의 법칙
② 샤를의 법칙
③ 아보가드로의 원리
④ 돌턴의 분압법칙

해설

③ 아보가드로의 법칙 : 같은 온도와 압력하에서 모든 기체는 같은 부피 속에 같은 수의 분자가 있다.
① 보일의 법칙 : 일정량의 기체가 등온을 유지할 때 압력과 부피는 서로 반비례한다.
② 샤를의 법칙 : 일정한 부피의 기체는 온도가 상승하면 압력 또한 상승한다.
④ 돌턴의 분압법칙 : 많은 종류의 이상 기체를 혼입한 경우, 그 혼합 기체의 압력은 각각의 가스가 단독일 때의 합과 같다.

09 비파괴검사에서 허용할 수 있는 결함과 허용할 수 없는 결함을 분류하는 기준 또는 근거에 해당하지 않는 것은?

① 설계 개념에 근거한 파괴역학
② 사용된 검사시스템의 성능
③ 요소의 위험도
④ 높은 검출한계의 설정

해설

검출한계와 시험체의 안전과는 상관이 없다.

10 방사성동위원소의 비강도에 대한 설명 중 옳은 것은?

① 비강도가 클수록 촬영시간을 단축할 수 있다.

② 비강도가 커야 불선명도가 감소된다.

③ 비강도의 단위는 Ci/m²이다.

④ 비강도가 클수록 피폭 우려가 작다.

해설

비강도가 약하면 다른 재질과 닿으면서 산란이 되고 투과력이
약해진다. 따라서 비강도가 커야 불선명도가 감소된다.

11 물질 중 반자성체를 자화시키면 자화곡선(B-H 곡선)
은 어떤 형태로 나타나는가?

① 곡 선

② 파 형

③ 직 선

④ 나타나지 않는다.

해설

B-H 곡선은 강자성체의 자계의 세기와 자속밀도의 관계를 나타내
는 곡선이다. 상자성체와 반자성체인 경우의 자화곡선은 직선이
되지만, 강자성체인 경우는 자계를 작용시켜 그 크기를 점차로
증대시키면 자속밀도 B가 복잡하게 변화한다. 이 곡선은 강자성체
의 자기적 성질을 표시하는 데 이용된다.

12 각종 비파괴시험의 특징을 설명한 것으로 옳은 것은?

① 용접부의 언더컷 검출에는 음향방출시험이 적합
하다.

② 강재의 내부균열 검출에는 침투탐상시험이 적합
하다.

③ 강재의 표면결함 검출에는 초음파탐상시험이 적
합하다.

④ 파이프 등의 표면결함 고속 검출에는 와전류탐상
시험이 적합하다.

해설

와전류탐상검사의 특징

장 점	단 점
• 관, 선, 환봉 등에 대해 비접촉으로 탐상이 가능하기 때문에 고속으로 자동화된 전수검사를 실시할 수 있다. • 고온하에서의 시험, 가는 선, 구멍 내부 등 다른 시험방법으로 적용할 수 없는 대상에 적용하는 것이 가능하다. • 지시를 전기적 신호로 얻으므로 그 결과를 결함 크기의 추정, 품질관리에 쉽게 이용할 수 있다. • 탐상 및 재질검사 등 복수 데이터를 동시에 얻을 수 있다. • 데이터를 보존할 수 있어 보수검사에 유용하게 이용할 수 있다.	• 표층부 결함 검출에 우수하지만 표면으로부터 깊은 곳에 있는 내부결함의 검출은 곤란하다. • 재시가 이송진동, 재질, 치수 변화 등 많은 잡음인자의 영향을 받기 쉽기 때문에 검사과정에서 해석상의 장애를 일으킬 수 있다. • 결함의 종류, 형상, 치수를 정확하게 판별하는 것은 어렵다. • 복잡한 형상을 갖는 시험체의 전면탐상에는 능률이 떨어진다.

13 비파괴검사법 중 강자성체에만 적용되는 것은?

① 자분탐상시험법

② 침투탐상시험법

③ 초음파탐상시험법

④ 방사선투과시험법

해설

① 자분탐상검사는 강자성체라면 재질의 상태에 상관없이 적용 가능

②, ③ 침투탐상, 초음파탐상시험은 재료에 무관

④ 방사선투과시험은 방사선이 투과되는 물질에 탐상 가능

14 초음파탐상검사의 단점이 아닌 것은?

① 표면의 결함을 검출하기 쉽다.

② 접촉매질을 써야 탐상이 쉽다.

③ 검사자의 다양한 경험이 필요하다.

④ 검사자의 폭넓은 지식이 필요하다.

> **해설**
>
> 초음파탐상검사의 특징

장 점	단 점
• 균열 등 미세결함에도 높은 감도	• 검사자의 숙련이 필요하다.
• 초음파의 투과력	• 불감대가 존재한다.
• 내부결함의 위치나 크기, 방향 등을 측정할 수 있음	• 접촉매질을 활용한다.
• 신속한 결과 확인	• 표준시험편, 대비시험편을 필요로 한다.
• 방사선 피폭의 우려가 작음	• 결함과 초음파빔의 탐상 방향에 따른 영향이 크다.

15 다른 침투액과 비교하여 수세성 형광침투액의 특성으로 틀린 것은?

① 얕은 개구의 결함을 검출하는 데 탁월하다.

② 다량의 소형 부품을 신속하게 시험할 수 있다.

③ 침투시간 경과 후 바로 물로 침투액 제거가 가능하다.

④ 비형광침투액을 사용했을 때보다 검출능력이 좋다.

> **해설**
>
> 얕은 개구는 쉽게 씻겨 나갈 우려가 있다.

16 침투탐상시험 시 습식현상제를 대상물에 적용할 때 가장 좋은 방법은?

① 침전된 천으로 문지른다.

② 침적 또는 분무한다.

③ 부드러운 솔로 바른다.

④ 어떤 방법을 사용해도 관계없다.

> **해설**
>
> 수성 현상제는 스프레이, 흘려보내기, 침지에 적용한다.

17 침투액이 불연속부에 침투할 때까지 방치하여 둔 시간을 무엇이라 하는가?

① 유화시간

② 적용시간

③ 침투시간

④ 배수시간

> **해설**
>
> 작은 불연속부의 침투시간을 주기 위해 과잉침투액을 제거하기 전까지 침투액이 머무는 시간을 유지시간이라고 한다.

18 침투속도를 증가시킬 수 있는 침투액의 조건은?

① 접촉각이 클 것

② 낮은 온도일 것

③ 외부 압력이 낮을 것

④ 점성계수가 작을 것

> **해설**
>
> 침투속도를 증가시키려면 적심성이 좋아야 하며 적심성에 관한 조건은 다음과 같다.
> • 적심성이 높으려면 유체인 침투제의 응집력이 낮아야 한다.
> • 응집력, 표면장력에 영향을 주는 요인은 유체의 점도와 온도이다.
> • 온도가 높을수록, 점도가 낮을수록 잘 적신다.

19 침투탐상시험에서 침투액이 가져야 할 일반적인 성질이 아닌 것은?

① 쉽게 제거될 수 있어야 한다.
② 침투력이 높아야 한다.
③ 쉽게 건조되어야 한다.
④ 쉽게 적용할 수 있어야 한다.

해설
침투액이 쉽게 건조되면 현상이 어렵다.

20 연한 금속의 전처리 시 도료, 스케일 등 고형 오염물의 제거방법에 대한 설명으로 옳은 것은?

① 기계적 제거방법이 가장 우수하다.
② 화학적 제거방법이 일반적으로 적용된다.
③ 기계적 제거방법 적용 시 결함의 개구부를 막아야 한다.
④ 화학적 제거방법 적용 시 시험체의 손상에 유의하지 않아도 된다.

해설
② 제어된 산이나 뜨거운 알칼리를 이용한다.
③ 기계적 제거방법 적용 시 연한 재질 표면의 개구부는 막힐 우려가 있다.
④ 직접 적용 시 화학반응으로 인한 시험체의 손상이 우려된다.

21 침투탐상시험 시 건조장치의 구비조건으로 가장 필요한 것은?

① 타이머(Timer)가 있어야 한다.
② 온도조절장치가 있어야 한다.
③ 팬(Fan)이 있어야 한다.
④ 항상 일정한 온도를 유지할 수 있는 릴레이가 있어야 한다.

해설
건조기의 내부 온도를 외부에서 측정할 수 없으므로 건조기의 내부 온도조절장치가 있어야 한다.

22 다음 중 침투액을 세척방법에 따라 분류한 것이 아닌 것은?

① 형광침투액
② 용제 제거성 침투액
③ 수세성 침투액
④ 후유화성 침투액

해설
형광침투액 : 자외선을 조사하여 형광을 입힌 침투액의 형광 빛을 이용하여 결함을 찾음

23 침투탐상시험의 유화제에 대한 설명 중 틀린 것은?

① 일종의 계면활성제이나.
② 침투액과 서로 잘 섞인다.
③ 자연광에서 침투액과는 다른 색이다.
④ 자외선등 아래에서는 침투액과 같은 색이다.

해설
유화제는 침투액과 구별이 가능한 색을 사용하며, 일반적으로 가시광선 아래에서는 분홍색, 자외선등 아래에서는 오렌지 색을 띤다.

24 유화제 중에서 유성 유화제에 대한 설명으로 틀린 것은?

① 유성 유화제는 기름베이스에 용해되어 있는 유성 침투액으로 확산되어 유화된다.

② 점성이 높은 유화제는 비교적 느린 유화시간이 적용된다.

③ 침투시간이 경과된 직후 예비 세척을 한 후에 적용한다.

④ 점성이 낮은 유화제는 유화시간을 짧게 한다.

해설
유화제의 적용시기는 침투처리 이후이다.

25 침투탐상검사에 의해 얻어진 결함지시모양을 기록하는 방법과 거리가 먼 것은?

① 착 색
② 전 사
③ 스케치
④ 사진 촬영

해설
침투지시모양은 모양의 종류, 지시의 길이, 개수, 위치를 기록하며 도면, 사진, 스케치, 전사 등으로 기록한다.

26 형광침투액을 사용하는 침투탐상시험에서 자외선조사장치의 강도를 측정하는 부위로 옳은 것은?

① 필터 표면에서 측정한다.
② 광원에서 측정한다.
③ 시험체 표면에서 측정한다.
④ 광원과 시험체 중간 지점에서 측정한다.

해설
자외선의 강도는 시험체 표면에서 $800\mu W/cm^2$이다.

27 다음 중 침투탐상시험에서 대비시험편 및 결함 검출 감도 확인 등의 목적으로 사용되지 않는 것은?

① 구리 대비시험편
② 알루미늄 대비시험편
③ 침투탐상시스템 모니터 패널
④ 니켈-크롬 도금균열 대비시험편

해설
• 침투탐상시스템 모니터 패널은 수세성 및 후유화성의 형광 및 염색침투탐상시스템에 있어서의 중요한 변화를 점검하는 데 사용하며 결함 검출감도를 확인하는 데 사용한다.
• B형 시험편은 C2600P 등의 구리계열 재료에 니켈-크롬 도금을 입혀 사용한다.

28 침투탐상시험방법 및 침투지시모양의 분류(KS B 0816)에서 건식현상제를 사용할 때, 현상처리 전에 건조처리를 한다. 다음 중 건조처리 온도에 대한 내용으로 옳은 것은?

① 시험체 표면의 수분을 건조시키는 정도로 한다.
② 최고 250℃의 열풍 건조기로 짧은 시간에 건조한다.
③ 시험체 표면온도를 최고 100℃로 하여 빠르게 건조한다.
④ 작업실의 온도를 최고 80℃로 하여 3분 이내에 건조한다.

해설
• 습식현상제를 사용할 때는 현상처리한 후 시험체의 표면에 부착되어 있는 현상제를 재빨리 건조시킨다.
• 건식 또는 속건식현상제를 사용할 때는 현상처리 전에 건조처리를 한다(표면의 수분 건조 정도로 건조).
• 세척액으로 제거한 경우는 자연 건조하거나 마른 헝겊 혹은 종이 수건으로 닦아내고 가열 건조해서는 안 된다.

29 침투탐상시험방법 및 침투지시모양의 분류(KS B 0816)에 의한 연속침투지시모양에 대한 설명으로 가장 옳은 것은?

① 여러 개의 원형상 침투지시모양이 거의 동일 직선상에 3mm 간격으로 나란히 존재할 때

② 상호거리가 2mm 이하인 여러 개의 지시모양이 거의 동일 직선상에 나란히 존재할 때

③ 길이가 너비의 3배 이상인 여러 개의 침투지시가 거의 동일 직선상에 나란히 존재할 때

④ 일정한 면적 내에 여러 개의 침투지시가 2mm 이상 떨어져 각각 분산되어 독립된 상태로 존재할 때

해설
선상결함 및 원형상 결함이 거의 동일 직선상에 존재하고 그 상호거리와 각각의 길이의 관계에서 1개의 연속한 결함이라고 인정되는 경우, 길이는 시작점과 끝점의 거리로 산정한다(동일선상에 존재하는 2mm 이하의 간격은 연속된 지시로 본다).

30 침투탐상시험방법 및 침투지시모양의 분류(KS B 0816)에 의한 관찰조건에서 시험 면에서의 자외선강도 값은?

① $500\mu\text{W/cm}^2$ 이상

② $800\mu\text{W/cm}^2$ 이상

③ $1,500\mu\text{W/cm}^2$ 이상

④ $3,000\mu\text{W/cm}^2$ 이상

해설
자외선 조사강도는 $800\mu\text{W/cm}^2$ 이상이다.

31 침투탐상시험방법 및 침투지시모양의 분류(KS B 0816)에서 유화시간을 정할 때 고려해야 할 사항과 가장 거리가 먼 것은?

① 사용 침투액의 종류

② 시험체의 표면거칠기

③ 시험체 및 시험 시의 온도

④ 시험체의 재질 및 제거처리 상태

해설
유화시간은 다음의 세척처리를 정확하게 할 수 있는 시간으로 하고, 유화제 및 침투액의 종류, 온도, 시험체의 표면거칠기 등을 고려하여 정한다.

32 침투탐상시험방법 및 침투지시모양의 분류(KS B 0816)에서 샘플링 검사인 경우 합격한 시험체에 착색하여 표시할 때의 색으로 옳은 것은?

① 적갈색　　　　② 황록색

③ 빨간색　　　　④ 황 색

해설
샘플링 검사인 경우 합격한 로트의 모든 시험체에 전수검사에 준하여 ⓟ의 기호 또는 착색(황색)으로 표시한다.

33 침투탐상시험방법 및 침투지시모양의 분류(KS B 0816)에 따라 A형 대비시험편을 제작할 때 판의 한 면 중앙부를 분젠 버너로 어느 온도범위까지 가열한 다음 급랭시켜 균열을 발생시키는가?

① 100~250℃

② 320~330℃

③ 520~530℃

④ 720~750℃

해설
A형 대비시험편
판의 한 면 중앙부를 520~530℃로 가열하여 가열한 면에 흐르는 물을 뿌려서 급랭시켜 갈라지게 한다.

34 항공우주용 기기의 침투탐상검사방법(KS W 0914)에 따른 구성품의 건조 실시시기에 대한 설명으로 틀린 것은?

① 수성현상제를 사용 시는 적용 후 건조 실시
② 건식분말현상제를 사용 시는 적용 후 건조 실시
③ 현상제를 사용하지 않을 때는 검사 전 건조 실시
④ 비수성(속건식)현상제를 사용 시는 적용 전 건조 실시

해설
건조시기
• 건식분말현상제 사용 시 적용 전 건조
• 수성현상제 사용 시 적용 후 건조
• 현상제를 사용하지 않을 때 검사 전 건조
• 비수성(속건식)현상제 사용 시 적용 전 건조
※ KS W 0914는 2014년에 폐지되었다.

36 침투탐상시험방법 및 침투지시모양의 분류(KS B 0816)에서 이원성 염색침투액을 사용하는 방법을 나타낸 기호는?

① V
② F
③ DV
④ DF

해설

명 칭	방 법	기 호
V 방법	염색침투액을 사용하는 방법	V
F 방법	형광침투액을 사용하는 방법	F
D 방법	이원성 염색침투액을 사용하는 방법	DV
	이원성 형광침투액을 사용하는 방법	DF

37 침투탐상시험방법 및 침투지시모양의 분류(KS B 0816)에서 탐상제의 조합이 'FA-W'일 때 첫 번째인 'F'가 의미하는 것은?

① 형광침투액
② 염색침투액
③ 건식현상제
④ 속건식현상제

해설
첫 기호는 사용하는 침투액에 따른 분류이다.
※ 36번 해설 참조

35 침투탐상시험방법 및 침투지시모양의 분류(KS B 0816)에서 전수검사에 의해 합격한 시험체에 표시하는 방법으로 옳은 것은?

① 황색으로 착색하여 시험체에 P의 기호를 표시
② 황색으로 착색하여 시험체에 Ⓟ의 기호를 표시
③ 각인, 부식 또는 착색으로 시험체에 P의 기호를 표시
④ 각인, 부식 또는 착색으로 시험체에 Ⓟ의 기호를 표시

해설
적갈색으로 착색하며, Ⓟ 기호는 샘플링 검사 합격 표시로 쓰인다.

38 형광침투탐상에서 시험 장소 주위의 밝기는?

① 20lx 이하
② 30lx 이하
③ 40lx 이하
④ 50lx 이하

해설
암실은 20lx 이하이어야 한다.

39 침투탐상시험방법 및 침투지시모양의 분류(KS B 0816)에 따른 시험 조작의 온도조건에 대한 설명으로 옳은 것은?

① 침투처리는 3~15℃ 범위가 최적 조건이다.

② 현상처리는 15~40℉ 범위가 최적 조건이다.

③ 건조온도는 시험품의 표면온도가 52℃를 초과하여야 한다.

④ 건조처리는 세척액으로 제거한 경우는 자연 건조하고 가열 건조해서는 안 된다.

해설
침투 시 표준온도는 5~50℃이다.

40 잉여침투제를 제거하기 위한 예비 세척처리 공정이 필요하지 않는 방법은?

① FD-N

② VD-S

③ FD-A

④ DFC-N

해설
물베이스 유화제를 사용하는 후유화에 의한 방법(방법 D)에서만 예비 세척처리를 시행한다.

41 침투탐상시험방법 및 침투지시모양의 분류(KS B 0816)에서 규정한 시험방법의 분류인 DFB-D의 분류로 옳은 것은?

① 후유화성 이원성 형광침투액(기름베이스 유화제) 수용성 습식현상법

② 후유화성 이원성 형광침투액(물베이스 유화제) 수현탁성 현상법

③ 후유화성 이원성 형광침투액(기름베이스 유화제) 건식현상법

④ 후유화성 형광침투액 건식현상법

해설
• D : 이원성
• F : 형광침투액
• B : 후유화성 침투액
• D : 건식현상제

42 침투탐상시험방법 및 침투지시모양의 분류(KS B 0816)에 따른 재시험을 실시하여야 하는 경우는?

① 기준보다 침투시간을 초과하였을 경우

② 기준보다 유화시간을 초과하였을 경우

③ 의사지시가 발생하였을 경우

④ 지시모양과 의사지시가 혼재되었을 경우

해설
※ 저자의견
한국산업인력공단은 확정답안을 ②로 발표하였으나, KS B 0816에 의하면 ①, ②, ④가 재시험을 하거나, 아니면 모두 재시험 없이 결과를 보고해도 무관한 경우로 보인다.

43 산화성산, 염류, 알칼리, 함황가스 등에 우수한 내식성을 가진 Ni-Cr 합금은?

① 엘린바　　　② 인코넬
③ 콘스탄탄　　④ 모넬메탈

해설
• Ni-Cr계 합금 : 하스텔로이, 인코넬, 인콜로이
• Ni-Fe계 합금 : 엘린바
• Ni-Cu계 합금 : 콘스탄탄, 모넬메탈

44 Al-Cu-Si계 합금으로 Si를 넣어 주조성을 좋게 하고 Cu를 넣어 절삭성을 좋게 한 합금의 명칭은?

① 라우탈
② 알민 합금
③ 로엑스 합금
④ 하이드로날륨

해설
라우탈 합금 : 알코아에 Si을 3~8% 첨가하면 주조성이 개선되며 금형 주물로 사용된다.

45 Y합금의 조성으로 옳은 것은?

① Al – Cu – Mg – Si
② Al – Si – Mg – Ni
③ Al – Cu – Ni – Mg
④ Al – Mg – Cu – Mn

해설
Y합금 : 4% Cu, 2% Ni, 1.5% Mg 등을 함유하는 Al 합금으로 고온에 강한 것이 특징이며 모래형 또는 금형 주물 및 단조용 합금이다. 경도도 적당하고 열전도율이 크며, 고온에서 기계적 성질이 우수하다. 내연기관용 피스톤, 공랭 실린더 헤드 등에 널리 쓰인다.

46 베어링용 합금에 해당되지 않는 것은?

① 루기 메탈
② 배빗 메탈
③ 화이트 메탈
④ 일렉트론 메탈

해설
• 일렉트론 메탈(Elektron) : 마그네슘 합금의 일종으로 Mg, Al, Zn의 성분을 가지고 있다.
• 루기 메탈(Lurgi Metal) : 납-알칼리 토금속 베어링 합금의 일종으로, 전해법에 의해서 제조된다. 온도 상승에 따라 경도의 강하는 적고, 시효성을 가지고 있다. 주석계의 베어링 합금 대용품으로 사용된다.

47 금속에 열을 가하여 액체 상태로 한 후 고속으로 급랭시켜 원자의 배열이 불규칙한 상태로 만든 합금은?

① 제진합금
② 수소저장합금
③ 형상기억합금
④ 비정질합금

해설
비정질이란 원자가 규칙적으로 배열된 결정이 아닌 상태를 말한다. 이 비균질성이 결함의 의미가 없게 하고 강도를 높게 한다.

48 Fe-Fe₃C 상태도에서 포정점상에서의 자유도는? (단, 압력은 일정하다)

① 0   ② 1

③ 2   ④ 3

해설

포정점은 일정 압력하에 성분에 따라 온도가 정해져 있다. 가변 가능한 변수가 모두 고정되어 있으므로 자유도는 0이다.

49 금속의 응고에 대한 설명으로 옳은 것은?

① 결정립계는 가장 먼저 응고한다.

② 용융금속이 응고할 때 결정을 만드는 핵이 만들어진다.

③ 금속이 응고전보다 낮은 온도에서 응고하는 것을 응고잠열이라 한다.

④ 결정립계에 불순물이 있는 경우 응고점이 높아져 입계에는 모이지 않는다.

해설

가장 나중에 생성되는 결정립계에 불순물이 모인다. 금속이 응고점보다 낮은 온도에서 응고가 시작되는 것은 응고잠열 때문이다. 하지만 그 현상을 응고잠열이라고 하지는 않는다.

50 다음의 금속 중 재결정 온도가 가장 높은 것은?

① Mo   ② W

③ Ni   ④ Pt

해설

금 속	융점(℃)	특 징
금(Au)	1,063	침식, 산화되지 않는 귀금속. 재결정온도 40~100℃
백금(Pt)	1,774	회백색, 내식성, 내열성, 고온저항 우수, 열전대로 사용
이리듐(Ir)	2,442	비중이 무겁고 백색의 금속으로 합금으로 사용
팔라듐(Pd)	1,552	
오스뮴(Os)	2,700	
코발트(Co)	1,492	비중 8.9 내열합금, 영구자석, 촉매 등에 쓰임
텅스텐(W)	3,380	FCC 비중 19.3 상온에서는 안정. 고온에서는 산화, 탄화
몰리브덴(Mo)	2,610	은백색 BCC, 10.2, 염산, 질산에 침식

51 7-3황동에 대한 설명으로 옳은 것은?

① 구리 70%에 주석을 30% 합금한 것이다.

② 구리 70%에 아연을 30% 합금한 것이다.

③ 구리 100%에 아연을 70% 합금한 것이다.

④ 구리 100%에 아연을 30% 합금한 것이다.

해설

탄피황동 : 7-3 Cu-Zn 합금으로 강도와 연성이 좋아 딥드로잉(Deep Drawing)용으로 사용된다.

52 금속의 일반적인 특성이 아닌 것은?

① 전성 및 연성이 나쁘다.

② 전기 및 열의 양도체이다.

③ 금속 고유의 광택을 가진다.

④ 수은을 제외한 고체 상태에서 결정구조를 가진다.

> **해설**
> • 상온에서 고체 상태이며 결정조직을 갖는다.
> • 전기 및 열의 양도체이다.
> • 일반적으로 다른 기계재료에 비해 전연성이 좋다.
> • 소성변형성을 이용하여 가공하기 쉽다.
> • 금속은 각기 고유의 광택을 가지고 있다.
> • 비중 5 정도를 기준으로 중금속과 경금속으로 나눈다.

54 다음 중 재료의 연성을 파악하기 위하여 실시하는 시험은?

① 피로시험

② 충격시험

③ 커핑시험

④ 크리프시험

> **해설**
> • 커핑시험 : 얇은 금속 판의 전연성을 측정하는 시험
> • 피로시험 : 재료에 안전 하중의 작은 힘일지라도 계속 반복하여 작용하였을 때 일어나는 파괴시험
> • 충격시험 : 충격력에 대한 재료의 충격저항의 크기를 알아보기 위한 시험
> • 에릭센 시험 : 강구를 이용한 일종의 커핑시험으로 전연성 시험

55 주철명과 그에 따른 특징을 설명한 것으로 틀린 것은?

① 가단주철은 백주철을 열처리로에 넣어 가열해서 탈탄 또는 흑연화 방법으로 제조한 주철이다.

② 미하나이트주철은 저급주철이라고 하며, 흑연이 조대하고 활모양으로 구부러져 고르게 분포한 주철이다.

③ 합금주철은 합금강의 경우와 같이 주철에 특수원소를 첨가하여 내식성, 내마멸성, 내충격성 등을 우수하게 만든 주철이다.

④ 회주철은 보통주철이라고 하며, 펄라이트 바탕 조직에 검고 연한 흑연이 주철의 파단면에서 회색으로 보이는 주철이다.

> **해설**
> 미하나이트주철
> 저탄소, 저규소의 주철을 용해하고, 주입 전에 규소철(Fe-Si) 또는 칼슘—실리케이트(Ca-Si)로 접종(Inculation)처리하여 흑연을 미세화하여 강도를 높인 것이다. 연성과 인성이 매우 크며, 두께의 차에 의한 성질의 변화가 아주 작다. 피스톤 링 등에 적용한다.

53 공업적으로 생산되는 순도가 높은 순철 중에서 탄소 함유량이 가장 적은 것은?

① 전해철

② 해면철

③ 암코철

④ 카보닐철

> **해설**
> 전해철은 전해작용을 이용하여 생산하므로 불순물이 거의 없다.

56 Cu-Pb계 베어링 합금으로 고속, 고하중 베어링으로 적합하여 자동차, 항공기 등에 쓰이는 것은?

① 켈밋(Kelmet)
② 백동(Cupronickel)
③ 배빗메탈(Babbit Metal)
④ 화이트메탈(White Metal)

해설
켈밋(Kelmet) : 28~42% Pb, 2% 이하의 Ni 또는 Ag, 0.8% 이하의 Fe, 1% 이하의 Sn을 함유하고 있다. 고속회전용 베어링, 토목 광산기계에 사용한다.

57 구상흑연주철이 주조 상태에서 나타나는 조직의 형태가 아닌 것은?

① 페라이트형
② 펄라이트형
③ 시멘타이트형
④ 헤마타이트형

해설
헤마타이트(Hematite)는 적철광으로 주로 장신구용으로 사용하며 제철용으로도 사용한다.
구상흑연주철 : 주철이 강에 비하여 강도와 연성 등이 나쁜 이유는 주로 흑연의 상이 편상으로 되어 있기 때문이다. 이에 구상흑연주철은 용융 상태의 주철 중에 마그네슘(Mg), 세륨(Ce) 또는 칼슘(Ca) 등을 첨가처리하여 흑연을 구상화한 것으로 노듈러 주철, 덕타일 주철 등으로도 불린다. 주철의 성분은 페라이트, 펄라이트, 시멘타이트가 혼재되어 있다.

58 판 두께 10mm의 연강판 아래보기 맞대기 용접이음 10m와 판 두께 20mm의 연강판 수평 맞대기 용접이음 20m를 용접하려 할 때 환산용접 길이는?(단, 현장용접으로 환산계수는 판 두께 10mm인 경우 1.32, 판 두께 20mm인 경우 5.04이다)

① 약 30.0m ② 약 39.6m
③ 약 114m ④ 약 213m

해설
환산용접 길이란 용접작업마다 조건이 달라서 용접시간을 계산하기 어려우므로 각 작업에 환산계수를 곱하여 표준용접 길이로 환산한 용접 길이이다.
판 두께가 10mm인 경우
10mm×1.32=13.2m
판 두께가 20mm인 경우
20mm×5.04=100.8m
따라서, 두 작업의 용접 길이는 114m이다.

59 용접기가 설치되어서는 안 되는 장소는?

① 먼지가 매우 적은 곳
② 옥외의 비바람이 없는 곳
③ 수증기 또는 습도가 낮은 곳
④ 주위 온도가 −10℃ 이하인 곳

해설
주위 온도가 너무 낮으면 아크 발생에도 이상이 생길 수 있고, 기계의 안정성에도 영향을 준다.

60 다음 용접법 중 금속 전극을 사용하는 보호 아크 용접법은?

① MIG 용접
② 테르밋 용접
③ 심 용접
④ 전자빔 용접

해설
금속 전극을 보호하는 가스를 사용하는 불활성 가스 용접은 MIG와 TIG 용접이 있다.

2014년 제5회 과년도 기출문제

01 비파괴검사법 중 대상 물체가 전도체인 경우에만 검사가 가능한 시험법은?

① 침투탐상시험　　② 방사선투과시험
③ 초음파탐상시험　④ 와전류탐상시험

해설

와전류탐상시험은 자속을 발생시키고 자속의 변화에 따라 결함을 감지하는 시험이다.

02 누설검사에 이용되는 가압 기체가 아닌 것은?

① 공 기　　　　　② 황산가스
③ 헬륨가스　　　　④ 암모니아가스

해설

누설시험에는 공기, 헬륨, 암모니아, 할로겐가스, 화학지시약 등을 사용한다.

03 초음파탐상시험법을 원리에 따라 분류할 때 포함되지 않는 것은?

① 투과법　　　　　② 공진법
③ 종파법　　　　　④ 펄스반사법

해설

- 초음파 형태에 따라 : 펄스파법, 연속파법
- 송수신 방식에 따라 : 반사법, 투과법, 공진법
- 탐촉자 수에 따라 : 1탐촉자법, 2탐촉자법
- 접촉방식에 따라 : 직접접촉법, 국부수침법, 전몰수침법
- 표시방법에 따라 : 기본표시(A-scope), 단면표시(B-scope), 평면표시(C-scope), 조합
- 진동양식, 전파 방향에 따라 : 수직법(종파·횡파), 사각법(종파·횡파), 표면파법, 판파법, 크리핑파법, 누설표면파법

04 자속밀도(B)와 자화 세기(H)의 관계식으로 옳은 것은?(단, μ는 투자율이다)

① $B = \dfrac{1}{\mu} \cdot H$　　　② $B = \dfrac{1}{H} \cdot \mu$

③ $B = \mu^2 \cdot H^2$　　　④ $B = \mu \cdot H$

해설

$B = H \times \mu$

여기서, B : 자속밀도
　　　　H : 자력 세기
　　　　μ : 투자율

05 방사선투과시험에 대한 설명으로 틀린 것은?

① 체적결함에 대한 검출감도가 높다.
② 오스테나이트 스테인리스강에 적용이 곤란하다.
③ 결함의 종류 및 형상에 대한 정보를 알 수 있다.
④ 건전부와 결함부에 대한 투과선량의 차이에 따라 필름상의 농도차를 이용하는 시험방법이다.

해설

오스테나이트 스테인리스강은 비자성체이지만 방사선투과시험에서 자성체 여부는 무관하다.

1 ④　2 ②　3 ③　4 ④　5 ②　**정답**

06 누설검사에서 실제로 가장 많이 사용되는 추적가스는?

① 공 기
② 산 소
③ 암모니아
④ 헬 륨

해설
누설검사는 시험체에 기포나 거품을 통해 압력기체가 빠져나오는 지 확인하면 되므로 공기를 이용한다.

07 표면 근처의 결함검출, 박막 두께 측정 및 재질 식별 등의 검사가 가능한 비파괴시험법은?

① 자분탐상시험
② 침투탐상시험
③ 와전류탐상시험
④ 음향방출시험

해설
와전류탐상시험의 적용 분야 : 표면 근처의 결함검출, 박막 두께 측정 및 재질 식별

08 침투탐상시험 시 유화제의 적용시간을 정상시간보다 오래 두면 어떤 검사 결과가 나타나는가?

① 결함지시모양이 더욱 선명하게 나타난다.
② 가늘고 얇은 결함지시모양을 잃기 쉽다.
③ 세척 후에도 과잉 세척이 남는다.
④ 전혀 결함이 나타나지 않는다.

해설
유화제는 잉여침투제를 씻어내는 용도이므로 과도하게 적용하면 잉여침투제 이상의 침투제를 씻어내게 된다.

09 방사선투과시험과 비교하여 자분탐상시험의 특징을 설명한 것으로 옳지 않은 것은?

① 모든 재료에 적용이 가능하다.
② 탐상이 비교적 빠르고 간단한 편이다.
③ 표면 및 표면 바로 밑의 균열검사에 적합하다.
④ 결함모양이 표면에 직접 나타나므로 육안으로 관찰할 수 있다.

해설
강자성체에 자분탐상시험이 가능하다.

10 초음파탐상기에 요구되는 성능 중 수신된 초음파 펄스의 음압과 브라운관에 나타난 에코 높이의 관계를 나타내는 것은?

① 시간축의 직선성
② 분해능
③ 증폭의 직선성
④ 감 도

해설
초음파 탐상기의 성능 결정 요인

시간축 직선성	반사원의 위치를 정확히 측정하기 위해서는 에코의 빔 진행거리가 탐상면에서 반사원까지의 거리에 정확히 대응해야 하고 이를 위해 측정범위의 조정을 정확히 해 놓아야 하며 초음파펄스가 송신되고부터 수신될 때까지의 시간에 정확히 비례한 횡축에 에코를 표시할 수 있는 탐상기 성능
증폭 직선성	수신된 초음파펄스의 음압과 브라운관에 나타난 에코높이의 비례관계 정도
분해능	탐촉자로부터의 거리 또는 방향이 다른 근접한 2개의 반사원을 2개의 에코로 식별할 수 있는 성능으로 원거리분해능, 근거리분해능 및 방위분해능이 있음

11 필름특성곡선에 대한 설명 중 옳은 것은?

① 필름의 종류에 따른 현상시간의 변화를 나타낸 곡선

② 필름을 투과하는 방사선의 세기 또는 투과 비율을 나타낸 곡선

③ 필름에 조사된 방사선량과 사진농도와의 관계를 나타낸 곡선

④ 필름의 종류에 따른 입도특성을 나타낸 곡선

해설

필름특성곡선은 필름에 쏜 방사선량의 대수($\log E$)와 현상 후에 얻어진 사진농도(D)와의 관계곡선이다.

12 음향방출검사에서 관찰되는 AE신호파형으로 짝지어진 것은?

① 연속형-돌발형

② 연속형-회전형

③ 돌발형-회전형

④ 돌발형-톱니형

해설

AE신호란 Acoustic Emission의 약자로서 응력을 받는 물체가 방출하는 음향을 말한다. AE법 또는 음향방출검사는 교량과 같은 구조물의 내부 상태를 실시간 모니터링할 때 적당하며, 신호파형이 연속형으로 들어올 때와 내부 피로응력이 일시에 해소되며 돌발적으로 발생할 때로 나누어서 읽을 수 있다.

13 주강품에 대한 방사선투과시험에서 발견할 수 없는 결함은?

① 슬래그 혼입   ② 블로홀

③ 수축공   ④ 래미네이션

해설

래미네이션은 압연 강재에 있는 내부결함, 비금속 개재물, 기포 또는 불순물 등이 압연방향을 따라 평행하게 늘어나 층상조직이 된 것이다. 평행하게 층 모양으로 분리된 것은 이중 판 균열이라고도 부른다. 방사선투과검사는 방사선의 조사 방향에 평행하게 놓여 있는 두께차를 가지는 구상결함의 검출이 우수하다. 그리고 결함의 종류, 형상을 판별하기 쉽고 기록 보존성이 높다. 그러나 래미네이션이나 방사선 조사방향에 대해 기울어져 있는 균열 등은 검출되지 않는다.

14 시험체 표면에 넓고 얇게 발생한 결함의 검출에 수세성 형광침투액의 적용이 적절하지 않은 이유는?

① 세척처리가 부족하여 결함 주위에 지시모양이 생기기 쉽기 때문이다.

② 세척처리로 인해 결함에 침투해 있는 침투액이 씻겨 나가기 쉽기 때문이다.

③ 침투액의 점도가 높아 표면에 잔류하기 쉽고, 세척처리가 어렵기 때문이다.

④ 결함의 지시모양이 표면의 요철에 의한 지시와 차이가 나기 쉽기 때문이다.

해설

시험체 표면에 넓고 얇게 발생한 결함의 검출에 수세성 형광 침투액의 적용이 적절하지 않은 이유는 세척처리로 인해 결함에 침투해 있는 침투액이 씻겨 나가기 쉽기 때문이다.

15 용접 시 개선면 검사, 용접 중간층 표면검사, 용접 완료 후의 표면검사 다음 단계로 침투탐상검사가 요구될 때 휴대가 용이하는 등 가장 적합하게 사용할 수 있는 검사법은?

① 건식현상법에 의한 수세성 형광침투탐상검사
② 속건식현상법에 의한 용제 제거성 염색침투탐상검사
③ 무현상법에 의한 용제 제거성 형광침투탐상검사
④ 건식현상법에 의한 후유화성 형광침투탐상검사

해설
장비가 필요 없으려면 염색침투액을 사용하여 닦아내는 형태로 잉여침투액을 제거하고, 속건식으로 현상하면 된다.

16 침투탐상시험에서 후유화성과 수세성의 차이를 구별하는 가장 주된 내용은?

① 물이 포함되어 있는지의 여부
② 알루미늄 합금에 사용할 수 있는지의 여부
③ 침투액에 유화제가 포함되어 있는지의 여부
④ 현상하기 전 표면의 과잉침투액 제거 필요 여부

해설
• 후유화성 : 유화를 나중에 실시한다.
• 수세성 : 침투액에 유화제가 포함되어 있다.

17 5개 별모양의 균열이 존재하고, 세척성능을 점검하기 위해 두 개의 영역으로 분리된 침투탐상시험편은 무엇인가?

① A형 대비시험편
② PSM 모니터패널
③ B형 대비시험편
④ C형 표준시험편

해설
침투탐상시스템 모니터 패널
• 두께 2.3mm(0.090in.) 및 약 100×150mm(4×6in.) 크기의 스테인리스강으로 제작
• 시험편의 길이 방향으로 반쪽은 크롬도금을 하고, 경도시험기를 사용 및 압입하여 반쪽 시험편의 중앙에 간격이 같은 5개의 별모양의 균열을 발생시킴
• 시험체의 실제 탐상작업 전에 탐상제나 장치의 갑작스런 변화 또는 열화가 없는지 점검을 목적으로 개발

18 용제 제거성 침투제 도포 후, 현상 전에 잉여침투제를 제거하는 제일 좋은 방법은?

① 용제 제거성 스프레이를 시편에 직접 분사한다.
② 물에 담가 초음파 세척기를 가동시킨다.
③ 식기세척용 세제를 물에 풀고, 스펀지로 거품을 내어 닦아낸다.
④ 세척제를 스며들게 한 천 또는 종이로 닦아낸다.

해설
용제 제거성 침투액은 헝겊 또는 종이수건 및 세척액으로 제거한다. 특히 제거처리가 곤란한 경우를 제외하고 원칙적으로 세척액이 스며든 헝겊 또는 종이수건을 사용하여 닦아내고 시험체를 세척액에 침지하거나 세척액을 다량으로 적용해서는 안 된다.

19 다음 중 암실의 밝기를 측정하기 위한 장비는?

① 농도계   ② 열량계

③ 조도계   ④ 자외선강도계

해설

조도계 : 밝기 측정 장비

20 무관련지시란 침투탐상시험 때 나타난 어떤 지시를 묘사한 것이다. 다음 중 어떤 것이 무관련지시인가?

① 외부균열에 의하여 생긴 지시

② 응력 또는 임계부식에 의하여 생긴 지시

③ 부품의 형태 또는 구조에 의하여 생긴 지시

④ 연마균열(Grinding Cracks)에 의하여 생긴 지시

해설

지시란 결함을 표시하는 것이며 결함과 관련 없는 지시가 무관련지시이다. ③은 결함 때문에 지시가 생긴 것이 아니다.

21 침투탐상시험에서 일반적으로 흰색의 배경에 빨간색의 대조(Contrast)를 이루게 하여 관찰하는 침투액과 현상제의 조합으로 옳은 것은?

① 염색침투액 – 무현상

② 염색침투액 – 습식현상제

③ 염색침투액 – 건식현상제

④ 형광침투액 – 습식현상제

해설

염색침투상검사는 육안으로 확인하며 가시성을 좋게 하기 위해 색 대비를 준다. 염색침투탐상에서는 명암도가 좋아지도록 도포하기 어려우므로 건식현상제를 잘 사용하지 않는다.

22 다음 중 모세관의 상승높이와 비례하는 것은?

① 표면장력

② 접촉각

③ 비 중

④ 모세관 직경

해설

① 표면장력은 유체가 자기들끼리 뭉치는 응집력과 유체에 닿는 고체가 유체를 잡아당기는 부착력의 차이 때문에 생기는 힘이다. 유체 표면의 배가 위로 나오면 유체의 응집력이 더 큰 경우이고, 유체 표면의 배가 아래로 나오면 잡아당기는 힘인 부착력이 더 큰 경우이다. 일반적으로 부착력에 비해 응집력이 클 때 표면장력이 크다고 한다.

② 접촉각은 간접적으로 모세관현상에 영향을 주며 일반적으로 접촉각이 커지는 유체성질에서 모세관 높이는 내려간다.

③ 비중은 모세관 높이와 무관하다.

④ 모세관 직경은 커질수록 모세관 현상이 줄어든다.

23 침투제가 그 역할을 수행하기 위한 주된 현상은?

① 건 조

② 세척작용

③ 후유화 현상

④ 모세관 현상

해설

모세관 현상으로 인해 좁은 틈을 침투제가 잘 침투한다.

24 침투탐상검사에서 현상제를 선택하는 기준으로 적절한 것은?

① 용접부 검사에는 습식현상제가 효과적이다.
② 작업시간 단축을 위해 무현상법을 적용한다.
③ 거친 표면에는 습식현상제가 효과적이다.
④ 구조물 부분탐상에는 속건식현상제가 효과적이다.

해설
보기에 모두 속건식이나 건식현상제를 적용하면 적절할 것 같다.

25 다음 중 침투탐상검사 방법과 적용 시험품의 연결이 옳은 것은?

① 수세성 침투탐상 – 대형 구조물 부분탐상
② 수세성 침투탐상 – 석유저장탱크 용접부
③ 용제 제거성 침투탐상 – 대형 구조물 검사
④ 용제 제거성 침투탐상 – 용접 개선면 검사

해설
용제 제거성 탐상법은 대형 구조물의 부분탐상이나 용접 개선면에 사용한다.

26 침투탐상시험에 사용되는 현상제의 특징이 아닌 것은?

① 침투액을 분산시키는 능력이 우수하여야 한다.
② 화학적으로 안정된 백색 미분말을 주로 사용한다.
③ 형광침투액 사용 시 현상제는 형광성을 가져야 한다.
④ 건식형광제는 주로 산화규소 분말로 구성되어 있다.

해설
현상제는 배경색과 색 대비를 개선하는 작용을 해야 한다.

27 침투탐상시험에서 현상이 잘되었을 때 나타난 결합지시모양을 실제 결합과의 크기를 비교한 것으로 가장 옳은 설명은?

① 결합지시모양의 크기는 항상 실제 결합 크기와 같다.
② 결합지시모양의 크기는 항상 실제 결합 크기보다 작다.
③ 결합지시모양의 크기는 실제 결합 크기보다 크거나 같다.
④ 결합지시모양의 크기는 실제 결합 크기보다 작거나 같다.

해설
침투액은 현상제에 빨아올려져 흡수되는데 살짝 번져 지시가 커질 수 있다.

28 침투탐상시험방법 및 침투지시모양의 분류(KS B 0816)에 따른 탐상제 관리에 대한 설명으로 틀린 것은?

① 기준 탐상제 및 사용하지 않는 탐상제는 용기에 밀폐하여 냉암소에 보관한다.
② 탐상제를 개방형의 장치에서 사용할 때는 먼지, 불순물의 혼입, 탐상제의 비산을 방지하도록 처리하여야 한다.
③ 수세성 침투액, 세척액 및 속건식현상제는 개방형 용기에 보관하여야 한다.
④ 습식 및 속건식현상제는 소정의 농도로 유지하여야 한다.

해설
수세성 침투액, 세척액 및 속건식현상제는 밀폐된 용기에 보관하여야 한다.

29 항공우주용 기기의 침투탐상검사방법(KS W 0914)에서 공정 제한사항으로 틀린 것은?

① 항공우주용 제품의 최종 수령검사에는 형광침투액 계통의 침투액을 사용할 수 없다.

② 염색침투액을 사용하는 검사는 동일한 면에 대하여 형광침투액을 사용하는 검사 전에 사용할 수 없다.

③ 건식 및 수용성 현상제는 염색침투액에 사용할 수 없다.

④ 터빈 엔진의 중요 부품 정비검사는 후유화성 형광침투액과 친수성 유화제를 사용한다.

해설

항공우주용 제품의 최종 수령검사에는 염색침투액을 사용할 수 없다.

※ KS W 0914는 2014년에 폐지되었다.

30 항공우주용 기기의 침투탐상검사방법(KS W 0914)에서 사용 중인 유화제의 제거성은 최대 얼마의 주기마다 점검하여야 하는가?

① 일 1회　　　② 주 1회

③ 월 1회　　　④ 연 1회

해설

유화제

• 제거성 : MIL-I-25315에 따라 주 1회 점검(기준보다 낮을 때 불만족)

• 수분 함유량 : 월 1회, 기준 5%

• 농도 : 주 1회, 굴절계를 사용하여 점검(최초 값에서 3% 변화 시 불만족)

※ KS W 0914는 2014년에 폐지되었다.

31 침투탐상시험방법 및 침투지시모양의 분류(KS B 0816)에 따라 침투지시모양이 동일선상이고 상호간의 거리가 몇 mm 이하일 때 연속침투지시모양으로 규정하고 있는가?

① 1　　　　② 2

③ 3　　　　④ 4

해설

동일선상에 존재하는 2mm 이하의 간격은 연속된 지시로 본다.

32 침투탐상시험방법 및 침투지시모양의 분류(KS B 0816)에 따라 대비시험편을 사용하는 경우로 가장 부적합한 것은?

① 탐상제의 성능 비교

② 탐상조작 조건의 결정

③ 탐상조작 적부의 점검

④ 시험편의 화학성분 결정

해설

대비시험편을 사용하는 이유가 대비시험편을 시험하기 위함은 아니다.

33 침투탐상시험방법 및 침투지시모양의 분류(KS B 0816)에서 규정한 자외선조사장치의 강도와 파장으로 옳은 것은?

① 시험체 표면에서 $1,000\mu W/cm^2$ 이상 및 320~400nm인 자외선 파장을 만족해야 한다.

② 시험실에서 $1,000\mu W/cm^2$ 이하 및 320~400nm 이하인 자외선 파장을 만족해야 한다.

③ 시험실에서 $800\mu W/cm^2$ 이상 및 320~400nm 이하인 자외선 파장을 만족해야 한다.

④ 시험체 표면에서 $800\mu W/cm^2$ 이상 및 320~400nm인 자외선 파장을 만족해야 한다.

해설

자외선조사장치
- 사용하는 자외선 파장의 길이 : 파장 320~400nm의 자외선을 조사
- 강도 : $800\mu W/cm^2$ 이상의 강도로 조사하여 시험
- 용도 : 침투액 속의 형광물질을 발광시켜 결함을 검출
- 자외선조사장치가 필요한 곳 : 세척대, 검사대
- 자외선등
 - 전구 수명 : 새것이었을 때의 25% 강도이면 교환한다. 100W 기준으로 1,000시간/무게
 - 예열시간 : 최소 5분 이상

34 침투탐상시험방법 및 침투지시모양의 분류(KS B 0816)에서 현상처리 후에 건조과정이 필요한 탐상방법은 무엇인가?

① FB-W   ② FA-D

③ FC-S   ④ FB-S

해설
- 습식현상제를 사용할 때는 현상처리한 후 시험체의 표면에 부착되어 있는 현상제를 재빨리 건조시킨다.
- 건식 또는 속건식현상제를 사용할 때는 현상처리 전에 건조처리를 한다(표면의 수분 건조 정도로 건조).
- 세척액으로 제거한 경우는 자연건조하거나 또는 마른 헝겊 혹은 종이수건으로 닦아내고 가열건조해서는 안 된다.
- W는 수현탁성 현상제를 사용하는 방법이다.

35 항공우주용 기기의 침투탐상검사방법(KS W 0914)에서 침투액의 적용에 대한 설명으로 틀린 것은?

① 침투액의 침투시간은 특별한 지시가 없는 한 최소 10분이다.

② 침투액의 침투시간이 2시간을 초과하면 건조되지 않도록 다시 도포한다.

③ 침투액을 침지법으로 적용할 경우에는 침지시간은 침투시간의 1/3 이상으로 한다.

④ 침투시간 중 침투액이 국부적으로 모이지 않도록 시험품을 회전시키거나 움직이게 한다.

해설
침투액을 침지법으로 적용할 경우에는 침지 시간은 침투시간의 1/2 이하로 한다.
※ KS W 0914는 2014년에 폐지되었다.

36 항공우주용 기기의 침투탐상검사방법(KS W 0914)에서 규정한 침투액의 제거에서 방법 A의 공정 중 수동 스프레이법의 부가 공기압으로 옳은 것은?

① 최소 172kPa

② 최대 172kPa

③ 최소 275kPa

④ 최대 275kPa

해설
수동 스프레이
- 최대 수압 : 275kPa(40psi, $2.8kgf/cm^2$)
- 분사거리 : 30cm(12in)
- 물분무 노즐은 감도 레벨 1 또는 2 공정에 대하여만 허용
- 부가 공기압 : 최대 172kPa(25psi, $1.75kgf/cm^2$)
※ KS W 0914는 2014년에 폐지되었다.

37 침투탐상시험방법 및 침투지시모양의 분류(KS B 0816)에서 규정한 세척 및 제거에 대한 설명 중 옳은 것은?

① 형광침투액을 사용할 경우 수온은 특별한 규정이 없을 때는 5~50℃로 한다.

② 염색침투액은 제거처리 후 깨끗한 헝겊으로 닦아 세척을 확인한다.

③ 제거처리는 세척액에 침지할 때 효과적이다.

④ 세척효과를 위해 수압은 300kPa 이상으로 한다.

해설
① 형광침투액을 사용할 경우 수온은 특별한 규정이 없을 때에는 10~40℃로 한다.
② 세척액에 침지하거나 세척액을 다량으로 적용해서는 안 된다.
③ 스프레이 노즐을 사용할 때의 수압은 특별히 규정이 없는 한 275kPa 이하로 한다.

39 항공우주용 기기의 침투탐상검사방법(KS W 0914)에서 종류 c는 어떤 현상제인가?

① 수현탁성 현상제

② 수용성 현상제

③ 속건성현상제

④ 건식분말현상제

해설
• 종류 a : 건식분말현상제
• 종류 b : 수용성 현상제
• 종류 c : 수현탁성 현상제
• 종류 d : 비수성(속건성)현상제
• 종류 e : 특정 용도의 현상제
※ KS W 0914는 2014년에 폐지되었다.

38 항공우주용 기기의 침투탐상검사방법(KS W 0914)에 따라 샘플링 검사에 합격된 로트의 표시방법으로 옳은 것은?

① 별도의 표시를 하지 않는다.

② 착색의 경우 밤색 염료를 사용한다.

③ 에칭의 경우 전수검사와 똑같은 방법으로 표시한다.

④ 각인의 경우 기호 P를 타원으로 둘러싼 표시를 한다.

해설
각인의 경우 기호 P를 타원으로 둘러싼 표시 ⓟ를 한다.
※ KS W 0914는 2014년에 폐지되었다.

40 침투탐상시험방법 및 침투지시모양의 분류(KS B 0816)에서 사용하는 탐상제 중 침투액의 제거방법에서 유기용제를 사용하는 방법의 기호는?

① A
② B
③ C
④ D

해설
잉여침투액의 제거방법에 따른 분류

명 칭	방 법	기 호
방법 A	수세에 의한 방법	A
방법 B	기름베이스 유화제를 사용하는 후유화에 의한 방법	B
방법 C	용제 제거에 의한 방법	C
방법 D	물베이스 유화제를 사용하는 후유화에 의한 방법	D

41 침투탐상시험방법 및 침투지시모양의 분류(KS B 0816)에서 염색침투탐상 시 자연광 또는 백색광 아래에서의 조도는?

① 시험면에서 500lx 이하
② 시험면에서 500lx 이상
③ 시험면에서 $10W/m^2$ 이상
④ 시험면에서 $10W/m^2$ 이하

해설
염색침투액 사용 시 : 밝기(조도) – 500lx 이상의 자연광이나 백색광

42 침투탐상시험방법 및 침투지시모양의 분류(KS B 0816)에서 규정한 시험체 및 탐상제의 일반적인 온도범위를 벗어난 경우 조치사항으로 옳은 것은?

① 시험체의 온도가 3~15℃인 범위에서는 온도를 고려하여 침투시간을 줄인다.
② 시험체의 온도가 50℃를 넘는 경우 규정된 침투시간을 늘린다.
③ 시험체의 온도가 3℃ 이하인 경우 규정된 침투시간보다 줄인다.
④ 시험체의 온도가 5℃ 이하인 경우 규정된 침투시간보다 늘린다.

해설
온도가 낮으면 침투시간이 더 걸린다.

43 황동에 10~20% 니켈을 넣은 것으로 색깔이 은과 비슷하여 예부터 장식, 식기 등으로 사용되어 온 것은?

① 양 은
② 켈 밋
③ 콘스탄탄
④ 플래티나이트

해설
니켈 황동 : 양은 또는 양백이라고도 하며, 7-3 황동에 7~30% Ni을 첨가한 것. 예부터 장식용, 식기, 악기, 기타 Ag 대용으로 사용되었고, 탄성과 내식성이 좋아 탄성 재료, 화학 기계용 재료에 사용된다. 30% Zn 이상이 되면 냉간가공성은 저하하나 열간가공성이 좋아진다.

44 내열강의 내열성 증대와 탄화물의 생성을 쉽게 하기 위해 합금원소로 첨가되는 대표적인 금속은?

① Si
② Al
③ Cr
④ Ni

해설
합금원소의 성질

원 소	키워드
Ni	강인성과 내식성, 내산성
Mn	내마멸성, 황
Cr	내식성, 내열성, 자경성, 내마멸성
Cu	석출 경화, 오래 전부터 널리 쓰임
Si	내식성, 내열성, 전자기적 성질을 개선
Co	고온 경도와 고온 인장강도를 증가
Zn	황동, 다이캐스팅용
S	피삭성, 주조결함

45 침입형 고용체가 될 수 없는 원소는?

① B　　　　　　　　② N

③ Cu　　　　　　　　④ H

해설

침입형 고용체 : 어떤 성분 금속의 결정격자 중에 다른 원자가 침입된 것으로 일반적으로 금속 상호간에 일어나기보다는 비금속 원소가 함유되는 경우에 일어나는데 원소 간 입자의 크기가 다르기 때문에 일어난다.

46 Cu에 40∼50% Ni을 함유한 합금으로 전기저항선이나 열전쌍에 많이 사용되는 것은?

① 모넬메탈　　　　　② 콘스탄탄

③ 니크롬　　　　　　④ 인코넬

해설

② 콘스탄탄 : 니켈 40∼50%와 동과의 합금으로, 전기저항이 크며 전기저항값은 온도 변화의 영향을 받는다. 동이나 철판의 조합으로 기전력이 크기 때문에 열전대·계측기 등에 사용되고 있다.
① 모넬메탈 : Ni 65∼70%, Cu 26∼30%, Mn, Fe의 합금. 내식성이 크고, 인장강도가 연강과 비교할 만하여 여러 공업재료로 많이 쓰인다.
③ 니크롬 : 1906년 O. C. 마시가 발명했으며 현재는 용도에 따라 여러 가지로 조성이 다른 것이 있으나 대체로 니켈 60∼90%, 크롬 10∼30%, 철 0∼35%의 범위이다. 니켈과 크롬의 전기저항선용 합금이며 철을 함유하는 것과 함유하지 않은 것이 있다.
④ 인코넬 : 니켈 Base에 15%의 Cr, 6∼7%의 Fe, 2.5%의 Ti, 1% 이하의 Al, Mn, Si를 첨가한 내열합금이다. 내열성이 좋고, 고온에도 산화하지 않으며 약한 황화가스에도 침지되지 않는다.

47 구리(Cu)의 특징을 설명한 것 중 틀린 것은?

① 자성체이며, 주조가 가능하다.

② 구리의 비중은 약 8.9이다.

③ 결정격자는 면심입방격자이다.

④ 관, 선, 플랜지 등으로 가공하여 사용한다.

해설

구리는 비자성체이다.

※ 문제처럼 기본 금속의 성질을 설명한 내용은 다음 시험에서도 그 설명을 인용하므로 구리의 특징을 문제를 통해 학습한다.

48 다음 중 원자로용 1차 금속군에 해당되는 것은?

① Na, Cs　　　　　② W, Ta

③ Ge, Si　　　　　　④ U, Th

해설

원자로용 금속은 우라늄(U), 플루토늄(Pu), 토륨(Th) 등이 있다.

49 Y합금에 대한 설명으로 옳은 것은?

① 주성분은 Al－Cu－Mo－Mn이며, 응고성이 좋다.

② 주성분은 Al－Cu－Mg－Ni이며, 내열성을 갖는다.

③ 주성분은 Al－Cr－Mg－Ni이며, 용해성이 좋다.

④ 주성분은 Al－W－Mg－Ni－Mo이며, 취성이 있다.

해설

Y합금

• 4% Cu, 2% Ni, 1.5% Mg 등을 함유하는 Al 합금이다.
• 고온에 강한 것이 특징 모래형 또는 금형 주물 및 단조용 합금이다.
• 경도도 적당하고 열전도율이 크며, 고온에서 기계적 성질이 우수하다. 내연기관용 피스톤, 공랭 실린더 헤드 등에 널리 쓰인다.

50 금속재료에 외부의 힘을 가하여 원하는 형태로 변형시킴과 동시에 재료의 기계적 성질을 개선하는 가공법을 무엇이라 하는가?

① 용 접
② 절삭가공
③ 소성가공
④ 분말 야금

해설
소성가공은 재료의 소성을 이용하여 형상을 가공하는 것으로 소성이란 잡아당기고 구부러뜨리는 등 외력이 작용하면 형상이 변형되는 성질을 의미한다. 소성에 의해 외형이 변하면서 내부 조직도 변형이 일어나는데, 변형된 표면부에 조직 밀도가 높게 되어 일반적으로 소성가공 후 경도는 더 높게 된다.

51 금속재료의 고강도화 4가지 기구에 해당되지 않는 것은?

① 형상강화
② 고용강화
③ 입계강화
④ 석출강화

해설
형상은 구조물의 구조강도에 영향을 주지만, 재료의 강도에는 영향을 주지 않는다.

52 금속가공에서 재결정온도보다 낮은 온도에서 가공하는 것을 무엇이라고 하는가?

① 풀림가공
② 열간가공
③ 고온가공
④ 냉간가공

해설
소성가공 중 재결정온도를 기준으로 그보다 높은 온도에서 소성가공하는 것을 열간가공, 그보다 낮은 온도에서 가공하는 것을 냉간가공이라 한다.

53 용융된 금속이 실제의 응고점보다 낮은 온도에서 응고가 시작되는 것을 무엇이라 하는가?

① 과 랭
② 급 랭
③ 서 랭
④ 방 열

해설
실제의 응고점보다 더 냉각되었다는 의미로 과랭이라 한다.

54 공구강의 구비조건을 설명한 것으로 틀린 것은?

① 마모성이 클 것
② 상온 및 고온경도가 클 것
③ 가공 및 열처리성이 양호할 것
④ 강인성 및 내충격성이 우수할 것

해설
공구강의 구비조건
• 담금질 효과가 좋다.
• 결정입자가 미세하다.
• 경도와 내마멸성이 우수하다.

55 회주철의 인장강도 범위는 10~40kgf/mm²이다. 이를 MPa로 환산하면 몇 MPa인가?

① 9.8~39.2MPa

② 98~392MPa

③ 980~3,920MPa

④ 9,800~39,200MPa

해설
회주철의 인장강도는 98~440MPa 범위로 알려져 있다.
$10kgf=10kg\times9.81m/s^2=98.1N$
$\therefore 10kgf/mm^2=98.1N/mm^2=98.1MPa$
$40kgf=40kg\times9.81m/s^2=392.4N$
$\therefore 40kgf/mm^2=392.4N/mm^2=392.4MPa$

56 그림과 같이 변형 후 수백 % 이상의 연신율을 나타내는 재료는?

(A) 변형 전

(B) 변형 후

① 수소저장합금

② 금속 초미립자

③ 초소성 합금

④ 반도체 재료

해설
그림처럼 소성이 대단히 큰 재료를 초소성 재료라 한다.
소성 : 늘어나거나 펴지는 가공성

57 비중이 약 7.13 정도이며, 도금용, 전기 방식용 양극 재료 등에 사용되고, 또한 합금으로는 황동, 다이캐스팅 용도로 많이 쓰이는 금속은?

① Mg ② Ti

③ Sn ④ Zn

해설
아연(Zn)
비중은 7.130이고, 용융점은 약 420℃이며 조밀육방격자 금속이다. 청백색의 저용융점 금속이고 도금용, 전지, 다이캐스팅용 및 기타 합금용으로 사용되는 금속이다.
※ 아연은 다이캐스팅용 합금 원소라는 설명과 조밀육방격자라는 설명, 비중에 관한 설명이 번갈아 반복되고 있다.

58 피복아크용접봉의 피복제의 주된 역할 설명 중 틀린 것은?

① 전기 전도를 양호하게 한다.

② 슬래그를 제거하기 쉽게 하고, 파형이 고운 비드를 만든다.

③ 용착 금속의 냉각속도를 느리게 하여 급랭을 방지한다.

④ 스패터의 발생을 적게 한다.

해설
피복제의 역할
• 아크의 안정과 집중성을 향상
• 환원성과 중성 분위기를 만들어 대기 중의 산소나 질소의 침입을 막아 용융 금속 보호
• 용착 금속의 탈산 정련 작용
• 용융점이 낮은 적당한 점성의 가벼운 슬래그를 만듦
• 용착 금속의 응고속도와 냉각속도를 느리게 함
• 용착 금속의 흐름을 개선
• 용착 금속에 필요한 원소를 보충
• 용적을 미세화하고 용착효율을 높임
• 슬래그 제거를 쉽게 하고, 고운 비드 생성
• 스패터링을 제어

59 연납용으로 사용되는 용제가 아닌 것은?

① 염화아연   ② 붕 사

③ 인 산   ④ 염 산

해설

납땜용접 중 연납을 이용한 용접에서 사용하는 용제

• 염산 : 물과 1 : 1로 사용하며 아연 도금 강판용에 사용
• 염화 암모니아 : 산화물을 염화물로 변화시킴
• 염화 아연 : 흡수성과 내식성이 좋고 염화 암모니아와 섞어 사용
• 인산 : 구리와 동 합금용으로 이용
• 목재수지 : 비부식성이 크며 일반 전기용품에 사용

60 아크용접기의 사용률(%)을 구하는 식은?

① $\dfrac{\text{아크시간}}{\text{아크시간} + \text{휴식시간}} \times 100$

② $\dfrac{\text{아크시간}}{\text{휴식시간}} \times 100$

③ $\dfrac{\text{아크시간} + \text{휴식시간}}{\text{아크시간}} \times 100$

④ $\dfrac{\text{휴식시간}}{\text{아크시간}} \times 100$

해설

사용률 : 실제 용접작업에서 어떤 용접기로 어느 정도 용접을 해도 용접기에 무리가 생기지 않는가를 판단하는 기준

$$\text{사용률} = \dfrac{\text{아크발생시간}}{\text{아크발생시간} + \text{휴식시간}} \times 100$$

※ 허용사용률 $= \left(\dfrac{\text{정격 2차 전류}}{\text{사용용접전류}} \right)^2 \times \text{정격사용률}$

여기서, 정격사용률은 정격2차전류로 용접하는 경우의 사용률을 뜻한다.

2015년 제1회 과년도 기출문제

01 자분탐상검사에 관련된 용어로 틀린 것은?

① 투자율　　　　② 자속밀도

③ 접촉각　　　　④ 반자장

해설
접촉각은 침투탐상에서 침투액의 운동에 사용되는 용어이다.

02 두께 방향 결함(수직 크랙)의 경우 결함검출 확률과 크기의 정량화에 관한 시험으로 가장 우수한 검사법은?

① 초음파탐상검사(UT)

② 방사선투과검사(RT)

③ 스트레인 측정검사(ST)

④ 와전류탐상검사(ECT)

해설
초음파탐상검사는 3차원적 접근에 유리한 탐상이다.

03 다음 중 침투탐상시험 원리와 가장 관계가 깊은 것은?

① 틴달현상

② 대류현상

③ 용융현상

④ 모세관 현상

해설
액체의 접촉력이 응집력보다 강할 때 대상 액체를 빨아들이거나 빨아올리는 현상을 모세관 현상이라 한다. 모세관 현상의 원리로 침투액이 침투한다.

04 위상배열을 이용한 초음파탐상검사법은?

① EMAT

② IRIS

③ PAUT

④ TOFD

해설
③ 위상 배열 초음파탐상기술(PAUT ; Phased Array Ultrasonic Testing Technology)
① 전자 초음파 탐촉자(Electromagnetic Acoustic Transducer)
② 열교환기 튜브 검사용 탐상기(Internal Rotary Inspection System)
④ 회절파 시간 측정법(Time Of Flight Diffraction technique)
※ 금회 시험에 초음파 검사법의 이름이 소개되었으면 차회나 차차회에 검사내용을 묻는 문제가 출제될 수 있으나, 때로는 너무 구체적이거나 전문적인 문제는 기능사 시험 준비를 하면서는 과감히 버리는 전략도 필요하다.

05 시험면을 사이에 두고 한쪽의 공간을 가압하거나 진공이 되게 하여 양쪽 공간에 압력차를 만들어 시험하는 비파괴검사법은?

① 육안시험

② 누설시험

③ 음향방출시험

④ 중성자투과시험

해설
운동성이 좋은 가스를 이용하여 시험체의 빈틈이 있는지를 검사하는 시험법이 누설검사이다.

1 ③　2 ①　3 ④　4 ③　5 ②　정답

06 자분탐상시험으로 크랭크샤프트를 검사할 때 가장 적합한 자화방법은?

① 축통전법과 코일법

② 극간법과 프로드법

③ 전류관통법과 자속관통법

④ 직각통전법과 극간법

해설

크랭크샤프트(크랭크축)는 피스톤과 동력전달장치를 잇는 축이다. 즉, 축 종류의 결함을 검사하기에 적절한 방법을 묻는 문제이다. 축처럼 길이 방향으로 긴 시험체는 내부로 전류를 흘릴 때는 축통전법, 외부에 자화를 유도할 때는 코일법을 사용하는 것이 적절하다.

07 자분탐상시험에 대한 설명 중 틀린 것은?

① 표면결함검사에 적합하다.

② 반자성체에 적용할 수 있다.

③ 시험체의 크기에는 영향을 받지 않는다.

④ 침투탐상시험만큼 엄격한 전처리가 요구되지는 않는다.

해설

자분탐상시험에는 자장의 형성이 꼭 필요한데 반자성체는 자속을 투과시키지 않는다.

08 비파괴검사법 중 반드시 시험 대상물의 앞면과 뒷면 모두 접근 가능하여야 적용할 수 있는 것은?

① 방사선투과시험

② 초음파탐상시험

③ 자분탐상시험

④ 침투탐상시험

해설

방사선을 방사하고, 필름에서 감광하여야 하므로 마주 보는 두 면이 필요하다.

09 시험체의 도금두께 측정에 가장 적합한 비파괴검사법은?

① 침투탐상시험법

② 음향방출시험법

③ 자분탐상시험법

④ 와전류탐상시험법

해설

검사방법	적용 대상
방사선투과검사	용접부, 주조품 등의 내부결함
초음파탐상검사	용접부, 주조품, 단조품 등의 내부결함 검출과 두께 측정
침투탐상검사	기공을 제외한 표면이 열린 용접부, 단조품 등의 표면결함
와전류탐상검사	철, 비철 재료로 된 파이프 등의 표면 및 근처 결함을 연속 검사
자분탐상검사	강자성체의 표면 및 근처 결함
누설검사	압력용기, 파이프 등의 누설 탐지
음향방출검사	재료 내부의 특성 평가

10 시험체에 가압 또는 감압을 유지한 후 발포용액에 의해 기포를 형성하는 기포누설시험 검사방법의 장점으로 틀린 것은?

① 지시관찰이 용이하다.

② 감도가 높다.

③ 실제지시의 구별이 쉽다.

④ 가격이 저렴하다.

해설

가정에서 사용하는 가스밸브의 누설 검사에 비눗방울을 묻혀 검사하는 것을 연상하면 이해하기 쉽다. 검사가 간단하지만, 감도의 단점이 있다.

11 관의 보수검사를 위해 와류탐상검사를 수행할 때 관의 내경을 d, 시험코일의 평균 직경을 D라고 하면 내삽코일의 충전율을 구하는 식은?

① $\left(\dfrac{D}{d}\right)^2 \times 100\%$

② $\left(\dfrac{d}{D}\right) \times 100\%$

③ $\left(\dfrac{D}{d+D}\right) \times 100\%$

④ $\left(\dfrac{d+D}{D}\right) \times 100\%$

해설
내삽코일 충전율 구하는 문제는 자주 출제되므로 문제 자체를 잘 학습해 두면 좋겠다. 충전율이란 용어의 의미가 코일이 내부를 얼마나 채웠냐는 것이므로 코일의 단면적이 클수록 충전율이 좋고, 상대적으로 같은 코일에 대해 코일이 관통하는 단면적이 클수록 충전율이 내려간다.

12 다른 침투탐상시험과 비교하여 수세성 형광침투탐상시험의 장점은?

① 밝은 곳에서 작업이 가능하다.
② 대형 단조품 검사에 적합하다.
③ 소형 대량 부품 검사에 적합하다.
④ 장비가 간편하고 장소의 제약을 받지 않는다.

해설
후유화를 하지 않으므로 단계가 간편하고 수세로 침투액을 세척하면 세척이 쉽다. 자외선 탐상을 해야 하므로 소형 시험체에 적합하다.

13 방사선투과시험과 초음파탐상시험을 비교하였을 때 초음파탐상시험의 장점은?

① 블로홀 검출
② 래미네이션 검출
③ 불감대가 존재
④ 검사자의 능숙한 검사

해설
초음파검사의 장단점

장 점	단 점
• 균열 등 미세결함에도 높은 감도 • 초음파의 투과력 • 내부결함의 위치나 크기, 방향 등을 꽤 정확히 측정할 수 있음 • 신속한 결과 확인 • 방사선 피폭의 우려가 작음	• 검사자의 숙련을 요함 • 불감대가 존재 • 접촉매질을 활용 • 표준시험편, 대비시험편을 요함 • 결함과 초음파빔의 탐상 방향에 따른 영향이 큼

14 비파괴검사의 목적이라 볼 수 없는 것은?

① 안전관리
② 사용기간의 연장
③ 출하 가격의 인하
④ 제품의 신뢰성 향상

해설
물론 장기적으로는 좋은 제품이 많이 판매되고 주문량이 늘어나면 생산량도 늘어나므로 출하 가격이 인하된다고 주장할 수는 있으나 문제를 해결할 때는 직접적인 원인부터 찾는 것이 좋으며 아무래도 검사의 단계를 거치게 되므로 인건비 상승요인이 발생한다.

15 침투탐상시험의 장점에 대한 설명 중 틀린 것은?

① 지시, 판독이 간편하다.
② 제품의 크기에 구애받지 않는다.
③ 비철 재료나 세라믹 등에도 적용 가능하다.
④ 검사체의 온도에는 전혀 영향을 받지 않는다.

해설
검사체의 온도가 올라가면 침투액의 침투, 정착, 점도 및 현상에도 영향을 주고, 모세관 현상에도 영향을 준다.

16 침투탐상시험에서 후유화성 침투제와 작용하여 물로 씻을 수 있도록 해주는 물질은?

① 유화제 ② 현상제
③ 물 ④ 정착제

해설
유화제의 주된 역할 : 침투력이 좋은 후유화성 침투제를 사용한 경우, 잉여침투제를 제거하기 위해서는 유화제를 사용하여 세척할 수 있도록 해야 한다.

17 수세성 형광침투액과 습식현상제를 사용하여 침투탐상시험을 할 때 탐상절차에 따른 장치의 배열 순서로 옳은 것은?

① 전처리대 → 세척조 → 침투조 → 현상조 → 건조대 → 검사대
② 전처리대 → 침투조 → 세척조 → 건조대 → 현상조 → 검사대
③ 전처리대 → 침투조 → 세척조 → 현상조 → 건조대 → 검사대
④ 전처리대 → 침투조 → 현상조 → 세척조 → 건조대 → 검사대

해설
습식현상제를 사용할 때의 순서상 유의점은 현상 후 건조한다는 것이다.

18 섭씨 25℃는 화씨(°F) 온도로 몇 도인가?

① 13°F ② 46°F
③ 77°F ④ 248°F

해설
화씨 0°는 −32°, 온도 간격은 5 : 9로 화씨 쪽이 많다.
계산식은 $°F = \frac{9}{5} \times ℃ + 32$, $°F = \frac{9}{5} \times 25 + 32 = 77$이다.

※ 문제에서 계산이 잘 안 될 때는 화씨의 온도범위를 유추하여 답을 찾을 수 있다. 화씨는 사람이 너무 추워서 살기 힘든 정도를 0°로 하고, 너무 더워서 살기 힘든 정도를 100°라고 하여 그 간격을 100등분하였다고 생각하면 감을 잡기 좋은 온도 체계이다.

19 침투액이 균열이나 갈라진 틈과 같은 미세한 개구부로 침투하려는 성질은?

① 포화현상
② 모세관 현상
③ 모서리 현상
④ 수적방지현상

해설
액체의 접촉력이 응집력보다 강할 때 대상 액체를 빨아들이거나 빨아올리는 현상을 모세관 현상이라 한다. 모세관 현상의 원리로 침투액이 침투한다.

20 다음 그림에서 침투탐상시험의 세척처리와 현상처리가 실시된 것은?
(단, − 그림 1)은 자연적인 결함부와 탐상 표면이며,
　　 − 그림 2), 3), 4)의 검은 부분은 침투처리된 것을 나타낸 것이다.
　　 − 그림 1), 2), 3), 4)의 사선은 시험체이다)

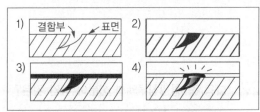

① 그림 1)과 2) ② 그림 2)와 3)
③ 그림 3)과 4) ④ 그림 2)와 4)

해설
탐상절차에서 세척은 침투액을 적용한 뒤 잉여침투액을 닦아 내는 과정이어서 2)처럼 침투된 액은 남아 있다. 마찬가지로 현상처리는 4)처럼 침투된 침투액을 빨아올려서 결함을 찾아내는 과정이다.

21 침투탐상시험에 사용되는 다음 재료 중 솔로 도포할 수 없는 것은?

① 유화제
② 침투제
③ 습식현상제
④ 속건식현상제

해설
솔질을 하다가 침투액이 빠져나올 우려에 의해 유화제는 솔질을 하지 않는다.

22 다음 중 형광침투액의 성분이 아닌 것은?

① 프탈산 에스테르
② 유성 계면활성제
③ 적색 아조계 염료
④ 연질 석유계 탄화수소

해설
적색 아조계 염료는 염색침투액을 구성하는 성분이다.

23 다음 중 침투탐상시험의 의사지시 발생 요인이 아닌 것은?

① 잘못된 세척
② 자기펜 흔적
③ 현상제의 오염
④ 검사자 손에 묻은 침투제

해설
자기펜이란 극성을 가졌거나 자극(磁極)을 유발하는 물체에 접촉 또는 접근에 의해 생기는 펜 긁힘 자국 같이 생긴 것으로 외형에 직접 변화를 주는 것이 아니어서 침투탐상을 적용하는 데는 아무런 문제가 없다.

24 결함의 길이가 너비의 몇 배 이상일 때 선상침투지시 모양이라 하는가?

① 1배
② 2배
③ 3배
④ 5배

해설
길이모양의 지시는 길이가 폭의 3배 이상일 때로 구분한다.

25 침투탐상검사를 수행한 후 결함의 판정이 의심스러워 재검사를 실시하는 경우 탐상검사 공정 중 어느 과정부터 다시 시작하여야 하는가?

① 관 찰
② 전처리
③ 현상처리
④ 침투처리

해설
물론 처음부터 다시 하는 것이다.

21 ① 22 ③ 23 ② 24 ③ 25 ② **정답**

26 감도와 분해능이 우수한 현상법으로 현상과 기록을 동시에 할 수 있는 장점을 가지고 있으며 청정랙커 성분과 콜로이달 수지(Colloidal Resin)로 이루어져 있는 현상법은?

① 무현상법
② 건식현상법
③ 습식현상법
④ 플라스틱 필름현상법

해설
현상제를 입히는 대신 플라스틱 필름을 입혀 침투액을 빨아올려 현상한 후 그대로 필름 상태로 기록 보관할 수 있는 장점이 있다.

27 다음 중 침투액의 침투시간을 결정하는 가장 직접적인 인자의 조합으로 옳은 것은?

① 시험체의 크기와 전도성
② 시험체의 전도성과 온도
③ 시험체의 온도와 결함의 종류
④ 시험체의 원자번호와 체적밀도

해설
침투시간은 적심성과 연관이 있고, 적심성은 점성과 연관이 있으며, 점성은 온도에 영향을 받는다. 결함의 모양은 침투하여야 하는 침투액의 양과 침투거리에 영향을 준다.

28 침투탐상시험방법 및 침투지시모양의 분류(KS B 0816)에 따라 현상방법에 따른 분류 기호가 'D'일 때 이에 대한 설명으로 옳은 것은?

① 건식현상법
② 습식현상법
③ 속건식현상법
④ 특수현상법

해설
KS B 0816 표 3을 참조하며 D는 Dry, A는 Accept, W는 Water, S는 Speed, N은 No, E는 한글 티을 등을 연상하며 학습하도록 한다.

29 침투탐상시험방법 및 침투지시모양의 분류(KS B 0816)에 따른 기록 중 결함의 기록 항목에 속하지 않는 것은?

① 결함의 종류
② 결함의 길이 및 개수
③ 결함의 위치
④ 결함 발생 시 온도

해설
결함 발생 시 온도는 기록하는 시점에서 파악하기 어렵다.

30 침투탐상시험방법 및 침투지시모양의 분류(KS B 0816)에서 샘플링 검사 시 합격한 로트의 시험체에 표시하는 착색의 색깔로 옳은 것은?

① 적 색
② 황 색
③ 적갈색
④ 청 색

해설
샘플링 검사인 경우 : 합격한 로트의 모든 시험체에 전수검사에 준하여 ⓟ의 기호 또는 착색(황색)으로 표시

31 침투탐상시험방법 및 침투지시모양의 분류(KS B 0816)에 의한 침투지시모양의 결함 분류로만 나열된 것은?

① 연속결함, 과잉결함, 언더컷
② 독립결함, 용입 부족, 선상결함
③ 독립결함, 연속결함, 분산결함
④ 독립결함, 거짓결함, 래미네이션

해설

지시가 따로 있는지 계속 이어져 있는지 흩어져 있는지에 대한 안내이다.

32 침투탐상시험방법 및 침투지시모양의 분류(KS B 0816)에 규정한 B형 대비시험편의 재질로 옳은 것은?

① 동 및 동 합금판
② 용접구조용 압연 강재
③ 고탄소, 크롬 베어링 강재
④ 알루미늄 및 알루미늄 합금판

해설

재료 : C2600P, C2720P, C2801P(구리계열)

33 침투탐상시험방법 및 침투지시모양의 분류(KS B 0816)에서 연속침투지시모양으로 분류하기 위해 규정되어 있는 지시 사이의 상호거리는?

① 1mm 이하   ② 2mm 이하
③ 4mm 이하   ④ 5mm 이하

해설

연속결함

갈라짐, 선상결함 및 원형상 결함이 거의 동일 직선상에 존재하고 그 상호거리와 개개의 길이의 관계에서 1개의 연속한 결함이라고 인정되는 것으로 길이는 시작점과 끝점의 거리로 산정한다(동일선 상에 존재하는 2mm 이하의 간격은 연속된 지시로 본다).

34 침투탐상시험방법 및 침투지시모양의 분류(KS B 0816)에서 규정한 조작조건에 대한 기록 중 온도를 반드시 기록해야 할 조건으로 틀린 것은?

① 시험 장소에서의 기온 및 침투액의 온도, 기온 및 액온이 0℃ 이하 또는 80℃ 이상일 경우
② 시험 장소에서의 기온 및 침투액의 온도, 기온 및 액온이 20℃~45℃일 경우
③ 시험 장소에서의 기온 및 침투액의 온도, 기온 및 액온이 10℃ 이하 30℃ 이상일 경우
④ 시험 장소에서의 기온 및 침투액의 온도, 기온 및 액온이 40℃~75℃일 경우

해설

시험 장소에서의 기온 및 침투액의 온도, 기온 및 액온이 15℃ 이하 또는 50℃ 이상일 때는 반드시 기재하도록 되어 있고, 15℃ 이상 50℃ 이하의 경우는 온도를 반드시 기재할 필요는 없다.

35 침투탐상시험방법 및 침투지시모양의 분류(KS B 0816)에 따라 알루미늄 단조품의 랩(Lap) 결함을 검출하고자 할 때 규정하는 침투시간은 얼마인가?

① 10분   ② 5분
③ 7분   ④ 8분

해설

일반적으로 온도 15~50℃의 범위에서의 침투시간은 다음 표와 같다.

재 질	형 태	결함의 종류	모든 종류의 침투액	
			침투시간 (분)	현상시간 (분)
알루미늄, 마그네슘, 동, 타이타늄, 강	주조품, 용접부	쇳물 경계, 융합 불량, 빈 틈새, 갈라짐	5	7
	압출품, 단조품, 압연품	랩(Lap), 갈라짐	10	7
카바이드 팁붙이 공구	–	융합 불량, 갈라짐, 빈 틈새	5	7
플라스틱, 유리, 세라믹	모든 형태	갈라짐	5	7

36 침투탐상시험방법 및 침투지시모양의 분류(KS B 0816)에 따른 보고서에 시험체의 정보를 기록할 때 반드시 포함하여야 하는 내용과 거리가 먼 것은?

① 로드번호
② 표면 상태
③ 모양·치수
④ 품명 및 재질

해설

시험 기록사항

기록사항	세부사항
시험 연월일	-
시험체	품명, 모양·치수, 재질, 표면사항
시험방법의 종류	-
탐상제	-
조작방법	전처리방법, 침투액의 적용방법, 유화제의 적용방법, 세척방법 또는 제거방법, 건조방법, 현상제의 적용방법
조작조건	시험 시의 온도, 침투시간, 유화시간, 세척수의 온도와 수압, 건조온도 및 시간, 현상시간 및 관찰시간
시험결과	갈라짐의 유무, 침투지시모양 또는 결함
시험 기술자	성명 및 취득한 침투탐상시험에 관련된 자격

37 침투탐상시험방법 및 침투지시모양의 분류(KS B 0816)에 따른 자외선조사장치를 점검할 때, 장치가 갖추어야 할 최소한의 성능은?

① 자외선 강도계로 측정하여 시험체 표면에서 800 μW/cm^2 이하여서는 안 된다.
② 자외선 강도계로 측정하여 시험체 표면에서 1,000 μW/cm^2 이하여서는 안 된다.
③ 자외선 강도계로 측정하여 38cm 거리에서 시험체 표면에서 800μW/cm^2 이하여서는 안 된다.
④ 자외선 강도계로 측정하여 38cm 거리에서 시험체 표면에서 1,000μW/cm^2 이하여서는 안 된다.

해설

KS B 0816 8.3.1에서 정의하며 자외선 강도계로 측정하여 38cm 거리에서 시험체 표면에서 800μW/cm^2 이하여서는 안 된다.

38 침투탐상시험방법 및 침투지시모양의 분류(KS B 0816)에서 기름베이스 유화제를 사용하는 형광침투탐상의 경우 최대 유화시간으로 옳은 것은?

① 1분
② 2분
③ 3분
④ 7분

해설

유화시간

기름베이스 유화제 사용 시	형광침투액의 경우	3분 이내
	염색침투액의 경우	30초 이내
물베이스 유화제 사용 시	형광침투액의 경우	2분 이내
	염색침투액의 경우	2분 이내

39 침투탐상시험방법 및 침투지시모양의 분류(KS B 0816)에 따라 침투탐상시험을 실시할 때 침투액의 종류에 의한 시험방법을 분류하는데 기호 FB의 의미는?

① 수세성 형광침투액을 사용하는 방법
② 후유화성 형광침투액을 사용하는 방법
③ 수세성 염색침투액을 사용하는 방법
④ 용제 제거성 염색침투액을 사용하는 방법

해설

• 사용하는 침투액에 따른 분류

명 칭	방 법	기 호
V 방법	염색침투액을 사용하는 방법	V
F 방법	형광침투액을 사용하는 방법	F
D 방법	이원성 염색침투액을 사용하는 방법	DV
	이원투액을 사용하는 방법	DF

• 잉여침투액의 제거방법에 따른 분류

명 칭	방 법	기 호
방법 A	수세에 의한 방법	A
방법 B	기름베이스 유화제를 사용하는 후유화에 의한 방법	B
방법 C	용제 제거에 의한 방법	C
방법 D	물베이스 유화제를 사용하는 후유화에 의한 방법	D

• 현상방법에 따른 분류

명 칭	방 법	기 호
건식현상법	건식현상제를 사용하는 방법	D
습식현상법	수용성 현상제를 사용하는 방법	A
	수현탁성 현상제를 사용하는 방법	W
속건식현상법	속건식현상제를 사용하는 방법	S
특수현상법	특수한 현상제를 사용하는 방법	E
무현상법	현상제를 사용하지 않는 방법	N

즉, 후유화성 형광침투액을 사용하라고 명령한 것이다.

40 침투탐상시험방법 및 침투지시모양의 분류(KS B 0816)에서 B형 대비시험편의 갈라짐 깊이를 결정하는 것은?

① 가열 및 급랭 온도
② 도금 두께
③ 가공 깊이
④ 대비시험편의 재질

해설
B형 대비시험편의 종류

기 호	도금 두께(μm)	도금 갈라짐 너비(목표값)
PT-B50	50±5	2.5
PT-B30	30±3	1.5
PT-B20	20±2	1.0
PT-B10	10±1	0.5

41 침투탐상시험방법 및 침투지시모양의 분류(KS B 0816)에서 규정한 다음 시험 순서에 해당하는 시험 공정으로 옳은 것은?

전처리 – 침투처리 – 유화처리 – 세척처리 – 건조처리 – 현상처리 – 관찰 – 후처리

① DFA-N
② DFB-D
③ DFB-A
④ DFB-W

해설
39번 해설을 참조하면 건식현상제를 사용하는 후유화성 이원 형광 침투액을 사용한다.

42 침투탐상시험방법 및 침투지시모양의 분류(KS B 0816)에서 시험방법 중 예비 세척처리가 반드시 필요하지 않는 검사방법은?

① FD-W
② DFC-W
③ VD-W
④ FD-D

해설
39번 해설을 참조하면 용제 제거성 침투액이 사용되면 기호 앞자리 끝 기호는 C이다.

43 Ti 및 Ti 합금에 대한 설명으로 틀린 것은?

① Ti의 비중은 약 4.54 정도이다.

② 용융점이 높고 열전도율이 낮다.

③ Ti은 화학적으로 매우 반응성이 강하나 내식성은 우수하다.

④ Ti의 재료 중에 O_2와 N_2가 증가함에 따라 강도와 경도는 감소되나 전연성은 좋아진다.

해설
Ti에 산소와 질소가 들어가면 이산화타이타늄, 질화타이타늄을 생성하고 이는 또 다른 독특한 성질을 갖게 된다.

44 주철의 일반적인 성질을 설명한 것 중 옳은 것은?

① 비중은 C와 Si 등이 많을수록 커진다.

② 흑연편이 클수록 자기감응도가 좋아진다.

③ 보통주철에서는 압축강도가 인장강도보다 낮다.

④ 시멘타이트의 흑연화에 의한 팽창은 주철의 성장 원인이다.

해설
주철의 성장 원인
• 주철조직에 함유되어 있는 시멘타이트는 고온에서 불안정 상태로 존재한다.
• 주철이 고온 상태가 되어 450~600℃에 이르면 철과 흑연으로 분해하기 시작한다.
• 750~800℃에서 완전 분해되어 시멘타이트의 흑연화가 된다.
• 불순물로 포함된 Si의 산화에 의해 팽창한다.
• A_1 변태점 이상 온도에서 장시간 방치하거나 다시 되풀이하여 가열하면 점차로 그 부피가 증가되는 성질이 있는데 이러한 현상을 주철의 성장이라 한다.

45 금속의 일반적 특성에 관한 설명으로 틀린 것은?

① 수은을 제외하고 상온에서 고체이며 결정체이다.

② 일반적으로 강도와 경도는 낮으나 비중은 크다.

③ 금속 특유의 광택을 갖는다.

④ 열과 전기의 양도체이다.

해설
금속은 물에 비한 비중이 큰 편이며 일반적으로 강도와 경도를 갖고 있고, 전성, 연성 등을 함께 가지고 있으며 아름다운 빛깔과 광택, 가공성을 가진 재료이다.

46 물의 상태도에서 고상과 액상의 경계선상에서의 자유도는?

① 0 ② 1

③ 2 ④ 3

해설
삼중점에서의 자유도는 0이며, 경계선상에서의 자유도는 1이다.

47 열간가공한 재료 중 Fe, Ni과 같은 금속은 S와 같은 불순물이 모여 가공 중에 균열이 생겨 열간가공을 어렵게 하는 것은 무엇 때문인가?

① S에 의한 수소 메짐성 때문이다.

② S에 의한 청열 메짐성 때문이다.

③ S에 의한 적열 메짐성 때문이다.

④ S에 의한 냉간 메짐성 때문이다.

해설
적열 취성(적열 메짐성, Red Shortness) : 황을 많이 함유한 탄소강이 약 950℃에서 인성이 저하하여 취성이 커지는 특성

48 불변강이 다른 강에 비해 가지는 가장 뛰어난 특성은?

① 대기 중에서 녹슬지 않는다.

② 마찰에 의한 마멸에 잘 견딘다.

③ 고속으로 절삭할 때에 절삭성이 우수하다.

④ 온도 변화에 따른 열팽창계수나 탄성률의 성질 등이 거의 변하지 않는다.

해설

강을 비롯한 금속은 여러 가지 장점을 가지고 있는 기계재료이나 온도에 따른 오차의 발생 우려가 많은데, 불변강은 온도 등의 환경 변화에도 불구하고, 기계적 성질이나 특히 변형률, 팽창률의 변화가 적은 재료이다.

49 Ni과 Cu의 2성분계 합금처럼 용액 상태에서나 고체 상태에서나 완전히 융합되어 1상이 된 것은?

① 전율 고용체

② 공정형 합금

③ 부분 고용체

④ 금속간 화합물

해설

문제의 설명이 전율 고용체의 정의이다.

※ 이처럼 문제에서 용어나 물질의 정의를 설명한 경우는 이후 시험에서 이 용어나 물질에 대한 설명은 기출에 따르게 되므로 학습이 필요하다.

50 공구용 합금강이 공구 재료로서 구비해야 할 조건으로 틀린 것은?

① 강인성이 커야 한다.

② 내마멸성이 작아야 한다.

③ 열처리와 공작이 용이해야 한다.

④ 상온과 고온에서의 경도가 높아야 한다.

해설

내마멸성이란 마멸에 견디는 성질로, 기계재료라면 당연히 커야 한다.

51 전극 재료를 제조하기 위해 전극 재료를 선택하고자 할 때의 조건으로 틀린 것은?

① 비저항이 클 것

② SiO_2와 밀착성이 우수할 것

③ 산화 분위기에서 내식성이 클 것

④ 금속규화물의 용융점이 웨이퍼 처리 온도보다 높을 것

해설

전극 재료가 비저항이 크면 효율적이지 못하다.

52 귀금속에 속하는 금은 전연성이 가장 우수하며 황금색을 띤다. 순도 100%를 나타내는 것은?

① 24캐럿
② 48캐럿
③ 50캐럿
④ 100캐럿

해설
금의 단위는 Karat을 사용하며 24K가 순금인 기준이다.
예를 들어 18K의 금은 $\frac{18K}{24K}$ = 0.75이므로 순도 75%가 된다.

53 Al의 실용합금으로 알려진 실루민(Silumin)의 적당한 Si 함유량은?

① 0.5~2%   ② 3~5%
③ 6~9%   ④ 10~13%

해설
실루민(알팍스)
• Al에 Si 11.6%, 577℃는 공정점이며 이 조성을 실루민이라 한다.
• 이 합금에 Na, F, NaOH, 알칼리 염류를 용탕에 넣어 처리하면 조직이 미세화되고 공정점도 조정되며 이를 개량처리라 한다. 주조용 알루미늄을 다이캐스팅하면 개량처리가 필요 없다.
• 실용합금 10~13% Si 실루민은 용융점이 낮고 유동성이 좋아 얇고 복잡한 주물에 적합하다.

54 비정질 합금의 제조는 금속을 기체, 액체, 금속 이온 등에 의하여 고속 급랭하여 제조한다. 기체 급랭법에 해당하는 것은?

① 원심법
② 화학증착법
③ 쌍롤(Double Roll)법
④ 단롤(Single Roll)법

해설
화학증착법(Chemical Vapor Deposition Method)
화학기상성장법이라고도 불리는 것으로서 기체 상태의 원료 물질을 가열한 기판 위에 송급하고, 기판 표면에서의 화학반응에 따라서 목적으로 하는 반도체나 금속간 화합물을 합성하는 방법이다. 열분해, 수소환원, 금속에 의한 환원이나 방전, 빛, 레이저에 의한 여기반응을 이용하는 등 여러 가지 반응 방식이 있다.

55 구조용 합금강 중 강인강에서 Fe₃C 중에 용해하여 경도 및 내마멸성을 증가시키며 임계 냉각속도를 느리게 하여 공기 중에 냉각하여도 경화하는 자경성이 있는 원소는?

① Ni   ② Mo
③ Cr   ④ Si

해설
크롬의 주요 용어 중 자경성이 있다.
※ CHAPTER 03 핵심이론 30 참조

56 다음 중 Sn을 함유하지 않은 청동은?

① 납 청동   ② 인 청동
③ 니켈 청동   ④ 알루미늄 청동

해설
알루미늄 청동은 Sn이 들어가지 않고, Cu-Al 합금을 이루고 있다. 색상이 아름답고 내식성이 풍부하다.

57 니켈 60%~70% 함유한 모넬 메탈은 내식성, 화학적 성질 및 기계적 성질이 매우 우수하다. 이 합금에 소량의 황(S)을 첨가하여 쾌삭성을 향상시킨 특수 합금에 해당하는 것은?

① H-Monel ② K-Monel
③ R-Monel ④ KR-Monel

모넬 메탈에 시효경화성을 부과한 K-Monel, 절삭성을 부과한 R-Monel, 주물용이 되는 H-Monel, S-Monel이 있다.

58 피복금속아크용접봉의 취급 시 주의할 사항에 대한 설명으로 틀린 것은?

① 용접봉은 건조하고 진동이 없는 장소에 보관한다.
② 용접봉은 피복제가 떨어지는 일이 없도록 통에 담아 넣어서 사용한다.
③ 저수소계 용접봉은 300~350℃에서 1~2시간 정도 건조 후 사용한다.
④ 용접봉은 사용하기 전에 편심 상태를 확인한 후 사용하여야 하며, 이때의 편심률은 20% 이내여야 한다.

59 아세틸렌가스의 양이 계산되는 공식에 따른 설명 중 옳지 않은 것은?

$$공식) \quad C = 905(A - B)L$$

① C = 15℃ 1기압하에서의 C_2H_2 가스의 용적
② B = 사용 전 아세틸렌이 충전된 병 무게(kgf)
③ A = 병 전체의 무게(빈 병 무게 + C_2H_2의 무게)(kgf)
④ L = 아세틸렌가스의 용적단위

B = 사용 전 빈 병 무게(kgf)

60 불활성 가스 금속아크용접법의 특징 설명으로 틀린 것은?

① 수동 피복아크용접에 비해 용착효율이 높아 능률적이다.
② 박판의 용접에 가장 적합하다.
③ 바람의 영향으로 방풍대책이 필요하다.
④ CO_2 용접에 비해 스패터 발생이 적다.

불활성 가스용접 : 불활성 가스 속에서 아크를 발생시켜 모재와 전극봉을 용융, 접합. TIG 용접(Inert Gas shielded Tungsten arc welding), MIG 용접(Inert Gas shielded Metal arc welding)이 있다. 열집중이 높고 가스 이온이 모재 표면의 산화막을 제거하는 청정작용이 있으며 불활성 가스로 인해 산화, 질화가 방지된다. 열집중도가 높은 관계로 박판(얇은 판) 용접보다는 후판(두꺼운 판) 용접에 적합하다.

2015년 제2회 과년도 기출문제

01 와전류탐상검사에서 신호 대 잡음비(S/N)를 변화시키는 것이 아닌 것은?

① 진동 제거

② 필터(Filter) 회로 부가

③ 모서리 효과(Edge Effect)

④ 충전율 또는 리프트 오프(Lift-off)의 개선

> **해설**
> 모서리 효과 : 시험체 모서리에서 와전류 밀도가 변함에 따라 마치 불연속이 있는 것처럼 지시가 변화하는 효과

02 검사할 부위를 전자석의 자극 사이에 놓고 검사하는 자분탐상시험 중 가장 간편한 시험방법은?

① 극간(Yoke)법   ② 코일(Coil)법

③ 전류관통법   ④ 축통전법

> **해설**
> 극간법 : 영구자석을 사용하며 갖다 대면 시험을 원하는 부위에 선형자속이 생긴다.

03 시험체를 자르거나 큰 하중을 가하여 재료의 기계적, 물리적 특성을 확인하는 시험방법은?

① 파괴시험

② 비파괴시험

③ 위상분석시험

④ 임피던스시험

> **해설**
> 생산공정에서 나오는 단품들은 샘플링을 통해 직접 잘라보고 부러뜨려 보면서 시험을 해본다. 실제 파괴시험 대신 비파괴시험을 하는 이유는 대형 제품이나 한 대, 한 개씩 만드는 고가의 제품은 파괴시험을 통해 테스트하기에 비용이나 효율면에서 너무 소모적이거나 불가항력적인 부분이 있기 때문이다.

04 다음 중 비금속재료에 대한 비파괴검사를 실시하기에 적합하지 않은 시험방법은?

① 방사선투과시험

② 초음파탐상시험

③ 자분탐상시험

④ 침투탐상시험

> **해설**
> 자분탐상시험은 자속을 만들거나 투과시킬 수 있어야 하는데 이런 성질의 재료는 한정적이다.

05 누설탐상검사 시 기포를 형성시키는 용액으로 발포액을 액상세제, 글리세린, 물로 혼합하여 사용한다. 일반적인 혼합 비율은?

① 1 : 1 : 1

② 2 : 1.5 : 3

③ 4 : 2 : 1

④ 1 : 1 : 4.5

> **해설**
> 비눗물을 만드는 비율인데, 세제와 글리세린의 농도가 너무 짙으면 거품의 효과를 보기가 어렵다.

06 자기탐상검사에서 자화방법에 따라 검출할 수 있는 결함의 방향이 틀린 것은?

① 축통전법 : 축에 직각인 결함
② 직각통전법 : 축에 직각인 결함
③ 전류관통법 : 축 방향의 결함
④ 자속관통법 : 원주 방향의 결함

> **해설**
> 축을 통전시키면 축방향을 중심으로 한 동심원이 그려지는 자장이 형성된다. 이 자속과 직각 방향의 결함이 발견되기 쉬운데, 이 방향은 잘 생각해보면 축과 평행인 방향임을 알 수 있다.

07 두꺼운 금속제의 용기나 구조물의 내부에 존재하는 가벼운 수소화합물의 검출에 가장 적합한 검사방법은?

① X-선투과검사
② γ선투과검사
③ 중성자투과검사
④ 초음파탐상검사

> **해설**
> X-선은 투과력이 약하여 두꺼운 금속제 구조물 등을 검사하기 어렵다. 중성자 시험은 두꺼운 금속에서도 깊은 곳의 작은 결함까지 검출이 가능한 비파괴검사탐상법이다.

08 다음 비파괴검사방법 중 시험체나 주변의 온도가 낮을 때 탐상시간에 가장 영향을 많이 받는 것은?

① 방사선투과시험
② 와전류탐상시험
③ 자분탐상시험
④ 침투탐상시험

> **해설**
> 침투액의 적심성과 모세관 현상에 온도가 영향을 준다.

09 켈빈온도(K)를 환산하는 식으로 옳은 것은?

① K=273+℃
② K=273-℃
③ K=473+℃
④ K=473-℃

> **해설**
> 켈빈은 에너지가 0인 상태의 온도를 고안하여 그것을 절대 0도라고 하였고, 그 온도를 계산해 보았더니 -273.15℃이었다. 즉, 0℃=273.15K이다.

10 초음파탐상검사법의 하나인 초음파 두께 측정에 가장 적합한 초음파는?

① 종 파
② 판 파
③ 횡 파
④ 표면파

> **해설**
> 초음파의 종류

종 파	• 파를 전달하는 입자가 파의 진행 방향에 대해 평행하게 진동하는 파장이다. • 고체, 액체, 기체에 모두 존재하며, 속도(5,900 m/s 정도)가 가장 빠르다.
횡 파	• 파를 전달하는 입자가 파의 진행 방향에 대해 수직하게 진동하는 파장이다. • 액체, 기체에는 존재하지 않으며 속도는 종파의 반 정도이다. • 동일 주파수에서 종파에 비해 파장이 짧아서 작은 결함의 검출에 유리하다.
표면파	• 매질의 한 파장 정도의 깊이를 투과하여 표면으로 진행하는 파장이다. • 입자의 진동방식이 타원형으로 진행한다. • 에너지의 반 이상이 표면으로부터 1/4파장 이내에서 존재하며, 한 파장 깊이에서의 에너지는 대폭 감소한다.
판 파	• 얇은 고체 판에서만 존재한다. • 밀도, 탄성특성, 구조, 두께 및 주파수에 영향을 받는다. • 진동의 형태가 매우 복잡하며, 대칭형과 비대칭형으로 분류된다.

6 ① 7 ③ 8 ④ 9 ① 10 ① **정답**

11 방사선투과검사 필름의 상질의 알아보기 위해 사용하는 촬영도구는 무엇인가?

① 증감지　　　　　② 투과도계
③ 콜리메이터　　　④ 농도측정기

해설
투과도계의 사용목적
투과도계는 촬영된 방사선투과사진의 감도를 알기 위해 시편 위에 함께 놓고 촬영한다.

12 침투탐상시험에서 사용하는 A형 대비시험편의 재질은?

① 알루미늄합금　　② 크롬합금
③ 니켈합금　　　　④ 동합금

해설
A형
• 재료 : A2024P(알루미늄 재)
• 기호 : PT-A
• 제작방법 : 판의 한 면 중앙부를 분젠버너로 520~530℃ 가열한 면에 흐르는 물을 뿌려 급랭시켜 갈라지게 한다. 이후 반대편도 갈라지게 하여 중앙부에 흠을 기계가공한다.
• 장단점
　– 시험편 제작이 간단하고, 균열형상이 자연스러우며 다양하고, 비교적 미세한 균열이 얻어진다.
　– 급가열·급랭하므로 균열 치수를 조정하기 어렵고, 반복 사용 시 산화작용에 의해 재현성이 점점 나빠진다.

13 와전류탐상시험의 특징에 대한 설명으로 옳은 것은?

① 주로 표면 및 표면직하의 결함을 검출하는 시험법이다.
② 가는 선, 고온에서의 시험 등에는 부적합하다.
③ 접촉법을 이용하므로 고속 자동화된 검사가 어렵다.
④ 수 Hz에서 수백 Hz의 교류를 주로 이용하므로 잡음 인자의 영향이 적다.

해설
와전류탐상시험
• 전자유도현상에 따른 와전류분포 변화를 이용하여 검사
• 표면 및 표면직하검사 및 도금층의 두께 측정에 적합
• 파이프 등의 표면 결함 고속검출에 적합
• 전자유도현상이 가능한 도체에서 시험이 가능

14 초음파탐상시험법 중 일반적으로 결함 검출에 가장 많이 사용되는 것은?

① 투과법　　　　　② 공진법
③ 연속파법　　　　④ 펄스반사법

해설
시험체로 초음파를 발사하여 결함에서는 반사파가 소멸되고 내부나 바닥에서 올라오는 반사파를 이용하여 결함이나 재질을 추적, 조사하는 방법으로 많은 경우 이 방법을 사용한다.

15 후유화성 침투탐상시험에서의 유화시간으로 옳은 것은?

① 침투시간과 같다.
② 현상시간과 같다.
③ 침투시간의 반이다.
④ 잉여침투제를 제거할 수 있는 최소한의 시간이다.

해설
유화시간이란 후유화성 침투탐상검사에서 시험품을 침투처리한 후 유화처리를 할 때 유화제를 적용한 다음 세척처리에 들어갈 때까지의 시간이다.

16 침투탐상시험의 접촉각에 영향을 미치는 인자와 가장 거리가 먼 것은?

① 청결도 ② 표면거칠기
③ 검사면의 재질 ④ 침투제의 질량

해설
침투제의 질량이 모세관 현상에 영향을 줄 것 같은 느낌은 있지만 실제로 질량과는 무관하다.

18 다음 중 침투탐상시험에 대한 설명으로 옳은 것은?

① 현상시간은 침투시간의 약 5배 이상이어야 한다. 침투제는 시험체에 적용한 후 반드시 가열하여야 한다.
② 침투제는 시험체에 적용한 후 반드시 가열하여야 한다.
③ 건조기의 온도가 너무 높으면 그 영향으로 침투효과가 저하된다.
④ 샌드블라스팅은 침투탐상할 표면을 세척하는 데 가장 일반적으로 사용되는 전처리방법이다.

해설
침투액 등에는 적당량의 수분이 필요하며 건조기의 온도가 너무 높으면 수분이 소실되는 영향으로 침투효과가 저하된다.

17 침투탐상시험에 사용되는 자외선조사장치에 대한 설명으로 옳은 것은?

① 자외선조사장치는 고전압이 걸리므로 과열되지 않도록 수시로 스위치를 껐다가 다시 켜두는 것이 좋다.
② 전압의 변동이 심하지 않도록 전압조정기를 병용하여야 한다.
③ 어두운 곳에서 사용하면 전구 수명이 단축되므로 밝은 곳에서 사용해야만 한다.
④ 수은이 응고하지 않도록 0℃ 이하의 온도에서 사용을 제한해야 한다.

해설
전압이 변동되면 조사강도도 이에 따라 변화할 것이므로 일정한 전압이 입력될 수 있도록 조치하여야 한다.

19 침투탐상시험결과의 해석과 평가에 대한 올바른 설명은?

① 염색침투액을 사용하는 경우에는 자외선 아래에서 지시모양을 관찰한다.
② 형광침투액을 사용하는 경우에는 백색 조명 아래에서 지시모양을 관찰한다.
③ 현상면에 나타나는 지시모양은 시간의 경과에 관계없이 일정한 속도와 크기로 형성된다.
④ 지시모양이 나타나면 그 지시가 관련 지시인지 또는 무관련 지시인지를 먼저 해석한다.

해설
① 염색침투액을 사용하는 경우에는 육안으로 관찰한다.
② 형광침투액을 사용하는 경우에는 자외선 조명 아래에서 지시모양을 관찰한다.
③ 현상면에 나타나는 지시모양은 침투액을 사용하므로 시간의 경과에 따라 변한다.

16 ④ 17 ② 18 ③ 19 ④ **정답**

20 결함검출감도가 저하되는 단점과 건조시간의 단축을 위해 개발된 현상제로 조합된 침투탐상방법은 무엇인가?

① FA-S   ② FA-N
③ FA-W   ④ FA-A

해설

결함검출감도는 형광침투액을 이용하면 개선되고, 건조시간 단축을 위해 속건식현상제를 사용한다.

• 사용하는 침투액에 따른 분류

명 칭	방 법	기 호
V 방법	염색침투액을 사용하는 방법	V
F 방법	형광침투액을 사용하는 방법	F
D 방법	이원성 염색침투액을 사용하는 방법	DV
	이원투액을 사용하는 방법	DF

• 잉여침투액의 제거방법에 따른 분류

명 칭	방 법	기 호
방법 A	수세에 의한 방법	A
방법 B	기름베이스 유화제를 사용하는 후유화에 의한 방법	B
방법 C	용제 제거에 의한 방법	C
방법 D	물베이스 유화제를 사용하는 후유화에 의한 방법	D

• 현상방법에 따른 분류

명 칭	방 법	기 호
건식현상법	건식현상제를 사용하는 방법	D
습식현상법	수용성 현상제를 사용하는 방법	A
	수현탁성 현상제를 사용하는 방법	W
속건식현상법	속건식현상제를 사용하는 방법	S
특수현상법	특수한 현상제를 사용하는 방법	E
무현상법	현상제를 사용하지 않는 방법	N

21 다음 중 침투탐상시험을 적용하기 곤란한 것은?

① 일반 주강품
② 플라스틱 제품
③ 알루미늄 단조물
④ 다공성 물질로 만든 부품

해설

다공성 물질은 결함 아닌 표면에 침투액이 잔류되어 의사지시가 나타나거나 지시의 구분이 되지 않을 가능성이 높다.

22 수세성 침투탐상시험에서 시험품의 표면에 필요 이상으로 도포되어 있는 침투액을 제거하기 위하여 설치하는 설비는?

① 에어 분무대   ② 교반대
③ 수세대   ④ 배액대

해설

배액이란 침투액을 배수, 빼내는 일을 말한다.

23 다음 중 휴대성이 좋고 부분검사에 큰 장점을 가지고 있어 구조물이나 기계 부품 등의 일반적인 시험 부재의 국부적인 공장 및 현장검사에 주로 사용하며, 현상 처리 시 주로 속건식현상법을 채택하는 침투액은?

① 수세성 형광침투액
② 용제 제거성 염색침투액
③ 수세성 염색침투액
④ 후유화성 형광침투액

해설

장비가 필요 없으려면 염색침투액을 사용하여 닦아내는 형태로 잉여침투액을 제거하고, 속건식으로 현상하면 된다.

24 다음 중 침투탐상검사로 다량의 부품검사 시 침지법으로 건식현상제를 적용할 때 미분말체가 비산되는 것을 방지하기 위하여 필요한 장치는?

① 자외선조사장치
② 교반기
③ 현상액 보충기
④ 집진장치

해설

집진장치는 분진을 모으는 장치이다.

25 다음 설명 중 옳지 않은 것은?

① 표면장력은 액체의 종류에 따른 상수이고 온도에 따라 변하지 않는다.

② 표면장력은 액체의 자유표면에서 표면을 작게 하려고 작용하는 장력을 말하며 계면장력이라고도 한다.

③ 모세관 현상은 액체의 응집력과 모세관과 액체 사이의 부착력의 차이에 의해 일어난다.

④ 액체 속에 폭이 좁고 긴 관을 넣었을 때, 관 내부의 액체 표면이 외부의 표면보다 높거나 낮아지는 현상을 모세관 현상이라 한다.

해설
응집력, 표면장력에 영향을 주는 요인은 유체의 점도와 온도이다.

26 다음 중 침투액이 갖추어야 할 특성으로 옳지 않은 것은?

① 온도에 대한 열화가 낮아야 한다.

② 휘발성이 낮아야 한다.

③ 인화점이 낮아야 한다.

④ 침투능이 높아야 한다.

해설
침투액의 조건
• 침투성이 좋아야 한다.
• 열, 빛, 자외선등에 노출되었어도 형광휘도나 색도가 뚜렷해야 한다.
• 점도가 낮아야 한다.
• 부식성이 없어야 한다.
• 수분의 함량은 5% 미만(MIL-I-25135)이어야 한다.
• 미세 개구부에도 스며들 수 있어야 한다.
• 세척 후 얕은 개구부에도 남아 있어야 한다.
• 너무 빨리 증발하거나 건조되어서는 안 된다.
• 짧은 현상시간 동안 미세 개구부로부터 흡출되어야 한다.
• 미세 개구부의 끝으로부터 매우 얇은 막으로 도포되어야 한다.
• 검사 후 쉽게 제거되어야 한다.
• 악취 등의 냄새가 없어야 한다.
• 폭발성이 없고(인화점은 95℃ 이상이어야 한다) 독성이 없어야 한다.
• 저장 및 사용 중에 특성이 일정하게 유지되어야 한다.

27 다음 중 건조처리 시기가 현상처리 이후인 현상법은?

① 무현상법

② 건식현상법

③ 습식현상법

④ 속건식현상법

해설
습식현상을 한 경우는 현상 이후에 건조처리를 하여야 검사 후 불량 발생을 막을 수 있다.

28 침투탐상시험방법 및 침투지시모양의 분류(KS B 0816)에 따라 탐상결과가 길이 7mm, 너비 2mm의 침투지시모양 1개가 관찰되었다면, 이 결함의 분류로 옳은 것은?

① 분산결함

② 체적결함

③ 선상결함

④ 원형상 결함

해설
길이가 너비의 3배 이상인 경우는 선상결함으로 분류한다.

29 침투탐상시험방법 및 침투지시모양의 분류(KS B 0816)에 따른 분류 기호 중 DFB-S가 있다. DFB를 옳게 나타낸 것은?

① 수세성 형광침투액
② 후유화성 염색침투액
③ 수세성 이원성 염색침투액
④ 후유화성 이원성 형광침투액

해설

• 사용하는 침투액에 따른 분류

명 칭	방 법	기 호
V 방법	염색침투액을 사용하는 방법	V
F 방법	형광침투액을 사용하는 방법	F
D 방법	이원성 염색침투액을 사용하는 방법	DV
	이원투액을 사용하는 방법	DF

• 잉여침투액의 제거방법에 따른 분류

명 칭	방 법	기 호
방법 A	수세에 의한 방법	A
방법 B	기름베이스 유화제를 사용하는 후유화에 의한 방법	B
방법 C	용제 제거에 의한 방법	C
방법 D	물베이스 유화제를 사용하는 후유화에 의한 방법	D

• 현상방법에 따른 분류

명 칭	방 법	기 호
건식현상법	건식현상제를 사용하는 방법	D
습식현상법	수용성 현상제를 사용하는 방법	A
	수현탁성 현상제를 사용하는 방법	W
속건식현상법	속건식현상제를 사용하는 방법	S
특수현상법	특수한 현상제를 사용하는 방법	E
무현상법	현상제를 사용하지 않는 방법	N

30 침투탐상시험방법 및 침투지시모양의 분류(KS B 0816)에서 시험체의 온도가 15~20℃일 때 표준으로 정한 현상시간은 몇 분으로 규정하고 있는가?

① 2분   ② 4분
③ 5분   ④ 7분

해설

일반적으로 온도 15~50℃의 범위에서의 침투시간은 다음 표와 같다.

재 질	형 태	결함의 종류	모든 종류의 침투액	
			침투시간 (분)	현상시간 (분)
알루미늄, 마그네슘, 동, 타이타늄, 강	주조품, 용접부	쇳물 경계, 융합 불량, 빈 틈새, 갈라짐	5	7
	압출품, 단조품, 압연품	랩(Lap), 갈라짐	10	7
카바이드 팁붙이 공구	–	융합 불량, 갈라짐, 빈 틈새	5	7
플라스틱, 유리, 세라믹스	모든 형태	갈라짐	5	7

시험체의 온도가 15~20℃로 15~50℃의 범위 안에 들었으므로 표대로 적용한다.

31 침투탐상시험방법 및 침투지시모양의 분류(KS B 0816)에 따라 온도 15~50℃에서 결함의 종류에 따른 표준 침투시간이 가장 긴 결함은?

① 유리의 갈라짐
② 강주조품의 갈라짐
③ 강단조품의 랩(Lap)
④ 강용접부의 융합 불량

해설

30번 해설 참조

32 침투탐상시험방법 및 침투지시모양의 분류(KS B 0816)에 따라 결함을 분류할 때 다음 중 독립결함에 속하지 않는 분류는?

① 분산결함　　　　② 갈라짐
③ 선상결함　　　　④ 원형상 결함

해설

독립결함 : 갈라짐, 선상결함, 원형상 결함

33 침투탐상시험방법 및 침투지시모양의 분류(KS B 0816)에 따라 샘플링 검사에 합격한 로트의 표시기호로 옳은 것은?

① Ⓟ　　　　② P
③ K　　　　④ ⓚ

해설

결과의 표시(KS B 0816. 11)
• 전수검사인 경우
– 각인, 부식 또는 착색(적갈색)으로 시험체에 P의 기호를 표시한다.
　– 시험체에 P의 표시를 하기 곤란한 경우에는 적갈색으로 착색한다.
　– 위와 같이 표시할 수 없는 경우에는 시험 기록에 기재하여 그 방법에 따른다.
• 샘플링 검사인 경우 : 합격한 로트의 모든 시험체에 전수검사에 준하여 Ⓟ의 기호 또는 착색(황색)으로 표시한다.

34 침투탐상시험방법 및 침투지시모양의 분류(KS B 0816)에서 사용 중인 침투액의 겉모양 검사항목이 아닌 것은?

① 침전물 생성 여부
② 침투지시모양의 휘도
③ 침투지시모양의 색상
④ 결함 검출 능력

해설

사용 중 침투액의 겉모양 검사에 따라
• 현저한 흐림이나 침전물이 생겼을 때
• 형광휘도의 저하
• 색상의 변화
• 세척성의 저하

35 침투탐상시험방법 및 침투지시모양의 분류(KS B 0816)에서 시험체의 일부분을 탐상하는 경우, 시험하는 부분의 전처리에 대한 규정으로 옳은 것은?

① 시험부 중심에서 바깥쪽으로 10mm 넓은 범위를 깨끗하게 한다.
② 시험부 중심에서 바깥쪽으로 25mm 넓은 범위를 깨끗하게 한다.
③ 시험하는 부분에서 바깥쪽으로 10mm 넓은 범위를 깨끗하게 한다.
④ 시험하는 부분에서 바깥쪽으로 25mm 넓은 범위를 깨끗하게 한다.

해설

시험체의 일부분을 시험하는 경우는 시험하는 부분에서 바깥쪽으로 25mm 넓은 범위를 깨끗하게 한다.

36 침투탐상시험방법 및 침투지시모양의 분류(KS B 0816)에 따라 사용 중인 침투액에 대한 점검결과 중 폐기 사유에 해당하지 않는 것은?

① 성능시험 결과 색상이 변화됐다고 인정된 때
② 겉모양 검사를 하여 현저한 흐림이나 침전물이 생겼을 때
③ 성능시험 결과 결함검출 능력 및 침투지시모양의 휘도가 저하되었을 때
④ 겉모양 검사를 한 후 침투액이 불충분하여 규정된 재료로 보충하여 혼합하였을 때

해설

KS B 0816에 따른 침투액의 폐기 사유
• 사용 중인 침투액의 성능시험에 따라
　– 결함검출 능력 및 침투지시모양의 휘도 저하
　– 색상이 변화했다고 인정된 때
• 사용 중인 침투액의 겉모양 검사에 따라
　– 현저한 흐림이나 침전물이 생겼을 때
　– 형광휘도의 저하
　– 색상의 변화
　– 세척성의 저하

37 침투탐상시험방법 및 침투지시모양의 분류(KS B 0816) 에서 사용 중인 유화제의 점검방법으로 틀린 것은?

① 성능시험을 하여 성능 저하가 되었을 경우에는 폐기한다.

② 겉모양 검사를 하여 현저한 흐림이나 침전물이 생겼을 때는 폐기한다.

③ 점도가 상승하여 성능 저하가 되었을 경우에는 폐기한다.

④ 물베이스 유화제는 규정농도보다 2% 이상 차이가 나면 폐기한다.

해설
KS B 0816에 따른 유화제의 폐기 사유
• 유화 성능의 저하
• 겉모양 검사에 따라
  - 현저한 흐림이나 침전물이 생겼을 때
  - 점도 상승에 의해 유화 성능의 저하가 인정될 때
• 물베이스 유화제의 농도 측정에 따라
  - 규정농도에서 3% 이상 차이가 날 때

38 침투탐상시험방법 및 침투지시모양의 분류(KS B 0816) 에 따라 결함을 분류할 때 다음과 같은 경우를 무엇이라 하는가?

| 정해진 면적 안에 존재하는 1개 이상의 결함 |

① 연속결함

② 선상결함

③ 분산결함

④ 원형상 결함

해설
분산결함
정해진 면적 안에 존재하는 1개 이상의 결함으로, 분산결함은 결함의 종류, 개수 또는 개개의 길이의 합계값에 따라 평가한다.

39 침투탐상시험방법 및 침투지시모양의 분류(KS B 0816) 에 규정된 '침투시간'에 대하여 바르게 설명한 것은?

① 침투시간은 침투액의 종류에 관계없이 일정하게 적용한다.

② 침투시간은 온도 10~40℃의 범위에서는 규정된 침투시간을 표준으로 한다.

③ 침투시간은 검출하여야 할 결함의 종류에 관계없이 일정하게 적용한다.

④ 침투시간은 시험체의 재질, 시험체의 온도 등을 고려하여 정한다.

해설
침투시간
• 침투시간의 결정인자
  - 시험체의 온도
  - 시험체 결함의 종류
  - 시험체의 재질
  - 침투액의 종류
• 침투시간의 크기 : 큰 결함보다 작은 결함들로 결함이 구성된 경우 표면적이 상대적으로 넓어서 액체 성분의 침투제가 침투하는데 더 긴 시간이 소요된다(작은 불연속부 > 큰 결함).
• 유지시간 : 침투액을 시험 표면에 적용한 후, 표면에 있는 불연속부에 침투액이 침투되게 하고, 과잉침투액을 제거하기 전까지 침투액이 머무는 시간이다.

40 침투탐상시험방법 및 침투지시모양의 분류(KS B 0816) 에 따라 시험방법의 기호가 FC–S일 때 이에 대한 설명으로 옳은 것은?

① 수세성 형광침투액을 사용하고, 습식현상제를 적용하는 방법이다.

② 용제 제거성 형광침투액을 사용하고, 속건식현상제를 적용하는 방법이다.

③ 수세성 염색침투액을 사용하고, 건식현상제를 적용하는 방법이다.

④ 후유화성 염색침투액을 사용하고 현상제를 적용하지 않는 방법이다.

해설
20번 해설 표 참고

41 침투탐상시험방법 및 침투지시모양의 분류(KS B 0816)에 의해 탐상검사를 한 후에 나타난 지시를 기록하는 방법이 아닌 것은?

① 사 진 ② 에 칭
③ 전 사 ④ 스케치

해설
도면, 사진, 스케치, 전사 등으로 기록한다.

42 침투탐상시험방법 및 침투지시모양의 분류(KS B 0816)에서 결함에 대하여 기록할 때 기록의 대상이 아닌 것은?

① 결함의 종류
② 결함의 면적
③ 결함의 개수
④ 결함의 위치

해설
결함은 다음을 기록한다.
• 결함의 종류
• 결함 길이
• 개 수
• 위 치

43 헤드필드(Had Field)강에 해당되는 것은?

① 저P강
② 저Ni강
③ 고Mn강
④ 고Si강

해설
망간주강은 0.9~1.2% C, 11~14% Mn을 함유하는 합금주강으로 Had Field강이라고 한다. 오스테나이트 입계에 탄화물이 석출하여 취약하지만, 1,000~1,100℃에 담금질을 하면 균일한 오스테나이트 조직이 되며, 강하고 인성이 있는 재질이 된다. 가공경화성이 극히 크며, 충격에 강하다. 레일크로싱, 광산, 토목용 기계부품 등에 쓰인다.

44 연질 자성재료에 대한 설명으로 옳은 것은?

① 보자력이 크다.
② 투자율이 낮다.
③ 연질 자성재료에는 알니코, 페라이트 자석 등이 있다.
④ 외부 자장의 변화에도 자화의 변화가 크게 나타나는 이력손실이 작다.

해설
연질 자성재료 : 일반적으로 투자율이 크고, 보자력이 작은 자성재료의 통칭으로, 고투자율 재료, 자심재료 등이 여기에 포함된다. 규소강판, 퍼멀로이, 전자 순철 등이 대표적인 것이며, 기계적으로 연하고, 변형이 작은 것이 요구되나 기계적 강도와는 큰 관계가 없다.

45 Al-Si 합금의 강도와 인성을 개선하기 위해 금속나트륨, 불화알칼리 등을 첨가하여 공정의 Si상을 미세화시키는 처리는?

① 고용화처리
② 시효처리
③ 탈산처리
④ 개량처리

해설
합금에 Na, F, NaOH, 알칼리 염류를 용탕에 넣어 처리하면 조직이 미세화되고 공정점도 조정되며 이를 개량처리라 한다.

46 청동에 소량의 인(P)을 첨가하면 탈산작용, 용탕 유동성 개선 및 강도와 내마모성의 증대가 가능하며, 스프링용으로 사용될 때는 어떤 특성이 향상되는가?

① 탄 성 ② 전연성

③ 접합성 ④ 메짐성

해설
탄성(彈性)이란 외부에서 물체에 힘을 가하면 부피가 변하였다 회복하려는 내부에서 작용하는 힘을 말한다.

47 저용융점 합금이란 약 몇 ℃ 이하에서 용융점이 나타나는가?

① 250℃ ② 350℃

③ 450℃ ④ 550℃

해설
저용융점 금속

금 속	융점(℃)	특 징
아연(Zn)	419.5	청백색의 HCP 조직, 비중 7.1, FeZn 상이 인성을 나쁘게 한다.
납(Pb)	327.4	비중 11.3 유연한 금속, 방사선차단, 상온재결정, 합금, Eoa
Cd(카드뮴)	320.9	중금속 물질, 전성 연성이 대단히 좋다.
Bi(비스무트)	271.3	소량의 희귀금속, 합금에 사용
주석(Sn)	231.9	은백색의 연한 금속, 도금 등에 사용

※ 저용융점 합금 : 납(327.4℃)보다 낮은 융점을 가진 합금의 총칭. 대략 250℃ 정도 이하를 말하며 조성이 쉬워 분류를 한다.

48 금속의 결정구조에 대한 설명으로 옳은 것은?

① 모든 금속의 결정구조는 체심입방격자이다.

② 금속은 대부분 결정이 하나인 단결정체이다.

③ 원자의 규칙적인 배열인 결정은 용해 중에 형성된다.

④ 금속은 고체 상태에서 규칙적인 결정구조를 가진다.

해설
특별히 불규칙적인 결정구조를 가진 합금을 비정질합금이라고 한다. 다른 금속들은 규칙적 배열을 갖는다.

49 주형이 직각으로 되어 있는 부분에 인접부의 주상정이 충돌하여 경계가 생기므로 약하게 되는 것은?

① 핀홀(Pin Hole)

② 수축(Shrinkage)

③ 약점(Weak Point)

④ 표면균열(Surface Crack)

해설
주형(鑄型)이 언급된 것으로 보아 주조 작업의 불량이다. 직각부는 양쪽면에서 냉각되며 결정립이 생성되어 오다가 결정립이 만나 경계가 생기게 된다. 이런 조직의 경계면은 겉에서 판단할 수는 없지만, 다른 부분에 비해 그림의 대각선과 같은 약한 (Weak) 지점(Point)이 형성되게 된다.

50 다음 금속 중 용해온도가 가장 낮은 것은?

① Ag ② Al

③ Sn ④ Mg

해설

금 속	비 중	용융점
Ag(은)	10.5	960.5
Al(알루미늄)	2.7	660.1
Mg(마그네슘)	1.74	650
Sn(주석)	7.23	231.9

51 다음의 특수원소 중 탄화물 형성 원소가 아닌 것은?

① Ni
② Ti
③ Ta
④ W

52 청동과 황동 및 그 합금에 대한 설명으로 틀린 것은?

① 청동은 구리와 주석의 합금이다.
② 황동은 구리와 아연의 합금이다.
③ 포금은 구리에 8~12% 주석을 함유한 것으로 포신의 재료 등에 사용되었다.
④ 톰백은 구리에 5~20%의 철을 함유한 것으로, 강도는 높으나 전연성이 없다.

해설
톰백(Tombac) : 8~20%의 아연을 구리에 첨가한 구리합금은 황동 중에서 가장 금빛깔에 가까우며, 소량의 납을 첨가하여 값이 싼 금색 합금을 만든다. 특히 금종이의 대용품으로서 서적의 금박 입히기, 금색 인쇄에 사용된다.

53 Fe, Ni과 같은 금속에 S의 불순물이 모여 있으면, 가공 중에 균열이 생기고 잘 부스러져 가공이 곤란해지는 성질이 있다. 이러한 성질을 무엇이라고 하는가?

① 청열 메짐
② 적열 메짐
③ 가공경화
④ 상온 시효

해설
적열 취성(Red Shortness, 적열 메짐)
황을 많이 함유한 탄소강이 약 950℃에서 인성이 저하하여 취성이 커지는 특성

54 구조적으로 장거리 규칙성이 없고, 원자의 배열이 불규칙한 합금은?

① 제진합금
② 비정질합금
③ 형상기억합금
④ 분산강화합금

해설
특별히 불규칙적인 결정구조를 가진 합금을 비정질합금이라고 한다. 다른 금속들은 규칙적 배열을 갖는다.

55 Ni 및 Ni 합금에 대한 설명으로 옳은 것은?

① Ni는 비중이 약 8.9이며, 융점은 1,455℃이다.
② Fe에 36%Ni 합금을 백동이라 하며, 열간가공성이 우수하다.
③ Cu에 10~30%Ni 합금을 인바라 하며, 열팽창계수가 상온 부근에서 매우 작다.
④ Ni는 대기 중에서는 잘 부식되나, 아황산가스를 품은 공기에는 부식되지 않는다.

해설
② Cu에 36%Ni 합금을 백동이라 하며, 열간가공성이 우수하다.
③ Fe에 10~30%Ni 합금을 인바라 하며, 열팽창계수가 상온 부근에서 매우 작다.
④ Ni는 대기 중에서는 잘 부식되지 않으나, 아황산가스를 품은 공기에는 부식된다.

56 강의 합금원소 중 담금질 깊이를 깊게 하고 크리프저항과 내식성을 증가시키며, 뜨임 메짐을 방지하는 것은?

① Mn
② Mo
③ Si
④ Cu

원 소	키워드
Mn	내마멸성, 황
Mo	담금질 깊이가 커짐. 뜨임 취성 방지
Cu	석출 경화, 오래 전부터 널리 쓰임
Si	내식성, 내열성, 전자기적 성질을 개선, 반도체의 주재료

57 합금 주철에 Cr을 0.2~1.5% 정도 첨가할 때 나타나는 성질은?

① 흑연화 촉진
② 경도 증가
③ 내식성 감소
④ 펄라이트 조대화

Cr : 내식성, 내열성, 자경성, 내마멸성

58 연납땜의 용제로 사용되는 것은?

① 붕 사
② 붕 산
③ 산화제일구리
④ 염화아연

연납용 용제 : 염화아연, 염산, 염화암모늄이 대표적이다.

59 용접봉에서 모재로 용융금속이 옮겨기는 용적 이행 형식이 아닌 것은?

① 단락형
② 블록형
③ 스프레이형
④ 글로뷸러형

용적 이행은 용접봉이 녹아 용융지를 옮겨가는 현상을 말하며, 차폐가스와 용접전류 및 전압, 용접봉 조성, 굵기 등에 따라 발생한다.
① 단락 이행 : 와이어 끝에 만들어진 용적이 용융지에 직접 접촉되어 이행되는 형태로 낮은 용접 전류, 전압에서의 CO_2 용접에서 발견된다.
③ 분무형 이행(Spray) : 용접 와이어보다 작은 크기의 용적이 이행되는 것으로 아르곤 가스 분위기에서 볼 수 있다.
④ 글로뷸러형 이행(입상 이행) : CO_2 용접 시에 와이어보다 큰 용융물이 이행되는 형태를 말한다.

60 용접의 일반적인 단점이 아닌 것은?

① 재질의 변형
② 잔류응력의 존재
③ 품질검사의 곤란
④ 작업 공수의 감소

용접작업의 특징은 용접된 상태가 그대로 완제품인 경우가 많다는 것이다. 작업이 어렵고 단점도 많지만, 이음작업의 공업적 효율성은 높은 편이다.

2015년 제4회 과년도 기출문제

01 X선 발생장치에서 시험체의 투과력을 좌우하는 것은?

① 관전압
② 관전류
③ 노출시간
④ 초점과 필름 간 거리

해설
X선관의 양쪽 극에 고전압을 걸면 필라멘트에서 방출된 열전자가 금속타깃과 충돌하여 열과 함께 X선이 발생

02 비접촉, 고속 및 자동탐상이 가능하고 표면결함 검출능력이 우수한 비파괴검사방법은?

① 방사선투과검사(RT)
② 와전류탐상검사(ECT)
③ 자분탐상검사(MT)
④ 적외선검사(TT)

해설
와전류탐상시험
• 전자유도현상에 따른 와전류분포 변화를 이용하여 검사
• 표면 및 표면직하검사 및 도금층의 두께 측정에 적합
• 파이프 등의 표면결함 고속검출에 적합
• 전자유도현상이 가능한 도체에서 시험이 가능

03 적외선열화상검사 시 온도의 분해능에 대한 설명으로 맞는 것은?

① 식별 가능한 결함의 크기
② 인접한 결함의 분리능력
③ 식별 가능한 겉보기의 최소 온도차
④ 적외선 방사계에서 영상화할 수 있는 최소 시야각

해설
온도와 같은 연속적인 변화를 하는 물리량도 디지털 표현 방식에서는 결국 어느 지점에서인가 급간이 생기기 마련인데, 기기에 따라 이 분해능이 각각 다르고, 가급적 분해능이 높아야 이 연속성을 더 비슷하게 표현할 수 있기 때문에 온도의 분해능은 식별 가능한 겉보기의 최소 온도차로 표현한 것이 가장 맞는 표현이다.

04 다른 침투탐상시험과 비교하여 수세성 형광침투탐상시험의 장점을 설명한 것으로 틀린 것은?

① 후유화성 침투액과 달리 유화시간이 따로 없다.
② 넓은 시험면적을 단 한 번의 조작으로 탐상하기 쉽다.
③ 비형광 침투액을 사용할 때보다 결함지시가 밝게 나타난다.
④ 후유화성 형광침투탐상시험보다 얇고 미세한 결함을 검출하는 데 더 효과적이다.

해설
얇고 미세한 결함을 검출하는 데는 후유화성 형광침투탐상시험이 더 효과적이다.

1 ① 2 ② 3 ③ 4 ④ **정답**

05 침투탐상검사에서 속건식현상제의 특징과 가장 거리가 먼 것은?

① 용제 제거성 염색침투탐상법과 함께 이용되는 경우가 많다.

② 피막의 두께를 조절할 수 있다.

③ 침투액의 얼룩이 비교적 크다.

④ 근접결함에 대한 분리 식별이 쉽다.

근접결함의 경우 염색침투탐상보다는 형광침투탐사를 통해 더 조심스럽게 탐상할 필요가 있다. 속건식현상법은 염색침투탐상과 함께 적용된다.

속건식현상법
• 용제가 빨리 휘발 및 건조하여 침투액 흡출작용이 빠름
• 현상작용이 촉진되어 결함검출도가 높음
• 현상액을 분무할 때 적당한 거리를 유지(30cm 정도)
• 산화마그네슘, 산화칼슘 등 백색 미분말 휘발성 용제에 분산제와 함께 현탁하여 사용

06 두꺼운 금속용기 내부에 존재하는 경수소 화합물을 검출할 수 있고, 특히 핵연료봉과 같이 높은 방사성 물질의 결함검사에 적용할 수 있는 비파괴검사법은?

① 감마선투과검사

② 음향방출검사

③ 중성자투과검사

④ 초음파탐상검사

X선은 투과력이 약하여 두꺼운 금속제 구조물 등을 검사하기 어렵다. 중성자 시험은 두꺼운 금속에서도 깊은 곳의 작은 결함의 검출도 가능한 비파괴검사탐상법이다.

07 자분탐상검사의 특징을 설명한 것 중 옳은 것은?

① 시험체는 강자성체가 아니면 적용할 수 없다.

② 시험체의 크기, 형상 등에 제한적이다.

③ 시험체의 10mm 정도의 내부 깊은 곳의 결함을 검출한다.

④ 시험체 표면에 페인트, 도금 등의 두꺼운 표면처리가 되어 있어도 제거하지 않고 검사가 가능하다.

자분탐상검사
• 시험체의 크기, 형상 등에 무관하다.
• 표면탐상검사이다.
• 표면에 두꺼운 표면처리가 되어 있다면 제거하고 검사하여야 한다.

08 암모니아 누설검사의 설명으로 틀린 것은?

① 검지제가 알칼리성 물질과 반응하기 쉽다.

② 동 및 동합금 재료에 대한 부식성을 갖는다.

③ 암모니아는 유독성이 있다.

④ 암모니아는 물에 흡수시켜 시험체에 가압한다.

누설검사에서 암모니아는 누설가스로, 기체 상태로 적용한다.

09 자기적 성질을 이용한 콘크리트 구조물의 비파괴검사 대상으로 적합한 것은?

① 콘크리트 속의 철근 탐사

② 콘크리트의 압축강도 측정

③ 콘크리트의 인장강도 측정

④ 콘크리트의 두께 내부결함 측정

자기탐상은 강자성체를 대상으로 시험을 하는 것이 적절하다.

10 강자성 물질에서 자화력을 증가시켜도 자계가 더 이상 증가되지 않는 점에 도달했을 때 이 검사체는 어떻게 되었다고 하는가?

① 보자력   ② 자기포화

③ 항자력   ④ 자기자력

해설
포화 상태 : 자계강도가 어느 정도 증가하면 자속밀도가 더 이상 증가하기 않게 되는 상태

11 다음 초음파탐상시험 방법 중 불연속의 존재가 CRT 상에 불연속지시의 형태로 나타나지 않는 것은?

① 수직법   ② 투과법

③ 표면파법   ④ 경사각법

해설
송수신방식에 따라 : 반사법, 투과법, 공진법으로 나뉘며 투과시험

12 와전류탐상시험에 대한 설명 중 틀린 것은?

① 시험코일의 임피던스 변화를 측정하여 결함을 식별한다.

② 접촉식 탐상법을 적용함으로써 표피효과를 발생시킨다.

③ 철, 비철 재료의 파이프, 와이어 등 표면 또는 표면 근처 결함을 검출한다.

④ 시험체 표층부의 결함에 의해 발생된 와전류의 변화를 측정하여 결함을 식별한다.

해설
와전류탐상시험
• 전자유도현상에 따른 와전류분포 변화를 이용하여 검사
• 표면 및 표면직하검사 및 도금층의 두께 측정에 적합
• 파이프 등의 표면결함 고속검출에 적합
• 전자유도현상이 가능한 도체에서 시험이 가능

13 다음 중 자분탐상시험과 관련한 용어의 설명으로 옳은 것은?

① '자분'이란 여러 가지 색을 지니고 있는 비자성체의 미립자이다.

② '자화'란 비자성체의 시험체에 자속을 흐르게 하는 작업을 말한다.

③ '자분의 적용'이란 자분을 시험체 내에 침투시키는 작업을 말한다.

④ '관찰'이란 결함부에 형성된 자분모양을 찾아내는 작업을 말한다.

해설
자분은 자성체 미립자이다. 자화도 시험체에 적용하며, 자분탐상은 표면탐상검사이다.

14 다음 중 음향 임피던스(Z)와 재질 음속과의 관계가 올바른 것은?

① Z = 질량 × 음속

② Z = 질량 ÷ 음속

③ Z = 밀도 × 음속

④ Z = 밀도 ÷ 음속

해설
음향 임피던스는 매질의 밀도와 음속으로 곱으로 표현하며 물질 고유의 값이다.

15 수세성 침투탐상에서 과잉세척을 방지하기 위해 침투제와 혼합하여 수세성을 갖도록 하고 감도를 높이기 위해 사용되는 탐상제는?

① 세척제   ② 유화제

③ 현상제   ④ 박리제

> **해설**
> 유화제의 주된 역할 : 침투력이 좋은 후유화성 침투제를 사용한 경우, 잉여침투제를 제거하기 위해서는 유화제를 사용하여 세척할 수 있도록 해야 한다.

16 침투속도에 큰 영향을 미치는 인자는?

① 점 성   ② 연 성

③ 인장력   ④ 증발성

> **해설**
> 침투액의 침투속도는 적심성에 영향을 받으며 적심성은 유체의 점도와 온도의 영향을 받는다.

17 침투탐상시험은 어떤 현상 또는 원리를 이용한 것인가?

① 투과의 원리

② 모세관 현상

③ 보자력 현상

④ 전도성의 원리

> **해설**
> 모세관 현상
> 모세(毛細)관에 액체가 들어가면 응집력과 부착력의 차이가 극대화되어 부착력이 큰 경우 모세관에서 끌어 올려오거나, 응집력이 더 큰 경우 모세관 안에서 끌려 내려가는 현상을 보인다. 이 현상에서 부착력이 큰 경우는 좁은 틈을 침투제가 잘 침투한다.

18 용제 제거성 염색침투액 속건식현상법의 순서를 옳게 나열한 것은?

① 침투처리 → 제거처리→ 전처리 → 현상처리 → 침투 및 후처리

② 전처리 → 침투처리 → 현상처리 → 제거처리 → 관찰 및 후처리

③ 전처리 → 제거처리 → 침투처리 → 현상처리 → 관찰 및 후처리

④ 전처리 → 침투처리 → 제거처리 → 현상처리 → 관찰 및 후처리

> **해설**
> 속건식은 침투한 후 제거하고 현상한다.

19 침투탐상시험에서 건조처리를 필요로 하는 현상법은?

① 건식현상법

② 무현상법

③ 습식현상법

④ 속건식현상법

> **해설**
> 습식현상법은 현상 후 건조과정이 필요하다.

20 유화나 세척 전에 보통 시험체 표면의 잉여침투액은 배액한다. 이 배액시간은 다음 중 어디에 포함되는가?

① 침투시간
② 세척시간
③ 현상시간
④ 유화시간

해설
침투액을 배액하는 것으로 배액하는 과정 중 너무 많이 배액되지 않도록 조절하여 침투액을 조정한다.

21 침투탐상시험으로 표면 바로 밑의 열려 있지 않은 결함을 검출하는 경우의 설명으로 맞는 것은?

① 용제 제거성 염색침투탐상법
② 수세성 형광침투탐상법
③ 후유화성 형광침투탐상법
④ 침투탐상시험방법으로는 표면 밑의 결함은 검출할 수 없다.

해설
침투탐상검사는 표면탐상검사이며 표면으로부터 열려 있는 개구부의 검사만 가능하다.

22 침투탐상시험에서 탐상에 사용하는 탐상제의 성능 및 조작방법의 적합 여부 조사에 사용하는 것은?

① I.Q.I
② 링시험편
③ 대비시험편
④ 알루미늄 T형 시험편

23 침투탐상방법 FA-N 시험에서 필요한 장치들로 조합된 것은?

① 침투처리장치, 유화처리장치, 건조처리장치
② 침투처리장치, 세척처리장치, 유화처리장치
③ 침투처리장치, 세척처리장치, 건조처리장치
④ 침투처리장치, 유화처리장치, 현상처리장치

해설
• 사용하는 침투액에 따른 분류

명 칭	방 법	기 호
V 방법	염색침투액을 사용하는 방법	V
F 방법	형광침투액을 사용하는 방법	F
D 방법	이원성 염색침투액을 사용하는 방법	DV
	이원투액을 사용하는 방법	DF

• 잉여침투액의 제거방법에 따른 분류

명 칭	방 법	기 호
방법 A	수세에 의한 방법	A
방법 B	기름베이스 유화제를 사용하는 후유화에 의한 방법	B
방법 C	용제 제거에 의한 방법	C
방법 D	물베이스 유화제를 사용하는 후유화에 의한 방법	D

• 현상방법에 따른 분류

명 칭	방 법	기 호
건식현상법	건식현상제를 사용하는 방법	D
습식현상법	수용성 현상제를 사용하는 방법	A
	수현탁성 현상제를 사용하는 방법	W
속건식현상법	속건식현상제를 사용하는 방법	S
특수현상법	특수한 현상제를 사용하는 방법	E
무현상법	현상제를 사용하지 않는 방법	N

24 침투탐상시험에서 결함지시모양의 일반적인 기록방법이 아닌 것은?

① 사 진
② 전 사
③ 각 인
④ 스케치

해설
각인 : 적용하는 시방서 또는 도면에 명백히 허용되어 있는 경우에는 각인을 사용하고 표시는 부품번호 또는 검사인에 인접한 곳에 한다.

25 침투탐상시험 시 시험 표면의 유지류에 대한 전처리 방법으로 가장 효과적인 것은?

① 산 세척　　　　② 세제 세척
③ 증기 탈지　　　④ 브러싱 세척

> **해설**
> 세척은 씻어내는 작업을 의미한다. 그러나 경험상 알 듯 기름기는 잘 씻어지지 않는다. 설거지통에서도 뜨거운 물을 이용하면 비교적 잘 씻기는 것을 알 수 있다.

26 비파괴시험방법 중에 침투탐상검사는 어떠한 결함을 찾기 위한 검사방법인가?

① 시험체 내부의 결함
② 시험체 표면직하의 결함
③ 시험체 표면에 열려 있는 결함
④ 시험체 있는 모든 결함

> **해설**
> 표면탐상 중 개구부 결함을 탐상하는 것이다.

27 다음 중 물을 사용하지 않고 솔벤트 성분의 세척액을 사용하는 침투탐상방법은?

① FA-N　　　　② FB-S
③ FD-S　　　　④ FC-S

> **해설**
> 솔벤트 성분의 세척액을 사용하는 경우는 용제 제거성 침투액을 사용한 경우이고, 용제 제거성 침투액을 사용한 것은 두 번째 기호가 C인 경우이다.

28 침투탐상시험방법 및 침투지시모양의 분류(KS B 0816)에 따른 자외선조사장치를 사용하지 않는 시험방법의 기호로 옳은 것은?

① FA-W　　　　② FC-N
③ FB-D　　　　④ VC-S

> **해설**
> 자외선조사장치를 사용하는 경우는 형광침투액을 사용한 경우이고, 형광침투액을 사용한 것은 첫 번째 기호가 F인 경우이다.

29 침투탐상시험방법 및 침투지시모양의 분류(KS B 0816)에 따른 재시험의 대상이 아닌 경우는?

① 침투지시모양이 불명확할 때
② 조작방법에 잘못이 있었을 때
③ 침투지시모양이 전혀 나타나지 않았을 때
④ 침투지시모양이 흠에 기인한 것인지 의사지시인지의 판단이 곤란할 때

> **해설**
> 재시험 : 시험의 중간 또는 종료 후 조작방법이 잘못되었음을 알았을 때, 침투지시모양이 흠에 의한 것인지 의사지시인지 판단이 곤란할 때, 기타 필요한 경우에는 처음부터 다시 하도록 규정

30 침투탐상시험방법 및 침투지시모양의 분류(KS B 0816)에서 FD A의 시험방법일 때 예비 세척처리 후 그 다음 단계로 옳은 것은?

① 침투처리
② 현상처리
③ 건조처리
④ 유화처리

해설
유화처리
- 유화제는 침지, 붓기, 분무 등에 따라 적용하고 균일한 유화처리를 한다.
- 유화시간은 다음의 세척처리를 정확하게 할 수 있는 시간으로 하고, 유화제 및 침투액의 종류, 온도, 시험체의 표면거칠기 등을 고려하여 정한다.

31 침투탐상시험방법 및 침투지시모양의 분류(KS B 0816)에 따라 전수검사 후 합격한 시험체를 표시하는 방법으로 적합하지 않은 것은?

① 각 인
② 부 식
③ 착 색
④ 스케치

해설
전수검사인 경우
- 각인, 부식 또는 착색(적갈색)으로 시험체에 P의 기호를 표시한다.
- 시험체의 P의 표시를 하기가 곤란한 경우에는 적갈색으로 착색한다.
- 위와 같이 표시할 수 없는 경우에는 시험 기록에 기재하여 그 방법에 따른다.

32 침투탐상시험방법 및 침투지시모양의 분류(KS B 0816)에 따른 결함지시의 평가에 대한 설명으로 옳은 것은?

① 지시모양이 원형 모양은 선상 침투지시이다.
② 지시모양이 가는 세선일 때는 원형상 침투지시이다.
③ 갈라짐 이외의 결함으로, 그 길이가 너비의 3배 이상일 때는 선상 침투지시모양이다.
④ 갈라짐 이외의 지시의 길이가 너비의 2배 미만일 때는 선상 침투지시모양이다.

해설
정상적인 결함의 지시
- 결함지시모양의 크기는 실제 결함의 크기보다 크거나 같다.
- 선형지시 : 가늘고 예리한 선 모양의 지시(지시의 길이가 폭의 3배 이상)
- 원형지시 : 둥근 모양의 지시

33 침투탐상시험방법 및 침투지시모양의 분류(KS B 0816)에서 전처리 방법 중 개구부를 덮을 우려가 있어 권장하지 않는 방법은?

① 용제 세척
② 숏 블라스트
③ 증기 세척
④ 산, 알칼리 세제에 의한 세척

해설
숏 블라스트는 작은 공을 Shot하는 방법으로 일종의 소성가공이고, 표면의 변형을 유도하여 작은 개구부 결함을 덮을 우려가 있다.

34 침투탐상시험방법 및 침투지시모양의 분류(KS B 0816)에 따라 시험체의 일부분을 시험하는 경우 전처리해야 하는 범위의 규정으로 옳은 것은?

① 시험부 중심에서 바깥쪽으로 25mm까지
② 시험부 중심에서 바깥쪽으로 50mm까지
③ 시험하는 부분에서 바깥쪽으로 25mm 넓은 범위
④ 시험면이 인접하는 영역에서 오염물에 의한 영향을 받지 않는 50mm 이상의 넓이

해설
시험체의 일부분을 시험하는 경우는 시험하는 부분에서 바깥쪽으로 25mm 넓은 범위를 깨끗하게 한다.

35 침투탐상시험방법 및 침투지시모양의 분류(KS B 0816)에 대한 B형 대비시험편 종류의 기호와 도금 두께, 도금 갈라짐 너비의 나열이 틀린 것은?(단, 도금 두께, 도금 갈라짐 너비의 단위는 μm이다)

① PT B50 : 50±5, 2.5
② PT B40 : 40±3, 2.0
③ PT B20 : 20±2, 1.0
④ PT B10 : 10±1, 0.5

해설
B형 대비시험편의 종류

기 호	도금 두께(μm)	도금 갈라짐 너비(목표값)
PT-B50	50±5	2.5
PT-B30	30±3	1.5
PT-B20	20±2	1.0
PT-B10	10±1	0.5

36 침투탐상시험방법 및 침투지시모양의 분류(KS B 0816)에서 시험방법의 기호가 VB – S일 때 시험 절차를 옳게 나타낸 것은?

① 전처리 → 침투처리 → 세척처리 → 건조처리 → 현상처리 → 관찰 → 후처리
② 전처리 → 침투처리 → 유화처리 → 세척처리 → 건조처리 → 현상처리 → 후처리
③ 전처리 → 침투처리 → 세척처리 → 현상처리 → 건조처리 → 관찰 → 후처리
④ 전처리 → 침투처리 → 유화처리 → 현상처리 → 건조처리 → 세척처리 → 관찰 → 후처리

해설

시험방법의 기호		FB-S DFB-S VB-S
사용하는 침투액과 현상법의 종류		후유화성 형광침투액 (유성 유화제)- 속건식현상법 후유화성 이원성형광침투액 (유성 유화제)- 속건식현상법 후유화성 염색침투액 (유성 유화제)- 속건식현상법
시험의 순서(음영처리된 부분을 순서대로 시행)	전처리	●
	침투처리	●
	예비세척처리	↓
	유화처리	●
	세척처리	●
	제거처리	↓
	건조처리	●
	현상처리	●
	건조처리	↓
	관 찰	●
	후처리	●

37 침투탐상시험방법 및 침투지시모양의 분류(KS B 0816)에 따라 별도의 규정이 없는 경우 형광침투액을 사용하는 시험의 관찰 시 관찰 전 1분 이상 어두운 곳에서 눈을 적응시킨 후, 시험체 표면에서 몇 μW/cm^2 이상의 자외선을 비추며 관찰하도록 규정하고 있는가?

① 500 　　　　　② 800
③ 1,600 　　　　④ 6,000

해설
파장 320~400nm의 자외선을 조사하여 800μW/cm^2 이상의 강도로 조사하여 시험한다.

38 침투탐상시험방법 및 침투지시모양의 분류(KS B 0816)에서 침투지시모양의 관찰은 현상제 적용 후 언제 하는 것이 바람직하다고 규정하는가?

① 1분 이내
② 5분 이내
③ 7~60분 사이
④ 시간의 구분 없이 적절한 시기

해설
침투지시모양의 관찰은 현상제 적용 후 7~60분 사이가 적절하다.

39 침투탐상시험방법 및 침투지시모양의 분류(KS B 0816)에 따라 잉여침투액을 제거할 때 물을 사용하지 않는 침투액은?

① 수세성 염색침투액
② 후유화성 형광침투액
③ 용제 제거성 염색침투액
④ 후유화성 염색침투액

해설
잉여침투액의 제거방법에 따라 물로 세척하는 수세성 침투액, 후유화성 침투액이 있고, 그냥 닦아내는 가급적 세척을 간단히 하거나 하지 않아도 되는 용제 제거성 침투액이 있다.

40 침투탐상시험방법 및 침투지시모양의 분류(KS B 0816)에 따른 탐상제와 그 점검 내용의 조합으로 옳은 것은?

① 침투액 : 부착 상태 검사
② 유화제 : 결함검출능력 검사
③ 건식현상제 : 겉모양 검사
④ 습식현상제 : 세척성 검사

해설
인증시험
• 침투제의 재료 인증시험 항목 : 인화점, 점도, 형광휘도, 독성, 부식성, 적심성, 색상, 자외선에 대한 안정성, 온도에 대한 안정성, 수세능, 물에 의한 오염도 등이 있다.
• 침투제의 시험항목 : 감도시험, 형광휘도시험, 물에 의한 오염도시험 등이 있다.
• 건식현상제 점검항목 : 이물질의 혼입이 없는지, 현상제가 덩어리지거나 젖지 않았는지를 점검하고 자외선등을 비추어 과도한 형광이 있는지를 검사한다.

41 압력용 이음매 없는 강관 및 용접 강관 침투탐상검사(KS D ISO 12095)에 따른 시험 결과 허용되는 것보다 더 큰 지시가 무관련 지시라고 믿어지는 경우 조치사항으로 옳은 것은?

① 무관련 지시이므로 합격시킨다.
② 허용 치수를 초과하므로 불합격시킨다.
③ 감독관과 협의 후 결정한다.
④ 실제 결함의 존재 유무를 입증하기 위해 재검사한다.

해설
KS D ISO 12095 6.1에 '6.2에 따른 허용 규격의 치수를 초과하는 어떤 인디케이션도 실제 결함이 존재하는지 아닌지 입증하기 위하여 재검사되어야 한다.'고 되어 있다.

42 침투탐상시험방법 및 침투지시모양의 분류(KS B 0816)에 따른 탐상제, 장치의 보수 및 점검에 대한 설명으로 틀린 것은?

① 침투액의 색상이 변화했다고 인정된 때는 폐기한다.

② 암실은 조도계로 측정하여 밝기가 20lx 이하여야 한다.

③ 유화제의 유화성능이 저하되었다고 인정된 때는 폐기한다.

④ 기준 탐상제 및 사용하지 않는 탐상제는 그 상태대로 암실에 보관한다.

해설
기준에 합당하지 않은 탐상제는 폐기한다.

43 활자금속에 대한 설명으로 틀린 것은?

① 응고할 때 부피 변화가 커야 한다.

② 주요 합금조성은 Pb · Sn · Sb이다.

③ 내마멸성 및 상당한 인성이 요구된다.

④ 비교적 용융점이 낮고, 유동성이 좋아야 한다.

해설
활자 합금은 열에 대한 부피의 변동성이 작아야 한다. 화이트 메탈 등을 사용한다.

화이트 메탈(White Metal) : Pb-Sn-Sb계, Sn-Sb계 합금을 통틀어 부른다. 녹는점이 낮고 부드러우며 마찰이 작아서 베어링 합금, 활자 합금, 납 합금 및 다이캐스트 합금에 많이 사용된다.

44 5~20%Zn 황동으로 강도는 낮으나 전연성이 좋고, 색깔이 금색에 가까워 모조금이나 판 및 선에 사용되는 합금은?

① 톰 백

② 네이벌 황동

③ 알루미늄 황동

④ 애드미럴티 황동

해설
톰백(Tombac) : 8~20%의 아연을 구리에 첨가한 구리합금은 황동 중에서 가장 금빛깔에 가까우며, 소량의 납을 첨가하여 값이 싼 금색 합금을 만든다. 특히 금종이의 대용품으로서 서적의 금박 입히기, 금색 인쇄에 사용된다.

45 상온일 때 순철의 단위격자 중 원자를 제외한 공간의 부피는 약 몇 %인가?

① 26 ② 32
③ 42 ④ 46

해설
순철은 상온에서 체심입방격자의 구조를 하고 있는데, 체심입방격자는 충진율이 68%, 면심입방격자는 충진율이 74%이다. 충진율이란 공간 안에 원자가 차지하고 있는 부피의 비율이다. 따라서 체심입방격자의 공간 부피는 100-68=32%가 된다.

46 알루미늄 방식을 위해 표면을 전해액 중에서 양극산화 처리하여 치밀한 산화피막을 만드는 방법이 아닌 것은?

① 수산법

② 황산법

③ 크롬산법

④ 수산화암모늄법

해설
양극산화처리 중 산성욕 방법에는 황산법, 수산법, 크롬산법, 붕산법 등이 있다.

47 오일리스 베어링(Oilless Bearing)의 특징이라고 할 수 없는 것은?

① 다공질의 합금이다.

② 급유가 필요하지 않은 합금이다.

③ 원심 주조법으로 만들며 강인성이 좋다.

④ 일반적으로 분말 야금법을 사용하여 제조한다.

해설

오일리스 베어링은 소결합금으로, 소결하여 만든다.

48 단조되지 않으므로 주조한 그대로 연삭하여 사용하는 재료는?

① 실루민　　　　② 라우탈

③ 해드필드강　　④ 스텔라이트

해설

스텔라이트 : 비철 합금 공구 재료의 일종으로 C 2~4%, Cr 15~33%, W 10~17%, Co 40~50%, Fe 5%의 합금이다. 그 자체가 경도가 높아 담금질할 필요 없이 주조한 그대로 사용되고, 단조는 할 수 없고, 절삭 공구, 의료 기구에 적합하다.

49 금속을 부식시켜 현미경 검사를 하는 이유는?

① 조직 관찰　　　② 비중 측정

③ 전도율 관찰　　④ 인장강도 측정

해설

외부의 영향을 받은 표면 부분을 제거하고 조직을 관찰하기 위한 방법이다.

50 불변강(Invariable Steel)에 대한 설명 중 옳은 것은?

① 불변강의 주성분은 Fe과 Cr이다.

② 인바는 선팽창계수가 크기 때문에 줄자, 표준자 등에 사용한다.

③ 엘린바는 탄성률 변화가 크기 때문에 고급시계는 정밀 저울의 스프링 등에 사용한다.

④ 코엘린바는 온도 변화에 따른 탄성률의 변화가 매우 작고 공기나 물속에서 부식되지 않는 특성이 있다.

해설

불변강 : 온도 변화에 따른 선팽창 계수나 탄성률의 변화가 없는 강
- 인바(Invar) : 35~36 Ni, 0.1~0.3 Cr, 0.4 Mn+Fe, 내식성 좋고, 바이메탈, 진자, 줄자
- 슈퍼인바(Superinvar) : Cr와 Mn 대신 Co, 인바에서 개선
- 엘린바(Elinvar) : 36 Ni-12 Cr-나머지 Fe, 각종 게이지, 정밀 부품
- 코엘린바(Coelinvar) : 10~11 Cr, 26~58 Co, 10~16 Ni+Fe, 공기 중 내식성
- 플래티나이트(Platinite) : 열팽창계수가 백금과 유사, 전등의 봉입선

51 금속이 탄성변형 후에 소성변형을 일으키지 않고 파괴되는 성질은?

① 인 성　　　　② 취 성

③ 인 발　　　　④ 연 성

해설

취성은 잘 깨지는 성질을 의미한다. 재료가 딱딱한 성질이 강할수록 취성도 커진다.

52 공구용 재료가 구비해야 할 조건을 설명한 것 중 틀린 것은?

① 내마멸성이 커야 한다.

② 강인성이 작아야 한다.

③ 열처리와 가공이 용이해야 한다.

④ 상온 및 고온에서 경도가 높아야 한다.

해설

공구용 합금강의 조건

• 탄소공구강에 Ni, Cr, Mn, W, V, Mo 등을 첨가하여 고속 절삭, 강력 절삭용 제작

• 담금질 효과가 좋고, 결정입자도 미세하고, 경도와 내마멸성이 우수

고속도 공구강

• 500~600℃까지 가열하여도 뜨임에 의하여 연화되지 않고, 고온에서 경도의 감소가 적다.

• 18W-4Cr-1V이 표준 고속도강 1,250℃ 담금질, 550~600℃ 뜨임, 뜨임 시 2차 경화

• W계 표준 고속도강에 Co를 3% 이상 첨가하면 경도가 더 크게 되고, 인성이 증가된다.

• Mo계는 W의 일부를 Mo로 대치. W계보다 가격이 싸고, 인성이 높으며, 담금질 온도가 낮을 뿐 아니라 열전도율이 양호하여 열처리가 잘된다.

53 냉간가공한 재료를 풀림처리하면 변형된 입자가 새로운 결정입자로 바뀌는데 이러한 현상을 무엇이라 하는가?

① 회 복

② 복 원

③ 재결정

④ 결정성장

해설

연화풀림

• 냉간가공을 계속하기 위해 가공 도중 경화된 재료를 연화시키기 위한 열처리로 중간 풀림이라고도 한다.

• 온도 영역은 650~750℃이다.

• 연화과정 : 회복 → 재결정 → 결정립 성장, 이 과정 중 조직이 재결성되는 과정을 재결정이라 한다.

54 수소 저장합금에 대한 설명으로 옳은 것은?

① $LaNi_5$계는 밀도가 낮다.

② TiFe계는 반응로 내에서 가열시간이 필요하지 않다.

③ 금속수소화물의 형태로 수소를 흡수 방출하는 합금이다.

④ 수소 저장 합금은 도가니로, 전기로에서 용해가 가능하다.

해설

금속과 수소를 반응시켜 만든 금속수소화물로 이 화물은 가열하면 수소를 방출을 하게 되고 이를 조절하여 금속의 용도와 특징을 결정 짓는다.

55 다음 중 비중이 가장 가벼운 금속은?

① Mg

② Al

③ Cu

④ Ag

해설

마그네슘 : 매우 가볍고 단단한 재료이며 마그네슘 합금은 플라스틱만큼 가벼우면서도 강철만큼 단단하기 때문에 자동차나 항공기 부품, 자전거 뼈대, 노트북 컴퓨터 등 각종 휴대용 전자제품에 활용한다.

56 동소변태에 대한 설명으로 틀린 것은?

① 결정격자의 변화이다.

② 원자배열의 변화이다.

③ A_0, A_2 변태가 있다.

④ 성질이 비연속적으로 변화한다.

해설
- 동소변태 : 다이아몬드와 흑연은 모두 탄소로만 이루어진 물질이지만 확연히 다른 상태로 존재하는 고체이다. 이처럼 동일 원소이지만 다르게 존재하는 물질을 동소체(Allotropy)라 하며, 어떤 원인에 의해 원자배열이 달라져 다른 물질이 변하는 것이다. 예를 들어 흑연에 적절한 열과 압력을 가하여 다이아몬드가 되는 변태를 동소변태 또는 격자변태라 한다.
- A_3 변태 : 순철의 동소변태의 하나이며, α철(체심입방격자)에서 γ철(면심입방격자)로 변화한다.
- A_4 변태 : 순철의 동소변태의 하나이며, γ철(면심입방정계)에서 δ철(체심입방정계)로 변화한다.

57 Fe-C 평형상태도는 무엇을 알아보기 위해 만드는가?

① 강도와 경도값

② 응력과 탄성계수

③ 융점과 변태점, 자기적 성질

④ 용융 상태에서의 금속의 기계적 성질

해설
Fe-Fe₃C 평형상태도 : 가로축을 Fe-Fe₃C의 2원 조성(%)으로 하고 세로축을 온도(℃)로 하여 각 조성의 비율에 따라 나타나는 상변태점, 자기변태점을 연결하여 만든 도선

58 AW-300인 용접기로 전체 작업시간 10분 중 4분을 용접하였다면 이때의 용접기 사용률은 얼마인가?

① 40% ② 50%

③ 60% ④ 70%

해설

$$사용률 = \frac{아크발생시간}{전체사용시간} = \frac{4분}{10분} = 0.4 = 40\%$$

종 류	AW200	AW300	AW400	AW500
정격2차전류(A)	200	300	400	500
정격사용률(%)	40	40	40	60

59 아세틸렌가스의 자연발화 온도는?

① 305~307℃

② 406~408℃

③ 505~515℃

④ 780~782℃

해설
아세틸렌가스는 가스용접의 연료역할을 하며 액체 상태로 보관하고 150℃, 2기압하에서 완전 폭발하고, 406~408℃에서 자연발화한다.

60 용접 시 피닝의 목적으로 가장 적합한 것은?

① 인장응력을 완화한다.

② 모재의 재질을 검사한다.

③ 응력을 강하게 하여 변형을 만든다.

④ 페인트 막을 없앤다.

해설
용접 부위를 연속적으로 해머로 두드려서 표면층에 소성변형을 주는 동작으로 용접부에 잔류인장응력을 주어 표면강도를 개선한다.

2015년 제5회 과년도 기출문제

01 철강 제품의 방사선투과검사 필름상에 나타나는 결함 중 건전부보다 결함의 농도가 밝게 나타나는 것은?

① 슬래그 혼입

② 융합 불량

③ 텅스텐 혼입

④ 용입 부족

해설
전구의 필라멘트는 텅스텐 합금으로 만드는데, 텅스텐은 발광의 성질이 있다.

02 전자유도시험의 적용 분야로 적합하지 않은 것은?

① 세라믹 내의 미세균열

② 비철금속 재료의 재질시험

③ 철강재료의 결함탐상시험

④ 비전도체의 도금막 두께 측정

해설
전자유도시험은 도전체에 적용하기 적합한 탐상시험이다. 일반적인 금속과 철강금속은 도전체이고, 도금막 또한 도전체이며, 세라믹은 규소를 주성분으로 하는, 즉 흙으로 만든 제품이므로 도전되지 않는다.

03 자분탐상시험법의 적용에 대한 설명으로 틀린 것은?

① 강 용접부의 표면결함검사에 적용된다.

② 철강재료의 터짐 등 표면결함의 검출에 적합하다.

③ 오스테나이트 스테인리스강에 적합하다.

④ 표면직하의 결함 검출이 가능하다.

해설
철(Fe)이 오스테나이트 조직을 가질 때는 비자성 상태이다.

04 금속 내부 불연속을 검출하는 데 적합한 비파괴검사법의 조합으로 옳은 것은?

① 와전류탐상시험, 누설시험

② 누설시험, 자분탐상시험

③ 초음파탐상시험, 침투탐상시험

④ 방사선투과시험, 초음파탐상시험

해설
보기 중 와선류탐상, 자분탐상, 침투탐상은 표면탐상법이고, 방사선투과시험과 초음파탐상시험은 내부 탐상이 가능하다.

05 다음 중 침투탐상시험에서 쉽게 찾을 수 있는 결함은?

① 표면결함　　　② 표면 밑의 결함

③ 내부결함　　　④ 내부기공

해설
4번 해설 참조

06 높은 원자번호를 갖는 두꺼운 재료나 핵연료봉과 같은 물질의 결함검사에 적용되는 비파괴검사법은?

① 적외선검사(TT)

② 음향방출검사(AET)

③ 중성자투과검사(NRT)

④ 초음파탐상검사(UT)

해설

X선은 투과력이 약하여 두꺼운 금속제 구조물 등을 검사하기 어렵다. 중성자 시험은 두꺼운 금속에서도 깊은 곳의 작은 결함의 검출도 가능한 비파괴검사탐상법이다.

07 시험체의 내부와 외부, 즉 계와 주위의 압력차가 생길 때 주위의 압력은 대기압으로 두고, 계에 압력을 가압하거나 감압하여 결함을 탐상하는 비파괴검사법은?

① 누설시험

② 침투탐상시험

③ 초음파탐상시험

④ 와전류탐상시험

해설

누설탐상

• 압력 차에 의한 유체의 누설현상을 이용하여 검사

• 관통된 결함의 경우 탐지가 가능

• 공기역학의 법칙을 이용하여 탐지

08 자분탐상검사 방법 중 선형자계를 형성하는 검사법은?

① 축통전법, 자속관통법

② 코일법, 극간법

③ 전류관통법, 축통전법

④ 코일법, 전류관통법

해설

코일을 이용하여 전자석을 만들면 선형자계가 생기고, 극간법의 경우는 애초에 강한 자석을 이용하므로 N극과 S극 간에 선형자계가 생긴다.

09 탐촉자의 이동 없이 고정된 지점으로부터 대형 설비 전체를 한 번에 탐상할 수 있는 초음파탐상검사법은?

① 유도 초음파법

② 전자기 초음파법

③ 레이저 초음파법

④ 초음파 음향공명법

해설

유도 초음파는 배관 등에 초음파를 일정 각도로 입사시켜 내부에서 굴절, 중첩 등을 통하여 배관을 따라 진행하는 파가 만들어지는 것을 이용한다. 탐촉자의 이동 없이 고정된 지점으로부터 대형 설비 전체를 한 번에 탐상 가능하며 절연체나 코팅의 제거가 불필요하다.

10 침투탐상시험의 특성에 대한 설명 중 틀린 것은?

① 큰 시험체의 부분 검사에 편리하다.

② 다공성인 표면의 불연속 검출에 탁월하다.

③ 표면의 균열이나 불연속 측정에 유리하다.

④ 서로 다른 탐상액을 혼합하여 사용하면 감도에 변화가 생긴다.

해설

침투액이 스며들고 현상처리를 통해 결함을 검출하는데 다공성 재질의 표면인 경우 결함이 아닌 경우에도 침투액이 머물러 있어 의사지시를 표현하는 일이 잦다. 따라서 침투탐상시험은 다공질 재질 표면에는 적당하지 않다.

11 고체가 소성 변형하며 발생하는 탄성파를 검출하여 결함의 발생, 성장 등 재료 내부의 동적 거동을 평가하는 비파괴검사법은?

① 누설검사
② 음향방출시험
③ 초음파탐상시험
④ 와전류탐상시험

음향방출시험 : 시험체에서 나오는 탄성파를 모니터링하고 있다가 내부의 결함이 발생될 때 터져나오는 탄성파를 분석하여 결함을 찾아내는 시험이다.

12 와전류탐상검사에서 시험체를 시험코일 내부에 넣고 시험을 하는 코일로써, 선 및 직경이 작은 봉이나 관의 자동검사에 널리 이용되는 것은?

① 표면코일
② 프로브코일
③ 관통코일
④ 내삽코일

관통형 코일 : 시험체를 시험코일 내부에 넣고 시험하는 코일로 시험체가 그 내부를 통과하는 사이에(이런 까닭에 외삽코일로도 본다) 시험체의 전 표면을 검사할 수 있기 때문에 고속 전수검사에 적합하다. 선 및 직경이 작은 봉이나 관의 자동검사에 이용한다.

13 누설검사에 사용되는 단위인 1atm과 값이 다른 것은?

① 760mmHg
② 760torr
③ 10.33kg/cm^2
④ 1,013mbar

1atm = 760mmHg = 760Torr = 1.013bar = 1,013mbar
= 0.1013MPa = 10.33mAq = 1.03323kgf/cm^2

14 초음파탐상검사에서 보통 10mm 이상의 초음파 빔폭보다 큰 결함 크기 측정에 가장 적합한 기법은?

① DGS 선도법
② 6dB Drop법
③ 20dB Drop법
④ PA법

dB Drop법 : 최대 에코 높이의 6dB 또는 10dB 아래인 에코 높이 레벨을 넘는 탐촉자의 이동거리로부터 결함 길이를 구한다.

15 침투지시모양의 생성에 대한 설명으로 옳은 것은?

① 지시모양이 생성되는 속도는 불연속의 특성을 평가하는 데 도움이 되지 않는다.
② 지시모양으로 두께의 정보를 정량화할 수 있다.
③ 침투지시모양은 시험체의 재질이나 불연속의 발생 원인에 관계없이 균일하게 나타난다.
④ 지시모양의 크기는 불연속 내부의 체적과 밀접한 관계가 있다.

• 지시모양이 생성되는 속도로 불연속의 특성을 추측해 볼 수 있다.
• 침투탐상으로 두께 정보는 알 수 없다.
• 침투지시모양은 시험체의 재질이나 불연속의 종류에 따라 다르게 나타난다.

16 침투탐상시험에 사용하는 재료나 설비는 계속 사용함에 따라 신뢰성이 떨어진다. 신뢰성을 확보하기 위한 방법으로 가장 효과적인 것은?

① 작업 시마다 새로운 재료와 설비를 사용한다.

② 1년마다 재료나 설비를 새것으로 사용한다.

③ 일상점검 또는 일정기간마다 정기점검으로 관리한다.

④ 작업 시마다 수세성, 후유화성, 용제 제거성 등 시험방법을 달리하여 사용한다.

해설
재료나 설비는 관리하고, 정비를 지속적으로 하여야 잘 쓸 수 있다.

17 수세성 염색침투액과 습식현상법을 조합하여 탐상할 경우의 탐상 순서로 옳은 것은?

① 전처리 → 침투처리 → 세척처리 → 현상처리 → 건조처리

② 전처리 → 침투처리 → 세척처리 → 건조처리 → 현상처리

③ 전처리 → 세척처리 → 건조처리 → 침투처리 → 현상처리

④ 전처리 → 건조처리 → 침투처리 → 현상처리 → 세척처리

해설
습식현상법은 현상 후 건조처리를 한다.

18 형광침투탐상시험 시 현상제를 적용하기 전에 잉여침투액이 제거되었는가를 확인하는 방법으로 가장 적합한 것은?

① 손가락으로 문질러 본다.

② 자외선등으로 비추어 본다.

③ 물에 적신 붓으로 칠해 본다.

④ 제거용지로 표면을 닦아 본다.

해설
자외선등을 비춰 보았을 때 침투액이 남아 있으면 발광되는 부분이 있다.

19 침투탐상시험에 대한 설명으로 틀린 것은?

① 검사체의 표면 상태는 침투시간 결정에 도움이 된다.

② 예상 불연속부의 종류에 따라 침투시간은 5~30초 정도이다.

③ 전처리 시 폴리싱(Polishing)하는 것은 좋은 방법이 아니다.

④ 침투액이 담긴 용기 내에 탐상시험할 부품을 침적시켜 침투처리하는 경우도 있다.

해설
침투시간은 다음의 결정인자들에 의해 결정되며 예상 불연속부의 종류에 따라 결정되지 않는다.
침투시간의 결정인자
• 시험체의 온도
• 시험체 결함의 종류
• 시험체의 재질
• 침투액의 종류

20 침투탐상시험에 사용되는 현상제의 설명으로 틀린 것은?

① 형광 물질을 첨가한다.
② 결함으로부터의 침투액을 빨아낸다.
③ 결함의 영상이 나타나도록 도와준다.
④ 침투제가 흘러나오는 양을 조절해 준다.

해설
결함에 침투한 침투액을 현상시키는 과정을 현상제를 통해 하여야 한다. 형광물질을 첨가하면 잘못된 지시가 나타난다.

21 후유화성 침투탐상시험에 사용되는 가장 적합한 세척 방법은?

① 물 세척   ② 솔벤트 세척
③ 알칼리 세척   ④ 초음파 세척

해설
유화제를 이용하면 잉여침투제와 유화제가 작용을 하고 물에 씻겨 나갈 수 있게 된다.

22 금속의 균열을 침투탐상검사할 때 일반적으로 검사 결과에 가장 큰 영향을 주는 것은?

① 검사물의 경도
② 침투제의 색깔
③ 검사물의 열전도도
④ 검사물의 표면조건

해설
침투탐상검사는 표면의 결함을 탐상하는 검사이다.

23 침투탐상시험 시 무관련지시가 생기는 가장 큰 이유는?

① 결함이 많기 때문에
② 부적당한 열처리 때문에
③ 침투시간이 충분하였을 때
④ 잉여침투제의 불충분한 제거 때문에

해설
무관련지시
• 의미 : 시험체의 형태에 의해 나타나는 지시
  예 시험체의 형상이 마치 결함이 있는 것처럼 굴곡이 심하다면 지시처럼 보이게 될 것이다.
• 과정적 원인 : 결함처럼 여길 수 있는 굴곡에는 침투제가 남아 있게 될 가능성이 높기 때문이다.
• 억제 : 해당 부분을 형상에 맞게 얇고 일정한 도포를 실시

24 다음 중 결함 검출감도가 가장 높은 침투탐상방법은 무엇인가?

① 용제 제거성 염색침투탐상검사
② 용제 제거성 형광침투탐상검사
③ 후유화성 염색침투탐상검사
④ 후유화성 형광침투탐상검사

해설
후유화성 침투의 경우 침투액이 충분히 침투하게 되고, 형광침투액을 사용하면 관찰 시 자외선이 반응하여 가시성을 높여 작은 결함도 찾을 수 있다.

25 다음 중 대량의 열쇠 구멍, 나사부의 복잡한 형상 등의 결함 검출에 가장 적합한 침투탐상시험법은?

① 수세성 형광침투탐상시험

② 후유화성 염색침투탐상시험

③ 후유화성 형광침투탐상시험

④ 용제 제거성 형광침투탐상시험

> **해설**
> 복잡한 형상은 침투액이 깊이 침투 가능하여야 하고 잉여침투액이 쉽게 제거가 가능해야 하며, 작은 결함도 현상 시 발견이 어렵지 않아야 한다.

26 침투탐상시험 시 침투액이 가져야 할 특성이 아닌 것은?

① 미세한 틈 사이에도 침투할 수 있는 능력

② 침투처리 시 비교적 큰 결함에도 남을 수 있는 능력

③ 침투처리 시 재빨리 증발할 수 있는 능력

④ 후처리 시에 표면으로부터 쉽게 씻겨질 수 있는 능력

> **해설**
> 침투액의 조건
> • 침투성이 좋을 것
> • 열, 빛, 자외선등에 노출되었어도 형광휘도나 색도가 뚜렷할 것
> • 점도가 낮을 것
> • 부식성이 없을 것
> • 수분의 함량은 5% 미만(MIL-I-25135)
> • 미세 개구부에도 스며들 수 있어야 한다.
> • 세척 후 얕은 개구부에도 남아 있어야 한다.
> • 너무 빨리 증발하거나 건조되어서는 안 된다.
> • 짧은 현상시간 동안 미세 개구부로부터 흡출되어야 한다.
> • 미세 개구부의 끝으로부터 매우 얇은 막으로 도포되어야 한다.
> • 검사 후 쉽게 제거되어야 한다.
> • 악취 등의 냄새가 없어야 한다.
> • 폭발성이 없고(인화점은 95℃ 이상이어야 한다) 독성이 없어야 한다.
> • 저장 및 사용 중에 특성이 일정하게 유지되어야 한다.

27 후유화성 형광침투액을 뿌리고 난 뒤 과잉침투액을 쉽게 제거하기 위해 수세하기 전에 적용하는 것은?

① 침투제   ② 현상제

③ 유화제   ④ 세척제

> **해설**
> 후유화성이란 침투 후 유화제를 이용하여 제거가 가능하도록 작용시키는 방법이란 의미이다.

28 침투탐상시험방법 및 침투지시모양의 분류(KS B 0816)에서 사용하는 침투액에 따른 분류방법과 기호를 옳게 나타낸 것은?

① 염색침투액을 사용하는 방법 : A

② 이원성 염색침투액을 사용하는 방법 : W

③ 형광침투액을 사용하는 방법 : F

④ 이원성 형광침투액을 사용하는 방법 : SF

> **해설**

명 칭	방 법	기 호
V 방법	염색침투액을 사용하는 방법	V
F 방법	형광침투액을 사용하는 방법	F
D 방법	이원성 염색침투액을 사용하는 방법	DV
	이원성 형광침투액을 사용하는 방법	DF

29 배관 용접부의 비파괴시험방법(KS B 0888)에서 침투탐상시험의 기록사항 중 '시험결과'에 기록하여야 할 사항이 아닌 것은?

① 침투시간

② 침투지시모양의 위치

③ 침투지시모양의 평가점

④ 침투지시모양의 분류와 길이

> **해설**
> 시험결과 : 침투지시모양의 위치, 침투지시모양의 분류와 길이, 침투지시모양의 평가점

30 침투탐상시험방법 및 침투지시모양의 분류(KS B 0816)에서 'VC-S'로 표시된 경우 'C'에 알맞은 분류는?

① 침투액의 종류
② 현상방법
③ 유화제의 종류
④ 잉여침투액의 제거방법

해설
- 첫째 자리는 염색침투액인지 형광침투액인지, 이원성 침투액인지 식별
- 둘째 자리는 잉여침투액 제거방법이 수세성인지 용제 제거성인지 식별
- 셋째 자리는 현상방법을 식별

31 침투탐상시험방법 및 침투지시모양의 분류(KS B 0816)에 따라 후유화성 형광 침투액을 사용하고 무현상법으로 현상할 때 자외선등의 사용단계로 옳은 것은?

① 세척단계
② 형광침투액 적용단계
③ 건조단계
④ 유화제 적용단계

해설
현상제가 침투액을 빨아올리지 않으므로 세척 시 잔류 침투액이 있는 지 검사가 필요하다.

32 침투탐상시험방법 및 침투지시모양의 분류(KS B 0816)에서 현상방법에 따른 분류에 속하지 않은 것은?

① 건식현상법
② 수용성 습식현상법
③ 속건식현상법
④ 기름현탁성 습식현상법

해설
현상방법의 종류 : 건식현상제를 사용하는 방법, 수용성 현상제를 사용하는 방법, 수현탁성 현상제를 사용하는 방법, 속건식현상제를 사용하는 방법, 특수한 현상제를 사용하는 방법, 현상제를 사용하지 않는 방법

33 침투탐상시험방법 및 침투지시모양의 분류(KS B 0816)에서 별도의 건조 조작이 필요하지 않는 침투액은?

① 용제 제거성 염색침투액
② 수세성 형광침투액
③ 후유화성 형광침투액
④ 후유화성 염색침투액

해설
잉여침투액의 제거방법에 따라 물로 세척하는 수세성 침투액, 후유화성 침투액이 있고, 그냥 닦아내는(가급적 세척을 간단히 하거나 하지 않아도 되는) 용제 제거성 침투액이 있다.

34 침투탐상시험방법 및 침투지시모양의 분류(KS B 0816)에 따라 기름베이스 유화제를 사용하는 시험에서 염색침투액일 경우 유화시간으로 옳은 것은?

① 10초 이내   ② 30초 이내
③ 2분 이내   ④ 3분 이내

해설
유화시간

기름베이스 유화제 사용 시	형광침투액의 경우	3분 이내
	염색침투액의 경우	30초 이내
물베이스 유화제 사용 시	형광침투액의 경우	2분 이내
	염색침투액의 경우	2분 이내

35 침투탐상시험방법 및 침투지시모양의 분류(KS B 0816)에서 샘플링 검사에 합격한 로트의 모든 시험체에 사용되는 표시로 옳은 것은?

① ℗의 기호 또는 황색으로 착색

② P의 기호 또는 적갈색으로 착색

③ 착색(황색)으로 시험체에 P의 기호를 기록

④ 착색(적갈색)으로 시험체에 ℗의 기호를 기록

<u>해설</u>
결과의 표시(KS B 0816.11)
• 전수검사인 경우
  – 각인, 부식 또는 착색(적갈색)으로 시험체에 P의 기호를 표시한다.
  – 시험체에 P의 표시를 하기가 곤란한 경우에는 적갈색으로 착색
  – 위와 같이 표시할 수 없는 경우에는 시험 기록에 기재하여 그 방법에 따른다.
• 샘플링 검사인 경우
  – 합격한 로트의 모든 시험체에 전수검사에 준하여 ℗의 기호 또는 착색(황색)으로 표시한다.

36 침투탐상시험방법 및 침투지시모양의 분류(KS B 0816)에 의해 압력용기를 탐상하였더니 그림과 같은 결함이 나타났다. 이 결함의 해석으로 옳은 것은?

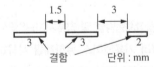

① 1개의 결함이며, 길이는 8mm이다.

② 1개의 결함이며, 길이는 12.5mm이다.

③ 2개의 결함이며, 길이는 각각 7.5mm, 2mm이다.

④ 3개의 결함이며, 길이는 각각 3mm, 3mm, 2mm이다.

<u>해설</u>
간격이 2mm 이하이면 연속결함인데 지시가 안 된 것으로 간주한다. 긴 것은 3+1.5+3, 짧은 것은 2mm이다.

37 침투탐상시험방법 및 침투지시모양의 분류(KS B 0816)에서 침투액의 적용방법을 선정하기 위해 고려할 내용과 가장 거리가 먼 것은?

① 시험체의 모양　　② 시험체의 수량

③ 시험체의 자성　　④ 침투액의 종류

<u>해설</u>
침투탐상시험방법에서 자성 여부는 관련이 없다.

38 침투탐상시험방법 및 침투지시모양의 분류(KS B 0816)에 따라 독립결함 중 갈라짐 이외의 것으로 결함의 길이가 2mm, 너비가 1mm라면 어떤 결함으로 분류되는가?

① 선상결함

② 원형상 결함

③ 연속결함

④ 분산결함

<u>해설</u>
길이가 너비의 3배가 되지 않으므로 선상결함이 아니며, 독립결함 중 선상결함이 아닌 것은 원형상 결함이다.

39 침투탐상시험방법 및 침투지시모양의 분류(KS B 0816)에 의한 시험의 조작 중 세척처리와 제거처리에 대한 설명이 틀린 것은?

① 후유화성 침투액은 기름 세척액으로 세척한다.

② 용제 제거성 침투액은 헝겊 또는 종이수건 및 세척액으로 제거한다.

③ 스프레이 노즐을 사용할 때의 수압은 특별한 규정이 없는 한 275kPa 이하로 한다.

④ 형광침투액을 사용하는 시험에서는 반드시 자외선 조사등을 비추어 처리의 정도를 확인하여야 한다.

<u>해설</u>
후유화성 침투액은 유화제로 유화시킨 후 물로 세척한다.

40 침투탐상시험방법 및 침투지시모양의 분류(KS B 0816)에 따라 침투시간을 정할 때 고려할 사항과 가장 거리가 먼 것은?

① 침투액의 종류
② 침투액의 온도
③ 시험체의 무게
④ 예측되는 결함의 종류

침투시간의 결정인자
• 시험체와 침투액의 온도
• 예측되는 결함의 종류
• 시험체의 재질
• 침투액의 종류

41 침투탐상시험방법 및 침투지시모양의 분류(KS B 0816)에서 기름베이스 유화제-수용성 습식현상제를 사용하는 후유화성 형광침투탐상시험을 하기 위한 장치의 배열 순서로 옳은 것은?

① 침투조 → 배액대 → 세척조 → 현상조 → 제거조 → 유화조
② 침투조 → 배액대 → 세척조 → 유화조 → 건조기 → 현상조
③ 침투조 → 배액대 → 유화조 → 현상조 → 세척조 → 건조기
④ 침투조 → 배액대 → 유화조 → 세척조 → 현상조 → 건조기

잉여침투액을 배액하고 유화시켜서 씻어내고, 이후 현상해 본다.

42 침투탐상시험방법 및 침투지시모양의 분류(KS B 0816)에서 규정한 시험 조작 중 형광침투액의 기름베이스 유화제를 사용하는 시험에서 유화처리 시간으로 옳은 것은?

① 1분 이내
② 2분 이내
③ 3분 이내
④ 4분 이내

유화시간

기름베이스 유화제 사용 시	형광침투액의 경우	3분 이내
	염색침투액의 경우	30초 이내
물베이스 유화제 사용 시	형광침투액의 경우	2분 이내
	염색침투액의 경우	2분 이내

43 금속재료의 표면에 강이나 주철의 작은 입자를 고속으로 분사시켜, 표면층을 가공경화에 의하여 경도를 높이는 방법은?

① 금속용사법
② 하드페이싱
③ 쇼트피닝
④ 금속침투법

Shot Peening이란 작은 구슬 같은 것을 고속으로 분사시켜서 표면층을 가공경화시키는 방법이다.

44 금속의 성질 중 연성(延性)에 대한 설명으로 옳은 것은?

① 광택이 촉진되는 성질
② 가는 선으로 늘일 수 있는 성질
③ 얇은 박(箔)으로 가공할 수 있는 성질
④ 원소를 첨가하여 단단하게 하는 성질

부드럽게 쭉 늘어나는 성질을 연성이라고 한다.

45 Fe-C 상태도에 나타나지 않는 변태점은?

① 포정점

② 포석점

③ 공정점

④ 공석점

Fe-C 상태도에서는 포석반응은 나타나지 않는다.

- 공정반응 : 액체 상태의 물체 a가 결정체 b와 결정체 c로 변하는 반응
- 공석반응 : 고체 상태의 물체 a가 고체 b와 고체 c로 변하는 반응
- 포정반응 : 액체 상태의 물체 a와 결정체 b가 결정체 c로 변하는 반응
- 포석반응 : 고체 상태의 물체 a와 고체 상태의 물체 b가 고체 c로 변하는 반응

46 다음 중 경금속에 해당되지 않는 것은?

① Na ② Mg

③ Al ④ Ni

니켈은 비중과 용융점이 높은 금속에 속한다.

금속명	비 중	용융점(℃)
Ni(니켈)	8.9	1,453

47 절삭성이 우수한 쾌삭 황동(Free Cutting Brass)으로 스크루, 시계의 톱니 등으로 사용되는 것은?

① 납 황동

② 주석 황동

③ 규소 황동

④ 망간 황동

납 황동(Leaded Brass) : 황동에 Sb 1.5~3.7%까지 첨가하여 절삭성을 좋게 한 것으로, 쾌삭 황동(Free Cutting Brass)이라 한다. 쾌삭 황동은 정밀 절삭가공을 필요로 하는 시계나 계기용 기어, 나사 등의 재료로 쓰인다.

48 원표점거리가 50mm이고, 시험편이 파괴되기 직전의 표점거리가 60mm일 때 연신율은?

① 5% ② 10%

③ 15% ④ 20%

연신율은 처음 재료가 얼마나 늘어났는 지를 표현하는 성질로 문제의 재료는 처음 50mm에 비해 10mm, 즉 20%가 늘어났다.

49 실용합금으로 Al에 Si이 약 10~13% 함유된 합금의 명칭으로 옳은 것은?

① 라우탈
② 알니코
③ 실루민
④ 오일라이트

해설
실루민(알팍스)
• Al에 Si 11.6%, 577℃는 공정점이며 이 조성을 실루민이라 한다.
• 이 합금에 Na, F, NaOH, 알칼리 염류를 용탕에 넣어 처리하면 조직이 미세화되고 공정점도 조정되며 이를 개량처리라 한다.
• 주조용 알루미늄을 다이캐스팅하면 개량처리가 필요 없다.
• 실용합금 10~13% Si 실루민은 용융점이 낮고 유동성이 좋아 얇고 복잡한 주물에 적합하다.

50 과공석강에 대한 설명으로 옳은 것은?

① 층상조직인 시멘타이트이다.
② 페라이트와 시멘다이트의 층상조직이디.
③ 페라이트와 펄라이트의 층상조직이다.
④ 펄라이트와 시멘타이트의 혼합조직이다.

해설
Fe-C 상태도에서 공석강이란 탄소의 함유량이 0.77%인 철을 말한다. 이때의 조직은 펄라이트이다. 이보다 철의 함유량이 많은 강을 과공석강이라고 하는데, 이 조직은 시멘타이트의 양이 상당히 많이 늘어나 있고, 펄라이트와 시멘타이트가 혼합되어 있다.

51 다음 중 탄소 함유량을 가장 많이 포함하고 있는 것은?

① 공정주철
② α-Fe
③ 전해철
④ 아공석강

해설
주철은 탄소 2.0% 이상의 철을 말한다. α-Fe, 전해철은 순철의 종류이고, 아공석강은 공석강 펄라이트 조직에 순철 페라이트 조직이 섞여 있는 강이다.

52 Fe에 0.8~1.5% C, 18% W, 4% Cr 및 1% V을 첨가한 재료를 1,250℃에서 담금질하고 550~600℃로 뜨임한 합금강은?

① 절삭용 공구강
② 초경 공구강
③ 금형용 공구강
④ 고속도 공구강

해설
고속도 공구강
• 500~600℃까지 가열하여도 뜨임에 의하여 연화되지 않고, 고온에서 경도의 감소가 적다.
• 18W-4Cr-1V이 표준 고속도강 1,250℃ 담금질, 550~600℃ 뜨임, 뜨임 시 2차 경화된다.
• W계 표준 고속도강에 Co를 3% 이상 첨가하면 경도가 더 크게 되고, 인성이 증가된다.
• Mo계는 W의 일부를 Mo로 대치한다. W계보다 가격이 싸고, 인성이 높으며, 담금질 온도가 낮을 뿐 아니라, 열전도율이 양호하여 열처리가 잘된다.

53 톰백(Tombac)의 주성분으로 옳은 것은?

① Au+Fe

② Cu+Zn

③ Cu+Sn

④ Al+Mn

> **해설**
>
> **톰백(Tombac)** : 8~20%의 아연을 구리에 첨가한 구리합금은 황동 중에서 가장 금빛깔에 가까우며, 소량의 납을 첨가하여 값이 싼 금색 합금을 만든다. 특히 금종이의 대용품으로서 서적의 금박 입히기, 금색 인쇄에 사용된다.

54 주석의 성질에 대한 설명 중 옳은 것은?

① 동소변태를 하지 않는 금속이다.

② 13℃ 이하의 주석(Sn)은 백주석이다.

③ 주석은 상온에서 재결정이 일어나지 않으므로 가공경화가 용이하다.

④ 주석(Sn)의 용융점은 232℃로 저용융점 합금의 기준이다.

> **해설**
>
> | 금속명 | 비 중 | 용융점(℃) |
> |---|---|---|
> | Sn(주석) | 7.23 | 231.9 |
>
> | 원 소 | 키워드 |
> |---|---|
> | Sn | 무독성, 탈색효과 우수, 포장형 튜브 |

55 다음 중 1~5㎛ 정도의 비금속 입자가 금속이나 합금의 기지 중에 분산되어 있는 재료를 무엇이라 하는가?

① 합금공구강 재료

② 스테인리스 재료

③ 서멧(Cermet)재료

④ 탄소공구강 재료

> **해설**
>
> **서멧(Cermet)** : 세라믹+메탈로부터 만들어진 것으로, 금속조직 (Metal Matrix) 내에 세라믹 입자를 분산시킨 복합재료이다. 절삭 공구, 다이스, 치과용 드릴 등과 같은 내충격, 내마멸용 공구로 사용한다.

56 고Cr계보다 내식성과 내산화성이 더 우수하고 조직이 연하여 가공성이 좋은 18-8 스테인리스강의 조직은?

① 페라이트

② 펄라이트

③ 오스테나이트

④ 마텐자이트

> **해설**
>
> 오스테나이트(Austenite, γ-고용체)
> * 보통 공정선 위에서 나타나고 최대 2.0%C까지 고용되어 있는 고용체이다.
> * 결정구조는 면심입방격자이며, 상태도의 A_1점 이상에서 안정적 조직이다.
> * 상자성체이며, HB155 정도이고 인성이 크다.

57 금속의 결정구조에서 다른 결정들보다 취약하고 전연성이 작으며 Mg, Zn 등이 갖는 결정격자는?

① 체심입방격자

② 면심입방격자

③ 조밀육방격자

④ 단순입방격자

해설

조밀육방격자(HCP ; Hexagonal Close Packed Lattice)
- 정육각기둥의 꼭짓점과 상하면의 중심과 정육각기둥을 형성하고 있는 6개의 정삼각기둥 중 1개씩 거른 3개의 삼각기둥 중심에 1개씩의 원자가 있는 격자
- Cd, Co, Mg, Zn 등이 이에 속하며 연성이 부족하다.
- 단위격자 수는 2개이며, 배위수는 12개이다.

58 연속 용접작업 중 아크 발생시간 6분, 용접봉 교체와 슬래그 제거시간 2분, 스패터 제거시간이 2분으로 측정되었다. 이때 용접기 사용률은?

① 50% ② 60%

③ 70% ④ 80%

해설

$$사용률 = \frac{아크발생시간}{아크발생시간+휴식시간}$$

$$= \frac{6분}{6분+2분+2분} = \frac{6분}{10분} = 60\%$$

59 산소와 아세틸렌에 의한 가스 용접 시 발생하는 산화불꽃과 탄화불꽃에 관한 설명으로 옳은 것은?

① 산화불꽃은 고온이 필요한 금속에 사용하고, 탄화불꽃은 구리, 황동에 사용한다.

② 탄화불꽃은 고온이 필요한 금속에 사용하고, 산화불꽃은 연강, 고탄소강 등의 금속에 사용한다.

③ 산화불꽃은 간단한 가열이나 가스 절단에 사용하고, 탄화불꽃은 산화를 방지할 필요가 있는 금속의 용접에 사용한다.

④ 산화불꽃은 산화되기 쉬운 알루미늄에 사용하고, 탄화불꽃은 일반적인 청동, 황동 등에 사용한다.

해설

불 꽃
- 형태에 따른 불꽃의 종류 : 불꽃심(끝부분에서 가장 높은 온도), 속불꽃, 겉불꽃
- 연소에 따른 불꽃의 종류 : 중성불꽃(연료 : 산소 = 1:1), 탄화불꽃(연료(탄소유기화합물)가 더 많은 경우, 산화불꽃(산소가 더 많은 경우)
- 불꽃에 따른 용도
  – 중성불꽃 : 높은 화력, 안정적인 불꽃
  – 산화불꽃 : 산소 바람을 이용하여 열 영향부분이나 녹은 재료부를 불어내는 효과
  – 탄화불꽃 : 열 영향부 주변의 산화방지, 그을음 주의

60 납땜부 이음 부분에 납재를 고정시켜 납땜온도로 가열 용융시켜 화학약품에 담가 침투시키는 납땜법은?

① 노 내 납땜

② 유도가열 납땜

③ 담금 납땜

④ 저항 납땜

해설

담금 납땜은 납땜부에 화학약품을 담가서 침투시키는 방법이다.

01 자분탐상시험의 선형자화법에서 자계의 세기(자화력)을 나타내는 단위는?

① 암페어
② 볼트(Volt)
③ 웨버(Weber)
④ 암페어/미터

해설
Ampere는 전류의 단위이고, Volt는 전압의 단위이며, Weber는 자기력선속의 단위로 단위면적당 통과하는 자속선 수를 의미한다.

02 자기탐상검사에서 자분의 적용에 관한 설명 중 틀린 것은?

① 시험면을 흐르는 검사액의 유속이 빠를수록 휘발성이 적어 미세결함의 검출이 용이하다.
② 검사액의 농도가 너무 진하면 시험면에 부착되는 자분이 많아져서 결함검출을 어렵게 한다.
③ 콘트라스트를 크게 할수록 미세한 결함을 검출하기가 용이하다.
④ 검사액의 농도는 형광자분이 비형광자분보다 현저하게 작아야 한다.

해설
검사액은 적당한 흐름을 가져서 분산이 잘될 수 있도록 해야 하고 탐상면에 검사액 피막이 균일하고 완만하게 흐를 수 있도록 적용하는 것이 좋다.

03 초음파탐상시험과 비교한 방사선투과시험의 장점은?

① 결함의 깊이를 정확히 알 수 있다.
② 시험체의 한쪽 면만으로도 탐상이 가능하다.
③ 탐상현장에 판독자가 입회하지 않아도 된다.
④ 일반적으로 시험에 필요한 장비가 가볍고 소규모이다.

해설
방사선투과시험은 사진이 남아서, 촬영된 사진이 있으면 탐상현장이 아니어도 판독이 가능하다.

04 표면균열을 검사하는 데 가장 효과적인 자화전류와 자분은 무엇인가?

① 반파직류 – 건식자분
② 전파직류 – 습식자분
③ 교류 – 습식자분
④ 교류 – 건식자분

해설
표면균열은 표피효과로 인해 교류를 사용하면 좀 더 잘 나타나고, 미세균열은 습식법에서 검출이 양호하다.

05 CRT에 나타난 에코의 높이가 스크린 높이의 80%일 때 이득 손잡이를 조정하여 6dB를 낮추면 에코 높이는 CRT 스크린 높이의 약 몇 %로 낮아지는가?

① 16.7%
② 20%
③ 40%
④ 50%

해설
결함의 에코 높이는 화면상에서 보기 좋게 이득(Gain)을 조정하는데, 이득을 6dB 조정하면 에코 높이는 1/2 내려간다.

06 육안검사에 대한 설명 중 틀린 것은?

① 표면검사만 가능하다.

② 검사의 속도가 빠르다.

③ 사용 중에도 검사가 가능하다.

④ 분해능이 좋고 가변적이지 않다.

> **해설**
> 육안검사는 인간의 관능을 이용한 검사이며, 분해능은 언급이 어렵고, 검사자의 상태에 영향을 받는다.

07 후유화성 형광침투탐상검사를 할 때 가장 적합한 세척방법은?

① 솔벤트 세척

② 수 세척

③ 알칼리 세척

④ 초음파 세척

> **해설**
> 수세성 침투제 및 후유화성 침투제를 사용한 경우는 물로 세척한다.

08 자기비교형-내삽 코일을 사용한 관의 와전류탐상시험에서 관의 처음에서 끝까지 동일한 결함이 연속되어 있을 경우 발생되는 신호는 어떻게 되는가?

① 신호가 나타나지 않는다.

② 신호가 연속적으로 나타난다.

③ 신호가 간헐적으로 나타난다.

④ 관의 양끝 지점에서만 신호가 나타난다.

> **해설**
> 와전류탐상시험은 자속 방향의 변화를 감지하여 검사하므로 처음부터 끝까지 결함이 있어서 자속의 변화가 발생하지 않으면 결함을 검출하기 어렵다.
> 참고로, 시작과 끝에서만 신호가 발생하는 경우는 2개 코일에 나란한 방향으로 긴 결함의 경우인데 경우에 따라서는 신호가 거의 발생하지 않을 수도 있다.

09 대상물 내부에서 반사된 빔(Beam)을 검출하여 분석하고, 결함의 길이 및 위치를 알아낼 수 있는 비파괴검사법은?

① 누설검사

② 굽힘시험

③ 초음파탐상시험

④ 와전류탐상시험

> **해설**
> 빔(Beam)이란 용어를 사용하여 혼동을 유도하였으나, 초음파빔도 빔의 종류임을 안다면 초음파검사의 정의에 해당하는 문항이다.

10 최종 건전성 검사에 주로 사용되는 검사방법으로써, 관통된 불연속만 탐지 가능한 검사방법은?

① 방사선투과검사

② 침투탐상검사

③ 음향방출검사

④ 누설검사

> **해설**
> 누설탐상
> • 압력 차에 의한 유체의 누설현상을 이용하여 검사
> • 관통된 결함의 경우 탐지가 가능
> • 공기역학의 법칙을 이용하여 탐지

11 비파괴검사에서 봉(Bar) 내의 비금속 개재물을 무엇이라 하는가?

① 겹침(Lap)

② 용락(Burn Through)

③ 언더컷(Under Cut)

④ 스트링거(Stringer)

해설

스트링거(Stringer) : 가늘고 길게 늘어난 판을 의미하며, 단조된 봉(Bar)의 비금속 개재물은 가늘고 긴 모양으로 나타난다.

12 제품이나 부품의 동적결함 발생에 대한 전체적인 모니터링(Monitoring)에 적합한 비파괴검사법은?

① 육안시험   ② 적외선검사

③ X선투과시험   ④ 음향방출시험

해설

음향방출시험은 내부의 현 결함이 아닌 발생되는 결함을 모니터하는 방법이다.

13 각종 비파괴검사에 대한 설명 중 틀린 것은?

① 방사선투과시험은 기록의 보관이 용이하나 방사선 피폭 등의 위험이 있다.

② 초음파탐상시험은 대상물의 내부결함을 검출할 수 있으나 숙련된 기술이 필요하다.

③ 침투탐상시험은 표면 흠에 침투액을 침투시키는 방법이므로 흡수성인 재료는 탐상에 적합하지 않다.

④ 와전류탐상시험은 맴돌이 전류를 이용하여 비전도체의 심부 결함검출이 가능하다.

해설

와전류탐상시험은 표피효과로 인해 표면 근처 결함검출에 유리하다.

14 침투탐상시험은 다공성인 표면을 검사하는 데 적합한 시험방법이 아니다. 그 이유로 가장 옳은 것은?

① 누설시험이 가장 좋은 방법이기 때문에

② 다공성인 경우 지시의 검출이 어렵기 때문에

③ 초음파탐상시험이 가장 좋은 방법이기 때문에

④ 다공성인 경우 어떤 지시도 생성시킬 수 없기 때문에

해설

다공성이란 구멍이 많은 성질을 의미하며, 침투액이 정상적인 다공성 표면에 머물러 지시를 식별할 수 없기 때문이다. ④의 경우도 보기 ②가 없다면 고민할 수 있으나, 객관식 선답형은 가장 물음에 합당한 것으로 골라야 한다.

15 후유화성 침투탐상시험에서 유화제를 사용하는 주된 목적으로 옳은 것은?

① 의사지시를 제거시켜 준다.

② 현상제의 흡출작용을 도와준다.

③ 침투제의 침투작용을 도와준다.

④ 물로 세척이 용이하도록 도와준다.

해설

유화제는 일종의 계면활성제로 물과 기름이 잘 섞이도록 하여 물에 잘 씻기도록 하는 것이다.

16 다음 중 미세한 결함탐상에 가장 검출감도가 높은 침투탐상시험법은?

① 후유화성 형광침투탐상시험법

② 수세성 형광침투탐상시험법

③ 용제 제거성 염색침투탐상시험법

④ 수세성 염색침투탐상시험법

해설
16번과 같은 질문이 상당히 자주 나오는데 설명은 이전 기출문제들을 참고하고, 가장 검출감도가 높은 것은 후유화성 형광침투탐상시험이라고 공식화시켜도 좋을 것이다.

17 현상제 역할로 탄산칼슘을 사용하는 침투탐상방법은 무엇인가?

① 여과입자법   ② 역형광법

③ 하전입자법   ④ 휘발성 침투액법

해설
③ 하전입자법 : 정전기 현상을 이용하는 방법으로, 낮은 전도도의 침투액을 적용한 후, 액체를 제거하여 건조하고 고운 입자의 탄산칼슘을 뿜어주면 입자는 양전하가 되고, 균열에 입자가 침투되어 고운 입자 크기만큼의 결함도 추적할 수 있도록 개발한 방법이다.
① 여과입자법 : 도자기 제조공정에서 사용되며, 소성(Baking) 전 균열의 발생 유무를 찾거나 콘크리트의 균열 검사 등에 사용한다.
④ 휘발성침투액법 : 알코올 등을 다공질재 시험체에 뿌리면 결함이 있는 곳에서 휘발이 늦어져서 얼룩이 생긴다. 애초에 건조가 쉽지 않은 표면이나 얼룩을 식별하기 힘든 표면은 검사가 불가능하다.

18 다음 중 액체의 적심 현상(모양)에 해당하지 않는 것은?

① 부수적심   ② 침적적심

③ 확장적심   ④ 부착적심

해설
적심의 종류
• 확장적심(Spreading Wetting) : 쭉 퍼져나가는 모양
• 부착적심(Adhesional Wetting) : 표면에 들러붙어나가는 모양
• 침적적심(Immersional Wetting) : 담금

19 침투액 적용방법 중 다량의 소형 부품을 한 번에 침투 처리하는 데 가장 적합한 것은?

① 분무법   ② 침적법

③ 붓칠법   ④ 정전 분무법

해설
침적법은 침투액에 검사체를 담그는 방법이다.

20 시험체 표면의 과잉의 수세성 침투액을 제거하는 데 가장 널리 이용되는 방법은?

① 젖은 걸레로 닦는다.

② 분사노즐을 통한 적당한 수압으로 제거한다.

③ 수도꼭지에서 흐르는 물에 직접 적셔서 제거한다.

④ 특수 용제를 담은 용기에 시험체를 침지하여 씻는다.

해설
①, ③, ④의 방법은 침투액이 과하게 씻겨나갈 우려가 있다.

21 형광침투액에 자외선을 조사할 때 외관상 주로 나타나는 색깔은?

① 빨간색   ② 노란색

③ 황록색   ④ 검은색

해설

자외선을 조사(照射 : 내리 쬠)하면 일반적으로 형광색이라 부르는 황록색이 드러난다.

22 수세성 침투액을 시험편 표면에서 닦아낸 후 시험편을 건조시켜야 하는데 이때 건조온도는 71℃를 넘지 않아야 한다. 그 주된 이유는 무엇인가?

① 시험편의 온도가 71℃를 넘으면 검사할 결함이 없어지기 때문이다.

② 71℃ 이상이면 결함 부위에 침투했던 과량의 침투액이 빠져 나오기 때문이다.

③ 71℃를 넘으면 결함지시모양의 색체가 열화되거나 건조되어 탐상감도가 낮아지기 때문이다.

④ 71℃ 이상으로 가열하면 유독가스가 발생하기 때문이다.

해설

②번을 보면 일반적으로 액체의 온도가 올라가면 유동성도 함께 올라가므로 맞다고 생각할 수도 있지만, 침투액의 사용 온도범위보다 검사 표면의 온도가 많이 올라가게 되면 유동성이 과잉되어 결함에 침투한 침투액도 빠져나올 가능성이 높게 된다.

23 다음 중 자외선조사장치는 어떤 침투탐상시험방법에 사용되는가?

① 형광침투탐상시험

② 염색침투탐상시험

③ 비형광침투탐상시험

④ 후유화성 염색침투탐상시험

해설

자외선조사장치는 형광물질을 발광시키기 위해 사용한다.

24 침투비파괴검사 시 표면온도에 대한 올바른 내용은?

① 저온에서는 점도가 낮아진다.

② 16℃부터 50℃ 사이가 검사하기에 적합하다.

③ 인화점이 낮을수록 좋다.

④ 표면온도를 측정할 필요가 없다.

해설

② 여러 조건의 표준온도로 볼 때 16℃부터 50℃의 온도는 검사하기 적합한 온도이다.

① 액체는 온도가 올라가면 점도가 낮아지며 유동성이 올라간다.

③ 인화점은 불이 붙는 온도를 뜻하며, 질문이 표면온도에 대한 내용인데, 무엇의 인화점을 이야기하는지 파악하기가 어려우며, 침투제를 뜻한다고 감안하고 보더라도 불붙는 온도가 낮으면 위험하다.

④ 의미 없는 문장이다.

25 침투탐상시험 후 시험체의 합격·불합격에 대한 판정 기준으로 가장 중요한 것은?

① 검사원의 학력
② 침투탐상 범위
③ 시험체의 재질 및 관련 규격
④ 후처리 및 주변의 정리정돈

해설
시험체의 재질에 따라 침투액의 침투시간, 현상시간 등이 규정되어 있으며, 국내에서 대부분의 판정은 KS 관련 규격에 따른다.

27 침투탐상시험 시 의사지시가 생기는 원인이 아닌 것은?

① 부적절한 세척을 했을 때
② 현상제에 침투액이 묻었을 때
③ 방사선투과시험을 먼저 했을 때
④ 외부 물질에 의하여 오염되었을 때

해설
비파괴검사는 검사체에 영향을 주지 않는다.

28 침투탐상시험방법 및 침투지시모양의 분류(KS B 0816)에서 강용접부의 결함검출을 위해 5분의 표준침투시간을 필요로 하는 온도범위는?

① 5~50℃
② 10~50℃
③ 15~50℃
④ 20~55℃

해설
일반적으로 온도 15~50℃의 범위에서의 침투시간은 다음 표에 나타내는 시간을 표준으로 한다.

재 질	형 태	결함의 종류	모든 종류의 침투액	
			침투시간 (분)	현상시간 (분)
알루미늄, 마그네슘, 동, 타이타늄, 강	주조품, 용접부	쇳물 경계, 융합 불량, 빈 틈새, 갈라짐	5	7
	압출품, 단조품, 압연품	랩(Lap), 갈라짐	10	7
카바이드 팁붙이 공구	–	융합 불량, 갈라짐, 빈 틈새	5	7
플라스틱, 유리, 세라믹스	모든 형태	갈라짐	5	7

26 염색침투탐상시험에서 속건식 현상제를 적용하는 가장 일반적인 방법은?

① 붓 칠
② 분무법
③ 담금법
④ 헝겊으로 문지름

해설
속건식현상제는 산화마그네슘, 산화칼슘 등의 백색 미분말을 휘발성 용제에 분산제와 함께 현탁하여 에어졸 용기에 넣어 사용된다.

29 비파괴검사 – 침투탐상검사 – 일반 원리(KS B ISO 3452)에 규정한 최대 표준현상시간은 보통 침투시간의 몇 배인가?

① 1.1배 ② 1.2배
③ 1.5배 ④ 2배

해설
KS B ISO 3452의 현상시간
• 일반적으로 미세한 불연속에 대한 최대 침투시간까지의 침투시간의 대략 50%가 된다.
• 최대 표준현상시간은 보통 침투시간의 2배이다.
• 지나치게 긴 현상시간은 크고 깊은 불연속 안에 있는 침투액이 스며 나오게 하여 이로 인해 넓고 흐린 지시의 우려가 있다.

31 침투탐상시험방법 및 침투지시모양의 분류(KS B 0816)에 따른 플라스틱 재질의 갈라짐에 대한 탐상 시 상온에서의 표준침투시간과 현상시간의 규정으로 옳은 것은?

① 침투시간 : 5분, 현상시간 : 7분
② 침투시간 : 3분, 현상시간 : 7분
③ 침투시간 : 5분, 현상시간 : 5분
④ 침투시간 : 3분, 현상시간 : 5분

해설
28번과 같은 내용의 문제이며, 간혹 한 가지 표준규격을 알면 그 회차에 두세 문제가 한 번에 해결되는 경우가 있으므로 핵심이론이나 standard.go.kr을 통해 KS 규격을 잘 학습하도록 하자.

30 침투탐상시험방법 및 침투지시모양의 분류(KS B 0816)에서 시험방법의 기호 VC-W에서 'W'가 의미하는 것은?

① 특수한 현상제를 사용하는 방법
② 수현탁성 현상제를 사용하는 방법
③ 수세성 염색침투액을 사용하는 방법
④ 수세성 형광침투액을 사용하는 방법

해설
현상방법에 따른 분류

명 칭	방 법	기 호
건식현상법	건식현상제를 사용하는 방법	D
습식현상법	수용성 현상제를 사용하는 방법	A
	수현탁성 현상제를 사용하는 방법	W
속건식현상법	속건식현상제를 사용하는 방법	S
특수현상법	특수한 현상제를 사용하는 방법	E
무현상법	현상제를 사용하지 않는 방법	N

32 침투탐상시험방법 및 침투지시모양의 분류(KS B 0816)에 규정된 B형 대비시험편의 종류 기호가 아닌 것은?

① PT-B10
② PT-B20
③ PT-B40
④ PT-B50

해설
B형
• 재료 : C2600P, C2720P, C2801P(구리계열)
• B형 대비시험편의 종류

기 호	도금 두께(μm)	도금 갈라짐 너비(목표값)
PT-B50	50±5	2.5
PT-B30	30±3	1.5
PT-B20	20±2	1.0
PT-B10	10±1	0.5

29 ④ 30 ② 31 ① 32 ③ **정답**

33 침투탐상시험방법 및 침투지시모양의 분류(KS B 0816)에 의하여 재시험을 해야 할 경우는?

① 지시모양이 흠인지 의사지시인지 판단이 곤란한 경우

② 현상시간이 충분히 지나지 않은 상태에서부터 관찰하기 시작하였을 경우

③ 전처리를 하고 30분이 경과한 후 침투제를 적용했을 경우

④ 터짐의 폭이 커서 지시모양이 너무 명확할 경우

> **해설**
> 재시험 : 시험의 중간 또는 종료 후 조작방법에 잘못이 있었을 때, 침투지시모양이 흠에 기인한 것인지 의사지시인지의 판단이 곤란할 때, 기타 필요하다고 인정되는 경우에는 시험을 처음부터 다시 하도록 한다.

34 침투탐상시험방법 및 침투지시모양의 분류(KS B 0816)에 대한 설명으로 틀린 것은?

① 암실을 이용할 경우 어둡기는 30룩스 미만이어야 한다.

② 세척처리 시 수세성 및 후유화성 침투액은 물로 세척한다.

③ 침투지시모양의 관찰은 현상제 적용 후 7~60분 사이에 하는 것이 바람직하다.

④ 잉여침투액의 제거 시 흠 속에 침투되어 있는 침투액을 유출시키는 과도한 처리를 해서는 안 된다.

> **해설**
> 암실은 20lx 이하이어야 한다.

35 침투탐상시험방법 및 침투지시모양의 분류(KS B 0816)에서 VC-S 시험방법에 관한 설명으로 옳은 것은?

① 형광침투액을 사용한다.

② 잉여침투액은 용제로 제거한다.

③ 수용성 현상제를 사용하여 현상한다.

④ 수현탁성 현상제를 사용하여 현상한다.

> **해설**
> • 사용하는 침투액에 따른 분류
>
> | 명 칭 | 방 법 | 기 호 |
> |---|---|---|
> | V 방법 | 염색침투액을 사용하는 방법 | V |
> | F 방법 | 형광침투액을 사용하는 방법 | F |
> | D 방법 | 이원성 염색침투액을 사용하는 방법 | DV |
> | | 이원투액을 사용하는 방법 | DF |
>
> • 잉여침투액의 제거방법에 따른 분류
>
> | 명 칭 | 방 법 | 기 호 |
> |---|---|---|
> | 방법 A | 수세에 의한 방법 | A |
> | 방법 B | 기름베이스 유화제를 사용하는 후유화에 의한 방법 | B |
> | 방법 C | 용제 제거에 의한 방법 | C |
> | 방법 D | 물베이스 유화제를 사용하는 후유화에 의한 방법 | D |
>
> • 현상방법에 따른 분류
>
> | 명 칭 | 방 법 | 기 호 |
> |---|---|---|
> | 건식현상법 | 건식현상제를 사용하는 방법 | D |
> | 습식현상법 | 수용성 현상제를 사용하는 방법 | A |
> | | 수현탁성 현상제를 사용하는 방법 | W |
> | 속건식현상법 | 속건식현상제를 사용하는 방법 | S |
> | 특수현상법 | 특수한 현상제를 사용하는 방법 | E |
> | 무현상법 | 현상제를 사용하지 않는 방법 | N |

36 침투탐상시험방법 및 침투지시모양의 분류(KS B 0816)에서 B형 대비시험편 제작 시 규정하는 재료로 틀린 것은?

① C2024P ② C2600P

③ C2720P ④ C2801P

> **해설**
> B형의 재료 : C2600P, C2720P, C2801P(구리계열)

37 침투탐상시험방법 및 침투지시모양의 분류(KS B 0816)에서 형광침투제를 사용하는 조건으로 옳은 것은?

① 밝은 실내에서 행해져야 한다.

② 현상처리 적용 후 침투제를 적용하여야 한다.

③ 어두운 곳, 자외선조사등하에서 행해져야 한다.

④ 시험체 온도가 −20~+4℃ 사이에서 행해져야 한다.

해설

형광침투제를 사용하여 검사를 하는 것은 자외선등을 이용하여 결함에 침투된 침투제를 발광시켜 검사하고자 함이다.

38 침투탐상시험방법 및 침투지시모양의 분류(KS B 0816)에 따라 수세성 및 후유화성 침투액 사용 시 시험체에 남아 있는 과잉침투액을 스프레이 노즐을 사용하여 물로 세척할 때 수압은 얼마로 규정하고 있는가?

① 275kPa 이하

② 340kPa 이하

③ 500kPa 이하

④ 1,000kPa 이하

해설

스프레이 노즐을 사용할 때의 수압은 특별히 규정이 없는 한 275kPa 이하로 한다.

39 침투탐상시험방법 및 침투지시모양의 분류(KS B 0816)에서 침투지시의 모양 중 독립침투지시의 모양을 나타내는 것이 아닌 것은?

① 갈라짐

② 선상지시

③ 원형상 지시

④ 연속지시모양

해설

결함의 분류

독립 결함	갈라짐	갈라졌다고 인정되는 것
	선상결함	갈라짐 이외의 결함으로, 그 길이가 너비의 3배 이상인 것
	원형상 결함	갈라짐 이외의 결함으로, 선상결함이 아닌 것
연속결함		갈라짐, 선상결함 및 원형상 결함이 거의 동시 직선상에 존재하고, 그 상호거리와 개개의 길이의 관계에서 1개의 연속한 결함이라고 인정되는 것. 결함 길이는 특별한 지정이 없을 때는 결함의 개개의 길이 및 상호거리를 합친 값으로 한다.
분산결함		정해진 면적 안에 존재하는 1개 이상의 결함. 분산결함은 결함의 종류, 개수 또는 개개의 길이의 합계값에 따라 평가한다.

40 침투탐상시험방법 및 침투지시모양의 분류(KS B 0816)에서 사용 중인 탐상제의 점검항목은?

① 성능시험과 보관변화시험

② 성능시험과 환경변화시험

③ 성능시험과 대비시험편 비교시험

④ 성능시험과 겉모양시험

해설

탐상제의 점검

• 사용 중인 탐상제 점검은 기준 탐상제와 대비하여 정기적으로 시행

• 점검의 종류 : 성능시험, 겉모양시험

41

침투탐상시험방법 및 침투지시모양의 분류(KS B 0816)에 따른 과잉침투액을 세척하는 방법이 다른 것은?

① FB-S 　　② DFB-S

③ FA-S 　　④ FC-S

해설

FC-S에서 C 부분이 잉여침투액 제거방법을 나타낸 것이다. 잉여침투액의 제거방법에 따른 분류는 표와 같고, A, B, D는 수세를 하든 후유화를 하든 후에 물로 씻어 내나 C는 용제를 닦아서 제거한다.

잉여침투액의 제거방법에 따른 분류

명칭	방법	기호
방법 A	수세에 의한 방법	A
방법 B	기름베이스 유화제를 사용하는 후유화에 의한 방법	B
방법 C	용제 제거에 의한 방법	C
방법 D	물베이스 유화제를 사용하는 후유화에 의한 방법	D

42

침투탐상시험방법 및 침투지시모양의 분류(KS B 0816)에서 현상제를 적용하기 전에 건조공정이 필요하지 않는 방법은?

① DFA-D 　　② DFB-W

③ FD-N 　　④ DFB-N

해설

시험 방법의 기호	사용하는 침투액과 현상법의 종류	전처리	침투처리	예비세척처리	유화처리	세척처리	제거처리	건조처리	현상처리	건조처리	관찰	후처리
DFA-D	수세성 이원성 형광침투액 – 건식현상법	●	●	→	→	→	→	●	●	→	●	●
DFB-W	후유화성 이원성 형광침투액(기름베이스 유화제) – 습식현상법(수현탁성)	●	●	→	→	→	→	●	●	→	●	●
FD-N	후유화성 형광침투액(물베이스 유화제) – 무현상법	●	●	●	●	●	→	●	→	→	●	●

43

흑연을 구상화시키기 위해 선철을 용해하여 주입 전에 첨가하는 것은?

① Cs 　　② Cr

③ Mg 　　④ Na_2CO_3

해설

흑연의 구상화 : 주철이 강에 비하여 강도와 연성 등이 나쁜 이유는 주로 흑연의 상이 편상으로 되어 있기 때문인데, 용융된 주철에 마그네슘(Mg), 세륨(Ce), 칼슘(Ca) 등을 첨가하여 흑연을 구상화하면 강도와 연성이 개선된다.

44

냉간가공과 열간가공을 구별하는 기준이 되는 것은?

① 변태점 　　② 탄성한도

③ 재결정온도 　　④ 마무리온도

해설

열간가공 VS 냉간가공 : 소성가공에서 재결정온도 이상으로 가열하여 가공을 하면 좀 더 많은 양의 변형을 줄 수 있다. 이렇게 가열하여 가공하는 방법을 열간가공이라 하고, 큰 변형이 필요없거나 소성가공을 통해 일부러 가공경화를 일으켜 제품의 강도를 향상시킬 것을 목적으로 재결정온도 이하에서 가공하는 방법을 냉간가공이라 한다.

45

내열성과 내식성이 요구되는 석유화학장치, 약품 및 식품 공업용 장치에 사용하는 Ni-Cr 합금은?

① 인 바 　　② 엘린바

③ 인코넬 　　④ 플래티나이트

해설

인코넬(Inconel)

Ni에 15%의 Cr, 6~7%의 Fe, 2.5%의 Ti, 1% 이하의 Al, Mn, Si를 첨가한 내열합금이다. 내열성이 좋고, 고온에도 산화하지 않으며 약한 황화가스에도 침지되지 않는다.

46 Fe-C 평형상태도에 대한 설명으로 옳은 것은?

① 공정점의 탄소량은 약 0.80%이다.

② 포정점의 온도는 약 1,490℃이다.

③ A_0를 철의 자기변태점이라 한다.

④ 공석점에서는 레데부라이트가 석출한다.

해설
- γ 고용체와 시멘타이트가 동시에 정출되는 점이 공정점 4.3%C, 1,148℃
- A_0은 α고용체의 자기변태점
- 공석점에서는 시멘타이트가 석출

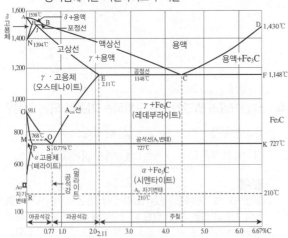

47 형상기억합금의 대표적인 실용합금 성분으로 옳은 것은?

① Fe-C 합금   ② Ni-Ti 합금

③ Cu-Pd 합금   ④ Pb-Sb 합금

해설
형상기억합금
- 특정온도 이상으로 가열하면 변형되기 이전의 원래 상태로 되돌아가는 현상
- 역사 : 1953년 일리노이 대학 Au-Cd 합금 발견, 1954년 In-Ti 합금 발견, 1963년 미 해군에서 Ti-Ni 합금을 발견 후 상용화

48 저융점 합금으로 사용되는 금속 원소가 아닌 것은?

① Pb   ② Bi

③ Sn   ④ Mo

해설
몰리브덴의 융점은 2,610℃로 매우 높은 편이다.

49 Ti 및 Ti 합금에 대한 설명으로 틀린 것은?

① 고온에서 크리프 강도가 낮다.

② Ti 금속은 TiO_2로 된 금홍석으로부터 얻는다.

③ Ti 합금 제조법에는 크롤법과 헌터법이 있다.

④ Ti은 산화성 수용액에서 표면에 안정된 산화타이타늄의 보호 피막이 생겨 내식성을 가지게 된다.

해설
Ti(타이타늄)은 입자 사이의 부식에 대한 저항이 크고 가벼운 금속이다. 영화 아이언맨에서 스타크의 갑옷 소재로 언급되는 가볍고 강한 금속의 대표이다. 융점이 높아 고온 크리프 강도가 좋다.

50 독성이 없어 의약품, 식품 등의 포장형 튜브 제조에 많이 사용되는 금속으로 탈색효과가 우수하며, 비중이 약 7.3인 금속은?

① Sn   ② Zn

③ Mn   ④ Pt

해설
주석(Sn)은 비중 7.23, 용융점 231.9℃의 주요 합금 재료이다. 땜납과 튜브 제조에 사용되며, 식기 및 장식품, 구리와 합금하여 악기 등에도 사용된다.

46 ② 47 ② 48 ④ 49 ① 50 ① 정답

51 금속의 부식에 대한 설명 중 옳은 것은?

① 공기 중 염분은 부식을 억제시킨다.

② 황화수소, 염산은 부식과는 관계가 없다.

③ 이온화 경향이 작을수록 부식이 쉽게 된다.

④ 습기가 많은 대기 중일수록 부식되기 쉽다.

해설

① 공기 중 염분은 부식을 촉진한다.

② 황화수소, 염산은 부식을 촉진한다.

③ 이온화 경향이 클수록 부식이 쉽게 된다.

52 6-4황동에 Sn을 1% 첨가한 것으로 판, 봉으로 가공되어 용접봉, 밸브대 등에 사용되는 것은?

① 톰 백   ② 니켈황동

③ 네이벌 황동   ④ 애드미럴티 황동

해설

네이벌 황동(Naval Brass)

• 6-4황동에 Sn을 넣은 것

• 62%Cu – 37%Zn – 1%Sn

• 판, 봉 등으로 가공되어 복수기판, 용접봉, 밸브대 등에 이용

53 Si이 10~13% 함유된 Al-Si계 합금으로 녹는점이 낮고 유동성이 좋아 크고 복잡한 사형주조에 이용되는 것은?

① 알 민   ② 알드리

③ 실루민   ④ 알클래드

해설

실루민(알팍스)

• Al에 Si 11.6%, 577℃는 공정점이며 이 조성을 실루민이라 한다.

• 이 합금에 Na, F, NaOH, 알칼리 염류를 용탕에 넣어 처리하면 조직이 미세화되고 공정점도 조정되며 이를 개량처리라 한다.

• 주조용 알루미늄을 다이캐스팅하면 개량처리가 필요 없다.

• 실용합금 10~13% Si 실루민은 용융점이 낮고 유동성이 좋아 엷고 복잡한 주물에 적합하다.

54 암모니아 가스 분해와 질소의 내부 확산을 이용한 표면 경화법은?

① 염욕법   ② 질화법

③ 염화바륨법   ④ 고체 침탄법

해설

질화처리 : 가스침투법의 하나로 암모니아 가스를 이용하여 재질의 내마모성과 내식성을 부여하고 안정적인 고온경도를 부여하는 표면처리법이다.

55 절삭 공구강의 일종으로 500~600℃까지 가열하여도 뜨임에 의해서 연화되지 않고, 또 고온에서도 경도 감소가 적은 것이 특징으로 기본 성분은 18%W, 4%Cr, 1%V이고, 0.8~1.5%C를 함유하고 있는 강은?

① 고속도강   ② 금형용강

③ 게이즈용강   ④ 내충격용 공구강

해설

고속도 공구강

• 500~600℃까지 가열하여도 뜨임에 의하여 연화되지 않고, 고온에서 경도의 감소가 적다.

• 18%W-4%Cr-1%V이 표준 고속도강 1,250℃ 담금질, 550~600℃ 뜨임, 뜨임 시 2차 경화된다.

• W계 표준 고속도강에 Co를 3% 이상 첨가하면 경도가 더 크게 되고, 인성이 증가된다.

• Mo계는 W의 일부를 Mo로 대치. W보다 가격이 싸고, 인성이 높으며, 담금질 온도가 낮을 뿐 아니라 열전도율이 양호하여 열처리가 잘된다.

56 두랄루민의 주성분으로 옳은 것은?

① Ni-Cu-P-Mn

② Al-Cu-Mg-Mn

③ Mn-Zn-Fe-Mg

④ Ca-Si-Mg-Mn

해설

두랄루민

- 단련용 Al 합금 Al-Cu-Mg계이며, 4% Cu, 0.5% Mg, 0.5% Mn, 0.5% Si
- 시효경화성 Al 합금으로 가볍고 강도가 커서 항공기, 자동차, 운반기계 등에 사용된다.

57 스프링강에 대한 설명으로 틀린 것은?

① 담금질 온도는 1,100~1,200℃에서 수랭이 적당하다.

② 스프링강은 탄성 한도가 높고 충격 및 피로에 대한 저항이 커야 한다.

③ 경도는 HB340 이상이며, 열처리된 조직은 소르바이트 조직이다.

④ 탄소 함량에 따라 0.65~0.85%C의 판 스프링과 0.85~1.05%C의 코일 스프링으로 나눌 수 있다.

해설

스프링강

탄성한도가 높은 강을 총칭하는 용어로 높은 탄성한도, 피로한도, 크리프 저항, 인성 및 진동이 심한 하중과 반복하중에 잘 견딜 수 있는 성질을 요구한다. 수랭 시에는 상온이나 그 이하까지 급격한 냉각이 일시에 일어나므로 소르바이트 조직을 얻기 어려워서 파텐팅이나 소르바이트 생성 온도대로 염욕담금질을 한다.

58 내용적 50L 산소용기의 고압력계가 150기압(kgf/cm²)일 때 프랑스식 250번 팁으로 사용압력 1기압에서 혼합비 1 : 1을 사용하면 몇 시간 작업할 수 있는가?

① 20시간 ② 30시간

③ 40시간 ④ 50시간

해설

150배 압축된 양이 50L이므로 산소의 양은 7,500L이다.

$$용접가능시간 = \frac{산소용기\ 내\ 총산소량}{시간당\ 소비량}$$

250번 팁은 시간당 가스 소비량이 250L이므로

$$\frac{7,500}{250} = 30$$

59 직류 정극성의 열 분배는 용접봉 쪽에 몇 % 정도의 열이 분배되는가?

① 30 ② 50

③ 70 ④ 80

해설

정극성의 경우 용접봉(-)의 전하가 튀어나와 모재(+) 쪽에 충돌하므로 모재 쪽에 발열이 더 크다. (+)극에서 70% 정도의 발열이, (-)극에서 30% 정도의 발열이 발생한다.

60 용접작업에서의 용착법 중 박판용접 및 용접 후의 비틀림을 방지하는 데 가장 효과적인 것은?

① 전진법

② 후진법

③ 캐스케이드법

④ 스킵법

해설

스킵법은 얇고 응력의 영향이 있는 재료에 적합한 방법으로 전체를 몇 구역으로 나누어 띄엄띄엄 용접하는 방법이다.

2016년 제2회 과년도 기출문제

01 다음 중 와전류탐상시험으로 측정할 수 있는 것은?

① 절연체인 고무막 두께

② 액체인 보일러의 수면 높이

③ 전도체인 파이프의 표면결함

④ 전도체인 용접부의 내부결함

[해설]
와전류탐상시험의 주된 특징은 도체에 적용되며 시험체의 표면에 있는 결함 검출을 대상으로 한다.

02 초음파가 두 매질의 경계면에 입사할 경우 굴절각은?(단, 입사각 : 12°, 입사파의 속도 : 1,500m/s, 굴절파의 속도 : 5,100m/s이다)

① 60°

② 45°

③ 20°

④ 3.5°

[해설]
초음파의 속도와 굴절각과의 관계

$$\frac{\sin\alpha}{\sin\beta} = \frac{V_1}{V_2}$$

$$\sin\beta = \frac{V_2}{V_1} \times \sin\alpha$$

$$= \frac{5,100}{1,500} \times \sin 12°$$

$$= 0.707$$

$$= \sin 45°$$

03 다음 비파괴시험 중 표면결함 또는 표층부에 관한 정보를 얻기 위한 시험으로 맞게 조합된 것은?

① 침투탐상시험, 자분탐상시험

② 침투탐상시험, 방사선투과시험

③ 자분탐상시험, 초음파탐상시험

④ 와류탐상시험, 초음파탐상시험

[해설]
표면탐상검사에는 침투탐상, 자분탐상, 와전류탐상 등이 있고, 침투탐상시험은 열린 결함만 검출 가능하다.

04 자분탐상시험 방법의 단점이 아닌 것은?

① 시험체 표면 근처만 검사가 가능하다.

② 전기가 접촉되는 부위에 손상이 발생할 수 있다.

③ 전처리 및 후처리가 필요한 경우가 있다.

④ 시험체의 크기 및 형태에 큰 영향을 받는다.

[해설]
자분탐상시험은 자화된 영역을 검사하므로 크기나 형태보다 자화 가능 여부가 더 큰 영향을 줄 수 있다.

05 비파괴시험법 중 자외선등이 필요하지 않는 조합으로만 짝지어진 것은?

① 방사선투과시험과 초음파탐상시험

② 초음파탐상시험과 자분탐상시험

③ 자분탐상시험과 침투탐상시험

④ 방사선투과시험과 침투탐상시험

[해설]
침투탐상검사에서 침투액을 자외선 발광시킬 때와 자분탐상검사에서 형광물질이 함유된 자분을 사용할 때 자외선등이 필요하다.

06 비파괴검사법 중 철강 제품의 표면에 생긴 미세한 균열을 검출하기에 가장 부적합한 것은?

① 방사선투과시험
② 와전류탐상시험
③ 침투탐상시험
④ 자분탐상시험

해설
3번 해설 참조

07 각종 비파괴검사에 대한 설명 중 옳은 것은?

① 자분탐상시험은 일반적으로 핀홀과 같은 점모양의 검출에 우수한 검사방법이다.
② 초음파탐상시험은 두꺼운 강판의 내부결함검출이 우수하다.
③ 침투탐상시험은 검사할 시험체의 온도와 침투액의 온도에 거의 영향을 받지 않는다.
④ 육안검사는 인간의 시감을 이용한 시험으로 보어스코프나 소형 TV 등을 사용할 수 없어 파이프 내면의 검사는 할 수 없다.

해설
① 자분탐상시험은 강자성체의 표면 및 근처 결함에 유용하다.
③ 침투탐상시험은 침투액의 적심성과 점성의 영향을 받으며 적심성과 점성은 온도에 영향을 받는다.
④ 육안검사는 직접 볼 수 없거나 접근이 어려운 경우, 각종 비디오 시스템이나 보어스코프 등을 사용하여 검사한다.

08 누설비파괴검사(LT)법 중 할로겐 누설시험의 종류가 아닌 것은?

① 추적프로브법
② 가열양극법
③ 할라이드 토치법
④ 전자포획법

해설
할로겐 누설시험법 자체가 검출프로브를 이용하여 누설 위치를 검사하는 방법이다.

09 다음 침투탐상검사방법 중 예비세척과 유화처리가 필요한 것은?

① FB-S
② FD-S
③ FA-S
④ FC-S

해설
• F : 형광침투액을 사용
• S : 속건식현상제를 사용
두 방법은 보기 넷이 모두 같고, 잉여침투제 제거방법만이 A, B, C, D로 다르다. 물베이스 유화제를 사용하는 경우는 예비 세척과 유화처리가 필요하다.
잉여침투액의 제거방법에 따른 분류

명 칭	방 법	기 호
방법 A	수세에 의한 방법	A
방법 B	기름베이스 유화제를 사용하는 후유화에 의한 방법	B
방법 C	용제 제거에 의한 방법	C
방법 D	물베이스 유화제를 사용하는 후유화에 의한 방법	D

10 관(Tube)의 내부에 회전하는 초음파탐촉자를 삽입하여 관의 두께 감소 여부를 알아내는 초음파탐상검사법은?

① EMAT
② IRIS
③ PAUT
④ TOFD

해설
② IRIS : 초음파튜브검사로 초음파탐촉자가 튜브의 내부에서 회전하며 검사한다.
① EMAT : 전자기 원리를 이용하는 초음파검사법이다.
③ PAUT : 위상배열초음파검사로 여러 진폭을 갖는 초음파를 이용하여 실시간 검사한다.
④ TOFD : 결함 높이를 고정밀도로 측정하는 방법으로 회절파를 이용한다.

11 와전류탐상시험의 기본 원리로 옳은 것은?

① 누설흐름의 원리

② 전자유도의 원리

③ 인장강도의 원리

④ 잔류자계의 원리

해설

와전류탐상시험

• 전자유도현상에 따른 와전류분포 변화를 이용하여 검사

• 표면 및 표면직하검사 및 도금층의 두께 측정에 적합

• 파이프 등의 표면결함 고속검출에 적합

• 전자유도현상이 가능한 도체에서 시험이 가능

12 누설검사의 한 방법인 내압시험에서 가압기체로 가장 많이 사용되며 실용적인 것은?

① 공 기　　② 질 소

③ 헬 륨　　④ 암모니아

해설

내압시험은 압력을 가하여 빠져나오는 기체를 관측하는 것으로, 기체의 특별한 조건이 없어 구하기 쉽고 무해한 기체를 사용한다.

13 선원-필름 간 거리가 4m일 때 노출시간이 60초였다면 다른 조건은 변화시키지 않고 선원-필름 간 거리만 2m로 할 때 방사선투과시험의 노출시간은 얼마이어야 하는가?

① 15초　　② 30초

③ 120초　　④ 240초

해설

4m 지점에서 60초 노출이 적절했다면, 거리가 1/2로 줄었을 때 그 제곱인 4배만큼 방사선 강도가 강해졌으므로 노출시간은 1/4로 줄어들면 된다.

$$\frac{C_1 \text{에서의 방사선노출}}{C_2 \text{에서의 방사선노출}} = \frac{C_2 \text{까지의 거리}^2}{C_1 \text{까지의 거리}^2}$$

방사선의 노출 = 방사선강도 × 노출시간

14 자분탐상검사에 사용되는 자분에 대한 설명 중 가장 거리가 먼 것은?

① 형광자분은 콘트라스트가 좋아 자분지시의 발견이 쉽다.

② 검사액은 자분입자를 분산시킨 액체이다.

③ 큰 결함에는 미세한 입도의 자분을 사용한다.

④ 자분은 낮은 보자력을 가져야 한다.

해설

결함이 크다면 입자의 크기에 영향을 받지 않는다. 오히려 미세한 입자라면 너무 많은 자분이 검출될 것이다.

15 침투탐상시험에서 의사지시가 아닌 허위지시가 나타날 수 있는 가장 큰 요인은?

① 과잉 세척

② 부주의한 세척 및 오염

③ 현상제의 부적절한 적용

④ 침투제 적용 시 온도가 너무 낮음

해설

침투탐상시험은 표면에 남은 침투액을 이용하여 지시를 찾아내므로, 지시가 없어도 침투액이 많이 남는 경우를 고르면 좋을 것이다. 과잉 세척이 되면 지시 속의 침투액이 제거되고, 현상제를 부적절하게 사용해도 침투액이 없으므로 지시가 형성되지는 않는다. 침투제 적용 시 온도가 너무 낮으면 적심성이 낮아져 지시에 침투가 잘되지 않을 수는 있다.

16 침투탐상시험 시 검사체의 결함은 언제 판독하는가?

① 현상시간이 경과한 직후

② 침투처리를 적용한 직후

③ 현상제를 적용하기 직전

④ 세척처리를 적용하기 직전

해설

현상시간 : 현상제 적용 후 관찰할 때까지의 시간
- 현상제의 종류에 관계없이 적어도 침투시간의 1/2 이상이 되어야 하고, 최소 10분 이상이다.
- 현상시간이 과다하면 침투제의 흡출작용이 많이 진행되어 결함 검출을 어렵게 할 수도 있다.
- 최대 현상시간은 검출하고자 하는 불연속의 크기에 따라 결정된다.

17 적심성과 어떤 액체를 고체 표면에 적용할 때 액체와 고체 표면이 이루는 각도인 접촉각 사이의 상관관계에 대한 설명으로 옳은 것은?

① 접촉각이 90°보다 클수록 적심능력이 가장 양호하다.

② 접촉각이 90°에서 적심능력이 가장 양호하다.

③ 접촉각이 90°보다 작을수록 적심능력이 양호하다.

④ 접촉각과 적심능력은 서로 상관이 없다.

해설

접촉각과 적심성의 관계

접촉각이 작아서(90° 이하) 적심성이 높음	접촉각이 커서(90° 이상) 적심성이 낮음
접촉각 / 침투액 / 시험체	접촉각 / 침투액 / 시험체

18 다음 중 용제 세척법으로 전처리할 경우 제거가 곤란한 오염물은?

① 왁스 및 밀봉재

② 그리스 및 기름막

③ 페인트와 유기성 물질

④ 용접 플럭스 및 스패터

해설

용접 플럭스와 스패터는 금속성 오염물로 화학적 제거로는 제거되지 않고 물리적 제거방법을 함께 사용하여야 한다.

19 다음 중 침투탐상시험에서 일반적인 시험편의 표면을 전처리하는 방법으로 가장 좋은 것은?

① 연마(Grinding)

② 쇠솔질(Wire Brushing)

③ 증기 세척(Vapor Degreasing)

④ 샌드 블라스팅(Sand Blasting)

해설

일반적인 시험편 표면 전처리는 화학적 세척이 유용하지만, 완성품에 물리적인 오염이 있는 경우는 많지 않기 때문에 부착물의 종류와 정도 및 시험체의 재질을 고려하여 증기 세척, 용제에 의한 세척, 도막박리제, 알칼리 세척제, 산 세척 등의 방법으로 처리한다.

20 다음 중 침투제의 침투력에 영향을 주는 요인으로 틀린 것은?

① 개구부의 표면에 열려진 크기

② 침투제의 표면장력

③ 침투제의 적심성

④ 시험체의 밀도

해설

시험체의 밀도가 표면조직의 조밀도와 연관이 될 수 있다고도 할 수 있겠으나, 나머지 세 개의 보기에 비해 침투력에 미치는 영향은 너무 미미하다고 할 수 있다.

21 온도가 20℃로 동일한 경우 점성이 가장 큰 물질은?

① 물

② 케로신

③ 에틸알코올

④ 에틸렌글리콜

해설

유체의 점성은 각 유체 중에서도 종류와 제조조건에 따라 약간 다를 수는 있으나 일반적으로 다음과 같다.

① 물 : 약 1.00cP

② 케로신 : 약 1.2cP(케로신의 종류에 따라 다름)

③ 에틸알코올 : 약 1.2cP

④ 에틸렌글리콜 : 약 16.1cP

※ 침투비파괴검사기능사의 시험문제로 적합성은 고려해 봐야 할 것 같다. 각 유체의 점성을 아는 것이 어떤 의미가 있는지 모르겠으나, 굳이 의미를 찾자면 에틸렌글리콜이 엔진오일 등에 사용하는 2가 알코올인지 아는가를 물었다고 볼 수 있다.

22 후유화성 침투탐상시험 중 세척처리를 행할 때 적용해서는 안 되는 처리방법은?

① 침 적

② 붓 기

③ 붓 칠

④ 분 무

해설

붓칠로 세척하면 결함에 침투된 침투액도 씻겨 나올 수 있다.

23 후유화성 형광침투액의 피로시험 항목에 속하지 않은 것은?

① 감도시험

② 점성시험

③ 수세성 시험

④ 수분 함유량 시험

해설

침투제의 재료 인증시험 항목은 인화점, 점도, 형광휘도, 독성, 부식성, 적심성, 색상, 자외선에 대한 안정성, 온도에 대한 안정성, 수세성, 물에 의한 오염도 등이 있다. 이에 따라 침투제의 시험항목은 감도시험, 형광휘도시험, 물에 의한 오염도 시험 등이 있다.

24 일반적인 가시성 염색침투액은 어떤 색의 염료를 첨가하는가?

① 노란색

② 파란색

③ 빨간색

④ 등황색

해설

일반적인 염색침투액은 빨간색 등 재료와 대비하기 쉬운 색을 사용한다.

25 다음 중 후유화성 형광침투탐상검사에 관한 설명으로 틀린 것은?

① 결함검출감도가 다른 검사법에 비해 우수하다.

② 침투액의 침투성능이 우수하여 침투시간이 단축된다.

③ 유화시간은 탐상감도에 크게 영향을 미치지 않는다.

④ 후유화처리 과정이 분리되어 있어 추가의 시간, 인력 및 장치가 필요하다.

해설

유화시간이란 후유화성 침투탐상검사에서 시험품을 침투처리한 후 유화처리를 할 때 유화제를 적용한 다음 세척처리에 들어갈 때까지의 시간으로 너무 길면 과세척될 수 있다.

26 다음 중 유화제가 갖추어야 할 일반 요건이 아닌 것은?

① 후유화성 침투액과 서로 잘 녹아야 한다.

② 유화 및 세척성이 좋아야 한다.

③ 침투액의 혼입에 의한 유화제의 성능 저하가 적어야 한다.

④ 침투성이 높아야 한다.

> **해설**
> 유화제는 과잉침투제를 제거하는 데 목적이 있다.

27 다른 침투탐상과 비교하여 용제제거성 염색침투액을 사용하는 장점의 설명으로 옳은 것은?

① 간편하고 휴대성이 좋다.

② 10~100℃에서 사용할 수 있다.

③ 타 검사법보다 탐상감도가 우수하다.

④ 대량 부품검사를 한 번에 탐상하는 것이 용이하다.

> **해설**
> 잉여침투액의 제거방법에 따라 물로 세척하는 수세성 침투액, 후유화성 침투액이 있고, 그냥 닦아내는(가급적 세척을 간단히 하거나 하지 않아도 되는) 용제 제거성 침투액이 있다.

28 침투탐상시험방법 및 침투지시모양의 분류(KS B 0816)에 따라 탐상시험을 수행 중 현상제를 적용하고 보니 형광잔류가 현저히 나타나 있음을 발견하였다. 이 현상제를 어떻게 처리해야 하는가?

① 폐기하고 재시험한다.

② 침전관에 침지시킨 후 재사용한다.

③ 증류수를 첨가하여 형광물질을 제거한다.

④ 분산매를 50mL 가량 첨가 보충시키고 사용한다.

> **해설**
> 현상제의 점검방법
> • 사용 중인 현상제의 성능시험에 따라 부착 상태가 균일하지 않게 되었을 때 및 침투지시모양의 식별성이 저하되고 현상 성능의 열화가 인정되었을 때는 폐기한다.
> • 사용 중인 건식현상제의 겉모양 검사를 하여, 현저한 형광의 잔류가 생겼을 때 및 응집입자가 생기고 현상 성능의 저하가 인정되었을 때는 폐기한다.
> • 사용 중인 습식현상제의 겉모양 검사를 하여, 현저한 형광의 잔류가 생겼을 때 및 적정 농도를 유지할 수 없게 되고 현상 성능의 저하가 인정되었을 때는 폐기한다.

29 침투탐상시험방법 및 침투지시모양의 분류(KS B 0816)에 의해 탐상시험할 때 시험체의 일부분을 시험하는 경우, 전처리는 시험하는 부분에서 바깥쪽으로 최소한 몇 mm 범위까지 깨끗하게 하여야 하는가?

① 20

② 25

③ 30

④ 35

> **해설**
> 전처리
> 시험체의 일부분을 시험하는 경우, 시험하는 부분에서 바깥쪽으로 25mm 넓은 범위를 깨끗하게 한다.

30 침투탐상시험방법 및 침투지시모양의 분류(KS B 0816)에 따라 반드시 재시험하여야 하는 경우로 옳은 것은?

① 후처리를 하지 않았을 때
② 의사지시로 판명이 난 경우
③ 조작방법에 잘못이 있었을 때
④ 지시모양이 흠이라고 판명된 경우

해설

재시험 : 시험의 중간 또는 종료 후 조작방법에 잘못이 있었을 때, 침투지시모양이 흠에 기인한 것인지 의사지시인지의 판단이 곤란할 때, 기타 필요하다고 인정되는 경우에는 시험을 처음부터 다시 하도록 한다.

31 침투탐상시험방법 및 침투지시모양의 분류(KS B 0816)에 따라 강 재질의 제품을 침투처리할 때 표준 침투시간이 다른 경우는?

① 용접부의 갈라짐
② 단조품의 갈라짐
③ 주조품의 용탕 경계
④ 용접부의 융합 불량

해설

일반적으로 온도 15~50℃ 범위에서의 침투시간은 다음 표에 나타내는 시간을 표준으로 한다.

재 질	형 태	결함의 종류	모든 종류의 침투액	
			침투시간 (분)	현상시간 (분)
알루미늄, 마그네슘, 농, 타이타늄, 강	주조품, 용접부	쇳물 경계, 융합 불량, 빈 틈새, 갈라짐	5	7
	압출품, 단조품, 압연품	랩(Lap), 갈라짐	10	7
카바이드 팁붙이 공구	-	융합 불량, 갈라짐, 빈 틈새	5	7
플라스틱, 유리, 세라믹스	모든 형태	갈라짐	5	7

32 침투탐상시험방법 및 침투지시모양의 분류(KS B 0816)에 의한 잉여침투액의 제거방법과 명칭의 조합이 틀린 것은?

① 용제 제거에 의한 방법 : 방법 C
② 휘발성 세척액을 사용하는 방법 : 방법 A
③ 물베이스 유화제를 사용하는 후유화에 의한 방법 : 방법 D
④ 기름베이스 유화제를 사용하는 후유화에 의한 방법 : 방법 B

해설

휘발성 세척액인 용제를 이용하여 제거하는 방법이 용제 제거에 의한 방법이다.

잉여침투액의 제거방법에 따른 분류

명 칭	방 법	기 호
방법 A	수세에 의한 방법	A
방법 B	기름베이스 유화제를 사용하는 후유화에 의한 방법	B
방법 C	용제 제거에 의한 방법	C
방법 D	물베이스 유화제를 사용하는 후유화에 의한 방법	D

33 침투탐상시험방법 및 침투지시모양의 분류(KS B 0816)에 따라 탐상시험 시의 온도 기록에 있어서 시험체와 침투액의 온도가 몇 ℃ 이하인 경우 반드시 기재하여야 하는가?

① 10℃
② 15℃
③ 25℃
④ 37℃

해설

시험 장소에서의 기온 및 침투액의 온도, 기온 및 액온이 15℃ 이하 또는 50℃ 이상일 때는 반드시 기재한다.

34 침투탐상시험방법 및 침투지시모양의 분류(KS B 0816)에서 전수검사의 경우 합격품에 대하여 각인을 하고자 하였으나 부품의 모양 때문에 각인이 어려웠다. 다음 중 어떻게 하는 것이 옳은가?

① 황색으로 착색하여 표시한다.
② 적갈색으로 착색하여 표시한다.
③ 하얀색으로 착색하여 표시한다.
④ 검은색으로 착색하여 표시한다.

해설
결과의 표시(KS B 0816. 11)
• 전수검사인 경우
– 각인, 부식 또는 착색(적갈색)으로 시험체에 P의 기호를 표시한다.
  – 시험체에 P의 표시를 하기 곤란한 경우에는 적갈색으로 착색하여 표시한다.
  – 위와 같이 표시할 수 없는 경우는 시험 기록에 기재한 방법에 따른다.
• 샘플링 검사인 경우 : 합격한 로트의 모든 시험체에 전수검사에 준하여 Ⓟ의 기호 또는 착색(황색)으로 표시한다.

35 침투탐상시험방법 및 침투지시모양의 분류(KS B 0816)에 사용되는 A형 대비시험편의 판 두께 범위 및 흠 깊이는?

① 판 두께 범위 : 5~8mm, 흠 깊이 : 2.5mm
② 판 두께 범위 : 8~10mm, 흠 깊이 : 1.5mm
③ 판 두께 범위 : 10~12mm, 흠 깊이 : 2.0mm
④ 판 두께 범위 : 10~15mm, 흠 깊이 : 1.5mm

해설
A형
• 재료 : A2024P(알루미늄 재)
• 기호 : PT-A
• 제작방법 : 판의 한 면 중앙부를 분젠버너로 520~530℃ 가열하여 가열한 면에 흐르는 물을 뿌려 급랭시켜 갈라지게 한다. 마찬가지로 반대면도 갈라지게 한 후 중앙부에 흠을 기계가공한다.

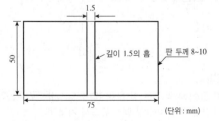

(단위 : mm)

36 침투탐상시험방법 및 침투지시모양의 분류(KS B 0816)에 따른 결함의 분류는 모양 및 존재 상태에 따라 정한다. 이에 의한 결함에 해당되지 않은 것은?

① 독립결함
② 연속결함
③ 분산결함
④ 불연속결함

해설
결함의 모양 및 존재 상태에서 다음과 같이 분류한다.

독립 결함	갈라짐	갈라졌다고 인정되는 것
	선상결함	갈라짐 이외의 결함으로, 그 길이가 너비의 3배 이상인 것
	원형상 결함	갈라짐 이외의 결함으로, 선상결함이 아닌 것
연속결함		갈라짐, 선상결함 및 원형상 결함이 거의 동시 직선상에 존재하고, 그 상호거리와 개개의 길이의 관계에서 1개의 연속한 결함이라고 인정되는 것. 결함 길이는 특별한 지정이 없을 때는 결함의 개개의 길이 및 상호거리를 합친 값으로 한다.
분산결함		정해진 면적 안에 존재하는 1개 이상의 결함. 분산결함은 결함의 종류, 개수 또는 개개의 길이의 합계값에 따라 평가한다.

37 침투탐상시험방법 및 침투지시모양의 분류(KS B 0816)에 따른 자외선조사장치 강도계 측정 시 필터면에서 몇 cm 떨어져서 측정하는가?

① 15cm
② 30cm
③ 38cm
④ 48cm

해설
KS B 0816 8.3.1에 '자외선조사장치의 자외선 강도는 자외선 강도계를 사용하여 측정하고, 38cm 떨어져서 800μW/cm² 이하일 때 또는 수은등 광의 누출이 있을 때는 부품을 교환 또는 폐기한다.'고 명시하였다.

38 침투탐상시험방법 및 침투지시모양의 분류(KS B 0816)에 따라 시험체와 침투액의 온도가 20℃일 경우 침투시간이 5분일 때 표준현상시간은 얼마인가?

① 3분 　　　　② 7분
③ 30분 　　　　④ 침투시간의 1/2

해설

문제 31번 해설 참조

39 침투탐상시험방법 및 침투지시모양의 분류(KS B 0816)에 따른 시험방법의 분류 기호 FC-S에서 'FC'의 의미는?

① 수세성 형광침투액을 사용하는 방법
② 용제 제거성 형광침투액을 사용하는 방법
③ 후유화성 염색침투액을 사용하는 방법
④ 용제 제거성 염색침투액을 사용하는 방법

해설

• 사용하는 침투액에 따른 분류

명 칭	방 법	기 호
V 방법	염색침투액을 사용하는 방법	V
F 방법	형광침투액을 사용하는 방법	F
D 방법	이원성 염색침투액을 사용하는 방법	DV
	이원투액을 사용하는 방법	DF

• 잉여침투액의 제거방법에 따른 분류

명 칭	방 법	기 호
방법 A	수세에 의한 방법	A
방법 B	기름베이스 유제를 사용하는 후유화에 의한 방법	B
방법 C	용제 제거에 의한 방법	C
방법 D	물베이스 유화제를 사용하는 후유화에 의한 방법	D

• 현상방법에 따른 분류

명 칭	방 법	기 호
건식현상법	건식현상제를 사용하는 방법	D
습식현상법	수용성 현상제를 사용하는 방법	A
	수현탁성 현상제를 사용하는 방법	W
속건식현상법	속건식현상제를 사용하는 방법	S
특수현상법	특수한 현상제를 사용하는 방법	E
무현상법	현상제를 사용하지 않는 방법	N

40 침투탐상시험방법 및 침투지시모양의 분류(KS B 0816)에서 평가가 끝난 후 잔류하고 있는 침투탐상제를 제거하는 것은?

① 전청정 　　　　② 후처리
③ 지시무늬 　　　　④ 에 칭

해설

후처리 : 시험 이후 부식방지 및 잔류 침투액 제거

41 침투탐상시험방법 및 침투지시모양의 분류(KS B 0816)에서 연속침투지시의 모양 중 지시의 간격이 얼마일 때 서로 간의 거리까지 지시의 길이로 산정하는가?

① 동일 직선 위에 있으며 2mm
② 동일 직선 위에 있으며 4mm
③ 동일 직선이 아니어도 2mm
④ 동일 직선이 아니어도 4mm

해설

연속결함 : 갈라짐, 선상결함 및 원형상 결함이 거의 동일 직선상에 존재하고 그 상호거리와 개개의 길이의 관계에서 1개의 연속한 결함이라고 인정되는 것이다. 길이는 시작점과 끝점의 거리로 산정한다(동일선상에 존재하는 2mm 이하의 간격은 연속된 지시로 본다).

42 침투탐상시험방법 및 침투지시모양의 분류(KS B 0816)에 따라 강 용접부를 탐상할 때 시험체와 침투제의 표준온도범위로 옳은 것은?

① 4~25℃ 　　　　② 15~50℃
③ 20~60℃ 　　　　④ 25~70℃

해설

31번 해설 참조

43 탄소 함유량으로 철강재료를 분류한 것 중 틀린 것은?

① 강은 약 0.2% 이하의 탄소 함유량을 갖는다.

② 순철은 약 0.025% 이하의 탄소 함유량을 갖는다.

③ 공석강은 약 0.8% 정도의 탄소 함유량을 갖는다.

④ 공정주철은 약 4.3% 정도의 탄소 함유량을 갖는다.

해설
순철은 기계용으로 사용이 어렵고, 강은 약 0.2% 이상부터를 일컫는 말이다.

44 다음의 강 중 탄소 함유량이 가장 높은 강재는?

① STS11

② SM45C

③ SKH51

④ SNC415

해설
너무나 많은 금속재료 기호를 다 설명할 수는 없으므로 출제가 될 때마다 익혀 두는 정도로 수험 준비를 하는 것이 지혜로울 것이다.
① STS11 : 탄소 함유량 1.0~1.5%
② SM45C : 탄소 함유량 0.42~0.48%
③ SKH51 : 탄소 함유량 0.80~0.90%
④ SNC415 : 탄소 함유량 0.12~0.18%

45 다음 중 실루민의 주성분으로 옳은 것은?

① Al-Si

② Sn-Cu

③ Ni-Mn

④ Mg-Ag

해설
실루민(알팍스)
• Al에 Si 11.6%, 577℃는 공정점이며 이 조성을 실루민이라 한다.
• 이 합금에 Na, F, NaOH, 알칼리 염류를 용탕에 넣어 처리하면 조직이 미세화되고 공정점도 조정되며 이를 개량처리라 한다.
• 주조용 알루미늄을 다이캐스팅하면 개량처리가 필요 없다.
• 실용합금 10~13% Si 실루민은 용융점이 낮고 유동성이 좋아 얇고 복잡한 주물에 적합하다.

46 계(System)의 구성원을 나타내는 것은?

① 성 분

② 상 률

③ 평 형

④ 복합상

해설
이 문제에서 이야기하는 계(System)란 금속이나 물질의 물리−화학적 구성조직을 의미하는 것으로 보인다. 계의 일부를 성분이라고 한다.

47 Pb계 청동 합금으로 주로 항공기, 자동차용의 고속 베어링으로 많이 사용되는 것은?

① 켈 밋   ② 톰 백

③ Y합금   ④ 스테인리스

해설
켈밋(Kelmet) : 28~42% Pb, 2% 이하의 Ni 또는 Ag, 0.8% 이하의 Fe, 1% 이하의 Sn을 함유. 고속회전용 베어링, 토목 광산기계에 사용한다.

48 Fe-C 평형상태도에 존재하는 0.025% C~0.8% C 를 함유한 범위에서 나타나는 아공석강의 대표적인 조직에 해당하는 것은?

① 페라이트와 펄라이트
② 펄라이트와 레데부라이트
③ 펄라이트와 마텐자이트
④ 페라이트와 레데부라이트

해설

공석강은 페라이트(α-고용체)와 시멘타이트(Fe_3C)가 동시에 석출되어 층층이 쌓인 펄라이트(Pearlite)라는 독특한 조직을 갖는다. 따라서 0.8%C 이하의 탄소강은 페라이트(α-고용체) + 펄라이트의 조직으로, 0.8%C 이상의 탄소강은 펄라이트+시멘타이트(Fe_3C)의 조직이라고 본다.

50 주철의 주조성을 알 수 있는 성질로 짝지어진 것은?

① 유동성, 수축성
② 감쇠능, 피삭성
③ 경도성, 강도성
④ 내열성, 내마멸성

해설

주철의 주조성 : 고온 유동성이 높고, 냉각 후 부피 변화가 일어난다.

51 1성분계 상태도에서 3중점에 대한 설명으로 옳은 것은?

① 세 가지 기압이 겹치는 점이다.
② 세 가지 온도가 겹치는 점이다.
③ 세 가지 상이 같이 존재하는 점이다.
④ 세 가지 원소가 같이 존재하는 점이다.

해설

3중점은 기체, 고체, 액체의 상태가 만나는 점으로 온도, 압력의 값이 정해져 있다.

49 면심입방격자(FCC)에 관한 설명으로 틀린 것은?

① 원자는 2개이다.
② Ni, Cu, Al 등은 면심입방격자이다.
③ 체심입방격자에 비해 전연성이 좋다.
④ 체심입방격자에 비해 가공성이 좋다.

해설

면심입방격자(FCC ; Face-centered Cubic lattice)
• 입방체의 각 모서리와 면의 중심에 각각 한 개씩의 원자가 있고, 이것들이 규칙적으로 쌓이고 겹쳐져서 결정을 만든다.
• 면심입방격자 금속은 전성과 연성이 좋으며, Ni, Au, Ag, Al, Cu, γ철이 속한다.
• 단위격자 내 원자의 수는 4개이며, 배위수는 12개이다.

52 텅스텐은 재결정에 의해 결정립 성장을 한다. 이를 방지하기 위해 처리하는 것을 무엇이라고 하는가?

① 도핑(Doping)
② 라이닝(Lining)
③ 아말감(Amalgam)
④ 비탈륨(Vitallium)

해설

도핑(Doping) : 물리적 성질 변화를 목적으로 소량의 불순물을 첨가하는 것을 말한다. Dofant를 삽입하여 많은 결정립 생성을 유발하여 결정립이 성장하는 것을 막는다. 라이닝은 안쪽면 표면처리를 의미하고, 아말감, 비탈륨은 치과재료이다.

53 압입 자국으로부터 경도값을 계산하는 경도계가 아닌 것은?

① 쇼어 경도계

② 브리넬 경도계

③ 비커즈 경도계

④ 로크웰 경도계

쇼어 경도시험 : 강구의 반발 높이로 측정하는 반발경도시험이다.

55 용탕의 냉각과 압연을 동시에 하는 방법으로 리본 형태의 비정질 합금을 제조하는 액체 급랭법은?

① 쌍롤법

② 스퍼터링

③ 이온 도금법

④ 전해 코팅법

쌍롤법 : 롤을 두 개를 사용하여 단롤보다는 복잡하지만 냉각과 압연을 동시에 하는 방법

56 두랄루민은 알루미늄에 어떤 금속원소를 첨가한 합금인가?

① Fe-Sn-Si

② Cu-Mg-Mn

③ Ag-Zn-Ni

④ Pb-Ni-Mg

두랄루민
• 단련용 Al 합금으로 Al-Cu-Mg계이며 4%Cu, 0.5%Mg, 0.5%Mn, 0.5%Si
• 시효경화성 Al 합금으로 가볍고 강도가 크므로 항공기, 자동차, 운반기계 등에 사용

54 Cu에 3~5%Ni, 1%Si, 3~6%Al을 첨가한 합금으로 CA 합금이라 하며 스프링재료로 사용되는 것은?

① 문쯔메탈

② 코슨합금

③ 길딩메탈

④ 카트리지 브라스

코슨합금 : 금속간 화합물 Ni_2Si의 시효경화성 합금. 열처리 후 인장강도가 개선되고 전도율이 커서 통신선, 스프링 등에 사용

57 표준상태에서 탄소강의 5대 원소 중 강의 조직과 성질에 크게 영향을 주는 것은?

① C
② P
③ Si
④ Mn

해설
C 탄소의 함유량에 따라 아예 다른 제품이 나오며, Fe-C 상태도를 보면 알 수 있듯이, 기본적인 철강의 성질을 결정해 주는 역할을 한다.

58 다음 그림과 같이 맞대기 용접에서 강판의 두께 20 mm, 인장하중 50,000N, 용접부의 허용인장응력을 50N/mm²로 할 때 용접 길이는 몇 mm인가?

① 50
② 100
③ 500
④ 1,000

해설
$$\frac{P}{h \times l} = 50\text{N/mm}^2$$

$$l = \frac{P}{50\text{N/mm}^2 \times h}$$

$$= \frac{50,000\text{N}}{50\text{N/mm}^2 \times 20\text{mm}}$$

$$= 50\text{mm}$$

59 피복아크용접을 할 때 용접봉의 위빙(Weaving) 운봉 폭은 어느 정도가 가장 좋은가?

① 비드 폭의 2~3배
② 루트 간격의 1~2배
③ 비드 높이의 1~2배
④ 심선 지름의 2~3배

해설
위빙 : 비드를 움직여 쌓는 과정을 일컬으며 심선 지름의 2~3배 정도가 되면 너무 넓지 않게 힘을 받을 수 있는 적당한 양

60 다음 중 야금적 접합방법이 아닌 것은?

① 융 접
② 압 접
③ 납 땜
④ 리벳 이음

해설
야금적 기법이란 물리-화학적 변형을 이용한 방법인데, 리벳 이음은 기계 부품을 이용하여 물리적인 방법으로 결합하였다.

01 초음파탐상시험 시 금속재료의 결함탐상에 일반적으로 사용되는 주파수 범위로 옳은 것은?

① 1Hz~1kHz
② 0.5kHz~50kHz
③ 10kHz~1MHz
④ 0.5MHz~10MHz

해설
가청주파수의 범위는 20Hz에서 20,000Hz, 즉 20kHz의 범위이며 이를 넘는 주파수 범위에 해당하는 음파가 초음파이다. 초음파 범위에서만 구성된 보기는 ④밖에 없다.

02 기포누설시험에 사용되는 발포액의 구비조건으로 옳은 것은?

① 표면장력이 클 것
② 발포액 자체에 거품이 많을 것
③ 유황성분이 많을 것
④ 점도가 낮을 것

해설
발포용액의 구비조건
• 인체에 무해할 것
• 점도가 낮을 것
• 열화가 없을 것
• 적심성이 좋을 것
• 표면장력이 작을 것
• 발포액 자체에는 거품이 없을 것
• 진공조건에서는 증발이 어려울 것
• 발포액이 시험체에 영향을 주지 않을 것

03 비파괴검사에 대한 설명으로 옳은 것은?

① 비파괴검사는 결함의 검출과 인장시험으로 대별된다.
② 경금속 재료의 표면결함 검출에는 침투탐상시험을 적용할 수 있다.
③ 표면결함 검출에 적합한 비파괴검사는 방사선투과시험과 초음파탐상시험이다.
④ 변형량을 구하는 스트레인 측정에는 화학적 원리를 이용한 스트레인게이지 등이 있다.

해설
① 인장시험은 파괴검사이다.
③ 표면결함 검출에 적합한 비파괴검사는 침투탐상, 자기탐상, 와전류탐상이다.
④ 변형량을 구하는 스트레인 측정에는 전기저항의 변화를 측정하는 스트레인게이지 등이 있다.

04 납(Pb)과 같이 비중이 큰 재료에 효율적으로 적용할 수 있는 비파괴검사법은?

① 적외선검사(IRT)
② 음향방출시험(AE)
③ 방사선투과검사(RT)
④ 중성자투과검사(NRT)

해설
방사선검사 중에서 물질의 원자번호나 밀도가 큰 텅스텐, 납 등에는 중성자선을 사용한다. X선은 투과력이 약하여 두꺼운 금속제 구조물 등을 검사하기 어렵다. 중성자시험은 두꺼운 금속에서도 깊은 곳의 작은 결함의 검출도 가능한 비파괴검사탐상법이다.

정답 1 ④ 2 ④ 3 ② 4 ④

05 방사선투과검사에 사용되는 X선 필름 특성곡선은?

① X선의 노출량과 사진농도와의 상관관계를 나타낸 곡선이다.

② 필름의 입도와 사진농도와의 상관관계를 나타낸 곡선이다.

③ 필름의 입도와 X선 노출량과의 상관관계를 나타낸 곡선이다.

④ X선 노출시간과 필름의 입도의 상관관계를 나타낸 곡선이다.

해설

X선 필름에 쏘여진 X선량과 사진농도와의 관계를 나타낸 곡선을 필름특성곡선이라 한다. 필름 특성은 감광속도, 콘트라스트, 입상성 등으로 나타낸다.

06 지름 20cm, 두께 1cm, 길이 1m인 관에 열처리로 인한 축 방향의 균열이 많이 발생하고 있다. 이러한 시험체에 자분탐상검사를 실시하고자 할 때 가장 적합한 방법은?

① 프로드(Prod)에 의한 자화

② 요크(Yoke)에 의한 자화

③ 전류관통법(Central Conductor)에 의한 자화

④ 코일(Coil)에 의한 자화

해설

관에 적용한다 하였으므로 전류관통법이 적합하다.

자화방법에 따른 자기탐상방법 분류

축통전법(EA)	시험체의 축 방향으로 전류를 흐르게 함
직각통전법(ER)	축에 대하여 직각 방향으로 직접 전류를 흐르게 함
전류관통법(B)	시험체의 구멍 등에 통과시킨 도체에 전류를 흐르게 함
코일법(C)	시험체를 코일에 넣고 코일에 전류를 흐르게 함
극간법(M)	시험체를 영구자석 사이에 놓음
프로드법(P)	시험체 국부에 2개의 전극을 대어서 흐르게 함

07 자분탐상검사 방법으로 결함 검출에 가장 적합한 것은?

① 큰 내부 기공

② 큰 내부 균열

③ 미세한 표면 균열

④ 래미네이션

해설

비파괴검사별 적용 대상

검사방법	적용 대상
방사선투과검사	용접부, 주조품 등의 내부결함
초음파탐상검사	용접부, 주조품, 단조품 등의 내부결함 검출과 두께 측정
침투탐상검사	기공을 제외한 표면이 열린 용접부, 단조품 등의 표면결함
와전류탐상검사	철, 비철 재료로 된 파이프 등의 표면 및 근처 결함을 연속 검사
자분탐상검사	강자성체의 표면 및 근처 결함
누설검사	압력용기, 파이프 등의 누설탐지
음향방출검사	재료 내부의 특성평가

08 물 세척이 불가능하고, 암실의 확보가 어려울 경우에 적용할 수 있는 침투탐상검사방법은?

① 후유화성 염색침투탐상검사

② 수세성 형광침투탐상검사

③ 용제 제거성 염색침투탐상검사

④ 이원성 형광침투탐상검사

해설

세척이 물로 불가능하다면 수세성이나 후유화성 방법은 사용할 수 없고, 암실 확보가 어렵다면 형광침투액을 사용하는 것은 무의미하다.

09 자기이력곡선(Hysteresis Loop)과 관계가 있는 비파괴검사법을 나열한 것 중 옳은 것은?

① 자분탐상검사(MT)와 육안검사(VT)
② 초음파탐상검사(UT)와 와전류탐상검사(ECT)
③ 와전류탐상검사(ECT)와 육안검사(VT)
④ 자분탐상검사(MT)와 와전류탐상검사(ECT)

해설
자장(磁場)의 변화를 그림으로 나타낸 곡선이 자기이력곡선이며 자분탐상검사와 와전류탐상검사가 자장의 변화와 관련이 있다.

10 시험체를 가압하거나 감압하여 일정한 시간이 경과한 후 압력의 변화를 계측해서 누설을 검지하는 비파괴시험법은?

① 압력 변화에 의한 누설시험법
② 암모니아 누설시험법
③ 기포 누설시험법
④ 헬륨 누설시험법

해설
누설시험은 가스 누설을 이용한 검지를 하는 것으로 암모니아는 냄새로, 기포 누설시험은 누설이 있을 경우 발생하는 기포로, 헬륨 누설 시험은 헬륨 감지로 누설을 확인한다. 압력 변화를 이용하는 방법은 가압 후 압력이 변하면 누설이 있는 것으로 이런 원리를 이용하여 검사하는 방법이다.

11 초음파의 특이성을 기술한 것 중 옳은 것은?

① 파장이 길기 때문에 지향성이 둔하다.
② 고체 내에서 잘 전파하지 못한다.
③ 원거리에서 초음파빔은 확산에 의해 약해진다.
④ 고체 내에서는 횡파만 존재한다.

해설
① 파장이 짧다.
② 고체 내에 전달성이 높다.
④ 고체 내에서는 횡파와 종파가 모두 잘 전달된다.

12 전자유도의 법칙을 이용하여 표면 또는 표면 가까운 부분(Sub-surface)의 균열을 탐상하는 시험법은?

① 침투탐상시험
② 방사선투과시험
③ 초음파탐상시험
④ 와전류탐상시험

해설
와전류탐상시험
• 전자유도현상에 따른 와전류분포 변화를 이용하여 검사
• 표면 및 표면직하검사 및 도금층의 두께 측정에 적합
• 파이프 등의 표면결함 고속검출에 적합
• 전자유도현상이 가능한 도체에서 시험이 가능

13 형광침투액과 비교할 때 염색침투액의 장점으로 옳은 것은?

① 침투력이 뛰어나다.
② 미세 균열의 검출에 우수하다.
③ 자연광에서 검사가 용이하고 장비의 사용이 간편하다.
④ 형광침투액은 독성인 반면 염색침투액은 독성이 없다.

해설
형광침투액을 이용하는 검사는 암실이 필요하고, 염색침투액은 색상이 있는 침투액이 남은 것을 육안으로 확인한다.

14 시험체의 매질 내에서 파의 진행방향과 입자의 운동이 수직일 때 발생되는 초음파는?

① 종 파
② 횡 파
③ 표면파
④ 판 파

해설
초음파의 종류

종 파	• 파를 전달하는 입자가 파의 진행 방향에 대해 평행하게 진동하는 파장이다. • 고체, 액체, 기체에 모두 존재하며, 속도(5,900 m/s 정도)가 가장 빠르다.
횡 파	• 파를 전달하는 입자가 파의 진행 방향에 대해 수직하게 진동하는 파장이다. • 액체, 기체에는 존재하지 않으며 속도는 종파의 반 정도이다. • 동일 주파수에서 종파에 비해 파장이 짧아서 작은 결함의 검출에 유리하다.
표면파	• 매질의 한 파장 정도의 깊이를 투과하여 표면으로 진행하는 파장이다. • 입자의 진동방식이 타원형으로 진행한다. • 에너지의 반 이상이 표면으로부터 1/4파장 이내에서 존재하며, 한 파장 깊이에서의 에너지는 대폭 감소한다.
판 파	• 얇은 고체 판에서만 존재한다. • 밀도, 탄성특성, 구조, 두께 및 주파수에 영향을 받는다. • 진동의 형태가 매우 복잡하며, 대칭형과 비대칭형으로 분류된다.
유도 초음파	• 배관 등에 초음파를 일정 각도로 입사시켜 내부에서 굴절, 중첩 등을 통하여 배관을 따라 진행하는 파가 만들어지는 것을 이용하여 발생시킨다. • 탐촉자의 이동 없이 고정된 지점으로부터 대형 설비 전체를 한 번에 탐상 가능하다. • 절연체나 코팅의 제거가 불필요하다.

15 침투탐상검사에서 침투시간에 미치는 영향과 무관한 인자는?

① 현상방법
② 재질의 종류
③ 검출하려는 결함의 종류
④ 시험체와 침투액의 온도

해설
침투시간의 결정인자
• 시험체의 온도   • 시험체의 결함의 종류
• 시험체의 재질   • 침투액의 종류

16 침투탐상검사 결과의 올바른 관찰조건으로 틀린 것은?

① 자외선조사등의 자외선이 직접 눈에 들어오지 않도록 기구의 위치를 조정한다.
② 관찰할 때는 빠트리는 면이 없도록 순서를 정하여 실시한다.
③ 지시모양이 발견되면 반드시 그곳에 표시해야 한다.
④ 판단이 곤란한 것은 무시한다.

해설
판단이 곤란한 경우 재시험을 실시한다.

17 미세결함으로 침투제가 침투하는 과정의 기본원리는?

① 모세관 현상
② 계면활성
③ 적심성
④ 치환작용

해설
접촉에 의한 인력이 액체 자체의 장력보다 큰 경우, 단위체적당 접촉면의 크기가 큰 미세한 틈, 모세관 등에 액체가 빨려 들어가는데, 이를 모세관 현상이라고 한다.

18 침투탐상검사를 할 때 수은 자외선등의 최소 예열시간은?

① 30초   ② 5분

③ 30분   ④ 60분

해설
자외선등
• 전구 수명
  – 새것이었을 때의 25% 강도이면 교환
  – 100W 기준으로 1,000시간/무게
• 예열시간
  – 최소 5분 이상

20 침투탐상검사에서 침투액의 특성으로 틀린 것은?

① 온도 안정성이 있어야 한다.

② 세척성이 좋아야 한다.

③ 부식성이 없어야 한다.

④ 강한 산성이어야 한다.

해설
④ 강한 산성은 부식성이 강하다.
침투액의 조건
• 침투성이 좋아야 한다.
• 열, 빛, 자외선등에 노출되었어도 형광휘도나 색도가 뚜렷해야 한다.
• 점도가 낮아야 한다.
• 부식성이 없어야 한다.
• 수분의 함량은 5% 미만(MIL-I-25135)이어야 한다.
• 미세 개구부에도 스며들 수 있어야 한다.
• 세척 후 얕은 개구부에도 남아 있어야 한다.
• 너무 빨리 증발하거나 건조되어서는 안 된다.
• 짧은 현상시간 동안 미세 개구부로부터 흡출되어야 한다.
• 미세 개구부의 끝으로부터 매우 얇은 막으로 도포되어야 한다.
• 검사 후 쉽게 제거되어야 한다.
• 악취 등의 냄새가 없어야 한다.
• 폭발성이 없고(인화점은 95℃ 이상이어야 함) 독성이 없어야 한다.
• 저장 및 사용 중에 특성이 일정하게 유지되어야 한다.

19 전처리가 필요한 표면오염의 종류인 유기성 물질이 아닌 것은?

① 기계유   ② 윤활유

③ 그리스   ④ 산화물

해설
유기물이란 탄소화합물을 포함한 물질로 기계유, 윤활유, 그리스는 모두 석유를 원료로 한 유기성 물질이다. 산화물은 산소화합물을 포함한 물질이다.

21 현상제가 가져야 할 요구 특성으로 틀린 것은?

① 침투액을 흡출하는 능력이 좋아야 한다.

② 침투액을 분산시키는 능력이 좋아야 한다.

③ 가능한 한 두껍게 도포할 수 있어야 한다.

④ 형광침투제에 적용할 때는 형광성이 아니어야 한다.

해설
현상제의 특성
• 침투액을 흡출하는 능력이 좋아야 한다.
• 침투액을 분산시키는 능력이 좋아야 한다.
• 침투액의 성질에 알맞은 색상이어야 한다.
• 화학적으로 안정된 백색 미분말을 사용한다.

18 ②   19 ④   20 ④   21 ③   **정답**

22 기온이 급강하하여 에어졸형 탐상제의 압력이 낮아져 분무가 곤란할 때 검사자의 조치방법으로 가장 적합한 것은?

① 새것과 언 것을 교대로 사용한다.
② 온수 속에 탐상 캔을 넣어 서서히 온도를 상승시킨다.
③ 에어졸형 탐상제를 난로 위에 놓고 온도를 상승시킨다.
④ 일단 언 상태에서는 온도를 상승시켜도 기능을 발휘하지 못하므로 폐기한다.

해설
에어졸 탐상제가 기온 저하로 분무가 안 될 때는 온수 속에 담가서 서서히 내부 온도를 올린다.

23 침투탐상검사에서 습식현상제를 적용하는 방법으로 가장 적합한 것은?

① 현상제를 철솔로 칠한다.
② 용기에 현상제를 넣어 담근다.
③ 현상제를 부드러운 솔로 칠한다.
④ 현상제를 젖은 걸레에 묻혀 문지른다.

해설
침투액이 침투한 자리에서 현상제가 가능한 그대로 작용해야 하므로, 현상제만 적용될 수 있는 방법이 가장 적합하다. 칠하거나 바르거나 문지르는 방법은 침투액을 그대로 현상하는 데 영향을 줄 수 있다.

24 침투탐상검사에서 발견되는 결함 중 통상적으로 원형의 지시로서 짧은 침투시간이 필요한 것은?

① 단조 겹침
② 미세균열
③ 표면 기공
④ 열처리 균열

해설
보기 중 지시가 원형으로 나는 것은 기공이다.

25 유화처리 과정에서 유화제를 적용하는 방법으로 사용할 수 없는 것은?

① 침적법
② 분무법
③ 붓기법
④ 붓칠법

해설
유화제는 침지, 붓기, 분무 등에 따라 적용하고 균일한 유화처리를 한다. 유화제를 붓칠로 바르면 균일한 도포가 어렵고, 두껍게 발라진 과잉유화제는 침투제를 제거할 우려가 있다.

26 후유화성 침투액과 건식현상제를 사용할 때 탐상방법의 설명으로 옳은 것은?

① 유화제 적용 후에 건조시킨다.
② 현상제 적용 전에 건조시킨다.
③ 증기 세척 후 도금을 벗겨야 한다.
④ 유화제 적용 후에 과잉침투액을 제거해야 한다.

해설
건식현상제를 사용할 때는 현상제 적용 전 건조처리가 필요하다.

27 전처리를 수행한 시험체에 침투처리를 할 때 영향을 미치는 변수로 틀린 것은?

① 결함의 표면으로 열린 입구의 크기와 형상

② 침투액 자체의 표면장력

③ 침투액과 탐상면이 접촉하는 접촉각

④ 침투액 자체의 인화점

인화점은 불이 붙은 온도로 침투처리의 침투성과는 별 관련이 없다.

28 침투탐상시험방법 및 침투지시모양의 분류(KS B 0816)에 의한 B형 대비시험편의 종류 중 PT-B30의 도금 두께는?(단, 단위는 μm이다)

① 도금 두께 – 30±3

② 도금 두께 – 30±2

③ 도금 두께 – 20±2

④ 도금 두께 – 10±1

B형 대비시험편의 종류

기 호	도금 두께(μm)	도금 갈라짐 너비(목표값)
PT-B50	50±5	2.5
PT-B30	30±3	1.5
PT-B20	20±2	1.0
PT-B10	10±1	0.5

29 침투탐상시험방법 및 침투지시모양의 분류(KS B 0816)에서 일반 주강품에 대해 형광침투탐상할 때 관찰에 필요한 자외선의 강도는?

① 25cm 거리에서 $1,000W/cm^2$ 이상

② 25cm 거리에서 $800W/cm^2$ 이상

③ 시험체 표면에서 $500W/cm^2$ 이상

④ 시험체 표면에서 $800W/cm^2$ 이상

KS B 0816 5.3.7 (b)에서 '시험체 표면에서 $800W/cm^2$ 이상'을 명시하였다.

30 침투탐상시험방법 및 침투지시모양의 분류(KS B 0816)에 따른 분류기호 'FB-W'의 시험절차로 옳은 것은?

① 침투처리 → 전처리 → 유화처리 → 물세척처리 → 건조처리 → 건식현상처리 → 관찰 → 후처리

② 전처리 → 침투처리 → 유화처리 → 물세척처리 → 습식현상처리 → 건조처리 → 관찰 → 후처리

③ 전처리 → 침투처리 → 유화처리 → 물세척처리 → 건조처리 → 건식현상처리 → 관찰 → 후처리

④ 전처리 → 침투처리 → 물세척처리 → 유화처리 → 습식현상처리 → 건조처리 → 관찰 → 후처리

시험 방법의 기호	사용하는 침투액과 현상법의 종류	시험의 순서(음영처리된 부분을 순서대로 시행)									
		전처리	침투처리	예비세척처리	유화처리	세척처리	제거처리	건조처리	현상처리	건조처리	관찰	후처리
FB-A	후유화성 형광침투액 (기름베이스유화제) – 습식현상법(수용성)											
DFB-A	후유화성 이원성형광 침투액(기름베이스 유화제) – 습식현상법(수용성)	●	●	→	●	●	→	→	●	●	●	●
FB-W	후유화성 형광침투액 (기름베이스유화제) – 습식현상법(수현탁성)											

31 침투탐상시험방법 및 침투지시모양의 분류(KS B 0816)에서 A형 대비시험편의 제작 시 급랭시켜 갈라짐 발생을 위한 가열 온도범위로 옳은 것은?

① 220~330℃ ② 250~375℃
③ 520~530℃ ④ 700~850℃

해설

A형
• 재료 : A2024P(알루미늄 재)
• 기호 : PT-A
• 제작방법 : 판의 한 면 중앙부를 분젠버너로 520~530℃ 가열하여, 가열한 면에 흐르는 물을 뿌려 급랭시켜 갈라지게 한다. 마찬가지로 반대면도 갈라지게 한 후 중앙부의 홈을 기계가공한다.

32 침투탐상시험방법 및 침투지시모양의 분류(KS B 0816)의 대비시험편에 대한 설명으로 틀린 것은?

① A형 대비시험편은 탐상제의 성능 및 조작방법의 적합 여부를 조사하기 위하여 사용한다.
② B형 대비시험편은 갈라짐의 홈 깊이가 다른 4개의 종류가 있어서 시험체의 결함 깊이를 추정할 수 있다.
③ 탐상제의 성능시험은 1조의 대비시험편 각각의 면에 비교할 탐상제를 동일 조건으로 적용한다.
④ 조작방법의 적합성 여부는 1조의 대비시험편 각각의 면에 동일 탐상제를 다른 조건으로 적용한다.

해설

B형 대비시험편은 갈라짐의 홈 너비가 다른 4개의 종류가 있다.

33 침투탐상시험방법 및 침투지시모양의 분류(KS B 0816)에서 시험체와 침투액의 온도가 규정 내의 온도일 때 강용접부의 표준침투시간으로 옳은 것은?

① 5분 ② 15분
③ 30분 ④ 2시간

해설

재 질	형 태	결함의 종류	모든 종류의 침투액	
			침투시간 (분)	현상시간 (분)
알루미늄, 마그네슘, 동, 타이타늄, 강	주조품, 용접부	쇳물 경계, 융합 불량, 빈 틈새, 갈라짐	5	7
	압출품, 단조품, 압연품	랩(Lap), 갈라짐	10	7
카바이드 팁붙이 공구	–	융합 불량, 갈라짐, 빈 틈새	5	7
플라스틱, 유리, 세라믹스	모든 형태	갈라짐	5	7

34 침투탐상시험방법 및 침투지시모양의 분류(KS B 0816)에 의해 유화제를 점검한 결과 반드시 폐기하지 않아도 되는 것은?

① 유화성능의 저하가 인정되었을 때
② 현저한 흐림이나 침전물이 생겼을 때
③ 규정농도에서의 차이가 3% 미만일 때
④ 점도의 상승에 의해 유화성능의 저하가 인정될 때

해설

유화제의 점검방법
• 사용 중인 유화제의 성능시험에 따라 유화성능의 저하가 인정되었을 때는 폐기한다.
• 사용 중인 유화제의 겉모양 검사를 하여 현저한 흐림이나 침전물이 생겼을 때 및 점도의 상승에 의해 유화성능의 저하가 인정되었을 때는 폐기한다.
• 사용 중인 물베이스 유화제의 농도를 굴추계 등으로 측정하여 규정농도에서 차이가 3% 이상일 때는 폐기하거나 농도를 다시 조정한다.

35 침투탐상시험방법 및 침투지시모양의 분류(KS B 0816)에 의한 시험자의 자격 요건사항으로 틀린 것은?

① 필요한 자격을 가진 자
② 해당 시험에 대하여 충분한 지식을 가진 자
③ 침투탐상제의 화학성분 분석능력을 가진 자
④ 해당 시험에 대하여 충분한 기능 및 경험을 가진 자

해설
KS B 0816 4.2에 시험을 하는 사람은 필요한 자격 또는 그에 상당하는 충분한 지식, 기능 및 경험을 가진 사람이어야 한다.

36 침투탐상시험방법 및 침투지시모양의 분류(KS B 0816)에서 규정한 시험을 하여 합격한 시험체의 표시방법 중 샘플링 검사인 경우에 대하여 표시방법으로 옳은 것은?

① 시험체에 기호 표시가 어려운 경우 적갈색으로 착색한다.
② 각인, 부식 또는 착색(적갈색)으로 시험체에 P의 기호로 표시한다.
③ 합격한 로트의 모든 시험체에 기호 표시가 어려운 경우 황색으로 착색한다.
④ 합격한 로트의 일부 시험체에 각인 또는 착색(황색)으로 시험체에 Ⓟ의 기호로 표시한다.

해설
결과의 표시(KS B 0816.11)
• 전수검사인 경우
  ㉠ 각인, 부식 또는 착색(적갈색)으로 시험체에 P의 기호를 표시한다.
  ㉡ 시험체의 P의 표시를 하기가 곤란한 경우에는 적갈색으로 착색하여 표시한다.
  ㉢ ㉠, ㉡과 같이 표시할 수 없는 경우는 시험 기록에 기재한 방법에 따른다.
• 샘플링 검사인 경우
  합격한 로트의 모든 시험체에 전수검사에 준하여 Ⓟ의 기호 또는 착색(황색)으로 표시한다.

37 침투탐상시험방법 및 침투지시모양의 분류(KS B 0816)에서 잉여침투액의 제거방법에 따른 분류기호에 대한 설명이 틀리게 연결된 것은?

① A : 수세에 의한 방법
② B : 기름베이스 유화제를 사용하는 후유화에 의한 방법
③ C : 용제 제거에 의한 방법
④ D : 속건식 유화제를 사용하는 후유화에 의한 방법

해설
잉여침투액의 제거방법에 따른 분류

명 칭	방 법	기 호
방법 A	수세에 의한 방법	A
방법 B	기름베이스 유화제를 사용하는 후유화에 의한 방법	B
방법 C	용제 제거에 의한 방법	C
방법 D	물베이스 유화제를 사용하는 후유화에 의한 방법	D

38 침투탐상시험방법 및 침투지시모양의 분류(KS B 0816)에 따라 시험 기록을 작성할 때 조작조건에 기재하지 않아도 되는 것은?

① 침투시간
② 전처리시간
③ 시험 시의 온도
④ 현상시간 및 관찰시간

해설
시험 기록사항

기록사항	세부사항
시험 연월일	–
시험체	품명, 모양·치수, 재질, 표면사항
시험방법의 종류	–
탐상제	–
조작방법	전처리방법, 침투액의 적용방법, 유화제의 적용방법, 세척방법 또는 제거방법, 건조방법, 현상제의 적용방법
조작조건	시험 시의 온도, 침투시간, 유화시간, 세척수의 온도와 수압, 건조온도 및 시간, 현상시간 및 관찰시간
시험결과	갈라짐의 유무, 침투지시모양 또는 결함의 기록
시험 기술자	성명 및 취득한 침투탐상시험에 관련된 자격

39 침투탐상시험방법 및 침투지시모양의 분류(KS B 0816)에서 후유화성 형광침투액과 속건식현상제를 사용할 때 시험기호는?

① FD-S　　　　② FB-S

③ FD-A　　　　④ FB-A

해설
① FD-S : 후유화성 형광침투액(물베이스 유화제) – 속건식현상법
② FB-S : 후유화성 형광침투액(기름베이스 유화제) – 속건식현상법
③ FD-A : 후유화성 형광침투액(물베이스 유화제) – 습식현상법(수용성)
④ FB-A : 후유화성 형광침투액(기름베이스 유화제) – 습식현상법(수용성)

40 침투탐상시험방법 및 침투지시모양의 분류(KS B 0816)에서 규정한 세척처리에서 물 스프레이 노즐을 사용할 때 특별히 규정이 없는 한 수온은?

① 10~30℃

② 10~40℃

③ 15~40℃

④ 15~50℃

해설
형광침투액을 사용할 경우 수온은 특별한 규정이 없을 때에는 10~40℃로 한다.

41 침투탐상시험방법 및 침투지시모양의 분류(KS B 0816)에서 형광침투방법에서 암실의 최대 조도는?

① 10lx　　　　② 15lx

③ 20lx　　　　④ 30lx

해설
KS B 0816 6.1.7에서 암실은 20lx이다.

42 배관 용접부의 비파괴시험방법(KS B 0888)에서 침투탐상시험에 의한 합격의 판정에서 'B기준'일 경우 독립침투지시모양 및 연속침투지시모양은 1개의 길이가 몇 mm 이하일 때 합격인가?

① 4　　　　② 8

③ 12　　　　④ 16

해설
배관 용접부의 시험결과 합격판정기준이 KS B 0888 부속서에 달려 있으며, 이 판정규정을 정리하면 다음과 같다.
KS B 0888에 따른 침투탐상검사의 판정규정

구 분	A 기준	B 기준
터짐에 의한 침투지시모양	모두 불합격으로 한다.	모두 불합격으로 한다.
독립침투지시모양 및 연속침투지시모양	1개이 길이 8mm 이하를 합격으로 한다.	1개의 길이 4mm 이하를 합격으로 한다.
분산침투지시모양	연속된 용접 길이 300mm당 합계점이 10점 이하인 경우 합격	연속된 용접 길이 300mm당 합계점이 5점 이하인 경우 합격
혼재한 경우	평가점의 합계점이 연속된 용접 길이 300mm당 10점 이하인 경우 합격	평가점의 합계점이 연속된 용접 길이 300mm당 5점 이하인 경우 합격

43 소성가공에 대한 설명으로 옳은 것은?

① 재결정온도 이하에서 가공하는 것을 냉간가공이라고 한다.

② 열간가공은 기계적 성질이 개선되고 표면산화가 안 된다.

③ 재결정은 결정을 단결정으로 만드는 것이다.

④ 금속의 재결정온도는 모두 동일하다.

해설
② 열간가공은 기계적 성질이 개선되나 표면산화가 잘된다.
③ 재결정은 결정을 다시 만드는 것이다.
④ 금속의 재결정온도는 다르다.

44 다음 중 경질 자성재료에 해당되는 것은?

① Si 강판
② Nd 자석
③ 센더스트
④ 퍼멀로이

해설
경질 자성재료
• 알니코 자석 : Fe에 Al, Ni, Ci를 첨가한 합금으로 주조 알니코와 소결 알니코, 이방성(異方性) 알니코, 등방성(等方性) 알니코가 있다.
• 페라이트 자석 : 바륨 페라이트계, 스트론튬 페라이트계. 가격은 바륨, 성능은 스트론튬, 분말야금에 의해 제조된다.
• 희토류계 자석 : 희토류-Co계 자석, 자기적 특성이 우수하여 영구 자석으로서 최고의 성능을 가지고 있다.
• 네오디뮴 자석 : Co 대신 Fe과 화합할 희토류 중 Nd가 적당

45 용강 중에 Fe-Si, Al 분말을 넣어 완전히 탈산한 강괴는?

① 킬드강
② 림드강
③ 캡드강
④ 세미킬드강

해설
킬드강
• 용융철 바가지(Ladle) 안에서 강력한 탈산제인 페로실리콘(Fe-Si), 알루미늄 등을 첨가하여 충분히 탈산시킨 다음 주형에 주입하여 응고시킨다.
• 기포나 편석은 없으나 표면에 헤어크랙(Hair Crack)이 생기기 쉬우며, 상부의 수축공 때문에 10~20%는 잘라낸다.

46 페라이트형 스테인리스강에서 Fe 이외의 주요한 성분 원소 1가지는?

① W
② Cr
③ Sn
④ Pb

해설
페라이트형 스테인리스강의 예로 엘린바와 같은 경우 36Ni-12Cr-나머지 Fe로 구성된다.

47 비정질 합금의 제조법 중에서 기체 급랭법에 해당되지 않는 것은?

① 진공증착법
② 스퍼터링법
③ 화학증착법
④ 스프레이법

해설
스프레이법은 액체 급랭법에 해당한다.

48 스프링강에 요구되는 성질에 대한 설명으로 옳은 것은?

① 취성이 커야 한다.

② 산화성이 커야 한다.

③ 퀴리점이 높아야 한다.

④ 탄성한도가 높아야 한다.

해설

스프링강 : 탄성한도가 높은 강의 일반적인 총칭. 높은 탄성한도, 피로한도, 크리프 저항, 인성 및 진동이 심한 하중과 반복하중에 잘 견딜 수 있는 성질을 요구한다.

49 편정반응의 반응식을 나타낸 것은?

① 액상 + 고상(S_1) → 고상(S_2)

② 액상(L_1) → 고상 + 액상(L_2)

③ 고상(S_1) → 고상(S_2) + 고상(S_3)

④ 액상 → 고상(S_1) + 고상(S_2)

해설

편정반응은 하나의 액상에서 하나의 또다른 액상과 고상이 정출되는 반응이다.

50 다음 중 대표적인 시효경화성 경합금은?

① 주 강

② 두랄루민

③ 화이트메탈

④ 흑심가단주철

해설

두랄루민

• 단련용 Al합금으로 Al-Cu-Mg계이며 4%Cu, 0.5%Mg, 0.5%Mn, 0.5%Si

• 시효경화성 Al합금으로 가볍고 강도가 크므로 항공기, 자동차, 운반기계 등에 사용된다.

51 다음 중 내열용 알루미늄 합금이 아닌 것은?

① Y-합금

② 코비탈륨

③ 플래티나이트

④ 로-엑스(Lo-Ex)합금

해설

플래티나이트(Platinite) : 열팽창계수가 백금과 유사, 전등의 봉입선

52 조성은 30~32%Ni, 4~6%Co 및 나머지 Fe을 함유한 합금으로 20℃에서 팽창계수가 0(Zero)에 가까운 합금은?

① 알민(Almin)

② 알드리(Aldrey)

③ 알클래드(Alclad)

④ 슈퍼 인바(Super Invar)

해설

불변강 : 온도 변화에 따른 선팽창계수나 탄성률의 변화가 없는 강
- 인바(Invar) : 35~36%Ni, 0.1~0.3%Cr, 0.4%Mn + Fe. 내식성이 좋고, 바이메탈, 진자, 줄자
- 슈퍼 인바(Super Invar) : Cr와 Mn 대신 Co, 인바에서 개선
- 엘린바(Elinvar) : 36%Ni – 12%Cr – 나머지 Fe, 각종 게이지, 정밀 부품
- 코엘린바(Coelinvar) : 10~11%Cr, 26~58%Co, 10~16%Ni + Fe, 공기 중 내식성
- 플래티나이트(Platinite) : 열팽창계수가 백금과 유사, 전등의 봉입선

53 액체 금속이 응고할 때 응고점(녹는점)보다 낮은 온도에서 응고가 시작되는 현상은?

① 과랭현상

② 과열현상

③ 핵정지현상

④ 응고잠열현상

해설

심랭처리(0℃ 이하로 담금질, 서브제로, 과랭)는 급랭하여 잔류 오스테나이트 조직을 없애기 위해 시행함

54 오스테나이트 조직을 가지며, 내마멸성과 내충격성이 우수하고 특히 인성이 우수하기 때문에 각종 광산기계의 파쇄장치, 임펠러 플레이트 등이나 굴착기 등의 재료로 사용되는 강은?

① 고Si강

② 고Mn강

③ Ni–Cr강

④ Cr–Mo강

해설

문제 그대로가 고Mn강에 대한 설명이다.

55 저용융점 합금의 금속원소가 아닌 것은?

① Mo

② Sn

③ Pb

④ In

해설

Mo은 2,610℃로 높은 고용융점을 갖는다.

56 다음 중 베어링합금의 구비조건으로 틀린 것은?

① 마찰계수가 커야 한다.

② 경도 및 내압력이 커야 한다.

③ 소착에 대한 저항성이 커야 한다.

④ 주조성 및 절삭성이 좋아야 한다.

해설

마찰계수가 크면 마찰저항이 크게 되어 베어링의 목적에 부합하지 않게 된다.

57 금속의 기지에 1~5μm 정도의 비금속 입자가 금속이나 합금의 기지 중에 분산되어 있는 것으로 내열재료로 사용되는 것은?

① FRM

② SAP

③ Cermet

④ Kelmet

서멧(Cermet) : 세라믹 + 메탈로부터 만들어진 것으로, 금속조직 (Metal Matrix) 내에 세라믹 입자를 분산시킨 복합재료. 절삭공구, 다이스, 치과용 드릴 등과 같은 내충격, 내마멸용 공구로 사용

58 아크전압이 30V, 아크전류가 200A, 용접속도가 20cm/min인 경우 용섭입열은 몇 J/cm인가?

① 15,000

② 18,000

③ 25,000

④ 36,000

용접입열 : 용접부에 외부에서 주어지는 열량

용접입열 $H = \dfrac{60EI}{V} = \dfrac{60 \times 30 \times 200}{20} = 18,000$(Joule/cm)

여기서, E : 아크전압, I : 아크전류, V : 용접속도(cm/min)

59 가스충전 용기는 불씨로부터 몇 m 이상 거리를 두는가?

① 1

② 2

③ 3

④ 5

가스충전 용기는 화원(불씨)으로부터 5m 이상을 유지해야 한다.

60 다음 중 용접법의 선택에 있어 이음 형상에 대한 용접 방법이 적합하지 않은 것은?

① TIG용접 - T이음

② 가스용접 - 맞대기이음

③ 피복 아크용접 - 모서리이음

④ 서브머지드 아크용접 - 겹치기필릿이음

문제를 해결함에 있어 좋은 문항이나 확실한 문항도 있지만, 문제 자체의 의도와는 달리 수험자가 다른 상상을 할 수 있는 문항들이 간혹 있다. 그러나 시험 현장에서는 우선 그런 근원적인 문제에 대해서는 문제 삼지 말고, 답지 중 최선답을 고르는 것이 중요하다. 답지 네 개 모두 용접이 '안 될 것은 없다.' 하지만 용접의 특성을 어느 정도 고려해서 이 중 답지를 고르자면, T이음은 한쪽 모서리에서 용접하고, 모재의 두께에 따라 용접깊이가 어느 정도 나와야 한다. TIG용접은 모재에 따라 다르긴 하나 T이음에는 비교적 적합하지 않다고 볼 수 있다.

2017년 제1회 과년도 기출복원문제

※ 2017년부터는 CBT(컴퓨터 기반 시험)로 진행되어 수험자의 기억에 의해 문제를 복원하였습니다. 실제 시행문제와 일부 상이할 수 있음을 알려드립니다.

01 필름특성곡선에 대한 설명 중 옳지 않은 것은?

① 특정한 필름에 대한 노출량과 흑화도의 관계를 나타낸 것
② H&D 곡선이라고도 함
③ 특성곡선 위 접점의 기울기는 필름의 명암도
④ 가로축은 흑화도, 세로축은 상대 노출량에 Log를 취한 값을 사용

> **해설**
> 필름특성곡선은 가로축을 노출량에 Log를 입히고, 세로축에 흑화도를 놓고 필름의 노출량과 흑화도의 관계를 곡선으로 나타낸 것으로, Highly Linear Sensitometry&Digitizer Range의 약자로 H&D 곡선으로도 표현함

02 자분탐상검사에서 자분을 제거하는 조건으로 옳지 않은 것은?

① 검사가 앞의 자화에 의해 악영향을 받을 우려가 있을 때
② 잔류자기가 계측기의 작동이나 정밀도에 악영향을 미칠 우려가 있을 때
③ 시험체가 마찰 부분에 사용되어 철분 등을 흡인, 마모 증가의 우려가 있을 때
④ 시험체를 처음보다 더 강한 자기장의 세기로 자화할 때

> **해설**
> 더 강하게 자화하는 경우 앞의 자화에 영향을 받지 않는다.

03 자분탐상시험의 선형자화법에서 자계의 세기(자화력)를 나타내는 단위는?

① 암페어
② 볼 트
③ 웨 버
④ 암페어/미터

> **해설**
> 암페어(A)는 전류의 단위, 볼트(V)는 전압의 단위, 웨버(Wb)는 자기력선속의 단위이다.

04 비접촉 검사로 효율적이고 가는 선, 구멍 내부 등의 탐사가 가능하며 재료와 깊이에 영향을 받는 비파괴 검사는?

① 방사선투과검사
② 초음파투과검사
③ 와전류탐상검사
④ 자분탐상검사

> **해설**
> 와전류탐상검사는 관, 선, 환봉 등에 대해 비접촉으로 탐상이 가능하기 때문에 고속으로 자동화된 전수검사를 실시할 수 있다. 그러나 지시가 이송진동, 재질, 치수 변화 등 많은 잡음인자의 영향을 받기 쉽기 때문에 검사과정에서 해석상의 장애를 일으킬 수 있다.

05 육안검사에 관한 설명으로 틀린 것은?

① 정밀 검사이다.
② 높은 효율성을 갖는다.
③ VT-1은 500lx 이상 확보해야 한다.
④ VT-2는 압력용기 누설시험이다.

> **해설**
> 육안검사는 정밀도보다 효율성에 초점을 맞춘 시험이다.

1 ④ 2 ④ 3 ④ 4 ③ 5 ① **정답**

06 기계적인 미세한 변화를 검출하기 위해 얇은 센서를 붙여서 기계적 변형을 측정해 내는 시험법은?

① 적외선 서모그래피법

② 피코초 초음파법

③ 누설램파법

④ 응력 스트레인법

> **해설**
> 응력 스트레인법은 기계적인 미세한 변화를 검출하기 위해 얇은 센서를 붙여서 기계적 변형을 측정해내는 방법으로 기계나 구조물의 설계 시 응력 변형률을 측정·적용하여 파손 변형의 적절성을 측정하는 방법이다.

07 시험체에 대한 와전류의 침투 깊이에 영향을 미치지 않는 것은?

① 전도율

② 투자율

③ 시험주파수

④ 자속밀도

> **해설**
> 시험주파수의 크고 작음은 와전류가 일으키는 표면효과에 큰 영향을 주지 않는다.

08 자분탐상검사, 와전류탐상검사, 침투탐상검사의 공통점은?

① 비금속 재료에 적용이 가능하다.

② 표면 바로 아래의 결함 검출에 용이하다.

③ 검사 시 전기 설비가 필요 없다.

④ 개구 표면결함의 검출 감도가 우수하다.

> **해설**
> 세 가지 모두 표면검사로서, 자분탐상검사는 자성재료에 적용이 가능하고, 와전류탐상은 도전체에 전류를 흘려서 하는 검사가 가능하며, 침투탐상은 열린 결함에 탐상이 가능하다.

09 초음파탐상시험에서 파장의 영향에 관한 설명으로 옳은 것은?

① 파장이 길수록 작은 결함을 찾기 쉽다.

② 파장의 길이와 검출 가능한 결함의 한계 크기는 관계가 없다.

③ 파장이 길수록 감쇠가 증대하므로 유효한 탐상거리가 짧아진다.

④ 같은 결함에서 발생된 에코가 표시기에 나타나는 위치는 파장의 길고 짧음에는 관계되지 않는다.

> **해설**
> 파장의 길이와 위치와는 무관하며 파장의 길이는 마치 그물망의 그물코 크기에 비유할 수 있어, 파장의 길이가 짧을수록 속도는 줄어들기 때문에 꼼꼼한 조사를 시행한다.

10 초음파탐상시험 중 펄스반사법에 의한 직접접촉법에 해당되지 않는 것은?

① 수침법

② 표면파법

③ 수직법

④ 경사각법

> **해설**
> 탐촉자의 접촉방법에 의한 분류
> • 직접접촉법 : 탐촉자를 시험체 위에 직접 접촉시켜 검사하는 방법
> • 수침법 : 시험체와 탐촉자를 물속에 넣고 초음파를 발생시켜 검사하는 방법
>   – 전몰수침법 : 시험체 전체를 물속에 넣고 검사하는 방법
>   – 국부수침법 : 시험체의 국부만 물에 수침되게 하여 검사하는 방법

11 다음 누설검사에 대한 설명으로 옳지 않은 것은?

① 가압법과 진공법으로 나뉜다.

② 내부와 외부의 압력차가 작을 때 결함 발견이 쉽다.

③ 자주 사용하는 누설량 단위로 Pam^3/s, mbar l/s 가 있다.

④ 진공용기에서 누설결함이 발견된 경우는 사용하기 어렵다.

• 누설검사는 용기의 내·외부에 압력차를 주어 검사함으로써 결함을 발견하는 방법으로 내·외부 압력차가 클 때 검사속도가 빠르며 주로 기계가공용 부품 등보다 밀폐용기 등에 꼭 필요한 검사이다.
• 누설량 단위는 lusec, Pam^3/s, mbar l/s이 있으며 압력에 따른 시간당 기체의 양을 표현하는 단위이다.

12 물체의 균열이나 국부 파단 등의 응력파를 검출하여 사용 중 검사가 가능하게 하는 검사방법은?

① 초음파검사법 　　② 음향탐상법

③ 방사선투과법 　　④ 와전류탐상법

음향탐상법은 물체의 균열이나 국부응력, 파단력의 발생 시 생기는 파장을 검출하는 방법이다. 검사체에서 발생하는 파장을 감지하는 방법이므로 실시간 검사가 가능하되 이미 존재하는 결함에 대해서는 검출이 어렵다.

13 다음 중 광학원리를 적용하는 검사방법은?

① 초음파탐상법

② 기체누설검사

③ 와전류탐상검사

④ 형광침투탐상검사

광학원리를 이용하는 시험은 빛의 투과, 굴절, 반사 및 에너지를 이용한 분자운동 등을 이용하는 시험으로 빛(자외선)을 받으면 형광물질이 빛을 발하여 잔류 여부를 알 수 있도록 한다.

14 침투탐상시험에 영향을 주는 성질은?

① 점 도 　　② 투명도

③ 온 도 　　④ 밀 도

온도와 밀도가 점도에 영향을 주어 영향을 주지 않는다 할 수는 없으나 점도가 직접적으로 적심성에 영향을 준다.

15 V는 침투액을 어떤 방법으로 분류한 것인가?

① 침투액에 따른 분류

② 유화방법에 따른 분류

③ 침투액 제거방법에 따른 분류

④ 자외선 사용 여부에 따른 분류

침투액의 종류에 따라 V, F, D 방법으로 구분한다.

명 칭	방 법	기 호
V 방법	염색침투액을 사용하는 방법	V
F 방법	형광침투액을 사용하는 방법	F
D 방법	이원성 염색침투액을 사용하는 방법	DV
	이원성 형광침투액을 사용하는 방법	DF

16 VC-S의 의미는?

① 수세성 염색침투액을 이용하여 침투 후 건식현상

② 용제 제거성 염색침투액을 이용하여 침투 후 속건식현상

③ 후유화성 형광침투액을 이용하여 침투 후 무현상

④ 이원성이며 수세성 형광침투액을 이용하여 침투 후 건식현상

해설

• 사용하는 침투액에 따른 분류

명 칭	방 법	기 호
V 방법	염색침투액을 사용하는 방법	V
F 방법	형광침투액을 사용하는 방법	F
D 방법	이원성 염색침투액을 사용하는 방법	DV
	이원투액을 사용하는 방법	DF

• 잉여침투액의 제거방법에 따른 분류

명 칭	방 법	기 호
방법 A	수세에 의한 방법	A
방법 B	기름베이스 유화제를 사용하는 후유화에 의한 방법	B
방법 C	용제 제거에 의한 방법	C
방법 D	물베이스 유화제를 사용하는 후유화에 의한 방법	D

• 현상방법에 따른 분류

명 칭	방 법	기 호
건식현상법	건식현상제를 사용하는 방법	D
습식현상법	수용성 현상제를 사용하는 방법	A
	수현탁성 현상제를 사용하는 방법	W
속건식현상법	속건식현상제를 사용하는 방법	S
특수현상법	특수한 현상제를 사용하는 방법	E
무현상법	현상제를 사용하지 않는 방법	N

17 침투탐상검사로 검출이 어려운 결함은?

① 언더 컷   ② 오버 랩
③ 피로균열   ④ 슬래그 혼입

해설

침투탐상검사는 표면탐상검사이다. 슬래그가 섞인 것은 알 수 없다.

18 형광침투탐상시험을 할 때 과잉침투제를 제거한 직후 해야 할 사항으로 옳은 것은?

① 표면을 압축공기로 불어 건조시킨다.

② 흡수지를 사용하여 표면에 남아 있는 액체를 빨아낸다.

③ 자외선등으로 과잉침투액이 제거되었는가 점검한다.

④ 열풍식 건조기로 표면을 건조시킨다.

해설

제거가 잘되었는지 점검한다.

19 배액시간은 어느 시간에 포함되는가?

① 침투시간   ② 건조시간
③ 유화시간   ④ 현상시간

해설

여분의 침투액을 배액하는 동안 결함에 도달한 침투액은 침투가 된다.

20 후유화성 침투에서 침투액을 제거할 때 사용하는 방법이 아닌 것은?

① 수 건   ② 종이타월
③ 압축공기   ④ 헝 겊

해설

압축공기를 이용하여 침투액을 불어내면 결함에 침투한 침투액도 제거될 우려가 있어 사용하지 않는다.

21 높은 결함 검출감도와 휴대성이 좋고 취급이 간편하며 속건식, 건식 및 습식현상제가 모두 사용 가능한 탐상법은?

① 용제 제거성 형광침투탐상검사
② 용제 제거성 염색침투탐상검사
③ 후유화성 형광침투탐상검사
④ 후유화성 염색침투탐상검사

해설
용제 제거성 형광침투탐상검사는 에어로졸을 이용하여 휴대성이 높고 취급이 간편하며 모든 현상제가 적용 가능하다. 그러나 표면이 거친 시험체의 제거가 어렵고, 휴대용 자외선 조광기가 필요하다.

22 형광탐상에서 필요한 조도로 적절한 것은?

① 20lx
② 30lx
③ 50lx
④ 60lx

해설
형광탐상에서는 조도가 20lx 이하여야 한다.

23 다음 중 정상적인 결함의 지시에 대한 설명이 아닌 것은?

① 결함의 지시는 실제 결함의 크기보다 작게 나타난다.
② 선형지시는 지시 길이가 폭의 3배 이상인 것이다.
③ 원형지시는 둥근 모양의 지시를 의미한다.
④ 중간에 끊어진 선형지시도 연속된 결함으로 판정될 수 있다.

해설
결함의 지시는 번짐으로 인해 실제 결함의 크기와 같거나 조금 더 크게 나타난다.

24 침투액을 시험 표면에 적용한 후 표면에 있는 불연속부에 침투액이 침투되게 하고, 과잉침투액을 제거하기 전까지 침투액이 표면에 머무는 시간을 무엇이라 하는가?

① 유지시간(Dwell Time)
② 배액시간(Drain Time)
③ 흡수시간(Absorption Time)
④ 유화시간(Emulsification Time)

해설
유지시간 : 침투액을 시험 표면에 적용한 후 표면에 있는 불연속부에 침투액이 침투되게 하고, 과잉침투액을 제거하기 전까지 침투액이 표면에 머무는 시간이다.

25 알루미늄 압연품의 침투시간은?

① 10초
② 1분
③ 5분
④ 10분

해설
표준침투시간

재 질	형 태	결함의 종류	모든 종류의 침투액	
			침투시간 (분)	현상시간 (분)
알루미늄, 마그네슘, 동, 타이타늄, 강	주조품, 용접부	쇳물 경계, 융합 불량, 빈 틈새, 갈라짐	5	7
	압출품, 단조품, 압연품	랩(Lap), 갈라짐	10	7
카바이드 팁붙이 공구	–	융합 불량, 갈라짐, 빈 틈새	5	7
플라스틱, 유리, 세라믹스	모든 형태	갈라짐	5	7

26 가늘고 폭이 3배 이상인 지시의 의미는?

① 선상결함   ② 원형상 결함

③ 연속결함   ④ 분산결함

해설
- 원형상 결함과 선상결함은 결함의 모양에 따라 구분한 것이고, 연속결함과 분산결함은 결함의 연속성에 따라 구분한 것이다.
- 가늘고 폭이 3배 이상의 모양을 갖는 지시는 선상결함에서 나타난다.

27 잉여침투제를 제거하기 위한 예비 세척처리 공정이 필요하지 않는 방법은?

① FD-N   ② VD-S

③ FD-A   ④ DFC-N

해설
DFC-N은 용제제거의 방법을 사용한다.
물베이스 유화제를 사용하는 후유화에 의한 방법(방법 D)에서만 예비 세척처리를 시행한다.

28 다음 중 암실의 밝기를 측정하기 위한 장비는?

① 농도계   ② 열량계

③ 조도계   ④ 자외선강도계

해설
조도계 : 밝기 측정 장비

29 침투탐상시험방법 및 침투지시모양의 분류(KS B 0816)에 따라 침투지시모양이 동일선상이고 상호 간의 거리가 몇 mm 이하일 때 연속 침투지시모양으로 규정하고 있는가?

① 1   ② 2

③ 3   ④ 4

해설
동일선상에 존재하는 2mm 이하의 간격은 연속된 지시로 본다.

30 침투탐상시험방법 및 침투지시모양의 분류(KS B 0816)에서 염색 침투탐상 시 자연광 또는 백색광 아래에서의 조도는?

① 시험면에서 500lx 이하

② 시험면에서 500lx 이상

③ 시험면에서 $10W/m^2$ 이상

④ 시험면에서 $10W/m^2$ 이하

해설
염색침투액 사용 시 : 밝기(조도) – 500lx 이상의 자연광이나 백색광

31 침투탐상이 힘든 다공질재에 시험액을 뿌리면 건조의 속도에 따라 결함부에 얼룩이 생기는 원리를 활용하는 검사는?

① 하전 입자법

② 여과 입자법

③ 역형광법

④ 휘발성 침투액법

해설

알코올 등을 다공질재 시험체에 뿌리면 결함 있는 곳에서 휘발이 늦어져서 얼룩이 생긴다.

32 KS B 0816에 따른 잉여침투액 제거 방법 분류 중 용제 제거에 의한 방법은?

① 방법 A   ② 방법 B

③ 방법 C   ④ 방법 D

해설

잉여침투액 제거방법에 따른 분류

명 칭	방 법	기 호
방법 A	수세에 의한 방법	A
방법 B	기름베이스 유화제를 사용하는 후유화에 의한 방법	B
방법 C	용제 제거에 의한 방법	C
방법 D	물베이스 유화제를 사용하는 후유화에 의한 방법	D

33 FB-D의 경우 유화시간은?

① 기름베이스 유화제를 사용하며 2분

② 물베이스 유화제를 사용하며 2분

③ 기름베이스 유화제를 사용하며 3분

④ 물베이스 유화제를 사용하며 3분

해설

FB-D는 후유화성 형광침투액을 사용하고 기름베이스 유화제를 사용하며 건식현상법을 적용한다. 유화제별 유화시간은 다음과 같다.

기름베이스 유화제 사용 시	형광침투액의 경우	3분 이내
	염색침투액의 경우	30초 이내
물베이스 유화제 사용 시	형광침투액의 경우	2분 이내
	염색침투액의 경우	2분 이내

34 침투탐상시험방법 및 침투지시모양의 분류(KS B 0816)에 따라 세척처리 및 제거처리 시 수세성 침투액은 특별한 규정이 없는 한 무엇으로 세척하도록 규정하고 있는가?

① 10~40℃의 물

② 공 기

③ 유화제

④ 현상제

해설

KS B 0816 5.3.4. b)에 의해 수세성 및 후유화성 침투액은 10~40℃의 물로 세척한다.

35 B형 대비시험편의 재료는?

① Au   ② Cu

③ Ag   ④ Fe

해설

B형 대비시험편은 C2600P, C2720P, C2801P이며 구리계열이다.

36 탐상제의 성능 및 조작방법의 적합 여부를 조사하는 데 사용하는 것은?

① 현상제

② 침투액

③ 대비시험편

④ 유화제

해설

현상제, 침투액, 유화제 등은 탐상제이며, 탐상제의 성능을 테스트 하기 위해 대비시험편을 사용한다.

37 다음 중 성능시험에 따른 침투액의 폐기조건이 아닌 것은?

① 결함검출능력 저하 시

② 휘도 저하 시

③ 색상 변화 시

④ 농도가 규정에서 3% 이상 차이 시

해설

사용 중인 침투액의 성능시험을 따라 결함검출능력 및 휘도 저하, 색상 변화 시 폐기한다.

38 세척액의 건조처리로 부적당한 것은?

① 자연 건조

② 가열 건조

③ 마른 헝겊으로 닦아냄

④ 종이 수건으로 닦아냄

해설

가열 건조를 하면 시험체의 변형 우려가 있다.

39 KS B 0816에서 제시된 결함을 기록할 때 기록하는 방법의 예시로 적당치 않은 것은?

① 도 면

② 사 진

③ 탁 본

④ 스케치

해설

탁본은 지시를 변형시킬 우려가 있으며 KS B 0816에 언급되어 있지 않다.

40 샘플링 검사에 합격한 로트에 표시할 착색으로 옳은 것은?

① 흰 색　　　　　② 적 색
③ 황 색　　　　　④ 녹 색

해설
샘플링 검사에 합격한 로트는 황색으로 표시하거나 ⓟ로 표시한다.

41 배관 용접부의 비파괴시험 방법(KS B 0888)의 합격 판정 A 기준으로 300mm 배관 용접부에서 합격인 경우는?

① 독립침투지시모양이 10mm
② 분산침투지시모양이 2mm 2개, 8mm 2개인 경우
③ 원형침투지시모양이 3mm 5개인 경우
④ 원형침투지시모양이 6mm 3개인 경우

해설
침투탐상시험에서의 흠의 평가점

분 류	침투지시모양의 길이		
	1mm 초과 2mm 이하	2mm 초과 4mm 이하	4mm 초과 8mm 이하
선형침투지시 및 연속침투지시모양	1점	2점	4점
원형침투지시모양	–	1점	4점

합격 기준

구 분	A 기준	B 기준
터짐에 의한 침투지시 모양	모두 불합격으로 한다.	모두 불합격으로 한다.
독립침투지시모양 및 연속침투지시모양	1개의 길이 8mm 이하를 합격으로 한다.	1개의 길이 4mm 이하를 합격으로 한다.
분산침투지시모양	연속된 용접 길이 300mm당의 합계점이 10점 이하인 경우 합격	연속된 용접 길이 300mm당의 합계점이 5점 이하인 경우 합격
혼재한 경우	평가점의 합계점이 연속된 용접 길이 300mm당 10점 이하인 경우 합격	평가점의 합계점이 연속된 용접 길이 300mm당 5점 이하인 경우 합격

42 침투탐상시험방법 및 침투지시모양의 분류(KS B 0816)에서 규정한 조작조건에 대한 기록 중 온도를 반드시 기록해야 할 조건으로 틀린 것은?

① 시험 장소에서의 기온 및 침투액의 온도, 기온 및 액온이 0℃ 이하 또는 80℃ 이상일 경우
② 시험 장소에서의 기온 및 침투액의 온도, 기온 및 액온이 20℃~45℃일 경우
③ 시험 장소에서의 기온 및 침투액의 온도, 기온 및 액온이 10℃ 이하 30℃ 이상일 경우
④ 시험 장소에서의 기온 및 침투액의 온도, 기온 및 액온이 40℃~75℃일 경우

해설
특수한 상황일 때 환경의 변수를 반영하기 위하여 기록에 적용하였다.

43 다음 중 인바에 들어가는 재료가 아닌 것은?

① 니 켈
② 크 롬
③ 망 간
④ 몰리브덴

해설
인바(Invar) : 35~36Ni, 0.1~0.3Cr, 0.4Mn + Fe, 내식성 좋고, 바이메탈, 진자, 줄자 등에 사용된다.

44 금속의 특징으로 옳지 않은 것은?

① 전기 및 열의 전도체이다.

② 일반적으로 다른 기계재료에 비해 전연성이 좋다.

③ 금속마다 각기 고유의 광택이 있다.

④ 비중 10을 기준으로 중금속과 경금속으로 나뉜다.

해설

비중 5 정도를 기준으로 중금속과 경금속으로 나눈다.

45 다음 금속 중 비중이 가장 높은 것은?

① Au ② Ag

③ Cu ④ Fe

해설

금속의 비중

- 금(Au) : 19.29
- 은(Ag) : 10.5
- 동(Cu) : 8.93
- 철(Fe) : 7.87

46 어떤 원인에 의해 원자배열이 달라져 다른 물질로 변하는 것을 일컫는 용어는?

① 다결정화 ② 동소변태

③ 자기변태 ④ 금속결합

해설

동소변태

다이아몬드와 흑연은 모두 탄소로만 이루어진 물질이지만 확연히 다른 상태로 존재하는 고체이다. 이처럼 동일 원소이지만 다르게 존재하는 물질을 동소체(Allotropy)라 하며, 어떤 원인에 의해 원자배열이 달라져 다른 물질을 변하는 것이다. 예를 들어 흑연에 적절한 열과 압력을 가하여 다이아몬드가 되는 변태를 동소변태 또는 격자변태라 한다.

47 결정구조 결함의 일종인 빈 자리(Vacancy)로 인하여 전체 금속 이온의 위치가 밀리게 되고 이로 인해 구조적인 결함이 발생하는 결함의 명칭은?

① 전 위 ② 시 효

③ 산 세 ④ 석 출

해설

① 전위(Dislocation) : 빈 공간(Vacancy)으로 인하여 전체 금속 이온의 위치가 밀리게 되고 그 결과로 인하여 발생하는 구조 적인 결함

② 시효 : 시간이 지남에 따라 생기는 변화

③ 산세 : 산을 이용한 세척

④ 석출 : 어떤 변화로 인해 조직 내에 돌과 같은 결정질이 나타남

48 면심입방격자 구조에 대한 설명으로 옳지 않은 것은?

① 입방체의 각 모서리와 면의 중심에 각각 한 개 씩의 원자가 있다.

② 체심입방격자 구조보다 전연성이 떨어진다.

③ Au, Ag, Al, Cu, γ철이 속한다.

④ 단위격자 내 원자의 수는 4개이며, 배위수는 12 개이다.

해설

면심입방격자 구조는 면 층간 미끄러짐이 좋아 전연성이 좋다.

49 일정한 지름 D(mm)의 강구 압입체를 일정한 하중 P(N)로 시험편 표면에 누른 다음 시험편에 나타난 압입자국 면적을 보고 경도값을 계산하는 시험방법은?

① 쇼어 시험

② 브리넬 시험

③ 로크웰 시험

④ 비커스 시험

해설
- 쇼어 경도 시험 : 강구의 반발 높이로 측정하는 반발 경도 시험이다.
- 로크웰 경도 시험 : 처음 하중(10kgf)과 변화된 시험하중(60, 100, 150kgf)으로 눌렀을 때 압입 깊이 차로 결정된다.
- 비커스 경도 시험 : 원뿔형의 다이아몬드 압입체를 시험편의 표면에 하중 P로 압입한 다음, 시험편의 표면에 생긴 자국의 대각선 길이 d를 비커스 경도계에 있는 현미경으로 측정하여 경도를 구한다. 좁은 구역에서 측정할 때는 마이크로 비커스 경도 측정을 하며, 도금층이나 질화층 등과 같이 얇은 층의 경도 측정에도 적합하다.

50 순철의 성질이 아닌 것은?

① 0.025%C까지 고용하고 있다.

② HB 90 정도이다.

③ 다소 흰색이며 매우 연하다.

④ 전연성이 큰 비자성체이다.

해설
전연성이 큰 강자성체이다.

51 Fe-C 상태도에서 자기변태점은?

① A_0 변태

② A_1 변태

③ A_{cm} 변태

④ A_3 변태

해설
자기변태점은 A_0 변태와 A_2 변태이다.
※ 짝수로 기억하도록 한다.

52 다음 중 순철의 변태가 아닌 것은?

① A_1 변태

② A_2 변태

③ A_3 변태

④ A_4 변태

해설
① A_1 변태 : 강의 공석변태를 말한다. γ고용체에서 (α-페라이트)+시멘타이트로 변태를 일으킨다.
② A_2 변태 : 순철의 자기변태를 말한다.
③ A_3 변태 : 순철의 동소변태의 하나이며, α철(체심입방격자)에서 γ철(면심입방격자)로 변화한다.
④ A_4 변태 : 순철의 동소변태의 하나이며, γ철(면심입방격자)에서 δ철(체심입방격자)로 변화한다.

53 탄소강의 청열메짐이 일어나는 온도(℃)는?

① 500~600

② 200~300

③ 50~1,500

④ -20~20

해설

탄소강은 200~300℃에서 상온일 때보다 인성이 저하하는 특성이 있는데, 이를 청열메짐이라 한다. 또 황을 많이 함유한 탄소강은 약 950℃에서 인성이 저하하는 특성이 있는데 이를 적열메짐이라 한다. 그리고 탄소강이 온도가 상온 이하로 내려가면 강도와 경도가 증가하나 충격값은 크게 감소한다. 그런데 인(P)을 많이 함유한 탄소강은 상온에서도 인성이 낮게 되는데 이를 상온취성이라고 한다.

54 주철에 들어있는 불순물이 아닌 것은?

① 흑 연   ② 납

③ 구 리   ④ 황

해설

대표적인 불순물로 흑연, 규소, 구리, 망간, 황 등이 있으며 탄소강에서의 역할과 유사하다.

55 고속베어링에 적합한 것으로 주요 성분이 Cu+Pb인 합금은?

① 톰 백   ② 포 금

③ 켈 멧   ④ 인청동

해설

③ 켈멧(Kelmet) : 강(Steel) 위에 청동을 용착시켜 마찰이 많은 곳에 사용하도록 만든 베어링용 합금이다.

① 톰백(Tombac) : 8~20%의 아연을 구리에 첨가한 구리합금은 황동 중에서 가장 금빛에 가까우며, 소량의 납을 첨가하여 값이 싼 금색 합금을 만든다. 특히 금종이 서적의 금박 입히기, 금색 인쇄에 사용된다.

② 포금(Gun Metal) : 8~12% Sn에 1~2% Zn이 함유된 구리합금으로 과거 포신(砲身)을 제조할 때 사용했다 하여 포금이라 부른다. 단조성이 좋고 강력하며, 내식성이 있어 밸브, 콕, 기어, 베어링 부시 등의 주물에 널리 사용된다. 또 내해수성이 강하고, 수압·증기압에도 잘 견디므로 선박 등에 널리 사용된다. 이 중 애드미럴티 포금(Admiralty Gun Metal)은 주조성과 절삭성이 뛰어나다.

④ 인청동(Phosphor Bronze) : 청동에 1% 이하의 인(P)을 첨가한 것이다. 인은 주석 청동의 용융 주조 시에 탈산제로 사용되며, 첨가량을 많게 하여 합금 중에 인을 0.05~0.5% 잔류시키면 구리 용융액의 유동성이 좋아지고, 강도, 경도 및 탄성률 등 기계적 성질이 개선될 뿐만 아니라 내식성도 좋아진다. 봉은 기어, 캠, 축, 베어링 등에 사용되며, 선은 코일 스프링, 스파이럴 스프링 등에 사용된다.

56 구리와 니켈의 합금으로 연성이 뛰어나고, 내식성도 우수하여 선박응축기 등에서 활용이 가능한 재료는?

① 황 동   ② 청 동

③ 백 동   ④ 금 동

해설

백동은 황동, 청동보다 내식성이 뛰어나서 선박 부품에 많이 활용되며, 얇게 만들 수 있어서 군사용으로도 쓰인다.

57 아르곤이나 CO_2 아크 자동 및 반자동 용접과 같이 가는 지름의 전극 와이어에 큰 전류를 흐르게 할 때의 아크 특성은?

① 정전압 특성
② 정전류 특성
③ 부특성
④ 상승 특성

해설
① 정전압 특성 : 아크의 길이가 l_1에서 l_2로 변하면 아크전류가 l_1에서 l_2로 크게 변화하지만 아크전압에는 거의 변화가 나타나지 않는 특성을 정전압 특성 또는 CP(Constant Potential) 특성이라 한다.
③ 부특성 : 아크 전압의 특성은 전류밀도가 작은 범위에서는 전류가 증가하면 아크저항은 감소하므로 아크전압도 감소한다.

59 8~20%의 아연을 구리에 첨가한 구리합금으로 황동 중에서 가장 금빛깔에 가까우며, 소량의 납을 첨가하여 값이 싼 금색 합금을 만든 것은?

① 탄피황동
② 톰 백
③ 주석황동
④ 납황동

해설
② 톰백 : 8~20%의 아연을 구리에 첨가한 구리합금은 황동 중에서 가장 금빛깔에 가까우며, 소량의 납을 첨가하여 값이 싼 금색 합금을 만든다. 특히 금종이의 대용품으로서 서적의 금박 입히기, 금색 인쇄에 사용된다.
④ 납황동 : 황동에 Sb 1.5~3.7%까지 첨가하여 절삭성을 좋게 한 것으로, 쾌삭황동(Free Cutting Brass)이라 한다. 쾌삭황동은 정밀 절삭가공을 필요로 하는 시계나 계기용 기어, 나사 등의 재료로 쓰인다.

58 주조, 단조, 압연 등의 가공, 용접 및 열처리에 의해 발생된 응력을 제거하는 것으로 주로 450~600℃ 정도에서 시행하므로 저온 풀림이라고도 하는 것은?

① 구상화풀림
② 담금질
③ 응력제거풀림
④ 연화풀림

해설
① 구상화풀림 : 과공석강에서 펄라이트 중 층상 시멘타이트 또는 초석 망상시멘타이트가 그대로 있으면 좋지 않으므로 소성가공이나 절삭가공을 쉽게 하거나 기계적 성질을 개선할 목적으로 탄화물을 구상화시키는 열처리
④ 연화풀림 : 냉간가공을 계속하기 위해 가공 도중 경화된 재료를 연화시키기 위한 열처리로 중간풀림이라고도 함

60 진유납이라고도 말하며 구리와 아연의 합금으로 그 융점은 820~935℃ 정도인 것은?

① 은 납
② 황동납
③ 인동납
④ 양은납

해설
용용점(450℃) 이상의 납땜 재를 경납이라 하며 은납과 황동납이 있다.
• 은납 : 구성성분이 Sn 95.5%, Ag 3.8%, Cu 0.7% 정도이고 용융점이 낮고 과열에 의한 손상이 없으며 접합강도, 전연성, 전기전도도, 작업능률이 좋은 편이다.
• 황동납 : 진유납이라고도 말하며 구리와 아연의 합금으로 융점이 820~935℃ 정도이다.

01 다음 중 초음파의 특성이 아닌 것은?

① 진동으로 발생하는 탄성파를 말한다.

② 20kHz~1GHz의 주파수 영역의 음파이다.

③ 음파의 입사조건과 무관하게 파형을 조정할 수 있다.

④ 동일 매질 내에서는 일정한 속도를 가진다.

해설

초음파는 진동으로 발생하는 탄성파이다. 가청주파수(20~20,000 Hz)를 넘는 파장을 말하며, 동일 매질 내에서는 같은 속도를 갖는 특성이 있다.

02 방사선투과시험과 비교하여 자분탐상시험의 특징을 설명한 것으로 옳지 않은 것은?

① 모든 재료에 적용이 가능하다.

② 탐상이 비교적 빠르고 간단한 편이다.

③ 표면 및 표면 바로 밑의 균열검사에 적합하다.

④ 결함모양이 표면에 직접 나타나므로 육안으로 관찰할 수 있다.

해설

강자성체에 자분탐상시험이 가능하다.

03 비파괴검사의 목적으로 옳지 않은 것은?

① 제품의 결함을 파악한다.

② 사용 중 결함을 조기에 발견한다.

③ 검사과정의 생략으로 인건비를 절감한다.

④ 신뢰도를 높여 수명의 예측성을 높인다.

04 누설검사에서 가장 많이 사용하는 가스는?

① 암모니아

② 헬 륨

③ 공 기

④ 황산 가스

해설

기포 누설시험을 이용할 때는 공기를 이용하며 공기는 무색, 무취, 무해하고 가격을 매길 수 없다.

05 누설검사에서 추적가스로 사용할 수 없는 것은?

① 수 소

② 할로겐

③ 헬 륨

④ 암모니아

해설

수소는 염화수소나 수소이온 형태로 사용한다.

정답 1 ③ 2 ① 3 ③ 4 ③ 5 ①

06 시험체에 있는 도체에 전류가 흐르도록 한 후 형성된 시험체 중의 전위분포를 계측해서 표면부의 결함을 측정하는 시험법은?

① 광탄성 시험법

② 전위차 시험법

③ 응력 스트레인 측정법

④ 적외선 서모그래피 시험법

07 탐촉자의 이동 없이 고정된 지점으로부터 대형 설비 전체를 한 번에 탐상할 수 있는 초음파탐상검사법은?

① 유도 초음파법

② 전자기 초음파법

③ 레이저 초음파법

④ 초음파 음향공명법

해설

유도 초음파

배관 등에 초음파를 일정 각도로 입사시켜 내부에서 굴절, 중첩 등을 통하여 배관을 따라 진행하는 파가 만들어지는 것을 이용한다. 탐촉자의 이동 없이 고정된 지점으로부터 대형 설비 전체를 한 번에 탐상 가능하며 절연체나 코팅의 제거가 불필요하다.

08 X선 발생장치와 비교하여 γ선 조사장치에 의한 투과 사진을 얻을 때의 장점으로 틀린 것은?

① 에너지량을 손쉽게 조절할 수 있다.

② 조사를 360° 또는 일정 방향으로 조절하기 쉽다.

③ 야외작업 시 이동이 용이하여 전원이 필요하지 않다.

④ 동일한 크기의 에너지를 사용하는 경우 X선 발생장치보다 검사 비용이 저렴하다.

해설

γ선 조사장치는 에너지량을 조절할 수 없다.

09 초음파 성질에 대한 설명으로 옳은 것은?

① 지향성이 나쁘다.

② 온도에 따라 속도가 변화한다.

③ 동일 매질 내에서는 같은 속도를 갖는다.

④ 경계면이나 불연속부와 무관하게 직진성을 갖는다.

해설

초음파의 성질

지향성이 좋고 직진성이 있으며 속도가 온도에 영향을 받지 않는다. 동일 매질 내에서는 동일한 속도를 갖고 이동하며, 경계나 불연속면을 만나면 굴절이나 회절을 일으킨다.

10 관의 보수검사를 위해 와류탐상검사를 수행할 때 관의 내경을 d, 시험코일의 평균 직경을 D라고 하면 내삽코일의 충전율을 구하는 식은?

① $\left(\dfrac{D}{d}\right)^2 \times 100\%$

② $\left(\dfrac{d}{D}\right) \times 100\%$

③ $\left(\dfrac{D}{d+D}\right) \times 100\%$

④ $\left(\dfrac{d+D}{D}\right) \times 100\%$

해설

내삽코일 충전율을 구하는 문제는 자주 출제되므로 문제 자체를 잘 학습해 두면 좋겠다. 충전율이란 용어의 의미가 코일이 내부를 얼마나 채웠냐는 것이므로 코일의 단면적이 클수록 충전율이 좋고, 상대적으로 같은 코일에 대해 코일이 관통하는 단면적이 클수록 충전율이 내려간다.

11 중성자투과검사의 장점은?

① 검사장치가 간단하다.

② 방사선의 노출에서 자유롭다.

③ 두꺼운 재료의 검사에 적절하다.

④ 중성자가 직접 필름을 감광시킨다.

해설

중성자투과검사도 방사선투과검사처럼 여러 장치가 필요하고 방사선에 노출될 우려가 있으며, 중성자가 직접 필름을 감광시키지는 않는다. 중성자투과검사는 높은 원자번호를 갖는 두꺼운 재료의 검사에 이용하며 높은 방사성 물질의 결함검사에 사용된다.

12 다음 중 전기적 특성을 이용한 검사가 아닌 것은?

① 침투탐상검사

② 자분탐상검사

③ 와전류탐상검사

④ 전자유도시험

해설

침투탐상검사에서는 침투액의 잔류에 따른 결함 검출방법을 사용한다.

13 방사선투과시험 시 투과도계의 역할은?

① 필름의 밀도 측정

② 필름 콘트라스트의 양 측정

③ 방사선투과사진의 상질 측정

④ 결함 부위의 불연속부 크기 측정

해설

투과도계(상질지시기)

검사방법의 적정성을 알기 위해 사용하는 시험편으로 시험체와 동일하거나 유사한 재질을 사용하여 시험체와 함께 촬영한다. 투과사진 상과 투과도계 상을 비교하여 상질의 적정성 여부를 판단하는 데 사용한다.

14 침투탐상검사의 장점이 아닌 것은?

① 재료와 무관하게 적용할 수 있다.

② 형상이 복잡한 시험체에도 적용할 수 있다.

③ 미세한 결함도 쉽게 발견할 수 있다.

④ 표면이 거칠거나 다공성 재료에도 적합한 검사이다.

해설

침투탐상검사는 침투액을 표면으로부터 침투시켜 제거한 후 잔류 침투액을 통해 결함을 발견하는 검사로, 표면이 거칠거나 다공성 재료의 경우 결함이 없어도 침투액이 남을 수 있어 검사가 어렵다.

15 F 방법의 의미는?

① 염색침투액을 사용하는 방법

② 형광침투액을 사용하는 방법

③ 이원성 염색침투액을 사용하는 방법

④ 이원성 형광침투액을 사용하는 방법

해설

사용하는 침투액에 따른 분류

명 칭	방 법	기 호
V 방법	염색침투액을 사용하는 방법	V
F 방법	형광침투액을 사용하는 방법	F
D 방법	이원성 염색침투액을 사용하는 방법	DV
	이원성 형광침투액을 사용하는 방법	DF

16 FB-N의 의미는?

① 수세성 염색침투액을 이용하여 침투 후 건식현상

② 용제 제거성 염색침투액을 이용하여 침투 후 속 건식현상

③ 후유화성 형광침투액을 이용하여 침투 후 무현상

④ 이원성이며 수세성 형광침투액을 이용하여 침투 후 건식현상

해설

• 사용하는 침투액에 따른 분류

명 칭	방 법	기 호
V 방법	염색침투액을 사용하는 방법	V
F 방법	형광침투액을 사용하는 방법	F
D 방법	이원성 염색침투액을 사용하는 방법	DV
	이원투액을 사용하는 방법	DF

• 잉여침투액의 제거방법에 따른 분류

명 칭	방 법	기 호
방법 A	수세에 의한 방법	A
방법 B	기름베이스 유화제를 사용하는 후유화에 의한 방법	B
방법 C	용제 제거에 의한 방법	C
방법 D	물베이스 유화제를 사용하는 후유화에 의한 방법	D

• 현상방법에 따른 분류

명 칭	방 법	기 호
건식현상법	건식현상제를 사용하는 방법	D
습식현상법	수용성 현상제를 사용하는 방법	A
	수현탁성 현상제를 사용하는 방법	W
속건식현상법	속건식현상제를 사용하는 방법	S
특수현상법	특수한 현상제를 사용하는 방법	E
무현상법	현상제를 사용하지 않는 방법	N

17 침투탐상시험 시 형광침투액에 비해 염색침투액의 장점은?

① 작은 지시들을 더 잘 볼 수 있다.

② 크롬산 표면에 사용할 수 있다.

③ 거친 표면에 대조색이 적다.

④ 특별한 조명을 필요로 하지 않는다.

해설

형광침투액처럼 자외선을 필요로 하지 않고 염색침투액을 사용할 때는 색의 대비에 의한 가시성을 이용한다.

18 다음 중 침투액의 적심성의 설명으로 옳은 것은?

① 접촉각이 작으면 적심성이 좋다고 본다.

② 접촉각이 0°이면 적심성이 없다고 본다.

③ 접촉각이 180°이면 적심성이 좋다고 본다.

④ 적심성이 좋으면 침투가 잘되지 않는다.

해설

② 접촉각이 0°이면 마찰력이 없는 상태이다.

③ 접촉각이 180°이면 표면에서 흐르지 못하는 상태이다.

④ 적심성이란 얼마나 잘 적시느냐를 나타내는 정도로 침투액이 표면을 잘 적실수록 침투성이 높다.

19 침투액의 성질에 대한 설명으로 바른 것은?

① 점성이 낮은 침투액은 결함 침투가 어렵다.

② 밀도가 높을수록 결함 침투가 어렵다.

③ 침투액은 휘발성이 있어야 한다.

④ 침투액의 인화점은 높은 것이 바람직하다.

해설

점성이 낮은 침투액은 적심성이 좋아서 침투가 잘된다. 그리고 밀도와 결함 침투력과는 무관하며 침투액은 휘발성이 낮고 인화점이 높은 것이어야 한다.

20 유화제를 너무 길게 적용하였을 때 생기는 분제섬은?

① 가늘고 긴 결함의 표시가 사라진다.

② 지시가 너무 짙게 나올 우려가 있다.

③ 화학반응으로 재료가 변질될 수 있다.

④ 유화제 적용 시간은 아무런 영향을 주지 않는다.

해설

유화제는 침투액을 제거할 수 있도록 친수성을 만들어 주는 제품으로 너무 오랫동안 적용하면 얇은 결함에 존재하는 침투액에 영향을 미쳐 가늘고 긴 결함의 지시가 사라질 수 있다.

22 유지를 제거하는 방법으로 옳지 않은 것은?

① 증기탈지

② 세제세척

③ 물

④ 모 래

해설

전처리 과정 중 묻어 있는 기름기를 제거하는 작업으로 물, 비눗물, 증기 등으로 세척한다. 모래를 사용하는 것은 물리적 세척으로 모재를 상하게 할 수 있다.

23 염색탐상에서 필요한 조도는?

① 300lx 이상　　② 400lx 이상

③ 500lx 이상　　④ 600lx 이상

해설

염색탐상에서는 자연광 정도의 밝기가 필요하며, 이는 500lx 이상 정도이다.

21 용제 제거성 염색침투탐상검사에 적용 가능한 현상제는?

① 건식현상제

② 습식현상제

③ 속건식현상제

④ 모두 사용 가능

해설

용제 제거성 염색 침투탐상검사 환경상 속건식현상제만 사용 가능하다.

24 침투탐상검사에서 의사지시모양을 발생시키는 경우가 아닌 것은?

① 제거처리가 부적당한 경우

② 불연속의 균일성 지시가 나타난 경우

③ 시험체의 형상에 복잡한 홈이 있는 경우

④ 검사대의 잔여 침투액이 시험체 표면에 묻은 경우

해설

불연속의 균일성 지시가 나타난 경우는 연속 지시로 판정한다.

25 침투탐상시험에 대한 설명으로 틀린 것은?

① 검사체의 표면 상태는 침투시간 결정에 도움이 된다.

② 예상 불연속부의 종류에 따라 침투시간은 5~30초 정도이다.

③ 전처리 시 폴리싱(Polishing)하는 것은 좋은 방법이 아니다.

④ 침투액이 담긴 용기 내에 탐상시험할 부품을 침적시켜 침투처리하는 경우도 있다.

해설
침투시간은 다음의 결정인자들에 의해 결정되며 예상 불연속부의 종류에 따라 결정되지 않는다.
침투시간의 결정인자
• 시험체의 온도
• 시험체 결함의 종류
• 시험체의 재질
• 침투액의 종류

26 침투탐상시험의 무관련지시에 대한 설명으로 틀린 것은?

① 무관련지시는 주의 깊게 관찰하면 판단이 가능하다.

② 무관련지시는 표면 상태에 원인이 있는 경우가 많다.

③ 무관련지시라고 확인되지 못한 지시는 불연속 지시로 간주한다.

④ 시험체에 쇼트 블라스팅을 실시하면 대부분의 경우 무관련지시가 발생한다.

해설
• 무관련지시는 제품의 형상 변화가 심한 곳에서 또는 부적절한 전처리에 영향을 받으며, 조립된 부분이나 주조품의 스케일, 거친 표면 등에서도 나타난다.
• 진짜 지시와 함께 나타날 수 있어서 잘 관찰하여 구분할 수 있어야 하며, 판단을 위해 조립조건이나 제조과정에 대한 이해가 필요하다.

27 어떤 지시가 그림과 같을 때 가장 긴 지시의 길이는?

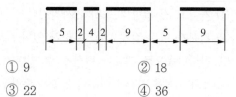

① 9
② 18
③ 22
④ 36

해설
동일선상의 2mm 이하의 지시는 연속된 지시로 본다.
5 + 2 + 4 + 2 + 9 = 22

28 침투탐상시험에서 후유화성과 수세성의 차이를 구별하는 가장 주된 내용은?

① 물이 포함되어 있는지의 여부

② 알루미늄 합금에 사용할 수 있는지의 여부

③ 침투액에 유화제가 포함되어 있는지의 여부

④ 현상하기 전 표면의 과잉침투액 제거 필요 여부

해설
• 후유화성 : 유화를 나중에 실시한다.
• 수세성 : 침투액에 유화제가 포함되어 있다.

29 다음 중 침투탐상검사 방법과 적용 시험품의 연결이 옳은 것은?

① 수세성 침투탐상 – 대형 구조물 부분탐상

② 수세성 침투탐상 – 석유저장탱크 용접부

③ 용제 제거성 침투탐상 – 대형 구조물 검사

④ 용제 제거성 침투탐상 – 용접 개선면 검사

해설
대형 구조물의 부분탐상이나 용접 개선면에는 용제 제거성 탐상법을 사용한다.

30 침투탐상시험방법 및 침투지시모양의 분류(KS B 0816)에서 현상처리 후에 건조과정이 필요한 탐상방법은 무엇인가?

① FB-W
② FA-D
③ FC-S
④ FB-S

해설
- 습식현상제를 사용할 때는 현상처리한 후 시험체의 표면에 부착되어 있는 현상제를 재빨리 건조시킨다.
- 건식 또는 속건식현상제를 사용할 때는 현상처리 전에 건조처리를 한다(표면의 수분 건조 정도로 건조).
- 세척액으로 제거한 경우는 자연 건조하거나 마른 헝겊 혹은 종이 수건으로 닦아내고 가열건조해서는 안 된다.
- W는 수현탁성 현상제를 사용하는 방법이다.

31 분말 금속 등 다공성 재질에 침투 가능한 미세 입자를 현탁시킨 액체를 이용하는 방법으로서 도자기 소성 전의 균열 유무나 콘크리트 균열검사에 사용되는 방법은?

① 히전 입자법
② 여과 입자법
③ 역형광법
④ 휘발성 침투액법

해설
여과 입자법은 미세 입자 분말이 결함 부위에 다른 부위보다 많이 쌓이게 되면 육안이나 자외선조사등으로 관찰하여 결함의 크기와 위치를 파악하게 된다. 결함은 0.1mm의 크기 정도까지 가능하다.

32 KS B 0816에 따른 잉여침투액 제거방법 분류 중 기름베이스 유화제를 사용하는 후유화에 의한 방법은?

① 방법 A
② 방법 B
③ 방법 C
④ 방법 D

해설

명 칭	방 법	기 호
방법 A	수세에 의한 방법	A
방법 B	기름베이스 유화제를 사용하는 후유화에 의한 방법	B
방법 C	용제 제거에 의한 방법	C
방법 D	물베이스 유화제를 사용하는 후유화에 의한 방법	D

33 VD-S의 경우 유화시간은?

① 기름베이스 유화제를 사용하며 2분
② 물베이스 유화제를 사용하며 2분
③ 기름베이스 유화제를 사용하며 3분
④ 물베이스 유화제를 사용하며 3분

해설
VD-S는 후유화성 염색침투액을 사용하고 물베이스 유화제를 사용하며 속건식현상법을 적용한다.
유화제별 유화시간

기름베이스 유화제 사용 시	형광침투액의 경우	3분 이내
	염색침투액의 경우	30초 이내
물베이스 유화제 사용 시	형광침투액의 경우	2분 이내
	염색침투액의 경우	2분 이내

34 침투탐상시험방법 및 침투지시모양의 분류(KS B 0816)에 의한 시험의 조작 중 세척처리와 제거처리에 대한 설명이 틀린 것은?

① 후유화성 침투액은 세척액으로 세척한다.

② 용제 제거성 침투액은 헝겊 또는 종이수건 및 세척액으로 제거한다.

③ 스프레이 노즐을 사용할 때의 수압은 특별한 규정이 없는 한 275kPa 이하로 한다.

④ 형광침투액을 사용하는 시험에서는 반드시 자외선을 비추어 처리의 정도를 확인하여야 한다.

> **해설**
> 후유화성 침투액은 유화처리 후 물로 세척한다.

35 A형 대비시험편의 재료는?

① Au ② Cu
③ Ag ④ Al

> **해설**
> A형 대비시험편은 A2024P를 사용하며 이는 알루미늄재이다.

36 자외선조사장치의 폐기조건은?

① 50cm 거리에서 800μW/cm^2 이하일 때

② 40cm 거리에서 700μW/cm^2 이하일 때

③ 30cm 거리에서 $1,000\mu$W/cm^2 이하일 때

④ 수은등 광의 누출이 있을 때

> **해설**
> 자외선조사장치의 폐기 조건은 38cm 거리에서 800μW/cm^2 이하이거나 수은등 광의 누출이 있을 때이다.

37 다음 중 현상제의 폐기조건은?

① 성능시험을 하여 결함검출능력 저하, 휘도 저하, 색상 변화 시

② 겉모양 검사로 현저한 흐림이나 침전물 발생 및 점도 상승 시

③ 성능시험에 따라 부착 상태가 균일하지 않을 때와 식별성이 저하되었을 때

④ 굴추계로 측정하여 규정농도에서 3% 이상 차이 시

> **해설**
> ①은 침투액, ②·④는 유화제의 폐기조건이다.

38 침투지시모양을 기록할 때 기록하지 않는 것은?

① 지시의 길이 ② 지시의 너비
③ 위 치 ④ 개 수

> **해설**
> KS B 0816에 따른 침투지시모양의 기록은 침투지시모양의 종류, 지시의 길이, 개수, 위치로 되어 있다.

39 전수검사 결과의 표시방법으로 적당하지 않은 것은?

① 각인으로 P

② 부식으로 P

③ 착색(적갈색)으로 P

④ 착색(황색)으로 P

해설

전수검사의 결과는 각인, 부식, 착색(적갈색)으로 P를 새긴다.

40 비파괴검사-침투탐상검사-일반원리(KS B ISO 3452)에 설명된 내용으로 틀린 것은?

① 침투탐상검사는 재료나 기기의 표면으로 열린 겹침, 주름, 균열, 가공 및 틈과 같은 불연속을 검출하기 위하여 이용한다.

② 최대 표준현상시간은 보통 침투시간의 2배이다.

③ 이 표준에서는 합격이나 불합격의 레벨을 규정하지 않는다.

④ 분명하고 선명한 지시를 얻기 위해서 현상시간을 길게 할수록 좋다.

해설

현상시간이 지나치게 길면 크고 깊은 불연속 안에 있는 침투액을 스며나오게 하여 넓고 흐린 지시를 나타낼 우려가 있다.

41 침투탐상시험에 사용되는 다음 재료 중 솔로 도포할 수 없는 것은?

① 유화제

② 침투제

③ 습식현상제

④ 속건식현상제

해설

솔질을 하다가 침투액이 빠져나올 우려에 의해 유화제는 솔질을 하지 않는다.

42 물의 상태도에서 고상과 액상의 경계선상에서의 자유도는?

① 0   ② 1

③ 2   ④ 3

해설

삼중점에서의 자유도는 0이며, 경계선상에서의 자유도는 1이다.

43 불변강의 하나로 열팽창계수가 백금과 유사하며 전등의 봉입선에 사용하는 것은?

① 인 바   ② 슈퍼인바

③ 코엘린바   ④ 플래티나이트

해설

① 인바(Invar) : 35~36Ni, 0.1~0.3Cr, 0.4Mn + Fe, 내식성 좋음, 바이메탈, 진자, 줄자

② 슈퍼인바(Superinvar) : Cr와 Mn 대신 Co, 인바에서 개선

③ 코엘린바(Coelinvar) : 10~11Cr, 26~58Co, 10~16Ni + Fe, 공기 중 내식성

44 다음 중 고유의 빛깔을 가장 오래 간직하는 귀한 금속은?

① Sn ② Al

③ Fe ④ Zn

해설
주요 금속의 변색 순서
Sn > Ni > Al > Mn > Fe > Cu > Zn > Pt > Ag > Au

45 다음 금속 중 녹는점이 가장 높은 것은?

① Au ② Ag

③ Cu ④ Fe

해설
녹는점(℃)
• 금 : 1,063 • 은 : 960.5
• 동 : 1,083 • 철 : 1,536

46 원자밀도가 높은 격자면에서 일시에 힘을 받아 발생하는 결함은?

① 적층결함 ② 쌍 정

③ 결정립 경계 ④ 슬 립

해설
① 적층결함(Stacking Fault) : 2차원적인 전위, 층층이 쌓이는 순서가 틀어짐
② 쌍정(Twin) : 전위면을 기준으로 대칭이 이루는 결함
③ 결정립 경계 : 결정립 사이의 경계면을 의미

47 금속격자에서 단위격자가 2개이며 배위수는 12개인 격자는?

① 체심입방격자

② 면심입방격자

③ 조밀육방격자

④ 체심정방격자

해설
면심입방격자의 원자수는 4개이고, 체심육방격자는 배위수가 8개이다.

48 처음 길이가 50mm이고, 인장시험 후 길이가 50.5mm일 때 인장률은?

① 0.99% ② 1%

③ 9.9% ④ 10%

해설
$$\varepsilon = \frac{L_1 - L_0}{L_0} = \frac{50.5 - 50}{50} = 0.01$$

∴ 1%

49 홈을 판 시험편에 해머를 들어 올려 휘두른 뒤 충격을 주어, 처음 해머가 가진 위치에너지와 파손이 일어난 뒤의 위치에너지 차를 구하는 시험은?

① 샤르피 시험

② 브리넬 시험

③ 로크웰 시험

④ 비커스 시험

해설

샤르피 시험은 충격시험이며 ②, ③, ④는 경도시험이다.

50 순철에 해딩하는 금속민으로 묶은 것은?

① α철, β철, γ철

② α철, β철, δ철

③ β철, δ철, γ철

④ α철, δ철, γ철

해설

β철은 탄소 함유량이 매우 높은 금속을 가상하여 지칭한다.

51 레네부라이트의 공정온도는?

① 210℃

② 727℃

③ 1,148℃

④ 1,394℃

해설

※ CHAPTER 03 제1절 핵심이론 10의 Fe−C 상태도 참조

52 다음에서 설명하는 강은?

- 탈산의 정도를 중간 정도로 한 것이다.
- 상부에 작은 수축공과 약간의 기포만 존재한다.
- 경제성, 기계적 성질이 중간 정도이고, 일반 구조용 강, 두꺼운 판의 소재로 쓰인다.

① 림드강

② 세미킬드강

③ 킬드강

④ 캡트강

해설

강은 탈산의 정도에 따라 킬드강(완전 탈산), 세미킬드강(중간 정도 탈산), 림드강(거의 안 함)으로 나누고, 캡트강은 조용히 응고시킴으로써 내부를 편석과 수축공이 적은 상태로 만든 강이다.

53 헤드필드(Had Field)강에 해당되는 것은?

① 저P강

② 저Ni강

③ 고Mn강

④ 고Si강

해설

망간주강은 0.9~1.2% C, 11~14% Mn을 함유하는 합금주강으로 Had Field강이라고 한다. 오스테나이트 입계에 탄화물이 석출하여 취약하지만, 1,000~1,100℃에 담금질을 하면 균일한 오스테나이트 조직이 되며, 강하고 인성이 있는 재질이 된다. 가공경화성이 극히 크며, 충격에 강하다. 레일크로싱, 광산, 토목용 기계 부품 등에 쓰인다.

54 백선철을 900~1,000℃로 가열하여 탈탄시켜 만든 주철은?

① 칠드주철

② 합금주철

③ 편상흑연주철

④ 백심가단주철

해설

백심가단주철

파단면이 흰색을 나타낸다. 백선 주물을 산화철 또는 철광석 등의 가루로 된 산화제로 싸서 900~1,000℃의 고온에서 장시간 가열하면 탈탄반응에 의하여 가단성이 부여되는 과정을 거친다. 이때 주철 표면의 산화가 빨라지고, 내부의 탄소 확산 상태가 불균형을 이루게 되면 표면에 산화층이 생긴다. 강도는 흑심가단주철보다 다소 높으나 연신율이 작다.

55 진유납이라고도 하며 구리와 아연의 합금으로 그 융점이 820~935℃ 정도인 것은?

① 은 납   ② 황동납

③ 인동납   ④ 양은납

해설

경납땜의 재료

• 황동납 : Cu에 Zn 34~67%을 첨가 용융하여 제조한다. 융점은 820~875℃ 정도로 진유납이라고도 한다.

• 은납 : Ag−Cu−Zn 합금이며 카드뮴이나 주석이 첨가되기도 한다. 융점은 720~855℃ 정도이다.

• 양은납 : Cu−Ni−Zn 합금이며, 황동, 모넬메탈, 백동 등에 적용한다. 높은 온도의 융점을 갖는다.

• 인동납 : P−Cu의 합금이며 구리합금에 쓰인다.

56 아크전압의 특성은 전류밀도가 작은 범위에서는 전류가 증가하면 아크저항은 감소하므로 아크전압도 감소하는 특성이 있다. 이러한 특성을 무엇이라고 하는가?

① 정전압 특성

② 정전류 특성

③ 부특성

④ 상승 특성

해설

① 정전압 특성 : 아크의 길이가 l_1에서 l_2로 변하면 아크전류가 I_1에서 I_2로 크게 변화하지만 아크전압에는 거의 변화가 나타나지 않는 특성을 정전압 특성 또는 CP(Constant Potential) 특성이라 한다.

④ 상승 특성 : 아르곤이나 CO_2 아크 자동 및 반자동 용접과 같이 가는 지름의 전극 와이어에 큰 전류를 흐르게 할 때의 아크는 상승 특성을 나타낸다. 여기에 상승 특성이 있는 직류 용접기를 사용하면, 아크의 안정은 자동적으로 유지되어 아크의 자기제어작용을 한다.

57 200kg의 용접봉을 사용하여 65%의 용착률을 보였다면 용착금속은 얼마인가?

① 120kg

② 130kg

③ 1,200kg

④ 1,300kg

해설

200kg의 용접봉을 녹여서 65%가 되었다면,

$200 \times 0.65 = 130$

즉, 용착금속은 130kg이다.

58 다음 중 심랭처리 이후 담금질 조직이 아닌 것은?

① 마텐자이트

② 트루스타이트

③ 소르바이트

④ 오스테나이트

해설

심랭처리는 재료를 0℃ 이하로 냉각하여 잔류 오스테나이트를 제거하는 처리이다.

60 AW 240 용접기를 사용하여 용접했을 때 허용시용률은 약 얼마인가?(단, 실제 사용한 용접전류는 200A 이었으며 정격사용률은 40%이다)

① 33.3%   ② 48.0%

③ 57.6%   ④ 83.3%

해설

$$허용사용률 = \frac{정격\ 2차\ 전류}{사용용접전류} \times 정격사용률$$

$$= \left(\frac{240}{200}\right)^2 \times 40\% = 57.6\%$$

59 다음 중 청동 합금인 것은?

① 애드미럴티 포금

② 델타메탈

③ 문쯔메탈

④ 톰 백

해설

②, ③, ④는 모두 황동 합금이다.

2018년 제1회 과년도 기출복원문제

01 육안검사에 대한 설명 중 틀린 것은?

① 표면검사만 가능하다.

② 검사속도가 빠르다.

③ 사용 중에도 검사가 가능하다.

④ 분해능이 좋고 가변적이지 않다.

해설
육안검사는 인간의 관능을 이용한 검사이다. 분해능은 언급이 어렵고, 검사자의 상태에 영향을 받는다.

02 대상물 내부에서 반사된 빔(Beam)을 검출하여 분석하고, 결함의 길이 및 위치를 알아낼 수 있는 비파괴검사법은?

① 누설검사　　　　② 굽힘시험

③ 초음파탐상시험　④ 와전류탐상시험

해설
빔(Beam)이란 용어를 사용하여 혼동을 유도하였으나, 초음파빔도 빔의 종류임을 안다면 초음파검사의 정의에 해당하는 문항이다.

03 와전류탐상시험에서 시험코일의 자계 세기와 자속밀도와의 관계로 옳은 것은?

① 비례관계

② 항상 불변

③ 반비례관계

④ 고주파일때만 비례관계

해설
$\mu = \dfrac{B}{H}$(μ : 투자율,　B : 자속밀도,　H : 자력세기)

04 비파괴검사의 목적에 대한 설명으로 가장 관계가 먼 것은?

① 제품의 신뢰성 향상

② 제조원가 절감에 기여

③ 생산할 제품의 공정시간 단축

④ 생산공정의 제조기술 향상에 기여

해설
비파괴검사의 목적
- 제품의 결함 유무 또는 결함의 정도를 파악, 신뢰성을 향상시킨다.
- 시험결과를 분석, 검토하여 제조조건을 보완하므로 제조기술을 발전시킬 수 있다.
- 적절한 시기에 불량품을 조기 발견하여 수리 또는 교체를 통해 제조 원가를 절감한다.
- 검사를 통해 신뢰도를 높여 수명의 예측성을 높인다.

05 자기이력곡선(Hysteresis Loop)과 관계가 있는 비파괴검사법을 나열한 것 중 옳은 것은?

① 자분탐상검사(MT)와 육안검사(VT)

② 초음파탐상검사(UT)와 와전류탐상검사(ECT)

③ 와전류탐상검사(ECT)와 육안검사(VT)

④ 자분탐상검사(MT)와 와전류탐상검사(ECT)

해설
자장(磁場)의 변화를 그림으로 나타낸 곡선이 자기이력곡선이며 자분탐상검사와 와전류탐상검사가 자장의 변화와 관련이 있다.

1 ④　2 ③　3 ①　4 ③　5 ④　**정답**

06 침투탐상시험이 누설시험을 대체할 수 없는 경우에 대한 설명으로 적합한 것은?

① 검사체의 온도가 30℃이면 곤란하므로
② 표면이 깨끗하면 누설시험이 곤란하므로
③ 염색침투액보다는 형광침투액을 사용해야 하므로
④ 검사체의 한 면만으로는 관찰 또는 접근이 곤란하므로

해설
누설탐상검사는 시험체에 기체나 유체가 새어나오는 결함이 있어야 한다. 즉, 시험체를 관통하여 양쪽으로 열려 있어야 하는데, 침투비파괴검사로 표면을 검사했더라도 이 제품의 결함이 양쪽으로 열렸는지 등을 알 수 없다. 흔하지는 않지만, 결함이 제품 전체를 관통하여 침투액이 반대 방향으로 새는 경우라면 결함이 지시될 수 없다.

07 기포누설검사의 특징에 대한 설명으로 옳은 것은?

① 누설 위치의 판별이 빠르다.
② 경제적이나 안전성에 문제가 많다.
③ 기술의 숙련이나 경험을 크게 필요로 한다.
④ 프로브(탐침)나 스니퍼(탐지기)가 반드시 필요하다.

해설
① 발포되는 위치는 육안으로 식별 가능하다.
② 방사선 탐사시험에 관한 설명이다.
③ 어려운 기술이 필요한 검사는 아니다.

08 방사선투과시험용 X선관에서 타깃으로 주로 사용되는 금속은?

① 니 켈   ② 구 리
③ 텅스텐   ④ 알루미늄

해설
X선관은 음극에 텅스텐 필라멘트로, 양극에 금속 타깃으로 되어 있다. 고전압을 사용하는 투과시험일수록 융점이 높은 텅스텐 금속을 타깃으로 사용한다.

09 비파괴검사는 적봉시기에 따라 구분할 수 있다. 사용 전 검사(PSI ; Pre Service Insepction)란 무엇인가?

① 제작된 제품이 규격 또는 사양을 만족하고 있는가를 확인하기 위한 검사
② 다음 검사까지의 기간에 안전하게 사용 가능한가 여부를 평가하는 검사
③ 기기, 구조물의 사용 중에 결함을 검출하고 평가하는 검사
④ 사용 개시 후 일정기간마다 하게 되는 검사

해설
시기에 따른 비파괴검사 구분
• 사용 전 검사는 제작된 제품이 규격 또는 시방을 만족하고 있는가를 확인하기 위한 검사이다.
• 가동 중 검사(In Service Inspection)는 다음 검사까지의 기간에 안전하게 사용 가능한가 여부를 평가하는 검사를 말한다.
• 위험도에 근거한 가동 중 검사(Risk Informed In Service Inspection)는 가동 중 검사 대상에서 제외할 것은 과감히 제외하고 위험도가 높고 중요한 부분을 더 강화하여 실시하는 검사이다.
• 상시감시검사(On-line Monitoring)는 기기·구조물의 사용 중에 결함을 검출하고 평가하는 모니터링 기술이다.

10 다음 방사선 물질 중 반감기가 가장 짧은 것은?

① ^{60}Co   ② ^{137}Cs
③ ^{226}Ra   ④ ^{192}Ir

해설
④ ^{192}Ir : 74일
① ^{60}Co : 5.3년
② ^{137}Cs : 30.1년
③ ^{226}Ra : 1,602년

11 물질의 밀도가 ρ, 물질 내에서 초음파의 속도가 V인 경우 물질의 음향 임피던스(Z)를 구하는 식은?

① $Z = \dfrac{\rho}{2V}$ ② $Z = \dfrac{\rho}{V}$

③ $Z = \rho V$ ④ $Z = 2\rho V$

해설
음향 임피던스란 매질의 밀도(ρ)와 음속(V)의 곱으로 나타내는 매질 고유의 값으로 이론적으로는 입자속도와 음압의 비율이다.

12 투과도계에 관한 설명으로 옳지 않은 것은?

① 유공형과 선형으로 나눌 수 있다.

② 일반적으로 선원쪽 시험면 위에 배치한다.

③ 촬영유효범위의 양 끝에 투과도계의 가는 선이 바깥쪽이 되도록 한다.

④ 재질의 종류로는 유공형 투과도계가 선형에 비하여 더 많은 제한을 받는다.

해설
투과도계의 재질은 유공형과 선형이 있으며, 재질의 종류와 무관하게 재질과 동일하거나 방사선적으로 유사한 것을 사용한다.

13 방사선 작업자에 대하여 일정기간 동안의 피폭선량이 최대허용선량을 초과하지 않았으나 초과될 염려가 있다고 판단하였을 때, 작업책임자가 취할 수 있는 조치로 적절하지 않은 것은?

① 작업방법을 개선한다.

② 차폐 및 안전설비를 강화한다.

③ 작업자를 다른 곳으로 배치한다.

④ 방사성물질을 태워서 폐기한다.

해설
방사성물질을 태울 경우 방사능은 사라지지 않고 대기 중에 유출되어 피폭될 우려가 있으므로 적절하지 않다.

14 금속 내부 불연속을 검출하는데 적합한 비파괴검사법의 조합으로 옳은 것은?

① 와전류탐상시험, 누설시험

② 누설시험, 자분탐상시험

③ 초음파탐상시험, 침투탐상시험

④ 방사선투과시험, 초음파탐상시험

해설
비파괴검사별 적용 대상

검사방법	적용 대상
방사선투과검사	용접부, 주조품 등의 내부결함
초음파탐상검사	용접부, 주조품, 단조품 등의 내부결함 검출과 두께 측정
침투탐상검사	기공을 제외한 표면이 열린 용접부, 단조품 등의 표면결함
와전류탐상검사	철, 비철 재료로 된 파이프 등의 표면 및 근처 결함을 연속 검사
자분탐상검사	강자성체의 표면 및 근처 결함
누설검사	압력용기, 파이프 등의 누설 탐지
음향방출검사	재료 내부의 특성 평가

15 위상배열을 이용한 초음파탐상검사법은?

① EMAT   ② IRIS

③ PAUT   ④ TOFD

해설
③ 위상 배열 초음파 탐상기술(PAUT ; Phased Array Ultrasonic Testing Technology)
① 전자 초음파 탐촉자(Electromagnetic Acoustic Transducer)
② 열교환기 튜브 검사용 탐상기(Internal Rotary Inspection System)
④ 회절파 시간 측정법(Time Of Flight Diffraction technique)
※ 금회 시험에 초음파 검사법의 이름이 소개되었으면 차회나 차차회에 검사내용을 묻는 문제가 출제될 수 있으나, 때로는 너무 구체적이거나 전문적인 문제는 기능사 시험 준비를 하면서는 과감히 버리는 전략도 필요하다.

16 침투탐상시험의 장점에 대한 설명 중 틀린 것은?

① 지시, 판독이 간편하다.

② 제품의 크기에 구애를 받지 않는다.

③ 비철 재료나 세라믹 등에도 적용 가능하다.

④ 검사체의 온도에는 전혀 영향을 받지 않는다.

해설

검사체의 온도가 올라가면 침투액의 침투, 정착, 점도 및 현상에도 영향을 주고, 모세관 현상에도 영향을 준다.

17 다음이 설명하는 비파괴검사는?

- 표면 결함검사이다.
- 열려 있는 결함부를 찾아내는 데 용이하다.
- 모재의 재질에 무관하게 시험이 가능하다.

① 방사선검사

② 초음파검사

③ 와전류탐상검사

④ 침투탐상검사

해설

방사선검사와 와전류탐상검사는 재질에 따라 수행하지 못할 수 있고, 초음파검사는 내부탐상검사이다.

18 수세성 염색침투탐상검사로 검사가 가능한 표면거칠 기는 최대 어느 정도까지인가?

① 100μm   ② 300μm

③ 1,000μm   ④ 1,300μm

해설

수세성 침투탐상검사 시 표면이 거칠면 얕은 결함의 침투액이 세척 시 쉽게 세척되므로 표면거칠기를 300μm 이내로 제한한다.

19 다음 중 침투탐상검사의 온도에 대한 설명으로 옳은 것은?

① 시험체의 온도가 높아지면 침투액의 침투속도가 빨라진다.

② 시험체의 온도가 높아지면 침투액의 유동속도가 느려진다.

③ 시험체의 온도가 높아지면 침투액의 점성이 증가한다.

④ 시험체의 온도가 높아지면 침투액의 표면장력이 증가한다.

해설

침투속도는 적심성과 관련이 있고, 적심성은 점성과 관련이 있으며, 일반적으로 온도가 올라갈 수록 점성은 낮아진다.

20 침투탐상시험방법 및 침투지시모양의 분류(KS B 0816)에서 시험방법의 기호 VC-W에서 'W'가 의미하는 것은?

① 특수한 현상제를 사용하는 방법

② 수현탁성 현상제를 사용하는 방법

③ 수세성 염색침투액을 사용하는 방법

④ 수세성 형광침투액을 사용하는 방법

해설

현상방법에 따른 분류

명 칭	방 법	기 호
건식현상법	건식현상제를 사용하는 방법	D
습식현상법	수용성 현상제를 사용하는 방법	A
	수현탁성 현상제를 사용하는 방법	W
속건식현상법	속건식현상제를 사용하는 방법	S
특수현상법	특수한 현상제를 사용하는 방법	E
무현상법	현상제를 사용하지 않는 방법	N

21 침투속도를 증가시킬 수 있는 침투액의 조건은?

① 접촉각이 클 것

② 낮은 온도일 것

③ 외부 압력이 낮을 것

④ 점성계수가 작을 것

해설

침투속도를 증가시키려면 적심성이 좋아야 하며 적심성에 관한 조건은 다음과 같다.

• 적심성이 높으려면 유체인 침투제의 응집력이 낮아야 한다.

• 응집력, 표면장력에 영향을 주는 요인은 유체의 점도와 온도이다.

• 온도가 높을수록, 점도가 낮을수록 잘 적신다.

22 침투액을 도포한 후 수세할 때 분사압으로 적절한 것은?

① 250kPa　　② 300kPa

③ 350kPa　　④ 420kPa

해설

침투액을 수세할 때는 275kPa 이하로 분사해야 하며 수세 분사압이 너무 세면 침투된 침투액까지 세척될 가능성이 있다.

23 현상제의 종류에 대한 설명으로 옳지 못한 것은?

① 건식현상제는 주로 산화규소의 미세한 분말로 이루어져 있다.

② 속건식현상제는 산화마그네슘, 산화칼슘 등의 백색 분말로 이루어져 있다.

③ 속건식현상제는 휘발성 용제에 현탁되어 있으므로 개방형 장치에는 사용이 곤란하다.

④ 습식현상제는 벤토나이트 등의 분말제로 농도와 상관없이 물에 현탁하여 사용한다.

해설

습식현상제는 주로 점토의 일종인 벤토나이트, 활성백토 등에 습윤제와 계면활성제 등을 첨가하여 물에 현탁시켜서 사용한다. 일반적인 습식현상제는 10~15L의 물에 약 650g의 백색 현상분말을 현탁하여 사용하며 pH 9~10 정도의 약염기성 및 30dyne/cm 정도의 표면장력을 나타낸다.

24 현상에 관한 설명으로 옳지 않은 것은?

① 현상제 적용 후 관찰할 때까지의 시간을 현상시간이라 한다.

② 현상시간이 과다하면 결함 검출을 어렵게 할 수 있다.

③ 현상시간은 현상제의 종류에 관계없이 최소 10분 이상이어야 한다.

④ 일반적으로 속건식현상제는 대량 검사에 사용한다.

해설

용제 제거성 염색침투검사와 같을 때 속건식현상제를 사용하며, 이는 소량 검사에 적용하기 적당하다.

25 침투탐상시험방법 및 침투지시모양의 분류(KS B 0816)에서 특별한 규정이 없는 한 시험장치(침투, 유화, 세척, 현상, 건조, 암실, 자외선조사)를 사용하지 않아도 되는 탐상방법을 기호 표시로 나타낸 것은?

① FA-W
② FB-D
③ VB-W
④ VC-S

장비가 필요 없으려면 염색침투액을 사용하여 닦아내는 형태로 잉여침투액을 제거하고, 속건식으로 현상하면 된다.

• 사용하는 침투액에 따른 분류

명 칭	방 법	기 호
V 방법	염색침투액을 사용하는 방법	V
F 방법	형광침투액을 사용하는 방법	F
D 방법	이원성 염색침투액을 사용하는 방법	DV
	이원성 형광침투액을 사용하는 방법	DF

• 잉여침투액의 제거방법에 따른 분류

명 칭	방 법	기 호
방법 A	수세에 의한 방법	A
방법 B	기름베이스 유화제를 사용하는 후유화에 의한 방법	B
방법 C	용제 제거에 의한 방법	C
방법 D	물베이스 유화제를 사용하는 후유화에 의한 방법	D

• 현상방법에 따른 분류

명 칭	방 법	기 호
건식현상법	건식현상제를 사용하는 방법	D
습식현상법	수용성 현상제를 사용하는 방법	A
	수현탁성 현상제를 사용하는 방법	W
속건식현상법	속건식현상제를 사용하는 방법	S
특수현상법	특수한 현상제를 사용하는 방법	E
무현상법	현상제를 사용하지 않는 방법	N

26 침투탐상시험에 사용되는 자외선조사등의 파장범위로 옳은 것은?

① 220~300nm
② 320~400nm
③ 520~600nm
④ 800~1,100nm

파장 320~400nm의 자외선을 $800\mu W/cm^2$ 이상의 강도로 조사하여 시험한다.

27 침투탐상검사에서 의사지시모양을 발생시키는 경우가 아닌 것은?

① 제거처리가 부적당한 경우
② 불연속의 균일성 지시가 나타난 경우
③ 시험체의 형상에 복잡한 홈이 있는 경우
④ 검사대의 잔여 침투액이 시험체 표면에 묻은 경우

불연속의 균일성 지시가 나타난 경우는 연속 지시로 판정한다.

28 침투탐상시험 시 연결된 선형지시모양이 나타났다면 다음 중 어떤 결함으로 추정하는 것이 가장 적합한 것인가?

① 다공질의 구멍
② 슬래그 혼입
③ 수축공
④ 갈라진 틈

① 다공질 구멍은 원형지시이다.
② 슬래그의 혼입은 지시가 없을 가능성이 높다.
③ 수축공은 원형지시가 나올 가능성이 높다.

29 탐상제 중에 염색침투액보다 형광침투액이 좋은 점은?

① 일반 광선으로 검사할 수 있다.
② 작은 지시라도 쉽게 검출 가능하다.
③ 물이 묻은 부품에 사용이 용이하다.
④ 자외선등을 이용하므로 장비가 단순, 간편하다.

가시광선에 비해 암실을 만들고 결함 부위에 발광을 시키므로 검출의 민감성이 높다.

30 일반적인 침투탐상시험의 탐상 순서로 가장 적합한 것은?

① 침투 → 세정 → 건조 → 현상

② 현상 → 세정 → 침투 → 건조

③ 세정 → 현상 → 침투 → 건조

④ 건조 → 침투 → 세정 → 현상

해설

침투탐상시험의 일반적인 탐상 순서로는 전처리 → 침투 → 세척 → 건조 → 현상 → 관찰의 순으로 이루어진다.

31 침투탐상시험방법 및 침투지시모양의 분류(KS B 0816)에서 B형 대비시험편 제작 시 규정하는 재료로 틀린 것은?

① C2024P

② C2600P

③ C2720P

④ C2801P

해설

B형 재료 : C2600P, C2720P, C2801P(구리계열)

32 침투탐상시험방법 및 침투지시모양의 분류(KS B 0816)에 의한 관찰조건에서 시험 면에서의 자외선 강도 값은?

① $500\mu\text{W/cm}^2$ 이상

② $800\mu\text{W/cm}^2$ 이상

③ $1,500\mu\text{W/cm}^2$ 이상

④ $3,000\mu\text{W/cm}^2$ 이상

해설

자외선 조사강도는 $800\mu\text{W/cm}^2$ 이상이다.

33 침투탐상시험에 사용되는 다음 재료 중 솔로 도포할 수 없는 것은?

① 유화제

② 침투제

③ 습식현상제

④ 속건식현상제

해설

솔질을 하다가 침투액이 빠져나올 우려에 의해 유화제는 솔질을 하지 않는다.

34 비파괴검사-침투탐상검사-일반원리(KS B ISO 3452)에 설명된 내용으로 틀린 것은?

① 침투탐상검사는 재료나 기기의 표면으로 열린 겹침, 주름, 균열, 가공 및 틈과 같은 불연속을 검출하기 위하여 이용한다.

② 최대 표준현상시간은 보통 침투시간의 2배이다.

③ 이 표준에서는 합격이나 불합격의 레벨을 규정하지 않는다.

④ 분명하고 선명한 지시를 얻기 위해서 현상시간을 길게 할수록 좋다.

해설

현상시간은 지나치게 길면 크고 깊은 불연속 안에 있는 침투액을 스며 나오게 하여 넓고 흐린 지시를 나타낼 우려가 있다.

35 후유화성 염색 침투액(기름베이스 유화제)-속건식 현상법의 시험 순서로 적절한 것은?

① 전처리 – 침투처리 – 유화처리 – 세척처리 –
건조처리 – 현상처리 – 후처리

② 전처리 – 침투처리 – 세척처리 – 건조처리 –
유화처리 – 현상처리 – 후처리

③ 전처리 – 침투처리 – 세척처리 – 건조처리 –
현상처리 – 유화처리 – 후처리

④ 전처리 – 세척처리 – 침투처리 – 유화처리 –
건조처리 – 현상처리 – 후처리

해설
VB–S는 전처리 – 침투처리 – 유화처리 – 세척처리 – 건조처리
– 현상처리 – 관찰 – 후처리 순으로 작업한다.

36 KS B 0816에 따라 장치를 사용하지 않아도 되는 시험 방법은?

① VC–S ② FD–A
③ VD–W ④ FD–N

해설
① VC–S : 용제 제거성 염색침투액 – 속건식현상법
② FD–A : 후유화성 형광침투액 – 습식현상법
③ VD–W : 후유화성 염색침투액(물베이스 유화제) – 습식현상법
(수현탁성)
④ FD–N : 후유화성 형광침투액-무현상법

37 KS B 0816 에 따르면 시험체 일부분을 시험히는 경우의 전처리의 범위에 대해 적절한 것은?

① 시험 부위를 집중적으로 산 세척처리한다.

② 일부분을 시험하더라도 시험체 전체를 전처리
한다.

③ 시험하는 부분에서 바깥쪽으로 25mm 넓은 범위
를 처리한다.

④ 시험하는 부분 기준 좌우 20mm 안쪽을 처리
한다.

해설
부착물의 종류, 정도, 시험체의 재질을 고려하여 용제에 의한 세척,
증기 세척, 도막박리제, 알칼리 세제, 산 세척 등을 시행하고, 일부
의 경우는 시험하는 부분에서 바깥쪽으로 25mm 넓은 범위를 깨끗
하게 한다.

38 KS B 0816에서 금지하고 있는 건조방법은?

① 자연건조
② 가열건조
③ 마른 헝겊으로 닦기
④ 와이프올로 닦기

해설
가열건조를 금지하고 있다.

39 A형 대비시험편에 대한 설명으로 옳지 않은 것은?

① 기호는 PT-A이다.

② 제작할 때 중앙부를 분젠 버너로 520℃로 가열
한다.

③ 흠을 제작할 때는 날카로운 금속재질 물체로 중
앙부에 흠을 낸다.

④ 흠은 중앙부에 양면으로 제작한다.

해설
흠은 판의 한 면 중앙부를 분젠 버너로 520~530℃로 가열한 후
물을 뿌려 급랭시켜 갈라지게 한다. 반대면도 마찬가지로 시행한다.

40 B형 대비시험편의 종류에서 종류에 따른 갈라짐 목표값으로 옳은 것은?

① PT-B50 목표값 5.0μm
② PT-B30 목표값 3.0μm
③ PT-B20 목표값 1.0μm
④ PT-B10 목표값 0.2μm

① PT-B50 목표값 2.5μm
② PT-B30 목표값 1.5μm
④ PT-B10 목표값 0.5μm

41 KS B 0816에 따른 기준 탐상제란?

① 사용 중인 탐상제 중 임의로 선택하여 보관하는 탐상제
② 시중에 파는 동일한 종류의 최근 제조한 탐상제
③ 탐상제 구입 당시 그 일부를 따로 청결히 보관한 탐상제
④ 사용 중인 탐상제 중 임의로 선택한 10개의 시료로부터 얻은 평균 탐상제

기준 탐상제란 탐상제 구입 시 그 일부를 청결한 용기에 채취하여 보존한 것을 말한다.

42 지시가 끊어지지 않고 길게 나타나는 지시의 의미는?

① 선상결함
② 원형상 결함
③ 연속결함
④ 분산결함

• 원형상 결함과 선상결함은 결함의 모양에 따라 구분한 것이고, 연속결함과 분산결함은 결함의 연속성에 따라 구분한 것이다.
• 지시가 끊어지지 않고 길게 나타나는 지시는 연속결함에서 나타난다.

43 다음 중 알루미늄 합금이 아닌 것은?

① 라우탈　　　② 실루민
③ Y합금　　　④ 델타메탈

델타메탈은 6 : 4 황동에 철을 1% 내외 첨가한 것으로 주조재, 가공재로 사용된다.

44 다음 중 황동 합금은?

① 포 금　　　② 캘 밋
③ 문쯔메탈　　④ 코슨 합금

문쯔메탈은 6-4 황동이다. 적열하면 단조할 수 있어서 가단황동이라고도 한다.

45 금속가공에서 재결정온도보다 낮은 경우의 가공을 무엇이라 하는가?

① 냉간가공
② 열간가공
③ 단조가공
④ 인발가공

열간가공 VS 냉간가공 : 소성가공에서 재결정온도 이상으로 가열하여 가공을 하면 좀 더 많은 양의 변형을 줄 수 있게 된다. 이렇게 가열하여 가공하는 방법을 열간가공이라 하고, 큰 변형이 필요 없거나 소성가공을 통해 일부러 가공경화를 일으켜 제품의 강도를 향상시킬 것을 목적으로 재결정온도 이하에서 가공하는 방법을 냉간가공이라 한다.

47 다음의 탄소강 조직 중 상온에서 경노가 가장 높은 것은?

① 시멘타이트
② 페라이트
③ 펄라이트
④ 오스테나이트

시멘타이트(Cementite, Fe_3C)
• 6.67%의 C를 함유한 철탄화물이다.
• 매우 단단하고 취성이 커서 부스러지기 쉽다.
• 1,130℃로 가열하면 빠른 속도로 흑연을 분리시킨다.
• 현미경으로 보면 희게 보이고 페라이트와 흡사하다.
• 순수한 시멘타이트는 210℃ 이상에서 상자성체이고, 이 온도 이하에서는 강자성체이다. 이 온도를 A_0 변태, 시멘타이트의 자기변태라 한다.

46 비커스 경도계에서 사용하는 압입자는?

① 꼭지각이 136°인 피라미드형 다이아몬드 콘
② 꼭지각이 120°인 피라미드형 다이아몬드 콘
③ 지름이 1/16인치 강구
④ 지름이 1/16인치 초경합금구

비커스 경도 시험 : 원뿔형의 다이아몬드 압입체를 시험편의 표면에 하중 P로 압입한 다음, 시험편의 표면에 생긴 자국의 대각선 길이 d를 비커스 경도계에 있는 현미경으로 측정하여 경도를 구한다. 좁은 구역에서 측정할 때는 마이크로 비커스 경도 측정을 한다. 도금층이나 질화층 등과 같이 얇은 층의 경도 측정에도 적합하다.

48 내식성이 우수하고 오스테나이트 조직을 얻을 수 있는 강은?

① 3% Cr 스테인리스강
② 35% Cr 스테인리스강
③ 18% Cr - 8% Ni 스테인리스강
④ 석출경화형 스테인리스강

고Cr-Ni 계 스테인리스강
• 표준 성분 18Cr-8Ni
• 내식, 내산성이 우수하며, 비자성. 경화 후 약간의 자성
• 탄화물 입계 석출로 입계 부식이 생기기 쉬움

49 6 : 4 황동으로 상온에서 $\alpha + \beta$ 조직을 갖는 재료는?

① 알드리

② 알클래드

③ 문쯔메탈

④ 플래티나이트

해설

문쯔메탈 : 영국인 Muntz가 개발한 합금으로 6 : 4 황동이다. 적열하면 단조할 수 있어서 가단 황동이라고도 한다. 배의 밑바닥 피막을 입히거나 그 외 해수에 직접 닿을 수 있는 장소의 볼트 및 리벳 등에 사용된다.

※ 알클래드(Alclad) : 두랄루민에 Al 또는 Al 합금을 피복, 강도와 내식성을 증가

50 제진재료에 대한 설명으로 틀린 것은?

① 제진합금으로는 Mg-Zr, Mn-Cu 등이 있다.

② 제진합금에서 제진기구는 마텐자이트 변태와 같다.

③ 제진재료는 진동을 제어하기 위하여 사용되는 재료이다.

④ 제진합금이란 큰 의미에서 두드려도 소리가 나지 않는 합금이다.

해설

제진재료는 진동과 소음을 줄여주는 재료로 Mn, Cu, Mg 등이 첨가된다.

※ 마텐자이트 변태는 형상기억합금의 제조에 사용되는 것이다.

51 Fe-C 평형상태도에 대한 설명으로 옳은 것은?

① 공정점의 탄소량은 약 0.80%이다.

② 포정점의 온도는 약 1,490℃이다.

③ A_0를 철의 자기변태점이라 한다.

④ 공석점에서는 레데부라이트가 석출한다.

해설

- γ 고용체와 시멘타이트가 동시에 정출되는 점이 공정점 4.3%C, 1,148℃
- A_0은 α고용체의 자기변태점
- 공석점에서는 시멘타이트가 석출

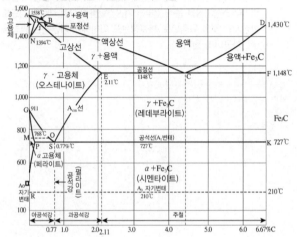

52 흑연을 구상화시키기 위해 선철을 용해하여 주입 전에 첨가하는 것은?

① Cs

② Cr

③ Mg

④ Na_2CO_3

해설

흑연의 구상화 : 주철이 강에 비하여 강도와 연성 등이 나쁜 이유는 주로 흑연의 상이 편상으로 되어 있기 때문인데, 용융된 주철에 마그네슘(Mg), 세륨(Ce), 칼슘(Ca) 등을 첨가하여 흑연을 구상화하면 강도와 연성이 개선된다.

53 알루미늄 방식을 위해 표면을 전해액 중에서 양극산화 처리하여 치밀한 산화피막을 만드는 방법이 아닌 것은?

① 수산법

② 황산법

③ 크롬산법

④ 수산화암모늄법

해설

양극산화처리 중 산성욕 방법에는 황산법, 수산법, 크롬산법, 붕산법 등이 있다.

54 용접작업에서의 용착법 중 박판용접 및 용접 후의 비틀림을 방지하는 데 가장 효과적인 것은?

① 전진법

② 후진법

③ 케스케이드법

④ 스킵법

해설

스킵법은 얇고 응력의 영향이 있는 재료에 적합한 방법으로 전체를 몇 구역으로 나누어 띄엄띄엄 용접하는 방법이다.

55 금(Au)의 일반적인 성질에 대한 설명 중 옳은 것은?

① 금(Au)은 내식성이 매우 나쁘다.

② 금(Au)의 순도는 캐럿(K)으로 표시한다.

③ 금(Au)은 강도, 경도, 내마멸성이 높다.

④ 금(Au)은 조밀육방격자에 해당하는 금속이다.

해설

금은 내식성이 뛰어나며, 강도, 경도, 내마멸성이 낮은 연성이 큰 재료이며, 면심입방격자에 속한다. 순도는 캐럿으로 표시한다.

56 Al-Si계 합금에 관한 설명으로 틀린 것은?

① Si 함유량이 증가할수록 열팽창계수가 낮아진다.

② 실용합금으로는 10~13%의 Si가 함유된 실루민이 있다.

③ 용융점이 높고 유동성이 좋지 않아 복잡한 모래형 주물에는 이용되지 않는다.

④ 개량처리를 하게 되면 용탕과 모래 수분과의 반응으로 수소를 흡수하여 기포가 발생된다.

해설

Al-Si계 합금은 주조용으로 많이 사용되었으며, Si를 첨가함으로써 주조성을 좋게 하고 모래형, 셀 몰드형, 금형 주물 등에 많이 사용되었다.

57 금속의 결정구조에서 BCC가 의미하는 것은?

① 정방격자

② 면심입방격자

③ 체심입방격자

④ 조밀육방격자

해설

체심입방격자(BCC ; Body-centered Cubic Lattice)
- 입방체의 각 모서리에 1개씩의 원자와 입방체의 중심에 1개의 원자가 존재하는 매우 간단한 격자구조를 이루고 있다.
- 잘 미끄러지지 않는 원자 간 간섭구조로 전연성이 잘 발생하지 않으며 Cr, Mo 등과 α철, δ철 등이 있다.
- 단위격자수는 2개이며, 배위수는 8개이다.

58 아세틸렌은 각종 액체에 잘 용해되는데, 벤젠에는 몇 배가 용해되는가?

① 2배　　　　② 3배

③ 4배　　　　④ 6배

해설

아세틸렌
- 카바이드(CaC_2)를 석회(CaO)와 코크스를 혼합시켜 다량 제조
- 카바이드와 물을 반응시키면 이론적으로 순수한 카바이드 1kgf에 348L 아세틸렌 가스가 발생(실제는 230~300L)
- 수소와 탄소의 화합물로 불안정하며, 냄새가 있다. 산소보다 가볍다.
- 아세틸렌 가스의 용해(1kgf/cm^{2}하에) : 물 1배, 터빈유 2배, 석유 2배, 순알콜 2배, 벤젠 4배, 아세톤 25배. 12kgf/cm^{2}하의 아세톤에 300배(용적 25배×압력 12배)
- 폭발성 : 150℃, 2기압하에서 완전 폭발. 1.5기압하에 약간 충격 폭발. 압력 유의
- 아세톤 1kg은 905L의 부피

59 충전 전 아세틸렌 용기의 무게는 50kg이었다. 아세틸렌 충전 후 용기의 무게가 55kg이었다면 충전된 아세틸렌가스의 양은 몇 L인가?(단, 15℃, 1기압하에서 아세틸렌가스 1kg의 용적은 905L이다)

① 4,525　　　　② 6,000

③ 4,500　　　　④ 5,000

해설

충전된 아세틸렌의 무게는 5kg이고 1kg당 905L의 부피를 차지하므로 5kg은 4,525L의 부피를 차지한다.

60 다음 중 두께가 3.2mm인 연강 판을 산소-아세틸렌가스 용접할 때 사용하는 용접봉의 지름은 얼마인가?(단, 가스 용접봉 지름을 구하는 공식을 사용한다)

① 1.0mm　　　　② 1.6mm

③ 2.0mm　　　　④ 2.6mm

해설

연강판의 두께와 용접의 지름

모재의 두께	2.5mm 이하	2.5~6.0 mm	5~8mm	7~10mm	9~15mm
용접봉 지름	1.0~1.6 mm	1.6~3.2 mm	3.2~4.0 mm	4~5mm	4~6mm

용접봉의 지름 구하는 식

$$D = \frac{T}{2} + 1, \therefore D = \frac{3.2}{2} + 1 = 2.6mm$$

57 ③ 58 ③ 59 ① 60 ④ **정답**

2018년 제2회 과년도 기출복원문제

01 다음에서 설명하는 시험법은?

- 기계적인 미세한 변화를 검출하기 위해 얇은 센서를 붙여서 기계적 변형을 측정해 내는 방법
- 기계나 구조물의 설계 시 응력, 변형률을 측정 적용하여 파손, 변형의 적절성을 측정

① 응력 스트레인법
② 서모그래피법
③ 누설 램파법
④ NMR-CT법

해설
② 서모그래피법 : 시험체에 열에너지를 가해 결함이 있는 곳에 온도장(溫度場)을 만들어 적외선 서모그래피 기술을 이용하여 화상으로 결함을 탐상하는 방법
③ 누설 램파법 : 두 장의 판재를 접합한 재료의 접합계면의 좋고 나쁨을 판단하는 데 사용한다.
④ NMR-CT법 : 수소원자핵의 분포를 영상화하는 기술

02 방사선투과검사 필름의 상질의 알아보기 위해 사용하는 촬영도구는?

① 증감지
② 투과도계
③ 콜리미터
④ 농도측정기

해설
투과도계의 사용목적
투과도계는 촬영된 방사선 투과사진의 감도를 알기 위해 시편 위에 함께 놓고 촬영한다.

03 압력용기의 누설시험이며, 계통 압력검사 중 누설 수집 계통 사용 여부에 관계없이 누설 징후를 검출하는 육안검사법은?

① VT-1
② VT-2
③ VT-3
④ 레플리케이션

해설
① VT-1 : 빛을 이용하는 육안검사
- 표면 균열, 마모, 부식, 침식 등의 불연속부 및 결함을 검출한다.
- 500lx 이상의 밝기를 확보해야 하며, 원격의 경우도 직접 육안 검사만큼의 분해능을 확보해야 한다.
- 눈의 각도를 30°보다 크게 하여야 한다.
③ VT-3 : 큰 규모의 모니터 검사
- 구조물의 기계적·구조적 상태를 검사하는 것으로 구조물, 부품의 외형적 결함과 기계적 작동 여부 및 기능의 적절성을 검사한다.
- 볼트 연결부, 용접부, 결합부, 파편, 부식, 마모 등 구조적 영역 확인, 원격 가능
④ 레플리케이션
- 표면결함을 검출하며, 결함을 복제하여 복제된 필름을 검사하는 방법을 쓴다.
- 육안만큼의 분해능을 확보하는 것이 관건이다.

04 두꺼운 금속제의 용기나 구조물의 내부에 존재하는 가벼운 수소화합물의 검출에 가장 적합한 검사방법은?

① X-선투과검사
② γ선투과검사
③ 중성자투과검사
④ 초음파탐상검사

해설
X선은 투과력이 약하여 두꺼운 금속제 구조물 등을 검사하기 어렵다. 중성자 시험은 두꺼운 금속에서도 깊은 곳의 작은 결함까지 검출이 가능한 비파괴검사탐상법이다.

05 방사선작업 종사자가 착용하는 개인 피폭선량계에 속하지 않는 것은?

① 세베이미터

② 필름배지

③ 포켓도시미터

④ 열형광선량계

해설

개인 피폭선량계

• 포켓선량계 : Self-reading Type의 전리함은 간단하고 판독이 쉬우며 작고 휴대성이 좋다.

• 필름배지 : 작은 배지 Type으로 사용 후 필름이 검게 변한 정도로 피폭량을 측정한다.

• 형광유리선량계 : 전리방사선이 쏘아지면 형광중심이 생기며, 자외선이 쏘아지면 가시광선이 발생한다.

• 열형광선량계 : 필름배지를 사용하며 재사용이 가능하다. 작은 크기로 특정 부위의 피폭선량 측정도 가능하다.

06 선원 – 필름 간 거리가 4m일 때 노출시간이 60초였다면 다른 조건은 변화시키지 않고 선원 – 필름 간 거리만 2m로 할 때 방사선 투과시험의 노출시간은 얼마이어야 하는가?

① 15초

② 30초

③ 120초

④ 240초

해설

4m 지점에서 60초 노출이 적절했다면, 거리가 1/2로 줄었을 때 그 제곱인 4배만큼 방사선 강도가 강해졌으므로 노출시간은 1/4로 줄어들면 된다.

$$\frac{C_1 에서의\ 방사선\ 노출}{C_2 에서의\ 방사선\ 노출} = \frac{C_2 까지의\ 거리^2}{C_1 까지의\ 거리^2}$$

방사선의 노출 = 방사선강도 × 노출시간

07 공기 중에서 초음파의 주파수가 5MHz일 때 물속에서의 파장은 몇 mm가 되는가?(단, 물에서의 초음파 음속은 1,500m/s이다)

① 0.1

② 0.3

③ 0.5

④ 0.7

해설

주파수란 1초당 떨림 횟수이므로 공기 중 500만 번 떨리면서 340m(공기 중 음속 340m/s) 이동하므로 한 번당 0.068mm(=파장의 길이) 같은 떨림수를 갖고 있고, 음속만 다르면 파장당 길이가

$1,500 : 340$로 길어지므로 $0.068mm \times \left(\frac{1,500}{340}\right) = 0.3mm$이다.

08 자분탐상시험의 선형자화법에서 자계의 세기(자화력)을 나타내는 단위는?

① 암페어

② 볼트(Volt)

③ 웨버(Weber)

④ 암페어/미터

해설

① A는 전류의 단위이고, ② Volt는 전압의 단위이며, ③ Weber는 자기력선속의 단위로 단위 면적당 통과하는 자속선수의 단위이다.

09 다음이 설명하는 파장은?

> • 입자의 진동방식이 타원형으로 진행한다.
> • 에너지의 반 이상이 표면으로부터 1/4파장 이내에서 존재하며, 한 파장 깊이에서의 에너지는 대폭 감소한다.

① 종 파
② 횡 파
③ 표면파
④ 판 파

해설
초음파의 종류

종 파	• 파를 전달하는 입자가 파의 진행 방향에 대해 평행하게 진동하는 파장 • 고체, 액체, 기체에 모두 존재하며, 속도(5,900m/s 정도)가 가장 빠르다.
횡 파	• 파를 전달하는 입자가 파의 진행 방향에 대해 수직하게 진동하는 파장 • 액체, 기체에는 존재하지 않으며 속도는 종파의 반 정도이다. • 동일 주파수에서 종파에 비해 파장이 짧아서 작은 결함의 검출에 유리하다.
표면파	• 매질의 한 파장 정도의 깊이를 투과하여 표면으로 진행하는 파장이다. • 입자의 진동방식이 타원형으로 진행한다. • 에너지의 반 이상이 표면으로부터 1/4파장 이내에서 존재하며, 한 파장 깊이에서의 에너지는 대폭 감소한다.
판 파	• 얇은 고체 판에서만 존재한다. • 밀도, 탄성특성, 구조, 두께 및 주파수에 영향을 받는다. • 진동의 형태가 매우 복잡하며, 대칭형과 비대칭형으로 분류된다.
유도 초음파	• 배관 등에 초음파를 일정 각도로 입사시켜 내부에서 굴절, 중첩 등을 통하여 배관을 따라 진행하는 파가 만들어지는 것을 이용하여 발생시킴 • 탐촉자의 이동 없이 고정된 지점으로부터 대형 설비 전체를 한 번에 탐상 가능 • 절연체나 코팅의 제거 불필요

10 자분탐상시험에서 가장 잘 검출할 수 있는 결함은?

① 표면 점 결함
② 표면 선 결함
③ 표면 아래 결함
④ 내부결함

해설
자분탐상시험으로 네 가지 모두 검출이 가능할 수 있으나, 보기 중 표면 선 결함이 가장 잘 검출된다.

11 와전류탐상시험의 침투 깊이와의 관계로 옳은 것은?

① 주파수가 낮을수록 침투 깊이가 얕다.
② 투자율이 낮을수록 침투 깊이가 얕다.
③ 전도율이 높을수록 침투 깊이가 얕다.
④ 표피효과가 클수록 침투 깊이가 깊다.

해설
침투 깊이
와전류의 침투 깊이를 구하는 식은

• $\delta = \dfrac{1}{\sqrt{\pi f \mu \sigma}}$ (f : 주파수 σ : 도체의 전도도 μ : 도체의 투자율)

• 주파수가 낮을수록 침투 깊이가 깊다.
• 투자율이 낮을수록 침투 깊이가 깊다.
• 전도율이 높을수록 침투 깊이가 얕다.
• 표피효과가 클수록 침투 깊이가 얕다.

12 방사선투과시험과 비교하여 자분탐상시험의 특징을 설명한 것으로 옳지 않은 것은?

① 모든 재료에의 적용이 가능하다.

② 탐상이 비교적 빠르고 간단한 편이다.

③ 표면 및 표면 바로 밑의 균열검사에 적합하다.

④ 결함모양이 표면에 직접 나타나므로 육안으로 관찰할 수 있다.

강자성체에 자분탐상시험이 가능하다.

14 모세관 현상에서 모세관 속의 액체가 상승하는 높이와 직접적인 관련이 없는 것은?

① 적심성

② 관의 지름

③ 관의 길이

④ 액체의 표면장력

① 적심성은 표면장력의 차에 따르는 모세관 현상과 관련이 있다.

② 관의 지름이 너무 작으면 유체의 응집의 영향이 모두 반영되지 않을 수 있다.

④ 액체의 표면장력의 차에 의해 모세관 현상이 일어난다.

13 침투제가 그 역할을 수행하기 위한 주된 현상은?

① 건 조

② 세척작용

③ 후유화 현상

④ 모세관 현상

침투제는 적심성 정도에 의해 침투능력이 발휘되고, 침투된 침투액은 모세관 현상에 의해 현상된다.

15 다음 중 모세관 현상을 결정하는 요인이 아닌 것은?

① 액체의 접촉각

② 액체의 점도

③ 액체의 표면장력

④ 액체의 부력

부력이란 액체와 그 액체에 담긴 물체와 작용하는 힘으로, 모세관 현상은 액체 자체가 관 벽과 작용하여 일으키는 현상이며 서로 무관하다.

16 수세성 형광침투액과 건식현상제를 사용하여 검사하는 방법을 표현한 것은?

① FA-D
② FB-D
③ FA-S
④ FB-S

• 사용하는 침투액에 따른 분류

명 칭	방 법	기 호
V 방법	염색침투액을 사용하는 방법	V
F 방법	형광침투액을 사용하는 방법	F
D 방법	이원성 염색침투액을 사용하는 방법	DV
	이원성 형광침투액을 사용하는 방법	DF

• 잉여침투액의 제거방법에 따른 분류

명 칭	방 법	기 호
방법 A	수세에 의한 방법	A
방법 B	기름베이스 유화제를 사용하는 후유화에 의한 방법	B
방법 C	용제 제거에 의한 방법	C
방법 D	물베이스 유화제를 사용하는 후유화에 의한 방법	D

• 현상방법에 따른 분류

명 칭	방 법	기 호
건식현상법	건식현상제를 사용하는 방법	D
습식현상법	수용성 현상제를 사용하는 방법	A
	수현탁성 현상제를 사용하는 방법	W
속건식현상법	속건식현상제를 사용하는 방법	S
특수현상법	특수한 현상제를 사용하는 방법	E
무현상법	현상제를 사용하지 않는 방법	N

17 누설검사에서 누설 여부를 확인할 때 검출기를 사용하지 않는 방법은?

① 암모니아 누설시험
② 헬륨질량분석기 누설시험
③ 할로겐 누설시험
④ 기체방사성 동위원소법

암모니아는 검출기가 없어도 특유의 냄새로 검출이 가능하다.

18 유화처리 과정에서 유화제를 석용하는 방법으로 사용할 수 없는 것은?

① 침적법
② 분무법
③ 붓기법
④ 붓칠법

유화제는 침지, 붓기, 분무 등에 따라 적용하고 균일한 유화처리를 한다. 유화제를 붓칠로 바르면 균일하게 도포하기 어렵다. 두껍게 발라진 과잉유화제는 침투제를 제거할 우려가 있다.

19 침투탐상시험에서 시험조건에 따른 현상제의 선택이 가장 올바르게 설명된 것은?

① 매우 거친 표면은 습식현상제가 적합하다.
② 소형의 대량작업에는 건식현상제가 적합하다.
③ 매우 매끄러운 표면은 건식현상제가 적합하다.
④ 미세한 균열 검출에는 속건식현상제가 적합하다.

현상제의 선택
• 표면이 거친 경우는 건식현상이 적합하고 매끄러운 경우는 습식현상이 적절하다.
• 시험체의 수량이 많은 경우에는 습식현상이 적합하고 시험체의 크기가 대형인 경우에는 건식현상이 적절하다.
• 염색침투제를 사용하는 경우에는 건식현상제를 사용하지 않는다.
• 자동장비를 사용하여 검사를 하는 경우에는 습식현상을 한다.

20 후유화성 침투탐상시험 시 유화제의 적용 시기는?

① 현상시간 경과 직후
② 침투액 적용 직전
③ 현상시간 경과 직전
④ 침투시간 경과 직후

해설
후유화성 검사에서 유화제는 잉여침투제를 제거하기 위해 적용한다.

21 침투탐상시험방법 및 침투지시모양의 분류(KS B 0816)에서 속건식현상제를 사용한 용제 제거성 형광침투탐상에 해당하는 시험방법의 기호는?

① FC-S
② VC-S
③ VC-A
④ FC-A

해설
※ 16번 해설 참조

22 침투탐상시험방법 및 침투지시모양의 분류(KS B 0816)에 따른 자외선조사장치를 사용하지 않는 시험방법의 기호로 옳은 것은?

① FA-W
② FC-N
③ FB-D
④ VC-S

해설
염색침투탐상검사는 자외선조사장치가 필요 없다.
※ 16번 해설 참조

23 기온이 급강하하여 에어졸형 탐상제의 압력이 낮아져 분무가 곤란할 때 검사자의 조치방법으로 가장 적합한 것은?

① 새것과 언 것을 교대로 사용한다.
② 온수 속에 탐상 캔을 넣어 서서히 온도를 상승시킨다.
③ 에어졸형 탐상제를 난로 위에 놓고 온도를 상승시킨다.
④ 일단 언 상태에서는 온도를 상승시켜도 기능을 발휘하지 못하므로 폐기한다.

해설
에어졸 탐상제가 기온 저하로 분무가 안 될 때는 온수 속에 담가서 서서히 내부 온도를 올린다.

24 침투탐상시험에서 의사지시모양이 나타나는 원인이 아닌 것은?

① 전처리가 부족한 경우
② 제거처리가 부적당한 경우
③ 시험체의 형상이 단순한 경우
④ 외부 경로를 통한 오염이 있는 경우

해설
시험체의 형상이 복잡하거나 경계가 있어 결함이 아님에도 침투액이 남아 있는 경우 의사지시가 나타날 수 있다.

25 염색침투비파괴검사에 가장 적합한 조명은?

① 20lx 이하

② 20lx부터 30lx 사이

③ 500lx 이상

④ 10W/m²

해설

염색침투검사는 색의 대비를 이용하고 가시성을 확보하여야 하므로 주변을 기준 이상 밝게 유지해야 한다.

26 침투탐상시험방법 및 침투지시모양의 분류(KS B 0816)에서 규정한 A형 대비시험편의 크기와 대비시험편 흠의 깊이로 옳은 것은?

① 크기 : 75×50mm   흠의 깊이 : 1.5mm

② 크기 : 75×50mm   흠의 깊이 : 2mm

③ 크기 : 100×75mm   흠의 깊이 : 1.5mm

④ 크기 : 100×75mm   흠의 깊이 : 2mm

해설

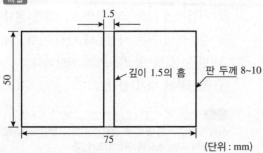

(단위 : mm)

27 형광침투탐상에서 시험 장소 주위의 밝기는?

① 20lx 이하   ② 30lx 이하

③ 40lx 이하   ④ 50lx 이하

해설

암실은 20lx 이하이어야 한다.

28 침투탐상시험방법 및 침투지시모양의 분류(KS B 0816)에 따라 시험방법의 기호가 FC-S일 때 이에 대한 설명으로 옳은 것은?

① 수세성 형광침투액을 사용하고, 습식현상제를 적용하는 방법이다.

② 용제 제거성 형광침투액을 사용하고, 속건식현상제를 적용하는 방법이다.

③ 수세성 염색침투액을 사용하고, 건식현상제를 적용하는 방법이다.

④ 후유화성 염색침투액을 사용하고 현상제를 적용하지 않는 방법이다.

해설

※ 16번 해설 표 참고

29 침투탐상시험방법 및 침투지시모양의 분류(KS B 0816)에 의해 탐상검사를 한 후에 나타난 지시를 기록하는 방법이 아닌 것은?

① 사 진   ② 에 칭

③ 전 사   ④ 스케치

해설

도면, 사진, 스케치, 전사 등으로 기록한다.

30 다음 중 결함검출 감도가 가장 낮은 현상법은?

① 무현상법
② 건식현상법
③ 습식현상법
④ 속건식현상법

> **해설**
> 현상제를 사용하지 않는 무현상법은 현상제를 적용하는 방법에 비해 감도가 낮다. 시험체 표면에 남아 있는 과잉침투제를 제거한 후 열을 가해 열팽창으로 침투제가 새어나오는 것을 관찰하는 방법이다.

31 FC-D의 작업 순서로 옳은 것은?

① 전처리 – 침투처리 – 제거처리 – 현상처리 – 후처리
② 전처리 – 침투처리 – 유화처리 – 세척처리 – 현상처리 – 후처리
③ 전처리 – 세척처리 – 침투처리 – 유화처리 – 현상처리 – 후처리
④ 전처리 – 침투처리 – 제거처리 – 유화처리 – 현상처리 – 후처리

> **해설**
> FC-D는 용제 제거성 형광침투액 – 건식현상법이며 세척, 유화작업이 없이 전처리 – 침투처리 – 제거처리 – 현상처리 – 후처리 순으로 작업한다.

32 KS B 0816에 따른 플라스틱, 유리 재질의 침투검사에서 현상시간으로 적절한 것은?

① 3분   ② 5분
③ 7분   ④ 9분

> **해설**
> 모든 재질, 모든 종류의 침투액에서 현상시간은 7분이다.

33 KS B 0816에 따른 유화제 적용시간에 대한 설명으로 옳은 것은?

① 유화시간은 유화제 및 침투액 종류, 온도, 시험체 표면거칠기 등을 고려하여 정한다.
② 기름베이스 유화제 – 형광침투액의 경우 5분 이내에 사용한다.
③ 기름베이스 유화제 – 염색침투액의 경우 3분 이내에 사용한다.
④ 물베이스 유화제 – 형광침투액의 경우 3분 이내에 사용한다.

> **해설**
> ② 기름베이스 유화제 – 형광침투액의 경우 3분 이내에 사용한다.
> ③ 기름베이스 유화제 – 염색침투액의 경우 30초 이내에 사용한다.
> ④ 물베이스 유화제 – 형광침투액의 경우 2분 이내에 사용한다.

34 KS B 0816에 따르면 시험 중 다음과 같은 사항에 해당되었을 때 취할 행동은?

> • 조작방법에 잘못이 있을 때
> • 침투지시모양이 흠에 기인한 것인지 의사지시인지의 판단이 곤란할 때

① 시험체에 다른 조작방법을 시행해 본다.
② 잘못이 인지된 시점부터 다시 시행한다.
③ 전문가들의 협의를 거쳐 판단한다.
④ 처음부터 다시 한다.

> **해설**
> 시험의 중간 또는 종료 후 문제와 같은 사항이 판명되면 시험을 처음부터 다시 하도록 규정하고 있다.

35 암실이 필요없는 시험방법은?

① FC-D
② VA-S
③ DFA-N
④ DFC-W

해설
② VA-S : 수세성 염색침투액 – 속건식현상법
① FC-D : 용제 제거성 형광침투액 – 건식현상법
③ DFA-N : 수세성 이원성 형광침투액 – 무현상법
④ DFC-W : 용제 제거성 이원성 형광침투액 – 습식현상법
암실은 자외선조사장치를 사용할 때 필요하고 자외선조사장치는 형광침투액을 사용할 때 필요하다.

36 KS B 0816에서 금지하고 있는 현상 방법은?

① 건식현상법 시 건식현상제를 시험체 전체에 똑같이 덮도록 한다.
② 습식현상법에서 습식현상제 속에 시험체를 침지한다.
③ 속건식현상제를 이용할 때 현상제 속에 시험체를 침지한다.
④ 습식현상법에서 습식현상제를 붓칠한다.

해설
속건식현상제를 적용하는 경우 현상제를 분무, 붓기 또는 붓칠로 적용하고 침지하여서는 안 된다.

37 분말 금속 등 다공성 재질에 침투 가능한 미세 입자를 현탁시킨 액체를 이용하는 방법으로써 도자기 소성 전의 균열 유무나 콘크리트 균열검사에 사용되는 방법은?

① 하전 입자법
② 여과 입자법
③ 역형광법
④ 휘발성 침투액법

해설
여과 입자법은 미세 입자 분말이 결함 부위에 다른 부위보다 많이 쌓이게 되면 육안이나 자외선 조사등으로 관찰하여 결함의 크기와 위치를 파악하게 된다. 결함은 0.1mm의 크기 정도까지 가능하다.

38 침투탐상시험방법 및 침투지시모양의 분류(KS B 0816)에 의한 침투지시모양을 3종류로 분류할 때 이것에 해당되지 않은 것은?

① 의사침투지시모양
② 독립침투지시모양
③ 연속침투지시모양
④ 분산침투지시모양

해설
침투지시모양의 모양 및 존재 상태에서 분류

독립 침투 지시 모양	갈라짐에 의한 침투지시모양	결함침투지시인지 의사침투지시인지 확인하여야 하는 규정에 따라 갈라져 있는 것이 확인된 결함지시모양
	선상침투 지시모양	갈라짐 이외의 침투지시모양 가운데 그 길이가 너비의 3배 이상인 것
	원형상 침투 지시모양	갈라짐에 의하지 않는 침투지시모양 가운데 선상침투지시모양 이외의 것
연속침투지시모양		여러 개의 지시모양이 거의 동일 직선상에 나란히 존재하고, 그 상호거리가 2mm 이하인 침투지시모양. 침투지시모양의 지시길이는 특별한 지정이 없는 경우 침투지시모양의 개개의 길이 및 상호거리를 합친 값으로 한다.
분산침투지시모양		일정한 면적 내의 여러 개의 침투지시모양이 분산하여 존재하는 침투지시모양

39 비파괴검사–침투탐상검사–일반 원리(KS B ISO 3452)에 규정한 최대 표준현상시간은 보통 침투시간의 몇 배인가?

① 1.1배
② 1.2배
③ 1.5배
④ 2배

해설
현상시간 현상제를 적용한 후 액체가 건조되게 해야 할 경우, 지시모양이 나타나게 하기 위해 부재를 충분한 시간(현상시간) 동안 그대로 두어야 한다. 이 시간은 사용되는 시험 매체, 시험되는 재료 및 나타나는 결함의 특성에 의존하게 된다. 그러나 현상시간은 일반적으로 침투시간(7.1.3 참조)의 대략 50%가 된다. 최대 표준현상시간은 보통 침투시간의 2배이다. 지나치게 긴 현상시간은 크고 깊은 불연속 안에 있는 침투액을 스며 나오게 하여 그 때문에 넓고 흐린 지시가 생길 수 있다.

40 침투탐상시험방법 및 침투지시모양의 분류(KS B 0816)에 따라 갈라짐 이외의 결함으로 그 길이가 너비의 3배 이상인 결함은?

① 분산결함　　　　② 연속결함
③ 선상결함　　　　④ 원형상 결함

해설
※ 38번 해설 참고

41 전수검사 결과의 표시방법으로 적당하지 않은 것은?

① 각인으로 P
② 부식으로 P
③ 착색(적갈색)으로 P
④ 착색(황색)으로 P

해설
전수검사 결과는 각인, 부식, 착색(적갈색)으로 P를 새긴다.

42 자외선조사장치의 폐기조건은?

① 50cm 거리에서 $800\mu W/cm^2$ 이하일 때
② 40cm 거리에서 $700\mu W/cm^2$ 이하일 때
③ 30cm 거리에서 $1,000\mu W/cm^2$ 이하일 때
④ 수은등 광의 누출이 있을 때

해설
자외선조사장치의 폐기조건은 38cm 거리에서 $800\mu W/cm^2$ 이하이거나 수은등 광의 누출이 있을 때이다.

43 구상흑연주철의 구상화를 위해 사용되는 접종제가 아닌 것은?

① S　　　　② Ce
③ Mg　　　　④ Ca

해설
구상흑연주철의 구상화는 Mg, Ca, Ce이다.

44 Fe-C 평형상태도에서 나타나지 않는 반응은?

① 공석반응　　　　② 공정반응
③ 포석반응　　　　④ 포정반응

해설
Fe-C 상태도에는 공석, 공정, 포정반응이 일어나며, 포석반응은 포정반응에서 용융 대신 고용체가 생길 때의 반응이다. 고용체 + 고상2 = 고상1이 되는 형식이다.

45 강의 표면경화법에 해당되지 않는 것은?

① 침탄법

② 금속침투법

③ 마템퍼링법

④ 고주파 경화법

해설

표면경화법에는 침탄, 질화, 금속침투(세라다이징, 칼로라이징, 크로마이징 등), 고주파 경화법, 화염경화법, 금속용사법, 하드페이싱, 숏피닝 등이 있으며 마템퍼링은 금속 열처리에 해당된다.

46 탄소강에 함유된 원소들의 영향을 설명한 것 중 옳은 것은?

① Mn은 보통 강 중에서 0.2~0.8% 함유되며, 일부는 α-Fe 중에 고용되고, 나머지는 S와 결합하여 MnS로 된다.

② Cu는 매우 적은 양이 Fe 중에 고용되며, 부식에 대한 저항성을 감소시킨다.

③ P는 Fe와 결합하여 Fe_3P를 만들고, 결정입자의 미세화를 촉진시킨다.

④ Si는 α고용체 중에 고용되어 경도, 인장강도 등을 낮춘다.

해설

② Cu는 부식에 대한 저항성을 높인다.

③ P는 Fe와 결합하여 Fe_3P를 만들고, 결정입자의 조대화를 촉진시킨다.

④ Si는 α고용체 중에 고용되어 경도, 인장강도 등을 높인다.

47 연속 용접작업 중 아크 발생시간 6분, 용접봉 교체와 슬래그 제거시간 2분, 스패터 제거시간이 2분으로 측정되었다. 이때 용접기 사용률은?

① 50% ② 60%

③ 70% ④ 80%

해설

용접기 사용률은 전체 용접 작업시간 중 아크 발생을 기준으로 용접기를 사용한 시간의 비를 의미한다. 전체 10분 작업시간 (6+2+2) 중 6분이 아크를 발생한 시간이므로 60%이다.

48 Ti 및 Ti 합금에 대한 설명으로 틀린 것은?

① Ti의 비중은 약 4.54 정도이다.

② 용융점이 높고 열전도율이 낮다.

③ Ti은 화학적으로 매우 반응성이 강하나 내식성은 우수하다.

④ Ti의 재료 중에 O_2와 N_2가 증가함에 따라 경도는 감소되나 전연성은 좋아진다.

해설

Ti의 재료 중에 O_2와 N_2가 증가함에 따라 전연성이 감소되고 경도가 높아져 기계적 성질이 나빠진다.

49 Al의 실용합금으로 알려진 실루민(Silumin)의 적당한 Si 함유량은?

① 0.5~2%

② 3~5%

③ 6~9%

④ 10~13%

해설

Al에 Si 11.6%, 577℃ 공정점인 조성. 여기에 Na, F, NaOH를 용탕에 넣어 처리하면 조직이 미세화되고 공정점도 조정된다. 이를 개량처리라고 한다.

50 니켈 – 크롬 합금 중 사용한도가 1,000℃까지 측정할 수 있는 합금은?

① 망가닌
② 우드메탈
③ 배빗메탈
④ 크로멜 – 알루멜

해설
크로멜 : Ni에 Cr을 첨가한 합금, 알루멜은 Ni에 Al을 첨가한 합금으로 크로멜 – 알루멜을 이용하여 열전대를 형성한다.

51 다음 나열하는 합금의 계열은?

| 인바, 엘린바, 플래티나이트, 니칼로이, 퍼멀로이 |

① Ni–Cr계
② Ni–Cu계
③ Ni–Fe계
④ Mg–Al계

해설
Ni–Fe 계 합금
• 인바(Invar, 불변강 표준자)
• 엘린바(Elinvar, 36Ni–12Cr–나머지 Fe, 각종 게이지)
• 플래티나이트(Platinite, 열팽창계수가 백금과 유사, 전등의 봉입선)
• 니칼로이(Nicalloy, 50Ni–50Fe, 초투자율, 포화자기, 저출력 변성기, 저주파 변성기)
• 퍼멀로이(70~90Ni–10~30Fe, 투자율이 높다)
• 퍼민바(Perminvar, 일정 투자율, 고주파용 철심, 오디오 헤드)

52 상온일 때 순철의 단위격자 중 원자를 제외한 공간의 부피는 약 몇 %인가?

① 26
② 32
③ 42
④ 46

해설
순철은 상온에서 체심입방격자의 구조를 하고 있는데, 체심입방격자는 충진율이 68%, 면심입방격자는 충진율이 74%이다. 충진율이란 공간 안에 원자가 차지하고 있는 부피의 비율이다. 따라서 체심입방격자의 공간 부피는 100 – 68 = 32%가 된다.

53 활자금속에 대한 설명으로 틀린 것은?

① 응고할 때 부피 변화가 커야 한다.
② 주요 합금조성은 Pb · Sn · Sb이다.
③ 내마멸성 및 상당한 인성이 요구된다.
④ 비교적 용융점이 낮고, 유동성이 좋아야 한다.

해설
활자 합금은 열에 대한 부피의 변동성이 작아야 한다. 화이트 메탈 등을 사용한다.
화이트 메탈(White Metal) : Pb–Sn–Sb계, Sn–Sb계 합금을 통틀어 부른다. 녹는점이 낮고 부드러우며 마찰이 작아서 베어링 합금, 활자 합금, 납 합금 및 다이캐스트 합금에 많이 사용된다.

54 그림과 같이 변형 후 수백 % 이상의 연신율을 나타내는 재료는?

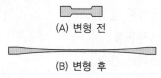

(A) 변형 전

(B) 변형 후

① 수소저장합금
② 금속 초미립자
③ 초소성 합금
④ 반도체 재료

55 피복아크용접봉의 피복제의 주된 역할 설명 중 틀린 것은?

① 전기 전도를 양호하게 한다.
② 슬래그를 제거하기 쉽게 하고, 파형이 고운 비드를 만든다.
③ 용착 금속의 냉각속도를 느리게 하여 급랭을 방지한다.
④ 스패터의 발생을 적게 한다.

56 용접방법 중 비드를 뒤로 하고 비드를 쌓을 면을 계속 보면서 용접하는 방법은?

① 전진법
② 후진법
③ 대칭법
④ 스킵법

57 다음 중 슬립(Slip)에 대한 설명으로 틀린 것은?

① 원자 밀도가 최대인 방향으로 잘 일어난다.
② 원자 밀도가 가장 큰 격자면에서 잘 일어난다.
③ 슬립이 계속 진행하면 결정은 점점 단단해져 변형이 쉬워진다.
④ 다결정에서는 외력이 가해질 때 슬립 방향이 서로 달라 간섭을 일으킨다.

58 가스용접 시 연강판의 두께가 7.5mm일 때 사용 적절하지 않은 지름을 가진 용접봉은?

① 3.5mm ② 4mm

③ 4.6mm ④ 8mm

해설

연강판의 두께와 용접봉 지름

모재의 두께	2.5mm 이하	2.5~ 6.0mm	5~ 8mm	7~ 10mm	9~ 15mm
용접봉 지름	1.0~ 1.6mm	1.6~ 3.2mm	3.2~ 4.0mm	4~ 5mm	4~ 6mm

59 연납용으로 사용되는 용제가 아닌 것은?

① 염화아연 ② 붕 사

③ 인 산 ④ 염 산

해설

연납 땜

• 인장 강도 및 경도가 낮고 용융점(450℃)이 낮으므로 작업이 쉽다.
• 주석과 납을 5 : 5로 섞어서 많이 사용한다.
• 연납용 용제 : 염화아연, 염산, 염화암모늄이 대표적

60 다음 중 압접의 종류에 속하지 않는 것은?

① 저항용접

② 초음파 용접

③ 마찰용접

④ 스터드 용접

해설

스터드(Stud) 용접 : Stud(볼트, 환봉, 핀)와 모재 사이에 아크를 발생시켜 스터드와 모재를 적절히 녹인 뒤 꾹 눌러 융합시키는 용접. 용접 변형이 적고, 느린 냉각으로 균열이 적다.

2019년 제1회 과년도 기출복원문제

01 비파괴검사는 적용시기에 따라 구분할 수 있다. 기기, 구조물의 사용 중에 결함을 검출하고 평가하는 비파괴검사는?

① 사용 전 검사
② 가동 중 검사
③ 위험도에 근거한 가동 중 검사
④ 상시 감시검사

해설
• 사용 전 검사는 제작된 제품이 규격 또는 시방을 만족하고 있는가를 확인하기 위한 검사이다.
• 가동 중 검사(Inservice Inspection)는 다음 검사까지의 기간에 안전하게 사용 가능한가 여부를 평가하는 검사를 말한다.
• 위험도에 근거한 가동 중 검사(Risk Informed Inservice Inspection)는 가동 중 검사 대상에서 제외할 것은 과감히 제외하고 위험도가 높고 중요한 부분을 더 강화하여 실시하는 검사이다.
• 상시 감시검사(On-line Monitoring)는 기기·구조물의 사용 중에 결함을 검출하고 평가하는 모니터링 기술이다.

03 비파괴검사의 종류와 그 주요 적용 대상이 옳지 않게 연결된 것은?

① 방사선투과검사 – 용접부, 주조품
② 초음파탐상검사 – 용접부, 주조품
③ 침투탐상검사 – 표면이 열린 용접부
④ 누설검사 – 재료 내부의 특성 평가

해설

검사방법	적용 대상
방사선투과검사	용접부, 주조품 등의 내부결함
초음파탐상검사	용접부, 주조품, 단조품 등의 내부결함 검출과 두께 측정
침투탐상검사	가공을 제외한 표면이 열린 용접부, 단조품 등의 표면결함
와류탐상검사	철, 비철 재료로 된 파이프 등의 표면 및 근처 결함을 연속 검사
자분탐상검사	강자성체의 표면 및 근처 결함
누설검사	압력용기, 파이프 등의 누설 탐지
음향방출검사	재료 내부의 특성 평가

02 다음 중 시험체의 표면직하 결함을 검출하기에 적합한 비파괴검사법만으로 나열된 것은?

① 방사선투과시험, 누설검사
② 초음파탐상시험, 침투탐상시험
③ 자분탐상시험, 와전류탐상시험
④ 중성자투과시험, 초음파탐상시험

해설
표면탐상검사에는 침투탐상, 자분탐상, 와전류탐상 등이 있고, 침투탐상시험은 열린 결함만 검출 가능하다.
방사선투과시험과 초음파검사는 내부결함, 침투탐상은 열린 표면결함에 적합하다.

04 방사선투과시험과 비교한 초음파검사의 특징으로 옳은 것은?

① 투과선량에 의한 필름 위의 농도차를 이용한다.
② 조사 방향을 여러 방향으로 하여야 한다.
③ 용접부검사는 초음파검사로만 가능하다.
④ 시험체 두께보다 시험체 조직의 크기에 영향을 받는다.

해설
방사선투과시험은 시험체의 두께에 영향을 많이 받고, 초음파검사는 시험체 조직의 크기에 영향을 많이 받는다.

05 다음 보기와 같은 장점을 가진 비파괴검사는?

┤보기├
- 감도가 높아 미세균열 검출이 가능하다.
- 투과력이 좋아 두꺼운 시험체의 검사가 가능하다.
- 불연속의 크기와 위치의 정확한 검출이 가능하다.
- 한쪽 면만 개방되어도 검사가 가능하다.

① 방사선투과검사
② 자기탐상검사
③ 초음파탐상검사
④ 누설탐상검사

해설
초음파탐상의 장점
- 감도가 높아 미세균열 검출이 가능하다.
- 투과력이 좋아 두꺼운 시험체의 검사가 가능하다.
- 불연속(균열)의 크기와 위치의 정확한 검출이 가능하다.
- 시험 결과가 즉시 나타나 자동검사가 가능하다.
- 시험체의 한쪽만 개방되어도 검사가 가능하다.

06 어떤 물질에 힘이 가해지면 그 힘과 비례하는 전압이 생기는 현상은?

① 압전효과
② 정전(靜電)현상
③ 자기전기효과
④ 대전효과

해설
초음파 발생의 여러 방법 중 전자력을 이용하는 방법과 압전소자를 이용하는 방법이 실용화되어 있다. 압전소자는 압력(힘)이 가해지면 전압이 발생하는데 이를 압전효과라 한다.

07 진동자 재료 기호로 옳은 것은?

① 수정 – Q
② 지르콘 – C
③ 압전소자일반 – Z
④ 압전자기일반 – M

해설
② 지르콘 – Z
③ 압전소자일반 – M
④ 압전자기일반 – C

08 자분탐상시험의 자속밀도를 나타내는 식으로 옳은 것은?(단, B : 자속밀도, H : 자력 세기, U : 투자율)

① $B = H \times U$
② $H = B \times U$
③ $U = B \times H$
④ $B = \sqrt{\dfrac{H}{U}}$

해설
자계의 세기
- 단위(Weber) : 자기력선속의 단위로 단위 면적당 통과하는 자속선 수의 단위
- B(자속밀도) = H(자력 세기) × U(투자율)

09 자분탐상시험에서 자화전류 중 일정량의 선류를 짧게 흐르게 한 후(0.0083초 정도) 끊어 주는 형태의 전류는?

① 직 류
② 맥 류
③ 교 류
④ 충격전류

해설
충격전류의 특징
• 일정량 이상의 전류를 짧게 흐르게 한 후(1/120초 정도) 끊어 주는 형태의 전류이다.
• 잔류법에 사용한다.

10 자화전류 중 표피효과가 있는 전류는?

① 직 류
② 맥 류
③ 교 류
④ 충격전류

해설
교류에는 표피효과가 있다.
※ 표피효과 : 표면으로 갈수록 전류밀도가 커지는 효과

11 다음 중 표피효과를 이용하는 대표적인 탐상법은?

① 방사선투과시험
② 누설탐상시험
③ 자분탐상시험
④ 와전류탐상시험

해설
자분탐상시험 중 교류를 사용하는 경우가 있다. 이 경우 표피효과가 발생하지만, 이는 표피효과를 이용하기 위함이라기보다는 고려의 대상이며, 와전류탐상은 표피효과를 이용하여 표면직하를 탐상한다.

12 와전류탐상검사에서 침투 깊이에 직접 영향을 주는 요인이 아닌 것은?

① 주파수
② 검사체 온도
③ 투자율
④ 전도율

해설
와전류의 침투 깊이를 구하는 식

$$\delta = \frac{1}{\sqrt{\pi f \mu \sigma}}$$

(여기서, f : 주파수, μ : 도체의 투자율, σ : 도체의 전도도)

13 시험체가 코일 내부를 통과하는 사이 시험체의 전표면을 검사할 수 있어 고속 전수검사에 적합한 코일 형식은?

① 내삽형 코일
② 표면형 코일
③ 관통형 코일
④ 전수형 코일

해설
관통형 코일 : 시험체를 시험코일 내부에 넣고 시험을 하는 코일이다. 시험체가 그 내부를 통과하는 사이에(이러한 이유 때문에 외삽 코일이라고도 한다) 시험체의 전 표면을 검사할 수 있기 때문에 고속 전수검사에 적합하다. 선 및 직경이 작은 봉이나 관의 자동검사에 이용한다.

14 다음 중 절댓값이 다른 하나는?

① 1atm

② 760Torr

③ 1,000mbar

④ 10.33mAq

해설

1atm = 760mmHg = 760Torr = 1.013bar = 1,013mbar
= 0.1013MPa = 10.33mAq = 1.03323kg/cm^2

15 발포용액의 구비조건으로 옳지 않은 것은?

① 표면장력이 클 것

② 진공조건에서 증발이 어려울 것

③ 발포액 자체에 거품이 없을 것

④ 열화가 없을 것

해설

발포용액의 구비조건
- 표면장력이 작을 것
- 점도가 낮을 것
- 적심성이 좋을 것
- 진공조건에서는 증발이 어려울 것
- 발포액 자체에는 거품이 없을 것
- 발포액이 시험체에 영향을 주지 않을 것
- 열화가 없을 것
- 인체에 무해할 것

16 시험체에 열에너지를 가해 결함이 있는 곳에 온도장을 만들어 적외선 서모그래피 기술을 이용하여 화상으로 결함을 탐상하는 방법은?

① 응력 스트레인법

② 적외선 서모그래피법

③ 피코초 초음파법

④ 레이저 초음파법

해설

① 응력 스트레인법
- 기계적인 미세한 변화를 검출하기 위해 얇은 센서를 붙여서 기계적 변형을 측정해 내는 방법이다.
- 기계나 구조물의 설계 시 응력, 변형률을 측정 적용하여 파손, 변형의 적절성을 측정한다.
③ 피코초 초음파법 : 아주 얇은 박막의 비파괴검사를 위해 초단펄스레이저를 조사하여 피코초 초음파를 수신하는 기술이다. 에코의 간극을 50ps(pico second)로, 기존 초음파펄스법이 0.1mm까지 측정이 가능하다면 1/1,000배의 두께도 측정이 가능하다.
④ 레이저 초음파법 : 비접촉으로 1,600℃ 이상의 초고온 영역에서 종파와 횡파 송수신이 가능하기 때문에 재료의 종탄성계수와 푸아송비를 동시에 측정이 가능하다.

17 침투탐상시험은 다공성인 표면을 검사하는 데 적합한 시험방법이 아니다. 그 이유로 가장 옳은 것은?

① 누설시험이 가장 좋은 방법이기 때문에

② 다공성인 경우 지시의 검출이 어렵기 때문에

③ 초음파탐상시험이 가장 좋은 방법이기 때문에

④ 다공성인 경우 어떤 지시도 생성시킬 수 없기 때문에

해설

다공성이란 구멍이 많은 성질을 의미하는데, 침투액이 정상적인 다공성 표면에 머물러 지시를 식별할 수 없기 때문에 적합하지 않다.

18 침투비파괴검사의 특징으로 옳지 않은 것은?

① 침투액을 침투시키고 현상제를 도포하여 검사한다.

② 조금이라도 열려 있는 결함이면 검출이 가능하다.

③ 재질에 관계없이 검사가 가능하지만 검사비용이 비싸다.

④ 주조 표면의 래미네이션, 콜드셧, 겹침 등의 검출이 가능하다.

해설

재질에 관계없이 검사가 가능하며 검사비용이 저렴하다.

19 자분탐상과 비교한 침투탐상의 특징으로 옳은 것은?

① 금속, 비금속, 비철금속의 검사가 가능하다.

② 두 검사 모두 결함 방향의 영향을 받지 않는다.

③ 표면 가까이 있는 결함의 검출이 가능하다.

④ 자분탐상에 비해 검사 가능한 시간이 길다.

해설

② 자분탐상검사는 결함 방향의 영향을 받는다.

③ 침투탐상은 결함이 표면에 열려 있어야만 검사가 가능하다.

④ 자분탐상은 탈자를 하지 않는 한 자화 이후로 계속 검사가 가능하나, 침투탐상은 탐상액이 증발해 버리면 검출이 어렵다.

20 다음 그림에 대한 설명으로 옳은 것은?

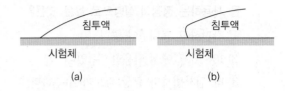

(a)   (b)

① 그림 (b)가 적심성이 더 좋다.

② 그림 (a)의 액체가 응집력이 더 크다.

③ 그림 (b)의 시험체가 부착력이 더 크다.

④ 그림 (a)의 액체가 침투탐상검사에 더 적합하다.

해설

그림 (a)의 액체가 시험체와의 부착력이 응집력보다 커서 적심성이 더 높다. 침투탐상검사를 위해서는 탐상제의 적심성이 매우 중요하다.

21 다음 중 침투탐상시험에서 일반적인 시험편의 표면을 전처리하는 방법으로 가장 좋은 것은?

① 연마(Grinding)

② 쇠솔질(Wire Brushing)

③ 증기 세척(Vapor Degreasing)

④ 샌드 블라스팅(Sand Blasting)

해설

일반적인 시험편 표면 전처리는 화학적 세척이 유용하지만, 완성품에 물리적인 오염이 있는 경우는 많지 않기 때문에 부착물의 종류와 정도 및 시험체의 재질을 고려하여 증기 세척, 용재에 의한 세척, 도막박리제, 알칼리 세척제, 산 세척 등의 방법으로 처리한다.

22 다음 중 수세성 침투액을 사용하는 방법은?

① VA   ② VC

③ FB   ④ DFC

해설

기호의 앞자리는 염색침투액(V), 형광침투액(F), 이원성 침투액(DF) 등을 표시한 것이고 기호의 뒷자리는 수세성 침투액(A), 후유화성 침투액(B), 용제 제거성 침투액(C) 등을 표시한 것이다.

23 다른 침투탐상과 비교하여 용제 제거성 염색침투액을 사용하는 장점의 설명으로 옳은 것은?

① 간편하고 휴대성이 좋다.

② 10~100℃에서 사용할 수 있다.

③ 타 검사법보다 탐상 감도가 우수하다.

④ 대량 부품검사를 한 번에 탐상하는 것이 용이하다.

> **해설**
> 잉여침투액의 제거방법에 따라 물로 세척하는 수세성 침투액, 후유화성 침투액이 있고, 그냥 닦아내는(가급적 세척을 간단히 하거나 하지 않아도 되는) 용제 제거성 침투액이 있다.

24 침투액의 조건으로 옳지 않은 것은?

① 점도가 낮을 것

② 부식성이 없을 것

③ 세척 후 얕은 개구부도 세척되어야 한다.

④ 검사 후 쉽게 제거되어야 한다.

> **해설**
> 침투액은 세척 후 얕은 개구부에도 남아 있어 침투 상태를 유지해야 한다.

25 후유화성 침투탐상시험 중 세척처리를 행할 때 적용해서는 안 되는 처리방법은?

① 침 적

② 붓 기

③ 붓 칠

④ 분 무

> **해설**
> 붓칠로 세척하면 결함에 침투된 침투액까지 씻겨 나올 수 있다.

26 일반적인 가시성 염색침투액은 어떤 색의 염료를 첨가 하는가?

① 노란색

② 파란색

③ 빨간색

④ 등황색

> **해설**
> 일반적인 염색침투액은 재료와 대비하기 쉬운 빨간색 등을 사용한다.

27 침투탐상시험방법 및 침투지시모양의 분류(KS B 0816)에 따라 탐상시험을 수행 중 현상제를 적용하고 보니 형광잔류가 현저히 나타나 있음을 발견하였다. 이 현상제를 어떻게 처리해야 하는가?

① 폐기하고 재시험한다.

② 침전관에 침지시킨 후 재사용한다.

③ 증류수를 첨가하여 형광물질을 제거한다.

④ 분산매를 50mL 가량 첨가 보충시키고 사용한다.

> **해설**
> KS B 0816에 따른 침투액의 폐기 사유
> • 사용 중인 침투액의 성능시험에 따라
>   – 결함검출능력 및 침투지시모양의 휘도 저하
>   – 색상이 변화했다고 인정된 때
> • 사용 중인 침투액의 겉모양 검사에 따라
>   – 현저한 흐림이나 침전물이 생겼을 때
>   – 형광휘도의 저하
>   – 색상의 변화
>   – 세척성의 저하

23 ① 24 ③ 25 ③ 26 ③ 27 ① **정답**

28 수세성 형광침투탐상검사의 난점으로 적절지 않은 것은?

① 얕고 미세한 결함의 탐상이 어렵다.

② 과세척이 되기 쉽다.

③ 침투액에 수분이 혼입되면 성능이 현저히 떨어진다.

④ 500lx 이상의 일광이 필요하다.

해설
형광침투탐상 시 전원 및 수도시설, 암실, 자외선조사장치가 필요하다.

30 침투탐상시험에서 트라이클렌(Triclene) 증기세척 장치가 주로 사용되는 과정은?

① 전처리과정

② 유화제 제거과정

③ 건조처리과정

④ 과잉침투액 제거과정

해설
전처리는 주로 시험체 표면에 붙어 있는 기름, 그리스, 페인트, 녹 등을 제거하는 과정으로, 장비로는 증기세척기, 샌드 블라스트, 물세척 장비, 용제 또는 화학약품 저장용기 및 분사기, 증기분사장치 등이 있다.

31 형광침투액을 사용하는 검사 시 사용하는 자외선의 파장 길이로 적절한 것은?

① 150nm ② 250nm

③ 350nm ④ 450nm

해설
사용하는 자외선 파장의 길이 : 파장 320~400nm의 자외선을 조사

29 미세한 결함을 발견하기에 적절한 침투액과 현상제의 조합으로 적절한 것은?

① 형광침투액 - 습식현상제

② 형광침투액 - 건식현상제

③ 염색침투액 - 습식현상제

④ 염색침투액 - 건식현상제

해설
미세한 결함일 경우 색의 대비를 이용하는 염색침투탐상보다 암실에서 형광침투액을 현상하는 것이 적절하며, 형광침투액을 사용시 습식현상제를 사용하는 것이 일반적이다. 그리고 미세한 결함에는 습식현상제나 속건식현상제를 사용한다.

32 자외선조사장치의 자외선등을 교체해야 하는 적기는 새것 대비 강도가 어느 정도 이하일 경우인가?

① 5% ② 15%

③ 25% ④ 35%

해설
자외선등
• 전구 수명
  - 새것이었을 때의 25% 강도이면 교환
  - 100W 기준으로 1,000시간/무게
• 예열시간 : 최소 5분 이상

33 후유화성 형광침투액의 피로시험 항목에 속하지 않는 것은?

① 감도시험

② 점성시험

③ 수세성 시험

④ 수분 함유량 시험

침투제의 재료 인증시험 항목은 인화점, 점도, 형광휘도, 독성, 부식성, 적심성, 색상, 자외선에 대한 안정성, 온도에 대한 안정성, 수세성, 물에 의한 오염도 등이 있다. 이에 따라 침투제의 시험 항목에는 감도시험, 형광휘도시험, 물에 의한 오염도 시험 등이 있다.

34 다공성 재질에 석유제 용제나 물에 색깔이 있는 아주 작은 입자의 분말 또는 미세한 형광입자를 현탁시킨 액체를 균일하게 적용하여 육안이나 자외선 조사로 결함을 확인하는 방법은?

① 입자여과법

② 역형광법

③ 하전입자법

④ 휘발성 침투액법

입자여과법(여과입자법) : 도자기 제조공정에서 사용되며, 소성(Baking) 전 균열의 발생 유무를 찾거나 콘크리트의 균열검사 등에 사용하는 방법이다. 다공성 재질에 석유제 용제나 물에 색깔이 있는 아주 작은 입자의 분말 또는 미세한 형광입자를 현탁시킨 액체를 균일하게 적용하여 육안이나 자외선 조사로 결함을 확인하는 방법이다.

35 침투탐상시험방법 및 침투지시모양의 분류(KS B 0816)에서 특별한 규정이 없는 한 시험장치(침투, 유화, 세척, 현상, 건조, 암실, 자외선조사)를 사용하지 않아도 되는 탐상방법을 기호 표시로 나타낸 것은?

① VA-S ② VC-S

③ DFB-S ④ VB-W

② 용제제거성 염색침투액 – 속건식현상법

① 수세성 염색침투액 – 속건식현상법 : 수세 필요

③ 후유화성 이원성 형광침투액 – 속건식현상법 : 유화제, 암실, 자외선 필요

④ 후유화성 염색침투액 – 습식현상법 : 유화제 필요

36 FB-A의 시험방법 중 필요없는 절차는?

① 전처리

② 유화처리

③ 제거처리

④ 현상처리

FB-A는 후유화 성형광침투액 – 습식현상법이다.

전처리는 모든 절차에 필요하고 후유화성 침투액을 사용하므로 유화처리도 필요하며 무현상법 외에는 모든 절차에 현상처리가 필요하다.

37 침투탐상시험방법 및 침투지시모양의 분류(KS B 0816)에서 침투액의 침투시간을 규정할 때 일반적인 온도 범위는?

① 5~55℃
② 10~55℃
③ 15~50℃
④ 20~40℃

해설
침투시간은 침투액의 종류, 시험체의 재질, 예측되는 결함의 종류와 크기 및 시험체와 침투액의 온도를 고려하여 정한다. 일반적으로는 온도 15~50℃의 범위에서는 KS B 0816 5.3.2.의 표 5에 나타내는 시간을 표준으로 한다. 3~15℃ 범위에서는 온도를 고려하여 침투시간을 늘리고, 50℃를 넘는 경우 또는 3℃ 이하인 경우는 침투액의 종류, 시험체의 온도 등을 고려하여 정한다.

38 침투탐상시험방법 및 침투지시모양의 분류(KS B 0816)에 의하면 카바이드 팁붙이 공구에 있는 표면결함을 발견하기 위한 검사에서 상온인 현장에 적용할 침투시간으로 적절한 것은?

① 1분
② 3분
③ 5분
④ 7분

해설
일반적으로는 온도 15~50℃의 범위에서는 다음 표에서 나타내는 시간을 표준으로 한다.

재 질	형 태	결함의 종류	모든 종류의 침투액	
			침투시간(분)	현상시간(분)
알루미늄, 마그네슘, 동, 타이타늄, 강	주조품, 용접부	쇳물경계, 융합 불량, 빈 틈새, 갈라짐	5	7
	압출품, 단조품, 압연품	랩(Lap), 갈라짐	10	7
카바이드 팁붙이 공구	–	융합 불량, 갈라짐, 빈 틈새	5	7
플라스틱, 유리, 세라믹스	모든 형태	갈라짐	5	7

39 침투액 적용방법 중 다량의 소형 부품을 한 번에 침투 처리하는 데 가장 적합한 것은?

① 분무법
② 침적법
③ 붓칠법
④ 정전 분무법

해설
침투제의 적용
• 침적법
  – 침투액에 검사체를 담그는 방법으로, 시험체 전체 표면에 침투제를 적용하는 가장 효율적
  – 일반적으로 다량의 소형 시험체 검사 목적으로 널리 사용
  – 형상이 복잡한 부품을 침적할 경우 침투제 기포 등이 발생하지 않도록 세심한 주의
  – 시험체를 침적시키기 전에 피검체의 오일 통로 및 공기 통로, 통로가 막힌 구멍을 제거
• 분무법
  – 압축공기를 이용하여 분무 노즐을 통해 분무하거나 에어로졸 제품과 같이 내장된 압축가스에 의하여 침투액을 분사하여 도포하는 방법
  – 침적법으로 적용하기 큰 대형 부품의 국부적인 검사에 유용하게 적용될 수 있는 방법
  – 마스킹 등을 하지 않으면 침투제 제거가 곤란한 부위에도 도포될 가능성
  – 용제 제거성 염색침투탐상검사법은 대부분 에어로졸 방식에 의한 분무법을 사용
  – 분무법의 종류 : 압축공기 분무법, 정전 분무법, 에어로졸 분무법
• 브러시법(붓칠법)
  – 대형 부품 또는 구조물의 국부검사에 적합한 방법
  – 손으로 직접 칠하므로 검사가 요구되는 특정 부위만 도포 가능

40 침투탐상시험방법 및 침투지시모양의 분류(KS B 0816)에 의해 재시험이 필요한 경우가 아닌 경우는?

① 시험이 다 끝난 후 조작방법의 오류가 발견되었을 때

② 시험 중간에 조작방법의 오류가 발견되었을 때

③ 침투지시의 모양이 흠 때문인지 의사지시인지 판단이 곤란할 때

④ 현상시간이 충분히 지나지 않은 시점부터 관찰을 시작했을 때

> **해설**
> 시험의 중간 또는 종료 후 조작방법에 잘못이 있었을 때, 침투지시 모양이 흠에 의한 것인지 의사지시인지 판단이 곤란할 때, 기타 필요하다고 인정되는 경우에는 시험을 처음부터 다시 하도록 규정하고 있다. 현상시간이 충분히 지나지 않은 시점부터 관찰을 시작하는 것은 무방하지만, 관찰에서 유의미한 기록을 현상시간 이후부터 나타난 검출결과에 적용한다.

41 침투탐상시험방법 및 침투지시모양의 분류(KS B 0816)에 규정한 B형 대비시험편의 재질로 옳은 것은?

① 알루미늄 및 알루미늄 합금판

② 동 및 동 합금판

③ 용접구조용 압연 강재

④ 고탄소, 크롬 베어링 강재

> **해설**
> ① 알루미늄 및 그 합금판은 A2024P이고, A형 대비시험편이다.
> ② KS D 5201에서 규정한 C2600P, C2720P, C2801P는 구리(Copper) 및 그 합금이다.

42 침투검사 결과, 다음 그림과 같이 지시가 나타났을 때에 대한 해석으로 옳은 것은?(단위 mm)

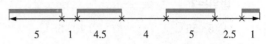

5 1 4.5 4 5 2.5 1

① 각각 5mm, 4.5mm, 5mm, 1mm짜리 네 개의 선형 결함

② 전체 길이 21mm짜리 한 개의 선형 연속결함

③ 각각 10.5mm, 8.5mm짜리 두 개의 선형 연속결함

④ 각각 10.5mm, 5mm, 1mm짜리 세 개의 선형 연속결함

> **해설**
> **연속결함의 판단 기준**
> 선상결함 및 원형상 결함이 거의 동일 직선상에 존재하고 그 상호거리와 개개의 길이의 관계에서 1개의 연속한 결함이라고 인정되는 것. 결함 길이는 결함 개개의 길이 및 상호거리를 합친 값으로 한다(동일선상에 존재하는 2mm 이하의 간격은 연속된 지시로 본다).

43 침투탐상시험방법 및 침투지시모양의 분류(KS B 0816)에 따라 전수검사에 합격한 로트에 표시할 착색으로 옳은 것은?

① 적갈색   ② 황 색

③ 적 색   ④ 청 색

> **해설**
> • 전수검사의 경우는 적갈색으로 착색 또는 각인, 부식
> • 샘플링 검사의 경우는 황색으로 착색 또는 각인, 부식

44 배관 용접부의 비파괴검사에서 B 기준으로 다음 중 합격한 제품은?

① 1mm짜리 작은 터짐이 있는 제품

② 5mm짜리 선형 연속결함이 있는 제품

③ 연속 용접 길이 500mm에서 5점의 분산결함이 나타난 제품

④ 연속 용접 길이 300mm에서 3mm짜리 선형 결함이 3개 있는 제품

해설

① 터짐이 있으면 무조건 불합격

② B 기준으로는 5mm 이상의 결함은 불합격

④ 연속 용접 길이 300mm 기준으로 2mm 초과 4mm 이하의 결함은 개당 2점이고 5점 이하 합격이므로 불합격

KS B 0888에 따른 침투탐상시험의 판정 규정

구 분	A 기준	B 기준
터짐에 의한 침투지시모양	모두 불합격으로 한다.	모두 불합격으로 한다.
독립침투지시 모양 및 연속 침투지시모양	1개의 길이 8mm 이하를 합격으로 한다.	1개의 길이 4mm 이하를 합격으로 한다.
분산침투지시 모양	연속된 용접 길이 300 mm당의 합계점이 10점 이하인 경우 합격	연속된 용접 길이 300 mm당의 합계점이 5점 이하인 경우 합격
혼재한 경우	평가점의 합계점이 연속된 용접 길이 300 mm당 10점 이하인 경우 합격	평가점의 합계점이 연속된 용접 길이 300 mm당 5점 이하인 경우 합격

침투탐상시험에서의 흠의 평가점

분 류	침투지시모양의 길이		
	1mm 초과 2mm 이하	2mm 초과 4mm 이하	4mm 초과 8mm 이하
선형침투지시 및 연속 침투지시모양	1점	2점	4점
원형침투지시모양	–	1점	4점

45 Pb계 청동 합금으로 주로 항공기, 자동차용의 고속 베어링으로 많이 사용되는 것은?

① 켈 밋

② 톰 백

③ Y합금

④ 스테인리스

해설

켈밋(Kelmet) : 28~42% Pb, 2% 이하의 Ni 또는 Ag, 0.8% 이하의 Fe, 1% 이하의 Sn을 함유한 합금으로 고속회전용 베어링, 토목 광산기계에 사용된다.

46 1성분계 상태도에서 3중점에 대한 설명으로 옳은 것은?

① 3가지 기압이 겹치는 점이다.

② 3가지 온도가 겹치는 점이다.

③ 3가지 상이 같이 존재하는 점이다.

④ 3가지 원소가 같이 존재하는 점이다.

해설

3중점은 기체, 고체, 액체의 상태가 만나는 점으로 온도와 압력의 값이 정해져 있다.

47 다음 그림의 입체의 밀러지수는?

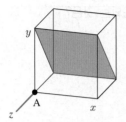

① (100)

② (011)

③ (101)

④ (010)

해설

0은 축과 만나지 않는다는 의미이므로, 0이 되는 축을 찾으면 수월하다.

49 다음 그림은 평형상태도이다. R 영역에 나타나지 않는 조직은?

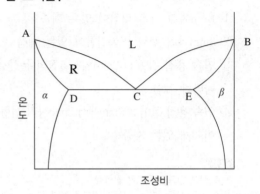

① α

② β

③ L

④ α + L

해설

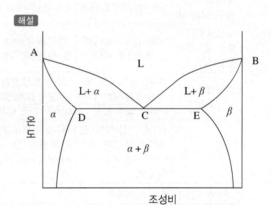

48 홈을 판 시험편에 해머를 들어 올려 휘두른 뒤 충격을 주어, 처음 해머가 가진 위치에너지와 파손이 일어난 뒤의 위치에너지 차를 구하는 시험은?

① 브리넬 시험

② 로크웰 시험

③ 샤르피 시험

④ 비커스 시험

해설

문제는 충격시험에 대한 설명이며, 샤르피 시험은 충격시험에 해당한다. ①, ②, ④는 경도시험이다.

50 결정구조의 변화 없이 강자성체가 상자성체로 변하는 지점은?

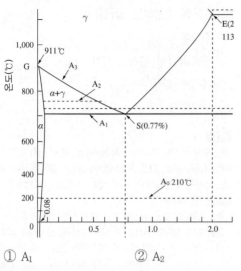

① A_1 ② A_2

③ A_3 ④ A_0

해설

A_2

결정구조의 변화 없이 강자성체가 상자성체로 변하는 동소변태가 나타난다.

---

51 T점에서의 자유도는?

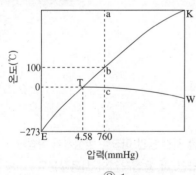

① 0   ② 1

③ 2   ④ 3

해설

물질의 상태도에서 각 상태의 자유도, 상률을 구하는 식

$F = n + 2 - p$

(여기서, 자유도 : F, 성분의 수 : n, 상의 수 : p)

T에서는 성분의 수는 1, 상의 수는 3이므로 $F = 1 + 2 - 3 = 0$ 이며, 세 상이 모두 중첩되는 상태라 하여 삼중점이라 한다.

---

52 다음 보기에서 설명하는 강의 불순물은?

┤보기├

- 탄소강의 불순물 중 강도와 고온가공성을 증가시킨다.
- 연신율 감소를 억제시킨다.
- 담금질 효과를 향상시킨다.
- 적열취성을 방지 또는 감소시킨다.

① 탄 소   ② 규 소
③ 망 간   ④ 황

해설

탄소강의 5대 불순물과 기타 불순물

- C(탄소) : 강도, 경도, 연성, 조직 등에 전반적인 영향을 미친다.
- Si(규소) : 페라이트 중 고용체로 존재하며, 단접성과 냉간가공성을 해친다(0.2% 이하로 제한).
- Mn(망간) : 강도와 고온가공성을 증가시킨다. 연신율 감소를 억제, 주조성, 담금질 효과 향상, 적열취성을 일으키는 황화철 (FeS) 형성을 막아 준다.
- P(인) : 인화철 편석으로 충격값을 감소시켜 균열을 유발하고, 연신율 감소, 상온취성을 유발시킨다.
- S(황) : 황화철을 형성하여 적열취성을 유발하나 절삭성을 향상시킨다.

---

53 A_3 또는 A_{cm} 변태점 이상 +30~50℃의 온도범위로 일정한 시간 동안 가열해서 미세하고 균일한 오스테나이트로 만든 후, 공기 중에서 서랭하여 표준화된 조직을 얻는 열처리는?

① 오스템퍼링

② 노멀라이징

③ 담금질

④ 풀 림

해설

노멀라이징 : 균일화 열처리, 불림이라고도 하며 오스테나이트 조직으로 가열했다가 공기 중 서서히 냉각시켜 균일하게 된 조직을 얻는다.

54 다음 보기에서 설명하는 풀림 열처리는?

┌─ 보기 ─
• 금속재료의 잔류응력을 제거하기 위해서 적당한 온도에서 적당한 시간을 유지한 후에 냉각시키는 처리이다.
• 주조, 단조, 압연 등의 가공, 용접 및 열처리에 의해 발생된 응력을 제거한다.
• 주로 450~600℃ 정도에서 시행하므로 저온풀림이라고도 한다.
└─

① 항온풀림
② 연화풀림
③ 구상화풀림
④ 응력제거풀림

해설
• 항온풀림(Isothermal Annealing) : 짧은 시간 풀림처리를 할 수 있도록 풀림 가열영역으로 가열하였다가 노 안에서 냉각이 시작되어 변태점 이하로 온도가 떨어지면 A_1 변태점 이하에서 온도를 유지하여 원하는 조직을 얻은 뒤 서랭한다.
• 구상화풀림 : 과공석강에서 펄라이트 중 층상 시멘타이트 또는 초석 망상시멘타이트가 그대로 있으면 좋지 않으므로 소성가공이나 절삭가공을 쉽게 하거나 기계적 성질을 개선할 목적으로 탄화물을 구상화시키는 열처리를 말한다.
• 연화풀림 : 냉간가공을 계속하기 위해 가공 도중 경화된 재료를 연화시키기 위한 열처리로 중간풀림이라고도 한다. 온도영역은 650~750℃이다.

55 비파괴검사에서 봉(Bar) 내의 비금속 개재물을 무엇이라 하는가?

① 겹침(Lap)
② 용락(Burn Through)
③ 언더컷(Under Cut)
④ 스트링거(Stringer)

해설
스트링거(Stringer) : 가늘고 길게 늘어난 판을 의미하며, 단조된 봉(Bar)의 비금속 개재물은 가늘고 긴 모양으로 나타난다.

56 6-4 황동에 Sn을 넣은 것으로, 62% Cu-37% Zn-1% Sn이며 판, 봉 등으로 가공되어 복수기판, 용접봉, 밸브대 등에 이용하는 합금은?

① 주석황동
② 애드미럴티 황동
③ 네이벌 황동
④ 망간황동

해설
황동 합금은 자주 출제되는 유형이므로, 특히 비파괴검사의 대상 작업이 되는 주조, 단조, 용접작업에 쓰이는 합금은 알아두도록 한다. 이 문제의 합금 외에 문쯔메탈, 켈밋, 쾌삭 황동 등도 학습이 필요한 영역이다.
• 주석황동(Tin Brass) : 주석은 탈아연 부식을 억제하기 때문에 황동에 1% 정도의 주석을 첨가하면 내식성 및 내해수성이 좋아진다. 황동은 주석 함유량의 증가에 따라 강도와 경도는 상승하지만, 고용 한도 이상으로 넣으면 취약해지므로 인성을 요하는 때에는 0.7% Sn이 최대 첨가량이다.
• 애드미럴티 황동 : 7-3 황동에 Sn을 넣은 것으로, 70% Cu-29% Zn-1% Sn이다. 전연성이 좋아 관 또는 판을 만들어 복수기, 증발기, 열교환기 등의 관에 이용한다.
• 망간황동 : 6-4 황동에 Mn, Fe, Al, Ni 및 Sn 등을 첨가한 합금이다. 청동과 유사하여 Mn 청동이라고도 부르며 화학약품에 약하고 탈아연이 쉬우며, 내해수성은 비교적 크다. 프로펠러, 선박기계의 부품, 피스톤, 밸브 등에 많이 사용된다.

57 한 시간 동안 아크를 발생시켜 작업한 시간이 40분이라면 이 용접작업의 사용률은?

① 약 33%   ② 약 50%
③ 약 66%   ④ 약 80%

해설

$$사용률 = \frac{아크\ 발생시간}{아크\ 발생시간 + 휴식시간}$$

60분 동안 40분 작업하였으므로 사용률 $= \frac{40}{60} = 66.7\%$

58 슬래그의 유동성이 좋고 아크가 부드러워 비드의 외관이 아름다우며, 기계적 성질이 우수한 용접봉은?

① E4301　　　　② E4311

③ E4313　　　　④ E4316

④ E4316 : 저수소계
① E4301 : 일미나이트계 – 슬래그 생성식으로 전자세 용접이 되고, 외관이 아름답다.
② E4311 : 고셀룰로스계 – 가장 많은 가스를 발생시키는 가스 생성식이며 박판용접에 적합하다.
③ E4313 : 고산화타이타늄계 – 아크의 안정성이 좋고, 슬래그의 점성이 커서 슬래그의 박리성이 좋다.

59 용접 결합 중 모재와 비드의 경계 부분에 팬 흠이 생기는 것으로 과대 전류, 용접 운봉 오류, 빠른 용접 속도, 긴 아크 길이 등이 원인이 되는 결함은?

① 기 공
② 스패터
③ 언더컷
④ 오버랩

• 기공 : 아크의 길이가 길 때, 피복제에 수분이 있을 때, 용접부의 냉각속도가 빠를 때 용착금속에 가스가 생긴다.
• 스패터 : 용융금속의 기포나 용적이 폭발할 때 슬래그가 비산하여 발생한다. 과대 전류, 피복제의 수분, 아크 길이가 길 때 발생한다.
• 오버랩 : 용융금속이 모재에 용착되는 것이 아니라 덮기만 하는 것을 말한다. 용접전류가 낮거나 속도가 느리거나, 맞지 않는 용접봉 사용 시 발생한다.

60 융용점이 낮고 과열에 의한 손상이 없으며, 접합강도, 전연성, 전기전도, 작업능률이 좋은 편인 경납땜 재료는?

① 은 납
② 황동납
③ 인동납
④ 양은납

용융점(450℃) 이상의 납땜 재를 경납이라고 하며 은납과 황동납이 있다.
• 은납 : 구성성분이 Sn 95.5%, Ag 3.8%, Cu 0.7% 정도이고 융용점이 낮고 과열에 의한 손상이 없으며, 접합강도, 전연성, 전기전도도, 작업능률이 좋은 편이다.
• 황동납 : 진유납이라고도 하며 구리와 아연의 합금으로 융점이 820~935℃ 정도이다.

01 비파괴검사를 하는 이유로 적당하지 않은 것은?

① 제품의 결함 유무 또는 결함의 정도를 파악하여 신뢰성을 향상시킨다.

② 시험결과를 분석, 검토하여 제조조건을 보완하므로 제조기술을 발전시킬 수 있다.

③ 불량품을 조기에 발견하여 무조건 교체를 통해 제조 원가를 절감한다.

④ 검사를 통해 신뢰도를 높여 수명의 예측성을 높인다.

해설

비파괴검사의 목적

• 제품 결함의 유무 또는 결함의 정도를 파악하여 신뢰성을 향상시킨다.

• 시험결과를 분석, 검토하여 제조조건을 보완하므로 제조기술을 발전시킬 수 있다.

• 적절한 시기에 불량품을 조기 발견하여 수리 또는 교체를 통해 제조 원가를 절감한다.

• 검사를 통해 신뢰도를 높여 수명의 예측성을 높인다.

03 와전류탐상시험으로 측정할 수 있는 것은?

① 절연체인 고무막 두께

② 액체인 보일러의 수면 높이

③ 전도체인 파이프의 표면결함

④ 전도체인 용접부의 내부결함

해설

와전류탐상시험

• 전자유도현상에 따른 와전류 분포 변화를 이용하여 검사한다.

• 표면 및 표면직하검사 및 도금층의 두께 측정에 적합하다.

• 파이프 등의 표면결함 고속 검출에 적합하다.

• 전자유도현상이 가능한 도체에서 시험이 가능하다.

02 내부결함의 검출이 불가능한 검사는?

① 방사선시험

② 초음파시험

③ 침투탐상시험

④ 와전류탐상시험

해설

침투탐상시험은 표면이 열린 결함의 검출이 가능하다. 와전류탐상시험은 얕은 내부결함의 검출이 가능하다.

04 방사선투과시험에서 투과사진상 어떤 두 영역의 농도차를 나타내는 용어는?

① 명암도(Contrast)

② 명료도(Sharpness)

③ 밝기(Brightness)

④ 해상도(Resolution)

해설

• 명암도(Contrast) : 투과사진상 어떤 두 영역의 농도차

• 명료도(Sharpness) : 투과사진상 윤곽의 뚜렷함

1 ③ 2 ③ 3 ③ 4 ① **정답**

05 선원-필름 간 거리가 4m일 때 노출시간이 60초였다면 다른 조건은 변화시키지 않고 선원-필름 간 거리만 2m로 할 때 방사선투과시험의 노출시간은 얼마이어야 하는가?

① 15초   ② 30초
③ 120초   ④ 240초

해설

4m 지점에서 60초 노출이 적절했다면, 거리가 1/2로 줄었을 때 그 제곱인 4배만큼 방사선 강도가 강해졌으므로 노출시간은 1/4로 줄어든다.

$$\frac{C_1 \text{에서의 방사선 노출}}{C_2 \text{에서의 방사선 노출}} = \frac{C_2 \text{까지의 거리}^2}{C_1 \text{까지의 거리}^2}$$

방사선의 노출 = 방사선 강도×노출시간

06 공기 중에서 초음파의 주파수가 4MHz일 때 물속에서의 파장은 몇 mm가 되는가?(단, 물에서의 초음파 음속은 1,500m/s이다)

① 0.25   ② 0.375
③ 0.55   ④ 0.715

해설

주파수란 1초당 떨림 횟수이므로 공기 중 400만 번 떨리면서 340m (공기 중 음속 340m/s) 이동하므로 한 번당 0.085mm(파장의 길이)이다. 같은 떨림 수를 갖고 있고, 음속만 다르면 파장당 길이가 1,500 : 340으로 길어지므로

$$0.085\text{mm} \times \left(\frac{1,500}{340}\right) = 0.375\text{mm}$$

07 초음파시험의 장점으로 옳은 것은?

① 검사자의 숙련이 필요하다.
② 접촉매질을 활용한다.
③ 표준시험편, 대비시험편이 필요하다.
④ 초음파의 투과력이 높다.

해설

초음파탐상시험의 장단점

장 점	단 점
• 균열 등 미세결함에도 높은 감도	• 검사자의 숙련이 필요하다.
• 초음파의 투과력이 높다.	• 불감대가 존재한다.
• 내부결함의 위치나 크기, 방향 등을 꽤 정확히 측정할 수 있다.	• 접촉매질을 활용한다.
• 신속하게 결과를 확인할 수 있다.	• 표준시험편, 대비시험편을 필요로 한다.
• 방사선 피폭의 우려가 작다.	• 결함과 초음파빔의 탐상 방향에 따른 영향이 크다.

08 다음 그림을 어떤 재료의 단면이라고 할 때 자분탐상시험으로 찾아낼 수 있었던 결함의 위치를 묶은 것은?

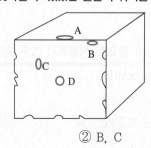

① A, B   ② B, C
③ C, D   ④ A, D

해설

자분탐상시험은 표면과 표면직하의 결함 검출이 가능하다.

09 외경이 30mm이고, 두께가 3mm인 시험체를 평균 직경이 18mm인 내삽형 코일로 와전류탐상검사를 할 때 충전율(Fill-factor)는 얼마인가?

① 약 56% ② 약 67%

③ 약 81% ④ 약 90%

해설

$$\eta = \left(\frac{D}{d}\right)^2 \times 100\% = \left(\frac{18}{24}\right)^2 \times 100\% = 56.25\%$$

(여기서, D : 코일의 평균 직경, d : 관의 내경)

10 와전류탐상시험에서 와전류 침투 깊이에 대한 설명으로 옳지 않은 것은?

① 주파수가 낮을수록 침투 깊이가 깊다.

② 투자율이 낮을수록 침투 깊이가 깊다.

③ 전도율이 높을수록 침투 깊이가 얕다.

④ 표피효과가 클수록 침투 깊이가 깊다.

해설

도체를 교류자장 내에 위치시키면 자장의 분포는 표면층에서 가장 크고 내부로 갈수록 약해진다. 이는 모든 도체에 교류가 흐르면 표면으로부터 중심으로 깊이 들어갈수록 전류밀도가 작아지기 때문이다. 이렇게 표면에 전류밀도가 밀집되고 중심으로 갈수록 전류밀도가 지수적 함수만큼 줄어드는 것을 표피효과라고 한다. 표피효과가 클수록 침투 깊이는 얕다.

11 1기압의 값으로 적절하지 않은 것은?

① 760mmHg

② 0.01013MPa

③ 1.03323kgf/cm²

④ 1atm

해설

1atm = 760mmHg = 760Torr = 1.013bar = 1,013mbar = 0.1013MPa
= 10.33mAq = 1.03323kgf/cm²

12 극히 미세한 누설까지도 검사가 가능하고 검사시간도 짧으며, 이용범위도 넓은 가스는?

① 할로겐 ② 헬 륨

③ 암모니아 ④ 이산화탄소

해설

헬륨 누설시험

• 시험체에 가스를 넣은 후 질량분석형 검지기를 이용하여 검사한다.

• 공기 중 헬륨은 거의 없어 검출이 용이하다.

• 헬륨은 가볍고 직경이 작아서 미세한 누설에 유리하다.

• 누설 위치 탐색, 밀봉 부품의 누설시험, 누설량 측정 등 이용범위가 넓다.

• 종류 : 스프레이법, 후드법, 진공적분법, 스너퍼법, 가압적분법, 석션컵법, 벨자법, 펌핑법 등

13 시험체에 열에너지를 가해 결함이 있는 곳에 온도장(溫度場)을 만들어 주면 화상기술을 이용하여 결함을 탐상하는 방법은?

① 응력 스트레인법

② 적외선 서모그래피법

③ 피코초 초음파법

④ 누설램파법

해설

① 응력 스트레인법 : 기계적인 미세한 변화를 검출하기 위해 얇은 센서를 붙여서 기계적 변형을 측정해 내는 방법

③ 피코초 초음파법 : 아주 얇은 박막의 비파괴검사를 위해 초단펄스레이저를 조사하여 피코초 초음파를 수신하는 기술

④ 누설램파법 : 두 장의 판재를 접합한 재료의 접합계면의 좋고 나쁨을 판단하는 데 사용하는 방법

14 침투탐상에 대한 설명으로 옳지 않은 것은?

① 온도의 영향을 받는다.

② 침투제가 결함에만 잘 침투해야 한다.

③ 침투제의 성질에 영향을 받는다.

④ 잉여침투제를 제거하지 않는다.

해설

침투탐상시험에서는 침투시간을 부여하거나 잉여침투제를 제거하는 과정이 필요하다.

15 침투력이 가장 좋은 침투액의 접촉각은?

① 30° ② 45°

③ 90° ④ 120°

해설

접촉각이 작다는 것은 시험체 표면이 침투액을 잘 받아들인다는 것이므로, 침투액의 접촉각이 작을수록 적심성이 좋아 침투력이 좋다.

16 침투탐상시험방법 및 침투지시모양의 분류(KS B 0816)에 규정된 잉여침투액 제거방법에 따른 분류와 기호가 틀린 것은?

① 수세에 의한 방법 : A

② 용제 제거에 의한 방법 : C

③ 물베이스 유화제를 사용하는 후유화에 의한 방법 : W

④ 기름베이스 유화제를 사용하는 후유화에 의한 방법 : B

해설

잉여침투액 제거방법에 따른 분류

명 칭	방 법	기 호
방법 A	수세에 의한 방법	A
방법 B	기름베이스 유화제를 사용하는 후유화에 의한 방법	B
방법 C	용제 제거에 의한 방법	C
방법 D	물베이스 유화제를 사용하는 후유화에 의한 방법	D

17 침투액의 성분으로 적절하지 않은 것은?

① 염 료 ② 유 분

③ 수 분 ④ 계면활성제

해설

침투액의 성분 : 연질석유계 탄화수소, 프탈산 에스테르 등의 유분을 기본으로 하여 세척을 위해 유면 계면활성제를 섞은 액체이다. 형광검사는 형광물질, 염색침투탐상은 염료를 섞는다. 수분은 불순물로 함량은 5% 미만으로 제한된다.

18 기온이 급강하하여 에어졸형 탐상제의 압력이 낮아져서 분무가 곤란할 때 검사자의 조치방법으로 가장 적합한 것은?

① 새로운 것과 언 것을 교대로 사용한다.

② 온수 속에 탐상 캔을 넣어 온도를 서서히 상승시킨다.

③ 에어졸형 탐상제를 난로 위에 놓고 온도를 상승시킨다.

④ 일단 언 상태에서는 온도를 상승시켜도 제 기능을 발휘하지 못하므로 폐기한다.

해설

① 언 것은 사용이 불가능하다.

③ 난로 위에서 직열로 온도를 가하면 전체적인 온도 상승이 아니라, 국부적 온도 상승이 생겨 파열 가능성이 있다.

④ 기온이 급강하했어도 얼었는지 여부를 바로 알 수 없고, 분무되기만 하면 사용할 수는 있다.

19 침투액의 침투시간을 결정하는 요인으로만 묶인 것은?

① 시험체의 크기와 종류

② 시험체의 크기와 결함의 종류

③ 시험체의 재질과 결함의 종류

④ 시험체의 기계적 성질과 침투액의 종류

해설

침투시간의 결정인자

• 시험체의 온도

• 시험체 결함의 종류

• 시험체의 재질

• 침투액의 종류

20 침적법으로 침투액을 적용한 후 다음 공정을 쉽고 안전하게 하기 위하여 반드시 필요한 처리는?

① 분무처리　　　② 솔질처리

③ 배액처리　　　④ 유화처리

해설

침적법이란 침투제에 시험체를 담가서 침투제를 바르는 방법이므로 일정시간 동안 잉여침투제를 배액(흘러내리도록 함)시켜야 한다.

21 침투액을 분사 수세할 때 사용하는 적절한 세척온도는?

① 4℃　　　② 35℃

③ 60℃　　　④ 80℃

해설

침투액을 분사 세척할 때는 40℃ 이하의 온수를 사용한다. 너무 낮거나 높은 온도는 침투액의 적절한 활성화를 방해할 수 있다.

22 유화제에 대한 설명으로 옳지 않은 것은?

① 유화제는 일종의 계면활성제이다.

② 유화제는 침투처리 이후 적용한다.

③ 유화제는 침투액과 같은 색을 사용한다.

④ 유화시간이란 후유화성 침투탐상검사에서 시험품을 침투처리한 후 유화처리를 할 때 유화제를 적용한 다음 세척처리에 들어갈 때까지의 시간이다.

해설

결함을 탐상할 때 남은 유화제와 침투액이 혼동되는 것을 막기 위해 침투액과 유화제는 서로 다른 색을 사용한다.

23 침투제를 적용할 때 붓칠을 하는 경우는?

① 작은 제품을 대량 검사할 때

② 작은 제품을 소량 검사할 때

③ 큰 제품의 전체를 검사할 때

④ 큰 제품의 일부를 검사할 때

해설

침투제를 적용할 때 가급적 붓칠하는 것은 삼가지만, 부피가 큰 제품에 분사하기 힘든 일부분을 검사할 때는 붓칠을 적용한다.

24 침투액 침적 후 적절한 테이블에 놓고 침투액을 흘러 내리게 하는 작업은?

① 분 사 　　　② 붓 칠
③ 배 액 　　　④ 침투액 적용

해설
배액이란 과도한 침투제 또는 현상제가 배액되는 시간이다.

25 현상제의 작용에 대한 내용으로 옳지 않은 것은?

① 표면 개구부에서 침투제를 빨아내는 흡출작용을 한다.
② 배경색과 색 대비를 개선하는 작용을 한다.
③ 현상막에 의해 결함지시모양을 확대하는 작용을 한다.
④ 자외선에 의해 형광을 발하므로 형광침투액 사용 시 결함지시의 식별성을 높인다.

해설
• 현상제는 흡출작용이 되어야 하고, 침투제를 흡출·산란시키는 미세입자여야 한다.
• 가급적 가시광선, 자외선을 흡수하지 않아야 한다.
• 입자가 균일하고 다루기 쉬워야 한다.
• 균일하고 얇은 도포막이 형성되어야 한다.
• 형광침투제와 함께 사용할 때 자체 형광등이 있으면 곤란하고, 검사 종료 후 제거가 쉽고 유해하지 않아야 한다.

26 다음에서 설명하는 현상방법은?

• 백색의 건조한 미세분말을 그대로 사용한다.
• 시험 전 수분 제거가 필요하다.
• 분말이 날릴 염려가 있다.

① 건식현상법
② 습식현상법
③ 속건식현상법
④ 무현상법

해설
건식현상법은 처음부터 건조한 상태에서 작업하는 방법이다.

27 침투탐상시험용 현상제에 사용되지 않는 것은?

① 황산칼슘
② 산화타이타늄
③ 벤토나이트
④ 산화마그네슘

해설
황산칼슘은 무색이며, ②, ③, ④는 백색이다.

28 현상제의 일반직인 선택으로 잘못 짝지이진 것온?

① 수세성 형광침투액을 사용할 때-건식현상제
② 고감도 형광침투액을 사용할 때-무현상법
③ 매끄러운 표면에 적용할 때-습식현상제
④ 거친 표면에 적용할 때-건식현상제

해설
수세성 형광침투액을 사용할 때는 습식현상제를 사용한다.

29 전처리 방법 중 유기성 물질에 오염되었을 때 가장 먼저 고려할 세척법은?

① 기계적 세척　　② 알칼리 세척
③ 증기탈지　　　④ 초음파 세척

해설
① 기계적 세척은 표면을 긁어내어 세척하는 방법이다.
② 알칼리 세척은 녹과 스케일 제거에 적용한다.
④ 초음파 세척은 초음파를 이용하여 물리력을 주어 세척하는 방법이다.

30 용제세척법으로 전처리할 경우 제거가 곤란한 오염물은?

① 왁스 및 밀봉제
② 그리스 및 기름약
③ 페인트와 유기성 물질
④ 용접 플럭스 및 스패터

해설
①, ②, ③의 오염물질은 모재와 별개의 물질로 화학적 제거가 가능하지만, ④는 모재와 같은 물질로서 열변형에 의해 고착된 형태이므로 기계적 제거가 필요하다.

31 세척처리 시 압력이 과도하면 과세척될 수 있어 세척수를 분무노즐로 분사하여 닦는 탐상방법은?

① 수세성 형광침투탐상
② 후유화성 염색침투탐상
③ 용제제거성 형광침투탐상
④ 용제제거성 염색침투탐상

해설
수세성 침투탐상시험은 세척 공정에 매우 민감하므로 물방울 크기를 작게 하고 압력을 높이면 낮은 세척성으로 뿌연 안개현상을 유발하여 세척한다.

32 형광침투탐상에 사용하는 자외선조사장치의 적절한 강도는?

① $300\mu\text{W/cm}^2$ 이상
② $500\mu\text{W/cm}^2$ 이상
③ $800\mu\text{W/cm}^2$ 이상
④ $1,100\mu\text{W/cm}^2$ 이상

해설
자외선조사장치는 $800\mu\text{W/cm}^2$ 이상의 강도로 조사하여 시험한다.

33 침투탐상검사의 신뢰성을 확보하기 위한 방법으로 효과적이지 않은 것은?

① 작업 시마다 새로운 검사방법을 적용한다.
② 일상점검을 실시한다.
③ 정기점검을 실시한다.
④ 불량 현상제는 폐기하고 새것으로 교체한다.

해설
일상점검과 정기점검은 이상 유무의 감지에 상관없이 정기적으로 점검하여 결함을 초기에 발견할 수 있다. 점검 시 제품의 불량이 발견되면 폐기하고 새것으로 교체하는 것이 좋다. 작업 시마다 새로운 검사방법을 적용하면, 방법에 따라 작업자의 숙련도가 낮아지고 검사 자체의 신뢰도로 인하여 오히려 신뢰도를 하락시킨다.

34 시험체의 형상이 마치 결함이 있는 것처럼 굴곡이 심하여 나타나는 지시는?

① 연속지시

② 불연속지시

③ 무관련지시

④ 정상지시

해설

무관련지시

• 의미 : 시험체의 형태에 의해 나타나는 지시

• 시험체의 형상이 마치 결함이 있는 것처럼 굴곡이 심하다면 지시처럼 보일 것

• 억제 : 해당 부분을 형상에 맞게 얇고 일정하게 도포한다.

35 침투탐상검사에서 의사지시모양을 발생시키는 경우가 아닌 것은?

① 제거처리가 부적당한 경우

② 불연속의 균일성 지시가 나타난 경우

③ 시험체의 형상에 복잡한 홈이 있는 경우

④ 검사대의 잔여 침투액이 시험체 표면에 묻은 경우

해설

불연속의 균일성 지시가 나타난 경우는 연속지시로 판정한다.

36 침투탐상시험방법 및 침투지시모양의 분류(KS B 0816)에서 속건식현상제를 사용한 용제제거성 형광침투탐상에 해당하는 시험방법의 기호는?

① FC-S   ② VC-S

③ VC-A   ④ FC-A

해설

• 속건식현상제 : S

• 침투액이 형광 : F

• 수세성 : A

• 후유화성 : B

• 용제제거성 : C

37 수세성 염색침투액과 속건식현상제를 사용하는 경우 시험 절차 순서가 올바른 것은?

① 전처리 → 침투처리 → 제거처리 → 건조처리 → 현상처리 → 관찰 → 후처리

② 전처리 → 침투처리 → 세척처리 → 건조처리 → 현상처리 → 관찰 → 후처리

③ 전처리 → 침투처리 → 제거처리 → 현상처리 → 건조처리 → 관찰 → 후처리

④ 전처리 → 침투처리 → 세척처리 → 현상처리 → 건조처리 → 관찰 → 후처리

해설

수세 후 속건식현상제를 사용하므로 건조처리를 해 놓는 것이 좋다.

38 침투탐상시험방법 및 침투지시모양의 분류(KS B 0816)에 따라 다음과 같은 탐상 순서를 갖는 시험방법의 기호로 옳은 것은?

전처리 → 침투처리 → 제거처리 → 현상처리 → 관찰 → 후처리

① FA-W   ② FB-W

③ FC-D   ④ FC-N

해설

현상처리를 하므로 형광침투액을 사용(F)하고, 침투 후 다른 처리 없이 제거를 하므로 용제제거성 침투액(C)를 사용하였다. 건조처리를 따로 하지 않으므로 건식(D)이나 속건식현상제(S)를 사용하였다.

39 침투탐상시험방법 및 침투지시모양의 분류(KS B 0816)에 따라 현상제를 적용한 후 관찰할 때까지의 시간인 현상시간은 현상제의 종류, 예측되는 결함의 종류와 크기 및 시험품의 온도에 따라 결정되는데 온도가 15~50℃인 경우 알루미늄 단조품의 갈라짐 검출에 대해 규정한 표준현상시간은?

① 3분
② 5분
③ 7분
④ 10분

해설

온도 15~50℃의 범위에서 일반적인 침투시간은 다음 표와 같다.

재 질	형 태	결함의 종류	모든 종류의 침투액	
			침투시간 (분)	현상시간 (분)
알루미늄, 마그네슘, 동, 타이타늄, 강	주조품, 용접부	쇳물 경계, 융합 불량, 빈 틈새, 갈라짐	5	7
	압출품, 단조품, 압연품	랩(Lap), 갈라짐	10	7
카바이드 팁붙이 공구	–	융합 불량, 갈라짐, 빈 틈새	5	7
플라스틱, 유리, 세라믹	모든 형태	갈라짐	5	7

40 침투탐상시험방법 및 침투지시모양의 분류(KS B 0816)에 따라 합격한 시험체에 표시를 필요로 할 때 전수검사인 경우 각인 또는 부식에 의한 표시 기호로 옳은 것은?

① P
② Ⓟ
③ OK
④ ⓞ

해설

침투탐상검사에 합격한 각각의 구성 부품은 다음과 같이 표시해야 한다.
• 에칭 또는 각인에 의할 경우에는 기호를 사용해야 한다. 각인에는 시설 식별기호 및 검사 연도의 아래 2자리 숫자를 포함하여도 좋다.
  – 특수 용도인 것을 제외하고 전수검사에서 합격한 것을 표시하려면 기호 P를 사용한다.
  – 샘플링 검사에서 합격된 로트의 모든 구성 부품에는 기호 P를 타원으로 둘러싼 표시를 한다.

41 침투탐상시험방법 및 침투지시모양의 분류(KS B 0816)에 따라 샘플링 검사에 합격한 로트에 표시할 착색으로 옳은 것은?

① 황 색
② 흰 색
③ 적 색
④ 녹 색

해설

착색에 의한 경우는 전수검사에서 합격한 구성 부품에는 밤색의 염료, 샘플링 검사에서 합격한 것을 표시하려면 황색의 염료를 사용해야 한다.

42 침투탐상시험방법 및 침투지시모양의 분류(KS B 0816)에 따른 결함의 분류는 모양 및 존재 상태에 따라 정한다. 이에 의한 결함에 해당되지 않은 것은?

① 독립결함
② 연속결함
③ 분산결함
④ 불연속결함

해설

결함은 결함의 모양 및 존재 상태에 따라 다음과 같이 분류한다.

독립결함	독립하여 존재하는 결함은 3종류로 분류한다. • 갈라짐 • 선상결함 : 갈라짐 이외의 결함 중 그 길이가 너비의 3배 이상인 것 • 원형상 결함 : 갈라짐 이외의 결함 중 선상결함이 아닌 것
연속결함	갈라짐, 선상결함 및 원형상 결함이 거의 동일 직선상에 존재하고 그 상호거리와 개개의 길이 관계에서 1개의 연속한 결함이라고 인정되는 것이다. 길이는 시작점과 끝점의 거리로 산정한다.
분산결함	정해진 면적 안에 존재하는 1개 이상의 결함이다. 분산결함은 결함의 종류, 개수 또는 개개의 길이의 합계값에 따라 평가한다.

43 침투탐상시험방법 및 침투지시모양의 분류(KS B 0816)에 대한 B형 대비시험편 종류의 기호와 도금 두께, 도금 갈라짐 너비의 나열이 옳지 않은 것은?(단, 도금 두께, 도금 갈라짐 너비의 단위는 μm 이다)

① PT-B50 : 50±5, 2.5
② PT-B40 : 40±3, 2.0
③ PT-B20 : 20±2, 1.0
④ PT-B10 : 10±1, 0.5

해설

B형 대비시험편의 종류

기 호	도금 두께(μm)	도금 갈라짐 너비 (목표값)
PT-B50	50±5	2.5
PT-B30	30±3	1.5
PT-B20	20±2	1.0
PT-B10	10±1	0.5

44 항공기를 비파괴탐상할 때 침투액의 제거를 위한 자동 스프레이법 수온의 범위는?

① 0~4℃
② 5~8℃
③ 10~38℃
④ 40~68℃

해설

스프레이를 사용할 때는 다음 조건을 지키며 10~38℃의 상온수를 사용한다.
• 최대 수압 : 275kPa(40psi, 2.8kgf/cm²)
• 분사거리 : 30cm(12in)
• 부가 공기압 : 최대 172kPa(25psi, 1.75kgf/cm²)

45 4% Cu, 2% Ni 및 1.5% Mg이 첨가된 알루미늄 합금으로 내연기관용 피스톤이나 실린더 헤드 등으로 사용되는 재료는?

① Y합금
② Lo-EX 합금
③ 라우탈
④ 하이드로날륨

해설

① Y합금 : Cu 4%, Ni 2%, Mg 1.5% 정도이고 나머지가 Al인 합금이다. 내열용(耐熱用) 합금으로서 뛰어나고 단조, 주조 양쪽에 사용된다. 주로 쓰이는 용도는 내연기관용 피스톤이나 실린더 헤드 등이다.
② Lo-Ex 합금(Low Expansion alloy) : Al-Si 합금에 Cu, Mg, Ni을 소량 첨가한 것이다. 선팽창계수가 작고 내열성이 좋으며, 주조성과 단조성이 뛰어나서 자동차 등의 엔진 피스톤 재료로 사용된다.
③ 라우탈 합금 : 금속재료도 여러 방면으로 연구해서 적절한 성질을 가진 제품을 시장에 내놓는데, 라우탈이란 이름을 가진 사람에 의해서 고안된 알루미늄 합금이다. 알루미늄에 구리 4%, 규소 5%를 가한 주조용 알루미늄 합금으로, 490~510℃로 담금질한 후 120~145℃에서 16~48시간 뜨임을 하면 기계적 성질이 좋아진다. 적절한 시효경화를 통해 두랄루민과 같은 강도를 만들 수 있다. 자동차, 항공기, 선박 등의 부품재로 공급된다.
④ 하이드로날륨 : 알루미늄에 10%까지의 마그네슘을 첨가한 내식(耐蝕) 알루미늄 합금으로, 알루미늄이 바닷물에 약한 것을 개량하기 위하여 개발된 합금이다.

46 고탄소 크롬베어링강의 탄소 함유량의 범위(%)로 옳은 것은?

① 0.12~0.17%
② 0.21~0.45%
③ 0.95~1.10%
④ 2.20~4.70%

해설

고탄소 크롬베어링강 : 볼이나 롤러 베어링에 사용하는 강을 베어링강이라고 하는데, 이 중 보통 1% C와 1.5% Cr을 함유한 강을 고탄소·고크롬 베어링강(High Carbon Chromiun Bearing Steel)이라고 한다. 고탄소 크롬베어링 강은 780~850℃에서 담금질한 후 140~160℃로 뜨임처리하여 사용한다.

47 알루미늄 분말에 소량의 염화암모늄(NH_4Cl)을 가한 혼합물과 경화법은?

① 세라다이징   ② 칼로라이징

③ 크로마이징   ④ 실리코나이징

해설

금속침투법

• 세라다이징 : 아연을 침투, 확산시키는 것으로 아연을 제련할 때 부산물로 얻는 청분(Blue Powder)이라는 300mesh 이하 아연분말을 사용하고, 보통 350~380℃에서 2~3시간 처리하여 두께 0.06mm 정도의 층을 얻는다.

• 칼로라이징 : 알루미늄 분말에 소량의 염화암모늄(NH_4Cl)을 가한 혼합물과 경화하고자 하는 물체를 회전로에 넣고 중성 분위기 중에서 850~950℃로 2~3시간 동안 가열한다. 이때 층의 두께는 0.3mm 정도가 표준이며, 1mm 이상의 두께가 되면 입자가 크고 거칠어진다. 상온에서 내식성, 내해수성이 있고 질산에 강하며, 고온에서는 SO_2, H_2S, NH_3, CN계에 강하다.

• 크로마이징 : 크롬은 내식, 내산, 내마멸성이 좋으므로 크롬 침투에 사용한다.

– 고체분말법 : 혼합분말 속에 넣어 980~1,070℃ 온도에서 8~15시간 가열한다.

– 가스 크로마이징 : 이 처리에 의해서 Cr은 강 속으로 침투하고, 0.05~0.15mm의 Cr 침투층이 얻어진다.

• 실리코나이징 : 내식성을 증가시키기 위해 강철 표면에 Si를 침투하여 확산시키는 처리이며, 고체분말법과 가스법이 있다.

– 고체분말법은 강철 부품을 Si 분말, Fe–Si, Si–C 등의 혼합물 속에 넣고, 회전로 또는 보통의 침탄로에서 950~1,050℃로 가열한 후에 염소가스를 통과시킨다.

– 염소가스는 용기 안의 Si 카바이드 또는 Fe–Si와 작용하여 강철 속으로 침투, 확산한다. 950~1,050℃에서 2~4시간의 처리로 0.5~1.0mm의 침투 Si층이 생긴다.

– 펌프축, 실린더, 라이너, 관, 나사 등의 부식 및 마멸이 문제되는 부품에 효과가 있다.

• 보로나이징 : 강철 표면에 붕소를 침투, 확산시켜 경도가 높은 보론층을 형성시키는 표면경화법이다. 보론화된 표면층의 경도는 HV 1,300~1,400에 달하며, 보론화처리에서 경화 깊이는 0.15m 정도이고, 처리 후에 담금질이 필요 없으며, 여러 가지 강에 적용이 가능한 장점이 있다.

48 가스용접의 장점이 아닌 것은?

① 열량 조절이 쉽다.

② 설비비가 저렴하다.

③ 열 집중성이 높다.

④ 유해광선 피해가 적다.

해설

아크용접에 비해 가스용접은 열 집중성이 낮다.

49 가스용접 불꽃 중 아세틸렌의 비중이 높은 불꽃은?

① 산화불꽃   ② 염화불꽃

③ 중성불꽃   ④ 탄화불꽃

해설

연소에 따른 불꽃의 종류 : 중성불꽃(연료 : 산소 = 1 : 1), 탄화불꽃(연료 多), 산화불꽃(산소 多)

50 가스용접에서 가스 혼합, 팁 끝의 과열, 이물질의 영향, 가스 토출압력 부적합, 팁의 죔 불완전 등으로 불꽃이 '펑펑'하며 팁 안으로 들어왔다 나갔다 하는 현상은?

① 역 류   ② 인 류

③ 탄 화   ④ 역 화

해설

• 역류(Contraflow) : 산소가 아세틸렌 발생기쪽으로 흘러 들어가는 것(발생기쪽 막힘 같은 경우)

• 인화(Flash Back) : 혼합실(가스 + 산소 만나는 곳)까지 불꽃이 밀려들어가는 것. 팁 끝이 막히거나 작업 중 막는 경우 발생

• 역화(Backfire) : 가스 혼합, 팁 끝의 과열, 이물질의 영향, 가스 토출압력 부적합, 팁의 죔 불완전 등으로 불꽃이 '펑펑'하며 팁 안으로 들어왔다 나갔다 하는 현상

51 용접 후 잔류응력이 제품에 미치는 영향으로 가장 중요한 것은?

① 언더컷이 생긴다.

② 용입 부족이 된다.

③ 용착 불량이 생긴다.

④ 변형과 균열이 생긴다.

해설

잔류응력의 가장 큰 영향은 시간이 지남에 따라 잔류응력에 의한 부식을 유발하고, 잔류응력이 해소되려는 방향으로 지속적인 힘이 작용함에 따라 변형을 유도하며, 약한 부분에는 균열을 발생시킬 수 있다.

52 가스용접 토치 취급 시 주의사항으로 적합하지 않은 것은?

① 점화되어 있는 토치는 함부로 방치하지 않는다.

② 토치를 망치나 갈고리 대용으로 사용해서는 안 된다.

③ 팁이 가열되었을 때는 산소 밸브와 아세틸렌 밸브가 모두 열려 있는 상태로 물속에 담근다.

④ 토치 끝의 청결을 유지하여 원하는 혼합가스 비율로 조절할 수 있어야 한다.

해설

안전한 취급을 위해 열의 소거, 변형의 조정, 공급량 조정 등의 조절 시에는 밸브를 모두 잠근다.

53 가로축을 두 금속 2원 조성(%)으로, 세로축을 온도 (℃)로 하여 각 조성의 비율에 따라 나타나는 변태점을 연결하여 만든 도선은?

① 성분도

② 변태도

③ 공정도

④ 평형상태도

해설

평형상태도 : 가로축을 A금속-B금속(또는 A합금, B합금)의 2원 조성(%)으로 하고, 세로축을 온도(℃)로 하여 각 조성의 비율에 따라 나타나는 변태점을 연결하여 만든 도선

54 흑연을 구상화시키기 위해 선절을 용해하여 수입 선에 첨가하는 것은?

① Cs

② Cr

③ Mg

④ Na_2CO_3

해설

주철 중 마그네슘의 역할은 흑연을 구상화를 일으키며 기계적 성질을 좋게 하는 것이다. 따라서 구상화주철은 구상화제로 마그네슘 합금을 사용한다. 크롬은 탄화물을 형성시키는 원소이므로 흑연 함유량을 감소시키는 한편, 미세하게 하여 주물을 단단하게 한다. 그러나 시멘타이트의 분해가 곤란하므로 가단주철을 제조할 때에는 크롬의 함유량을 최소화하는 것이 좋다.

55 라우탈은 Al-Cu-Si 합금이다. 이 중 3~8% Si를 첨가하여 향상되는 성질은?

① 주조성

② 내열성

③ 피삭성

④ 내식성

해설

라우탈 합금 : 금속재료도 여러 방면으로 연구해서 적절한 성질을 가진 제품을 시장에 내놓는데, 라우탈이란 이름을 가진 사람에 의해서 고안된 알루미늄 합금이다. 알루미늄에 구리 4%, 규소 5%를 가한 주조용 알루미늄 합금으로, 490~510℃로 담금질한 후 120~145℃에서 16~48시간 뜨임을 하면 기계적 성질이 좋아진다. 적절한 시효경화를 통해 두랄루민과 같은 강도를 만들 수 있다. 자동차, 항공기, 선박 등의 부품재로 공급된다. Si를 첨가하여 주조성 향상을 기대하며, Cu 첨가로 절삭성의 향상을 기대한다.

56 백선철을 900~1,000℃로 가열하여 탈탄시켜 만든 주철은?

① 칠드주철
② 합금주철
③ 편상흑연주철
④ 백심가단주철

백심가단주철 : 파단면이 흰색을 나타낸다. 백선 주물을 산화철 또는 철광석 등의 가루로 된 산화제로 싸서 900~1,000℃의 고온에서 장시간 가열하면 탈탄반응에 의하여 가단성이 부여되는 과정을 거친다. 이때 주철 표면의 산화가 빨라지고, 내부의 탄소 확산 상태가 불균형을 이루게 되면 표면에 산화층이 생긴다. 강도는 흑심가단주철보다 다소 높으나 연신율이 작다.

57 고속 베어링에 적합한 것으로 주요 성분이 Cu + Pb 인 합금은?

① 톰 백
② 포 금
③ 켈 밋
④ 인청동

• 켈밋(Kelmet) : 강(Steel) 위에 청동을 용착시켜 마찰이 많은 곳에 사용하도록 만든 베어링용 합금이다.
• 톰백(Tombac) : 8~20%의 아연을 구리에 첨가한 구리합금은 황동 중에서 금빛에 가장 가까우며, 소량의 납을 첨가하여 값이 싼 금색 합금을 만든다. 특히 금종이의 대용품으로서 서적의 금박 입히기, 금박 인쇄에 사용된다.
• 인청동(Phosphor Bronze) : 청동에 1% 이하의 인(P)을 첨가한 것이다. 인은 주석청동의 용융 주조 시에 탈산제로 사용되며, 이의 첨가량을 많게 하여 합금 중에 인을 0.05~0.5% 잔류시키면 구리 용융액의 유동성이 좋아지고 강도, 경도 및 탄성률 등 기계적 성질이 개선될 뿐만 아니라 내식성도 좋아진다. 봉은 기어, 캠, 축, 베어링 등에 사용되며, 선은 코일 스프링, 스파이럴 스프링 등에 사용된다.
• 포금(Gun Metal) : 8~12% Sn에 1~2% Zn이 함유된 구리 합금으로 과거 포신(砲身)을 제조할 때 사용하여 포금이라고 한다. 단조성이 좋고 강력하며, 내식성이 있어 밸브, 콕, 기어, 베어링 부시 등의 주물에 널리 사용된다. 또 내해수성이 강하고, 수압, 증기압에도 잘 견디므로 선박 등에 널리 사용된다. 이 중 애드미럴티 포금(Admiralty Gun Metal)은 주조성과 절삭성이 뛰어나다.

58 알루미늄의 특성을 설명한 것 중 옳은 것은?

① 온도에 관계없이 항상 체심입방격자이다.
② 강(Steel)에 비하여 비중이 가볍다.
③ 주조품 제작 시 주입온도는 1,000℃이다.
④ 전기 전도율이 구리보다 높다.

물리적 성질	알루미늄	구 리	철
비 중	2.699g/cm³	8.93g/cm³	7.86g/cm³
녹는점	660℃	1,083℃	1,536℃
끓는점	2,494℃	2,595℃	2,861℃
비 열	0.215kcal/kg·K	50kcal/kg·K	65kcal/kg·K
융해열	95kcal/kg	2,582kcal/kg	2,885kcal/kg

59 문쯔메탈(Muntz Metal)이라고 하며 탈아연 부식이 발생하기 쉬운 동합금은?

① 6-4 황동
② 주석청동
③ 네이벌 황동
④ 애드미럴티 황동

문쯔메탈 : 영국인 Muntz가 개발한 합금으로 6-4 황동이다. 적열하면 단조할 수 있어서 가단 황동이라고도 한다. 배의 밑바닥 피막을 입히거나 그 외 해수에 직접 닿을 수 있는 장소의 볼트 및 리벳 등에 사용된다.

60 소성변형이 일어나면 금속이 경화하는 현상은?

① 가공경화
② 탄성경화
③ 취성경화
④ 자연경화

소성가공 시 금속이 변형하면서 잔류응력을 남기고 변형된 조직 부분이 조밀하게 되어 경화되는 현상을 가공경화라고 한다.

2021년 제1회 과년도 기출복원문제

01 방사성의 원자핵이 붕괴할 때 방사되는 전자파는?

① X선 ② γ선
③ 자외선 ④ 적외선

해설

X선의 발생 : X선관의 양쪽 극에 고전압을 걸면 필라멘트에서 방출된 열전자가 금속 타깃과 충돌하여 열과 함께 X선 발생
※ γ선의 발생 : 방사성의 원자핵이 붕괴할 때 방사되는 전자파

02 방사선투과시험과 비교하여 자분탐상시험의 특징으로 옳지 않은 것은?

① 모든 재료에 적용이 가능하다.
② 탐상이 비교적 빠르고 간단한 편이다.
③ 표면 및 표면 바로 밑의 균열검사에 적합하다.
④ 결함 모양이 표면에 직접 나타나므로 육안으로 관찰할 수 있다.

해설

강자성체에 자분탐상시험이 가능하다.

03 다음 중 표면의 미세한 결함을 찾아내는 검사로 적합한 것은?

① 방사선탐상검사 ② 초음파탐상검사
③ 자분탐상검사 ④ 누설탐상검사

해설

비파괴검사별 적용 대상

검사방법	적용대상
방사선투과검사	용접부, 주조품 등의 내부결함
초음파탐상검사	용접부, 주조품, 단조품 등의 내부결함 검출과 두께 측정
침투탐상검사	기공을 제외한 표면이 열린 용접부, 단조품 등의 표면결함
와전류탐상검사	철, 비철재료로 된 파이프 등의 표면 및 근처결함을 연속 검사
자분탐상검사	강자성체의 표면 및 근처결함
누설검사	압력용기, 파이프 등의 누설 탐지
음향방출검사	재료 내부의 특성 평가

04 다음 보기의 특징을 가진 누설탐상가스는?

┤보기├
• 시험체에 가스를 넣은 후 질량분석형 검지기를 이용하여 검사한다.
• 공기 중에 거의 없어 검출이 용이하다.
• 가볍고 직경이 작아서 미세누설 탐상에 유리하다.

① 수 소 ② 헬 륨
③ 할로겐 ④ 암모니아

해설

헬륨누설시험
• 시험체에 가스를 넣은 후 질량분석형 검지기를 이용하여 검사한다.
• 공기 중에 헬륨은 거의 없어 검출이 용이하다.
• 헬륨은 가볍고 직경이 작아서 미세한 누설에 유리하다.
• 누설 위치 탐색, 밀봉 부품의 누설시험, 누설량 측정 등 이용범위가 넓다.
• 종류 : 스프레이법, 후드법, 진공적분법, 스너퍼법, 가압적분법, 석션컵법, 벨자법, 펌핑법 등

정답 1 ② 2 ① 3 ③ 4 ②

05 와류탐상시험에서 리프트 오프 효과에 대한 설명으로 옳은 것은?

① 신호검출에 영향을 주는 인자이다.

② 코일 임피던스에 영향을 주는 인자이다.

③ 코일이 얼마나 시험체와 잘 결합되어 있느냐를 나타낸다.

④ 전류의 흐름에 대한 도선과 코일의 총저항을 의미한다.

해설

신호검출에 영향을 주는 인자는 리프트 오프, 충진율, 모서리 효과이며, 리프트 오프 효과는 코일과 시험면 사이 거리가 변할 때마다 출력이 달라지는 효과를 의미한다.

06 와전류탐상시험에 대한 설명으로 옳지 않은 것은?

① 고속으로 자동화된 전수검사를 실시할 수 있다.

② 표면으로부터 깊은 곳에 있는 내부결함의 검출도 가능하다.

③ 고온하에서의 시험, 가는 선, 구멍 내부 등의 대상에 시험 가능하다.

④ 지시를 전기적 신호로 얻으므로 그 결과를 결함 크기의 추정, 품질관리에 쉽게 이용할 수 있다.

해설

장 점	단 점
• 관, 선, 환봉 등에 대해 비접촉으로 탐상이 가능하기 때문에 고속으로 자동화된 전수검사를 실시할 수 있다. • 고온하에서의 시험, 가는 선, 구멍 내부 등 다른 시험방법으로 적용할 수 없는 대상에 적용하는 것이 가능하다. • 지시를 전기적 신호로 얻으므로 그 결과를 결함 크기의 추정, 품질관리에 쉽게 이용할 수 있다. • 탐상 및 재질검사 등 복수 데이터를 동시에 얻을 수 있다. • 데이터를 보존할 수 있어 보수검사에 유용하게 이용할 수 있다.	• 표층부 결함 검출에 우수하지만 표면으로부터 깊은 곳에 있는 내부결함의 검출은 곤란하다. • 재시가 이송진동, 재질, 치수 변화 등 많은 잡음인자의 영향을 받기 쉽기 때문에 검사과정에서 해석상의 장애를 일으킬 수 있다. • 결함의 종류, 형상, 치수를 정확하게 판별하는 것은 어렵다. • 복잡한 형상을 갖는 시험체의 전면탐상에는 능률이 떨어진다.

07 X선관의 양극과 음극 사이에 주어진 최대 전압이 15% 증가할 때 발생하는 일로 옳은 것은?

① 필름농도가 4배 높아진다.

② 필름농도가 2배 높아진다.

③ 필름농도가 1/2이 된다.

④ 필름농도가 1/4이 된다.

해설

X선관의 양극과 음극 사이에 주어진 최대 전압을 관전압이라고 하며, X선의 투과력이 높아져서 15% 증가 시 필름농도는 2배 높아진다.

08 재료에 하중을 걸어 음향 방출을 발생시킨 후, 하중을 제거했다가 다시 걸어도 초기 하중의 응력지점에 도달하기까지 음향 방출이 발생되지 않는 비가역적 성질은?

① 백래시   ② 표피효과

③ 카이저 효과   ④ 펠리시티 효과

해설

카이저 효과(Kaiser Effect) : 재료에 하중을 걸어 음향 방출을 발생시킨 후, 하중을 제거했다가 다시 걸어도 초기 하중의 응력지점에 도달하기까지 음향 방출이 발생되지 않는 비가역적 성질이다. 음향방출검사에 적용되는 원리이다.

펠리시티 효과(Felicity Effect) : 높은 하중영역에서는 이전 하중보다 더 낮은 하중에도 음향이 발생하는 경우가 존재한다.

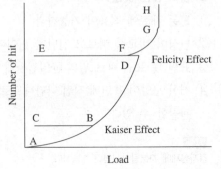

09 방사선 투과사진의 명료도에 영향을 주는 인자가 아닌 것은?

① 고유 불선명도

② 산란방사선

③ 시험체 명암도

④ 기하학적 불선명도

- 명암도(Contrast) : 투과사진상 어떤 두 영역의 농도차
- 명료도(Sharpness) : 투과사진상 윤곽의 뚜렷함
- 명암도에 영향을 주는 인자 : 시험체 명암도, 필름 명암도
- 명료도에 영향을 주는 인자 : 고유 불선명도, 산란방사선, 기하학적 불선명도

10 다음 주파수 중 들을 수 없는 소리는?

① 30Hz

② 300Hz.

③ 3,000Hz

④ 30,000Hz

가청 주파수 : 20~20,000Hz

11 판의 한 면 중앙부를 분젠버너로 520~530℃ 가열 후 물로 급랭시켜 갈라지게 하여 제작하는 시험편의 종류는?

① A형   ② B형

③ C형   ④ D형

A형
- 재료 : A2024P(알루미늄 재)
- 기호 : PT-A
- 제작방법 : 판의 한 면 중앙부를 분젠버너로 520~530℃ 가열한 면에 흐르는 물을 뿌려 급랭시켜 갈라지게 한다. 이후 반대편도 갈라지게 하여 중앙부의 흠을 기계가공한다.

12 침투탐상검사에서 좁은 틈이 있을 때 벽면을 타고 침투액이 침투하는 원리를 설명한 현상은?

① 적심성

② 표면장력

③ 모세관 현상

④ 결함 불연속성

모세관 현상
모세(毛細)관에 액체가 들어가면 응집력과 부착력 차이가 극대화되어 부착력이 큰 경우 모세관에서 끌어 올려오거나, 응집력이 더 큰 경우 모세관 안에서 끌려 내려가는 현상을 보인다. 이 현상에서 부착력이 큰 경우에는 좁은 틈을 침투제가 잘 침투한다.

13 침적법으로 침투액을 적용한 후 다음 공정을 쉽고 안전하게 하기 위하여 반드시 필요한 처리는?

① 분무처리

② 솔질처리

③ 배액처리

④ 유화처리

침적법이란 침투제에 시험체를 담가서 침투제를 바르는 방법이므로, 일정시간 동안 잉여침투제를 배액(흘러내리도록 함)시켜야 한다.

14 환기가 어려운 곳에서 국부적인 탐상에 적합한 침투 제 적용방법은?

① 분무법 　　　　② 붓칠법
③ 침적법 　　　　④ 자연침투법

해설
붓칠(솔질)법 : 대형 시험체의 국부적 적용이나 소형 시험체의 적용에 적합하다. 부분적 탐상 및 환기설비가 어려운 곳에 적합하다.

15 침투탐상시험에 일반적으로 흰색의 배경에 빨간색의 대조(Contrast)를 이루게 하여 관찰하는 침투액과 현상제의 조합으로 옳은 것은?

① 염색침투액-건식현상제
② 염색침투액-습식현상제
③ 형광침투액-건식현상제
④ 형광침투액-습식현상제

해설
염색침투탐상검사는 육안으로 확인하며 가시성을 좋게 하기 위해 색 대비를 준다. 염색침투탐상에서는 암도가 좋아지도록 잘 도포하기 어려우므로 건식현상제를 잘 사용하지 않는다.

16 다음 보기에서 설명하는 지시는?

┤보기├
시험체의 형태에 의해 나타나는 지시로 이를 막기 위해서는 얇고 일정한 도포가 필요하다.

① 선형지시 　　　　② 원형지시
③ 의사지시 　　　　④ 무관련지시

해설
무관련지시
• 의미 : 시험체의 형태에 의해 나타나는 지시
• 시험체의 형상이 마치 결함이 있는 것처럼 굴곡이 심하다면 지시처럼 보일 것
• 억제 : 해당 부분을 형상에 맞게 얇고 일정한 도포 실시
※ 객관식 문항에서는 비슷한 답이 복수로 있더라도 항상 질문에 가장 부합한 답을 골라야 한다.

17 다음 보기에서 설명하는 침투탐상방법은?

┤보기├
도자기 제조공정에 사용되며, 소성(Baking) 전 균열의 발생 유무를 찾거나 콘크리트의 균열검사 등에 사용하는 방법이다.

① 분무법
② 하전입자법
③ 여과입자법
④ 휘발성 침투액 이용방법

해설
• 여과입자법 : 도자기 제조공정에 사용되며, 소성(Baking) 전 균열의 발생 유무를 찾거나 콘크리트의 균열검사 등에 사용하는 방법이다.
• 하전입자법 : 정전기 현상을 이용하는 방법이다. 낮은 전도도의 침투액을 적용한 후 액체를 제거하여 건조하고, 고운 입자의 탄산칼슘을 뿜어 주면 입자는 양전하가 되고, 균열에 입자가 침투되어 고운 입자 크기만큼의 결함도 추적할 수 있도록 개발한 방법이다.

18 침투탐상시험방법 및 침투지시모양의 분류(KS B 0816)에 의한 잉여침투액의 제거방법과 명칭의 조합이 틀린 것은?

① 용제 제거에 의한 방법 : 방법 C
② 휘발성 세척액을 사용하는 방법 : 방법 A
③ 물베이스 유화제를 사용하는 후유화에 의한 방법 : 방법 D
④ 기름베이스 유화제를 사용하는 후유화에 의한 방법 : 방법 B

해설
휘발성 세척액인 용제를 이용하여 제거하는 것은 용제 제거에 의한 방법이다.

19 VB-S는 어떤 방법의 기호인가?

① 수세성 이원성 형광침투액-무현상법

② 수세성 염색침투액-습식현상법(수현탁성)

③ 후유화성 염색침투액(기름 유화제)-속건식현상법

④ 후유화성 염색침투액(물 베이스 유화제)-속건식현상법

해설
① DFA-N
② VA-W
④ VD-S

20 용제 제거성 형광침투액을 이용하고 속건식현상법을 사용한 방법에 대한 설명으로 옳지 않은 것은?

① 자외선광이 필요하다.

② FC-N의 기호로 나타낸다.

③ 별도의 건조처리가 필요 없다.

④ 세척제로 잉여침투액을 제거한다.

해설
속건식현상법은 S의 기호를 사용하여 FC-S로 나타낸다.

21 FB-D의 시험방법 순서로 옳은 것은?

① 전처리 - 침투처리 - 유화처리 - 세척처리 - 건조처리 - 현상처리 - 관찰 - 후처리

② 전처리 - 침투처리 - 건조처리 - 현상처리 - 유화처리 - 세척처리 - 관찰 - 후처리

③ 전처리 - 침투처리 - 건조처리 - 현상처리 - 관찰 - 후처리

④ 전처리 - 침투처리 - 유화처리 - 세척처리 - 관찰 - 후처리

해설
후유화성 형광침투액(기름베이스 유화제) 침투 후 유화처리와 세척처리가 필요하며 형광침투액을 사용하므로 현상처리가 필요하다.

22 세척처리에 대한 설명으로 옳지 않은 것은?

① 수세성 및 후유화성 침투액은 물로 세척한다.

② 스프레이 노즐을 사용할 때의 수압은 특별히 규정이 없는 한 275kPa 이상으로 한다.

③ 형광침투액을 사용할 경우 수온은 특별한 규정이 없을 때에는 10~40℃로 한다.

④ 형광침투액을 사용하는 시험에서는 자외선을 비추어 가며 처리 정도를 확인한다.

해설
스프레이 노즐을 사용할 때의 수압은 특별히 규정이 없는 한 275 kPa 이하로 한다.

23 침투탐상시험방법 및 침투지시모양의 분류(KS B 0816)에서 규정하는 유화시간에 대한 설명으로 옳지 않은 것은?

① 물베이스 유화제를 사용하는 시험에서 염색침투액을 사용할 때는 2분 이내

② 물베이스 유화제를 사용하는 시험에서 형광침투액을 사용할 때는 5분 이내

③ 기름베이스 유화제를 사용하는 시험에서 형광침투액을 사용할 때는 3분 이내

④ 기름베이스 유화제를 사용하는 시험에서 염색침투액을 사용할 때는 30초 이내

해설
물베이스 유화제를 사용하는 시험에서 형광침투액을 사용할 때는 2분 이내

정답 19 ③ 20 ② 21 ① 22 ② 23 ②

24 침투탐상으로 검사가 불가능한 용접 결함은?

① 크래킹(Cracking)

② 기공(Blow Hole)

③ 언더컷(Under Cut)

④ 슬래그 혼입(Slag Inclusions)

해설

침투탐상은 표면이 열린 결함의 탐상이 가능하며 슬래그 혼입은 대부분의 경우 용접 부위 내에 발생되어 침투탐상검사로는 알기 어렵다.

26 결함 기록 시 요구되는 기록사항이 아닌 것은?

① 결함의 종류

② 결함의 개수

③ 결함의 길이

④ 탐상제의 종류

해설

탐상제의 종류에 대한 기록은 시험에 대한 기록의 요소에 해당한다.

25 연속결함으로 판정하기 어려운 경우는?

① 갈라짐, 원형상 결함이 거의 동일 직선상 존재

② 1mm 결함 부위, 1mm 간격, 3mm 결함

③ 1mm 결함, 2mm 간격, 1mm결함, 1.5mm 간격, 3mm 결함

④ 갈라짐

해설

독립 결함	독립하여 존재하는 결함은 3종류로 분류한다. • 갈라짐 • 선상결함 : 갈라짐 이외의 결함 중 그 길이가 너비의 3배 이상인 것 • 원형상 결함 : 갈라짐 이외의 결함 중 선상결함이 아닌 것
연속 결함	갈라짐, 선상결함 및 원형상 결함이 거의 동일 직선상에 존재하고 그 상호거리와 개개의 길이 관계에서 1개의 연속한 결함이라고 인정되는 것이다. 길이는 시작점과 끝점의 거리로 산정한다.
분산 결함	정해진 면적 안에 존재하는 1개 이상의 결함이다. 분산결함은 결함의 종류, 개수 또는 개개의 길이의 합계값에 따라 평가한다.

27 침투탐상시험방법 및 침투지시모양의 분류(KS B 0816)에 따라 합격한 시험체에 표시를 필요로 할 때 전수검사인 경우 각인 또는 부식에 의한 표시 기호는?

① P

② Ⓟ

③ OK

④ ⓞ

해설

P는 Pass의 머리글자로 합격한 시험체에 각인 또는 부식 표기를 한다.

28 KS B 0888에 규정된 배관용접부의 비파괴검사에서 요구하는 관찰 시 시험면의 밝기 정도는?

① 200lx

② 300lx

③ 500lx

④ 800lx

해설

500lx 이상을 요구한다. 500lx 이상이므로 800lx도 답이 될 수 있다고 생각할 수 있으나 규정에 대한 질문의 경우 규정값 수치를 정답으로 선택한다.

29 KS B 0888에 규정된 배관용접부의 비파괴검사 판정규정 A기준에 의하여 분산침투지시모양의 합격기준은?

① 연속된 300mm당 합계점이 10점 이하인 경우

② 연속된 150mm당 합계점이 10점 이하인 경우

③ 연속된 150mm당 합계점이 5점 이하인 경우

④ 연속된 300mm당 합계점이 20점 이하인 경우

해설
KS B 0888에 따른 침투탐상검사의 판정규정

구 분	A 기준	B 기준
터짐에 의한 침투지시모양	모두 불합격으로 한다.	모두 불합격으로 한다.
독립침투지시모양 및 연속침투지시모양	1개의 길이가 8mm 이하를 합격으로 한다.	1개의 길이가 4mm 이하를 합격으로 한다.
분산침투지시모양	연속된 용접 길이 300mm당의 합계점이 10점 이하인 경우 합격	연속된 용접 길이 300mm당의 합계점이 5점 이하인 경우 합격
혼재한 경우	평가점의 합계점이 연속된 용접 길이 300mm당 10점 이하인 경우 합격	평가점의 합계점이 연속된 용접 길이 300mm당 5점 이하인 경우 합격

30 배관용접부의 비파괴시험방법(KS B 0888)에서 침투탐상검사의 기록사항 중 '시험결과'에 기록하여야 할 사항이 아닌 것은?

① 침투시간

② 침투지시모양의 위치

③ 침투지시모양의 평가점

④ 침투지시모양의 분류와 길이

해설
KS B 0888 7.6에 지시한 침투탐상검사의 기록은 검사조건 중 탐상제(침투액, 세정액 및 현상제의 종류)·검사 부위의 온도·침투시간·현상시간 및 관찰의 시간을 기록하고, 검사결과에서는 침투지시의 위치·침투지시의 분류와 길이·침투지시의 평가점을 기록하며 이 밖에 보수 전의 검사결과의 합격 여부, 용접 보수의 유무와 그 이유 및 그 밖의 필요한 사항을 기록한다.

31 KS B 0816에 따른 대비시험편의 기호가 PT-B20일 때 이에 대한 설명으로 옳지 않은 것은?

① 맨 뒤의 숫자기호는 도금 두께(μm)를 의미한다.

② 도금 갈라짐 너비 목표값을 0.5μm로 한다.

③ 크롬 도금의 두께는 0.5μm로 한다.

④ B형 시험편을 의미한다.

해설
B형 대비시험편의 종류

기 호	도금 두께(μm)	도금 갈라짐 너비(목표값)
PT-B50	50±5	2.5
PT-B30	30±3	1.5
PT-B20	20±2	1.0
PT-B10	10±1	0.5

32 침투탐상시스템 모니터 패널에 대한 설명으로 옳지 않은 것은?

① 시험체의 실제 탐상작업 전에 탐상제나 장치의 갑작스런 변화, 열화를 점검하는 목적으로 개발하였다.

② 두께 2.3mm 및 약 100×150mm 크기로 제작한다.

③ 시험편 길이 방향으로 양쪽 크롬도금을 한다.

④ 재질은 스테인리스강을 이용한다.

해설
침투탐상시스템 모니터 패널
• 두께 2.3mm(0.090in.) 및 약 100×150mm(4×6in.) 크기의 스테인리스강으로 제작한다.
• 시험편의 길이 방향으로 반쪽은 크롬도금을 하고, 경도시험기를 사용 및 압입하여 반쪽 시험편의 중앙에 간격이 같은 5개의 별모양의 균열을 발생시킨다.
• 시험체의 실제 탐상작업 전에 탐상제나 장치의 갑작스런 변화 또는 열화가 없는지 점검을 목적으로 개발되었다.

33 스프레이 탐상제 보관요령으로 옳지 않은 것은?

① 기온이 섭씨 5도 이하의 경우 사용 전 상온 이상으로 관리한다.

② 폐기 시 타는 쓰레기로 배출한다.

③ 습기가 적은 곳에서 보관한다.

④ 섭씨 40도 이하에서 보관한다.

해설
탐상제는 고압가스가 들어있으므로 가스를 제거하고 분리 배출해야 한다.

34 거친 표면을 검사하거나 큰 결함에 적용하는 현상법의 일반적인 선택은?

① 건식현상법 ② 습식현상법

③ 속건식현상법 ④ 무현상법

해설
현상제의 일반적인 선택
• 수세성 형광침투액 : 습식현상제
• 후유화성 형광침투액 : 건식현상제
• 용제 제거성 염색침투액 : 속건식현상제
• 고감도 형광침투액 : 무현상법
• 대량 검사 : 습식현상제
• 소량 검사 : 속건식현상제
• 매끄러운 표면 : 습식현상제
• 거친 표면 : 건식현상제
• 큰 결함 : 건식현상제, 무현상법
• 미세한 결함 : 습식현상제, 속건식현상제

35 침투제의 침투력에 영향을 주는 요인으로 틀린 것은?

① 시험체의 청결도

② 개구부의 형태

③ 개구부의 청정도

④ 시험체의 분자량

해설
침투제는 열린 결함을 통해 침투해 들어가야 하며 표면의 청결도가 적심성에 영향을 준다.

36 용제제거성 침투액 제거에 가장 좋은 방법은?

① 헝겊 또는 종이수건 및 세척액으로 제거한다.

② 275kPa 이상의 수세분무로 제거한다.

③ 자연광에 건조한다.

④ 가열 건조한다.

해설
용제 제거성 침투액
• 헝겊 또는 종이수건 및 세척액으로 제거한다.
• 특히 제거처리가 곤란한 경우를 제외하고 원칙적으로 세척액이 스며든 헝겊 또는 종이수건을 사용하여 닦아내고 시험체를 세척액에 침지하거나 세척액을 다량으로 적용해서는 안 된다.

37 침투탐상시험방법 및 침투지시모양의 분류(KS B 0816)에 따라 형광침투제에 사용되는 자외선 등의 파장범위로 적합한 것은?

① 220~300nm ② 320~400nm

③ 420~480nm ④ 520~580nm

해설
파장 320~400nm의 자외선을 조사하여 800μW/cm² 이상의 강도로 조사하여 시험한다.

38 후유화성 침투탐상시험에서 유화제를 적용하는 시기는?

① 침투제를 사용하기 전에

② 제거처리 후에

③ 침투처리 후에

④ 현상시간이 어느 정도 지난 후에

해설

후유화성 침투탐상시험의 적용 순서
• 건식현상제를 사용하는 경우
전처리→침투처리→유화처리→세척→건조→현상→관찰→후처리
• 습식현상제를 사용하는 경우
전처리→침투처리→유화처리→세척→현상→건조→관찰→후처리

39 무관련지시가 나타나는 경우는?

① 검사대의 잔여 침투액이 묻는 경우

② 시험체의 형상이 복잡하여 흠이나 접힌 부분이 지시되는 경우

③ 스케일이나 녹의 경우

④ 시험체의 형상이 굴곡이 있는 경우

해설

무관련지시
• 의미 : 시험체의 형태에 의해 나타나는 지시
• 시험체의 형상이 마치 결함이 있는 것처럼 굴곡이 심하다면 지시처럼 보일 것
• 억제 : 해당 부분을 형상에 맞게 얇고 일정한 도포를 실시

40 중금속의 기준이 되는 비중은?

① 비중 3   ② 비중 5

③ 비중 7   ④ 비중 9

해설

금속 중 비중이 5 이상인 금속을 중금속, 그 이하인 금속(보통 3 이하)은 경금속으로 분류한다.

41 금속조직의 온도가 올라갈 때 조직의 변화에 해당하지 않는 것은?

① 결정핵 성장

② 결정의 미세화

③ 결정립계 형성

④ 내부응력의 회복

해설

금속조직의 온도가 올라감에 따라 내부응력이 회복되고 결정핵이 생성하여 성장하며 결정립계가 형성된다. 조직은 미세화되는 것이 아니라 조대화된다.

42 주철에 대한 설명으로 옳지 않은 것은?

① 공정주철은 4.3%이다.

② 온도가 올라가면 유동성이 높아진다.

③ 온도가 올라가면 잔류응력이 제거된다.

④ C, Si 등이 많을수록 용융점이 높아진다.

해설

C, Si 등이 많을수록 용융점이 낮아진다.

43 비중이 약 7.13, 용융점이 약 420℃이고, 조밀육방격자의 청백색 금속으로 도금, 건전지, 다이캐스팅용 등으로 사용되는 것은?

① Pt   ② Cu

③ Sn   ④ Zn

> [해설]
> 다이캐스팅용으로 널리 쓰이는 합금은 알루미늄합금과 아연합금뿐이다.
> 각 금속의 비중, 용융점 비교

금속명	비중	용융점 (℃)	금속명	비중	용융점 (℃)
Hg(수은)	13.65	−38.9	Cu(구리)	8.93	1,083
Cs(세슘)	1.87	28.5	U(우라늄)	18.7	1,130
P(인)	2	44	Mn(망간)	7.3	1,247
K(칼륨)	0.862	63.5	Si(규소)	2.33	1,440
Na(나트륨)	0.971	97.8	Ni(니켈)	8.9	1,453
Se(셀렌)	4.8	170	Co(코발트)	8.8	1,492
Li(리튬)	0.534	186	Fe(철)	7.876	1,536
Sn(주석)	7.23	231.9	Pd(팔라듐)	11.97	1,552
Bi(비스무트)	9.8	271.3	V(바나듐)	6	1,726
Cd(카드뮴)	8.64	320.9	Ti(타이타늄)	4.35	1,727
Pb(납)	11.34	327.4	Pt(플래티늄)	21.45	1,769
Zn(아연)	7.13	419.5	Th(토륨)	11.2	1,845
Te(텔루륨)	6.24	452	Zr(지르코늄)	6.5	1,860
Sb(안티몬)	6.69	630.5	Cr(크롬)	7.1	1,920
Mg(마그네슘)	1.74	650	Nb(니오브)	8.57	1,950
Al(알루미늄)	2.7	660.1	Rh(로듐)	12.4	1,960
Ra(라듐)	5	700	Hf(하프늄)	13.3	2,230
La(란탄)	6.15	885	Ir(이리듐)	22.4	2,442
Ca(칼슘)	1.54	950	Mo(몰리브덴)	10.2	2,610
Ge(게르마늄)	5.32	958.5	Os(오스뮴)	22.5	2,700
Ag(은)	10.5	960.5	Ta(탄탈)	16.6	3,000
Au(금)	19.29	1,063	W(텅스텐)	19.3	3,380

44 철강을 A₁ 변태점 이하의 일정 온도로 가열하여 인성을 증가시킬 목적으로 하는 조작은?

① 풀 림   ② 뜨 임

③ 담금질   ④ 노멀라이징

> [해설]
> 뜨임 : 일반적으로 담금질 이후에 실시하는 열처리로 인성을 증가시키고 취성을 완화시키는 과정이다. 밥을 지을 때 뜸 들이는 것을 상상하면 온도영역대에 대한 이해가 가능할 것이다.

45 냉간가공한 재료를 가열했을 때 가열온도가 높아짐에 따라 재료의 변화과정을 순서대로 나열한 것은?

① 회복→재결정→결정립 성장

② 회복→결정립 성장→재결정

③ 재결정→회복→결정립 성장

④ 재결정→결정립 성장→회복

> [해설]
> 냉간가공 후 응력을 제거하기 위해 풀림처리를 하며 과정은 회복 →재결정→결정립 성장의 과정을 거친다.

46 실루민에 Na, F, NaOH, 알칼리 염류를 용탕에 넣어 조직을 미세화시키고 공정점도 조정하는 작업은?

① 뜨 임   ② 개량처리

③ 심랭처리   ④ 오스템퍼링

> [해설]
> 알루미늄 합금인 실루민에 Na, F, NaOH, 알칼리 염류를 용탕에 넣어 처리하면 조직이 미세화되고 공정점도 조정된다. 이를 개량처리라고 한다.

43 ④ 44 ② 45 ① 46 ② **정답**

47 강의 서브제로처리에 관한 설명으로 틀린 것은?

① 퀜칭 후의 잔류 오스테나이트를 마텐자이트로 변태시킨다.

② 냉각제는 드라이아이스+알코올이나 액체질소를 사용한다.

③ 게이지, 베어링, 정밀금형 등의 경년변화를 방지할 수 있다.

④ 퀜칭 후 실온에서 장시간 방치하여 안정화시킨 후 처리하면 더욱 효과적이다.

> **해설**
> 심랭처리(0℃ 이하로 담금질, 서브제로)는 잔류 오스테나이트를 처리하는 것이므로 방치 후 실시하거나 바로 실시하거나 크게 차이가 없다.

48 알코아에 Si을 3~8% 첨가하면 주조성이 개선되며 금형주물로 사용할 수 있다. 이 합금의 명칭은?

① 라우탈 ② 알팍스

③ Y합금 ④ 하이드로날륨

> **해설**
> ② 실루민(또는 알팍스) : Al에 Si 11.6%, 577℃는 공정점이며 이 조성을 실루민(알팍스)이라고 한다.
> ③ Y합금 : 4% Cu, 2% Ni, 1.5% Mg 등을 함유하는 Al 합금이다. 고온에 강한 것이 특징이며 모래형 또는 금형 주물 및 단조용 합금이다.
> ④ 하이드로날륨 : Mn(망간)을 함유한 Mg계 알루미늄 합금이다. 주조성은 좋지 않으나 비중이 작고 내식성이 매우 우수하여 선박용품, 건축용 재료에 사용된다.

49 8~20%의 아연을 구리에 첨가한 구리합금은 황동 중에서 가장 금 빛깔에 가까우며, 소량의 납을 첨가하여 값이 싼 금색 합금은?

① 6-4 황동(문쯔메탈)

② 7-3황동(영어이름)

③ 톰 백

④ Tin Brass

> **해설**
> **주요 황동합금**
> • 문쯔메탈 : 영국인 Muntz가 개발한 합금으로 6-4 황동이다. 적열하면 단조할 수 있어서 가단황동이라고도 한다. 배의 밑바닥 피막을 입히거나 그 외 해수에 직접 닿을 수 있는 장소의 볼트 및 리벳 등에 사용된다.
> • 탄피황동 : 7-3 Cu-Zn 합금으로, 강도와 연성이 좋아 딥드로잉(Deep Drawing)용으로 사용된다.
> • 톰백(Tombac) : 8~20%의 아연을 구리에 첨가한 구리합금은 황동 중에서 가장 금 빛깔에 가까우며, 소량의 납을 첨가하여 값이 싼 금색 합금을 만든다. 특히 금종이의 대용품으로서 서적의 금박 입히기, 금색 인쇄에 사용된다.
> • 납황동(Lead Brass) : 황동에 Sb 1.5~3.7%까지 첨가하여 절삭성을 좋게 한 것으로, 쾌삭황동(Free Cutting Brass)이라고 한다. 쾌삭황동은 정밀 절삭가공을 필요로 하는 시계나 계기용 기어, 나사 등의 재료로 쓰인다.
> • 주석황동(Tin Brass) : 주석은 탈아연 부식을 억제하기 때문에 황동에 1% 정도의 주석을 첨가하면 내식성 및 내해수성이 좋아진다. 황동은 주석 함유량의 증가에 따라 강도와 경도는 상승하지만, 고용 한도 이상으로 넣으면 취약해지므로 인성을 요하는 경우에는 0.7% Sn이 최대 첨가량이다.

50 36% Ni-12% Cr-나머지 Fe, 각종 게이지, 정밀 부품에 사용하는 불변강은?

① 엘린바　　　　② 내열강

③ 스텔라이트　　④ 고크롬강

해설

불변강 : 온도 변화에 따른 선팽창계수나 탄성률의 변화가 없는 강
- 인바(Invar) : 35~36 Ni, 0.1~0.3 Cr, 0.4 Mn+Fe. 내식성 좋음, 바이메탈, 진자, 줄자
- 슈퍼인바(Superinvar) : Cr와 Mn 대신 Co, 인바에서 개선
- 엘린바(Elinvar) : 36% Ni-12% Cr-나머지 Fe, 각종 게이지, 정밀 부품
- 코엘린바(Coelinvar) : 10~11% Cr, 26~58% Co,10~16% Ni+Fe, 공기 중 내식성
- 플라티나이트(Platinite) : 열팽창계수가 백금과 유사, 전등의 봉입선

51 형상기억합금에 대한 설명으로 옳지 않은 것은?

① 특정온도 이상으로 가열하면 원래 형태로 돌아가는 현상을 이용한다.

② 고온상은 대부분 규칙적인 구조를 가지며, 저온상은 대칭이 낮은 결정구조를 가진다.

③ 1방향 형상기억합금과 2방향 형상기억합금으로 구분할 수 있다.

④ 대표적인 조성이 Fe-Co이다.

해설

형상기억합금의 대표적인 조성은 Ni-Ti이다.

52 다음 합금강에 대한 설명으로 옳지 않은 것은?

① 공구용 합금강은 담금질 효과가 좋고, 결정입자도 미세하며 경도와 내마멸성이 우수하다.

② 초경합금의 대표 제품은 Co-Cr-W-C계의 스텔라이트이다.

③ 서멧은 표준고속도강에 스테인리스를 섞은 것으로 절삭공구, 다이스, 치과용 드릴에 사용한다.

④ 표준 고속도강은 18W-4Cr-1V 성분을 갖는다.

해설

서멧(Cermet) : 세라믹+메탈로부터 만들어진 것으로, 금속조직(Metal Matrix) 내에 세라믹 입자를 분산시킨 복합재료이다. 절삭공구, 다이스, 치과용 드릴 등과 같은 내충격, 내마멸용 공구로 사용한다.

53 아크전류 200A, 아크전압 25V, 용접속도 15cm/min일 경우 용접 단위 길이 1cm당 발생하는 용접입열은 약 몇 Joule/cm인가?

① 15,000　　　　② 20,000

③ 25,000　　　　④ 30,000

해설

용접입열(H)

$$H = \frac{60EI}{V} = \frac{60 \times 25 \times 200}{15} = 20,000 \, \text{Joule/cm}$$

여기서, E : 아크전압, I : 아크전류, V : 용접속도(cm/min)

54 다음 중 주요 합금금속의 성질에 대한 설명으로 적절치 않은 것은?

① Ni : 강인성과 내식성 향상

② W : 고온경도와 고온강도 향상

③ Pb : 피삭성과 저용융성 향상

④ Mg : 내식성, 내열성, 내마멸성 향상

해설

마그네슘은 가볍고, 무게에 비해 비강도가 높은 금속이어서 널리 사용되나 산이나 열에 침식이 일어나므로 유의해야 한다.

55 재료의 강도를 높이는 방법으로 위스커(Whisker) 섬유를 연성과 인성이 높은 금속이나 합금 중에 균일하게 배열시킨 복합재료는?

① 클래드 복합재료

② 분산강화금속 복합재료

③ 입자강화금속 복합재료

④ 섬유강화금속 복합재료

> **해설**
> 섬유강화금속 복합재료는 섬유상 모양의 위스커를 금속 모재 중 분산시켜 금속에 인성을 부여한 재료이다.

56 다음 중 용융점이 가장 낮은 금속은?

① 금 　　　　　 ② 텅스텐

③ 카드뮴 　　　 ④ 코발트

> **해설**
> 융점(℃)
> • 카드뮴 : 321
> • 금 : 1,063
> • 코발트 : 1,492
> • 텅스텐 : 3,380

57 저온균열에 대한 설명으로 옳지 않은 것은?

① 용접부에 수소의 침투나 경화에 의해 발생

② 수분(H_2O)을 충분히 공급하면 저온균열 예방 가능

③ 열충격을 낮추기 위해 가열부의 온도를 제한하여 예방

④ 저온균열은 용접 부위가 상온으로 냉각되면서 생기는 균열

> **해설**
> 저온균열은 용접 부위가 상온으로 냉각되면서 생기는 균열로, 용접부에 수소의 침투나 경화에 의해 발생한다. 수소의 침투를 제한하기 위해 수분(H_2O)의 제거나 저수소계 용접봉 등을 사용하거나 열충격을 낮추기 위해 가열부의 온도를 제한하는 방법을 고려할 수 있다.

58 다음 중 가연가스가 아닌 것은?

① 아세틸렌 　　 ② 수 소

③ 프로판 　　　 ④ 산 소

> **해설**
> 가연가스란 탈 수 있는 가스, 연료의 역할을 하는 가스이다. 산소는 다른 기체의 연소를 돕는 조연성 가스이다.

59 다음 보기에서 설명하는 아크용접의 성질은?

┤보기├
- 아르곤이나 CO_2 아크 자동 및 반자동용접과 같이 가는 지름의 전극 와이어에 큰 전류를 흐르게 할 때 나타나는 특성
- 이 특성이 있는 아크는 안정적이고 자동으로 유지된다.

① 정전압특성
② 상승특성
③ 부특성
④ CP특성

해설
상승특성 : 아르곤이나 CO_2 아크 자동 및 반자동용접과 같이 가는 지름의 전극 와이어에 큰 전류를 흐르게 할 때의 아크는 상승특성을 나타내며, 여기에 상승특성이 있는 직류용접기를 사용하면, 아크의 안정은 자동적으로 유지되어 아크의 자기제어작용을 한다.
※ CP특성과 정전압특성은 같은 특성이다.

60 자분탐상검사에 대한 설명으로 틀린 것은?

① 강자성체를 자화시켜 누설자속에 의한 자속의 변형을 이용하여 검사한다.
② 여러 자기탐사시험 중 비자성체에서 시험이 가능한 시험이다.
③ 표면이나 표면 직하의 결함을 찾을 수 있다.
④ 래미네이션 결함을 검출하는 데 적합하다.

해설
자기탐상검사
- 강자성체를 자화시켜 누설자속에 의한 자속의 변형을 이용하여 검사한다.
- 자분탐상검사는 자기탐사 중 비자성체에서 시험이 가능한 검사이다.
- 표면결함검사이다.

2022년 제1회 과년도 기출복원문제

01 일반적인 침투탐상시험의 탐상 순서로 가장 적합한 것은?

① 침투 → 세정 → 건조 → 현상
② 현상 → 세정 → 침투 → 건조
③ 세정 → 현상 → 침투 → 건조
④ 건조 → 침투 → 세정 → 현상

해설
침투탐상시험은 일반적으로 전처리 → 침투 → 세척 →건조 → 현상 → 관찰의 순으로 탐상이 이루어진다.

02 두꺼운 금속용기 내부에 존재하는 경수소화합물을 검출할 수 있고, 특히 핵연료봉과 같이 높은 방사성 물질의 결함검사에 적용할 수 있는 비파괴검사법은?

① 감마선투과검사
② 음향방출검사
③ 중성자투과검사
④ 초음파탐상검사

해설
X선은 투과력이 약하여 두꺼운 금속제 구조물 등을 검사하기 어렵다. 중성자가 물질을 투과할 때 생기는 감쇠현상을 이용한 중성자시험은 두꺼운 금속에서도 깊은 곳의 작은 결함의 검출도 가능하며, 수소화합물 검출에 주로 사용한다.

03 와전류탐상검사에서 신호 대 잡음비(S/N비)를 변화시키는 것이 아닌 것은?

① 주파수의 변화
② 필터(Filter)회로 부가
③ 모서리 효과(Edge Effect)
④ 충전율 또는 리프트 오프(Lift-off)의 개선

해설
모서리 효과(Edge Effect)는 코일이 검사 대상체의 모서리 또는 끝 부분에서 와전류장이 휘어지는 효과로, 신호 대 잡음비를 변화시키지 않는다.

04 다음 중 X-선 발생장치에 관한 설명으로 옳지 않은 것은?

① 관전압을 증가시키면 고에너지의 X-선이 발생된다.
② 관전류를 증가시키면 필라멘트의 온도가 감소한다.
③ 관전압을 증가시키면 발생된 열전자의 속도가 빨라진다.
④ 관전류를 증가시키면 발생되는 방사선의 양이 많아진다.

해설
X-ray 튜브 안에서 양극과 필라멘트 사이에 흐르는 전압을 관전압이라 하고, 이때 흐르는 전류를 관전류라 한다. 관전류를 증가시키면 필라멘트 온도는 증가하며, 방사선의 양이 많아지고 관전압이 올라가면 X-ray의 속도도 올라가고 에너지는 증가한다.

05 X-ray 물질의 상호작용은 주로 원자 내의 어떤 구성 요소와 이루어지는가?

① 중성자   ② 양성자

③ 원자핵   ④ 전 자

해설
X-ray은 원자의 외곽 궤도에 돌고 있는 전자가 이탈하면서 발생하는 방사선이다.

06 가스의 유동을 나타내는 개념으로 레이놀즈수(Re)가 있다. 유체의 흐름이 층류라고 판정할 수 있는 레이놀즈수의 기준값은?

① 560   ② 2,320

③ 3,610   ④ 4,000

해설
레이놀즈수는 레이놀즈가 고안해 낸 무차원 수로, 계산된 값에 따라 유체 흐름의 층류, 난류를 구분한다.

$$Re = \frac{vd}{\nu}$$

(여기서, ν : 동점성 계수, v : 유속, d : 유관(Pipe)의 지름)
일반적으로 $Re > 2,320$이면 난류로 구분한다.

07 누설검사법 중 미세한 누설의 검출률이 가장 높은 것은?

① 기포누설검사법

② 헬륨누설검사법

③ 할로겐누설검사법

④ 암모니아누설검사법

해설
헬륨누설시험법은 극히 미세한 누설까지도 검사가 가능하고 검사 시간도 짧으며, 이용범위도 넓다.

08 방사선투과사진에서 작은 결함을 검출할 수 있는 능력을 나타내는 용어는?

① 투과사진의 농도

② 투과사진의 명료도

③ 투과사진의 감도

④ 투과사진의 대조도

해설
투과사진의 감도는 필름에 얼마나 민감하게 결함을 발견할 수 있는가, 얼마나 작은 결함까지 발견할 수 있는가를 측정하는 능력이다. 투과사진의 상질을 나타내는 다른 척도는 다음과 같다.
• 명암도(Contrast) : 투과사진 상(像) 어떤 두 영역의 농도차이다.
• 명료도(Sharpness) : 투과사진 상의 윤곽이 뚜렷하다.
• 명암도에 영향을 주는 인자 : 검사 대상체 명암도, 필름 명암도
• 명료도에 영향을 주는 인자 : 고유 불선명도, 산란방사선, 기하학적 불선명도

09 다음 중 단강품에 대한 비파괴검사에 주로 이용되지 않는 것은?

① 방사선투과검사

② 초음파탐상검사

③ 침투탐상검사

④ 자분탐상검사

해설
단강품은 다공질 재질을 갖게 되어 방사선투과시험으로 결함을 판독하기 어렵다.

10 와전류탐상시험의 침투 깊이에 관한 설명으로 옳은 것은?

① 주파수가 높을수록 침투 깊이가 깊다.

② 투자율이 높을수록 침투 깊이가 깊다.

③ 전도율이 높을수록 침투 깊이가 깊다.

④ 표피효과가 작을수록 침투 깊이가 깊다.

해설

침투 깊이를 구하는 식

$$\delta = \frac{1}{\sqrt{\pi f \mu \sigma}}$$

(여기서, f : 주파수, μ : 도체의 투자율, σ : 도체의 전도도)
주파수가 낮을수록, 투자율이 낮을수록, 전도율이 낮을수록 침투 깊이가 깊다. 표피효과는 표면에 전류밀도가 밀집되는 효과로, 표피효과가 작을수록 침투 깊이는 깊어진다.

11 다음 보기에서 설명하는 개념은?

┤보기├

탐촉자로부터 송신한 초음파는 대부분 경계면에서 반사되고 일부만 통과하는데, 그 반사량은 경계되는 두 매질의 이것의 비에 의해서 좌우된다. 매질의 밀도와 음속의 곱으로 나타내는 매질 고유의 값으로, 이론적으로는 입자속도와 음압의 비율이다.

① 주파수

② 굴절률

③ 압전효과

④ 음향 임피던스

해설

음향 임피던스란 매질의 밀도(ρ)와 음속(C)의 곱으로 나타내는 매질 고유의 값이다. 두 매질의 음향 임피던스 비가 너무 크면 음향이 통과하지 못하고 반사된다.

12 카이저 효과를 이용하여 실시하는 비파괴검사는?

① 가스누설탐상검사

② 침투탐상검사

③ 방사선탐상검사

④ 음향방출검사

해설

카이저 효과(Kaiser Effect)란 재료에 응력을 걸면 음향이 발생하는데, 응력 제거 후 다시 응력을 가해도 이전 하중점에 도달하기까지는 음향이 방출되지 않는 현상이다. 방출되는 미소 음향방출신호를 분석하여 재료의 상태를 검사한다.

13 와전류탐상시험의 장점으로 옳지 않은 것은?

① 관, 선, 환봉 등에 대해 비접촉으로 탐상이 가능하기 때문에 고속으로 자동화된 전수검사를 실시할 수 있다.

② 고온하에서의 시험, 가는 선, 구멍 내부 등 다른 시험방법으로 적용할 수 없는 대상에 적용하는 것이 가능하다.

③ 지시를 전기적 신호로 얻으므로 그 결과를 결함 크기의 추정, 품질관리에 쉽게 이용할 수 있다.

④ 결함의 종류, 형상, 치수를 정확하게 판별할 수 있다.

해설

와전류 탐상의 장단점

장 점	단 점
• 관, 선, 환봉 등에 대해 비접촉으로 탐상이 가능하기 때문에 고속으로 자동화된 전수검사를 실시할 수 있다.	• 표층부 결함 검출에 우수하지만, 표면으로부터 깊은 곳에 있는 내부결함의 검출은 곤란하다.
• 고온하에서의 시험, 가는 선, 구멍 내부 등 다른 시험방법으로 적용할 수 없는 대상에 적용하는 것이 가능하다.	• 지시가 이송 진동, 재질, 치수 변화 등 많은 잡음인자의 영향을 받기 쉽기 때문에 검사과정에서 해석상의 장애를 일으킬 수 있다.
• 지시를 전기적 신호로 얻으므로 그 결과를 결함 크기의 추정, 품질관리에 쉽게 이용할 수 있다.	• 결함의 종류, 형상, 치수를 정확하게 판별하는 것은 어렵다.
• 탐상 및 재질검사 등 복수 데이터를 동시에 얻을 수 있다.	• 복잡한 형상을 갖는 시험체의 전면탐상에는 능률이 떨어진다.
• 데이터를 보존할 수 있어 보수검사에 유용하게 이용할 수 있다.	

14 다음 중 보일-샤를의 법칙에 대한 설명은?

① 온도가 일정한 계에서 부피가 감소할 때 압력이 증가한다는 성향을 설명한다.

② 압력이 일정할 때 온도가 증가하면 부피가 증가한다는 성향을 설명한다.

③ 온도와 압력, 부피가 변화할 때 이들의 상관관계를 설명한다.

④ 부피가 일정한 계에서 온도가 증가하면 압력이 증가한다는 성향을 설명한다.

해설

①은 보일의 법칙, ②는 샤를의 법칙에 대한 설명이다. 보일과 샤를의 법칙의 온도와 압력, 부피가 변화할 때 이들의 상관관계를 후에 정리하여 보일-샤를의 법칙이라고 한다.

16 침투액의 침투성은 침투탐상시험에서 어떤 물리적 현상을 이용한 것인가?

① 습도와 끓는점

② 압력과 대기압

③ 표면장력과 적심성

④ 원자번호와 밀도차

해설

• 표면장력 : 표면장력과 관련된 현상은 모세관 현상이다. 액체가 다른 물체, 특히 고체의 표면을 접할 때, 고체와의 접촉면의 장력과 액체 내부의 응집력 차에 의해 고체표면이 액체를 잡아당기거나, 액체끼리 서로 뭉쳐서 고체 표면을 따라가지 않으려는 현상이다. 침투탐상검사에는 고체의 잡아당기는 힘이 액체의 응집력보다 큰 침투액을 사용한다.

• 적심성 : 얼마나 빠르게 결함 부위의 기체를 밀어내고 침투액이 침투하느냐의 성질을 나타내는 것이 적심성이다. 표면과 액체의 침투각이 적심성과 관련 있다.

15 아주 얇은 박막의 비파괴검사는 초단펄스레이저를 조사하여 검사한다. 에코의 간극을 50ps(pico second)로, 기존의 초음파펄스법이 0.1mm까지 측정이 가능하다면 1/1,000배의 두께도 측정이 가능한 이 방법은?

① 응력 스트레인법

② 피코초 초음파법

③ 레이저 초음파법

④ 후방산란법

해설

① 응력 스트레인법

• 기계적인 미세한 변화를 검출하기 위해 얇은 센서를 붙여서 기적 변형을 측정해 내는 방법이다.

• 기계나 구조물의 설계 시 응력, 변형률을 측정 적용하여 파손, 변형의 적절성을 측정한다.

③ 레이저 초음파법 : 비접촉으로 1,600℃ 이상의 초고온 영역에서 종파와 횡파 송수신이 가능하기 때문에 재료의 종탄성계수와 푸아송비의 측정이 동시에 가능하다.

17 스테인리스강으로 제작하며 시험편 길이 방향으로 반쪽은 크롬도금, 반쪽은 별모양의 균열이 생겨 반쪽은 검출감도를, 다른 반쪽은 세척 특성을 하기 위해 제작한 침투탐상검사의 장비는?

① A형 대비시험편

② B형 대비시험편

③ C형 대비시험편

④ 시스템 모니터패널

해설

침투탐상시스템 모니터 패널

• 두께 2.3mm(0.090in.) 및 약 100×150mm(4×6in.) 크기의 스테인리스강으로 제작한다.

• 시험편의 길이 방향으로 반쪽은 크롬도금을 하고, 경도시험기를 사용 및 압입하여 반쪽 시험편의 중앙에 간격이 같은 5개의 별모양의 균열을 발생시킨다.

• 검사 대상체의 실제 탐상작업 전에 탐상제나 장치의 갑작스런 변화 또는 열화가 없는지 점검을 목적으로 개발되었다.

14 ③ 15 ② 16 ③ 17 ④ **정답**

18 형광침투액을 사용한 침투탐상시험의 경우 자외선등 아래에서 결함지시가 나타내는 일반적인 색은?

① 적 색　　　　　　② 자주색
③ 황록색　　　　　　④ 청 색

19 침투탐상검사방법 및 침투지시의 분류(KS B 0816)에서 예비 세척이 필요한 침투탐상방법은?

① FC-S　　　　　　② FB-N
③ FD-D　　　　　　④ VC-S

20 침투액 적용에 대한 설명으로 옳지 않은 것은?

① 보통 무색의 제품을 사용한다.
② 피검사면 표면을 20~30cm 거리에서 살포한다.
③ 겨울철 등 추운 환경에서는 침투시간을 늘리는 것이 좋다.
④ 침투액을 적용하고 난 후에는 마른 걸레 등으로 닦거나 수세를 한다.

21 침투액을 시험 표면에 적용한 후 표면에 있는 불연속부에 침투액이 침투되게 하고, 과잉침투액을 제거하기 전까지 침투액이 표면에 머무는 시간은?

① 유지시간(Dwell Time)
② 배액시간(Drain Time)
③ 흡수시간(Absorption Time)
④ 유화시간(Emulsification Time)

22 적용된 침투액을 수세할 때 사용할 물의 적절한 온도는?

① 4℃　　　　　　② 30℃
③ 50℃　　　　　　④ 100℃

23 유화제에 대한 설명으로 옳지 않은 것은?

① 일종의 계면활성제이다.

② 침투액과 구별 가능한 색을 사용한다.

③ 후유화성 침투액을 적용한 경우에 사용한다.

④ 침투액과 섞이지 않는 성질의 것을 사용한다.

해설

유화제는 후유화성 침투액을 적용한 경우 잉여침투제를 제거하기 위한 목적이므로 침투액과 잘 섞여야 한다.

24 침투탐상시험에서 현상제가 갖추어야 할 조건으로 옳은 것은?

① 휘발성이 높아야 한다.

② 세척성이 좋아야 한다.

③ 침투성이 좋아야 한다.

④ 침투액의 분산력이 좋아야 한다.

해설

현상제의 특성
• 침투액을 흡출하는 능력이 좋아야 한다.
• 침투액을 분산시키는 능력이 좋아야 한다.
• 침투액의 성질에 알맞은 색상이어야 한다.
• 화학적으로 안정된 백색 미분말을 사용한다.

25 염색침투비파괴검사에 가장 적합한 조명은?

① 20lx 이하

② 20lx부터 30lx 사이

③ 500lx 이상

④ 10W/m^2

해설

염색침투검사는 색의 대비를 이용하고 가시성을 확보하여야 하므로 주변을 기준 이상 밝게 유지해야 한다.

26 침투처리과정을 거쳐 세척처리 후 현상제를 사용하지 않고 열풍 건조에 의해 시험체 불연속부의 침투액이 열팽창으로 인하여 시험체 표면으로 표출되어 지시 모양을 형성시키는 현상방법은?

① 무현상법

② 습식현상법

③ 속건식현상법

④ 건식현상법

27 정치식 형광침투탐상장치(타입 I)를 사용하는 경우 검사 장소의 점검으로 적절한 것은?

① 매일 점검하고 청정도, 형광 오염의 유무를 점검하여야 한다.

② 매일 점검하고 배경상의 잔류 백색광에 대하여 점검하여야 한다.

③ 검사 장소는 난잡하거나 형광 오염이 일부 남아 있어도 된다.

④ 주 1회 점검하고 청정도, 형광 오염의 유무를 점검하여야 한다.

해설

정치식 형광침투탐상장치(타입 I)를 사용하는 경우 검사 장소는 주 1회, 청정도, 형광 오염의 유무 및 배경상의 잔류 백색광에 대하여 점검하여야 한다.

28 긴 선재의 일부 표면에 크랙이 있는지 조사하기 위해 침투비파괴검사를 실시하는 경우, 침투제를 적용하는 방법으로 적절하지 않은 것은?

① 분무식 ② 붓칠식
③ 침적식 ④ 정전기식

해설
일반적으로 분무식 등을 사용하는 경우가 많다. 침적식은 검사 대상체를 침투액에 담가야 하므로 큰 대상체의 검사나 부분 검사에는 적절하지 않다.

29 현상제 사용에 대한 설명으로 옳지 않은 것은?

① 현상제는 침투액을 표면으로 흡출하는 역할을 한다.
② 건식현상제는 주로 수세성 침투탐상과 조합하여 사용한다.
③ 속건식현상제에 사용하는 유기용제는 알코올, 불소 등 휘발성 용제를 사용한다.
④ 건식현상제는 주로 백색 금속 산화물 미세 분말을 사용하여 호흡기로 흡입 시 문제가 된다.

해설
현상제는 주로 습식현상제를 수세성 침투탐상검사에서 적용해서 사용한다. 건식현상제는 현상제 적용 후 물을 사용하지 않고 현상한다.

30 침투탐상검사에 일반적으로 흰색 배경에 빨간색의 대조(Contrast)를 이루게 하여 관찰하는 침투액과 현상제의 조합으로 적절하지 않은 것은?

① 수세성 형광침투액 – 습식현상제
② 후유화성 형광침투액 – 건식현상제
③ 용제제거성 염색침투액 – 속건식현상제
④ 용제제거성 염색침투액 – 무현상법

해설
현상제의 일반적인 선택
• 수세성 형광침투액 : 습식현상제
• 후유화성 형광침투액 : 건식현상제
• 용제 제거성 염색침투액 : 속건식현상제
• 고감도 형광침투액 : 무현상법
• 대량검사 : 습식현상제
• 소량검사 : 속건식현상제
• 매끄러운 표면 : 습식현상제
• 거친 표면 : 건식현상제
• 큰 결함 : 건식현상제, 무현상법
• 미세한 결함 : 습식현상제, 속건식현상제

31 탐상검사 전 세척에 대한 설명으로 옳지 않은 것은?

① 페인트는 시너(Thinner)를 이용하여 세척한다.
② 그리스나 기름막 등 유기성 물질은 용제를 이용하여 세척한다.
③ 오염 제거를 쉽게 하도록 계면활성제를 함유하는 세제로 세척한다.
④ 스케일 제거를 위해서는 고농도 산이나 차가운 알칼리 녹 제거용액으로 세척한다.

해설
스케일 제거를 위해서는 억제된 산이나 뜨거운 알칼리 녹 제거용액으로 세척한다.

32 탐상검사를 위해 침투제를 적용한 후의 세척에 관한 설명으로 옳지 않은 것은?

① 수세성 침투제 및 후유화성 침투제를 사용한 경우는 물로 세척한다.

② 용제를 사용하는 세척에서 세척제를 다량으로 적용하면 안 된다.

③ 세척이 잘못되면 깊이가 얕은 불연속 등은 일시적 메움현상이 일어나 검출이 어려워진다.

④ 수세성 침투탐상검사는 세척공정에 매우 민감하므로 물방울 크기를 크게 하고 압력을 높여 세척한다.

해설
수세성 침투탐상검사는 세척공정에 매우 민감하여 압력을 높이면 세척성이 낮아지므로, 물방울 크기를 작게 하고 뿌연 안개현상을 유발시켜 세척한다.

34 다음 그림의 분산지시는 어떻게 해석이 되는가?

① 2mm 지시 1개, 2.5mm 지시 1개, 3.5mm 지시 1개

② 2mm 지시 1개, 약 7mm 지시 1개, 3.5mm 지시 1개

③ 6.5mm 지시 1개, 3.5mm 지시 1개

④ 13mm 지시 1개

해설
• 동일선상의 2mm 이하 간격의 지시는 연속된 지시로 본다.
• 2 + 2 + 2.5mm 1개, 3.5mm 지시 1개

33 다음 중 자외선조사장치에 사용하는 자외선등 전구 교체가 필요한 상황의 기준은?

① 자외선 강도가 새것일 때의 70% 이하

② 자외선 강도가 새것일 때의 50% 이하

③ 자외선 강도가 새것일 때의 25% 이하

④ 자외선 강도가 새것일 때의 15% 이하

해설
자외선등 전구 수명은 최소 5분 이상 예열하고 사용할 경우 100W 기준으로 1,000시간/무게를 측정하였을 때 새것이었을 때의 강도가 25%이면 교환해야 한다.

35 VD-S의 경우 유화시간은?

① 기름베이스 유화제를 사용하며, 2분

② 물베이스 유화제를 사용하며, 2분

③ 기름베이스 유화제를 사용하며, 3분

④ 물베이스 유화제를 사용하며, 3분

해설
VD-S는 후유화성 염색침투액을 사용하고, 물베이스 유화제를 사용하며 속건식현상법을 적용한다.
유화제별 유화시간

기름베이스 유화제 사용 시	형광침투액의 경우	3분 이내
	염색침투액의 경우	30초 이내
물베이스 유화제 사용 시	형광침투액의 경우	2분 이내
	염색침투액의 경우	2분 이내

32 ④ 33 ③ 34 ③ 35 ② 정답

36 침투탐상시험방법 및 침투지시모양의 분류(KS B 0816)의 B형 대비시험편에 대한 내용으로 맞는 것은?

① 시험편의 치수는 길이 100mm, 너비 60mm로 한다.

② 니켈도금과 크롬노금을 하고, 도금면을 안쪽으로 하여 굽혀서 도금층이 갈라지게 한 후 굽힌 면을 평평하게 한다.

③ 시험편은 도금 두께 및 도금 갈라짐의 너비를 다르게 하여 총 6종으로 구성된다.

④ 시험편 PT-B10의 도금 두께 및 도금 갈라짐의 너비는 각각 10μm 및 0.5μm이다.

해설

B형
• 재료 : C2600P, C2720P, C2801P(구리계열)
• B형 대비시험편의 종류

기 호	도금 두께(μm)	도금 갈라짐 너비(목표값)
PT-B50	50±5	2.5
PT-B30	30±3	1.5
PT-B20	20±2	1.0
PT-B10	10±1	0.5

37 정전기 현상을 이용하는 방법으로, 침투액을 적용한 후 액체를 제거하여 고운 입자의 탄산칼슘을 뿜어 주고 입자가 침투되어 고운 입자 크기의 작은 결함도 추적할 수 있도록 하는 침투탐상방법은?

① 입자여과법　　② 역형광법
③ 하전입자법　　④ 휘발성침투액법

해설

① 입사여과법(여과입자법) : 도자기 제조공정에서 사용되며, 소성(Baking) 전 균열의 발생 유무를 찾거나 콘크리트의 균열검사 등에 사용하는 방법이다. 다공성 재질에 석유제 용제나 물에 색깔이 있는 아주 작은 입자의 분말 또는 미세한 형광입자를 현탁시킨 액체를 균일하게 적용하여 육안이나 자외선 조사로 결함을 확인하는 방법이다.

④ 휘발성침투액법 : 알코올 등을 다공질재 검사 대상체에 뿌리면 결함이 있는 곳에서 휘발이 늦어져서 얼룩이 생긴다. 애초에 건조가 쉽지 않은 표면이나 얼룩을 식별하기 힘든 표면은 검사가 불가능하다.

38 침투탐상시험방법 및 침투지시모양의 분류(KS B 0816)에서 특별한 규정이 없는 한 시험장치(침투, 유화, 세척, 현상, 건조, 암실, 자외선조사)를 사용하지 않아도 되는 탐상방법을 기호 표시로 나타낸 것은?

① FA-W
② FB-D
③ VB-W
④ VC-S

해설

장비가 필요 없으려면 염색침투액을 사용하여 닦아내는 형태로 잉여침투액을 제거하고, 속건식으로 현상한다.

• 사용하는 침투액에 따른 분류

명 칭	방 법	기 호
V 방법	염색침투액을 사용하는 방법	V
F 방법	형광침투액을 사용하는 방법	F
D 방법	이원성 염색침투액을 사용하는 방법	DV
	이원성 형광침투액을 사용하는 방법	DF

• 잉여침투액의 제거방법에 따른 분류

명 칭	방 법	기 호
방법 A	수세에 의한 방법	A
방법 B	기름베이스 유화제를 사용하는 후유화에 의한 방법	B
방법 C	용제 제거에 의한 방법	C
방법 D	물베이스 유화제를 사용하는 후유화에 의한 방법	D

• 현상방법에 따른 분류

명 칭	방 법	기 호
건식현상법	건식현상제를 사용하는 방법	D
습식현상법	수용성 현상제를 사용하는 방법	A
	수현탁성 현상제를 사용하는 방법	W
속건식현상법	속건식현상제를 사용하는 방법	S
특수현상법	특수한 현상제를 사용하는 방법	E
무현상법	현상제를 사용하지 않는 방법	N

39 침투탐상검사방법 및 침투지시의 분류(KS B 0816)에서 검사방법의 기호가 DFB-N일 때 사용하는 침투액과 현상법의 종류로 옳은 것은?

① 수세성 이원성 형광침투액 – 무현상법

② 용제 제거성 이원성 형광침투액 – 무현상법

③ 후유화성 형광침투액(물베이스 유화제) – 무현상법

④ 후유화성 이원성 형광침투액(기름베이스 유화제) – 무현상법

해설
- D : 이원성
- F : 형광침투액
- B : 기름베이스 유화제 사용하는 후유화법
- N : 무현상제

40 침투탐상시험방법 및 침투지시모양의 분류(KS B 0816)에서 B형 대비시험편의 갈라짐 깊이를 결정하는 것은?

① 가열 및 급랭온도 ② 도금 두께

③ 가공 깊이 ④ 대비시험편의 재질

41 침투탐상검사방법 및 침투지시의 분류(KS B 0816)에서 지시한 일부분 검사 시 전처리 범위로 옳은 것은?

① 검사하는 부분에서 바깥쪽으로 10mm 더 넓은 범위

② 검사하는 부분에서 바깥쪽으로 20mm 더 넓은 범위

③ 검사하는 부분에서 바깥쪽으로 25mm 더 넓은 범위

④ 검사하는 부분에서 바깥쪽으로 30mm 더 넓은 범위

해설
일부분만 검사할 때의 검사 전처리는 손가락 두께 정도 약간 넓게 하면 되는데, KS B 0816에는 25mm 더 넓은 범위라고 규정하고 있다.

42 침투탐상검사방법 및 침투지시의 분류(KS B 0816)에서 보고서에 기록하는 내용 중 '검사 시의 온도'가 다음 중 어느 온도일 때 반드시 기록하여야 하는가?

① 10℃ ② 25℃

③ 35℃ ④ 45℃

해설
KS B 0816가 규정한 검사 시의 온도는 15~50℃이고, 이 온도를 벗어난 경우에는 반드시 기록을 남겨 검사 결과를 해석할 때 감안하도록 한다.

43 침투탐상검사방법 및 침투지시의 분류(KS B 0816)에 의하여 재검사를 해야 할 경우가 아닌 것은?

① 지시모양이 흠인지 의사지시인지 판단이 곤란한 경우

② 검사의 중간에 조작방법에 잘못이 있었을 때

③ 검사 종료 후 조작방법에 잘못이 있었음을 알았을 때

④ 현상시간이 충분히 지나지 않은 상태에서부터 관찰하기 시작하였을 경우

해설
검사의 중간 또는 종료 후 조작방법에 잘못이 있었을 때, 침투지시모양이 흠에 기인한 것인지 의사지시인지의 판단이 곤란할 때, 기타 필요하다고 인정되는 경우에는 검사를 처음부터 다시 한다.

44 금속의 조직이 다음 그림처럼 원자를 중심으로 8개의 배위전자를 갖는 조직인 표준조직의 명칭은?

① 면심입방격자
② 체심입방격자
③ 조밀육방격자
④ 8각 격자

몸 중심에 입자가 있는 형태의 격자라 하여 BCC(Body Centre Cubic), 체심입방격자라 한다.

45 다음 그림처럼 공석강에 나타나는 조직의 명칭은?

① 페라이트
② 펄라이트
③ 시멘타이트
④ 오스테나이트

공석강에서는 페라이트와 시멘타이트가 함께 석출되어 진주(Pearl)조개와 같다하여 펄라이트라고 한다.

46 탄소공구강이 갖춰야 할 성질로 옳지 않은 것은?

① 고온경도가 있을 것
② 내마모성이 작을 것
③ 열처리가 쉬울 것
④ 가공하기 쉽고 가격이 저렴할 것

탄소공구강이 갖춰야 할 대표적인 성질
• 고온경도가 있을 것
• 내마모성이 클 것
• 열처리가 쉬울 것
• 가공하기 쉽고, 가격이 저렴할 것

47 다음 보기에서 설명하는 열처리는?

┤보기├
강을 물속에서 급랭하면 비정상적이고 불안정한 마텐자이트(Martensite) 조직이 생긴다. 이 조직은 딱딱하여 깨지기 쉬워 그대로 사용할 수 없으므로 A_1 변태점 이하의 온도로 가열하여 원자를 보다 안정적인 위치로 이동시켜 인성을 늘리는 것과 같이 강의 기계적 성질을 개선할 목적의 열처리이다.

① 담금질   ② 뜨 임
③ 풀 림   ④ 불 림

① 담금질(Quenching) : 강을 강하게 하거나 경도를 높여 내마멸성을 높이기 위해 일정 온도(A_3 변태점 이상 또는 A_1 변태점 이상)로 가열한 후 강을 물이나 기름 속에서 급랭시키는 조작이다. 담금질한 강은 내부응력이 많이 잔류하여 조직이 딱딱해 그대로 사용할 수 없기 때문에 반드시 뜨임처리로 내부응력을 감소시켜 안정화한 다음에 사용한다.
③ 풀림(Annealing) : 강을 탄소 함유량에 따라 적당한 온도로 가열하여 그 온도로 유지한 후 서랭시키는 조작이다. 풀림 열처리는 강의 내부응력을 감소시켜 강을 연하게 하거나 전성과 연성을 개선할 목적으로 실시한다.
④ 불림(Normalrizing) : 고온에서 긴 시간 동안 유지된 강이나 압연재는 오스테나이트 입자가 크게 성장하여 조직이 거칠고 불균일해 기계적 성질이 나쁘다. 이 점을 개선하기 위해 A_{cm} 변태점보다 30~50℃ 높은 온도 범위에서 일정 시간 동안 가열하여 미세하고 균일한 오스테나이트 조직으로 만든 후 공기 중에서 서랭시키는 열처리를 불림이라고 한다.

48 다음과 같은 성질을 갖는 합금은?

열처리 효과가 뚜렷한 반면 질량효과는 작아 큰 지름의 단면이라도 중심부까지 균일하게 담금질이 되고, 내마멸성과 내식성이 탄소강보다 우수하고 고온에 오래 가열해도 결정립자가 성장하지 않기 때문에 고온 가공의 작업온도 범위가 넓다. 강도가 요구되는 봉재, 관재, 선재, 각종 단조물의 소재, 기어, 캠, 피스톤 핀 등의 재료로 그 활용범위가 넓다. 대표적인 내식 합금인 스테인리스강의 주성분을 이루기도 한다.

① 마그네슘 합금
② 구리합금
③ Ni-Cr계 합금
④ Mg-Al계 합금

해설
Ni-Cr계 합금
• 내식성과 내마멸성, 강도와 경도 등이 개선된다.
• 스테인리스강의 주요 합금으로 사용한다.
• 크로멜 : Ni에 Cr을 첨가한 합금이다. 알루멜은 Ni에 Al을 첨가한 합금으로 크로멜-알루멜을 이용하여 열전대를 형성한다.

49 다음 보기에서 설명하는 합금은?

┤보기├
• 비철 합금 공구재료의 일종으로 C 2~4%, Cr 15~33%, W 10~17%, Co 40~50%, Fe 5%의 합금이다.
• 그 자체가 경도가 높아 담금질할 필요 없이 주조한 그대로 사용되고, 단조는 할 수 없다.
• 절삭공구, 의료기구에 적합하다.

① 스테인리스강
② 게이지용 강
③ 코엘린바
④ 스텔라이트

50 타이타늄탄화물(TiC)과 Ni 또는 Co 등을 조합한 재료를 만드는 데 응용하며, 세라믹과 금속을 결합하고 액상 소결하여 만들어진 절삭공구로도 사용되는 고경도 재료는?

① 서멧(Cermet)
② 인바(Invar)
③ 두랄루민(Duralumin)
④ 고속도강(High Speed Steel)

해설
① 서멧(Cermet) : 세라믹 + 메탈로부터 만들어진 것으로, 금속조직(Metal Matrix) 내에 세라믹 입자를 분산시킨 복합재료이다. 절삭 공구, 다이스, 치과용 드릴 등과 같은 내충격, 내마멸용 공구로 사용된다.
② 인바(Invar) : 내식성이 좋고 열팽창계수가 20℃에서 $1.2 \mu m/$ m · K으로서 철의 1/10 정도이다.
③ 두랄루민(Duralumin) : Cu 4%, Mn 0.5%, Mg 0.5% 정도이고, 이 합금은 500~510℃에서 용체화처리한 후 물에 담금질하여 상온에서 시효시키면 기계적 성질이 향상된다.
④ 고속도강(High Speed Steel) : 고속도 공구강이라고도 한다. 탄소강에 크롬(Cr), 텅스텐(W), 바나듐(V), 코발트(Co) 등을 첨가하면 500~600℃의 고온에서도 경도가 저하되지 않고 내마멸성이 크며, 고속도의 절삭작업이 가능하게 된다. 주성분은 0.8% C - 18% W - 4% Cr - 1% V로 된 18 - 4 - 1형이 있으며, 이를 표준형으로 본다.

51 탄화텅스텐과 코발트의 합금으로 다이아몬드 다음으로 단단하여 쇠를 깎거나 바위를 뚫는 기구의 부품 재료로 쓰이는 소결 초경합금의 명칭은?

① 스텔라이트
② 탄화텅스텐
③ 텅갈로이
④ 비디아

해설
• 텅갈로이 : 일본에서 개발한 소결 초경합금의 명칭이다. 굳기가 굳은 특징이 있다.
• 비디아(Widia)는 독일에서 개발한 최초의 소결 탄화물 공구재료이다.

52 강에 황, 납 등의 특수 원소를 첨가하여 절삭할 때 칩(Chip)을 길게 나오게 하고 피삭성을 높인 재료는?

① 쾌삭강　　　　② 스프링강

③ 베어링 강　　　④ 규소철

해설

강에 황이나 납을 첨가하면 칩이 절단되고, 황이나 납이 절삭유 역할을 하여 절삭성이 우수해진다. 시원하게 깎이는 쾌삭강은 황 쾌삭강, 납 쾌삭강으로 구분할 수 있다.

53 주철을 600℃ 이상의 온도에서 가열과 냉각을 반복하면 부피가 증가하여 파열되는 주철의 성장을 하게 된다. 이 주철의 성장의 원인이 아닌 것은?

① 시멘타이트의 흑연화에 의한 팽창

② 페라이트 중에 고용되어 있는 규소의 산화에 의한 팽창

③ 불균일 가열에 의한 균열의 생성과 팽창

④ 흡수된 가스를 배출하며 팽창

해설

주철 성장의 원인

• 시멘타이트의 흑연화에 의한 팽창
• 페라이트 중에 고용되어 있는 규소의 산화에 의한 팽창
• A_1 변태에서 부피 변화에 의한 팽창
• 불균일 가열에 의한 균열의 생성과 팽창
• 흡수된 가스에 의한 팽창

54 7-3 황동에 약 1% 주석을 첨가한 합금으로 내식성, 특히 내해수성이 좋아 판(Plate)이나 관(Pipe)으로 제조되어 열교환기, 가스 배관용 부품재료로 쓰이는 것은?

① 단동(Red Brass)

② 톰 백

③ 네이벌 황동

④ 애드미럴티 황동

해설

• 애드미럴티 황동(Admiralty Brass) : 7-3 황동에 약 1% 주석을 첨가한 합금이다. 내식성, 특히 내해수성이 좋아 판이나 관으로 제조되어 열교환기, 가스배관용 부품재료로 쓰인다.
• 네이벌 황동(Naval Brass) : 6-4 황동에 1% 주석을 첨가한 합금이다. 내해수성이 우수하여 선박용 부품, 열교환기, 복수기, 축 등의 재료로 많이 사용한다.

55 양은, 양백이라고도 하며 탄성과 내식성이 좋아 탄성재료, 화학기계용 재료로 쓰이는 10~20% 니켈-15~30% 아연으로 주로 만드는 합금은?

① 고력황동

② 델타메탈

③ 니켈황동

④ 알루미늄 황동

56 재료의 강도를 높이는 방법으로 위스커(Whisker) 섬유를 연성과 인성이 높은 금속이나 합금 중에 균일하게 배열시킨 복합재료는?

① 클래드 복합재료

② 분산강화금속 복합재료

③ 입자강화금속 복합재료

④ 섬유강화금속 복합재료

해설

섬유강화금속 복합재료는 섬유상 모양의 위스커를 금속 모재 중 분산시켜 금속에 인성을 부여한 재료이다.

57 다음 중 용융점이 가장 낮은 금속은?

① 금

② 텅스텐

③ 카드뮴

④ 코발트

해설

용점(℃)

• 카드뮴 : 321

• 금 : 1,063

• 코발트 : 1,492

• 텅스텐 : 3,380

58 저온균열에 대한 설명으로 옳지 않은 것은?

① 용접부에 수소의 침투나 경화에 의해 발생한다.

② 수분(H_2O)을 충분히 공급하면 저온균열 예방이 가능하다.

③ 열충격을 낮추기 위해 가열부의 온도를 제한하여 예방한다.

④ 저온균열은 용접 부위가 상온으로 냉각되면서 생기는 균열이다.

해설

저온균열은 용접 부위가 상온으로 냉각되면서 생기는 균열로, 용접부에 수소의 침투나 경화에 의해 발생한다. 수소의 침투를 제한하기 위해 수분(H_2O)을 제거하거나 저수소계 용접봉 등을 사용하거나 열충격을 낮추기 위해 가열부의 온도를 제한하는 방법을 고려할 수 있다.

59 직류 용접 시 정극성과 비교한 역극성(DCRP)의 특징에 대한 설명으로 올바른 것은?

① 모재의 용입이 깊다.

② 비드폭이 좁다.

③ 용접봉의 용융이 느리다.

④ 주철, 고탄소강, 합금강, 용접 시 적당하다.

해설

• 정극성 : 모재의 용입이 깊고, 비드폭이 좁으며, 용접봉의 용융이 느리다.

• 역극성 : 용입이 얕고, 비드가 상대적으로 넓으며, 모재쪽 용융이 느리다. 얇은 판에 유리하다.

60 피복아크용접에서 용접전류는 100A, 아크전압은 35V, 용접속도는 12cm/min일 때 용접입열은 몇 J/m인가?

① 175

② 17,500

③ 270

④ 27,000

해설

용접입열 : 용접부에 외부에서 주어지는 열량

용접입열 $H = \dfrac{60EI}{V}$ (Joule/cm)

(여기서, E : 아크전압, I : 아크전류, V : 용접속도(cm/min))

$H = \dfrac{60 \times 35[V] \times 100[A]}{12[cm/min]} = 17,500[J/cm] = 175[J/m]$

2023년 제1회 최근 기출복원문제

01 방사선투과시험 시 투과도계의 역할은?

① 필름의 밀도 측정
② 필름 콘트라스트의 양 측정
③ 방사선투과사진의 상질 측정
④ 결합 부위의 불연속부 크기 측정

해설

투과도계(상질지시기)

검사방법의 적정성을 알기 위해 사용하는 시험편으로, 시험체와 동일하거나 유사한 재질을 사용하여 시험체와 함께 촬영한다. 투과사진 상과 투과도계 상을 비교하여 상질의 적정성 여부를 판단하는 데 사용한다.

02 다음 중 방사선 투과사진의 필름 콘트라스트와 가장 관계가 깊은 것은?

① 물질의 두께
② 방사선 선원의 크기
③ 노출의 범위
④ 필름특성곡선의 기울기

해설

• 필름특성곡선 : 특정한 필름에 대한 노출량과 흑화도의 관계를 곡선으로 나타낸 것
• H&D 곡선, Sensitometric 곡선이라고도 한다.
• 가로축 : 상대 노출량에 Log를 취한 값, 세로축 : 흑화도
• 필름특성곡선의 임의 지점에서의 기울기는 필름 명암도를 나타낸다.

03 다음 중 횡파가 존재할 수 있는 물질은?

① 물
② 공기
③ 오일
④ 아크릴

해설

횡파(Transverse Wave)는 입자의 진동 방향이 파를 전달하는 입자의 진행 방향과 수직인 파로, 종파의 절반 속도이다. 고체에서만 전파되고 액체와 기체에서는 전파되지 않는다.

04 초음파를 발생시키고 수신하는 진동자는 전기적 에너지를 기계적 에너지로 또 기계적 에너지는 전기적 에너지로 변화시키는 성질을 가지고 있다. 이와 같은 현상은?

① 압전효과
② 압력효과
③ 도플러 효과
④ 초음파 효과

해설

압전효과란 기계적인 에너지를 가하면 전압이 발생하고, 전압을 가하면 기계적인 변형이 발생하는 현상으로, 어떤 소재에 힘을 가하였을 경우 표면에 전압이 발생하고, 반대로 전압을 걸어 주면 소자가 이동하거나 힘이 발생하는 현상이다.

05 예상되는 결함이 표면의 개구부와 표면직하의 비개구부인 비철재료에 대한 비파괴검사에 가장 적합한 방법은?

① 자기탐상검사
② 초음파탐상검사
③ 전자유도시험
④ 침투탐상검사

해설

자기탐상시험은 표면 및 표면직하의 결함 검출에 적합하지만 강자성체에만 적용을 해야 하므로 비철재료에 대한 검사는 전자유도시험으로 시험한다.

06 항공기 터빈 블레이드의 균열검사에 적용할 수 있는 와전류탐상코일은?

① 표면형 코일   ② 내삽형 코일

③ 회전형 코일   ④ 관통형 코일

해설
① 표면형 코일 : 코일축이 시험체면에 수직인 경우에 적용되는 시험코일이다. 이 코일에 의해 유도되는 와전류는 코일과 같이 원형의 경로로 흐르기 때문에 균열 등 결함의 방향에 상관없이 검출할 수 있다.
② 내삽형 코일 : 시험체의 구멍 내부에 삽입하여 구멍의 축과 코일축이 서로 일치하는 상태에 이용되는 시험코일이다. 관이나 볼트 구멍 등 내부를 통과하는 사이에 그 전체 표면을 고속으로 검사할 수 있는 특징이 있다. 열교환기 전열관 등의 보수검사에 이용한다.
④ 관통형 코일 : 시험체를 시험코일 내부에 넣고 시험하는 코일이다. 시험체가 그 내부를 통과하는 사이에 시험체의 전 표면을 검사할 수 있기 때문에 고속 전수검사에 적합하다. 선 및 직경이 작은 봉이나 관의 자동검사에 이용한다.

07 와전류 탐상의 침투 깊이에 대한 설명으로 옳지 않은 것은?

① 주파수가 낮을수록 침투 깊이가 깊다.

② 투자율이 낮을수록 침투 깊이가 깊다.

③ 전도율이 높을수록 침투 깊이가 얕다.

④ 표피효과가 클수록 침투 깊이가 깊다.

해설
침투 깊이
와전류의 침투 깊이를 구하는 식은
• $\delta = \dfrac{1}{\sqrt{\pi f \mu \sigma}}$ (f : 주파수 σ : 도체의 전도도 μ : 도체의 투자율)
• 주파수가 낮을수록 침투 깊이가 깊다.
• 투자율이 낮을수록 침투 깊이가 깊다.
• 전도율이 높을수록 침투 깊이가 얕다.
• 표피효과가 클수록 침투 깊이가 얕다.

08 감도가 높아 대형 용기의 누설을 단시간에 검지할 수 있고, 가스의 봉입압이 낮아도 검사가 가능한 누설검사법은?

① 할로겐누설시험

② 헬륨누설시험

③ 방치법 누설시험

④ 암모니아누설시험

해설
암모니아누설시험
• 감도가 높아 대형 용기의 누설을 단시간에 검지할 수 있고 암모니아 가스의 봉입압이 낮아도 검사가 가능하다.
• 검지하는 제제가 알칼리에 쉽게 반응하며 동, 동 합금재료에 대한 부식성을 갖는다.
• 암모니아의 폭발 위험도 잘 관리해야 한다.

09 비파괴검사에서 허용할 수 있는 결함과 허용할 수 없는 결함을 분류하는 기준 또는 근거에 해당하지 않는 것은?

① 설계 개념에 근거한 파괴역학

② 사용된 검사시스템의 성능

③ 요소의 위험도

④ 높은 검출한계의 설정

해설
검출한계와 시험체의 안전과는 상관이 없다.

10 와전류탐상시험에 대한 설명으로 옳은 것은?

① 자성인 시험체, 베이클라이트나 목재가 적용 대상이다.

② 전자유도시험이라고도 하며 적용범위는 좁으나 결함 깊이와 형태의 측정에 이용된다.

③ 시험체의 와전류 흐름이나 속도가 변하는 것을 검출하여 결함의 크기, 두께 등을 측정하는 것이다.

④ 기전력에 의해 시험체 중에 발생하는 소용돌이 전류로 결함이나 재질 등의 영향에 의한 변화를 측정한다.

해설
① 목재는 적용 대상이 아니다.
② 형태 측정을 하지 않는다.
③ 두께가 아니라 피막을 측정한다.

11 시험체에 열에너지를 가해 결함이 있는 곳에 온도장(溫度場)을 만들어 주면 화상기술을 이용하여 결함을 탐상하는 방법은?

① 응력 스트레인법

② 적외선 서모그래피법

③ 피코초 초음파법

④ 누설램파법

해설
① 응력 스트레인법 : 기계적인 미세한 변화를 검출하기 위해 얇은 센서를 붙여서 기계적 변형을 측정해 내는 방법
③ 피코초 초음파법 : 아주 얇은 박막의 비파괴검사를 위해 초단펄스레이저를 조사하여 피코초 초음파를 수신하는 기술
④ 누설램파법 : 두 장의 판재를 접합한 재료의 접합계면의 좋고 나쁨을 판단하는 데 사용하는 방법

12 초음파탐상기에 요구되는 성능 중 수신된 조음파 펄스의 음압과 브라운관에 나타난 에코 높이의 비례관계 정도를 나타내는 것은?

① 시간축 직선성

② 분해능

③ 증폭 직선성

④ 감 도

해설
초음파탐상기의 성능 결정요인
• 시간축 직선성 : 반사원의 위치를 정확히 측정하기 위해서는 에코의 빔 진행거리가 탐상면에서 반사원까지의 거리에 정확히 대응해야 하고, 이를 위해 측정범위의 조정을 정확히 해 놓아야 하며 초음파펄스가 송신되고부터 수신될 때까지의 시간에 정확히 비례한 횡축에 에코를 표시할 수 있는 탐상기 성능이다.
• 증폭 직선성 : 수신된 초음파펄스의 음압과 브라운관에 나타난 에코 높이의 비례관계 정도이다.
• 분해능 : 탐촉자로부터의 거리 또는 방향이 다른 근접한 2개의 반사원을 2개의 에코로 식별할 수 있는 성능으로 원거리분해능, 근거리분해능 및 방위분해능이 있다.

13 초음파의 특이성을 기술한 내용 중 옳은 것은?

① 파장이 길기 때문에 지향성이 둔하다.

② 고체 내에서 잘 전파하지 못한다.

③ 원거리에서 초음파빔은 확산에 의해 약해진다.

④ 고체 내에서는 횡파만 존재한다.

해설
① 파장이 짧다.
② 고체 내에 전달성이 높다.
④ 고체 내에서는 횡파와 종파가 모두 잘 전달된다.

14 관(Tube)의 내부에 회전하는 초음파 탐촉자를 삽입하여 관의 두께 감소 여부를 알아내는 초음파탐상검사법은?

① EMAT ② IRIS

③ PAUT ④ TOFD

해설

② IRIS : 초음파튜브검사로 초음파 탐촉자가 튜브의 내부에서 회전하며 검사한다.

① EMAT : 전자기 원리를 이용하는 초음파검사법이다.

③ PAUT : 위상배열초음파검사로 여러 진폭을 갖는 초음파를 이용하여 실시간 검사한다.

④ TOFD : 결함 높이를 고정밀도로 측정하는 방법으로 회절파를 이용한다.

16 비파괴검사에 대한 설명 중 옳은 것은?

① 방사선투과시험은 미세 표면균열의 검출감도가 우수하다.

② 자분탐상시험에서는 비자성체보다 자성체가 탐상하기 쉽다.

③ 침투탐상시험은 결함이 예리한 균열보다 결함의 폭이 넓어야 감도가 좋다.

④ 와전류탐상시험을 이용하면 결함의 종류, 크기, 깊이를 판정하기가 매우 쉽다.

해설

① 방사선투과시험은 표면결함보다 내부결함 검출에 적합하다.

③ 침투탐상검사에서 감도는 예리한 쪽이 좋다.

④ 와전류탐상시험은 표면근처의 결함을 연속으로 찾아내는 데 적합하다.

15 다른 비파괴검사법과 비교했을 때 방사선투과시험의 특징에 대한 설명으로 옳지 않은 것은?

① 표면균열만을 검출할 수 있다.

② 반영구적인 기록이 가능하다.

③ 내부결함의 검출이 가능하다.

④ 방사선 안전관리가 요구된다.

해설

방사선투과시험은 깊은 내부결함 검출, 압력용기 용접부의 슬래그 혼입의 검출, 체적검사 등이 가능하다.

17 다음 중 침투제의 침투력에 영향을 주는 요인이 아닌 것은?

① 개구부의 표면에 열려진 크기

② 침투제의 표면장력

③ 침투제의 적심성

④ 시험체의 재질

해설

침투탐상검사는 표면탐상검사로 표면 상태가 중요하며, 시험체의 재질은 침투력에 큰 영향을 주지 않는다.

18 다음 중 침투액이 갖추어야 할 특성으로 옳지 않은 것은?

① 온도에 대한 열화가 낮아야 한다.

② 휘발성이 낮아야 한다.

③ 인화점이 낮아야 한다.

④ 침투능이 높아야 한다.

해설

침투액의 조건

- 침투성이 좋아야 한다.
- 열, 빛, 자외선등에 노출되었어도 형광휘도나 색도가 뚜렷해야 한다.
- 점도가 낮아야 한다.
- 부식성이 없어야 한다.
- 수분의 함량은 5% 미만(MIL-I-25135)이어야 한다.
- 미세 개구부에도 스며들 수 있어야 한다.
- 세척 후 얕은 개구부에도 남아 있어야 한다.
- 너무 빨리 증발하거나 건조되면 안 된다.
- 짧은 현상시간 동안 미세 개구부로부터 흡출되어야 한다.
- 미세 개구부의 끝으로부터 매우 얇은 막으로 도포되어야 한다.
- 검사 후 쉽게 제거되어야 한다.
- 악취 등의 냄새가 없어야 한다.
- 폭발성이 없고(인화점은 95℃ 이상이어야 한다) 독성이 없어야 한다.
- 저장 및 사용 중에 특성이 일정하게 유지되어야 한다.

19 A형 대비시험편의 재료는?

① Au   ② Cu

③ Ag   ④ Al

해설

A형 대비시험편은 A2024P를 사용하며 이는 알루미늄재이다.

20 침투탐상시험방법 및 침투지시모양의 분류(KS B 0816)에서 시험방법의 기호가 VB-S일 때 시험 절차를 옳게 나타낸 것은?

① 전처리 → 침투처리 → 세척처리 → 건조처리 → 현상처리 → 관찰 → 후처리

② 전처리 → 침투처리 → 유화처리 → 세척처리 → 건조처리 → 현상처리 → 후처리

③ 전처리 → 침투처리 → 세척처리 → 현상처리 → 건조처리 → 관찰 → 후처리

④ 전처리 → 침투처리 → 유화처리 → 현상처리 → 건조처리 → 세척처리 → 관찰 → 후처리

해설

시험방법의 기호	FB-S DFB-S VB-S
사용하는 침투액과 현상법의 종류	후유화성 형광침투액 (유성 유화제)- 속건식현상법 후유화성 이원성형광침투액 (유성 유화제)- 속건식현상법 후유화성 염색침투액 (유성 유화제)- 속건식현상법
시험의 순서(음영처리된 부분을 순서대로 시행) 전처리	●
침투처리	●
예비세척처리	↓
유화처리	●
세척처리	●
제거처리	↓
건조처리	●
현상처리	●
건조처리	↓
관찰	●
후처리	●

21 후유화성 형광침투액을 뿌리고 난 뒤 과잉침투액을 쉽게 제거하기 위해 수세하기 전에 적용하는 것은?

① 침투제 ② 현상제

③ 유화제 ④ 세척제

해설
후유화성이란 침투 후 유화제를 이용하여 제거가 가능하도록 작용시키는 방법이라는 의미이다.

22 다음 침투탐상검사방법 중 예비세척과 유화처리가 필요한 것은?

① FB–S ② FD–S

③ FA–S ④ FC–S

해설
• F : 형광침투액 사용
• S : 속건식현상제 사용
두 방법은 보기가 모두 같고, 잉여침투제 제거방법만이 A, B, C, D로 다르다. 물베이스 유화제를 사용하는 경우는 예비 세척과 유화처리가 필요하다.
잉여침투액의 제거방법에 따른 분류

명 칭	방 법	기 호
방법 A	수세에 의한 방법	A
방법 B	기름베이스 유화제를 사용하는 후유화에 의한 방법	B
방법 C	용제 제거에 의한 방법	C
방법 D	물베이스 유화제를 사용하는 후유화에 의한 방법	D

23 침투탐상시험방법 및 침투지시모양의 분류(KS B 0816)에 의한 시험의 조작 중 세척처리와 제거처리에 대한 설명으로 옳지 않은 것은?

① 후유화성 침투액은 세척액으로 세척한다.

② 용제 제거성 침투액은 헝겊 또는 종이수건 및 세척액으로 제거한다.

③ 스프레이 노즐을 사용할 때의 수압은 특별한 규정이 없는 한 275kPa 이하로 한다.

④ 형광침투액을 사용하는 시험에서는 반드시 자외선을 비추어 처리의 정도를 확인하여야 한다.

해설
후유화성 침투액은 유화처리 후 물로 세척한다.

24 침투액 적용방법 중 가장 안정적인 적용방법이며, 균일하게 도포할 수 있고 과잉 분무가 되지 않으며, 불필요하게 흘러내리는 침투액이 없어 침투액의 손실을 최소화할 수 있는 방법은?

① 분무법

② 붓칠법

③ 정전기식 분무법

④ 침적법

25 다음 중 잉여침투액의 제거처리에 관한 설명으로 틀린 것은?

① 수세 시 수압은 275kPa을 초과하지 않도록 한다.

② 수세 시 40℃ 이하의 온수를 사용하는 것이 효과적이다.

③ 용제 제거 시 용제를 시험체에 직접 적용하여 제거한다.

④ 용제 제거 시 별도의 건조처리는 필요하지 않다.

해설
- 세척 시 수압은 특별 규정이 없는 한 275kPa 정도의 일정 수압이 적당하고, 압력이 과도하면 결함 속에 들어간 침투액까지 제거할 우려가 있다. 수온은 32~45℃ 범위가 적당하다.
- 용제를 묻혀서 닦아낼 때는 가급적 용제를 헝겊에 묻혀서 닦아낸다.
※ 건조는 현상을 위해 실시하는 과정이다.

26 침투탐상시험에서 트라이클렌 증기 세척장치는 다음 과정 중 주로 어느 경우에 사용되는가?

① 전처리 과정

② 유화제 제거과정

③ 건조처리과정

④ 과잉침투액 제거과정

해설
증기 세척은 전처리 과정에 속한다.

27 침투탐상시험방법 및 침투지시모양의 분류(KS B 0816)에서 탐상제의 조합이 'FA-W'일 때 첫 번째인 'F'가 의미하는 것은?

① 형광침투액

② 염색침투액

③ 건식현상제

④ 속건식현상제

해설
첫 기호는 사용하는 침투액에 따른 분류이다.

명 칭	방법	기 호
V 방법	염색침투액을 사용하는 방법	V
F 방법	형광침투액을 사용하는 방법	F
D 방법	이원성 염색침투액을 사용하는 방법	DV
	이원성 형광침투액을 사용하는 방법	DF

28 침투탐상시험방법 및 침투지시모양의 분류(KS B 0816)에 따라 알루미늄 단조품의 랩(Lap) 결함을 검출하고자 할 때 규정하는 침투시간은 얼마인가?

① 10분　　② 5분

③ 7분　　④ 8분

해설
일반적으로 온도 15~50℃의 범위에서의 침투시간은 다음 표와 같다.

재 질	형 태	결함의 종류	모든 종류의 침투액	
			침투시간 (분)	현상시간 (분)
알루미늄, 마그네슘, 동, 타이타늄, 강	주조품, 용접부	쇳물 경계, 융합 불량, 빈 틈새, 갈라짐	5	7
	압출품, 단조품, 압연품	랩(Lap), 갈라짐	10	7
카바이드 팁붙이 공구	–	융합 불량, 갈라짐, 빈 틈새	5	7
플라스틱, 유리, 세라믹	모든 형태	갈라짐	5	7

29 다음 중 용제 세척법으로 전처리할 경우 제거가 곤란한 오염물은?

① 왁스 및 밀봉재

② 그리스 및 기름막

③ 페인트와 유기성 물질

④ 용접 플럭스 및 스패터

해설

용접 플럭스와 스패터는 금속성 오염물로 화학적 제거로는 제거되지 않고 물리적 제거방법을 함께 사용하여야 한다.

30 자외선조사장치의 자외선등을 교체해야 하는 적기는 새것 대비 강도가 어느 정도 이하일 경우인가?

① 5% ② 15%

③ 25% ④ 35%

해설

자외선등

• 전구 수명

 – 새것이었을 때의 25% 강도이면 교환한다.

 – 100W 기준으로 1,000시간/무게

• 예열시간 : 최소 5분 이상

31 침투탐상검사의 신뢰성을 확보하기 위한 방법으로 효과적이지 않은 것은?

① 작업 시마다 새로운 검사방법을 적용한다.

② 일상점검을 실시한다.

③ 정기점검을 실시한다.

④ 불량 현상제는 폐기하고 새것으로 교체한다.

해설

일상점검과 정기점검은 이상 유무의 감지에 상관없이 정기적으로 점검하여 결함을 초기에 발견할 수 있다. 점검 시 제품의 불량이 발견되면 폐기하고 새것으로 교체하는 것이 좋다. 작업 시마다 새로운 검사방법을 적용하면, 방법에 따라 작업자의 숙련도가 낮아지고 검사 자체의 신뢰도로 인하여 오히려 신뢰도를 하락시킨다.

32 침투탐상시험방법 및 침투지시모양의 분류(KS B 0816)에 의한 형광침투탐상 시 관찰을 위한 자외선 강도는 어떻게 규정하고 있는가?

① 시험체 표면에서 $800\mu W/cm^2$ 이상

② 시험체 표면에서 $800\mu W/cm^2$ 이하

③ 시험체 표면에서 500lx 이상

④ 자외선등에서 38cm 떨어진 거리에서 500lx 이상

33 시험체의 형태에 의해 나타나는 지시로, 이를 막기 위해서 얇고 일정한 도포가 필요한 지시는?

① 선형지시

② 원형지시

③ 의사지시

④ 무관련 지시

해설

무관련 지시

• 의미 : 시험체의 형태에 의해 나타나는 지시

• 시험체의 형상이 마치 결함이 있는 것처럼 굴곡이 심하다면 지시처럼 보일 것

• 억제 : 해당 부분을 형상에 맞게 얇고 일정한 도포 실시

※ 선택형 문항에서는 비슷한 답이 복수로 있더라도 항상 질문에 '가장' 부합한 답을 골라야 한다.

34 침투된 침투액 외에는 침투액의 성질에 따라 휘발되어 잉여침투액을 세척할 필요가 없는 탐상법은?

① 여과입자법

② 역형광법

③ 하전입자법

④ 휘발성 침투액법

휘발성 침투액법

휘발성이 있는 침투액을 시험체 표면에 균일하게 도포하여 결함부에 침투된 침투액 외에는 휘발되므로 결함이 있는 곳에 탐상액에 의한 얼룩을 이용해 결함 존재를 확인하는 방법이다.

35 침투탐상시험방법 및 침투지시모양의 분류(KS B 0816)에 따른 플라스틱 재질의 갈라짐에 대한 탐상 시 상온에서의 표준 침투시간과 현상시간의 규정으로 옳은 것은?

① 침투시간 : 5분, 현상시간 : 7분

② 침투시간 : 3분, 현상시간 : 7분

③ 침투시간 : 5분, 현상시간 : 5분

④ 침투시간 : 3분, 현상시간 : 5분

일반적으로 온도 15~50℃의 범위에서의 침투시간은 다음 표와 같다.

재 질	형 태	결함의 종류	모든 종류의 침투액	
			침투시간 (분)	현상시간 (분)
알루미늄, 마그네슘, 동, 타이타늄, 강	주조품, 용접부	쇳물 경계, 융합 불량, 빈 틈새, 갈라짐	5	7
	압출품, 단조품, 압연품	랩(Lap), 갈라짐	10	7
카바이드 팁붙이 공구	–	융합 불량, 갈라짐, 빈 틈새	5	7
플라스틱, 유리, 세라믹스	모든 형태	갈라짐	5	7

36 침투탐상시험방법 및 침투지시모양의 분류(KS B 0816)에 따라 합격한 시험체에 표시를 필요로 할 때 전수검사인 경우 각인 또는 부식에 의한 표시 기호로 옳은 것은?

① P

② Ⓟ

③ OK

④ ○

결과의 표시(KS B 0816. 11)

• 전수검사인 경우
  – 각인, 부식 또는 착색(적갈색)으로 시험체에 P의 기호를 표시한다.
  – 시험체에 P의 표시를 하기가 곤란한 경우에는 적갈색으로 착색한다.
  – 위와 같이 표시할 수 없는 경우에는 시험 기록에 기재하여 그 방법에 따른다.

• 샘플링 검사인 경우 : 합격한 로트의 모든 시험체에 전수검사에 준하여 Ⓟ의 기호 또는 착색(황색)으로 표시한다.

37 침투탐상시험방법 및 침투지시모양의 분류(KS B 0816)에 따른 A형 대비시험편에 대한 설명으로 옳은 것은?

① 시험편의 재료는 A2024P이다.

② 시험편의 결함재료는 C2600P이다.

③ 520~530℉로 가열한 후 급랭시켜 터짐을 발생시킨다.

④ 950~975℃로 가열한 후 급랭시켜 터짐을 발생시킨다.

• 시험편의 재료는 KS D 6701에 규정한 A2024P이다.

• 520~530℃로 가열하여 가열한 면에 흐르는 물을 뿌려서 급랭시켜 갈라지게 한다.

38 후유화성 침투탐상시험에서 유화제를 적용하는 시기는?

① 침투제를 사용하기 전에

② 제거처리 후에

③ 침투처리 후에

④ 현상시간이 어느 정도 지난 후에

해설

후유화성 침투탐상시험의 적용 순서

• 건식현상제를 사용하는 경우

전처리 → 침투처리 → 유화처리 → 세척 → 건조 → 현상 → 관찰 → 후처리

• 습식현상제를 사용하는 경우

전처리 → 침투처리 → 유화처리 → 세척 → 현상 → 건조 → 관찰 → 후처리

39 다음 중 건조처리 시기가 현상처리 이후인 현상법은?

① 무현상법

② 건식현상법

③ 습식현상법

④ 속건식현상법

해설

습식현상을 한 경우는 현상 이후에 건조처리를 하여야 검사 후 불량 발생을 막을 수 있다.

40 침투탐상시험방법 및 침투지시모양의 분류(KS B 0816)에서 형광침투액 사용 시 특별한 규정이 없을 경우 검사원이 어둠에 눈을 적응시키기 위하여 필요한 최소 시간은?

① 1초

② 1분

③ 30분

④ 60분

해설

어두운 곳에서 눈을 적응하는 과정을 암순응이라고 한다. 사람마다 순응시간에 차이가 있지만 보통 1분 정도면 충분한 것으로 보고, KS B 0816에서 1분 이상으로 규정하였다.

41 침투탐상시험방법 및 침투지시모양의 분류(KS B 0816)에 따라 다음과 같은 경우 침투지시모양의 지시 길이로 옳은 것은?

거의 동일선상에 지시모양이 각각 2mm, 3mm, 2mm가 존재하고, 그 사이의 간격이 각각 1.5mm, 1mm이다.

① 1개의 연속된 지시모양으로 지시 길이는 7mm이다.

② 1개의 연속된 지시모양으로 지시 길이는 9.5mm이다.

③ 2개의 지시모양으로 지시 길이는 각각 2mm, 6mm이다.

④ 2개의 지시모양으로 지시 길이는 각각 6.5mm, 6mm이다.

해설

동일선상에 존재하는 2mm 이하의 간격은 연속된 지시로 볼 수 있으므로, 모든 길이를 더한 2 + 1.5 + 3 + 1 + 2 = 9.5mm이다.

42 침투탐상시험방법 및 침투지시모양의 분류(KS B 0816)에서 규정한 기록해야 할 조작방법의 항목이 아닌 것은?

① 지시의 관찰방법

② 전처리방법

③ 침투액 적용방법

④ 건조방법

해설

조작방법의 기록

• 전처리방법

• 침투액의 적용방법

• 유화제의 적용방법(후유화성 침투액을 사용하는 경우)

• 세척방법 또는 제거방법

• 건조방법

• 현상제의 적용방법

43 비중 7.14, 용융점 419℃, 조밀육방격자인 금속으로 주로 도금, 건전지, 인쇄판, 다이캐스팅용 및 합금용으로 사용되는 것은?

① Ni   ② Cu

③ Zn   ④ Al

해설
아연(Zn)
비중은 7.14이고, 용융점은 약 419℃인 조밀육방격자 금속이다. 청백색의 저용융점 금속이고 도금용, 전지, 다이캐스팅용 및 기타 합금용으로 사용되는 금속이다.

44 금속의 부식에 대한 설명 중 옳은 것은?

① 공기 중 염분은 부식을 억제시킨다.

② 황화수소, 염산은 부식과는 관계가 없다.

③ 이온화 경향이 작을수록 부식이 쉽게 된다.

④ 습기가 많은 대기 중일수록 부식되기 쉽다.

해설
① 공기 중 염분은 부식을 촉진한다.
② 황화수소, 염산은 부식을 촉진한다.
③ 이온화 경향이 클수록 부식이 쉽게 된다.

45 어떤 금속이 계속 온도를 낮추면 저항이 없는 물체가 된다는 현상은?

① 초전도   ② 비정질

③ 클래드   ④ 부도체

해설
일반적인 금속선은 사용온도를 낮추면 전기저항이 다소 감소하기 시작한다. 이론적으로 계속해서 온도를 낮추면 저항이 계속 감소하며 절대 0도(0K)에 이르러 저항이 없는 물체가 된다. 저항이 없어지면 손실 없이 전기를 전달할 수 있어 에너지 과학적으로 매우 중요한 의미를 갖는다. 또 어떤 금속은 이렇게 절대 0도(−273.15℃)까지 낮추지 않더라도 어떤 임계온도에서는 저항이 극도로 낮아지는 현상을 갖는다. 이를 초전도현상이라고 한다.

46 면심입방격자 구조에 대한 설명으로 옳지 않은 것은?

① 입방체의 각 모서리와 면의 중심에 각각 한 개씩의 원자가 있다.

② 체심입방격자 구조보다 전연성이 떨어진다.

③ Au, Ag, Al, Cu, γ철이 속한다.

④ 단위격자 내 원자의 수는 4개이며, 배위수는 12개이다.

해설
면심입방격자 구조는 면 층간 미끄러짐이 좋아 전연성이 좋다.

47 공공(Vacancy)으로 인하여 전체 금속이온의 위치가 밀리게 되고 그 결과로 인하여 구조적인 결함이 발생하는 선결함은?

① 치 환   ② 침입형 원자

③ 전 위   ④ 쌍 정

해설
① 치환(Substitution) : 기존 원자의 자리에 다른 조직의 원자가 바뀌어 들어간다(점결함).
② 침입형 원자(Interstitial Atom) : Standard 조직 사이에 다른 원자가 끼어든 결함이다(점결함).
④ 쌍정(Twin) : 전위면을 기준으로 대칭이 일어날 때 결정립 경계를 결함으로 보기도 한다(면결함).

48 소성변형이 일어나 금속이 경화하는 현상은?

① 가공경화   ② 탄성경화

③ 취성경화   ④ 자연경화

해설
소성가공 시 금속이 변형하면서 잔류응력을 남기고 변형된 조직 부분이 조밀하게 되어 경화되는 현상을 가공경화라고 한다.

49 비파괴시험과 다르게 재료의 물리적 힘에 관한 분석을 위해 실시하는 시험 중 압입, 긋기, 반발 등을 이용하여 재료의 물리적 성질을 탐색하는 시험법은?

① 피로시험   ② 충격시험

③ 파단시험   ④ 경도시험

해설
경도시험의 종류 : 압입 경도시험, 긋기 경도시험, 반발 경도시험 등
• 브리넬 경도시험 : 일정한 지름 D(mm)의 강구 압입체를 일정한 하중으로 시험편 표면에 누른 다음 시험편에 나타난 압입 자국 면적을 보고 경도값을 계산한다.
• 로크웰 경도시험 : 처음 하중(10kgf)과 변화된 시험하중(60, 100, 150kgf)으로 눌렀을 때 압입 깊이의 차로 결정된다.
• 비커스 경도시험 : 원뿔형의 다이아몬드 압입체를 시험편의 표면에 하중을 주어 압입한 다음 시험편의 표면에 생긴 자국의 대각선 길이 d를 비커스 경도계에 있는 현미경으로 측정하여 경도를 구한다. 좁은 구역에서 측정할 때는 마이크로 비커스 경도 측정을 한다. 도금층이나 질화층 등과 같이 얇은 층의 경도 측정에도 적합하다.
• 쇼어 경도시험 : 강구의 반발 높이로 측정하는 반발 경도시험이다.

50 압력이 일정한 Fe-C 평형상태도에서 공정점의 자유도는?

① 0   ② 1

③ 2   ④ 3

해설
공정점은 정해진 압력, 성분비, 온도에서 나타난다. 평형상태도에서 변할 수 있는 변수가 모두 고정되어 있으므로 자유도는 0이다.

51 Al의 실용합금으로 알려진 실루민(Silumin)의 적당한 Si 함유량은?

① 0.5~2%   ② 3~5%

③ 6~9%   ④ 10~13%

해설
실루민(알팍스)
• Al에 Si 11.6%, 577℃는 공정점이며, 이 조성을 실루민이라고 한다.
• 이 합금에 Na, F, NaOH, 알칼리 염류를 용탕에 넣어 처리하면 조직이 미세화되고 공정점도 조정되는데 이를 개량처리라 한다. 주조용 알루미늄을 다이캐스팅하면 개량처리가 필요 없다.
• 실용합금 10~13% Si 실루민은 용융점이 낮고 유동성이 좋아 얇고 복잡한 주물에 적합하다.

52 Fe-C 상태도에 나타나지 않는 변태점은?

① 포정점

② 포석점

③ 공정점

④ 공석점

Fe-C 상태에서는 포석반응은 나타나지 않는다.
- 공정반응 : 액체 상태의 물체 a가 결정체 b와 결정체 c로 변하는 반응
- 공석반응 : 고체 상태의 물체 a가 고체 b와 고체 c로 변하는 반응
- 포정반응 : 액체 상태의 물체 a와 결정체 b가 결정체 c로 변하는 반응
- 포석반응 : 고체 상태의 물체 a와 고체 상태의 물체 b가 고체 c로 변하는 반응

53 Fe-C 평형상태도에 대한 설명으로 옳은 것은?

① 공정점의 탄소량은 약 0.80%이다.

② 포정점의 온도는 약 $1,490℃$이다.

③ A_0를 철의 자기변태점이라 한다.

④ 공석점에서는 레데부라이트가 석출한다.

- γ 고용체와 시멘타이트가 동시에 정출되는 점이 공정점 4.3%C, $1,148℃$
- A_0은 α고용체의 자기변태점이다.
- 공석점에서는 시멘타이트가 석출된다.

54 페라이트형 스테인리스강에서 Fe 이외의 주요한 성분 원소 한 가지는?

① W ② Cr

③ Sn ④ Pb

페라이트형 스테인리스강의 예로 엘린바와 같은 경우 36Ni - 12Cr - 나머지 Fe로 구성된다.

55 주철의 물리적 성질은 조직과 화학 조성에 따라 크게 변화한다. 주철을 600℃ 이상의 온도에서 가열과 냉각을 반복하면 주철이 성장한다. 주철 성장의 원인으로 옳은 것은?

① 시멘타이트(Cementite)의 흑연화로 발생한다.

② 균일 가열로 인하여 발생한다.

③ 니켈의 산화에 의한 팽창으로 발생한다.

④ A_4 변태로 인한 부피 팽창으로 발생한다.

주철의 성장 원인
- 주철조직에 함유되어 있는 시멘타이트는 고온에서 불안정 상태로 존재한다.
- 주철이 고온 상태가 되어 450~600℃에 이르면 철과 흑연으로 분해하기 시작한다.
- 750~800℃에서 완전 분해되어 시멘타이트의 흑연화가 된다.
- 불순물로 포함된 Si의 산화에 의해 팽창한다.
- A_1 변태점 이상 온도에서 장시간 방치하거나 다시 되풀이하여 가열하면 점차로 그 부피가 증가되는 성질이 있는데 이러한 현상을 주철의 성장이라 한다.

56 탄소 함유량을 세로축, 규소 함유량을 가로축으로 하고, 두 성분관계에 따른 주철조직의 변화를 정리한 선도는?

① 상률도   ② 평형자유도

③ 평형상태도   ④ 마우러 조직도

해설
마우러 조직도
탄소 함유량을 세로축, 규소 함유량을 가로축으로 하고, 두 성분관계에 따른 주철조직의 변화를 정리한 선도이다.

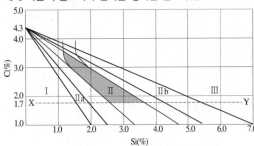

58 다음 보기에서 설명하는 풀림 열처리는?

┤보기├
• 금속재료의 잔류응력을 제거하기 위해서 적당한 온도에서 적당한 시간을 유지한 후에 냉각시키는 처리이다.
• 주조, 단조, 압연 등의 가공, 용접 및 열처리에 의해 발생된 응력을 제거한다.
• 주로 450~600℃ 정도에서 시행하므로 저온풀림 이라고도 한다.

① 항온풀림

② 연화풀림

③ 구상화풀림

④ 응력제거풀림

해설
① 항온풀림(Isothermal Annealing) : 짧은 시간 풀림처리를 할 수 있도록 풀림 가열영역으로 가열하였다가 노 안에서 냉각이 시작되어 변태점 이하로 온도가 떨어지면 A_1 변태점 이하에서 온도를 유지하여 원하는 조직을 얻은 뒤 서랭한다.
② 연화풀림 : 냉간가공을 계속하기 위해 가공 도중 경화된 재료를 연화시키기 위한 열처리로 중간풀림이라고도 한다. 온도영역은 650~750℃이다.
③ 구상화풀림 : 과공석강에서 펄라이트 중 층상 시멘타이트 또는 초석 망상 시멘타이트가 그대로 있으면 좋지 않으므로 소성가공이나 절삭가공을 쉽게 하거나 기계적 성질을 개선할 목적으로 탄화물을 구상화시키는 열처리이다.

57 백선철을 900~1,000℃로 가열하여 탈탄시켜 만든 주철은?

① 칠드주철

② 합금주철

③ 편상흑연주철

④ 백심가단주철

해설
백심가단주철
파단면이 흰색을 나타낸다. 백선 주물을 산화철 또는 철광석 등의 가루로 된 산화제로 싸서 900~1,000℃의 고온에서 장시간 가열하면 탈탄반응에 의하여 가단성이 부여되는 과정을 거친다. 이때 주철 표면의 산화가 빨라지고, 내부의 탄소 확산 상태가 불균형을 이루게 되면 표면에 산화층이 생긴다. 강도는 흑심가단주철보다 다소 높으나 연신율이 작다.

59 다음 보기에서 설명하는 알루미늄 합금은?

┤보기├
- Mn(망간)을 함유한 Mg계 알루미늄 합금이다.
- 주조성은 좋지 않으나 비중이 작고 내식성이 매우 우수하여 선박용품, 건축용 재료에 사용된다.
- 내열성이 좋지 않아 내연기관에는 사용하지 않는다.

① 알 민
② 알드리
③ 두랄루민
④ 하이드로날륨

해설
① 알민(Almin) : 내식용 알루미늄 합금으로 1~1.5% Mn 함유한다. 가공 상태에서 비교적 강하고 내식성의 변화도 없다. 저장탱크, 기름탱크 등에 사용한다.
② 알드리(Aldrey) : Al-Mg-Si계 합금으로 상온 가공, 고온 가공이 가능하다. 내식성 우수하고 전기전도율이 좋고 비중이 낮아서 송전선 등에 사용한다.
③ 두랄루민
- 단련용 Al 합금이다. Al-Cu-Mg계이며 4% Cu, 0.5%Mg, 0.5% Mn
- 시효경화성 Al 합금으로 가볍고 강도가 커서 항공기, 자동차, 운반기계 등에 사용된다.

60 균열에 대한 감수성이 특히 좋아서 두꺼운 판 구조물의 용접 혹은 구속도가 큰 구조물, 고장력강 및 탄소나 황의 함유량이 많은 강의 용접에 가장 적합한 용접봉은?

① 고셀룰로스계(E4311)
② 저수소계(E4316)
③ 일루미나이트계(E4301)
④ 고산화타이타늄계(E4313)

해설
아크용접봉의 특성

일미나이트계	슬래그 생성식으로 전자세 용접이 되고, 외관이 아름답다.
고셀룰로스계	가스 생성식이며 박판용접에 적합하다.
고산화 타이타늄계	아크의 안정성이 좋고, 슬래그의 점성이 커서 슬래그의 박리성이 좋다.
저수소계	슬래그의 유동성이 좋고 아크가 부드러워 비드의 외관이 아름다우며, 기계적 성질이 우수하다.
라임티타니아계	슬래그의 유동성이 좋고 아크가 부드러워 비드가 아름답다.
철분 산화철계	스패터가 적고 슬래그의 박리성도 양호하며, 비드가 아름답다.
철분 산화타이타늄계	아크가 조용하고 스패터가 적으나 용입이 얕다.
철분 저수소계	아크가 조용하고 스패터가 적어 비드가 아름답다.

KS 규격 열람방법

https://www.standard.go.kr을 접속하면, 국가표준인증 통합정보시스템에 접속됩니다.

여기서 분야별 정보검색  아이콘을 클릭하면 다음과 같은 페이지가 나옵니다.

예를 들어 KS D 0213을 찾으려면, 표준번호를 선택하여 0213이라고 쓰고 검색을 누르면 다음과 같은 화면이 나옵니다.

No	표준번호	표준명	개정/개정/확인일	고시번호	담당부서	담당자
1	KS B 0213	유니파이 보통나사의 허용 한계 치수 및 공차	2017-08-28	2017-0314	기계소재표준과	
2	KS C 0213	환경 시험 방법 - 전기.전자 - 대기 부식에 대한 가속시험-지침	2015-12-31	2015-0680	전기전자표준과	
3	KS D 0213	철강 재료의 자분 탐상 시험 방법 및 자분 모양의 분류	2014-10-20	2014-0631	기계소재표준과	
4	KS E ISO10213	알루미늄 광석의 철 정량 방법-삼염화타이타늄 환원법	2016-12-30	2016-0626	기계소재표준과	
5	KS K 0213	섬유의 혼용률 시험방법:기계적 분리법 폐지	1980-12-24		화학서비스표준과	

KS D 0213을 클릭하면 다음 화면이 나옵니다. 이 화면을 아래로 내려가면서 살펴보면 다음과 같은 화면이 나올 것입니다.

	변경일자	구분	고시번호	제정.개정.폐지 사유
표준이력사항	1968-12-31	확인	4324	
	1971-06-25	확인	6963	
	1974-04-30	개정	2083	
	1977-04-06	확인	8696	
	1980-04-15	확인	800359	
	1985-11-22	확인	851845	
	1990-05-26	확인	900449	
	1995-07-06	확인	950224	
	2000-12-30	확인	00-449	
	2006-02-27	확인	2006-0069	
	2011-11-16	확인	2011-0512	최종 제정, 개정 또는 확인 후 5년이 도래된 표준으로 개정 사유가 발생하지 않음
	2016-12-21	개정	2016-0528	정부표준 통일화에 의한 개정 KSA0001개정에 따른 개정
	2017-08-28	개정	2017-0314	표3-유니파이 보통나사의 허용 한계 치수 및 공차(3A 나사용) 내용 중 7/16-14UNC 유효지름의 Min값이 실제 규격과 다릅니다 현재 KSB0213에는 Min값이 9.816으로 되어있으나 실제 규격은 9.846입니다 사용자들의 혼동이 예상되오니 해당내용 개정 부탁드립니다

그러면 KS원문보기의 PDF eBOOK을 클릭합니다. 여러 가지 뷰 관련 프로그램을 설치하고, 대한민국의 Active X 체계의 불편함을 한번 겪으면 KS규격 본문을 볼 수 있습니다. 이 본문은 오로지 열람용이며, 인쇄가 불가능합니다. 따라서, 필요한 규격이 있으면 컴퓨터를 이용하여 열람만 하던지, 아니면 KS D 0213만이라도 손으로 베껴 쓰면 좋겠습니다. 베껴 써두면 언제든지 궁금할 때 참고할 수 있고, 또 그 자체로 훌륭한 학습이 됩니다.

참 / 고 / 문 / 헌

- 산업인력공단, 기계재료, 에덴복지재단, 2005
- 서울특별시교육청, 재료시험, 녹원문화, 2003
- 박은수 외, 비파괴평가공학, 학연사, 2001
- 이의종, 방사선투과검사, 도서출판골드, 2001
- 한기수, 침투탐상검사, 도서출판골드, 2001
- 한기수, 자분탐상검사, 도서출판골드, 2001
- 이의종, 와류탐상시험, 도서출판골드, 1999
- 탁경주, 누설검사, 도서출판골드, 1998
- 문정훈 외, 침투 및 누설검사, 원창출판사, 1998
- 문정훈, 비파괴검사 개론, 원창출판사, 1998
- 문정훈, 초음파탐상검사, 원창출판사, 1998
- 문정훈, 방사선투과검사, 원창출판사, 1998
- 교육부, 금속재료, 대한교과서, 1998
- 교육부, 판금-용접, 대한교과서, 1998
- 교육부, 금속표면처리, 대한교과서, 1997
- 교육부, 기계재료, 대한교과서, 1996

K / S / 규 / 격

KS B 0816

KS W 0914(폐지)

KS B 0888

KS D 5201

KS B ISO 3452(폐지)

KS B ISO 3452-3

KS D ISO 12095(폐지)

KS D ISO 4987

Win-Q 침투비파괴검사기능사 필기

개정10판1쇄 발행	2023년 03월 05일 (인쇄 2024년 01월 18일)
초 판 발 행	2014년 01월 15일 (인쇄 2013년 12월 02일)
발 행 인	박영일
책 임 편 집	이해욱
편 저	신원장
편 집 진 행	윤진영, 최영
표지디자인	권은경, 길전홍선
편집디자인	정경일, 박동진
발 행 처	(주)시대고시기획
출 판 등 록	제10-1521호
주 소	서울시 마포구 큰우물로 75 [도화동 538 성지 B/D] 9F
전 화	1600-3600
팩 스	02-701-8823
홈 페 이 지	www.sdedu.co.kr
I S B N	979-11-383-6640-3(13550)
정 가	26,000원

한눈에 이해할 수 있도록
체계적으로 정리한 핵심이론

철저한 시험유형 파악으로
만든 필수확인문제

국가직·지방직 등
최신 기출문제와 상세 해설

기술직 공무원 기계일반
별판 | 23,000원

기술직 공무원 기계설계
별판 | 23,000원

기술직 공무원 물리
별판 | 22,000원

기술직 공무원 생물
별판 | 20,000원

기술직 공무원 임업경영
별판 | 20,000원

기술직 공무원 조림
별판 | 20,000원

※도서의 이미지와 가격은 변경될 수 있습니다.